U0332213

罗霄山脉生物多样性考察与保护研究

罗霄山脉生物多样性保护与资源可持续利用

廖文波　张丹丹　王　蕾　赵万义
彭焱松　张　珂　李茂军　主编

科学出版社
北京

内 容 简 介

本书是国家科技基础性工作专项“罗霄山脉地区生物多样性综合科学考察”项目的主要成果之一。全书共分9章，在对罗霄山脉生物多样性科考成果进行综合记述的基础上，重点对全境及五条中型山脉的生态保护现状、珍稀濒危重点保护动植物、生物资源可持续利用和保护策略等进行了评价和研究；对11类特色代表性植物群落的组成和结构进行了专题研究；对若干选定生物种群进行了保护生物学研究；还探讨了罗霄山脉地区的古植被和古气候特征。本书从整体上为罗霄山脉地区开展生物多样性保护、生物资源可持续利用、生态保护和生态修复规划，以及开展生态文明建设和管理提供了重要基础资料。

本书可供生物学、生态学、林学、园艺学、农学、地理学、环境科学等领域的科研人员和师生阅读，也可供从事生态环境保护的管理部门和企业工作人员及生态旅游爱好者参考。

图书在版编目（CIP）数据

罗霄山脉生物多样性保护与资源可持续利用 / 廖文波等主编. -- 北京 : 科学出版社, 2024. 6. -- （罗霄山脉生物多样性考察与保护研究）. -- ISBN 978-7-03-078807-8

Ⅰ. X176

中国国家版本馆 CIP 数据核字第 20244UN611 号

责任编辑：王　静　王　好　岳漫宇　田明霞 / 责任校对：杨　赛
责任印制：肖　兴 / 封面设计：北京美光设计制版有限公司

科学出版社出版
北京东黄城根北街 16 号
邮政编码: 100717
http://www.sciencep.com

北京汇瑞嘉合文化发展有限公司印刷
科学出版社发行　各地新华书店经销
*
2024 年 6 月第　一　版　开本：889×1194 1/16
2024 年 6 月第一次印刷　印张：19 3/4　插页：24
字数：669 000

定价：380.00 元

（如有印装质量问题，我社负责调换）

罗霄山脉生物多样性考察与保护研究
编委会

《罗霄山脉生物多样性保护与资源可持续利用》编委会

王永刚　王永强　吴　华　吴　伟　吴小平　吴　毅　向晓媚

肖佳伟　肖文磊　肖晓东　谢广龙　徐隽彦　徐明锋　徐　阳

杨柏云　杨丁玲　杨秋太　杨书林　叶华谷　叶育石　阴倩怡

殷子为　余文华　曾励锋　曾曙才　詹选怀　张代贵　张丹丹

张　华　张记军　张　珂　张　力　张　丽　张　璐　张　明

张明月　张新图　张信坚　张　妍　张　毅　张　忠　赵　健

赵梅君　赵万义　赵旭明　郑艳伟　郑　卓　钟　靓　钟淑婷

钟祥荣　周　全　周仁超　周赛霞　朱光骐　朱晓枭　左　勤

左文波　Daniel M. Hooper　Dhananjai Mohan　Hung Le Manh

Magnus Gelang　Per Alström　Rachid Cheddadi　Trevor D. Price

Urban Olsson

序　一

建设生态文明，关系人民福祉，关乎民族未来。党的十八大以来，以习近平同志为核心的党中央从坚持和发展中国特色社会主义事业、统筹推进“五位一体”总体布局的高度，对生态文明建设提出了一系列新思想、新理念、新观点，升华并拓展了我们对生态文明建设的理解和认识，为建设美丽中国、实现中华民族永续发展指明了前进方向、注入了强大动力。

习近平总书记高度重视江西生态文明建设，2016年2月和2019年5月两次考察江西时都对生态文明建设提出了明确要求，指出绿色生态是江西最大财富、最大优势、最大品牌，要求我们做好治山理水、显山露水的文章，走出一条经济发展和生态文明水平提高相辅相成、相得益彰的路子；强调要加快构建生态文明体系，繁荣绿色文化，壮大绿色经济，创新绿色制度，筑牢绿色屏障，打造美丽中国“江西样板”，为决胜全面建成小康社会、加快绿色崛起提供科学指南和根本遵循。

罗霄山脉大部分在江西省吉安境内，包含5条中型山脉及其中的南风面、井冈山、七溪岭、武功山等自然保护区、森林公园和自然山体，保存有全球同纬度最完整的中亚热带常绿阔叶林，蕴含着丰富的生物多样性，以及丰富的自然资源库、基因库和蓄水库，对改善生态环境、维护生态平衡起着重要作用。党中央、国务院和江西省委省政府高度重视罗霄山脉片区生态保护工作，早在1982年就启动了首次井冈山科学考察；2009～2013年吉安市与中山大学联合开展了第二次井冈山综合科学考察。在此基础上，2013～2018年科技部立项了“罗霄山脉地区生物多样性综合科学考察”项目，旨在对罗霄山脉进行更深入、更广泛的科学研究。此次考察系统全面，共采集动物、植物、真菌标本超过21万号30万份，拍摄有效生物照片10万多张，发表或发现生物新种118种，撰写专著13部，发表SCI论文140篇、中文核心期刊论文102篇。

“罗霄山脉生物多样性考察与保护研究”丛书从地质地貌，土壤、水文、气候，植被与植物区系，大型真菌，昆虫区系，脊椎动物区系和生物资源与生态可持续利用评价等多个方面，以丰富的资料、翔实的数据、科学的分析，向世人揭开了罗霄山脉的“神秘面纱”。进一步印证了大陆东部是中国被子植物区系的“博物馆”，也是裸子植物区系集中分布的区域，为两栖类、爬行类等各类生物提供了重要的栖息地。这一系列成果的出版，不仅填补了吉安在生物多样性科学考察领域的空白，更为进一步认识罗霄山脉潜在的科学、文化、生态和自然遗产价值，以及开展生物资源保护和生态可持续利用提供了重要的科学依据。成果来之不易，饱含着全体科考和编写人员的辛勤汗水与巨大付出。在第三次科考的5年里，各专题组成员不惧高山险阻、不畏酷暑严寒，走遍了罗霄山脉的山山水水，这种严谨细致的态度、求真务实的精神、吃苦奉献的作风，是井冈山精神在新时代科研工作者身上的具体体现，令人钦佩，值得学习。

罗霄山脉是吉安生物资源、生态环境建设的一个缩影。近年来，我们深入学习贯彻习近平生态文明思想，努力在打造美丽中国“江西样板”上走在前列，全面落实“河长制”“湖长制”，全域推开“林长制”，着力推进生态建养、山体修复，加大环保治理力度，坚决打好“蓝天、碧水、净土”保卫战，努力打造空气清新、河水清澈、大地清洁的美好家园。吉安市地表水优良率达100%，空气质量常年保持在国家二级标准以上。

当前，吉安正在深入学习贯彻习近平总书记考察江西时的重要讲话精神，以更高标准推进打造美丽中国“江西样板”。我们将牢记习近平总书记的殷切嘱托，不忘初心、牢记使命，积极融入江西省国家生态文明试验区建设的大局，深入推进生态保护与建设，厚植生态优势，发展绿色经济，做活山水文章，繁荣绿色文化，筑牢生态屏障，努力谱写好建设美丽中国、走向生态文明新时代的吉安篇章。

是为序。

胡世忠

胡世忠

江西省人大常委会副主任、吉安市委书记

2019年5月30日

序　　二

罗霄山脉地区是一个多少被科学界忽略的区域，在《中国地理图集》上也较少被作为一个亚地理区标明其独特的自然地理特征、生物区系特征。虽然 1982 年开始了井冈山自然保护区科学考察，但在后来的 20 多年里该地区并没有受到足够的关注。胡秀英女士于 1980 年发表了水杉植物区系研究一文，把华中至华东地区均看作第三纪生物避难所，但东部被关注的重点主要是武夷山脉、南岭山脉以及台湾山脉。罗霄山脉多少被选择性地遗忘了，只是到了最近 20 多年，研究人员才又陆续进行了关于群落生态学、生物分类学、自然保护管理等专题的研究，建立了多个自然保护区。自 2010 年起，在江西省林业局、吉安市林业局、井冈山管理局的大力支持下，在国家科技基础性工作专项的支持下，项目组开始了罗霄山脉地区生物多样性的研究。

作为中国大陆东部季风区一座呈南北走向的大型山脉，罗霄山脉在地质构造上处于江南板块与华南板块的结合部，是由褶皱造山与断块隆升形成的复杂山脉，出露有寒武纪、奥陶纪、志留纪、泥盆纪等时期以来发育的各类完整而古老的地层，记录了华南板块6 亿年以来的地质史。罗霄山脉自北至南又由5 条东北—西南走向的中型山脉组成，包括幕阜山脉、九岭山脉、武功山脉、万洋山脉、诸广山脉。罗霄山脉是湘江流域、赣江流域的分水岭，是中国两大淡水湖泊——鄱阳湖、洞庭湖的上游水源地。整体上，罗霄山脉南部与南岭垂直相连，向北延伸。据统计，罗霄山脉全境包括 67 处国家级、省级、市县级自然保护区，34 处国家森林公园、风景名胜区、地质公园，以及其他数十处建有保护地的独立自然山体等。

罗霄山脉地区生物多样性综合科学考察较全面地总结了多年来的调查数据，取得了丰硕成果，共发表 SCI 论文140 篇、中文核心期刊论文102 篇，发表或发现生物新种118 个，撰写专著13 部，全面地展示了中国大陆东部生物多样性的科学价值、自然遗产价值。

其一，明确了在地质构造上罗霄山脉南北部属于不同的地质构造单元，北部为扬子板块，南部为加里东褶皱带，具备不同的岩性、不同的演化历史，目前绝大部分已进入地貌发展的壮年期，6 亿年以来亦从未被海水全部淹没，从而使得生物区系得以繁衍和发展。

其二，罗霄山脉是中国大陆东部的核心区域、生物博物馆，具有极高的生物多样性。罗霄山脉野生高等植物共有 308 科 1469 属 4905 种，是亚洲大陆东部冰期物种“自北向南”迁移的生物避难所，也是间冰期物种“自南向北”重新扩张等历史演化过程的策源地；具有全球集中分布的裸子植物区系，包括银杉属、银杏属、穗花杉属、白豆杉属等共 6 科 21 属 32 种，以及较典型的针叶树垂直带谱，如穗花杉、南方铁杉、资源冷杉、白豆杉、银杉、宽叶粗榧等均形成优势群落。罗霄山脉是原始被子植物——金缕梅科（含蕈树科）的分布中心，共有 12 属 20 种，包括牛鼻栓属、金缕梅属、双花木属、马蹄荷属、枫香属、蕈树属、半枫荷属、檵木属、秀柱花属、蚊母树属、蜡瓣花属、水丝梨属；也是亚洲大陆东部杜鹃花科植物的次生演化中心，共有 9 属 64 种，约占华东五省一市杜鹃花科种数（81 种）的 79.0%。同时，与邻近植物区系的比较研究表明，罗霄山脉北段的九岭山脉、幕阜山脉与长江以北的大别山脉更为相似，在区划上两者组成华东亚省，中南段的武功山脉、万洋山脉、诸广山脉与南岭山脉相似，在区划上组成华南亚省。

其三，罗霄山脉脊椎动物（鱼类、两栖类、爬行类、鸟类、哺乳类）非常丰富，共记录有 132 科 660 种，两栖类、爬行类尤其典型，存在大量隐性分化的新种，此次科考发现两栖类新种 13 个。罗霄山脉是亚洲大陆东部哺乳类的原始中心、冰期避难所。动物区系分析表明，两栖类在罗霄山脉中段武功山脉的过渡性质明显，中南段的武功山脉、万洋山脉、诸广山脉属于同一地理单元，北段幕阜山脉、九岭山脉属于另一个地理单元，与地理上将南部作为狭义罗霄山脉的定义相吻合。

其四，针对 5 条中型山脉，完成植被样地调查 788 片，总面积约 58.8 万 m^2，较完整地构建了罗霄山脉植被分类系统，天然林可划分为 12 个植被型 86 个群系 172 个群丛组。指出了罗霄山脉地区典型的超地带性群落——沟谷季风常绿阔叶林为典型南亚热带侵入的顶极群落，有时又被称为季雨林（monsoon rain forest）或亚热带雨林[①]，以大果马蹄荷群落、鹿角锥-观光 木群落、乐昌含笑-钩锥群落、鹿角锥-甜槠群落、蕈树类群落、小果山龙眼群落等为代表。

毫无疑问，罗霄山脉地区是亚洲大陆东部最为重要的物种栖息地之一。罗霄山脉、武夷山脉、南岭山脉构成了东部三角弧，与横断山脉、峨眉山、神农架所构成的西部三角弧相对应，均为生物多样性的热点区域，而东部三角弧似乎更加古老和原始。

秉系列专著付梓之际，乐为之序。

王伯荪

2019 年 6 月 25 日

① Wang B S. 1987. Discussion of the level regionalization of monsoon forests. Acta Phytoecologica et Geobotanica Sinica, 11(2): 154-158.

前　言

罗霄山脉地处中国大陆东部，是一条呈南北走向的大型山脉，地理范围为北纬 25°36′～29°45′，东经 112°57′～116°05′，南北纵长约 516 km，东西宽 175～285 km，总面积约 6.76 万 km^2。在中国地形构造上，罗霄山脉属于大陆东部第三级阶梯，紧靠内侧，自北至南由五条东北—西南走向的中型山脉组成，即幕阜山脉、九岭山脉、武功山脉、万洋山脉、诸广山脉，境内最高峰为南风面，海拔 2120.4 m（江西境内）。全境地跨湖北、湖南、江西三省，含 14 个地级市 55 个县（市），涉及 67 处各级自然保护区，34 处森林公园、风景名胜区、地质公园等自然保护地，还有其他独体山地等。罗霄山脉南部与南岭垂直相连，向北延伸抵达长江南岸，山脉左侧为湘江流域，右侧为赣江流域，长江下游是中国两个最大的淡水湖泊——鄱阳湖和洞庭湖。罗霄山脉整体处于中亚热带湿润季风气候区，保存有各类植被垂直带，地带性森林类型为中亚热带湿润常绿阔叶林。

"罗霄山脉地区生物多样性综合科学考察"（2013FY111500）为科技部 2013 年立项资助的基础性工作专项。项目包括自然地理、真菌、植物与植被、昆虫、脊椎动物、数据库建设等 6 个课题，含 25 个专题，由中山大学牵头，联合中国科学院华南植物园、首都师范大学、中国科学院庐山植物园、吉首大学、中国科学院深圳仙湖植物园、湖南师范大学、华中师范大学、华南农业大学、上海师范大学、南昌大学、广州大学、广东省微生物研究所等共 13 家单位合作完成。罗霄山脉科考得到了项目专家组的大力支持，专家组组长、副组长分别为宫辉力、庄文颖院士，成员有：张宪春、韩诗畴研究员，施苏华、金志农、聂海燕、张正旺、向梅梅、廖文波教授。项目于 2019 年 11 月 4 日完成数据汇交，2019 年 12 月 28 日通过科技部组织的项目评审验收，结题后被科技部基础司评选为优秀典型项目。

项目执行时间为 2013~2018 年，实际延至 2019 年，各课题组、专题组开展了较为全面、辛苦的调查，完成地质钻孔 5 个，总进尺 2403 cm，挖取土壤剖面 101 个，分析土壤样品 351 个，收集气候、水文数据 3 万多个；共采集生物标本超过 21 万号，包括真菌 5189 号，苔藓 12 669 号，蕨类与种子植物 65 270 号，昆虫 121 495 号，脊椎动物肌体或组织、血液标本 10 134 号；经鉴定，共记录野生高等植物 308 科 1469 属 4905 种，包括苔藓植物 97 科 282 属 883 种，蕨类 32 科 101 属 411 种，裸子植物 6 科 23 属 32 种，被子植物 173 科 1063 属 3579 种；大型真菌 81 科 235 属 670 种；昆虫类（弹尾纲、昆虫纲）共 22 目 276 科 3666 种；陆生脊椎动物 35 目 132 科 660 种；还采集陆生淡水贝类标本 1365 号，鉴定出 22 科 45 属 129 种（含亚种）；完成样地调查 788 片，总面积 58.8 万 m^2，包括乔木林 261 片、灌木林 256 片、草地草坡 271 片，含植被型组 4 个，植被型 12 个，群系 86 个，群丛组 172 个。拍摄高清生物活体照片、生境照片超过 20 万张，参加野外考察人员前后超过 1322 人，工作量达 21 500 人·天。期间发表 SCI 论文 140 篇，核心期刊论文 102 篇，发表生物新种 118 种，还编著了局域专著 6 部，课题结束后又编著了全域系列专著 7 部，共 13 部。

野外考察和标本鉴定等工作基本完成后，项目组于 2020 年开始编研"罗霄山脉生物多样性考察和保护研究"丛书。本丛书共 7 个分册，即《罗霄山脉生物多样性综合科考考察》《罗霄山脉动物多样性编目》《罗霄山脉脊椎动物图鉴》《罗霄山脉维管植物多样性编目》《罗霄山脉大型真菌编目与图鉴》《罗霄山脉维管植物图鉴》《罗霄山脉生物多样性保护与资源可持续利用》。编研过程经历了很多的困难，期间受到了疫情的严重干扰，至 2022 年第一分册才得以出版，至 2024 年 4 月完成最后一分册，考察和编研前后历时近 12 年。

《罗霄山脉生物多样性保护与资源可持续利用》是本丛书的最后一本，共 9 章，第 1 章简要地总结了整体科考的主要成果，其他各章分别从保护生物学的角度对区域生物多样性现状、生态保护措施等进行的考察和研究做了阐述，从种群结构，动态、空间分布，生存状况等方面对典型群落、特定生物种群、各类珍稀濒危保护动植物等的研究进行了重点论述，还收录了两篇古气候、古植被的研究论文。

为方便大家较全面地了解“罗霄山脉生物多样性考察和保护研究”丛书的出版情况，现将丛书情况做一简要介绍。本丛书针对罗霄山脉的地质地貌、土壤、气候、水文、植被、植物多样性（含苔藓、蕨类、裸子、被子植物区系、特有现象、孑遗现象、植物区系区划）、真菌多样性、动物多样性（含陆生贝类、昆虫、鱼类、两栖类、爬行类、鸟类、哺乳类）等进行了全面考察和研究，基本掌握了该地区生物多样性的组成、特征、区系性质和特点，以及珍稀濒危重点保护生物的种类组成、保护级别、生存状况、保护措施等，也对整体生态保护状况进行了研究。在此基础上，论证了罗霄山脉是亚洲大陆东部冰期物种“自北向南”迁移的生物避难所，也是间冰期“自南向北”重新扩张等历史演化过程的策源地。

本丛书的编写和出版，得到了吉安市林业局、吉安市林业科学研究所的大力支持和出版资助。各卷在考察和编研过程中，得到了江西、湖南、湖北等省级、市县级林业厅（局），各级自然保护地、地方乡镇领导、技术人员、工作人员、向导等的大力支持和帮助，也得到了许多自然保护爱好者、生态爱好者的大力协助。在此，谨对各参与单位、各协助机构、各协助人员，致以崇高敬意和诚挚谢意。

编著者

2024年3月21日

目　　录

第 1 章　自然地理概况……1
1.1　地理位置……1
1.2　地质地貌……1
1.3　气候……2
1.4　土壤……2
1.5　水文与水资源……2
1.6　植被概况……2
1.7　罗霄山脉生物多样性综合科学考察概述……3
第 2 章　罗霄山脉植物资源及其保护和利用……8
2.1　幕阜山脉植物资源及其利用和保护……8
2.2　九岭山脉植物资源及其利用和保护……22
2.3　武功山脉植物资源及其利用和保护……34
2.4　万洋山脉植物资源及其利用和保护……48
2.5　诸广山脉植物资源及其利用和保护……59
第 3 章　罗霄山脉国家珍稀濒危重点保护植物现状与评估……69
3.1　数据来源及珍稀濒危植物统计标准……69
3.2　珍稀濒危植物的组成……69
3.3　珍稀濒危植物种群或群落的分布特征……71
3.4　珍稀濒危植物的种群大小和生存现状……72
3.5　珍稀濒危植物的区域分化特征和分布模式……72
3.6　珍稀濒危植物的保护策略和建议……73
3.7　按 2021 年版统计的罗霄山脉国家珍稀濒危重点保护野生植物……75
第 4 章　罗霄山脉动物多样性现状与保护……82
4.1　两栖爬行动物多样性与保护……82
4.2　哺乳动物多样性与保护……84
4.3　鸟类多样性与保护……85
4.4　鱼类多样性与保护……87
4.5　昆虫多样性与保护……88
第 5 章　罗霄山脉大型真菌资源及其利用和保护……93
5.1　大型真菌资源及其可持续利用……93
5.2　大型真菌资源的生态保护评价……94
第 6 章　罗霄山脉区域生态保护现状与保护策略……96
6.1　罗霄山脉各类自然保护地现状与评价……96

6.2 罗霄山脉苔藓植物资源及其对区域环境的响应……98
6.3 生态可持续发展与保护策略……100
第7章 罗霄山脉典型植物群落及其结构特征……103
7.1 罗霄山脉中段西坡台湾松＋檫木群落的结构特征……103
7.2 罗霄山脉中段西坡珍稀植物瘿椒树群落的结构特征……113
7.3 罗霄山脉中段西坡南方铁杉种群结构与生存分析……120
7.4 罗霄山脉中段西坡资源冷杉种群动态特征……130
7.5 罗霄山脉北段花榈木群落特征及种群空间分布格局……135
7.6 罗霄山脉北段虎皮楠群落的组成和结构特征……142
7.7 罗霄山脉中南段大果马蹄荷群落纬度地带性特征……147
7.8 罗霄山脉中南段香果树种群的年龄结构和演替动态……159
7.9 罗霄山脉南段观光木群落的组成和结构特征……172
7.10 罗霄山脉中段天然白豆杉群落种内和种间竞争研究……180
7.11 罗霄山脉杜鹃属植物群落物种多样性及其影响因素……186
第8章 罗霄山脉古植被与古气候研究……195
8.1 罗霄山脉山地沼泽全新世以来的古气候记录……195
8.2 罗霄山脉中部井冈山高山沼泽晚全新世植被演变与火灾历史的重建……203
第9章 罗霄山脉部分选定种群的保护生物学研究……213
9.1 罗霄山脉发现雀形目一个残存谱系和单型家系……213
9.2 罗霄山脉及大陆东部濒危鸟类的保护生物地理学研究……216
9.3 罗霄山脉濒危特有种井冈山杜鹃遗传多样性结构……224
9.4 古气候变化对孑遗种福建柏遗传结构和谱系分化的影响……230
9.5 江西野生寒兰居群基于 ISSR 标记的遗传多样性研究……250
9.6 罗霄山脉发现的中蹄蝠形态结构及系统发育研究……256
参考文献……261
附表 罗霄山脉保护种和珍稀种……286
附录 罗霄山脉地区生物多样性综合科学考察项目组（2013～2018 年）……300
附图 1 彩图
附图 2 罗霄山脉科学考察项目组会议照片
附图 3 罗霄山脉科学考察花絮照片
附图 4 罗霄山脉自然景观与植被、生态景观掠影
附图 5 罗霄山脉的地质地貌

第1章　自然地理概况

1.1　地 理 位 置

罗霄山脉地处中国大陆东部季风区，是一座呈南北走向的大型山脉，地理位置为北纬 25°36′～29°45′，东经 112°57′～116°05′，全境跨湖北省、湖南省、江西省 3 省，包括 14 个地级市、55 个县（市），南北纵长约 516 km，东西横宽 175～285 km，总面积约 6.76 万 km^2。罗霄山脉是湘江流域、赣江流域的分水岭，上游集水区是中国两个最大的淡水湖泊鄱阳湖、洞庭湖的水源地。整体上，罗霄山脉南部与南岭垂直相连，向北延伸，抵达长江南岸，全境包括 67 处国家级、省级、市县级自然保护区，34 处国家森林公园、风景名胜区、地质公园等，尚有其他未统计的独立自然山体等。罗霄山脉自北至南由 5 条东北—西南走向的中型山脉组成，包括幕阜山脉（幕阜山、九宫山、五梅山等）、九岭山脉（九岭山、官山、大围山、连云山等）、武功山脉（羊狮慕、明月山、高天岩等）、万洋山脉（井冈山、桃源洞、南风面、五指峰等）、诸广山脉（齐云山、八面山、陡水湖等），其地理位置分别简述如下。

幕阜山脉：幕阜山脉主体原称天岳山，地理位置在北纬 28°18′～30°00′，东经 113°40′～116°10′，山体呈东北—西南走向绵延于湘、鄂、赣 3 省边境，长约 160 km，山峰海拔多在千米以上。主峰老崖尖海拔 1656 m，位于江西省武宁县与湖北省通山县交界线上。

九岭山脉：九岭山脉为罗霄山脉的中北段，地理位置在北纬 27°51′～29°19′，东经 113°10′～115°31′，赣、湘两省交界处（江西省西北部和湖南省东北部，主体在江西省境内），可分为南北两支，北支海拔较高，分布范围较广，绵延于江西省的安义县、奉新县、靖安县、宜丰县、万载县、铜鼓县及湖南省浏阳市的大围山和连云山之间。

武功山脉：武功山脉位于江西省与湖南省交界，属罗霄山脉中段的北部，区域地理范围为北纬 26°18′～28°10′，东经 113°10′～115°21′，整个山体呈东北—西南走向，行政区域涵盖了江西省和湖南省管辖的 8 个县（区），相对高差较大，最高为江西省武功山金顶（白鹤峰）1918.3 m，最低为湖南省湖里湿地 200 m，其相对高差达到 1718.3 m。东、西分别隔赣江流域、湘江流域与武夷山脉、武陵山脉相望，南、北分别接万洋山脉和九岭山脉，是华东、华中、华南三个地区的交会地带。

万洋山脉：万洋山脉位于湘、赣两省交界处，属罗霄山脉中段的南部，自西南部湖南省桂东县八面山边沿向东北江西省井冈山延绵，山脊线海拔在千米以上，主要包括桃源洞、井冈山、遂川县南风面等山地。海拔 2000 m 以上的山峰有 5 座，东侧主峰南风面海拔 2120.4 m，为罗霄山脉最高峰，位于江西省境内。西侧主峰酃峰位于湖南省炎陵县，海拔 2115.2 m，也是湖南省最高峰。东部为江西省井冈山、七溪岭，南接湖南省桂东县八面山，北抵武功山脉，是湘江支流洣水和赣江支流遂川江的分脊线和发源地。

诸广山脉：诸广山脉位于湘、赣边境交界处，罗霄山脉南段，地理位置处于北纬 25°35′～26°19′，东经 113°13′～114°56′，由湖南省资兴市、桂东县一带的八面山，湖南省永兴县便江，江西省崇义县齐云山、上犹县五指峰和上犹县陡水湖等自然保护区及周边区域组成，总面积约 17 000 km^2。

1.2　地 质 地 貌

罗霄山脉地质成因复杂，经历了从元古宙到中生代漫长的地质演化过程，形成了复杂的地层岩石和构造格局。在地质构造上，南部的诸广山脉、万洋山脉和武功山脉属于华夏板块的华南加里东褶皱带；北部的九岭山脉、幕阜山脉属于扬子板块。两个大地构造单元的演化历史不同，使得坐落于两大构造单元的山脉特征有所差异。

罗霄山脉在地貌形成上主要受岩性控制，新构造运动影响较弱，表现为“岩石地貌”。罗霄山脉南段的诸广山脉、万洋山脉和武功山脉主要受华南加里东运动后的泥盆纪砂砾岩和多期次复式花岗岩控制，岩石较为坚硬，山脉较为宏伟高大；罗霄山脉北段的九岭山脉、幕阜山脉主要受扬子板块印支期形成的“江南造山带”浅变质岩控制，岩石较为软弱，山脉较为狭窄低平。关于罗霄山脉较详细的地质、地貌和演化过程的描述见第一卷《罗霄山脉生物多样性综合科学考察》（廖文波等，2022），本卷中关于地貌、地层剖面等彩图，见附图 5。罗霄山脉复杂多样的地形环境形成了独特的生态交错区，岩性和山体的南北差异可能是生物多样性南北差异的原因之一。

1.3　气　　候

罗霄山脉地理跨度较大，不同的区域其气候特征略有不同，但总体属于中亚热带湿润性季风气候，区内年平均降水量在 1400～2100 mm，其中，较具代表性的罗霄山脉北段的九岭山，年平均气温一般在 14℃以上，年平均降水量 1653 mm，年平均蒸发量 1053.3 mm；中段的井冈山年平均气温在 17℃以上，年平均降水量 1889.8 mm，年平均蒸发量 978.8 mm；南段的诸广山年平均降水量达 1900 mm 以上。

1.4　土　　壤

区内土壤类型丰富，属于中亚热带常绿阔叶林红、黄壤土带，主要的山地土壤类型有红壤、红黄壤、黄壤、黄棕壤、草甸土、沼泽土等，并具有垂直地带性分布规律，从低海拔到高海拔依次为：海拔 500 m 以下为典型红壤；500～800 m 为红黄壤；800～1200 m 为黄壤；1200～1800 m 为黄棕壤；1800 m 以上为草甸土；自低海拔至高海拔均分布有零散的沼泽土。其中，黄壤剖面较厚，植物生长茂盛，腐殖质层较厚，土壤较肥沃；草甸土较肥沃，但由于受气温低等自然条件的影响，土层较薄；黄棕壤有机质含量丰富，植被茂盛。

1.5　水文与水资源

罗霄山脉在夏季截留来自东南向的海洋暖气流，形成大量降水，在秋冬季阻挡了西北向的南下寒潮，带来丰厚雪水，使区域内形成了丰富的地表水和地下水资源，为赣江流域、湘江流域、汨罗江的重要集水区。赣江流域西部的修水、锦江、袁水、泸水、禾水、蜀水、遂川江、上犹江均发源于罗霄山脉；湘江流域从南向北可分为耒水、洣水、渌水、浏阳河和捞刀河，其中，渌水和洣水主要发源地为武功山脉；汨罗江则处于幕阜山、九岭山的西部。

1.6　植 被 概 况

罗霄山脉在植被区划上属于东部中亚热带常绿阔叶林带，中亚热带山地植被系统较为完整，类型丰富，可划分为 4 个植被型组、12 个植被型、86 个群系、172 个群丛组。其中，植被型包括：常绿针叶林、针阔叶混交林、常绿阔叶林、常绿落叶阔叶混交林、落叶阔叶林、竹林、常绿阔叶灌丛、落叶阔叶灌丛、竹丛、灌草丛、草本与藓类沼泽、水生植被。罗霄山脉地带性植被类型为常绿阔叶林。

1）纬度地带性。由于罗霄山脉南北跨越中亚热带、北亚热带，各山地的优势群系表现出过渡性。南部山地以常绿阔叶林、常绿落叶阔叶混交林居多，如大果马蹄荷+红楠林、桂南木莲+多脉青冈林、华润楠+赤杨叶林、青榨槭+山胡椒林等；而北部的大围山、幕阜山等山地则具备较多的落叶阔叶林、落叶阔叶灌丛，如香果树林、紫茎+雷公鹅耳枥林、长柄双花木灌丛、杜鹃灌丛等。

2）垂直地带性。罗霄山脉自海拔最低点（湖南省宜章县 155 m）到海拔最高的南风面（2120.4 m），跨度达 1965.4 m。以万洋山脉为例，自低海拔向高海拔依次为：常绿阔叶林，如鹿角锥林、甜槠林等；常绿落叶阔叶混交林，如赤杨叶+灯台树+青冈林、红果山胡椒+交让木林；针阔叶混交林，如黄山松+交让木林、南方红豆杉+银木荷林等；常绿阔叶灌丛、落叶阔叶灌丛、灌草丛，如云锦杜鹃灌丛、圆锥绣球灌丛、大叶直芒草+江西小檗灌草丛等。此外，武功山及齐云山的高海拔地区也分布有次生性的草地植被。

3）珍稀濒危植物群落。罗霄山脉人类活动历史悠久，因此低海拔地区的原始植被均遭到破坏，海拔 800 m 以下广泛种植有杉木、毛竹。但在中高海拔地区以及山势陡峭的地区，尚保存有不少的原生性森林群落，包括由大量的孑遗种、珍稀濒危植物构成的群落，如杉木、穗花杉、铁杉、长苞铁杉、银杉、红豆杉、南方红豆杉、福建柏、资源冷杉、瘿椒树、香果树、青钱柳、紫茎、蚊母树、大果马蹄荷、蜡瓣花等作为建群种或优势种构成的群落。整体上，罗霄山脉植被与物种特征地带性与孑遗性质明显，蕴藏着丰富的珍稀濒危植物资源，据统计，罗霄山脉各类珍稀濒危植物共 60 科 145 属 284 种。

1.7　罗霄山脉生物多样性综合科学考察概述

自 2009 年 10 月开始，由吉安市政府、井冈山管理局邀请中山大学、南昌大学、江西省地质调查研究院开始了第二次井冈山地区生物多样性综合科学考察；随着调查的深入，获得了大量考察成果，吉安市政府、井冈山管理局敏锐地看到了以井冈山的主体山地——笔架山—五指峰—荆竹山—八面山—龙潭—锡坪—湘洲等为核心区域的生物多样性科学价值，因而提出了申报和建设国家自然遗产地、世界自然遗产地的计划，进而将生物多样性考察范围进一步扩大至南风面、七溪岭省级自然保护区，以及西坡湖南桃源洞国家级自然保护区。2013 年 4 月，中山大学考察组与湖南桃源洞国家级自然保护区管理局正式签订了科考合同，开始了这一区域较为完整的科学考察。自 2014 年起，陆续出版了 6 部考察专著，即《中国井冈山地区生物多样性综合科学考察》（廖文波等，2014）、《中国井冈山地区植物原色植物图谱》（廖文波等，2016）、《中国井冈山地区陆生脊椎动物彩色图谱》（王英永等，2017）、《湖南桃源洞国家级自然保护区生物多样性综合科学考察》（廖文波等，2018）、《武功山地区种子植物区系及珍稀濒危保护植物研究》（肖佳伟等，2018）、《武功山地区维管束植物物种多样性编目》（陈功锡等，2019）。关于这一时期的科学考察情况和主要成果，在该 6 部专著中已有较全面的记载。系列生物多样性科学考察促进了对该地区自然遗产价值的论证，2016 年“井冈山—武夷山”作为大陆东部生物多样性的联合单元被列入“中国自然遗产地”和“世界自然遗产地”申报预备清单。

目前，由于多方面的原因，“井冈山自然遗产”尚未向联合国教科文组织世界自然遗产委员会提出正式申请。在江西省林业局、吉安市林业局的支持下，2013～2018 年由中山大学、南昌大学、中国科学院庐山植物园、首都师范大学、吉首大学等组成科研团队，申报获得了国家科技基础性工作专项的资助，从而将以井冈山地区为核心的调查，扩展至针对整个罗霄山脉生物多样性的全面考察。

五年多来，项目组在罗霄山脉全境开展了全面考察，涉及主体山地样点 150 多处，前后共有 1172 人次参加野外调查，工作量超过 21 500 人•天，获得了大量的第一手本底资料，科考和研究获得了一系列成果，兹简述如下。

1.7.1　地质地貌

针对罗霄山脉地层、岩石、地质构造、地貌等开展野外调查，收集资料；实施高山沼泽手摇钻孔 5 个，总进尺 2403 cm，采集 ^{14}C 样品并实测 20 个。在地质构造上，罗霄山脉是一座由褶皱造山与断块隆升形成的复杂山脉，出露有寒武纪、奥陶纪、志留纪、泥盆纪等时期以来发育的各类完整而古老的地层，记录了华南古板块 6 亿年以来的地质史，主峰南风面海拔 2120.4 m，次高峰为酃峰，最高处海拔 2115.2 m，最低处海拔 155 m，相对落差超过 1960 m。罗霄山脉南段的诸广山脉、万洋山脉、武功山脉与北段的九岭山脉、幕阜山脉属于两个不同的地质构造单元。加里东运动时，华夏板块与扬子板块碰撞形成江南褶皱带；印支运动时，华北板块向扬子板块俯冲，使中元古代页岩、板岩等浅变质岩广泛出露。燕山运动时，形成内陆红色碎屑盆地沉积。新构造运动早期造就了罗霄山脉总体呈南北、局部北东的地貌格局，后期进入壮年期；第四纪时期，冰期—间冰期剧烈的气候变动影响着山脉的高度，形成了十分复杂的地质地貌环境，既为孑遗种提供了残存空间，也给物种的繁衍营造了生存场所。

1.7.2 气候、水文、土壤

罗霄山脉地处我国中亚热带东部湿润型季风气候区，由于地貌复杂，形成了中亚热带、北亚热带和暖温带 3 个垂直气候带，气候类型属中亚热带湿润性季风气候，降水丰富。区内地表河流及水库错综复杂，水资源总量大，地表河流、水库控制流域面积广阔，年平均降水量在 1400～2100 mm，河流主干道控制流域总面积为 60 131 km^2，水库控制流域总面积约 49 794 km^2，水面面积 641.72 km^2，总库容达 155.94 亿 m^3。区内土壤类型丰富，属于中亚热带常绿阔叶林红、黄壤土带，主要的山地土壤类型有红壤、红黄壤、黄壤、黄棕壤、草甸土、沼泽土等。

在罗霄山脉全境收集、分析获得气候、水文、土壤数据合计 74 855 个；其中，采集土壤剖面样点 101 个，采集土壤样品 351 个，分析土壤物理性质数据 3861 个、土壤化学性质数据 11 583 个；采集地表径流、水库水样、地下水样等共 111 份，测试水质数据 2328 个，收集水文数据 2039 个、气候数据 41 154 个，为揭示罗霄山脉土壤的空间异质性，探讨土壤本底与森林群落、植物多样性的关系等提供了重要参考。

罗霄山脉河网密布，水资源丰富，雨量充沛，基本能够满足区域内工业、农业和生活用水。但在时间、区域上干湿季分布不均，3～9 月为湿季，11 月至次年 1 月为干季。地表河流水、水库水均水质良好，符合国家标准《地表水环境质量标准》（GB 3838—2002）的Ⅰ类和Ⅱ类标准限值，如幕阜山地表水呈中性或弱碱性，锌离子、铁离子等含量适中，有利于农林灌溉，也适用于生活用水；地表水耗氧量等反映水体有机物污染的指标均远小于标准限值。地下水资源基本符合国家标准《生活饮用水卫生标准》（GB 5749—2006）；但对照国家标准《地下水质量标准》（GB/T 14848—2017），地下水汞含量为Ⅰ类标准限值的 2 倍。

1.7.3 植被与植物区系

自北至南完成 5 条中型山脉样地调查 874 片，总面积 58.8 万 m^2，包括乔木林 286 片、灌木林 315 片、草地草坡 273 片。通过整理样地资料结合相关研究文献，较完整地构建了罗霄山脉中亚热带山地植被分类系统，分析了典型地带性常绿阔叶林的组成、结构与演替，探讨了南亚热带侵入沟谷常绿阔叶林及其组成、结构、物种多样性和垂直带谱特征；增补了大量珍稀、孑遗植物群落，如资源冷杉林、南方红豆杉林、福建柏林、穗花杉林、伯乐树林、青钱柳林、香果树林、长柄双花木林等。天然植被可划分为 12 个植被型、172 个群丛组、310 个群丛。

在罗霄山脉全境，共采集植物标本 82 385 号，拍摄照片 42 708 张，经鉴定有高等植物 308 科 1469 属 4905 种。其中，苔藓植物 97 科 282 属 883 种（含种及种下分类单位），蕨类植物 32 科 101 属 411 种，裸子植物 6 科 23 属 32 种，被子植物 173 科 1063 属 3579 种。种子植物区系分析表明，该区域有中国特有科 5 科、中国特有属 57 属、中国特有种 1622 种、地区特有种 57 种，各类孑遗属、孑遗种约 132 属 239 种，各类珍稀濒危重点保护植物约 60 科 145 属 284 种。罗霄山脉是华中、华东、华南植物区系汇集的关键地区，保存有大量历史时期的原始类群、孑遗类群；在南北段之间特有属、特有种、孑遗种、地理成分存在明显分化，南段热带成分丰富、北段温带成分较多，暗示着罗霄山脉既是亚热带植物区系南北迁移的通道，也是许多北极第三纪植物区系成分的避难所。区系分析证实，北段与长江以北的大别山形成一个区系亚省——长江下游丘陵亚省，南段与武夷山脉形成一个亚省——武夷山-罗霄山亚省，这与地质构造和演化过程是一致的。

1.7.4 大型真菌

共采集大型真菌标本5100余份，经鉴定共有670种，隶属于20目81科235属，新增罗霄山脉新记录属98属、新记录种537种。其中，包括中国特有种46种，药用菌136种、食用菌133种、毒菌87种。发表大型真菌新属2属、新种15种、中国新记录种1种。

1.7.5 昆虫区系

共采集昆虫标本超过13万号，共发表新属2属、新种70种、中国新记录种17种，共鉴定出包括弹尾纲、昆虫纲在内的六足动物2纲22目276科3666种；拍摄生境照片8000多张。罗霄山脉昆虫区系以东洋区成分为主，其中以马来亚起源的成分居多，印度起源成分次之，也有相当比例的古北区成分，罗霄山脉是古北区和东洋区成分的交汇区，与南岭山脉、武夷山脉昆虫区系均具有很高的相似性。考察发现罗霄山脉存在“属级”洲际间断分布现象，如异节牙甲属 *Cymbiodyta* 间断分布于东亚、中北美洲和欧洲（仅1种）；水甲属 *Hygrobia* 间断分布于东亚、大洋洲、欧洲和北非。

1.7.6 脊椎动物区系

共记录罗霄山脉脊椎动物（鱼类、两栖类、爬行类、鸟类、哺乳类）558种。各类研究进展简述如下。

鱼类：野外采集标本2000号，经鉴定共17科64属113种，占江西省鱼类总种数的54.07%；其中鲤形目77种，鲇形目和鲈形目各有16种，包括国家二级重点保护野生动物胭脂鱼 *Myxocyprinus asiaticus* 等珍稀濒危鱼类8种，中国特有种38种。此次考察丰富了中国溪流鱼类数据，对于维持和补充长江鱼类物种多样性和生态结构具有重要的意义。

两栖类：共记录2目8科56种，占中国两栖类总种数的10.98%；发现两栖类新种13种，占罗霄山脉两栖类总种数的23.21%。区系分析表明，罗霄山脉是中国大陆第三阶梯内两栖类的高丰度区，有较高的稀有性和特有性，有中国特有种40种，罗霄山脉特有种9种，其中6种为罗霄山脉微特有种。

爬行类：共记录2目15科44属68种，约占中国爬行类总种数的14.5%，包括新种1种，即井冈龙蜥 *Diploderma jinggangensis*，地区性新记录种4种——梅氏壁虎 *Gekko melli*（罗霄山脉新记录种）、北部湾蜓蜥 *Sphenomorphus tonkinensis*（江西省新记录种）、崇安草蜥 *Takydromus sylvaticus*（湖南省新记录种）、横纹龙晰 *Diploderma fasciatum* 等。显然，罗霄山脉爬行类物种多样性是被严重低估的，该地区是中国爬行类物种多样性相对较高的区域，尤以万洋山脉物种多样性最高。

鸟类：采集标本962号，其中组织、血液、羽毛标本共908号，声音标本54号，共记录19目70科333种，其中，湖南省新记录种2种，即灰冠鹟莺、黑喉山鹪莺，尤以罗霄山脉中段、南段鸟类的物种多样性较高。国家一级重点保护野生动物有中华秋沙鸭、黄腹角雉、白颈长尾雉、白鹤、白肩雕等5种，国家二级重点保护野生动物有鸳鸯、黑冠鹃隼、凤头蜂鹰、黑鸢、蛇雕等50种；列入《濒危野生动植物种国际贸易公约》（CITES）附录Ⅰ的有游隼、黄腹角雉、白颈长尾雉3种，列入附录Ⅱ的有黑冠鹃隼、凤头蜂鹰、黑鸢等25种。对世界濒危物种海南鳽的地理分布和保护等级进行了评价。

哺乳类：采集标本710号，共记录7目22科56属91种，有藏酋猴 *Macaca thibetana* 等国家二级重点保护野生动物8种，褐扁颅蝠等江西省、湖南省、湖北省新记录种9种，罗霄山脉新记录种25种。罗霄山脉哺乳类具有较高的物种多样性，单种属42属，占罗霄山脉总属数的75.0%。总体来看，原始类群、区域特有种、各类珍稀濒危种均非常丰富，充分印证了中国大陆东部是哺乳类的原始中心、冰期避难所。

此外，本次考察鱼类组还附加对陆生无脊椎贝类进行了考察，采集标本 1365 号，经鉴定共 22 科 45 属 129 种及亚种；发表陆生贝类新种 2 种，即石钟山弯螺 *Sinoennea shizhongshanensis*、龙潭弯螺 *Sinoennea longtanensis*，发表淡水贝类新记录种 1 种，即卵圆仿雕石螺 *Lithoglyphopsis ovatus*。第一次全面报道了罗霄山脉贝类物种多样性与分布格局，丰富了中国贝类地理分布格局。

1.7.7　生态保护与生物资源可持续利用评价

本次科学考察基本弄清了罗霄山脉的生物资源、生态资源、土壤资源、水资源本底状况，据此提出了有针对性的生物资源利用措施和生态环境保护评价建议。

（1）生态脆弱区，科学考察和保护具有抢救式意义

罗霄山脉是一个山体复杂、水网交错、湖泊众多的区域，整体呈特殊的“八山一水一地”的自然资源分布格局，跨越 3 省 14 地级市 55 县区，区域总人口达 3390 多万，其中约 20%的人口居住在山区，另外 80%的人口居住在低山丘陵地或流域中下游地带，有壮族、瑶族、苗族、彝族、侗族、畲族等 34 个少数民族。这些地区保存有丰富的原始森林资源，长期未被重点关注和保护，加之农耕文化鼎盛，缺乏带动经济发展的产业，人们普遍生活水平相对低下，以致随意砍伐、采集、狩猎情况严重，人地矛盾渐渐突出，局部区域常出现毁林弃耕，森林、草地退化，裸地沙化，水土流失等情况，生态环境受到严重威胁。随着人类干扰对自然生态系统的压力不断增大，生态环境的敏感性日益凸显，对社会经济发展的制约作用越来越显著。

（2）植物与植被资源保护与利用

按 5 条中型山脉，分别对五大区域进行资源保护和利用评价。例如，在九岭山脉，分别有药用植物 1391 种、淀粉植物 51 种、食用植物 140 种、材用植物 243 种、油脂植物 286 种、芳香植物 88 种、纤维植物 156 种、鞣料植物 46 种、染料植物 32 种、观赏植物 197 种，其他如饲用植物 107 种、有毒植物 57 种。除现存 80 多处自然保护区、40 多处森林公园需加强区域内生物与植被资源保护外，考察人员提出了一批应升级或应建立的自然保护区名单。区域内典型沟谷常绿阔叶林、中亚热带山地常绿林，各类珍稀植物群落如大果马蹄荷群落、青钱柳群落、穗花杉群落、杉木林（野生）等宜加强保护。毛竹林、拟赤杨林、南酸枣林、杉木林、檫木林等人工林，分布于人类居住区附近的风水林、生态公益林、古树名木层片，宜适当进行林分改造，以加强其生态功能和景观效益。

（3）国家珍稀濒危重点保护植物

罗霄山脉有各类珍稀濒危植物共 60 科 145 属 284 种，其中列入《IUCN 红色名录》的有 27 种，如罗汉松、穗花杉、榧树、银杏、白豆杉、铁皮石斛、细茎石斛、独花兰、台湾泡桐、江西马先蒿、三角槭、华榛、伯乐树等；列入《中国生物多样性红色名录——高等植物卷》的有 108 种；中国重点保护野生植物 257 种，如铁皮石斛、细茎石斛、细叶石斛、银杏、伯乐树、红豆杉、莼菜、资源冷杉、南方红豆杉等；列入 CITES 附录的有 71 种等。部分珍稀濒危物种在局部区域形成优势种群，如南方铁杉、南方红豆杉、资源冷杉、穗花杉、福建柏、瘿椒树等；呈极小种群分布的有白豆杉、短萼黄连、黄连、柳叶蜡梅、江西马先蒿、铁皮石斛等。

珍稀濒危植物致危原因主要有两方面：一是自身的生殖障碍；二是生态环境退化。罗霄山脉在系统演化发育过程中的原始类群、古老孑遗种约有 47 属 59 种，如鹅掌楸、观光木、长柄双花木、杜仲等，这些古老孑遗种或为第三纪孑遗种，如白豆杉、资源冷杉、银杏、伯乐树、七叶树等。所有这些原始类群、古老孑遗种在野生状态下自然更新率极低，大多处于濒危状态，亟待提高公众保护意识，加强环境修复，开展就地保护和人工繁育研究。

在项目完成后开始进行专著编写的后期，即于 2021 年国务院公布了新版的国家重点保护植物名录，共记录有罗霄山脉重点保护植物共计 45 科 75 属 115 科，各类珍稀濒危重点保护植物合计 73 科

171 属 336 种。本书对于前期的概念和后期的修订都进行了评述（见附表）。

（4）国家珍稀濒危重点保护动物

罗霄山脉哺乳动物有 91 种，其中国家二级重点保护野生动物有藏酋猴 *Macaca thibetana* 等 8 种；列入 CITES 附录Ⅰ的有斑林狸 *Prionodon pardicolor*、中华斑羚 *Naemorhedus griseus* 两种，列入 CITES 附录Ⅱ的有藏酋猴、豹猫 *Prionailurus bengalensis* 两种；被《中国生物多样性红色名录——脊椎动物卷》收录的近危种（NT）和渐危种（VU）共 38 种，占罗霄山脉哺乳动物总种数的 41.76%。

在罗霄山脉范围内对生态景观的人为干扰对境内的哺乳类产生了严重威胁，以前经常见到的赤狐、貉等现已很难发现其踪迹；保护区开展旅游导致自然环境破碎化、片段化，使得动物栖息地不断锐减，导致陆生动物面临极大威胁。林业部门的管理不当，如重森林法、轻保护法，或有法不依，执法不严；重林木、轻动物；重收费、轻服务等，对野生动物资源的保护均未起到关键作用。野生动物保护投入不足，也严重地影响了正常保护工作的开展，如针对猎捕、驯养、繁殖、经营利用，均没有足够深入的研究，缺乏后续手段。

1.7.8　自然景观和人文遗迹资源

罗霄山脉有各类自然保护区 67 处，国家森林公园、风景名胜区等 34 处，著名景物景观 320 多处。复杂的地势构造，丰富的生物多样性，造就了绵延横亘、蜿蜒曲折、色彩斑斓的自然与生态美景，在视觉感官上给人以无与伦比的震撼。罗霄山脉冬春季相分明，有悬崖峭壁、峰丛峡谷、云海瀑布、山花浪漫等大量的自然景观，在局部区域形成了非常细致的物种、森林与景观的交替变化，罗霄山脉是独特的天然地质博物馆、生物多样性基因库、珍稀濒危物种避难所，具有一种坚挺、深邃、细腻、变幻、色彩斑斓的突出的美学价值。

多年来，美丽多彩、颇具特色的风土人情吸引着大量的游客。西坡的炎陵县桃源洞，被称为神农谷景区，保存有 50 多处古老遗址，如神农氏衣冠冢，为人文始祖炎帝的陵墓所在地，洣水环流，古树参天，景色秀丽，是全国重点文物保护单位。洣泉书院、红军标语博物馆也是著名的人文遗迹。北段有著名的道教名山九宫山，自然景观浓郁，色彩艳丽，驰名中外；清末农民起义领袖李自成的殉难处——闯王陵，就位于九宫山西麓牛迹岭小月山上，陵园面积 200 多亩①，陵墓附近有落印洞。中段井冈山是红色革命根据地，保存有大量的革命遗址和革命纪念建筑物，如黄洋界保卫战胜利纪念碑，留下了毛泽东、朱德等老一辈革命家的手迹。中段武功山，号称江南三大名山之一，历史悠久，为修身养性之洞天福地，宋、明时期香火鼎盛，山南山北建有庵、堂、寺、观达 30 多处，登山游赏、吟诗作赋的名人学士络绎不绝，留下了无数珍贵墨迹，据考证，赞美武功山的诗赋、匾牌、文章百余篇/件。武功山也是第二次国内革命战争时期的“百里红色根据地”，无数革命先辈的热血洒在这块神圣的土地上。丰富的人文景观，使得游客如梭，但这也加剧了自然与生态保护的难度，因此，本次罗霄山脉生物多样性、生物资源调查，为及时掌握该地区的环境现状奠定了必要基础。

① 1 亩≈666.7 m^2。

第 2 章　罗霄山脉植物资源及其保护和利用

自党的十八大以来，以习近平同志为核心的党中央高度重视社会主义生态文明建设，坚持把生态文明建设列入“五位一体”总体布局，与经济建设、政治建设、文化建设、社会建设一起全面推进。坚持节约资源和保护环境是基本国策，坚持绿色发展，加大生态环境保护、建设力度，使生态文明建设在重点突破中实现整体推进。绿水青山就是金山银山。响应新时期党和国家全面推进生态文明建设的重要号召，加快生态文明建设，推进美丽中国、美丽乡村建设。2016 年 3 月，《中华人民共和国国民经济和社会发展第十三个五年规划纲要》正式发布，明确提出“坚持生态优先，绿色发展的战略定位”。为此，各地区都制定了一系列与生态保护、生态修复相关的实施措施。

针对罗霄山脉的生态保护和生物资源可持续利用，江西、湖南、湖北三省各级政府都加强了各类自然保护区、森林公园、地质公园，以及各类地方保护地的建立。本次科学考察各专题组也针对生物资源现状进行了研究，提出了可持续利用的策略和生态环境保护措施，以期为区域生物多样性保护和管理提供依据。

值得注意的是，本章提到的生物资源利用都是建立在自然保护的基础上有条件地开展的，各种野生资源都是自然界长期演化的结果，其为人类的衣、食、住、行提供了必要的物质基础。在目前情况下，任何资源的无序利用均将导致资源枯竭，进而导致环境的破坏，因此，在明确资源价值的情况下，首先是开展资源蕴藏量评估、种质资源可再生研究。其次是针对重要资源植物，除开展引种驯化、栽培研究外，还要借助野生、半野生状态下的自然哺育研究，达到可持续利用的目标。

2.1　幕阜山脉植物资源及其利用和保护

据统计，幕阜山脉共有维管植物 175 科 934 属 2830 种①，资源植物十分丰富，依据杨利民（2008）的《植物资源学》，按材用、药用、观赏、能源、食用、生态植物等资源属性进行统计，并在此基础上针对各局部区域的生态环境保护现状进行大致评价。

2.1.1　幕阜山脉各类植物资源

1. 材用植物

幕阜山脉的材用树种有 243 种，隶属于 46 科，在植物群落中占优势的以樟科（樟、天竺桂、黄樟、宜昌润楠、薄叶润楠、红楠、紫楠、檫木）、松科（马尾松、台湾松）、柏科（柳杉、杉木、福建柏）、山茶科（银木荷、木荷）、杜英科（中华杜英、杜英、褐毛杜英、日本杜英、猴欢喜）、大戟科（重阳木、山乌桕、乌桕、木油桐）、壳斗科（米槠、甜槠、罗浮栲、栲、苦槠、钩栲、青冈、水青冈、石栎、港柯、灰柯、麻栎、白栎、枹栎、栓皮栎）、安息香科（拟赤杨）、金缕梅科（枫香树）为主。最常用的材用植物为杉木及马尾松，毛竹是这一地区经济产业的支柱物种，在中低海拔地区次生林及人工林中多有分布。

其他可作材用的树种还有壳斗科（锥栗、板栗、茅栗、东南栲、细叶青冈、大叶青冈、多脉青冈、小叶青冈、宁冈青冈、云山青冈、褐叶青冈、亮叶水青冈、短尾柯、包果柯、包石栎、硬斗石栎、圆锥石栎、木姜叶柯、菱果柯、槲栎、锐齿槲栎、小叶栎、巴东栎、枹栎）、银杏科（银杏）、松科（大

---

① 为便于地方参考，本节蕨类植物、裸子植物、被子植物均分别采用秦仁昌、郑万钧、哈钦松系统。

别山五针松、金钱松、灰叶杉木）、柏科（柏木、刺柏、侧柏、圆柏）、三尖杉科（三尖杉、篦子三尖杉、粗榧）、红豆杉科（南方红豆杉、榧树、巴山榧树）、木兰科（鹅掌楸、巴东木莲、深山含笑）、樟科（猴樟、豺皮樟）、大风子科（山拐枣、南岭柞木、柞木）、山茶科（短梗木荷、疏齿木荷、紫茎、长喙紫茎、厚皮香、阔叶厚皮香、尖萼厚皮香、亮叶厚皮香、粗毛核果茶、小果核果茶）、椴树科（短毛椴、白毛椴、毛糯米椴、糯米椴、华东椴、膜叶椴、南京椴、粉椴、椴树）、杜英科（秃瓣杜英、仿栗、山杜英）、梧桐科（梧桐）、大戟科（秋枫、东南野桐、油桐）、虎皮楠科（交让木）、蔷薇科（钟花樱桃、微毛樱桃、华中樱桃、尾叶樱桃、迎春樱桃、山樱花、腺叶桂樱、刺叶桂樱、大叶桂樱、橉木、灰叶稠李、椤木石楠、光叶石楠、倒卵叶石楠、石楠、豆梨、沙梨、麻梨、大叶石灰树）、豆科（合欢、山槐、南岭黄檀、黄檀、花榈木）、苏木科（湖北紫荆、肥皂荚）、金缕梅科（杨梅叶蚊母树、缺萼枫香树）、杨柳科（响叶杨、小叶杨、井冈柳、旱柳、南川柳）、杨梅科（杨梅）、桦木科（江南桤木、华南桦、光皮桦）、榛科（湖北鹅耳枥、多脉鹅耳枥、雷公鹅耳枥、川榛）、榆科（糙叶树、紫弹树、黑弹树、珊瑚朴、朴树、大叶朴、刺榆、青檀、兴山榆、多脉榆、杭州榆、榔榆、榆、大叶榉、榉树）、桑科（柘树）、冬青科（冬青、齿叶冬青、厚叶冬青、榕叶冬青、台湾冬青、木姜冬青、铁冬青）、鼠李科（枳椇、北枳椇、毛果枳椇、光叶毛果枳椇、铜钱树、硬毛马甲子）、楝科（苦楝、香椿）、无患子科（伞花木、复羽叶栾树、栾树、无患子、天师栗）、伯乐树科（伯乐树）、槭树科（天台阔叶槭、三角槭、青榨槭、长裂葛萝槭、建始槭、血皮槭、中华槭、天目槭、元宝槭、岭南槭）、清风藤科（泡花树、香皮树、异色泡花树）、省沽油科（银鹊树）、漆树科（南酸枣、黄连木）、胡桃科（青钱柳、黄杞、化香树、枫杨、湖北枫杨）、山茱萸科（灯台树、梾木、山茱萸、光皮梾、四照花）、蓝果树科（喜树、蓝果树）、柿树科（柿、野柿、油柿）、安息香科（小叶白辛树、白辛树、芬芳安息香、栓叶安息香、越南安息香）、木犀科（苦枥木、庐山梣、女贞、木犀）、紫草科（厚壳树）、玄参科（南方泡桐、白花泡桐、毛泡桐、台湾泡桐）、马鞭草科（浙江大青、海通、海州常山），这些都是优良的材用树种。

有部分重点材用树种应用较广，分布面积较大，介绍如下。

杉木：柏科杉木属。乔木，高可达 30 m，胸径可达 2.5～3 m。树皮灰褐色。冬芽近圆形。雄球花圆锥状，雌球花单生。球果卵圆形，长 2.5～5 cm，径 3～4 cm。种子扁平，遮盖着种鳞，长卵形或矩圆形。花期 4 月，球果 10 月下旬成熟。杉木是我国目前最重要的材用树种之一，它生长速度快、生态适应性强，在一般的中山山地均可生长。

檫木：樟科檫木属。落叶乔木，高可达 35 m，胸径达 1.5 m；树皮平滑。花黄色，雌雄异株。果近球形。花期 3～4 月，果期 5～9 月。该种木材浅黄色，材质优良，细致，耐久，可用于造船、制作水车及上等家具。

榉树：榆科榉属。落叶乔木，高可达 30 m，树冠倒卵状伞形；树皮棕褐色，平滑，老时薄片状脱落。单叶互生，卵形、椭圆状卵形或卵状披针形，先端尖或渐尖，边缘具锯齿，叶片表面微粗糙，背面淡绿色，无毛。叶片秋季变色，有黄色系和红色系两个品系。坚果较小。属国家二级重点保护野生植物。在我国分布广泛，生长较慢，材质优良，是珍贵的硬叶阔叶树种。

黄樟：樟科樟属。常绿乔木。树皮暗灰褐色，枝条粗壮，圆柱形。叶互生，通常为椭圆状卵形或长椭圆状卵形。圆锥花序于枝条上部，腋生或近顶生；花药卵圆形，与扁平的花丝近相等；子房卵珠形。果实鸭梨形。花期 3～5 月，果期 4～10 月。木材纹理致密，强度适中，耐腐防蛀，是造船、制作家具和工艺美术品的用材。

樟：樟科樟属。常绿大乔木，高可达 30 m，胸径可达 3 m，树冠广卵形。枝、叶及树干均有樟脑气味。树皮黄褐色，有不规则的纵裂。是一种传统的优良材用树种，木质结构坚硬，自然环境下樟成林的群落已不多见，幕阜山脉居民村落旁边的风水林中偶有古樟生长。

银木荷：山茶科木荷属。木材纹理细致，材质重而干后不易变形，是制造农具、家具及建造屋舍的优良用材，在幕阜山脉的次生林中多有分布，洪水江地区的针阔叶混交林中有较多银木荷大树。此外，与银木荷同属的木荷叶片呈厚革质，可阻绝树冠火，为优良的防火线树种，可适当在幕阜山脉推广。

蓝果树：蓝果树科蓝果树属。落叶乔木，高可达 20 m。树皮粗糙，常裂成薄片脱落。叶片顶端短锐尖，基部近圆形，边缘略呈浅波状。4 月下旬开花，9 月结果。该种木材坚硬，供建筑和制舟车、家具等用，或作枕木和胶合板、造纸原料。树干通直，树冠呈宝塔形，枝叶茂密，色彩美观，秋叶红艳，供观赏。

枫香树：金缕梅科枫香树属。落叶乔木，高可达 30 m，胸径最大可达 1 m。树皮灰褐色。喜温暖湿润气候，性喜光，耐干旱、瘠薄。树干通直，材质坚硬，为优良的木制品材料，常散生在中海拔山地的阔叶林中，密集的群落在幕阜山保护区内较少见。

栓皮栎：壳斗科栎属。落叶乔木，高可达 30 m。树皮黑褐色，小枝无毛。芽圆锥形。叶片卵状披针形或长椭圆形，顶端渐尖；叶柄无毛。雄花花序轴密被褐色绒毛，雄蕊较多；雌花序生叶腋，花柱包着坚果 2/3；小苞片钻形。坚果近球形或宽卵形，顶端圆，果脐突起。3～4 月开花，翌年 9～10 月结果。木材为环孔材，边材淡黄色，心材淡红色，气干密度为 0.87 g/cm^3；树皮木栓层发达，是生产软木的主要树种。

苦槠、甜槠、港柯：壳斗科。这些树种是重要的材用树种，在天然林中倒伏后也可以作为食用菌生长的基物，有时也可直接利用这些树种作为基木栽培菇类及木耳等，其能为食用真菌提供养料。

毛竹：禾本科刚竹属。高可达 20 余米，生长速度快，可用于生产编织品及凉席等，具有重要的经济价值，也是幕阜山保护区内人工种植范围最大的经济植物。

2. 药用植物

幕阜山相传为药王桐君结庐之所，药用植物丰富，较为著名的药用植物有金毛狗、贯众、青牛胆、黄连、鸡血藤、草珊瑚、天麻、玉竹、何首乌、凹叶厚朴、杜仲、八角莲、葛、忍冬、夏枯草、虎杖、绞股蓝等。根据其药效的不同可分为以下类别。

（1）清热解毒的中草药

此类中草药包括石韦、枸骨、地蓄、粉防己、轮环藤、蔓茎堇菜、长萼堇菜、南天竹、八角莲、粗糠柴、紫背天葵、油桐花、紫花地丁、马齿苋、蚤缀、火炭母、红蓼、杠板归、土牛膝、酢浆草、青葙、扁担杆、牛耳枫、蛇莓、假地豆、糯米团、乌蔹莓、水团花、胜红蓟、野菊、白英、通泉草、马鞭草、山香圆、半边莲、杏香兔儿风等。

石韦：水龙骨科石韦属。其味甘、苦，性微寒。入肺、膀胱经。有利水通淋、清肺泄热等作用。能清湿热、利尿通淋，治刀伤、烫伤、脱力虚损。

紫背天葵：秋海棠科秋海棠属。叶背明显紫色，喜生湿润石壁上。全草入药，味甘、微酸，性凉。具清热解毒、润肺止咳、生津止渴之功效，治外感高热、中暑发热、肺热咳嗽、伤风声嘶、痈肿疮毒等症。

杏香兔儿风：菊科兔儿风属。草本。有清热解毒、消积散结、止咳、止血之功效。用于治疗上呼吸道感染、肺脓肿、肺结核咯血、黄疸、小儿疳积、消化不良、乳腺炎；外用治中耳炎、毒蛇咬伤。

胡枝子：豆科胡枝子属。具有很高的医药价值，其根、花入药，性平温，有清热理气和止血的功效。根、茎、花或全草入药，味苦，性平温，有益肝明目、清热利尿、通经活血的功效；也是家畜良好的医治药物。

粗糠柴：大戟科野桐属。灌木状，叶明显三出脉，其果实和叶背的红色粉末状小点有毒。以果实表面的绒毛及根入药，根可清热利湿，用于治疗急、慢性痢疾和咽喉肿痛；果实上的腺体粉末可杀灭线虫等寄生虫。

火炭母：蓼科蓼属。为一种重要的中药，地上部分可入药，有清热解毒、利湿消滞、凉血止痒之功效，可治疗皮肤风热、流注、骨节痈肿疼痛。

扁担杆：椴树科扁担杆属。枝叶药用，味辛、甘，性温。有健脾益气、祛风除湿、解毒之功效，可治疗小儿疳积等。

乌蔹莓：葡萄科乌蔹莓属。叶片鸟足状，花盘橘红色。全草可入药，具有清热解毒、活血化瘀、利尿消肿的功效，可用于治疗咽喉肿痛、毒蛇咬伤、痢疾、尿血、跌打损伤等。

山香圆：省沽油科山香圆属。罗霄山脉大部分自然山地分布的常见药用植物。其中有效成分黄酮的抗炎和镇痛作用效果明显，临床上主要用于治疗扁桃体炎、咽喉炎和扁桃体脓肿等。目前已开发的产品包括山香圆片、山香圆颗粒和山香圆含片等，具有消炎镇痛、清热解毒、利咽消肿等作用。

白英：茄科茄属。草质藤本，全株被具节长柔毛，叶片多为琴形。全草可入药，具有清热利湿、解毒消肿等功效，可用于治疗感冒发热、胆囊炎、子宫糜烂、慢性支气管炎等，对于治疗癌症有辅助作用。

草芍药：芍药科芍药属。具有活血祛瘀、解毒消肿之功效。根部可药用。味苦，性微寒，归肝、脾经，有活血散淤、清热凉血的作用，用于治疗胸肋疼痛、腹痛、痛经、闭经、吐血、衄血、目齿肿痛、跌打损伤等。

（2）安定神智、治疗心神不宁的中药材

此类中药材包括山槐、江南越桔、灯心草、何首乌、石菖蒲、山麦冬等。

山槐：豆科合欢属。落叶乔木，二回羽状复叶。干燥的头状花序及树皮可入药，有平神疏郁、理气活络、活血安神的功效，可用于治疗心神不宁、咽喉肿痛、忧郁失眠、筋骨损伤等。

何首乌：蓼科何首乌属。草质藤本，是重要的中药材。块根黑褐色，可入药，味苦、甘涩，性微凉，无毒。具安神、养血滋阴、活络、解毒等功效，主治血虚、头晕目眩、心悸失眠、须发早白、遗精、肠燥便秘、痔疮等。

石菖蒲：天南星科菖蒲属。叶片二列状，肉穗花序，喜生水边石上。根茎可入药，具化湿开胃、醒神益智、活血理气的功效。可治疗癫痫、痰迷心窍、中暑腹痛、感冒、健忘等。

山麦冬：百合科山麦冬属。以块根入药，味甘、微苦，性寒，具养阴生精、润肺清心的功效，可用于治疗心烦失眠、肠燥便秘等。

（3）抗菌消炎的中药材

此类中药材较多，如蕨类植物铺地蜈蚣、兖州卷柏、翠云草、芒萁、扇叶铁线蕨、蜈蚣草、乌毛蕨、狗脊蕨、镰羽贯众、伏石蕨；种子植物瓜馥木、山胡椒、繁缕、大血藤、虎杖、草珊瑚、青牛胆、阔叶猕猴桃、红背山麻杆、日本五月茶、山乌桕、构树、广寄生、盐肤木、罗浮柿、朱砂根、大青、马鞭草、血见愁、玉叶金花、白花苦灯笼、金线兰、珍珠茅等。

乌毛蕨：乌毛蕨科乌毛蕨属。根状茎可药用，有清热解毒、活血散淤、除湿健脾胃之功效，嫩芽捣烂外敷可消炎，同时它含有麦甾醇、胆碱及多种茚满衍生物等，因此具有保健作用，可治疗高血压、肥胖症。

蜈蚣草：凤尾蕨科凤尾蕨属。喜阴生。性平，味苦，无毒，有祛风除湿、舒筋活络之功效，可治疗疥疮。

狗脊蕨：乌毛蕨科狗脊属。喜生于酸性土壤，对水热条件要求不高。根状茎作药用，有微毒，可治疗流行性乙型脑炎、流行性感冒、子宫出血、钩虫病及蛔虫病。

朱砂根：报春花科紫金牛属。生于林下或灌木丛的矮小灌木。树根及叶可作药用，味苦，有解毒消肿、祛风的功效，可用于治疗呼吸道感染、扁桃体炎、风湿性关节炎、淋巴结炎、腰腿痛、跌打损伤等。

山胡椒：樟科山胡椒属。喜生于山坡林缘阳光充足处。果实、叶片及根均可作药用，性温，有祛风活络、解毒消肿的作用，可用于治疗风湿麻木、筋骨疼痛、虚寒胃痛、肾炎性水肿、扁桃体炎等。

玉叶金花：茜草科玉叶金花属。木质藤本，具大型不育花萼。藤茎及根可作药用，味甘，性凉，可清热解毒、解暑，常用于治疗中暑、支气管炎、扁桃体炎、肠炎、毒蛇咬伤等。

虎杖：蓼科虎杖属。多年生半灌木，幼枝上多有紫色斑纹。是一种常用的中药，茎、叶可作药用，味酸苦，性凉，有清热解毒、通便利湿、抗菌消炎的功效，可用于治疗肝炎、肠炎、咽喉炎、支气管炎等各种炎症，外敷可治烧伤、跌打损伤、毒蛇咬伤等。

构树：桑科构属。叶形多变异，为村前村后常见的小乔木、灌木。全株可作药用，叶片可利尿消肿，割伤树皮所得白色浆液可外擦治疗神经性皮炎。

（4）祛除寒湿、治疗风湿麻痹的药材

此类药材有乌头、枸骨、楤木、棘茎楤木、八角枫、树参、马尾松、威灵仙、枫香树、络石、及已、箭叶淫羊藿、青灰叶下珠、南蛇藤、苍耳等。

乌头：毛茛科乌头属。母根称为乌头，为镇痉剂，可治疗风湿性关节炎、腰腿痛、神经痛。侧根（子根）入药，称为附子，有回阳、逐冷、祛风湿的作用，可治疗大汗亡阳、四肢厥逆、霍乱转筋、肾阳衰弱的腰膝冷痛、形寒爱冷、精神不振以及风寒湿痛、脚气等。

枸骨：冬青科冬青属。叶、果实和根都供药用，叶能治肺结核潮热和咯血，果实常用于治疗白带过多和慢性腹泻，根常用于治疗风湿痛和急性黄疸性肝炎。根、枝、叶、树皮及果实是滋补强壮药，根有滋补强壮、活络、清风热、祛风湿之功效，枝叶用于治疗肺痨咳嗽、劳伤失血、腰膝痿弱、风湿痹痛。

楤木：五加科楤木属。枝叶上密生小刺，喜生于路旁灌丛。根皮及茎皮作药用，可祛风除湿、活血化瘀、利尿消肿，用于治疗肝炎、肾炎性水肿、糖尿病、风湿关节痛、跌打损伤等。

树参：五加科树参属。又称半枫荷，为我国华南地区较常用的药材。根及树皮可作药用，味甘、性温，可祛风湿、通经络、壮筋骨，用于治疗风湿骨痛、扭伤、小儿麻痹后遗症、月经不调等。

黄樟：樟科樟属。可祛风散寒、温中止痛、行气活血、消食化滞，主治风寒感冒、风湿痹痛、胃寒腹痛、泄泻、痢疾、跌打损伤、月经不调。

雷公藤：卫矛科雷公藤属。皮部毒性太大，常刮去。具有祛风除湿、活血通络、消肿止痛、杀虫解毒之功效，常用于治疗类风湿性关节炎、风湿性关节炎、肾小球肾炎、肾病综合征、红斑狼疮、口眼干燥综合征、白塞综合征、湿疹、银屑病、麻风病、疥疮、顽癣。

（5）有强壮身体功效的中草药

此类中药材可增强身体机能、提升免疫力，进而预防疾病，延缓衰老。此类中药材包括藤石松、狗脊蕨、何首乌、土荆芥、土牛膝、矩圆叶鼠刺、藤黄檀、鸡血藤、薜荔、树参、江南越桔、酸藤子、墨旱莲、韩信草、土茯苓、薏苡等。

藤石松：石松科藤石松属。大型藤本，常攀缘于灌木丛上。全草可作药用，味甘，性温，有舒筋活血、祛除风湿的功效，可治疗关节痛、跌打损伤及月经不调等。

薜荔：桑科榕属。又称凉粉果，木质藤本。果实及不育幼枝可入药，果实味甘，性平，具补肾固精、催乳、活血的功效，用于治疗乳汁不通、遗精阳痿等，不育幼枝可治疗风湿骨痛、跌打损伤等。

土牛膝：苋科牛膝属。又名倒钩草，叶片倒卵形。全株药用，味苦，性凉，有清热解毒、通经利尿的功效，可用于治疗感冒发热、疟疾、风湿性关节炎等。

鸡血藤：豆科鸡血藤属。主要为山鸡血藤、昆明鸡血藤等，大型木质藤本。根及藤的切片可入药，味甘，性温，有通经活络、补血之功效，常用于治疗贫血、风湿痹痛、腰腿酸痛及四肢麻木等。

韩信草：唇形科黄芩属。小草本，全草可入药，味辛，性平，具有清热解毒、活血散瘀的功效，可治疗肠炎、痢疾、跌打损伤等。

薏苡：禾本科薏苡属。根及块状茎可入药，味甘，性微寒，有利湿、杀虫、止咳等功效；根可治疗麻疹及强壮筋骨。

（6）可治疗跌打损伤类的中草药

此类中草药包括石松、蛇足石杉、芒萁、华南紫萁、单叶新月蕨、黄金凤、香叶树、豺皮樟、阴香、凤仙花、中华猕猴桃、赤楠、田基黄、中华杜英、光叶山矾、白檀、石斑木、鹅不食草、华紫珠、韩信草、画眉草等。

石松：石松科石松属。喜生于酸性土。全株均可入药，味微苦、辛，性温，可舒筋活络、祛风除湿，主治风湿筋骨疼痛、扭伤肿痛及急性肝炎等。

蛇足石杉：石松科石杉属。全草入药，有清热解毒、生肌止血、散瘀消肿的功效，治疗跌打损伤、瘀血肿痛、内伤出血，外用治疗痈疖肿毒、毒蛇咬伤、烧烫伤等。但该品有毒，慎用，中毒时可出现头昏、恶心、呕吐等症状。

芒萁：里白科芒萁属。味苦、涩，性平，有清热利尿、化瘀、止血之功效，用于治疗鼻衄、肺热咯血、尿道炎、膀胱炎、小便不利、水肿、月经过多、血崩等，外用治疗创伤出血、跌打损伤、烧烫伤、骨折、蜈蚣咬伤。

黄金凤：凤仙花科凤仙花属。常见于万洋山脉、诸广山脉海拔 800～2100 m 的山坡草地、草丛、水沟边、山谷潮湿地或密林中，局部成片分布。亦分布于云南、湖北、福建、贵州等省区。黄金凤是贵州等地的民间常用草药，具有抗炎镇痛、活血化瘀等功效。贵州省人民医院将该药加工成各种制剂用于治疗跌打损伤、骨折、烧烫伤等，经多年使用效果良好。

石斑木：蔷薇科石斑木属。又称春花。树根及叶可作药用，味苦，性寒，有解毒活血、消肿的功效，可治疗跌打损伤、骨髓炎、关节炎等。

（7）治蛇毒、蛇伤的中草药

此类中草药包括深绿卷柏、佛甲草、马齿苋、羊角拗、鸡矢藤、豆腐柴、半边莲、下田菊、杠板归、箭叶蓼、香附子、豆腐柴等。

深绿卷柏：卷柏科卷柏属。生于山地林下潮湿处，枝扁平深绿色。全草入药，可清热解毒、止血，用于治疗肺炎、急性扁桃体炎、蛇虫咬伤等，对于治疗癌症有辅助作用。

半边莲：桔梗科半边莲属。小草本。全草入药，味辛、苦，性平，可利尿除湿、消肿、清热解毒，常用于治疗毒蛇咬伤、肝硬化腹水、肾炎性水肿、扁桃体炎等，外用可治跌打损伤。

香附子：莎草科莎草属。喜生于溪边路旁。块根可入药，味苦，性平，可理气疏肝、调经，用于治疗胃胀腹痛、痛经、毒蛇咬伤等。

豆腐柴：马鞭草科豆腐柴属。小灌木，根及叶可入药，味苦涩，性寒，有消肿止痛、清热解毒的功效，用于治疗痢疾、阑尾炎、烧伤烫伤及毒蛇咬伤等。

（8）消食化积的中药材

此类中药材主要用于治疗饮食积滞、消化不良，常见的有鸡矢藤、革命菜、白栎、山楂、杨梅、台湾林檎等。

鸡矢藤：茜草科鸡矢藤属。为我国南方常用的草药，整株具臭味。全株均可作药用，味微苦，性平，有消食化积、祛风利湿的功效，常用于治疗风湿骨痛、跌打损伤、胃肠绞痛、消化不良、支气管炎等。

山楂：蔷薇科山楂属。小灌木，是一种常用的促消化药材。

杨梅：杨梅科杨梅属。常见水果，常栽培在村落旁。果实及根皮均可入药；果实入药有生津止渴的功效，常用于治疗口干、食欲缺乏等；而根皮入药可治疗跌打损伤、痢疾、烧烫伤等。

（9）泻下通便的中药材

此类中药材包括毛果巴豆、郁李、乌饭树等，其中巴豆属植物多有引起腹泻的药效。毛果巴豆为小灌木，根及种仁有毒，可引起强烈的呕吐、腹泻等，入药时应慎重。郁李的种子是一种良好的润肠通便、下气利水的药材，常用于治疗肠燥便秘、脚气、大肠气滞等。

（10）芳香化湿、祛风散寒的中药材

这类中药材多温性偏燥，主要用于健运脾胃、化湿，幕阜山脉较常见的有唇形科的牛至、紫苏、薄荷，天南星科的石菖蒲及姜科的草豆蔻、山姜、舞花姜等，此外，樟科的香料植物香叶树、山橿等也是较好的药用植物。姜科及樟科多为温性药材，这一特点可为开发新的药用植物提供线索。

3. 观赏植物

随着人们生活水平的提高，人们对环境美化程度的要求也日益提高，传统花卉和其他观赏植物的品种已不能满足人们的需求。从野生植物资源中筛选出具有较高观赏价值的种类作为观赏植物，不仅可以获得新颖、奇特的观赏材料，扩大观赏植物的品种范围，而且通过研究的深入，有利于园艺观赏品种的育种和利用，是丰富园林植物种类和创制新品种的重要途径。种类繁多的原生植物具有丰富的叶形、叶色、花色和果色，具有不同的生长习性和物候期，在不同季节会显示出不同的景观特色，具有较高的观赏价值，是现代家庭园艺、城市绿化、花镜设计的优良材料。为此，我们对幕阜山脉具有观赏价值的原生植物展开了调查研究，下面对具有高度开发价值的代表性观赏植物予以介绍。

（1）观赏乔木

乔木类型的观赏植物常给人以震撼的感觉，如金钱松及鹅掌楸等大型乔木，高度可达 30 m，枝叶繁茂，常生于林中溪边地带，视觉冲击力极强。湖北紫荆、伯乐树、云实、栾树、四照花等多为总状花序，在开花季节花色绚丽多彩，与繁茂的枝叶交相辉映，共同构成了自然景色。

春季观花：以木兰科（鹅掌楸、望春玉兰、黄山木兰、玉兰、紫玉兰、武当木兰、厚朴、天女花、木莲、巴东木莲、深山含笑、）大花型为主，花色主要为白色，兼有粉红色、紫色、黄色；蔷薇科（钟花樱桃、微毛樱桃、华中樱桃、尾叶樱桃、迎春樱桃、樱桃、浙闽樱桃、山樱花、木瓜）为早春开花，花色以粉红色为主，且花量极大。除此之外，还有豆科（金合欢、合欢、山槐）、苏木科（云实、湖北紫荆）、茜草科（香果树）、八角科（红茴香、莽草）、山茶科（木荷、紫茎）、楝科（苦楝）、山茱萸科（灯台树、四照花）等作为春季观花植物。

秋季观果：主要为红豆杉科（南方红豆杉），该类植物除四季常青外，主要以肉质假种皮包裹的种子为重要观赏特性；樟科（红果山胡椒）、大风子科（山桐子）、冬青科（冬青、具柄冬青、猫儿刺、毛冬青、铁冬青）、柿树科（山柿、柿、野柿、君迁子、老鸦柿）、无患子科（复羽叶栾树、栾树、无患子）等也可作为秋季观果植物。

四季观叶：主要以松科（台湾松、金钱松）、柏科（刺柏）、红豆杉科（三尖杉）、椴树科（白毛椴、毛糯米椴、糯米椴、华东椴、膜叶椴、南京椴、粉椴、椴树）、杜英科（中华杜英、杜英、褐毛杜英、秃瓣杜英、日本杜英、猴欢喜）、无患子科（天师栗）、槭树科（天台阔叶槭、三角槭、紫果槭、青榨槭、秀丽槭、罗浮槭、建始槭、血皮槭、毛果槭、五裂槭、鸡爪槭、天目槭、元宝槭、金钱槭、岭南槭、三峡槭）、省沽油科（膀胱果）、金缕梅科（枫香树）、木犀科（白蜡树、苦枥木、庐山梣、女贞、木犀、厚边木犀、牛矢果、野桂花）作为四季观叶植物，其中槭属、枫香树、金钱松等落叶类乔木，以及杜英属日本杜英、褐毛杜英等，不仅树形美观，而且在秋冬季节叶片变黄或呈红色，落叶随风飘落，极具美感。

代表种介绍如下。

金钱松：松科金钱松属。别称金松（杭州）、水树（浙江湖州）。可作庭园观赏树种，树姿优美，叶片在短枝上簇生，辐射平展成圆盘状，似铜钱，深秋叶色金黄，极具观赏性。本种为珍贵的观赏树木之一，与南洋杉、雪松、金松和北美红杉合称为世界五大公园树种。可孤植、丛植、列植或用作风景林。

台湾松：松科松属。一般生于较高海拔地带，在幕阜山脉 1000～1700 m 山峰上多有生长，而以九曲水山地内的台湾松长势最好。多生于峭壁旁，遒劲有力的树枝与山峰营造出各异的景观。

四照花：山茱萸科四照花属。常绿乔木，树形美观，亦可观花、观果。总苞片呈花瓣状，白色至淡黄色，开放时花朵绽放于枝顶，极具观赏性。此外，尖叶四照花的果实成熟时为圆球形、红色，也具有很好的观赏价值。

猴欢喜：杜英科猴欢喜属。树形美观，四季常青，尤其是红色蒴果，外被长而密的紫红色刺毛，外形近似板栗的具刺壳斗，颜色鲜艳，在绿叶丛中，满树红果，生机盎然，非常可爱。当果实开裂后，则露出具有黄色假种皮的种子，更增添了色彩美，是以观果为主、观叶与观花为辅的常绿观赏树种。园林中可以孤植、丛植、片植，亦可与其他观赏树种混植，树冠浓绿，果实色艳形美，宜作庭园观赏树。

罗浮槭：槭树科槭属。该种树冠紧密，姿态婆娑，枝叶繁茂，春天嫩叶鲜红色，老叶终年翠绿，夏天红色翅果缀满枝头，如万千红蝶游戏树丛，美丽迷人，是一种优美的庭园观赏、绿化、风景树种。近年来，色彩树种的应用在园林建设中兴起，罗浮槭的育苗试验对于城市园林建设及景观树种结构调整具有重要意义。

天师栗：无患子科七叶树属。七叶树树形美观，冠如华盖，开花时硕大的白色花序又似一盏华丽的烛台，蔚为奇观，在风景区和小庭院中可作行道树或骨干景观树。

（2）观赏灌木

幕阜山脉的观赏灌木可以分为春季观花、夏季观花、冬季观花、夏季观果、秋冬观果、四季观叶。

春季观花：远志科（黄花倒水莲）、瑞香科（毛瑞香、结香、荛花、光叶荛花、了哥王、北江荛花）、海桐花科（狭叶海桐、海金子、崖花子）、山茶科（柃叶连蕊茶、川鄂连蕊茶、红淡比、厚叶红淡比、厚皮香）、桃金娘科（赤楠）、野牡丹科（少花柏拉木、长萼野海棠、过路惊）、锦葵科（野葵、庐山芙蓉、木芙蓉、中华木槿）、蔷薇科[东亚唐棣、山桃、梅、杏、华中枸子、野山楂、湖北山楂、华中山楂、白鹃梅、棣棠花、湖北海棠、光萼林檎、三叶海棠、中华绣线梅、小叶石楠、绒毛石楠、石楠、全缘火棘、火棘、豆梨、石斑木、拟木香、银粉蔷薇、小果蔷薇、软条七蔷薇、金樱子、亮叶月季、野蔷薇、粉团蔷薇、绣球蔷薇、缫丝花（刺梨）、钝叶蔷薇、绣球绣线菊、麻叶绣线菊、江西绣线菊、中华绣线菊、疏毛绣线菊、粉花绣线菊、渐尖粉花绣线菊、光叶粉花绣线菊、李叶绣线菊、单瓣李叶绣线菊、野珠兰、毛萼红果树、波叶红果树]、苏木科（短叶决明、含羞草决明、望江南、槐叶决明、决明、紫荆、垂丝紫荆）、豆科（多花木蓝、深紫木蓝、苏木蓝、庭藤、宜昌木蓝、华东木蓝、长总梗木蓝、花木蓝、胡枝子、绿叶胡枝子、中华胡枝子、截叶铁扫帚、短梗胡枝子、大叶胡枝子、多花胡枝子、广东胡枝子、美丽胡枝子、假绿叶胡枝子、短叶胡枝子、展枝胡枝子）、杜鹃花科（灯笼树、毛叶吊钟花、吊钟花、齿缘吊钟花、美丽马醉木、马醉木、耳叶杜鹃、腺萼马银花、云锦杜鹃、鹿角杜鹃、岭南杜鹃、满山红、羊踯躅、白花杜鹃、马银花、杜鹃、长蕊杜鹃）等。

夏季观花：千屈菜科（尾叶紫薇、紫薇、浙闽紫薇、光紫薇、南紫薇、千屈菜）、绣球花科（草绣球、常山、冠盖绣球、中国绣球、西南绣球、长柄绣球、圆锥绣球、蜡莲绣球、宁波溲疏、溲疏、异色溲疏、长江溲疏、四川溲疏、绢毛山梅花、牯岭山梅花、浙江山梅花、山梅花）等。

冬季观花：蜡梅科（山蜡梅、蜡梅、柳叶蜡梅）等。

夏季观果：鼠李科（多花勾儿茶、光枝勾儿茶、大叶勾儿茶、牯岭勾儿茶、勾儿茶）等。

秋冬观果：大戟科（算盘子）、冬青科（满树星、秤星树）、胡颓子科（佘山胡颓子、毛木半夏、巴东胡颓子、蔓胡颓子、长叶胡颓子、宜昌胡颓子、披针叶胡颓子、木半夏、胡颓子、星毛羊奶子、牛奶子）、省沽油科（野鸦椿）、芸香科（茵芋）、茜草科（水团花、细叶水团花、虎刺、短刺虎刺）、忍冬科（糯米条、南方六道木、二翅六道木、桦叶荚蒾、水红木、粤赣荚蒾、荚蒾、宜昌荚蒾、直角荚蒾、南方荚蒾、光萼荚蒾、琼花、聚花荚蒾、衡山荚蒾、巴东荚蒾、黑果荚蒾、天目琼花、蝴蝶戏珠花、球核荚蒾、皱叶荚蒾、常绿荚蒾、茶荚蒾、合轴荚蒾、壶花荚蒾、半边月、锦带花）、马鞭草科（紫珠、华紫珠、白棠子树、杜虹花、老鸦糊、毛叶老鸦糊、全缘叶紫珠、藤紫珠、日本紫珠、窄叶紫珠、枇杷叶紫珠、广东紫珠、红紫珠、秃红紫珠）、冬青科（猫儿刺）等。

四季观叶：樟科（乌药）、小檗科（汉源小檗、川鄂小檗、华东小檗、南岭小檗、豪猪刺、假豪猪刺、庐山小檗、刺黑珠、阔叶十大功劳、十大功劳、南天竹）、木通科（猫儿屎）、五加科（树参、变叶树参、短梗大参、穗序鹅掌柴)、报春花科（血党、锦花九管血、朱砂根、百两金、月月红、紫金牛、剑叶紫金牛、罗伞树)、安息香科（赛山梅、垂珠花、白花龙、野茉莉)、木犀科（金钟花、蜡子树、小蜡）等。

代表种介绍如下。

杜鹃：杜鹃花科杜鹃属。俗名映山红，是我国著名的观花植物，在历史上有很多吟咏杜鹃的诗句。杜鹃对生境的要求不高，在山坡灌丛、溪流旁均可生长，花冠红色，与细瘦的枝叶搭配起来有很高的观赏性。

茵芋：芸香科茵芋属。小型常绿灌木，叶片厚纸质，卵圆形，是待开发的观叶植物；总状花序，花较小，淡红色。

北江荛花：瑞香科荛花属。小型灌木，枝叶细弱，4～5 月开花，小花粉红色、长管状，总体看上去北江荛花与乔木等观赏植物气质迥异。

猫儿刺：冬青科冬青属。猫儿刺喜生于较高海拔的灌丛坡地，在幕阜山脉鄙峰山坡上分布有大量的猫儿刺群落。整株伞状常绿，枝叶繁茂，叶片革质，边缘具硬刺，叶形奇特，观赏性高；果实成熟时圆球形、红色，点缀于叶片之间，极为美观。

波叶红果树：蔷薇科红果树属。常绿灌木，秋冬季节波叶红果树的叶片常变为红色，总状的果序结大量的橙红色果实，极为美观。波叶红果树在幕阜山脉的中高海拔地区多有分布，如梨树洲、中洲河谷及鄙峰附近均有群落。

南天竹：小檗科南天竹属。南天竹是一种园林应用较广的观赏植物，叶片大型羽状，秋冬时节叶片呈红色。此外，南天竹总状花序有大量的白色小花，是一种很好的观花赏叶的灌木。

朱砂根：报春花科紫金牛属。小型灌木，叶边缘具浅圆齿，果实成熟时深红色，常被栽培作盆景。

（3）观赏藤本

幕阜山脉的观赏藤本分为五大类，分别为常绿观叶藤本、常绿观果藤本、常绿观花藤本、落叶观花藤本、落叶观果藤本。

石松科（石松、笔直石松、藤石松)、五加科（常春藤)、木通科（三叶木通、白木通)、木犀科（清香藤）为常绿观叶藤本，海金沙科（海金沙、异形南五味子、南五味子、翼梗五味子)、报春花科（密齿酸藤子、杜茎山）为常绿观果藤本，苏木科（粉叶羊蹄甲、湖北羊蹄甲)、夹竹桃科（鳝藤、帘子藤、毛药藤、乳儿绳、络石、紫花络石）为常绿观花藤本，毛茛科（女萎、小木通、短尾铁线莲、大花威灵仙、威灵仙、山木通、铁线莲、大叶铁线莲、单叶铁线莲、绣球藤)、猕猴桃科（毛花猕猴桃、阔叶猕猴桃、中华猕猴桃)、萝藦科（牛奶菜)、忍冬科（金花忍冬、蕊被忍冬、郁香忍冬、倒卵叶忍冬、淡红忍冬、菰腺忍冬、忍冬、下江忍冬、云雾忍冬)、龙胆科（双蝴蝶、香港双蝴蝶、峨眉双蝴蝶、细茎双蝴蝶)、桔梗科（金钱豹、羊乳)、紫葳科（凌霄、楸）为落叶观花藤本，葡萄科（蓝果蛇葡萄、羽叶蛇葡萄、三裂蛇葡萄、牯岭蛇葡萄)、蔷薇科（金樱子）为落叶观果藤本。

代表种介绍如下。

中华猕猴桃：猕猴桃科猕猴桃属。大型落叶木质藤本；叶片阔卵形至近圆形；花白色，具香味，直径达 35 cm；果实黄褐色，椭圆形至近球形。中华猕猴桃的叶片、花朵及果实均具有很高的观赏性，且可攀附于乔灌木上层生长，适宜园林景观设计，是重要的观赏性藤本。

金樱子：蔷薇科蔷薇属。叶片具小叶 3～5 片，常绿；花白色大型；果实倒卵形，成熟时橙红色。生态适应性强，适宜造设绿篱。

牛奶菜：萝藦科牛奶菜属。常绿藤本；叶片卵状心形，长 8～13 cm；伞形聚伞花序具花 10～20 朵，花冠白色至淡黄色。可观赏其叶及花，幕阜山溯溪、黑龙潭等地多有分布。

羽叶蛇葡萄：葡萄科蛇葡萄属。大型木质藤本；二回羽状复叶，小枝上部着生有一回羽状复叶，叶形多变，上面光亮，为观叶藤本；果实近球形，成熟时红色。喜生于山谷、路旁阳处及灌丛。

清香藤：木犀科素馨属。大型攀缘灌木，高 10～15 m。小枝圆柱形，稀具棱；叶片革质对生，三出复叶，叶片上面绿色，光亮；复聚伞花序常排列成圆锥状，有花多朵，花冠白色，花冠管纤细，长 1.7～3.5 cm。在幕阜山的山坡灌木林中有分布。

（4）观赏草本

观赏草本包括多种观叶及观花植物，一般按照其生长习性，可分为喜阳草本、喜阴草本、耐水湿草本、岩生植物等。

毛茛科（瓜叶乌头、乌头、深裂乌头、赣皖乌头、花葶乌头、狭盔高乌头、升麻、还亮草、芍药、草芍药、尖叶唐松草、大叶唐松草、华东唐松草、爪哇唐松草、西南唐松草、多枝唐松草、东亚唐松草）、睡莲科（芡实、莲、萍蓬草、睡莲）、堇菜科（堇菜、鸡腿堇菜、鳞茎堇菜、戟叶堇菜、南山堇菜、球果堇菜、心叶堇菜、七星莲、紫花堇菜、光叶堇菜、长萼堇菜、白花堇菜、福建堇菜、犁头叶堇菜、萱、紫花地丁、匍匐堇菜、柔毛堇菜、辽宁堇菜、深山堇菜、庐山堇菜、三角叶堇菜、如意草）、远志科（小花远志、狭叶香港远志、瓜子金）、紫茉莉科（紫茉莉）、金丝桃科（黄海棠、赶山鞭、挺茎遍地金、小连翘、地耳草、金丝桃、金丝梅、贯叶连翘、元宝草、密腺小连翘、长柱金丝桃、圆果金丝桃、三腺金丝桃）、锦葵科（地桃花、中华地桃花、梵天花）、蔷薇科（假升麻、柔毛路边青、翻白草、地榆、长叶地榆）、豆科（含羞草）、伞形科（前胡）、败酱科（败酱）、菊科（野菊、坚叶三脉紫菀、卵叶三脉紫菀、微糙三脉紫菀、白舌紫菀、毛枝三脉紫菀、琴叶紫菀、岳麓紫菀、湖北蓟、蓟、线叶蓟、总序蓟、刺儿菜、大花金鸡菊、剑叶金鸡菊、白头婆、佩兰、华泽兰、异叶泽兰、林泽兰、大吴风草、鼠麴草、秋鼠麴草、同白秋鼠麴草、细叶鼠麴草、匙叶鼠麴草、橐吾、齿叶橐吾、蹄叶橐吾、狭苞橐吾、大头橐吾、窄头橐吾、林荫千里光、千里光、加拿大一枝黄花、一枝黄花、野菊）、夹竹桃科（毛白前）、龙胆科（五岭龙胆、龙胆、狭叶獐牙菜、美丽獐牙菜、獐牙菜、浙江獐牙菜、紫红獐牙菜）、百合科（黄花菜、萱草、野百合、百合、南川百合、卷丹）为喜阳草本或藤本；卷柏科（深绿卷柏、江南卷柏、卷柏、翠云草）、木贼科（问荆、节节草、笔管草）、瓶尔小草科（阴地蕨）、紫萁科（紫萁）、膜蕨科（团扇蕨）、里白科（里白）、金毛狗蕨科（金毛狗）、鳞始蕨科（乌蕨）、碗蕨科（碗蕨）、凤尾蕨科（普通凤丫蕨、峨嵋凤丫蕨、凤丫蕨、溪边凤尾蕨、井栏边草、蜈蚣草、粉背蕨）、铁角蕨科（倒挂铁角蕨）、金星蕨科（延羽卵果蕨、普通假毛蕨、渐尖毛蕨、干旱毛蕨）、乌毛蕨科（乌毛蕨、狗脊）、蹄盖蕨科（长江蹄盖蕨）、鳞毛蕨科（镰羽贯众、贯众、阔鳞鳞毛蕨、迷人鳞毛蕨、红盖鳞毛蕨）、水龙骨科（庐山石韦、石韦、江南星蕨、瓦韦、线蕨）、马兜铃科（尾花细辛）、秋海棠科（美丽秋海棠、竹节秋海棠、秋海棠、中华秋海棠、裂叶秋海棠、掌裂叶秋海棠）、野牡丹科（肥肉草、地菍、金锦香、朝天罐、肉穗草、楮头红）为喜阴草本；三白草科（三白草）、蓼科（头花蓼、火炭母、蓼子草）、酢浆草科（山酢浆草、酢浆草、红花酢浆草）、凤仙花科（睫毛萼凤仙花、华凤仙、鸭跖草状凤仙花、牯岭凤仙花、封怀凤仙花、水金凤、丰满凤仙花、阔萼凤仙花、黄金凤）、百合科（荞麦叶大百合、深裂竹根七、玉簪、紫萼、山麦冬、禾叶山麦冬、阔叶山麦冬）为耐水湿草本；景天科（费菜、东南景天、对叶景天、珠芽景天、大叶火焰草、火焰草、凹叶景天、箱根景天、日本景天、薄叶景天、佛甲草、庐山景天、藓状景天、叶花景天、垂盆草、细小景天、短蕊景天、石莲）、虎耳草科（落新妇、大叶落新妇、剪春罗、剪秋罗、剪红纱花）、苦苣苔科（大花旋蒴苣苔、旋蒴苣苔、川鄂粗筒苣苔、蚂蝗七、牛耳朵、大齿唇柱苣苔、江西全唇苣苔、闽赣长蒴苣苔、贵州半蒴苣苔、降龙草、吊石苣苔、长瓣马铃苣苔、大叶石上莲、大花石上莲、绢毛马铃苣苔、石山苣苔）为岩生植物。夹竹桃科（毛白前）为阳生性缠绕藤本。

代表种介绍如下。

阴地蕨：瓶尔小草科阴地蕨属。小型蕨类，高约 20 cm；叶片阔三角形，三回羽状分裂，孢子叶穗状、具长柄，孢子叶屹立而营养叶开展，造型奇异，为湿生观赏植物，同时阴地蕨也是一种珍稀药用植物。

庐山石韦：水龙骨科石韦属。喜生于石上。叶片厚革质，孢子囊群呈不规则的点状排列于叶背，幼时被星状毛覆盖，成熟时孢子囊开裂而呈砖红色，具较高的观赏价值。能耐受干旱环境，适宜园林造景。

尾花细辛：马兜铃科细辛属。喜生于阴湿疏林下。全株被散生柔毛；叶片三角状卵形或卵状心形，基部耳状或心形，长 4～10 cm；花被绿色，被紫红色圆点状短毛丛，花被裂片喉部稍缢缩，先端骤窄成细长尾尖，尾长可达 15 cm，外面被白色柔毛，具较高的观赏性。同时尾花细辛也是一种中药材原料。

野菊：菊科菊属。多年生草本，有匍匐茎。叶羽状半裂或分裂不明显，而边缘有浅锯齿；伞房状花序分枝生于茎顶端，头状花序直径 1.5～2.5 cm，舌状花黄色，长 10～13 mm。在山地岩壁及山坡均可生长，为园艺植物品种的优良种质资源。

毛白前：夹竹桃科鹅绒藤属。柔弱缠绕藤本。叶片对生，卵状心形至卵状长圆形，长 2～4 cm，两面均被黄色短柔毛；伞形聚伞花序腋生，花直径 1 cm，花冠紫红色，裂片长圆形。生长于海拔 200～700 m 的山坡及灌木丛中，野外观察其花、叶均具有较高的观赏性。

黄金凤：凤仙花科凤仙花属。高 30～60 cm。茎细弱少分枝；叶片密集于分枝的上部，卵状披针形或椭圆状披针形，边缘具浅圆齿；花 5～8 朵排成总状花序，花黄色。喜生于水旁及沟谷，观赏价值高。

萱草：百合科萱草属。又名黄花菜，喜生于溪边，幕阜山的村边路旁常有栽培，叶片条状，花大、橙黄色，具观赏性，萱草未开放的花可食用。

（5）珍稀兰科植物

幕阜山脉兰科植物丰富，如建兰、蕙兰、多花兰、春兰、寒兰、斑叶兰、钩距虾脊兰、带唇兰、大花斑叶兰、见血青、石仙桃、朱兰、银兰、金兰、独花兰等。

建兰：兰科兰属。又称为秋兰，我国著名的观赏植物，具卵球形假鳞茎，包藏于叶基之内，叶片带形、具光泽，长 30～60 cm，前部边缘有时有细齿，花葶从假鳞茎基部生出，长 20～35 cm；总状花序具 3～9 朵花，花有香气，浅黄绿色而具紫斑，花瓣狭椭圆形或狭卵状椭圆形，长 1.5～2.4 cm。花期通常 6～10 月。

钩距虾脊兰：兰科虾脊兰属。假鳞茎短，具 3～4 枚鞘和 3～4 片叶，叶片在花期尚未完全展开，椭圆形或椭圆状披针形，长达 33 cm；总状花序长达 32 cm，疏生多数花，萼片和花瓣在背面褐色，内面淡黄色，距圆筒形，长 10～13 mm，常钩曲。在幕阜山保护区内分布广泛，是一种具较大开发潜力的观赏植物。

4. 能源植物

能源是现代社会赖以生存和发展的基础，安全可靠的能源供应和高效清洁地利用能源是实现经济可持续发展的基本保证，也是国家战略安全保障的基础之一。能源植物（energy plant）是指能量富集型的植物，它们通过光合作用固定二氧化碳和水，将太阳能以化学能形式储藏在植物中，除直接燃烧产生热能外，还可转化成固态、液态和气态燃料。生物质能为可再生的绿色能源，可以部分或全部替代原油作为燃料及化工原料，不但可以缓解全球面临的石油危机，而且其燃烧产生的大气污染低于化石燃料，可有效地减轻温室效应、减少环境污染。经调查，幕阜山脉分布的能源植物有 15 科 88 种，主要包括以下两类。

富纤维的能源植物：五节芒，为禾本科芒属植物，在幕阜山脉资源丰富，往往在林缘及路边等开阔地形成优势群落，具有生长迅速、生长旺盛、燃烧完全、成本低和产量高等优点，是目前生产燃料乙醇的理想能源植物之一。

富油脂类能源植物：部分植物体内含有大量的油脂类碳氢化合物，其可以转化成生物能源被利用，因而被称为“石油”植物。幕阜山保护区内这类能源植物主要包括松科（大别山五针松、马尾松、武陵松、台湾松）、三尖杉科（三尖杉、篦子三尖杉、粗榧）、红豆杉科（榧树、巴山榧树）、木兰科（望春玉兰、黄山木兰、玉兰、紫玉兰、武当木兰、厚朴、木莲、巴东木莲）、樟科（樟、天竺桂、狭叶山胡椒、浙江山胡椒、香叶树、红果山胡椒、大果山胡椒、山胡椒、黑壳楠、山鸡椒、毛山鸡椒、清香木姜子、木姜子、大叶新木姜子、闽楠、紫楠、檫木）、桦木科（光皮桦）、山矾科（白檀）、木通科（木通、三叶木通、白木通、鹰爪枫、五月瓜藤、牛姆瓜、串果藤、西南野木瓜、野木瓜、羊瓜藤、倒卵叶野木瓜）、山茶科（心叶毛蕊茶、尖连蕊茶、柃叶连蕊茶、毛柄连蕊茶、长瓣短柱茶、细叶短柱茶、油茶、川鄂连蕊茶）、大戟科（蓖麻、斑子乌桕、白木乌桕、山乌桕、乌桕、油桐、木油桐）、虎皮楠科（虎皮楠）、芸香科（花椒、小花花椒、异叶花椒、花椒簕、青花椒、野花椒、梗花椒）、无患子科（天师栗）、伯乐树科（伯乐树）、漆树科（黄连木、盐肤木、野漆、漆树、木蜡树、毛漆树）、胡桃科（山核桃、野核桃、胡桃、化香树、枫杨）、山茱萸科（灯台树、红瑞木、梾木、灰叶梾木、山茱萸、小梾木、光皮树）、棕榈科（棕榈）等。

幕阜山脉能源植物较为丰富，主要代表种如下。

光皮树：山茱萸科山茱萸属。落叶乔木，重要的多用途油料树种。干果含油率为 33%～36%，平均每株可产油 15 kg 以上。光皮树树干挺拔、清秀，树皮斑驳，枝叶繁茂，喜光，耐寒，喜深厚、肥沃而湿润的土壤，萌芽力强，抗病虫害能力强，寿命较长，树龄常可超过 200 年。

黄连木：漆树科黄连木属。落叶乔木，高可达 20 余米，树干扭曲，形态奇特，具奇数羽状复叶。中亚热带分布较广，成林后具有保持水土、调节小气候、防风固土、抗污染等生态功能。种子含油率约为 42%，可用于提取脂肪酸、润滑油及肥皂等，油脂的碳链长度为 C17～C20，与普通柴油成分相似，具有良好的开发前景（侯新村等，2010）。

棕榈：棕榈科棕榈属。常绿乔木，树干圆柱形，叶片近圆形，喜温暖湿润性气候，但具有一定的耐寒性，零星分布于秦岭、长江以南地区。种子含丰富油脂，具十六烷值高、流动性好等优点，是生产生物柴油的优良树种。

乌桕：大戟科乌桕属。典型的南方油料树种，出油率高，开发利用历史悠久，对土壤适应性较强，在低山丘陵黏质红壤及山地红黄壤上都能生长，能耐受一定干旱，我国江西省有较大规模的乌桕种植。

油茶：山茶科山茶属。我国传统的四大高含油树种，已有很好的栽培种植基础。对生境要求不高，一般在富含有机质的酸性红壤或黄壤上均能良好生长。我国长江以南油茶栽培历史悠久，种植技术成熟，是一种经济价值很高的能源树种。

白檀：山矾科山矾属。小灌木。果实结实量大，成熟时蓝色，种仁含油率高，是一种潜在的具有开发价值的能源植物。喜生于中高海拔的山腰、亚山顶地带，在局部区域常成为建群种或优势种。植株在花期、果期形成白色、蓝色景观，煞是好看。

大叶新木姜子：樟科新木姜子属。常绿小乔木。果实椭圆柱形或球形，直径 1.2～1.8 cm，结果量大。种子含油率高，株高常为 4～7 m，果实容易采收，是一种优良的能源植物。叶长椭圆形，轮生于枝顶，嫩时淡紫红色，是早春彩叶植物。

油桐：大戟科油桐属。种子富含桐油，主要用于生产干性油漆桐油。目前，我国是世界上最大的桐油生产国。油桐植株结果量丰富，常广泛栽培于低山地区，对土壤、水、热等生态条件适应性强，生长快速，资源较丰富，且多数为已坐果的成株。落叶乔木，花大、淡黄白色，具有一定的景观特色。

5. 食用植物

幕阜山脉食用植物主要有野生食用蔬菜和野生果树资源。

（1）野生食用蔬菜

野生食用蔬菜即野菜，泛指可供人们食用与药用的山林蔬菜。据报道，我国栽培的蔬菜仅 160 余种，而可食用的野菜却达 600 余种。野菜资源具有以下特点：①无农药、化肥等污染。②营养价值高。

药用野菜多含有丰富的营养成分及多种微量元素，组成蛋白质的氨基酸成分齐全，可补充人体膳食蛋白质。③保健功能强。野菜具有良好的膳食纤维，对糖尿病、肥胖症、高胆固醇血症、心脏病、结肠炎等病症具有较好的防治作用。④资源丰富、易采集、成本低。合理开发利用野菜资源，注重膳食结构的变化，在丰富蔬菜种类和满足口感需求的前提下，利用药用蔬菜中的高营养成分和药用成分可达到防病、治病和提高健康水平的目的。日本、西欧和东南亚的一些国家早已兴起野菜消费热，我国南方（如云南、广西、广东）和东北（辽宁、吉林和黑龙江）等省区的居民具有食用野菜的传统，其余地区野菜的消费也渐成新潮。

幕阜山脉蕴藏着极其丰富的植物资源，野菜种类繁多，经初步调查统计，野菜类植物约 71 种，隶属于 24 科，主要为紫萁科（紫萁）、碗蕨科（蕨、姬蕨）、球子蕨科（东方荚果蕨）、睡莲科（芡实、莲）、三白草科（蕺菜）、十字花科（荠菜）、马齿苋科（马齿苋）、苋科（苋）、荨麻科（蔓赤车）、楝科（香椿）、五加科（树参、变叶树参）、伞形科（鸭儿芹、野胡萝卜、水芹）、败酱科（败酱）、菊科（苦荬菜、马兰）、爵床科（白接骨）、马鞭草科（豆腐柴）、唇形科（薄荷、紫苏、野生紫苏）、泽泻科（野慈姑）、姜科（阳荷）、百合科（藠头、薤白、黄花菜、萱草、野百合、百合、南川百合）、菝葜科（菝葜、土茯苓）、莎草科（荸荠）、禾本科（孝顺竹、方竹、桂竹、毛竹、淡竹、苦竹、斑苦竹）、豆科（窄叶野豌豆、广布野豌豆、小巢菜、牯岭野豌豆、大叶野豌豆、大野豌豆、救荒野豌豆、四籽野豌豆、歪头菜、长柔毛野豌豆、贼小豆、赤小豆、野豇豆）等。

（2）野生果树资源

野生果树资源是能生产人类食用的果实、种子及其衍生物的野生木本或多年生草本的总称。野生植物资源是大自然留给人类最宝贵的财富，是人类生存与社会发展的物质基础之一，主要体现之一为野生果树资源遗传基因的多样性是作物育种的基础。

经初步调查统计，幕阜山脉野生果树约 211 种，隶属于 17 科，主要为木通科（木通、三叶木通、白木通、鹰爪枫、五月瓜藤、牛姆瓜、串果藤、西南野木瓜、野木瓜、倒卵叶野木瓜）、猕猴桃科（软枣猕猴桃、异色猕猴桃、京梨猕猴桃、中华猕猴桃、毛花猕猴桃、黄毛猕猴桃、小叶猕猴桃、阔叶猕猴桃、大籽猕猴桃、梅叶猕猴桃、黑蕊猕猴桃、无髯猕猴桃、美味猕猴桃、葛枣猕猴桃、革叶猕猴桃、对萼猕猴桃）、桃金娘科（赤楠）、杜英科（褐毛杜英）、蔷薇科（山桃、梅、杏、钟花樱桃、微毛樱桃、华中樱桃、尾叶樱桃、短梗尾叶樱桃、迎春樱桃、麦李、郁李、樱桃、浙闽樱桃、山樱花、华中栒子、野山楂、湖北山楂、华中山楂、枇杷、腺叶桂樱、刺叶桂樱、大叶桂樱、台湾林檎、湖北海棠、光萼林檎、三叶海棠、灰叶稠李、粗梗稠李、细齿稠李、绢毛稠李、光叶石楠、小叶石楠、石楠、李、全缘火棘、火棘、杜梨、豆梨、沙梨、麻梨、小果蔷薇、软条七蔷薇、金樱子、野蔷薇、粉团蔷薇、绣球蔷薇、腺毛莓、粗叶悬钩子、周毛悬钩子、寒莓、掌叶复盆子、毛萼莓、小柱悬钩子、攀枝莓、山莓、插田泡、宜昌悬钩子、戟叶悬钩子、蓬蘽、湖南悬钩子、白叶莓、无腺白叶莓、五叶白叶莓、灰毛泡、牯岭悬钩子、高粱泡、光滑高粱泡、太平莓、茅莓、腺花茅莓、盾叶莓、香莓、锈毛莓、浅裂锈毛莓、空心泡、针刺悬钩子、多腺悬钩子、红腺悬钩子、木莓、灰白毛莓、无腺灰白毛莓、长腺灰白毛莓、三花悬钩子、东南悬钩子、毛萼红果树、波叶红果树）、榛科（川榛）、壳斗科（锥栗、板栗、茅栗、米槠、甜槠、罗浮栲、栲、秀丽锥、苦槠、钩栲、青冈、细叶青冈、多脉青冈、小叶青冈、宁冈青冈、云山青冈、褐叶青冈、亮叶水青冈、短尾柯、包果柯、石栎、包石栎、硬斗石栎、圆锥石栎、港柯、灰柯、木姜叶柯、菱果柯、麻栎、槲栎、锐齿槲栎、小叶栎、巴东栎、白栎、枹栎、刺叶高山栎、黄山栎、栓皮栎）、桑科（薜荔）、鼠李科（枳椇、北枳椇、毛果枳椇、光叶毛果枳椇）、胡颓子科（佘山胡颓子、毛木半夏、巴东胡颓子、蔓胡颓子、长叶胡颓子、宜昌胡颓子、披针叶胡颓子、木半夏、胡颓子、星毛羊奶子、牛奶子）、葡萄科（山葡萄、蘡奥葡萄、东南葡萄、刺葡萄、锈毛刺葡萄、红叶葡萄、葛藟葡萄、毛葡萄、榕叶葡萄、庐山葡萄、鸡足葡萄、小叶葡萄、武汉葡萄、俞藤）、芸香科（秃叶黄皮树、黄檗、川黄檗）、漆树科（南酸枣）、胡桃科（野核桃）、杜鹃花科（乌饭树、无梗越桔、黄背越桔、扁枝越桔、江南越桔)、柿树科（山柿、柿、野柿、君迁子、罗浮柿、油柿、老鸦柿、延平柿)、忍冬科（桦叶荚蒾、水红木、粤赣荚蒾、荚蒾、宜昌荚蒾、直角荚蒾、南方荚蒾、光萼荚蒾、琼花、聚花荚蒾、衡山荚蒾、巴东荚蒾、黑果荚蒾、蝴蝶戏珠花、球核荚蒾、皱叶荚蒾、常绿荚蒾、茶荚蒾、合轴荚蒾、壶花荚蒾)。

2.1.2　幕阜山脉生态环境现状和保护建议

罗霄山脉的北段——幕阜山脉地处鄂、湘、赣三省交界处，为长江流域南岸，左侧为洞庭湖，右侧为鄱阳湖，地理位置非常特殊，生态环境保护较好，目前已建立各类自然与文化保护地 11 处，有国家级自然保护区 2 处，省级自然保护区 4 处，国家级森林公园 1 处，县级自然保护区 2 处，市级地质公园 1 处，国家级风景名胜区 1 处（表 2-1）。未完全统计其他县区内小的森林公园或生态公园。其中，幕阜山省级自然保护区地处幕阜山脉西南段，九宫山国家级自然保护区地处幕阜山脉北中段，庐山国家级自然保护区地处幕阜山脉最东部，三个区域生态环境保护良好。庐山南部、东南部被划为国家级风景名胜区，区域范围与自然保护区不完全重叠，除文化遗迹区外，包含部分次生林区、人工林区，特别是自 1934 年庐山植物园建立以来，引种驯化栽培的大片裸子植物区、杜鹃花区植物生长发育良好，为人工园林建设提供了许多良好的园艺技术。

表 2-1　幕阜山脉各类保护地基本情况列表

序号	省	市或县	保护地名称	山地/湿地	面积（hm^2）	保护性质、对象	保护地类型	级别	始建时间	主管部门或经营管理单位
1	鄂	通山县	隐水洞地质公园	隐水洞	250	岩洞景观	地质公园	市级	2002	国土局
2	鄂	通山县	九宫山国家级自然保护区	九宫山	16 608	中亚热带森林生态系统、珍稀濒危动植物，人文景观及第四纪冰川遗迹	自然保护区	国家级	1981	林业局
3	赣	瑞昌市	江西瑞昌南方红豆杉省级自然保护区	肇陈镇	2 500	南方红豆杉及森林生态系统	自然保护区	省级	2011	林业局
4	赣	庐山市	庐山国家级自然保护区	九江市	30 493	亚热带季风常绿阔叶林	自然保护区	国家级	2013	江西林业局
5	赣	庐山市	庐山风景名胜区	九江市	30 200	亚热带季风常绿阔叶林，历史文化遗迹	风景名胜区	国家级	1984	江西林业局
6	赣	武宁县	伊山省级自然保护区	伊山	11 415	森林生态系统	自然保护区	省级	2013	林业局
7	赣	修水县	程坊省级自然保护区	程坊/幕阜山西南麓	10 759.8	森林生态系统	自然保护区	省级	2017	林业局
8	赣	修水县	黄龙山自然保护区	黄龙山	2 333	森林生态系统	自然保护区	县级	2007	林业局
9	湘	平江县	幕阜山省级自然保护区	幕阜山	7 734	森林生态系统	自然保护区	省级	1995	林业局
10	湘	平江县	幕阜山森林公园	幕阜山	1 701	森林生态系统	森林公园	国家级	2005	林业局
11	湘	平江县	仙姑山自然保护区	仙姑山	287	珍稀动植物及其生境	自然保护区	县级	1995	林业局

幕阜山脉包括湖南幕阜山、湖北九宫山、江西伊山、江西庐山、江西瑞昌等区域，处于罗霄山脉最北端，它的北面属于北亚热带气候区，区系性质表现出较强的温带性，因而该地区没有典型的常绿阔叶林，其中，领春木科为仅分布于幕阜山脉的科，是华中区系向南扩散的证据。伊山由于地处幕阜山脉南端，来自北方的寒流大部分被阻隔，因而其热带性属的比例要明显高于其余山地。

1）针叶林主要分布于 500 m 以下的低海拔地段，建群种有黄山松、马尾松、南方红豆杉、日本柳杉等，伴生种有三椏乌药、石灰花楸、小叶白辛树、山矾、檵木、白檀等。

2）常绿落叶阔叶混交林是幕阜山脉的主要植被类型，其中优势的常绿树种有钩锥、甜槠、苦槠、小叶青冈、青冈、柯、鹿角杜鹃，它们均为罗霄山脉的广布种。优势的落叶性树种有枫杨、青榨槭、赤杨叶、南酸枣、枫香树等。

3）高海拔灌丛植被优势种包括蜡瓣花、满山红、胡枝子、白栎、金缕梅等。

4）草地植被主要在低海拔地区分布，优势种包括长鬃蓼、荩草、水虱草、穹隆薹草等；此外，还零星分布有灯心草，伴生种有裸花水竹叶、鸡眼草等。

生态保护建议：幕阜山省级自然保护区地处幕阜山脉西南段，生态环境保护良好，应进一步升级为国家级自然保护区。地处江西省修水县境内的程坊省级自然保护区、武宁县境内的伊山省级自然保护区亦具备建立国家级自然保护区的条件。地处幕阜山脉东北角的江西省瑞昌南方红豆杉自然保护区具备珍贵价值，有国家林业和草原局 I 级保护树种南方红豆杉 10 多万株，目前在外围地区受到了一定的人为干扰，应注意加强保护。

2.2 九岭山脉植物资源及其利用和保护

九岭山脉共有种子植物 168 科 892 属 2750 种[①]，有着非常丰富的资源植物。例如，当地有大量的竹笋，湖南的大围山、九岭山等地的居民，在竹笋收获季节，上山收获竹笋食用或晒成笋干出售，是当地居民的主要经济来源之一。再如，九岭山脉是中华猕猴桃 *Actinidia chinensis* 的分布中心之一，在九岭山脉除了野生，还有大量栽培，已形成一定的产业。此外，各种苗木产业，在九岭山脉也得到了较大的发展，达到了一定的规模。对九岭山脉的各种资源植物进行分析，结果表明，药用、淀粉、食用、饲料、有毒、材用、油脂、芳香、纤维、鞣料、染料、观赏等功用植物均十分丰富，蕴藏着巨大的经济价值和生态价值。以下根据植物用途、习性予以简述，并提出生态保护建议。

2.2.1 九岭山脉各类植物资源

1. 药用植物

九岭山脉药用植物约 312 科 865 属 1391 种，可分为抗病原微生物的植物、对治疗癌症有辅助作用的植物、治疗神经系统疾病的植物、抗寄生虫病的植物、治疗心血管疾病的植物、治疗呼吸系统疾病的植物、治疗消化系统疾病的植物、具有强壮作用的植物、具有利尿作用的植物、具有调节内分泌作用的植物、治疗蛇毒蛇伤的植物、治疗跌打损伤的植物、具有清热解毒作用的植物，以及具有祛风湿、舒筋骨作用的植物。此外，还有部分药用植物未具体归类。

（1）对治疗癌症有辅助作用的植物

对治疗癌症有辅助作用的植物具有很高的研究价值。九岭山脉此类植物比较丰富，代表的科和种主要有水龙骨科（伏石蕨、抱树莲）、卷柏科（深绿卷柏）、金粟兰科（草珊瑚）、十字花科（弯曲碎米荠）、大戟科（重阳木）、蔷薇科（蛇莓）、豆科（猪屎豆）、珙桐科（喜树）、山矾科（白檀）、茜草科（白花蛇舌草、纤花耳草）、菊科（鳢肠、革命菜）、茄科（白英、龙葵）、菝葜科（菝葜）、天南星科（天南星）和薯蓣科（黄独）等。

（2）抗寄生虫病的植物

抗寄生虫病的植物可抗蛔虫、血吸虫、丝虫、疟原虫等寄生虫。九岭山脉的抗寄生虫病植物约有 48 科 92 属 101 种，如铁线蕨科（扇叶铁线蕨）、乌毛蕨科（乌毛蕨）、木兰科（鹅掌楸）、八角科（红毒茴）、樟科（樟、乌药、山鸡椒）、毛茛科（威灵仙、茴茴蒜、天葵）、大血藤科（大血藤）、金粟兰科（宽叶金粟兰）、罂粟科（博落回）、紫堇科（黄堇、小花黄堇）、白花菜科（白花菜）、蓼科（萹蓄）、商陆科（美洲商陆）、藜科（土荆芥）、安石榴科（安石榴）、山茶科（细齿叶柃）、梧桐科（梧桐）、大戟科（飞扬草、粗糠柴、乌桕）、菊科（黄龙尾）、蔷薇科（桃、野山楂、蛇含委陵菜、金樱子）、豆科（合欢、云实、小槐花、花榈木、沙葛、鹿藿、苦参）、荨麻科（楼梯草、赤车）、卫矛科（卫矛）、

① 本节蕨类植物、裸子植物、被子植物分别采用秦仁昌、郑万钧、哈钦松系统。

胡颓子科（牛奶子）、葡萄科（地锦、刺葡萄）、芸香科（臭节草、吴茱萸）、苦木科（臭椿）、楝科（楝）、漆树科（盐肤木）、伞形科（野胡萝卜、小窃衣）、马钱科（醉鱼草）、木犀科（白蜡树）、夹竹桃科（夹竹桃、络石）、茜草科（水团花）、菊科（奇蒿、艾、白苞蒿、天名精、金挖耳、加拿大蓬、大吴风草、苦荬菜、石胡荽）、半边莲科（半边莲）、旋花科（心萼薯）、玄参科（蚊母草、爬岩红）、马鞭草科（红紫珠、红紫珠、马鞭草、黄荆）、唇形科（广防风、石荠苎、半枝莲）、鸭跖草科（杜若）、百合科（粉条儿菜、紫萼）、天南星科（石菖蒲）、百部科（大百部）和禾本科（薏苡、狗尾草）等。

（3）抗病原微生物的植物

抗病原微生物的植物主要治疗由细菌或病毒引起的疾病。九岭山脉抗病原微生物的植物约有 45 科 66 属 73 种，如卷柏科（兖州卷柏、翠云草）、木贼科（笔管草）、海金沙科（海金沙）、凤尾蕨科（蜈蚣草）、铁线蕨科（铁线蕨、扇叶铁线蕨、毛轴铁角蕨）、乌毛蕨科（乌毛蕨）、鳞毛蕨科（镰羽贯众）、水龙骨科（抱树莲、伏石蕨）、番荔枝科（瓜馥木、多花瓜馥木）、樟科（无根藤、山胡椒）、毛茛科（威灵仙、毛茛）、大血藤科（大血藤）、防己科（秤钩风）、三白草科（三白草）、金粟兰科（草珊瑚）、堇菜科（如意草）、石竹科（繁缕）、马齿苋科（马齿苋）、蓼科（虎杖、水蓼）、苋科（刺苋）、瑞香科（了哥王）、大戟科（重阳木、飞扬草、千根草、算盘子）、蔷薇科（金樱子）、榆科（朴树）、桑科（构树）、冬青科（秤星树）、葡萄科（三叶崖爬藤）、漆树科（盐肤木）、五加科（白簕花）、柿树科（罗浮柿）、报春花科（朱砂根）、夹竹桃科（络石）、茜草科（水团花、流苏子、栀子、狭叶栀子）、菊科（下田菊、藿香蓟、鬼针草、加拿大蓬、一点红、一年蓬、革命菜、千里光、夜香牛、石胡荽）、半边莲科（半边莲）、玄参科（母草）、马鞭草科（大青、马鞭草）、唇形科（血见愁）、鸭跖草科（鸭跖草）和禾本科（淡竹叶）等。

（4）治疗神经系统疾病的植物

这类植物具有镇静、麻醉的作用。九岭山脉治疗神经系统疾病的植物约有 72 科 122 属 154 种，如石松科（石松）、卷柏科（翠云草）、木贼科（笔管草）、紫萁科（华南紫萁）、凤尾蕨科（蜈蚣草）、铁线蕨科（铁线蕨、扇叶铁线蕨）、蹄盖蕨科（华中蹄盖蕨）、铁角蕨科（铁角蕨）、乌毛蕨科（乌毛蕨）、鳞毛蕨科（远轴鳞毛蕨）、水龙骨科（抱树莲）、松科（马尾松）、五味子科（南五味子）、番荔枝科（瓜馥木）、樟科（无根藤、樟、香叶树、山鸡椒、红楠、新木姜子）、毛茛科（威灵仙）、小檗科（三枝九叶草）、木通科（野木瓜）、防己科（木防己、秤钩风、金线吊乌龟）、金粟兰科（草珊瑚）、马齿苋科（马齿苋）、蓼科（何首乌、虎杖、水蓼、酸模）、苋科（土牛膝）、酢浆草科（酢浆草）、瑞香科（了哥王）、金丝桃科（赶山鞭、地耳草）、梧桐科（梧桐）、锦葵科（木槿、白背黄花稔）、大戟科（飞扬草、算盘子）、蔷薇科（桃、小叶石楠、金樱子、粗叶悬钩子、山莓、高粱泡、茅莓、灰白毛莓）、豆科（合欢、藤黄檀、野葛、鹿藿、苦参）、苏木科（龙须藤）、金缕梅科（枫香树、檵木）、杨梅科（杨梅）、榆科（朴树、榔榆）、桑科（构树、桑）、荨麻科（苎麻、糯米团、冷水花）、冬青科（秤星树、铁冬青）、鼠李科（多花勾儿茶）、芸香科（楝叶吴茱萸、花椒簕）、楝科（楝）、八角枫科（八角枫）、五加科（白簕花、黄毛楤木、树参）、伞形科（天胡荽、藁本）、报春花科（朱砂根）、安息香科（栓叶安息香）、马钱科（蓬莱葛）、萝藦科（牛皮消）、茜草科（狭叶栀子、白花苦灯笼、钩藤）、菊科（藿香蓟、加拿大蓬、鳢肠、多须公、豨莶、夜香牛）、半边莲科（半边莲）、茄科（枸杞）、马鞭草科（大青、黄荆）、唇形科（广防风、野生紫苏、南丹参、华鼠尾草）、姜科（山姜）、百合科（粉条儿菜、百合）、菝葜科（菝葜）、天南星科（云台南星、天南星）、莎草科（香附子）和禾本科（芒）等。

（5）治疗心血管疾病的植物

此类植物有降血脂、抑制血小板凝聚等作用，可用于治疗冠心病、心肌梗死等疾病。九岭山脉治疗心血管疾病的植物约有 42 科 52 属 58 种，如卷柏科（翠云草）、木贼科（笔管草）、里白科（芒萁）、铁线蕨科（铁线蕨）、乌毛蕨科（乌毛蕨）、水龙骨科（抱树莲、伏石蕨）、松科（马尾松）、柏科（杉木）、樟科（樟、黄樟）、毛茛科（威灵仙、山木通）、防己科（秤钩风）、蓼科（虎杖、红蓼）、苋科

（刺苋）、紫茉莉科（紫茉莉）、锦葵科（黄花稔）、大戟科（重阳木、毛果巴豆、算盘子、白背叶）、蔷薇科（蛇莓、金樱子、茅莓）、桑科（蕒芝、薜荔）、冬青科（毛冬青）、鼠李科（枣）、芸香科（花椒簕）、五加科（白簕花、变叶树参）、报春花科（朱砂根）、夹竹桃科（夹竹桃）、菊科（鬼针草）、唇形科（益母草）和禾本科（狗牙根）等。

（6）治疗呼吸系统疾病的植物

此类植物有祛痰止咳的功效，可用于治疗咳嗽、气管炎等疾病。九岭山脉治疗呼吸系统疾病的植物约有 69 科 134 属 158 种，如卷柏科（深绿卷柏、兖州卷柏）、铁线蕨科（铁线蕨）、金星蕨科（新月蕨）、乌毛蕨科（乌毛蕨）、水龙骨科（抱树莲、伏石蕨、瓦韦）、木兰科（木莲）、番荔枝科（多花瓜馥木）、防己科（血散薯）、十字花科（蔊菜）、堇菜科（七星莲、如意草）、蓼科（红蓼）、大戟科（飞扬草）、鼠刺科（鼠刺）、蔷薇科（金樱子）、豆科（野葛、鹿藿）、桑科（蕒芝、桑）、伞形科（天胡荽、前胡）、杜鹃花科（华丽杜鹃）、报春花科（朱砂根）、山矾科（华山矾）、夹竹桃科（络石）、茜草科（风箱树、鸡矢藤）、菊科（下田菊、藿香蓟、杏香兔儿风、白花鬼针草、婆婆针、金盏银盘、鬼针草、一点红、马兰、千里光、豨莶、一枝黄花、夜香牛、石胡荽、水蓑衣）、马鞭草科（华紫珠、白棠子树、兰香草）、唇形科（金疮小草、广防风、野生紫苏）、鸭跖草科（鸭跖草）、薯蓣科（山药）和禾本科（狗牙根）等。

（7）治疗消化系统疾病的植物

此类植物主要用于治疗肠胃道疾病。九岭山脉治疗消化系统疾病的植物约有 54 科 96 属 106 种，如石松科（石松）、卷柏科（薄叶卷柏、兖州卷柏）、金星蕨科（渐尖毛蕨）、铁角蕨科（毛轴铁角蕨）、肾蕨科（肾蕨）、水龙骨科（抱树莲、瓦韦）、柏科（侧柏）、木兰科（木莲）、樟科（山胡椒、山鸡椒）、防己科（轮环藤）、堇菜科（如意草）、蓼科（金荞麦、水蓼）、藜科（藜）、苋科（刺苋、鸡冠花）、千屈菜科（紫薇）、山茶科（细齿叶柃）、猕猴桃科（中华猕猴桃）、金丝桃科（地耳草）、椴树科（扁担杆）、锦葵科（白背黄花稔、地桃花）、大戟科（铁苋菜、重阳木、飞扬草、千根草、算盘子）、蔷薇科（野山楂）、豆科（野葛）、荨麻科（糯米团、冷水花）、鼠李科（枣、光枝勾儿茶）、芸香科（楝叶吴茱萸）、五加科（白簕花）、伞形科（芫荽）、柿树科（罗浮柿）、报春花科（朱砂根）、萝藦科（牛皮消）、茜草科（白花蛇舌草、鸡矢藤）、菊科（杏香兔儿风、婆婆针、鬼针草、鳢肠、一点红、马兰、千里光、夜香牛、石胡荽）、玄参科（长蒴母草、母草、通泉草）、爵床科（九头狮子草、水蓑衣）、马鞭草科（华紫珠、大青、马鞭草、黄荆、牡荆）、唇形科（广防风、野生紫苏）、鸭跖草科（鸭跖草）、菝葜科（菝葜）、薯蓣科（日本薯蓣）和禾本科（牛筋草）等。

（8）治疗跌打损伤的植物

九岭山脉治疗跌打损伤的植物约有 107 科 254 属 368 种，如石松科（石松）、紫萁科（华南紫萁）、木兰科（深山含笑）、八角科（红毒茴）、五味子科（异形南五味子、南五味子）、番荔枝科（瓜馥木、多花瓜馥木）、樟科（无根藤、樟、野黄桂、黄樟、香叶树、山胡椒、山鸡椒、檫木）、毛茛科（威灵仙、山木通、天葵、尖叶唐松草、爪哇唐松草）、木通科（野木瓜）、防己科（秤钩风、金线吊乌龟、血散薯）、马兜铃科（马兜铃）、金粟兰科（宽叶金粟兰、多穗金粟兰、及已、草珊瑚）、罂粟科（血水草、博落回）、白花菜科（白花菜）、堇菜科（戟叶堇菜、七星莲）、远志科（黄花倒水莲）、景天科（八宝、凹叶景天）、虎耳草科（扯根菜、黄水枝）、石竹科（剪红纱花、漆姑草、雀舌草、繁缕）、蓼科（金荞麦、虎杖）、苋科（牛膝）、酢浆草科（酢浆草）、凤仙花科（凤仙花）、柳叶菜科（小二仙草）、瑞香科（结香、了哥王）、紫茉莉科（紫茉莉）、猕猴桃科（中华猕猴桃）、金丝桃科（赶山鞭、地耳草、金丝桃）、杜英科（中华杜英）、梧桐科（梧桐）、锦葵科（木芙蓉、地桃花）、大戟科（飞扬草、算盘子、白背叶、乌桕）、鼠刺科（鼠刺）、蔷薇科（桃、三叶委陵菜、金樱子、粗叶悬钩子、山莓、灰白毛莓、绣球绣线菊）、苏木科（龙须藤、云实、紫荆）、豆科（响铃豆、猪屎豆、假地豆、尖叶长柄山蚂蝗、鸡眼草、常春油麻藤、花榈木）、金缕梅科（檵木）、杨梅科（杨梅）、桑科（蕒芝、柘树、薜荔、桑）、荨麻科（大叶苎麻、苎麻、悬铃叶苎麻、楼梯草、毛花点草、紫麻、赤车、波缘冷水花、齿叶矮冷水花）、冬青科（秤星树、铁冬青）、卫矛科（短梗南蛇藤、卫矛、光枝勾儿茶）、鼠李科（薄叶鼠李）、胡颓子科（长叶胡颓子、蔓胡颓子）、葡萄科（乌蔹莓、地锦、三叶崖爬藤、崖爬藤、刺葡萄）、芸香科（臭节草、花椒簕）、漆树科（盐肤木）、山茱萸科（青荚叶）、八角枫科（八角枫）、五加科（白簕花、常春藤、刺楸）、伞形科（积雪草、鸭儿芹、红马蹄草、直刺变豆菜）、杜鹃花科（杜鹃、南烛）、报春花科（朱砂根、紫金牛、山血丹、九节龙、杜茎山、过路黄、珍珠菜、星宿菜）、山矾科（华山矾、光叶山矾）、马钱科（醉鱼草）、夹竹桃科（帘子藤、络石）、茄科（紫花合掌消、牛茄子）、茜草科（水团花、风箱树、虎刺、狗骨柴、四叶葎、栀子、白花蛇舌草、纤花耳草、鸡矢藤、钩藤）、忍冬科（走马箭、水红木）、菊科（杏香兔儿风、奇蒿、白苞蒿、东风菜、一点红、大吴风草、鼠麹草、菊芋、苦荬菜、一枝黄花、夜香牛、石胡荽）、桔梗科（半边莲、铜锤玉带草）、紫草科（琉璃草、附地菜）、旋花科（心萼薯）、玄参科（泥花草、旱田草、蚊母草、爬岩红）、苦苣苔科（旋蒴苣苔、蚂蝗七、吊石苣苔）、紫葳科（凌霄）、爵床科（水蓑衣、爵床、九头狮子草）、马鞭草科（华紫珠、白棠子树、马鞭草）、唇形科（金疮小草、活血丹、石荠苎、华鼠尾草、荔枝草、红根草、半枝莲、韩信草、血见愁）、姜科（山姜）、百合科（紫萼）、菝葜科（菝葜、白背牛尾菜、牛尾菜）、天南星科（滴水珠）、香蒲科（水烛）、鸢尾科（射干、蝴蝶花、鸢尾）、薯蓣科（薯莨）和禾本科（狗牙根、牛筋草、知风草）等。

（9）治疗蛇毒蛇伤的植物

九岭山脉治疗蛇毒蛇伤的植物约有83科182属263种，如卷柏科（深绿卷柏）、金星蕨科（渐尖毛蕨）、肾蕨科（肾蕨）、五味子科（南五味子）、樟科（山胡椒、山鸡椒）、毛茛科（天葵）、大血藤科（大血藤）、防己科（木防己、秤钩风、金线吊乌龟、血散薯、千金藤、粉防己）、马兜铃科（马兜铃、管花马兜铃）、三白草科（蕺菜、三白草）、金粟兰科（宽叶金粟兰、多穗金粟兰、及已）、罂粟科（血水草）、紫堇科（小花黄堇）、十字花科（弯曲碎米荠）、堇菜科（七星莲、长萼堇菜、如意草）、远志科（齿果草）、景天科（八宝、佛甲草、垂盆草）、石竹科（雀舌草）、粟米草科（粟米草）、马齿苋科（马齿苋）、蓼科（虎杖、箭叶蓼、水蓼）、苋科（空心莲子草、凹头苋、刺苋）、酢浆草科（酢浆草）、凤仙花科（凤仙花）、千屈菜科（南紫薇）、柳叶菜科（水龙、丁香蓼、小二仙草）、瑞香科（了哥王）、葫芦科（盒子草、齿叶矮冷水花）、野牡丹科（地菍、金锦香）、金丝桃科（赶山鞭、地耳草、金丝桃）、锦葵科（木芙蓉、地桃花）、大戟科（铁苋菜、毛果巴豆、山乌桕、乌桕）、蔷薇科（皱果蛇莓、蛇莓、三叶委陵菜、蛇含委陵菜）、苏木科（含羞草决明、紫荆）、豆科（合萌、小槐花、假地豆、小叶三点金、饿蚂蝗、尖叶长柄山蚂蝗、鹿藿、野豇豆）、荨麻科（大叶苎麻、苎麻、楼梯草、毛花点草、赤车）、大麻科（葎草）、卫矛科（短梗南蛇藤、卫矛）、葡萄科（乌蔹莓、地锦、三叶崖爬藤）、芸香科（大叶臭花椒）、无患子科（无患子）、清风藤科（泡花树）、漆树科（盐肤木）、山茱萸科（青荚叶）、伞形科（积雪草、鸭儿芹）、报春花科（朱砂根、九节龙、过路黄、珍珠菜、临时救、星宿菜）、山矾科（华山矾）、萝藦科（紫花合掌消、牛皮消、柳叶白前）、茜草科（白花蛇舌草、纤花耳草、粗叶耳草、鸡矢藤）、菊科（下田菊、杏香兔儿风、毛枝三脉紫菀、白花鬼针草、婆婆针、金盏银盘、鬼针草、天名精、烟管头草、金挖耳、东风菜、一年蓬、多须公、大吴风草、鼠麹草、豨莶、一枝黄花、夜香牛、石胡荽）、半边莲科（半边莲）、紫草科（琉璃草）、茄科（白英、龙葵）、旋花科（心萼薯）、玄参科（泥花草、旱田草、爬岩红）、列当科（野菰）、苦苣苔科（半蒴苣苔）、爵床科（水蓑衣、九头狮子草）、马鞭草科（紫珠、兰香草、白花灯笼、豆腐柴、黄荆、牡荆）、唇形科（金疮小草、广防风、显脉香茶菜、石香薷、石荠苎、红根草、半枝莲、韩信草、血见愁）、鸭跖草科（鸭跖草、水竹叶、杜若）、百合科（紫萼）、天南星科（磨芋、云台南星、天南星、滴水珠、半夏）、兰科（斑叶兰）、莎草科（香附子）和禾本科（水蔗草、芒）等。

（10）具有祛风湿、舒筋骨作用的植物

九岭山脉具有祛风湿、舒筋骨作用的植物约有106科234属361种，如紫萁科（紫萁、华南紫萁）、铁线蕨科（扇叶铁线蕨）、水龙骨科（伏石蕨）、木兰科（鹅掌楸）、八角科（红茴香、红毒茴）、五味子科（黑老虎、异形南五味子、南五味子）、番荔枝科（多花瓜馥木）、樟科（樟、黄樟、乌药、山胡椒、山鸡椒、红楠、檫木）、毛茛科（女萎、小木通、威灵仙、山木通、柱果铁线莲、还亮草）、小檗科（三枝九叶草）、木通科（野木瓜）、大血藤科（大血藤）、防己科（木防己、秤钩风、风龙、血散薯、千金藤、粉防己）、马兜铃科（马兜铃）、金粟兰科（及已、草珊瑚）、罂粟科（博落回）、白花菜科（白花菜）、十字花科（弯曲碎米荠）、虎耳草科（大落新妇）、石竹科（雀舌草）、蓼科（虎杖、水蓼）、商陆科（美洲商陆）、苋科（土牛膝、牛膝）、牻牛儿苗科（尼泊尔老鹳草）、凤仙花科（凤仙花、黄金凤）、瑞香科（结香、了哥王）、紫茉莉科（紫茉莉）、野牡丹科（金花树、地菍）、金丝桃科（赶山鞭）、椴树科（扁担杆）、梧桐科（梧桐）、锦葵科（地桃花）、大戟科（重阳木、毛果巴豆、算盘子、青灰叶下珠）、鼠刺科（鼠刺）、蔷薇科（桃、野山楂、光叶石楠、金樱子、周毛悬钩子、粗叶悬钩子、山莓、蓬蘽、高粱泡、茅莓、梨叶悬钩子、锈毛莓、灰白毛莓）、苏木科（龙须藤、云实、紫荆）、豆科（合欢、蔓草虫豆、响铃豆、猪屎豆、藤黄檀、小槐花、尖叶长柄山蚂蝗、铁马鞭、常春油麻藤、花榈木、鹿藿）、金缕梅科（枫香树）、杜仲科（杜仲）、桑科（葨芝、柘树、薜荔、桑）、荨麻科（序叶苎麻、大叶苎麻、锐齿楼梯草、楼梯草、赤车）、冬青科（枸骨、铁冬青）、卫矛科（短梗南蛇藤）、鼠李科（多花勾儿茶、光枝勾儿茶、枳椇）、胡颓子科（长叶胡颓子）、葡萄科（崖爬藤、刺葡萄）、芸香科（大叶臭花椒）、楝科（香椿）、清风藤科（清风藤）、山茱萸科（青荚叶）、八角枫科（八角枫）、五加科（白簕花、黄毛楤木、树参、变叶树参、常春藤、刺楸、短梗大参、白苞芹、直刺变豆菜）、杜鹃花科（杜鹃）、安息香科（栓叶安息香）、马钱科（醉鱼草）、夹竹桃科（帘子藤、络石、紫花合掌消、牛皮消、牛奶菜、水团花、流苏子、虎刺、鸡矢藤、钩藤、走马箭、水红木）、菊科（奇蒿、白花鬼针草、婆婆针、金盏银盘、鬼针草、香丝草、加拿大蓬、东风菜、多须公、鼠麹草、豨莶、苍耳、石胡荽）、报春花科（朱砂根、紫金牛、山血丹、网脉酸藤子、珍珠菜、星宿菜）、桔梗科（铜锤玉带草）、茄科（牛茄子、白英）、苦苣苔科（吊石苣苔）、紫葳科（凌霄）、马鞭草科（紫珠、华紫珠、杜虹花、全缘叶紫珠、枇杷叶紫珠、兰香草、灰毛大青、白花灯笼、长管大青、尖齿臭茉莉）、唇形科（臭黄荆、广防风、活血丹、夏枯草、南丹参、华鼠尾草、红根草、血见愁）、姜科（山姜）、百合科（万寿竹、宝铎草）、菝葜科（菝葜、土茯苓、牛尾菜、短梗菝葜）、浮萍科（浮萍）、鸢尾科（鸢尾）、薯蓣科（薯莨）和禾本科（薏苡、狗牙根、牛筋草、知风草、五节芒）等。

（11）具有清热解毒作用的植物

九岭山脉具有清热解毒作用的植物约有54科84属111种，如铁线蕨科（扇叶铁线蕨）、凤尾蕨科（井栏边草）、水龙骨科（披针骨牌蕨、江南星蕨）、蘋科（蘋）、毛茛科（山木通）、小檗科（十大功劳）、防己科（轮环藤、秤钩风）、金粟兰科（草珊瑚）、紫堇科（黄堇）、十字花科（白花碎米荠、焯菜）、堇菜科（戟叶堇菜、七星莲、紫花堇菜、长萼堇菜、萱、如意草、凹叶景天、佛甲草、垂盆草）、虎耳草科（黄水枝）、石竹科（无心菜）、粟米草科（粟米草）、马齿苋科（马齿苋）、蓼科（金荞麦、萹蓄、箭叶蓼、红蓼）、苋科（土牛膝、空心莲子草、凹头苋、刺苋、野苋、青葙）、凤仙花科（黄金凤）、柳叶菜科（水龙、小二仙草）、紫茉莉科（紫茉莉）、葫芦科（盒子草、绞股蓝）、野牡丹科（金锦香）、金丝桃科（地耳草）、椴树科（扁担杆）、梧桐科（梧桐）、大戟科（铁苋菜）、蔷薇科（蛇莓、三叶委陵菜、寒莓、茅莓、紫荆）、豆科（响铃豆、猪屎豆、假地豆、小叶三点金、槐、野豇豆）、荨麻科（大叶苎麻、苎麻、糯米团、毛花点草）、葫芦科（齿叶矮冷水花）、冬青科（满树星、秤星树）、葡萄科（地锦）、无患子科（无患子）、伞形科（天胡荽）、夹竹桃科（络石）、萝藦科（柳叶白前）、茜草科（水团花、细叶水团花、四叶葎、狭叶栀子、粗叶耳草、白花苦灯笼）、败酱科（黄花败酱）、菊科（藿香蓟、黄花蒿、白花鬼针草、婆婆针、金盏银盘、鬼针草、狼杷草、天名精、野菊花、苦荬菜、马兰、苦苣菜)、报春花科(过路黄)、半边莲科(半边莲)、茄科(白英、龙葵)、玄参科(通泉草)、列当科(野菰)、马鞭草科(豆腐柴、马鞭草)、鸭跖草科(饭包草、鸭跖草、水竹叶)、鸢尾科(射干、蝴蝶花)和薯蓣科(日本薯蓣)等。

(12)具有强壮作用的植物

这类植物具有增强体质的功效。九岭山脉具有强壮作用的植物约有32科39属41种,如石松科(藤石松)、槐叶苹科(槐叶苹)、柏科(侧柏)、五味子科(南五味子)、番荔枝科(多花瓜馥木)、樟科(樟、黄樟)、小檗科(三枝九叶草、十大功劳)、马齿苋科(土人参)、蓼科(何首乌)、藜科(土荆芥)、苋科(土牛膝、尾穗苋)、金丝桃科(地耳草)、鼠刺科(鼠刺)、蔷薇科(掌叶复盆子、灰白毛莓)、豆科(藤黄檀、野大豆)、杜仲科(杜仲)、桑科(构树、薜荔、桑)、冬青科(枸骨)、鼠李科(枣)、五加科(树参)、杜鹃花科(南烛)、木犀科(女贞)、菊科(鳢肠)、胡麻科(芝麻)、唇形科(韩信草)、菝葜科(土茯苓)和薯蓣科(日本薯蓣)等。

(13)具有利尿作用的植物

九岭山脉具有利尿作用的植物约有63科92属111种,如卷柏科(翠云草)、木贼科(笔管草)、紫萁科(紫萁)、海金沙科(海金沙)、凤尾蕨科(蜈蚣草)、铁线蕨科(铁线蕨、扇叶铁线蕨)、金星蕨科(新月蕨)、柏科(侧柏、圆柏)、樟科(无根藤)、毛茛科(女萎、小木通、威灵仙、山木通)、木通科(野木瓜)、防己科(秤钩风、夜花藤、千金藤、粉防己)、马兜铃科(马兜铃)、十字花科(荠、独行菜、焯菜、石竹、瞿麦)、马齿苋科(马齿苋)、蓼科(萹蓄、虎杖、水蓼、红蓼)、商陆科(美洲商陆)、苋科(土牛膝、凹头苋、野苋)、酢浆草科(酢浆草)、凤仙花科(凤仙花)、柳叶菜科(水龙、丁香蓼)、紫茉莉科(紫茉莉)、葫芦科(盒子草、西瓜、马瓞儿)、野牡丹科(地菍)、锦葵科(野葵)、大戟科(铁苋菜、泽漆、飞扬草、钩腺大戟、叶下珠)、蔷薇科(桃、棣棠花、光叶石楠、金樱子、红腺悬钩子)、豆科(合萌、蔓草虫豆、小槐花、野大豆、鸡眼草)、桑科(构树)、荨麻科(苎麻、楼梯草)、冬青科(铁冬青)、鼠李科(枳椇)、葡萄科(乌蔹莓、地锦)、漆树科(盐肤木)、五加科(通脱木)、伞形科(积雪草、天胡荽、破铜钱)、茜草科(四叶葎、栀子)、忍冬科(攀倒甑、百合)、菊科(杏香兔儿风、马兰、苍耳)、报春花科(过路黄)、车前草科(大车前)、半边莲科(半边莲)、旋花科(牵牛)、玄参科(母草)、紫葳科(梓)、马鞭草科(大青、长管大青、马鞭草)、唇形科(益母草、紫苏)、泽泻科(矮慈姑)、鸭跖草科(饭包草、鸭跖草、水竹叶)、百合科(玉簪)、兰科(鹅毛玉凤花)、灯心草科(灯心草)和禾本科(薏苡、丝茅、淡竹叶、五节芒、金丝草)等。

(14)具有调节内分泌作用的植物

九岭山脉具有调节内分泌作用的植物约有59科75属89种,如石松科(藤石松)、卷柏科(薄叶卷柏)、紫萁科(华南紫萁)、金星蕨科(披针新月蕨)、小檗科(三枝九叶草)、大血藤科(大血藤)、三白草科(三白草)、十字花科(碎米荠)、远志科(黄花倒水莲)、马齿苋科(马齿苋)、蓼科(金荞麦、何首乌)、商陆科(美洲商陆)、苋科(鸡冠花)、柳叶菜科(丁香蓼)、紫茉莉科(紫茉莉)、野牡丹科(地菍)、椴树科(扁担杆)、梧桐科(梧桐)、锦葵科(木芙蓉、木槿、地桃花)、大戟科(算盘子、白背叶)、鼠刺科(鼠刺)、蔷薇科(金樱子、粉团蔷薇、山莓、茅莓、绣球绣线菊)、豆科(假地蓝、扁豆、花榈木、野葛、苦参)、榆科(榔榆)、桑科(薜荔)、荨麻科(糯米团、冷水花)、冬青科(枸骨)、鼠李科(枣)、苦木科(臭椿)、楝科(香椿)、无患子科(无患子)、伞形科(水芹)、杜鹃花科(马银花、南烛)、报春花科(紫金牛、珍珠菜、星宿菜)、木犀科(白蜡树)、茜草科(四叶葎)、菊科(白苞蒿、苦荬菜)、桔梗科(蓝花参、铜锤玉带草)、茄科(白英、龙葵)、旋花科(旋花)、玄参科(母草)、苦苣苔科(吊石苣苔)、紫葳科(凌霄)、马鞭草科(紫珠、华紫珠、红紫珠、兰香草、尖齿臭茉莉、马鞭草)、唇形科(活血丹、益母草、石荠苎、野生紫苏、夏枯草、红根草)、百合科(白木通)、菝葜科(菝葜、土茯苓)和禾本科(薏苡)等。

（15）其他药用植物

其他未具体归类的药用植物约有 139 科 302 属 483 种，如石杉科（千层塔）、石松科（扁枝石松、华中石松、笔直石松、密叶石松、灯笼石松）、卷柏科（毛枝卷柏）、瘤足蕨科（倒叶瘤足蕨、岭南瘤足蕨）、里白科（中华里白）、膜蕨科（团扇蕨、黄山膜蕨、庐山路蕨）、稀子蕨科（尾叶稀子蕨、华中稀子蕨）、碗蕨科（细毛碗蕨、光叶碗蕨、溪洞碗蕨、中华鳞盖蕨、粗毛鳞盖蕨）、鳞始蕨科（狭叶鳞始蕨、爪哇鳞始蕨、乌韭）、蕨科（毛轴蕨）、凤尾蕨科（欧洲凤尾蕨、溪边凤尾蕨、变异凤尾蕨、平羽凤尾蕨、华中凤尾蕨、斜羽凤尾蕨、银粉背蕨、野鸡尾、旱蕨）、铁线蕨科（虎尾铁线蕨）、裸子蕨科（峨眉凤丫蕨、普通凤丫蕨、镰羽凤丫蕨、黑轴凤丫蕨、洞带凤丫蕨）、车前蕨科（长柄车前蕨）、蹄盖蕨科（中华短肠蕨、薄盖短肠蕨、江南短肠蕨、鳞柄短肠蕨、淡绿短肠蕨、耳羽短肠蕨、华东安蕨、毛叶假蹄盖蕨、毛轴假蹄盖蕨、湿生蹄盖蕨、长江蹄盖蕨、光蹄盖蕨、禾秆蹄盖蕨、菜蕨、毛轴菜蕨、日本双盖蕨、薄叶双盖蕨、东亚羽节蕨）、金星蕨科（干旱毛蕨、宽顶毛蕨、假渐尖毛蕨、羽裂圣蕨、峨眉茯蕨、针毛蕨、普通针毛蕨、疏羽凸轴蕨、狭脚金星蕨、中华金星蕨、光脚金星蕨、延羽卵果蕨、西南假毛蕨、普通假毛蕨、耳状紫柄蕨、紫柄蕨）、铁角蕨科（骨碎补铁角蕨、剑叶铁角蕨、虎尾铁角蕨、棕鳞铁角蕨、江南铁角蕨、中华铁角蕨、半边铁角蕨）、鳞毛蕨科（多羽复叶耳蕨、尾形复叶耳蕨、中华复叶耳蕨、刺头复叶耳蕨、阔鳞鞭叶蕨、卵状鞭叶蕨、鞭叶蕨、粗齿阔羽贯众、暗鳞鳞毛蕨、两色鳞毛蕨、中华鳞毛蕨、混淆鳞毛蕨、迷人鳞毛蕨、红盖鳞毛蕨、裸果鳞毛蕨、杭州鳞毛蕨、假异鳞毛蕨、平行鳞毛蕨、京鹤鳞毛蕨、庐山鳞毛蕨、太平鳞毛蕨、无盖鳞毛蕨、鳞毛蕨、类狭基鳞毛蕨、密羽鳞毛蕨、观光鳞毛蕨、同形鳞毛蕨、流苏耳蕨、对马耳蕨）、三叉蕨科（阔鳞肋毛蕨、泡鳞肋毛蕨、虹鳞肋毛蕨、厚叶轴脉蕨）、骨碎补科（阔叶骨碎补）、水龙骨科（曲边线蕨、鳞果星蕨、细辛叶鳞果星蕨、远叶瓦韦、庐山瓦韦、大瓦韦、阔叶瓦韦、表面星蕨、峨眉盾蕨、金鸡脚假瘤蕨、中华水龙骨、相近石韦）、剑蕨科（匙叶剑蕨）、蘋科（南国田字草）、银杏科（银杏）、三尖杉科（三尖杉、粗榧）、木兰科（玉兰、巴东木莲、含笑、华中五味子）、樟科（少花桂、三桠乌药、山橿）、菝葜科（浙江新木姜子）、清风藤科（钝齿铁线莲）、毛茛科（禺毛茛、扬子毛茛）、小檗科（庐山小檗、南天竹）、马兜铃科（小叶马蹄香）、白花菜科（黄花草）、十字花科（弹裂碎米荠、水田碎米荠、北美独行菜）、远志科（瓜子金）、景天科（轮叶八宝）、虎耳草科（大叶金腰、虎耳草）、石竹科（鹅肠菜、女娄菜、中国繁缕、麦蓝菜）、蓼科（蚕茧草、羊蹄）、苋科（柳叶牛膝、莲子草、苋）、落葵科（心叶落葵薯）、牻牛儿苗科（野老鹳草、老鹳草）、酢浆草科（山酢浆草）、大风子科（柞木）、葫芦科（木鳖子、中华栝楼）、野牡丹科（楮头红、蜂斗草、溪边桑簕草）、椴树科（甜麻、刺蒴麻）、大戟科（乳浆大戟、通奶草、黄珠子草）、绣球科（常山、冠盖绣球）、蔷薇科（路边青、毛叶石楠、戟叶悬钩子、白叶莓、盾叶莓、三花悬钩子）、豆科（黄檀、马棘、菱叶鹿藿、白车轴草、小巢菜、救荒野豌豆、赤小豆）、旌节花科（西域旌节花）、杨柳科（毛白杨）、桑科（无花果）、荨麻科（庐山楼梯草、三角形冷水花）、冬青科（猫儿刺）、桑寄生科（锈毛钝果寄生）、鼠李科（猫乳、长叶冻绿、梗花雀梅藤）、胡颓子科（宜昌胡颓子）、葡萄科（葛藟葡萄）、无患子科（复羽叶栾树）、省沽油科（野鸦椿）、胡桃科（化香树）、伞形科（华中前胡）、柿树科（粉叶柿、柿、君迁子、油柿）、山茱萸科（细柄百两金）、报春花科（密花树、羊舌树、泽珍珠菜）、山矾科（黄牛奶树、山矾）、木犀科（小蜡）、夹竹桃科（毛白前）、茜草科（白皮乌口树）、忍冬科（淡红忍冬、菰腺忍冬）、菊科（茵陈蒿、青蒿、牡蒿、野艾蒿、三褶脉紫菀、白酒草、短冠东风菜、白头婆、牛膝菊、旋覆花、稾吾、秋分草）、桔梗科（桔梗）、紫草科（盾果草）、旋花科（南方菟丝子、菟丝子、金灯藤、飞蛾藤）、玄参科（玄参）、苦苣苔科（石上莲）、爵床科（白接骨）、马鞭草科（海通）、唇形科（藿香、线纹香茶菜、野芝麻、薄荷、小鱼仙草、牛至、血盆草、地埂鼠尾草、水苏、二齿香科科、穗花香科科）、水鳖科（龙舌草）、鸭跖草科（裸花水竹叶）、谷精草科（华南谷精草）、百合科（沿阶草）、天南星科（一把伞南星）、薯蓣科（纤细薯蓣）、棕榈科（棕榈）、兰科（金线兰）和禾本科（莠狗尾草、棕叶狗尾草）等。

2. 淀粉植物

有些淀粉植物是食品工业的原料，有些是经济价值很高的出口商品，有些还可以作为发展畜牧业的饲料。有些野生食用淀粉植物对于治疗肠癌有辅助作用。九岭山脉淀粉植物约有 24 科 37 属 51 种，如石松科（藤石松）、蕨科（蕨）、水蕨科（水蕨）、鳞毛蕨科（镰羽贯众）、肾蕨科（肾蕨）、银杏科（银杏）、防己科（木防己）、蔷薇科（桃）、豆科（常春油麻藤、沙葛、赤小豆）、壳斗科（栗、青冈、麻栎、白栎、枹栎）、柿树科（油柿）、木犀科（女贞）、菊科（菊芋）、百合科（百合）、菝葜科（菝葜、土茯苓、黑果菝葜）、天南星科（磨芋、天南星）、薯蓣科（日本薯蓣、褐苞薯蓣）、莎草科（十字薹草）和禾本科（薏苡、野黍、丝茅、棕叶狗尾草、光高粱）等。

3. 食用植物

九岭山脉食用植物约有 69 科 110 属 140 种，主要分为食用果和食用野菜两类。

（1）食用果类植物

九岭山脉食用植物中，食用果类植物约有 49 科 75 属 116 种，如银杏科（银杏）、松科（马尾松）、红豆杉科（榧树）、五味子科（黑老虎）、樟科（香叶树、木姜子）、蓼科（水蓼）、安石榴科（安石榴）、山龙眼科（小果山龙眼）、葫芦科（西瓜）、猕猴桃科（中华猕猴桃）、野牡丹科（地菍）、杜英科（杜英）、梧桐科（梧桐）、大戟科（重阳木）、蔷薇科（桃、野山楂、尖叶桂樱、钝齿尖叶桂樱、李、火棘、石斑木、金樱子、周毛悬钩子、寒莓、掌叶复盆子、华中悬钩子、山莓、白叶莓、高粱泡、茅莓、盾叶莓、锈毛莓）、豆科（胡枝子、赤小豆）、杨梅科（杨梅）、壳斗科（川榛、栗）、桑科（构树、蘡芝、柘树、薜荔、鸡桑）、鼠李科（多花勾儿茶、枣、枳椇）、胡颓子科（长叶胡颓子、蔓胡颓子、宜昌胡颓子、银果牛奶子、牛奶子）、葡萄科（大果俞藤）、山茱萸科（尖叶四照花）、唇形科（胡萝卜）、杜鹃花科（南烛）、柿树科（柿、野柿、君迁子、油柿）、报春花科（朱砂根、多脉酸藤子）、木犀科（女贞）、茜草科（栀子）、忍冬科（荚蒾）、茄科（枸杞）、玄参科（蚊母草）、胡麻科（芝麻）、棕榈科（棕榈）、禾本科（薏苡、棕叶狗尾草、皱叶狗尾草）和百合科（白木通）等。

（2）食用野菜类植物

九岭山脉可食用植物中，食用野菜类植物约有 48 科 75 属 98 种，如鳞始蕨科（乌蕨）、蕨科（蕨）、铁线蕨科（扇叶铁线蕨）、三白草科（蕺菜）、十字花科（荠、碎米荠、白花碎米荠、水田碎米荠、独行菜、诸葛菜、蔊菜）、虎耳草科（扯根菜）、石竹科（鹅肠菜、繁缕）、马齿苋科（马齿苋）、藜科（酸模、藜、小藜）、苋科（莲子草、刺苋、苋、野苋、青葙）、椴树科（甜麻）、锦葵科（野葵）、蔷薇科（路边青）、豆科（猪屎豆、沙葛、野葛）、荨麻科（珠芽艾麻）、芸香科（大叶臭花椒）、漆树科（黄连木）、五加科（刺楸）、伞形科（芫荽、西南水芹、水芹）、败酱科（黄花败酱、攀倒甑）、菊科（牡蒿、野艾蒿、革命菜、菊芋、马兰、黄鹌菜）、紫草科（附地菜）、茄科（枸杞）、玄参科（婆婆纳）、紫葳科（梓）、唇形科（紫苏、地蚕）、水鳖科（龙舌草）、百合科（玉簪）、菝葜科（牛尾菜）、天南星科（半夏）、薯蓣科（日本薯蓣、褐苞薯蓣）、莎草科（十字薹草）和禾本科（菰）等。

（3）其他食用植物

植物的可食用部位除了叶、果外，还有茎部。九岭山脉其他食用植物约有 5 科 11 属 22 种，为茅膏菜科（光萼茅膏菜、茅膏菜）、百合科（药百合）、薯蓣科（日本薯蓣、褐苞薯蓣、毛藤日本薯蓣、薯蓣）、莎草科（十字薹草）和禾本科（方竹、黄古竹、石绿竹、人面竹、实心竹、水竹、篌竹、毛金竹、刚竹、薏苡、野黍、丝茅、棕叶狗尾草、光高粱）。

4. 材用植物

九岭山脉材用植物约有 64 科 133 属 243 种，如银杏科（银杏）、松科（雪松、马尾松、黄山松）、柏科（柳杉、日本柳杉、杉木、水杉、柏木、侧柏、圆柏）、罗汉松科（罗汉松）、三尖杉科（三尖杉、粗榧)、红豆杉科(榧树、南方红豆杉)、木兰科(鹅掌楸、玉兰、木莲、红花木莲、火力楠、深山含笑)、樟科(樟、黄樟、香叶树、黑壳楠、三桠乌药、山鸡椒、黄丹木姜子、木姜子、华润楠、红楠、闽楠、紫楠、檫木)、千屈菜科(紫薇、南紫薇)、山龙眼科(小果山龙眼)、大风子科(山桐子、柞木)、茶科(油茶)、杜英科(日本杜英、华杜英)、梧桐科(梧桐)、大戟科(重阳木、秋风、粗糠柴、山乌桕、乌桕)、交让木科(虎皮楠)、鼠刺科(鼠刺)、蔷薇科(野山楂、椤木石楠、光叶石楠、桃叶石楠、庐山石楠、豆梨、石斑木)、豆科(合欢、山槐、香合欢、翅荚香槐、小花香槐、黄檀、花榈木、木荚红豆、槐)、金缕梅科(缺萼枫香树、枫香树、檵木)、杜仲科(杜仲)、杨柳科(毛白杨、垂柳)、杨梅科(杨梅)、桦木科(桤木、亮叶桦)、壳斗科(甜槠、栲、红锥、苦槠、钩锥、青冈、水青冈、柯、木姜叶柯、麻栎、白栎、枹栎)、榆科(朴树、榔榆)、桑科(构树)、冬青科(枸骨、铁冬青)、鼠李科(枣、枳椇、毛枳椇)、芸香科(楝叶吴茱萸、朵花椒)、苦木科(臭椿)、楝科(楝、红椿、香椿)、无患子科(复羽叶栾树、无患子)、清风藤科(泡花树、红柴枝)、省沽油科(野鸦椿)、漆树科(黄连木、野漆、木蜡树)、山茱萸科(光皮梾木、梾木)、八角枫科(八角枫)、五加科(刺楸)、柿树科(粉叶柿、柿、野柿、君迁子、罗浮柿、浙江柿)、报春花科(密花树)、安息香科(赤杨叶、岭南山茉莉、银钟花、陀螺果、小叶白辛树、野茉莉)、山矾科(羊舌树、光叶山矾、黄牛奶树)、木犀科(白蜡树、多花梣、光蜡树、尖萼梣)、茜草科(水团花、风箱树、香果树、海南槽裂木、鸡仔木)、紫葳科(梓)、马鞭草科(海通、山牡荆)、禾本科(毛竹)等。

5. 油脂植物

能储藏植物油脂的植物统称油脂植物，植物油脂是人们生活中不可缺少的油料及工业原料。九岭山脉油脂植物约有 93 科 168 属 286 种，其中食用油脂植物有茶科(油茶、格药柃、厚皮香)、豆科(紫穗槐、野大豆、胡枝子、常春油麻藤、救荒野豌豆)、柿树科(野柿)、报春花科(朱砂根)、唇形科(藿香、牛至、紫苏)、莎草科(十字薹草)、荨麻科(苎麻、紫麻)、藜科(藜、土荆芥)等；工业用油脂植物有木兰科(玉兰、含笑、火力楠、观光木)、番荔枝科(瓜馥木、多花瓜馥木)、樟科(樟、少花桂、乌药、狭叶山胡椒、香叶树、山胡椒、黑壳楠、山鸡椒、木姜子、薄叶润楠、红楠、檫木)、毛茛科(乌头)、防己科(金线吊乌龟)、十字花科(荠、蔊菜)、远志科(瓜子金)、瑞香科(了哥王)、大风子科(山桐子、柞木)、梧桐科(梧桐)、大戟科(日本五月茶、重阳木、乳浆大戟、泽漆、算盘子、白背叶、粗糠柴、石岩枫、乌桕、油桐、木油桐)、豆科(香合欢)、苏木科(云实)、杜仲科(杜仲)、杨柳科(毛白杨、垂柳)、桦木科(亮叶桦、常春藤)、壳斗科(青冈、木姜叶柯、白栎)、榆科(光叶山黄麻、山油麻、榔榆)、桑科(构树)、冬青科(满树星、枸骨)、鼠李科(冻绿)、楝科(楝)、无患子科(复羽叶栾树)、漆树科(黄连木、盐肤木)、八角枫科(毛八角枫)、五加科(刺楸)、安息香科(赛山梅、白花龙、野茉莉)、山矾科(华山矾、黄牛奶树)、木犀科(女贞、小蜡)、夹竹桃科(夹竹桃)、茜草科(白皮乌口树)、忍冬科(水红木、荚蒾、宜昌荚蒾、百合)、茄科(枸杞)、紫葳科(梓)、胡麻科(芝麻)、马鞭草科(紫珠、白棠子树、枇杷叶紫珠、黄荆、牡荆)、薯蓣科(薯莨)、交让木科(虎皮楠)、八角科(红茴香、红毒茴)、银杏科(银杏)、松科(马尾松)、柏科(杉木、柏木、圆柏)和三尖杉科(三尖杉)等。

6. 芳香植物

芳香植物含有精油，可被提取出来用于医药、食品加工、化妆品等各个行业中。九岭山脉芳香植物约有 34 科 56 属 88 种，如松科(马尾松)、红豆杉科(榧树)、木兰科(玉兰、含笑、火力楠、深山含笑、观光木)、八角科(红茴香、红毒茴)、五味子科(南五味子)、樟科(樟、野黄桂、黄樟、少花桂、乌药、狭叶山胡椒、香叶树、山胡椒、黑壳楠、红脉钓樟、山鸡椒、木姜子、浙江新木姜子、红楠、闽楠、檫木)、金粟兰科(草珊瑚)、猕猴桃科(中华猕猴桃)、蔷薇科(悬钩子蔷薇、粉团蔷薇)、豆科（紫穗槐、槐)、杨梅科（杨梅)、桦木科（亮叶桦)、芸香科（椿叶花椒)、胡桃科（化香树)、伞形科（芫荽、白苞芹)、安息香科（野茉莉)、茜草科（栀子、狭叶栀子)、菊科（藿香蓟、加拿大蓬)、马鞭草科（白棠子树、枇杷叶紫珠、黄荆、牡荆)、唇形科（藿香、牛至、紫苏)、姜科（阳荷）和忍冬科（百合）等。

7. 纤维植物

纤维对于植物具有支撑作用，大多存在于植物茎部。纤维多用于工业，可制作生活用品。九岭山脉纤维植物约有 53 科 108 属 156 种，如蕨科（蕨)、松科（马尾松、黄山松)、柏科（柳杉、杉木、水杉)、番荔枝科（瓜馥木、多花瓜馥木)、樟科（无根藤)、大血藤科（大血藤)、瑞香科（白瑞香、结香、了哥王、北江荛花)、海桐花科（海金子)、猕猴桃科（中华猕猴桃)、椴树科（田麻、甜麻、刺蒴麻)、杜英科（山杜英)、梧桐科（梧桐、马松子)、锦葵科（木槿、黄花稔、白背黄花稔、地桃花)、大戟科（白背叶、粗糠柴、石岩枫、乌桕)、苏木科（龙须藤)、豆科（藤黄檀、野大豆、常春油麻藤、野葛、苦参)、杨柳科（毛白杨)、壳斗科（红锥)、榆科（朴树、光叶山黄麻、山油麻、榔榆)、桑科（构树、葨芝、柘树、天仙果、异叶榕、桑、鸡桑)、荨麻科（大叶苎麻、苎麻、悬铃叶苎麻、糯米团、珠芽艾麻、紫麻)、大麻科（葎草)、冬青科（铁冬青)、卫矛科（苦皮藤、短梗南蛇藤)、胡颓子科（蔓胡颓子)、芸香科（楝叶吴茱萸)、槭树科（青榨槭)、清风藤科（泡花树)、胡桃科（化香树)、八角枫科（八角枫)、五加科（通脱木)、夹竹桃科（夹竹桃、白花夹竹桃、紫花络石、络石)、茜草科（水团花、细叶水团花、香果树、鸡矢藤、鸡仔木)、忍冬科（荚蒾、宜昌荚蒾)、菊科（艾)、马鞭草科（黄荆、牡荆)、天南星科（磨芋)、香蒲科（水烛)、棕榈科（棕榈)、灯心草科（灯心草)、禾本科（野古草、毛秆野古草、芦竹、薏苡、丝茅、五节芒、芒、类芦、狼尾草、蔺草、斑茅、狗尾草、石茅）等。

8. 鞣料植物

鞣料植物的树皮富含单宁，可提取栲胶。九岭山脉鞣料植物约有 28 科 36 属 46 种，如松科（马尾松)、柏科（杉木)、番荔枝科（多花瓜馥木)、樟科（樟)、茶科（油茶、格药柃、厚皮香)、杜英科（中华杜英、山杜英)、大戟科（算盘子、叶下珠、粗糠柴)、杨柳科（垂柳、毛白杨)、蔷薇科（金樱子、大红泡、粉团蔷薇、棠叶悬钩子、茅莓、路边青)、苏木科（龙须藤)、豆科（藤黄檀)、柿树科（野柿)、金缕梅科（檵木)、壳斗科（青冈、麻栎)、桑科（构树)、冬青科（铁冬青)、省沽油科（野鸦椿)、漆树科（盐肤木)、杜鹃花科（南烛)、菊科（鳢肠、黄龙尾)、菝葜科（菝葜)、安石榴科（安石榴)、五加科（刺楸）和报春花科（密花树）等。

9. 染料植物

九岭山脉染料植物约有 13 科 23 属 32 种，如石松科（石松)、樟科（红楠)、大血藤科（大血藤)、山茶科（细齿叶柃)、大戟科（粗糠柴、乌桕)、豆科（小花香槐)、杨梅科（杨梅)、桑科（葨芝、柘树)、冬青科（枸骨、铁冬青)、鼠李科（猫乳、长叶冻绿、冻绿)、无患子科（复羽叶栾树)、漆树科（黄连木）和茜草科（栀子、狭叶栀子）等。

10. 观赏植物

九岭山脉观赏植物约有 95 科 163 属 197 种，分为乔木、灌木、草本或藤本三类生态类型。

（1）乔木

九岭山脉观赏乔木约有 43 科 73 属 107 种，如银杏科（银杏)、松科（雪松、马尾松、黄山松)、柏科（柳杉、日本柳杉、杉木、水杉、柏木、侧柏、圆柏)、三尖杉科（粗榧)、木兰科（玉兰、红花木莲、含笑、火力楠、深山含笑、野含笑、观光木)、樟科（樟、黄樟、香叶树、红楠、檫木)、千屈菜科（紫薇)、大风子科（山桐子、柞木)、茶科（油茶、木荷)、杜英科（杜英、山杜英、猴欢喜)、梧桐科（梧桐）、交让木科（虎皮楠）、蔷薇科（钟花樱花、湖北海棠、椤木石楠、光叶石楠、豆梨）、豆科（合欢、小花香槐、花榈木）、金缕梅科（枫香树）、杨柳科（毛白杨、垂柳）、壳斗科（栗）、榆科（朴树、光叶山黄麻、榔榆）、冬青科（枸骨、铁冬青）、芸香科（楝叶吴茱萸）、苦木科（臭椿）、楝科（苦楝）、无患子科（复羽叶栾树）、槭树科（青榨槭、鸡爪槭）、山茱萸科（光皮梾木）、八角枫科（八角枫）、珙桐科（喜树）、柿树科（粉叶柿、柿、野柿、君迁子、油柿）、安息香科（赤杨叶、陀螺果、小叶白辛树、野茉莉）、山矾科（华山矾、光叶山矾、黄牛奶树）、木犀科（白蜡树、女贞、小蜡、木犀）、茜草科（香果树）、紫草科（粗糠树、厚壳树）、马鞭草科（山牡荆）、棕榈科（棕榈）、大戟科（木油桐）和玄参科（台湾泡桐）等。

（2）灌木

九岭山脉观赏灌木约有28科47属62种，如小檗科（十大功劳、南天竹）、安石榴科（安石榴）、瑞香科（结香、了哥王）、金丝桃科（金丝桃）、锦葵科（木芙蓉、庐山芙蓉、木槿、黄花稔、白背黄花稔、地桃花）、大戟科（日本五月茶、算盘子、白背叶）、蔷薇科（庐山石楠、火棘、粉团蔷薇、绣球绣线菊、菱叶绣线菊）、豆科（胡枝子、大叶胡枝子）、桑科（无花果）、荨麻科（苎麻）、胡颓子科（银果牛奶子、牛奶子）、省沽油科（野鸦椿）、五加科（常春藤）、杜鹃花科（杜鹃）、报春花科（朱砂根、杜茎山、密花树）、马钱科（醉鱼草）、夹竹桃科（夹竹桃、白花夹竹桃）、茜草科（水团花、风箱树、虎刺、栀子、狭叶栀子）、忍冬科（糯米条、半边月）、茄科（枸杞、牛茄子）、菝葜科（珊瑚豆）和马鞭草科（华紫珠、全缘叶紫珠、豆腐柴）等。

（3）草本或藤本

九岭山脉观赏草本或藤本约有53科51属32种，如肾蕨科（肾蕨）、骨碎补科（圆盖阴石蕨）、石松科（藤石松）、卷柏科（翠云草）、紫萁科（华南紫萁）、铁线蕨科（铁线蕨）、金星蕨科（华南毛蕨、新月蕨）、乌毛蕨科（乌毛蕨）、毛茛科（乌头、毛茛）、白花菜科（白花菜）、景天科（八宝）、虎耳草科（黄水枝）、石竹科（石竹、巫山繁缕）、苋科（尾穗苋、苋、青葙、鸡冠花）、酢浆草科（酢浆草）、凤仙花科（凤仙花）、蔷薇科（金樱子、粗叶悬钩子、茅莓）、豆科（云实、假地蓝、野大豆、昆明鸡血藤、野葛、白车轴草、救荒野豌豆、紫藤）、葡萄科（地锦）、菊科（艾、短冠东风菜、大吴风草、秋分草、千里光）、桔梗科（铜锤玉带草）、旋花科（牵牛）、玄参科（蓝猪耳）、紫葳科（凌霄）、鸭跖草科（鸭跖草）、百合科（紫萼、山麦冬、沿阶草）、雨久花科（雨久花）、天南星科（一把伞南星）、香蒲科（水烛）、兰科（虾脊兰）和禾本科（无芒雀麦、狗牙根、石茅）等。

2.2.2 九岭山脉生态环境现状和保护建议

九岭山脉是罗霄山脉北段面积最大的一个区域，东北—西南走向纵长，各类保护地数量最多，共29处，包括国家级自然保护区2处、省级自然保护区5处、县级自然保护区13处、国家级森林公园2处、省级森林公园5处、县级森林公园2处（表2-2）。

表2-2 九岭山脉各类保护地基本情况列表

序号	省	市或县	保护地名称	山地/湿地	面积（hm^2）	保护性质、对象	保护地类型	级别	始建时间	主管部门或经营管理单位
1	赣	靖安县	三爪仑国家森林公园	九岭山脉东麓	21 333	中亚热带常绿阔叶林	森林公园	国家级	2007	靖安县林业局
2	赣	上高县	上高县省级森林公园	九峰山	160	中亚热带常绿阔叶林、地质景观	森林公园	省级	1993	上高县九峰林场
3	赣	宜丰县	江西螺峰尖省级森林公园	螺峰尖	71.1	中亚热带常绿阔叶林	森林公园	省级	2012	宜丰县林业局
4	赣	宜丰县	江西省马形山森林公园	马形山	800	亚热带常绿阔叶林	森林公园	省级	2008	宜丰县潭山镇店上村民委员会

续表

序号	省	市或县	保护地名称	山地/湿地	面积（hm^2）	保护性质、对象	保护地类型	级别	始建时间	主管部门或经营管理单位
5	赣	宜丰县	江西省仙隐洞森林公园	仙隐洞	920	次生常绿阔叶林	森林公园	省级	2009	宜丰县芳溪镇人民政府
6	赣	宜丰县	宜丰县省级森林公园	九岭山脉东南麓	2 805.07	中亚热带常绿阔叶林	森林公园	省级	1993	林业局
7	赣	奉新县	九岭山森林公园	九岭山南麓	14 942	中亚热带常绿阔叶林	森林公园	县级	2000	林业局
8	赣	奉新县	五梅山森林公园	五梅山	2296	森林生态系统	森林公园	县级	2009	林业局
9	赣	靖安县	九岭山国家级自然保护区	九岭山	11 541	中亚热带常绿阔叶林及野生动植物	自然保护区	国家级	1997	林业局
10	赣	宜丰县	官山国家级自然保护区	官山	11 501	中亚热带常绿阔叶林及白颈长尾雉等珍稀野生动植物	自然保护区	国家级	1981	林业局
11	赣	安义县	峤岭省级自然保护区	峤岭	4 490	亚热带常绿阔叶林生态系统	自然保护区	省级	1999	林业局
12	赣	靖安县	潦河大鲵省级自然保护区	潦河	3 733	中亚热带常绿阔叶林、大鲵及其栖息地/野生动物	自然保护区	省级	2011	林业局
13	赣	万载县	三十把省级自然保护区	三十把水库	2 100	天然阔叶混交林及野生动物	自然保护区	省级	1996	林业局
14	赣	修水县	五梅山自然保护区	修河源五梅山	14 485	森林生态系统	自然保护区	省级	2006	林业局
15	赣	安义县	西山岭自然保护区	西山岭	20 445	南方红豆杉及森林生态系统/野生植物	自然保护区	县级	2006	林业局
16	赣	万载县	竹山洞自然保护区	竹山洞	342	亚热带常绿阔叶林、喀斯特溶洞	自然保护区	县级	1999	国土局
17	赣	奉新县	百丈山自然保护区	百丈山	186.3	中亚热带常绿阔叶林	自然保护区	县级	2000	林业局
18	赣	奉新县	萝卜潭自然保护区	萝卜潭	773	常绿阔叶林	自然保护区	县级	2000	林业局
19	赣	奉新县	泥洋山自然保护区	泥洋山	1 990	中亚热带常绿阔叶林	自然保护区	县级	2000	林业局
20	赣	奉新县	桃仙岭自然保护区	桃仙岭	178	中亚热带常绿阔叶林	自然保护区	县级	2000	林业局
21	赣	奉新县	越山自然保护区	越山	2 085	中亚热带常绿阔叶林	自然保护区	县级	2000	林业局
22	赣	靖安县	和尚坪自然保护区	和尚坪	3 401	中亚热带常绿阔叶林	自然保护区	县级	2008	林业局
23	赣	上高县	南港水源涵养自然保护区	南港水源涵养林	5 214	中亚热带常绿阔叶林	自然保护区	县级	1996	林业局
24	赣	铜鼓县	天柱峰自然保护区	天柱峰	17 000	亚热带常绿阔叶林、水源林	自然保护区	县级	1997	林业局
25	赣	万载县	鸡冠石自然保护区	鸡冠石	1 459	亚热带常绿阔叶林、水源林	自然保护区	县级	1999	林业局
26	赣	宜丰县	洞山自然保护区	洞山	300	中亚热带常绿阔叶林	自然保护区	县级	1996	其他
27	赣	宜丰县	南屏山自然保护区	南屏山	55	中亚热带常绿阔叶林	自然保护区	县级	1996	林业局

续表

序号	省	市或县	保护地名称	山地/湿地	面积（hm^2）	保护性质、对象	保护地类型	级别	始建时间	主管部门或经营管理单位
28	湘	浏阳市	大围山国家森林公园	大围山	4 666.67	亚热带森林生态系统、野生动植物资源	森林公园	国家级	1992	大围山国家森林公园管理局
29	湘	浏阳市	连云山省级自然保护区	连云山	3492.3	亚热带森林生态系统、野生动植物资源	自然保护区	省级	1958	林业局

九岭山脉以大围山、官山、九岭山为代表，其中大围山及官山均以温带性属占据优势，而九岭山热带性属的比例要略高于温带性属，可能与九岭山中低海拔山地的面积较为广阔且受东南暖湿气流影响较大有关。

1）九岭山脉的针叶林与武功山脉较为相近，主要分布于 800 m 以下的低海拔地区，以马尾松、杉木为建群种，伴生种包括赤杨叶、枫香树、钩锥、木荷等，多构成针阔叶混交林。

2）典型常绿阔叶林的建群种以壳斗科植物为主，常见的有锥、柯、甜槠、米槠、钩锥，伴生的樟科植物主要为红楠、湘楠及黄丹木姜子；此外，还分布着小面积的乐昌含笑+钩锥林，但总体上看，在常绿阔叶林群系多样性上远不及武功山脉、万洋山脉。落叶阔叶林是九岭山脉的主要植被类型，建群种包括三峡槭、青钱柳、华中樱桃、锥栗、短柄枹栎、黄檀、枫香树、紫茎、落叶木莲等；此外，区域内还零星分布有瘿椒树群落，瘿椒树为我国特有种、第三纪孑遗种，对本地区的区系研究具有重要意义，群落内的伴生种主要有中华槭、灯台树、薄叶润楠等。

3）九岭山脉的灌丛主要分布于官山、大围山高海拔地区：官山高海拔（1300 m 以上）地区多为格药柃+鹿角杜鹃灌丛、格药柃+尖连蕊茶+映山红灌丛、小叶石楠+满山红+映山红灌丛、圆锥绣球灌丛等。湖南大围山的高海拔地区则主要为云锦杜鹃+映山红+箬叶竹灌丛、映山红+白檀灌丛及圆锥绣球+映山红+鹿角杜鹃灌丛等。

4）草地植被以禾本科和莎草科植物为主，优势种包括毛秆野古草、香附子、芒、无芒稗，常见的伴生种有细叶卷柏、双盖蕨、矮桃等。

2.3 武功山脉植物资源及其利用和保护

据统计，武功山脉有维管植物 203 科 889 属 2325 种（含亚种和变种），资源植物极其丰富，按照吴征镒等（1983）的植物资源分类系统及刘胜祥（1992）的《植物资源学》，武功山脉植物资源大致可分为 5 大类 26 小类（表 2-3）。有的植物具有多种用途，可以把它们归入相应的类别，有的只根据它们的主要用途归入某一类或几类。其中，食用植物约 83 科 199 属 372 种，药用植物约 173 科 643 属 1442 种，工业用植物约 90 科 252 属 534 种，保护和改造环境植物约 116 科 291 属 657 种、武功山脉特有种质资源植物约 8 科 8 属 8 种。在各类植物资源中药用植物种数最多，而种质资源植物种类最少，这与大部分植物都可作药用有关。

表 2-3　武功山脉各类植物资源科、属、种统计

类别	科数	占武功山脉维管植物总科数比例（%）	属数	占武功山脉维管植物总属数比例（%）	种数	占武功山脉维管植物总种数比例（%）
食用植物	83	40.89	199	22.38	372	16.00
药用植物	173	85.22	643	72.33	1442	62.02
工业用植物	90	44.33	252	28.35	534	22.97
保护和改造环境植物	116	57.14	291	32.73	657	28.26
武功山脉特有种质资源植物	8	3.94	8	0.90	8	0.34

2.3.1　武功山脉各类植物资源

1. 食用植物

食用植物包括被人直接食用和被动物食用又间接地被人食用两大类，如食用植物中的蜜源植物就是间接被人食用的植物。本节均统计资源植物的主要用途，野菜和野果类资源大部分归并为维生素植物类。武功山脉食用植物约 83 科 199 属 372 种，可分为淀粉植物、食用油脂植物、维生素植物、饮料植物、食用香料植物、植物甜味剂、饲用植物（为间接食用植物）、蜜源植物（为间接食用植物）等 8 小类（表 2-4）。

表 2-4　武功山脉各类食用植物科、属、种统计

类别	科数	占武功山脉食用植物总科数比例（%）	属数	占武功山脉食用植物总属数比例（%）	种数	占武功山脉食用植物总种数比例（%）
淀粉植物	14	16.87	26	13.07	44	11.83
食用油脂植物	22	26.51	30	15.08	42	11.29
维生素植物	37	44.58	57	28.64	81	21.77
饮料植物	19	22.89	27	13.57	39	10.48
食用香料植物	5	6.02	5	2.51	6	1.61
植物甜味剂	14	16.87	17	8.54	34	9.14
饲用植物	32	38.55	81	40.70	118	31.72
蜜源植物	13	15.66	16	8.04	37	9.95

（1）淀粉植物

淀粉是葡萄糖的高聚体，以碳水化合物的形式贮存在植物体内，各种植物所含淀粉的部位不同，淀粉主要分布在果实、种子以及根中，淀粉植物具有来源丰富、价廉、可再生、不枯竭等特点，既可以食用，又是工业、制造业等不可缺少的原料，在人类生产、生活中发挥着非常重要的作用。

武功山脉淀粉植物约有 14 科 26 属 44 种，包括壳斗科、桑科、蓼科、莲科、睡莲科、防己科、豆科、木犀科、葫芦科、禾本科、鸭跖草科、百合科、薯蓣科、紫萁科。其中，以壳斗科板栗 *Castanea mollissima*、苦槠 *Castanopsis sclerophylla*、青冈 *Cyclobalanopsis glauca* 等，桑科匍茎榕 *Ficus sarmentosa*、爬藤榕 *Ficus sarmentosa* var. *impressa*、珍珠莲 *Ficus sarmentosa* var. *henryi* 等，禾本科野燕麦 *Avena fatua*、薏苡 *Coix lacryma-jobi*、野生稻 *Oryza rufipogon* 等，百合科百合 *Lilium brownii* var. *viridulum*、菝葜 *Smilax china*、日本薯蓣 *Dioscorea japonica* 等较多。壳斗科云山青冈 *Cyclobalanopsis sessilifolia*、麻栎 *Quercus acutissima* 以及禾本科野燕麦 *Avena fatua*、光高粱 *Sorghum nitidum* 既是淀粉植物又是饲用植物。

主要的淀粉植物：果实富含淀粉的代表种有壳斗科植物，如板栗，其坚果富含淀粉（56.8%～70%），可生食、炒食或酿酒，另外，还有锥栗 *Castanea henryi*、茅栗 *Castanea seguinii*、栲 *Castanopsis fargesii*、钩锥 *Castanopsis tibetana*、青冈 *Cyclobalanopsis glauca* 等；禾本科的薏苡，其果实淀粉含量为 25%，可供食用或制糕点，亦可提取淀粉和酿酒。树皮富含淀粉的代表种有榆科 Ulmaceae 的榆树 *Ulmus pumila*，将榆树皮粉碎即为榆皮面粉，可食用或作醋原料。茎中富含淀粉的代表种有百合科植物，如百合鳞茎中碳水化合物约占干基总量的 80%（淀粉约占 60%）（李林静等，2015）。

开发利用：武功山脉淀粉植物资源虽然丰富，但开发利用的并不多，大多数以原料或初级产品为主，因此可以加强对其化学成分的研究，为淀粉植物开辟一个除食用以外的医药、工业等领域的新应用市场。还可以大力发展板栗、茅栗等经济树种，鼓励大规模种植，进而提高野生淀粉植物资源的利用率和经济效益。

（2）食用油脂植物

植物油脂广泛存在于植物的果实与种子中，也有部分存在于植物的根、茎、皮及花粉中，但在果实和种子中含量最高，其主要成分是甘油酯，以及少量磷脂、甾醇、蜡、酚类等化合物（戴宝合，1990）。

武功山脉食用油脂植物约有 22 科 30 属 42 种，包括罗汉松科、胡桃科、荨麻科、檀香科、木通科、樟科、十字花科、蔷薇科、芸香科、苦木科、楝科、大戟科、葡萄科、杜英科、梧桐科、山茶科、大风子科、山茱萸科、报春花科、山矾科、茄科、莎草科，其中以木通科（木通 *Akebia quinata*、三叶木通 *Akebia trifoliata*、白木通 *Akebia trifoliata* subsp. *australis* 等）、山茶科（短柱茶 *Camellia brevistyla*、油茶 *Camellia oleifera*、半齿柃 *Eurya semiserrata* 等）、山茱萸科（光皮梾木 *Swida wilsoniana*、梾木 *Swida macrophylla*、毛梾 *Swida walteri* 等）物种较多。而山茶科半齿柃，大风子科山桐子 *Idesia polycarpa*、毛叶山桐子 *Idesia polycarpa*、柞木既是食用油脂植物又是蜜源植物；荨麻科苎麻既是食用油脂植物又是饲用植物；木通科木通、三叶木通既是食用油脂植物又是植物甜味剂。

主要的食用油脂植物：山茶科约有食用油脂植物 4 属 7 种，含油量较高的有山茶属的油茶，山茶油是我国传统的食用植物油之一，它富含不饱和脂肪酸、茶多酚、角鲨烯、维生素 E、锌等营养物质，具有极高的营养价值，山茶科油茶是木本油料资源最丰富的种类之一，种子含油率为 30.1%，种仁含油率达 59.2%。除此之外，苦木科和木通科大部分物种含有较多的亚麻酸。研究资料显示（陈功锡和田向荣，2016），苦木科的臭椿 *Ailanthus altissima* 有较高的含油量，其种仁含油率达 56%，以亚麻酸（56%）和油酸（35%）为主；木通科的五月瓜藤 *Holboellia fargesii*，采自湖北省神农架下谷坪的植株种仁含油率为 52.5%，亚麻酸含量达到 17.0%，另外，木通科的三叶木通、野木瓜也含有丰富的亚麻酸。

开发利用：武功山脉食用油脂植物资源以山茶科植物为主，说明该地区的油茶资源丰富，因此可在油茶分布集中的地区建立油茶生产基地，降低运输等成本，为当地村民致富创造新途径。对于像木通科等亚麻酸含量丰富的植物资源，可以加大研究力度，亚麻酸对调节血脂（赵晓燕和马越，2004）、降血压、抗肿瘤（董杰明等，2003）、预防心脑血管疾病等有着特殊的疗效，可以开发相关的保健类产品，扩大资源利用率。

（3）维生素植物

维生素（vitamin）是人和动物维持正常生命活动不可缺少的物质。与一些主要营养物质如蛋白质、脂肪和糖类相比，维生素的需要量非常小，但作用很大。维生素与有机体中的催化剂——酶有密切的关系。人和动物如果缺少这类物质，就会产生维生素缺乏症，轻者会引起坏血病、夜盲症、眼干燥症等一些病症，重者会导致死亡（朱太平等，2007）。

武功山脉维生素植物约有 36 科 57 属 81 种，本研究将蔬菜类植物亦作为维生素植物统计，包括桑科、荨麻科、藜科、苋科、马齿苋科 Portulacaceae、石竹科 Caryophyllaceae、睡莲科、莼菜科、五味子科 Schisandraceae、白花菜科 Cleomaceae、十字花科 Brassicaceae、蔷薇科、鼠李科 Rhamnaceae、葡萄科 Vitaceae、椴树科 Tiliaceae、猕猴桃科 Actinidiaceae、堇菜科 Violaceae、胡颓子科 Elaeagnaceae、千屈菜科 Lythraceae、柳叶菜科 Onagraceae、伞形科 Apiaceae、山茱萸科、杜鹃花科、报春花科 Primulaceae、柿树科 Ebenaceae、紫草科 Boraginaceae、唇形科、茄科、菊科、禾本科、泽泻科、水鳖科 Hydrocharitaceae、百合科、蕨科、蹄盖蕨科、球子蕨科。其中，以猕猴桃科（软枣猕猴桃 *Actinidia arguta*、京梨猕猴桃 *Actinidia callosa* var. *henryi*、金花猕猴桃 *Actinidia chrysantha* 等）、蔷薇科（金樱子 *Rosa laevigata*、茅莓 *Rubus parvifolius*、大花枇杷 *Eriobotrya cavaleriei* 等）、菊科（魁蒿 *Artemisia princeps*、刺儿菜 *Cirsium arvense* var. *integrifolium*、黄鹌菜 *Youngia japonica* 等）植物较多。苋科的刺苋 *Amaranthus spinosus*、皱果苋 *Amaranthus viridis*，马齿苋科的马齿苋 *Portulaca oleracea*，石竹科的鹅肠菜 *Myosoton aquaticum*，十字花科的广州蔊菜 *Rorippa cantoniensis*，报春花科的矮桃 *Lysimachia clethroides*，菊科的魁蒿、刺儿菜，禾本科的菰 *Zizania latifolia*，水鳖科的水鳖 *Hydrocharis dubia*、龙舌草既是维生素植物又是饲用植物。

维生素植物代表：重要的维生素植物资源有蔷薇科的金樱子，其鲜果维生素 C 含量为一般果蔬的几十倍，常用来开发维生素饮料。猕猴桃科的各类猕猴桃也有较高的维生素含量，可作为水果鲜食，亦可酿酒，还可以加工成果酱、果汁。常见的野果中维生素含量较高的还有胡颓子科物种，该科大部分物种不仅果味甜美，含糖量高，而且富含维生素，常用作果脯、果酱、果酒、果汁、果糕等果品加工原料。除此之外，野菜资源不仅具有丰富的营养价值，其维生素含量也较高，常见的野菜资源中维生素含量较高的有蕨菜和竹笋。根据调查研究，苦竹 *Pleioblastus amarus* 的维生素 C 含量达 13.26 mg/100 g，斑苦竹 *Pleioblastus maculatus* 的维生素 C 含量为 8.68 mg/100 g（杨永峰，2007），它们刚长出的竹笋是民间广受欢迎的一种时令蔬菜。在武功山脉盛产的蕨 *Pteridium aquilinum* var. *latiusulum*，其营养丰富，维生素含量是一般蔬菜的数倍。

开发利用：武功山脉属于中亚热带湿润性季风气候区，雨量充沛，水热条件较为优越，利于各种果树和蔬菜生长。近年来，随着人们追求“天然、无污染、原生态”的愿望越来越强烈，野菜、野果也开始受到人们的重视，我国已经建成了多个野菜出口加工厂和培训基地。在江西地区可着重开发营养价值较高、美味的物种，如软枣猕猴桃，也可鼓励当地农民进行集中连片生产，加工成饮料类食品，既可以供给国内市场，还可远销海外。

（4）饮料植物

植物饮料是以植物为原料制成的饮料，主要包括茶饮料及茶的代用品保健茶和花茶，本研究结合刘胜祥《植物资源学》的分类思想以及人们传统的分类习惯，将可酿酒植物也归并为饮料植物资源。

武功山脉饮料植物约有 19 科 27 属 39 种，包括榆科、桑科、蔷薇科、漆树科、冬青科 Aquifoliaceae、葡萄科、椴树科、山茶科、藤黄科 Guttiferae、胡颓子科、野牡丹科 Melastomataceae、山茱萸科、杜鹃花科、山矾科、木犀科、唇形科、葫芦科、忍冬科 Caprifoliaceae、菊科。其中，以蔷薇科（樱桃 *Cerasus pseudocerasus*、野山楂 *Crataegus cuneata*、湖北海棠 *Malus hupehensis* 等）、山茶科（尖连蕊茶 *Camellia cuspidata*、毛柄连蕊茶 *Camellia fraterna*、翅柃 *Eurya alata* 等）、胡颓子科（蔓胡颓子 *Elaeagnus glabra*、宜昌胡颓子 *Elaeagnus henryi*、银果牛奶子 *Elaeagnus magna* 等）物种较多。胡颓子科的木半夏 *Elaeagnus multiflora*、胡颓子 *Elaeagnus pungens*，葫芦科的罗汉果 *Siraitia grosvenorii* 以及忍冬科的荚蒾 *Viburnum dilatatum* 既是饮料植物又可作为植物甜味剂。

饮料植物代表：用植物的茎叶作为茶饮料的有蔷薇科，如野山楂 *Crataegus cuneata*，其嫩叶可以代茶；湖北海棠 *Malus hupehensis*，嫩叶晒干作茶叶代用品，味微苦涩，俗名花红茶。用果作饮料的有毛萼莓 *Rubus chroosepalus*、灰毛泡 *Rubus irenaeus*，其果可制作饮料，味道十分甘甜。

（5）食用香料植物

食用香料植物又叫作香辛料，大多具有芳香、辛辣等刺激性气味，具有杀菌、抗氧化、抗炎等药理作用，用于食物调味调香。从香料植物中提取的物质不仅可以改善食物的风味，还可以作为天然防腐剂延长食物的保质期（杨荣华和林家莲，1999）。

武功山脉食用香料植物约有 5 科 5 属 6 种，包括三白草科 Saururaceae（蕺菜 *Houttuynia cordata*）、胡椒科 Piperaceae（竹叶胡椒 *Piper bambusaefolium*）、樟科（香桂 *Cinnamomum subavenium*、川桂 *Cinnamomum wilsonii*）、芸香科（竹叶花椒 *Zanthoxylum armatum*）以及唇形科（留兰香 *Mentha spicata*）。香桂的小枝条可作次等桂皮使用。

食用香料植物代表：芸香科竹叶花椒，全株有花椒气味，麻、苦及辣味均较花椒浓，果皮的麻辣味最浓；新生嫩枝紫红色；根粗壮，外皮粗糙，有泥黄色松软的木栓层，内皮硫黄色，甚麻辣，常被人们用作香料植物。

（6）植物甜味剂

植物甜味剂是一种重要的食品添加剂，然而由糖类过量摄入所引起的疾病已层出不穷，越来越多的人开始寻求低热量天然甜味剂来满足对甜味食品的需求。可见野生植物甜味剂的开发具有很广阔的前景。

武功山脉植物甜味剂约有 14 科 17 属 34 种，包括杨梅科 Myricaceae、桑科、木通科、蔷薇科、葡萄科、猕猴桃科、胡颓子科、唇形科、玄参科 Scrophulariaceae、葫芦科、桔梗科 Campanulaceae、忍冬科、禾本科、浮萍科 Lemnaceae。其中以蔷薇科（小柱悬钩子 *Rubus columellaris*、高粱泡 *Rubus lambertianus*、木莓 *Rubus swinhoei* 等）物种较多。而杨梅科的杨梅 *Myrica rubra*、桑科的桑 *Morus alba*、木通科的木通以及葫芦科的罗汉果，其果实含有较高的糖分，且具有较高的营养价值，可进一步开发。

植物甜味剂代表：植物甜味剂大部分来自野生植物的果实，如葫芦科的罗汉果，其果实味甜，含 s-5 苷元，属三萜苷类化合物，其甜度为蔗糖的 150～300 倍，可作饮料等（刘胜祥，1992）。桑科的桑，其果实桑葚味甜多汁，可直接食用或制作果汁、酿酒。

（7）饲用植物

当前我国饲料资源供求关系出现了精料短缺、蛋白质饲料短缺、绿色饲料紧缺和饲料总量不足的“三缺一不足”现象（熊康宁等，2019），而野生饲用植物来源广，具有重要的开发研究意义。

武功山脉饲用植物类约有 32 科 81 属 118 种，包括壳斗科、杨柳科、胡桃科、桑科、大麻科 Cannabaceae、荨麻科、苋科、马齿苋科、十字花科、石竹科、金鱼藻科 Ceratophyllaceae、樟科、豆科、报春花科、芸香科、大戟科、省沽油科 Staphyleaceae、千屈菜科、野牡丹科、柳叶菜科 Onagraceae、小二仙草科 Haloragaceae、唇形科、玄参科、葫芦科、败酱科 Valerianaceae、菊科、禾本科、泽泻科、水鳖科、眼子菜科 Potamogetonaceae、莎草科、雨久花科 Pontederiaceae。其中以禾本科（荩草 *Arthraxon hispidus*、溪边野古草 *Arundinella fluviatilis*、长芒稗 *Echinochloa caudata* 等）、荨麻科（序叶苎麻 *Boehmeria clidemioides*、骤尖楼梯草 *Elatostema cuspidatum*、苎麻 *Boehmeria nivea* 等）、苋科（莲子草 *Alternanthera sessilis*、刺苋 *Amaranthus spinosus*、青葙 *Celosia argentea* 等）物种较多。豆科的广布野豌豆 *Vicia cracca*、蚕豆 *Vicia faba* 由于其花大而艳丽，因此既是饲用植物又是较好的蜜源植物。

饲用植物代表：在实际生产生活中，饲用植物用得最多的是禾本科植物，如荩草，该种为南方优良野生牧草，牛、马、羊均喜欢食用，其分布非常广泛，在我国绝大多数省区低海拔地带均有分布。

资源利用：武功山脉饲用植物种类繁多，分布广泛，既有木本也有草本，以草本为主。武功山脉高山草地饲用植物资源丰富，早在 20 世纪 90 年代就有学者报道，武功山脉天然草场总覆盖度为 98%，7 月牧草平均高度为 0.5 m 左右，低洼地的牧草高达 2 m 多（朱永定等，1993），但近几年来，由于武功山脉处于旅游地带，环境破坏较严重，牧草退化，尽管对该地草场退化问题采取了一定的解决措施，但是收效甚微，在后期的开发过程中既要将现有的草地资源保护落实到位，严抓破坏问题，有针对性地治理，又要多种植牧草，引进优质牧草，因地制宜，获得最大的经济效益。

（8）蜜源植物

蜜源植物是一类间接为人类所食用的食物，蜜蜂从“蜜源植物”中采摘花蜜酿造的蜂蜜可为人所食用，蜂蜜具有极高的营养价值。

武功山脉蜜源植物约有 13 科 16 属 37 种，包括蔷薇科、豆科、漆树科、冬青科、鼠李科、杜英科、椴树科、山茶科、大风子科、五加科 Araliaceae、杜鹃花科、柿树科、木犀科。

蜜源植物代表：春季主要的蜜源植物有杜鹃花科的杜鹃花属植物、豆科的紫云英 *Astragalus sinicus*；夏季主要的蜜源植物有冬青科的小果冬青 *Ilex micrococca*、柿树科的柿 *Diospyros kaki*、鼠李科的酸枣 *Ziziphus jujuba*；秋季主要的蜜源植物有豆科的胡枝子 *Lespedeza bicolor*；冬季主要的蜜源植物有蔷薇科的枇杷、山茶科的柃木属 *Eurya* 植物。

2. 药用植物

药用植物泛指一切对人类或者动物健康具有效用的植物资源，包括已被人们广泛认识和接受的中药资源、虽然未被广泛接受但确认有一定疗效或者被证实含有特定成分及生理作用的药用植物以及它们的近缘种（陈功锡等，2015）。

武功山脉药用植物资源约有 173 科 643 属 1442 种，包括中草药类、植物农药类、有毒植物 3 小类（表 2-5）。

表 2-5　武功山脉各类药用植物资源科、属、种统计

类别	科数	占武功山脉药用植物资源总科数比例（%）	属数	占武功山脉药用植物资源总属数比例（%）	种数	占武功山脉药用植物资源总种数比例（%）
中草药类	172	99.42	636	98.91	1426	98.89
植物农药类	9	5.20	10	1.56	13	0.90
有毒植物	22	12.72	27	4.20	33	2.29

（1）中草药类

中草药类是药用植物资源中最重要的组成部分之一。武功山脉中草药类约有 172 科 636 属 1426 种，包括种子植物约 144 科 588 属 1308 种，蕨类植物约 28 科 48 属 118 种，是各类植物资源中种数最多的一类。含有药用植物 20 种及以上的有荨麻科（30 种）、蓼科（36 种）、毛茛科 Ranunculaceae（31 种）、樟科（31 种）、虎耳草科 Saxifragaceae（20 种）、蔷薇科（48 种）、豆科（68 种）、葡萄科（30 种）、五加科（22 种）、伞形科（26 种）、马鞭草科 Verbenaceae（31 种）、唇形科（50 种）、玄参科（28 种）、茜草科（30 种）、菊科（73 种）、禾本科（22 种）、莎草科（22 种）、百合科（53 种）、水龙骨科（23 种）。

中草药类代表：草本代表有毛茛科、百合科等。毛茛科在武功山脉药用植物种类较多且药用价值较高，其药用植物有 29 属 31 种，如乌头 *Aconitum carmichaelii*。乌头属 *Aconitum* 植物具有广泛的药理作用，同时毒性很强，医学上常用来治疗跌打损伤、风湿关节炎等，另外，打破碗花花 *Anemone hupehensis*、小升麻 *Cimicifuga acerina*、女萎 *Clematis apiifolia*、铁线莲 *Clematis florida* 等药用价值也非常高。百合科的许多种类也有重要的药用价值，如多花黄精 *Polygonatum cyrtonema*、七叶一枝花 *Paris polyphylla*、土茯苓 *Smilax glabra*、菝葜、玉竹 *Polygonatum odoratum*、麦冬 *Ophiopogon japonicus* 等是著名的中药材。木本类的代表有杜仲科，如杜仲的树皮入药，具有补肝肾之功效，可降血压、镇静、利尿、固经安胎等，用于治疗腰膝酸痛、筋骨无力、胎动不安，高血压（朱太平等，2007）。

开发利用：迄今为止，我国仍有 80%以上的人口在沿用中草药治病，中医中药在保障我国人民身体健康中起着非常重要的作用（朱太平等，2007），目前大部分的中草药仍来源于野生，武功山脉野生中草药丰富，种类较多，既有木本又有藤本、草本，既有种子植物又有蕨类植物，开发潜力较大，但目前主要是人工采集，现代化工艺利用较少，并有相当一部分被人类过度攫取，造成大量的药用资源浪费，因此要开发利用好武功山脉药用植物资源就要先提高公众对药用植物的保护意识，保护并不是禁止采挖，而是可定时定量采挖，并通过改进采挖的方式，如留下部分根茎，使其来年继续生长发育，要先做好保护工作，再发展中药产业，实行原料基地生产、高水平生产，促进武功山脉中药产业的繁荣。

（2）有毒植物

有毒植物一般指含有毒化学成分并能使人类及其他生物中毒的植物，也指凡能引起中毒症状或实验证明有可能通过食入、接触或其他途径进入机体，造成人类、家畜及其他动物死亡或机体机能长期性或暂时性伤害的植物（陈冀胜和郑硕，1987）。本研究的有毒植物大多数有中草药用途。武功山脉有毒植物类约有 22 科 27 属 33 种，包括银杏科 Ginkgoaceae、金粟兰科 Chloranthaceae、胡桃科、毛茛科、八角科 Illiciaceae、罂粟科 Papaveraceae、茅膏菜科 Droseraceae、蔷薇科、豆科、酢浆草科 Oxalidaceae、大戟科、马桑科 Coriariaceae、漆树科、凤仙花科、鼠李科、瑞香科 Thymelaeaceae、杜鹃花科、马钱科 Loganiaceae、夹竹桃科 Apocynaceae、菊科、石蒜科 Amaryllidaceae、天南星科 Araceae。

易引起中毒的一些有毒植物有毛茛科的乌头、大戟科的油桐 *Vernicia fordii*、马桑科的马桑 *Coriaria nepalensis*、杜鹃花科的羊踯躅 *Rhododendron molle*、菊科的苍耳 *Xanthium sibiricum*、天南星科的天南星 *Arisaema heterophyllum* 等。

有毒植物代表：典型的有毒植物有杜鹃花科的羊踯躅，该种为著名的有毒植物之一。《神农本草经》及《植物名实图考》把它列入毒草类，其可治疗风湿性关节炎、跌打损伤。民间通常称“闹羊花”。根据《中国植物志》记载（中国科学院中国植物志编辑委员会，1994），该植物体各部分含有闹羊花毒素（rhodojaponin）、马醉木毒素（asebotoxin）、石南素（ericolin）和木毒素（andromedotoxin）等成分，误食令人腹泻、呕吐或痉挛；羊食用时往往踯躅而死亡，故此得名。近年来，羊踯躅在医药工业上用作麻醉剂、镇痛药；另外，根据其特性，全株亦可作农药（《中国植物志》有记载）。罂粟科的血水草 *Eomecon chionantha*、博落回 *Macleaya cordata* 全草有毒，不可内服。

3. 工业用植物

植物性工业原料是现代工业赖以生存的最基本的条件。武功山脉工业用植物资源有 90 科 252 属 534 种，包括 8 类：材用植物类、纤维植物类、鞣料植物类、香料植物类、工业用油脂植物类、植物胶类、工业用植物性染料类和经济昆虫寄主植物类（表 2-6）。

表 2-6　武功山脉各类工业用植物资源科、属、种统计

类别	科数	占武功山脉工业用植物资源总科数比例（%）	属数	占武功山脉工业用植物资源总属数比例（%）	种数	占武功山脉工业用植物资源总种数比例（%）
材用植物类	54	60.00	124	49.21	264	49.44
纤维植物类	32	35.56	76	30.16	112	20.97
鞣料植物类	11	12.22	16	6.35	19	3.56
香料植物类	17	18.89	29	11.51	42	7.87
工业用油脂植物类	46	51.11	74	29.37	156	29.21
植物胶类	21	23.33	26	10.32	34	6.37
工业用植物性染料类	10	11.11	11	4.37	15	2.81
经济昆虫寄主植物类	3	3.33	5	1.98	8	1.50

（1）材用植物类

近年来，国内外市场对林产品需求量越来越大，我国林产品的产量不断增长，其中，造纸、木质家具和人造板等林产品的产量已名列世界第一。林产品需求量的增大，以及我国森林资源分布极不平衡和用途广泛等自身特点，使得野生材用植物资源显得极为珍贵。

武功山脉材用植物类约有 54 科 124 属 264 种。含有材用植物种类较多的有壳斗科（板栗、苦槠、青冈等）、樟科（香桂、山橿 *Lindera reflexa*、红楠 *Machilus thunbergii* 等）、蔷薇科（橉木 *Prunus buergeriana*、光叶石楠 *Photinia glabra*、石斑木 *Rhaphiolepis indica* 等）。其中，既是材用植物又是工业用油脂植物的有 20 科 25 属 42 种（马尾松、香粉叶 *Lindera pulcherrima* var. *attenuata*、油柿 *Diospyros oleifera* 等）；既是材用植物又是工业用油脂植物、工业用植物性染料的有大戟科（粗糠柴 *Mallotus philippensis*）、冬青科（枸骨 *Ilex cornuta*）、山茱萸科（梾木）；既是材用植物又是工业用油脂植物、植物胶类的有胡桃科（化香树 *Platycarya strobilacea*）、清风藤科 Sabiaceae（毡毛泡花树 *Meliosma rigida* var. *pannosa*）、五加科（刺楸 *Kalopanax septemlobus*）、山茱萸科（毛梾）；既是材用植物又是经济昆虫寄主植物的有漆树科（黄连木 *Pistacia chinensis*、滨盐麸木 *Rhus chinensis* var. *roxburghii*、盐麸木 *Rhus chinensis*）；既是材用植物又是纤维植物的有 14 科 19 属 20 种（杉木 *Cunninghamia lanceolata*、响叶杨 *Populus adenopoda*、棕榈 *Trachycarpus fortunei* 等）；既是材用植物又是香料植物的有樟科（毛桂 *Cinnamomum appelianum*、华南桂 *Cinnamomum austrosinense*、天竺桂 *Cinnamomum japonicum*、野

黄桂 *Cinnamomum jensenianum*、沉水樟 *Cinnamomum micranthum*、少花桂 *Cinnamomum pauciflorum*）、金缕梅科（蕈树 *Altingia chinensis*）、安息香科 Styracaceae（越南安息香 *Styrax tonkinensis*）、木犀科（流苏树 *Chionanthus retusus*）、马鞭草科（黄荆 *Vitex negundo*）；既是材用植物又是植物胶类、鞣料植物的有胡桃科（胡桃楸 *Juglans mandshurica*、枫杨 *Pterocarya stenoptera*）、壳斗科（青冈、细叶青冈 *Cyclobalanopsis gracilis*、曼青冈 *Cyclobalanopsis oxyodon*）、桑科（白桂木 *Artocarpus hypargyreus*）。

材用植物代表：材用植物在造纸、家具建材、装修、农田水利等方面有着巨大的价值。裸子植物在武功山脉总植物资源中虽然所占比例不大，但大部分为高大的乔木，为材用植物资源的上佳物种，如松科、柏科、罗汉松科、红豆杉科、三尖杉科等。武功山脉常见的材用植物资源主要有杉木、马尾松等。马尾松是一种高大的常绿乔木，成树高可达 30～50 m，其心材、边材区别不明显，均呈淡黄褐色，纹理直，耐腐力强，是较好的建筑、枕木、家具用料，而且其木纤维含量高，是优良的造纸与化纤工业原料。杉木边材黄白色，心材带淡红褐色，质较软，纹理直，易加工，并带有天然的原木香味，耐腐力强，能够保护家具不受白蚁等蚊虫蛀食，可供建筑、桥梁、造船、制作家具等用，还可以作为木纤维工业原料，同时杉木繁殖能力强、生长快，为长江以南温暖地区最重要的速生用材树种。被子植物中具有代表性的材用植物资源主要有樟科、安息香科、榆科等，樟科的闽楠 *Phoebe bournei*，木材纹理直，结构细密，有芳香，不易变形及被虫蛀，也不易开裂，为建筑、高级家具等良好木材；安息香科的小叶白辛树 *Pterostyrax corymbosus* 为散孔材，心材淡黄色，材质轻软，纹理致密，加工容易，可作为一般器具用材。

开发利用：武功山脉材用植物资源丰富，但在分布类群上较为分散，部分地区物种结构单一，如调查点大岗山地区的竹林偏多，物种结构单一，芦溪县红岩谷地区和安福县的马尾松林成片分布，使得其生态功能较弱，因此要逐步调整林种、树种结构。另外，对于像马尾松这一类数量多、生长快、用途广的材用植物资源，还可以鼓励当地居民栽培和砍伐用，以增加当地居民的经济收入，但是还需要加大研究力度，实行良种驯化，提高树种的材用质量。

（2）纤维植物类

纤维植物主要是棉、麻类，人工条件下，常用桑树的桑叶来养蚕，获得大量的蚕丝，用于纺织，但在野生条件下，也有大量的植物用于纺织和造纸等。武功山脉纤维植物约有 32 科 76 属 112 种。含有纤维植物种类较多的有桑科（葡蟠 *Broussonetia kaempferi*、构树 *Broussonetia papyrifera*、桑等）、豆科（合萌 *Aeschynomene indica*、藤黄檀 *Dalbergia hancei*、葛 *Pueraria montana* 等）、禾本科（桂竹等）、棕榈科（棕榈等）、香蒲科（东方香蒲 *Typha orientalis* 等）。其中，既是纤维植物又是工业用油脂植物的有大戟科（白背叶 *Mallotus apelta*）、卫矛科（苦皮藤 *Celastrus angulatus*、南蛇藤 *Celastrus orbiculatus*）、锦葵科（苘麻 *Abutilon theophrasti*）、忍冬科（荚蒾）、番荔枝科（瓜馥木 *Fissistigma oldhamii*）。

纤维植物代表：植物纤维具有广泛的用途，可编制席子、草帽、斗笠等，还可用来造纸。荨麻科、桑科、卫矛科、夹竹桃科等许多种类韧皮部发达，适合制作高级纸张，如中国著名的书画用纸就是以青檀枝条中的韧皮纤维为主要原料制成的。

（3）鞣料植物类

鞣料植物是指能制栲胶的富含单宁的植物，因此也叫作单宁植物，单宁一般存在于树皮、树干、果实、果皮、根皮、叶中。武功山脉鞣料植物约有 11 科 16 属 19 种，包括胡桃科（胡桃楸 *Juglans mandshurica*、枫杨 *Pterocarya stenoptera*）、壳斗科（青冈、细叶青冈 *Cyclobalanopsis gracilis*、曼青冈、白栎 *Quercus fabri*）、桑科（白桂木 *Artocarpus hypargyreus*）、连香树科 Cercidiphyllaceae（连香树 *Cercidiphyllum japonicum*）、金缕梅科 Hamamelidaceae（杨梅叶蚊母树 *Distylium myricoides*）、蔷薇科（黄龙尾 *Agrimonia pilosa* var. *nepalensis*、龙芽草 *Agrimonia pilosa*、杜梨 *Pyrus betulifolia*、棠叶悬钩子 *Rubus malifolius*）、大戟科（湖北算盘子 *Glochidion wilsonii*）、鼠李科（铜钱树 *Paliurus hemsleyanus*）、

杜英科（猴欢喜 *Sloanea sinensis*）、山茶科（格药柃 *Eurya muricata*、厚皮香 *Ternstroemia gymnanthera*）、五加科（常春藤 *Hedera nepalensis* var. *sinensis*）。其中大部分种类既是鞣料植物又是植物胶类，如胡桃科的胡桃楸，其树皮、叶及外果皮含鞣质，可提取栲胶；大戟科的湖北算盘子，其叶、茎及果实含鞣质，可提取栲胶等。

（4）香料植物类

香料植物又称芳香植物，即能从中提取香料和香精的植物，是具重要用途的经济作物。从各种香料植物中提取的精油广泛用于医药、化工、食品、烟酒、化妆等行业。目前国内外知名的芳香植物包括薄荷 *Mentha haplocalyx*、香茅（柠檬草）*Cymbopogon citratus*、甘草 *Glycyrrhiza uralensis*、当归 *Angelica sinensis*、金银花（忍冬）*Lonicera japonica*、荷花（莲）*Nelumbo nucifera*、芍药 *Paeonia lactiflora*、桂花（木犀）*Osmanthus fragrans*、牡丹 *Paeonia suffruticosa*、玫瑰 *Rosa rugosa*、茉莉花 *Jasminum sambac*、香柏 *Juniperus pingii* var. *wilsonii* 等（程必强等，2001）。

武功山脉香料植物约有 17 科 29 属 42 种，包括八角科（红毒茴 *Illicium lanceolatum*）、木兰科（含笑花 *Michelia figo*、深山含笑 *Michelia maudiae*、望春玉兰 *Magnolia biondii* 等）、樟科（红果黄肉楠 *Actinodaphne cupularis*、毛桂 *Cinnamomum appelianum*、樟等）、金缕梅科（蕈树 *Altingia chinensis*、细柄蕈树 *Altingia gracilipes*）、苦木科（苦树 *Picrasma quassioides*）、锦葵科（黄葵 *Abelmoschus moschatus*）、瑞香科（小黄构 *Wikstroemia micrantha*）、伞形科（野胡萝卜 *Daucus carota*、白苞芹 *Nothosmyrnium japonicum*、小窃衣 *Torilis japonica*）、杜鹃花科（滇白珠 *Gaultheria leucocarpa* var. *yunnanensis*）、报春花科（灵香草 *Lysimachia foenum-graecum*）、安息香科（越南安息香）、木犀科（流苏树、女贞 *Ligustrum lucidum*、多毛小蜡 *Ligustrum sinense* var. *coryanum* 等）、马钱科（大叶醉鱼草 *Buddleja davidii*）、马鞭草科（白棠子树 *Callicarpa dichotoma*、全缘叶紫珠 *Callicarpa integerrima*、海州常山 *Clerodendrum trichotomum* 等）、唇形科（藿香 *Agastache rugosa*、小野芝麻 *Galeobdolon chinense*、内折香茶菜 *Rabdosia inflexa* 等）、败酱科（长序缬草 *Valeriana hardwickii*）、姜科（姜属 *Zingiber*）。

（5）工业用油脂植物类

油脂是人类食物的重要组成部分，也是食品、生物能源、医药、纺织、化妆、油漆等行业的重要原料。世界油脂总产量的 70%左右为植物油脂，其中食用油占 80%左右，非食用油约占 20%（蒙秋霞等，2018；张华新等，2006）。本研究统计的工业用油脂植物既包括食用油脂植物，也包括非食用油脂植物。武功山脉工业用油脂植物约有 46 科 74 属 156 种，以樟科（川桂、山胡椒 *Lindera glauca*、三桠乌药 *Lindera obtusiloba* 等）和山茶科（连蕊茶、油茶、短柱柃 *Eurya brevistyla* 等）物种较多。蔷薇科的悬钩子蔷薇 *Rosa rubus*、槭树科的三角枫、五加科的常春藤 *Hedera nepalensis* var. *sinensis*、山茱萸科的灯台树 *Bothrocaryum controversum* 既是工业用油脂植物又是植物胶类；鼠李科的圆叶鼠李 *Rhamnus globosa*、冻绿 *Rhamnus utilis* 既是工业用油脂植物又是工业用植物性染料。

工业用油脂植物代表：在各类工业用油脂植物中，裸子植物代表种有松科，其中松科的马尾松种子含油率达到 51.2%～63%，种子油可制肥皂、油漆或润滑油，也可食用（中华人民共和国商业部土产废品局和中国科学院植物研究所，2012）。被子植物代表种最重要的有樟科，樟科樟属大部分物种的树干及根、枝、叶可提取樟脑和樟油，樟油供医药及香料工业用。樟果实含油率为 31.6%（广东广州），种子含油率为 37.7%（四川成都）～44.2%（广西桂林）（龙春林和宋洪川，2012）。另外，樟科山胡椒属种仁含油，可用于制作肥皂、润滑油、油墨，还可作为医用栓剂原料。

（6）植物胶类

植物胶最早使用的名称是树胶，树胶和树脂一样都是从植物体中提炼出来的重要工业原料，可从植物的各个部位提取出来，如树干、果实、种子等，植物胶的用途很广，在水处理、造纸、食品、纺织、化妆品、石油开采、选矿、建筑材料等方面均有广泛的用途（张卫明等，2008）。植物胶是用温水浸泡植物或植物的种子，提取其中黏液而制得的，其主要成分是半乳甘露聚糖，还有蛋白质、纤维素、水分和少量钙、镁等无机元素。武功山脉植物胶类约有 21 科 26 属 34 种，包括松科（马尾松、黄山松）、壳斗科（枹栎 *Quercus serrata*、栓皮栎 *Quercus variabilis*）、樟科（新木姜子 *Neolitsea aurata*）、蔷薇科（毛萼莓、山莓 *Rubus corchorifolius*、大红藨 *Rubus eustephanus* 等）、马桑科（马桑）、漆树科（野漆 *Toxicodendron succedaneum*）、省沽油科（野鸦椿 *Euscaphis japonica*）、藤黄科 Guttiferae（黄海棠 *Hypericum ascyron*）、报春花科（针齿铁仔 *Myrsine semiserrata*）、夹竹桃科（紫花络石 *Trachelospermum axillare*）、茜草科（大叶白纸扇 *Mussaenda shikokiana*）、百合科（菝葜）等。

（7）工业用植物性染料类

植物染料具有绿色环保的特性，且大部分植物兼具抗菌消炎的保健功效，因此市场应用十分广阔。武功山脉工业用植物性染料类约有 10 科 11 属 15 种，包括桑科（构棘 *Cudrania cochinchinensis*）、大戟科（粗糠柴）、冬青科（枸骨）、无患子科（复羽叶栾树 *Koelreuteria bipinnata*）、鼠李科（猫乳 *Rhamnella franguloides*、长叶冻绿、圆叶鼠李等）、山茶科（细齿叶柃 *Eurya nitida*）、山茱萸科（梾木）、山矾科（山矾）、紫草科（厚壳树 *Ehretia thyrsiflora*）、小檗科（豪猪刺 *Berberis julianae*）。

（8）经济昆虫寄主植物类

经济昆虫寄主植物是我国植物资源中一个十分重要的部分，它通过寄生在植物上的昆虫，生产人类所需要的工业原料或药品。武功山脉经济昆虫寄主植物类约有 3 科 5 属 8 种，包括豆科（紫云英、秧青 *Dalbergia assamica*）、漆树科（黄连木、滨盐肤木、盐肤木）、木犀科（白蜡树 *Fraxinus chinensis*、小叶女贞 *Ligustrum quihoui*、小蜡 *Ligustrum sinense*）。其中木犀科和漆树科主要为白蜡虫的寄主植物，漆树科漆树属植物为五倍子的主要寄主植物。

4. 保护和改造环境植物

保护和改造环境植物是对环境具有“绿化”和“美化”作用的两类植物资源的统称。武功山脉保护和改造环境植物有 116 科 291 属 657 种，包括 7 类，即防风固沙植物类、水土保持植物类、绿肥植物类、花卉资源类、指示植物类、抗污染植物类、植物农药类（表 2-7）。

表 2-7 武功山脉保护和改造环境植物科、属、种统计

类别	科数	占武功山脉保护和改造环境植物资源总科数比例（%）	属数	占武功山脉保护和改造环境植物资源总属数比例（%）	种数	占武功山脉保护和改造环境植物资源总种数比例（%）
防风固沙植物类	7	6.03	9	3.09	20	3.04
水土保持植物类	15	12.93	32	11.00	56	8.52
绿肥植物类	10	8.62	19	6.53	28	4.26
花卉资源类	99	85.34	238	81.79	555	84.47
指示植物类	6	5.17	6	2.06	6	0.91
抗污染植物类	13	11.21	14	4.81	19	2.89
植物农药类	9	7.76	10	3.44	13	1.98

（1）防风固沙植物类

防风固沙有许多措施，如引水拉沙、合理开荒等，但最主要、最有效的措施还是植树造林，一般植物都具有防风固沙的作用，人们通常将根系发达、枝叶茂密的植物作为防风固沙的首选树种。武功山脉防风固沙植物类约有 7 科 9 属 20 种，包括樟科（红楠）、豆科（胡枝子、绿叶胡枝子 *Lespedeza buergeri*、中华胡枝子 *Lespedeza chinensis*）、槭树科（秀丽槭 *Acer elegantulum*、罗浮槭 *Acer fabri*、鸡爪槭 *Acer palmatum* 等）、葡萄科（三叶地锦 *Parthenocissus semicordata*）、杜英科（褐毛杜英 *Elaeocarpus duclouxii*）、猕猴桃科（金花猕猴桃 *Actinidia chrysantha*）、禾本科（獐毛 *Aeluropus sinensis*、荻 *Triarrhena sacchariflora*、狼尾草 *Pennisetum alopecuroides* 等）。其中以漆树科和禾本科物种较多。而豆科的胡枝子、绿叶胡枝子、中华胡枝子既是防风固沙植物又是绿肥植物。

防风固沙植物代表：许多豆科植物根系发达，在沙土、沙漠、壤土等多种类型的土壤里均能生长，武功山脉防风固沙植物以胡枝子属为代表，据《中国植物志》记载（中国科学院中国植物志编辑委员会，1995），本属植物多数能耐干旱，为良好的水土保持植物及固沙植物。有些地方反映其固沙效果胜过黄柳，可为混交防护林带的下木。

（2）水土保持植物类

武功山脉水土保持植物类约有 15 科 32 属 56 种，包括松科、柏科、杨柳科、桑科、木通科、金缕梅科、豆科、杜英科、山茱萸科、安息香科、茄科、茜草科、小檗科、禾本科、百合科。其中，以豆科（大叶胡枝子、葛、葛麻姆等）、小檗科（南岭小檗、时珍淫羊藿、十大功劳等）、禾本科（雀麦、朝阳隐子草、牛筋草等）物种较多。木通科的野木瓜、牛藤果、倒卵叶野木瓜等既是水土保持植物又是良好的花卉资源。

水土保持植物代表：由于大部分乔木的根系都较为发达，因此都有一定的水土保持作用，如松科、柏科、杨柳科等。常见的水土保持植物中灌木有豆科的胡枝子，其耐旱，是防风固沙及水土保持植物，为营造防护林及混交林的伴生树种；藤本主要有豆科的葛，葛藤生长迅速，茎叶重叠，穿插交织，在很短的时间内就能形成良好的被覆，且根系发达，密布土内，对防止水土流失具有重要作用。

（3）绿肥植物类

绿肥是一种养分完全的优质有机肥源，它分解快，施入土壤后供肥能力强，增产效果明显。发展绿肥生产，对培肥土壤及可持续农业的稳定发展有举足轻重的作用（曹文等，2000）。武功山脉绿肥植物类约有 10 科 19 属 28 种，包括睡莲科（芡实、睡莲）、金缕梅科（水丝梨）、豆科（合萌、鸡眼草、胡枝子等）、马桑科（马桑）、山茶科（柃叶连蕊茶）、山茱萸科（光皮梾木）、水鳖科（水鳖、龙舌草）、蘋科（蘋）、槐叶苹科（槐叶苹）、满江红科（满江红）。其中，以豆科绿肥植物种类较多，达 16 种。而豆科的胡枝子、绿叶胡枝子、中华胡枝子、贼小豆 *Vigna minima* 和满江红科的满江红 *Azolla imbricata* 既是绿肥植物又是花卉资源。

绿肥植物代表：绿肥常分为固氮绿肥和非固氮绿肥，本次调查的绿肥主要为固氮绿肥，重要的豆科固氮绿肥植物有美丽胡枝子、铁马鞭 *Lespedeza pilosa*，水生绿肥有满江红科的满江红，它能和蓝藻共生，是一种优良的绿肥，同时又是很好的饲料。

（4）花卉资源类

花卉是人类文化中不可缺少的一类资源，由于现代人们的生活方式多样化，人们对生活的品位追求越来越高，花卉、盆景等资源也越来越受到人们的喜爱，因此这一类资源具有很大的市场，尤其是野生花卉的培育，可给人们带来一定的经济收入。武功山脉花卉资源类约有 99 科 238 属 555 种，其中种子植物约 72 科 185 属 401 种，蕨类植物约 27 科 53 属 154 种。花卉资源在 20 种以上的有蔷薇科（32 种）、山茶科（35 种）、忍冬科（24 种）、菊科（33 种）、兰科（43 种）、鳞毛蕨科（38 种）、水龙骨科（25 种）。

花卉资源代表：在花卉资源中，绝大部分蕨类植物虽然没有娇艳的花朵，但其因特殊、优美的叶形和青翠碧绿的色彩而具有一定的观赏价值，在鲜花市场中，常用来作为花束的配草，亦可作盆景点缀用，可增添不少雅致，如薄叶卷柏 *Selaginella delicatula*、凤尾蕨 *Pteris cretica* var. *nervosa*、贯众 *Cyrtomium fortunei* 等常用来作为观赏植物。而在种子植物中，武功山脉花开得最鲜艳的就要数杜鹃属和山茶属植物了，3～4 月在武功山脉野外植物调查过程中，满山遍地都是，硕大的花朵呈淡紫红色，清新又美丽。此时杜鹃属的江西杜鹃 *Rhododendron kiangsiense* 和云锦杜鹃 *Rhododendron fortunei* 也竞相开放出雪白的花朵。花小而美的就是兰科植物了，兰科植物花朵最具特色，尽管其没有硕大的花和果，却因质朴文静、淡雅高洁的气质，历来被世人青睐，由于兰科植物观赏价值极高，近年来遭到大量掠夺性采挖，很多种类已濒临灭绝，大多数已被国家列为濒危保护物种，如金线兰 *Anoectochilus roxburghii*、白及 *Bletilla striata*、建兰 *Cymbidium ensifolium*、多花兰 *Cymbidium floribundum*、春兰

Cymbidium goeringii、寒兰 *Cymbidium kanran* 等为国家重点保护野生植物。

开发利用：野生花卉类资源市场潜力巨大，经济价值较高。武功山脉花卉类资源种类较多，既有灌木又有草本，既有观花植物又有观叶植物，既有种子植物又有蕨类植物，还有极具地方特色的植物资源，如江西杜鹃等，在开发利用的时候，可将这一类资源作为重点类群保护、研究，如建立江西杜鹃花圃，或是人工引种野生江西杜鹃进行规模化栽培，结合当地旅游产业发达的现状，开展相关的花卉观赏节活动，在供游人观赏的同时，也可为当地带来一定的经济收入，将资源优势转变为经济效益。

（5）指示植物类

指示植物通常包括土壤指示植物以及水源指示植物。武功山脉指示植物类约有 6 科 6 属 6 种，包括蓼科（头花蓼 *Polygonum capitatum*）、大戟科（算盘子 *Glochidion puberum*）、豆科（皂荚 *Gleditsia sinensis*）、禾本科（芦苇 *Phragmites australis*）、里白科（芒萁 *Dicranopteris dichotoma*）、鳞始蕨科 Lindsaeaceae（乌蕨 *Stenoloma chusanum*）。

指示植物代表：种子植物中指示植物有禾本科，如禾本科的芦苇为水源指示植物，芦苇一般生长在湖泊、沼泽地带，少部分也生长在山顶，生长有芦苇的山顶说明该地区水位很高，如我国山海关北面的山顶海拔 800 m 处有大片芦苇生长，后来人们发现此处曾经水位很高。大部分蕨类植物具有指示作用，如里白科芒萁，芒萁是江西、湖南、广东等省广泛分布的一种阳生蕨类植物，喜生长于酸性红壤中，是重要的酸性土壤指示植物。

（6）抗污染植物类

环境污染问题是当下各国面临的较为严重的问题，通常环境污染分为大气污染、水污染、土壤污染三类，抗污染植物可分为抗气体污染植物、抗重金属污染植物两大类。武功山脉抗污染植物约有 13 科 14 属 19 种，包括景天科（东南景天 *Sedum alfredii*）、蔷薇科（中华石楠 *Photinia beauverdiana*、椤木石楠 *Photinia davidsoniae*、绒毛石楠 *Photinia schneideriana*）、豆科（合欢 *Albizia julibrissin*、山槐 *Albizia kalkora*、皂荚）、冬青科（广东冬青 *Ilex kwangtungensis*、大叶冬青 *Ilex latifolia*）、山茶科（心叶毛蕊茶 *Camellia cordifolia*）、木犀科（华女贞 *Ligustrum lianum*）、玄参科（紫苏草 *Limnophila aromatica*）、胡麻科 Pedaliaceae（茶菱 *Trapella sinensis*）、狸藻科 Lentibulariaceae（黄花狸藻 *Utricularia aurea*）、忍冬科（珊瑚树 *Viburnum odoratissimum*）、禾本科（李氏禾 *Leersia hexandra*、假稻 *Leersia japonica*）、凤尾蕨科（蜈蚣草 *Pteris vittata*）、乌毛蕨科（乌毛蕨 *Blechnum orientale*）。

抗污染植物代表：抗重金属污染植物类具有代表性的有景天科的东南景天，景天科植物大多具有抗污染能力，如本次调查中的东南景天就具有很好的抗污染作用，有研究显示该物种对重金属镉具有一定的耐受性。

（7）植物农药类

植物农药和中草药没有本质上的区别，可作植物农药的一般都具有中草药用途，但大部分中草药不是植物农药。本研究的植物农药类均有中草药用途。武功山脉植物农药类约有 9 科 10 属 13 种，包括商陆科 Phytolaccaceae（垂序商陆 *Phytolacca americana*）、毛茛科（小木通 *Clematis armandii*、威灵仙 *Clematis chinensis*、天葵 *Semiaquilegia adoxoides*）、蔷薇科（黄龙尾 *Agrimonia pilosa* var. *nepalensis*、龙芽草 *Agrimonia pilosa*、蛇莓 *Duchesnea indica*）、豆科（苦参 *Sophora flavescens*）、楝科 Meliaceae（楝 *Melia azedarach*）、大戟科（算盘子 *Glochidion puberum*）、漆树科（盐肤木 *Rhus chinensis*）、卫矛科（短梗南蛇藤 *Celastrus rosthornianus*）、山矾科（白檀 *Symplocos paniculata*）。

植物农药代表：漆树科的盐肤木幼枝和叶片常作土农药，卫矛科的短梗南蛇藤茎皮纤维质量较好，根皮入药，可治蛇咬伤及肿毒，树皮及叶片作农药。

5. 特有植物种质资源

特有植物是指其自然分布的地理区域狭窄或异常狭窄的植物种类，对这一地区具有十分重要的意义，每一个地区的特有种都是该区域最重要的特征表现。种质是指亲代传递给子代的遗传物质，现代农业科学生产的发展证明，拥有种质资源数量的多少和对其研究利用的深入程度，对农业发展起着重要作用。

武功山脉特有植物种质资源约有 8 科 8 属 8 种，包括十字花科的武功山阴山荠 *Yinshania hui*、忍冬科的毛枝台中荚蒾 *Viburnum formosanum*、杜鹃花科的江西杜鹃、冬青科的武功山冬青 *Ilex wugongshanensis*、蓼科的武功山蓼 *Persicaria wugongshanensis*、百合科的武功山异黄精 *Heteropolygonatum wugongshanensis*、泽泻科的长喙毛茛泽泻 *Ranalisma rostratum*、禾本科的武功山短枝竹 *Gelidocalamus stellatus* var. *wugongshanensis* 等。

其他特有植物种质资源代表：主要作物野生近缘种有禾本科的普通野生稻，豆科的野大豆 *Glycine soja* 等。这些种皆为我国特有的种质资源，是各类资源中最宝贵的一类资源。根据 1999 年《国家重点保护野生植物名录》(第一批)，普通野生稻为国家二级重点保护野生植物。根据《世界自然保护联盟濒危物种红色名录》的标准，武功山异黄精数量少于 50 株，应该被定为极危种（肖佳伟等，2017)。

2.3.2 武功山脉生态环境现状和保护建议

武功山脉地处罗霄山脉中部，与南部的万洋山脉、诸广山脉联系较密切，与北部的九岭山脉之间有一个较大的峡谷平缓区。各类保护地有 31 处，包括省级自然保护区 4 处、县级自然保护区 14 处、国家级森林公园 5 处、省级森林公园 6 处、市级森林公园 2 处（表 2-8)。

表 2-8 武功山脉各类保护地基本情况列表

序号	省	市或县	保护地名称	山地/湿地	面积 (hm^2)	保护性质、对象	保护地类型	级别	始建时间	主管部门或经营管理单位
1	赣	安福县	明月山国家森林公园	明月山	7 842	森林生态系统、野生动植物及其生境	森林公园	国家级	1994	林业局/明月山管委会
2	赣	安福县	武功山国家森林公园	武功山	24 190	中亚热带常绿阔叶林、生物多样性、自然景观	森林公园	国家级	2002	安福县武功山国家森林公园管理局
3	赣	分宜县	大砻下省级森林公园	大砻下	675	亚热带常绿阔叶林	森林公园	省级	2007	分宜县大砻下林场
4	赣	莲花县	江西省寒山森林公园	罗霄山脉中段	1 168	中亚热带常绿阔叶林	森林公园	省级	2007	莲花县林业局
5	赣	莲花县	江西省湖仙山省级森林公园	湖仙山	182	中亚热带常绿阔叶林	森林公园	省级	2010	莲花县林业局
6	赣	莲花县	玉壶山省级森林公园	玉壶山	393.33	中亚热带常绿阔叶林	森林公园	省级	1994	莲花县林业局
7	赣	芦溪县	江西省三尖峰森林公园	三尖峰	630.8	中亚热带常绿阔叶林	森林公园	省级	2007	萍乡市南坑林场
8	赣	新余市	百丈峰省级森林公园	百丈峰	2 133	中亚热带常绿林、野生动植物资源	森林公园	省级	1993	渝水区百丈峰林场
9	赣	安福县	安福县蒙岗岭森林公园	蒙岗岭	53.3	中亚热带常绿阔叶林	森林公园	市级	1988	安福县蒙岗岭森林公园管理办公室
10	赣	分宜县	分宜县石门寨森林公园	石门寨	100	亚热带常绿阔叶林	森林公园	市级	2005	分宜县林业局
11	赣	安福县	武功山国家森林公园	武功山	24 190	中亚热带常绿阔叶林、生物多样性、自然景观	森林公园	国家级	2002	萍乡市林业局
12	赣	安福县	羊狮慕省级自然保护区	羊狮慕	7 006	亚热带常绿阔叶林生态系统	自然保护区	省级	1999	林业局
13	赣	莲花县	高天岩自然保护区	高天岩	4 780	中亚热带常绿阔叶林	自然保护区	省级	1999	林业局
14	赣	宜春市	玉京山落叶木莲省级自然保护区	玉京山	1 199	落叶木莲及森林生态系统/野生植物	自然保护区	省级	2013	林业局

续表

序号	省	市或县	保护地名称	山地/湿地	面积（hm^2）	保护性质、对象	保护地类型	级别	始建时间	主管部门或经营管理单位
15	赣	安福县	猫牛岩自然保护区	猫牛岩	349	中亚热带常绿阔叶林	自然保护区	县级	1997	林业局
16	赣	安福县	三天门自然保护区	三天门	1 100	森林生态系统	自然保护区	县级	1997	林业局
17	赣	安福县	太源坑自然保护区	太源坑	435	森林生态系统	自然保护区	县级	1997	林业局
18	赣	安福县	桃花洞自然保护区	桃花洞	243	野生动植物及其生境	自然保护区	县级	1997	林业局
19	赣	安福县	铁丝岭自然保护区	铁丝岭	2 046.86	野生动植物及其生境	自然保护区	县级	1997	林业局
20	赣	分宜县	大岗山自然保护区	大岗山	1 200	白颈长尾雉及森林生态系统	自然保护区	县级	2005	林业局
21	赣	分宜县	石门寨自然保护区	石门寨	971.2	白颈长尾雉及森林生态系统	自然保护区	县级	2005	林业局
22	赣	芦溪县	锅底潭自然保护区	锅底潭	3 618	湿地生态系统/内陆湿地	自然保护区	县级	2002	林业局
23	赣	新余市	新余蒙山自然保护区	蒙山	560	南方红豆杉及中亚热带常绿阔叶林	自然保护区	县级	2007	林业局
24	赣	宜春市	飞剑潭自然保护区	飞剑潭	4 986	森林生态系统	自然保护区	县级	2009	林业局
25	赣	樟树市	店下自然保护区	店下	2 883	中亚热带常绿阔叶林	自然保护区	县级	2007	林业局
26	湘	安仁县	熊峰山国家森林公园	熊峰山	6 161	森林生态系统、自然景观	森林公园	国家级	2011	林业局
27	湘	茶陵县	云阳山国家森林公园	云阳山	8 688.7	森林及野生动植物	森林公园	国家级	2002	林业局
28	湘	茶陵县	云阳山省级自然保护区	云阳山/武功山脉西南麓	10 180	次生常绿阔叶林、珍稀野生动植物	自然保护区	省级	2009	林业局
29	湘	安仁县	木子山自然保护区	木子山	100	白鹭、古榕树等珍稀动植物/野生动物	自然保护区	县级	1993	农业局
30	湘	衡东县	金觉峰自然保护区	金觉峰	1 357	森林及野生动植物	自然保护区	县级	1998	林业局
31	湘	衡东县	四方山自然保护区	四方山	380	森林及野生动植物	自然保护区	县级	1998	林业局

武功山脉包括武功山、高天岩、大岗山，其植被组成与万洋山脉较为相近。武功山和大岗山的温带性属与热带性属比例较为接近，而高天岩的温带性属比例较大，可能与高天岩山体较为孤立有关。

1）武功山脉的针叶林以低海拔分布的人工林为主，优势种为湿地松、马尾松、杉木等；在中高海拔地区则主要是以黄山松为建群种的针阔叶混交林；此外，在武功山脉的羊狮慕北坡还分布有一定面积的铁杉群落。

2）阔叶林以常绿落叶阔叶混交林为该山脉的代表性植被，分布的海拔区间较广：常绿阔叶林大多分布于海拔 800 m 以下的沟谷地区，优势种主要有杨梅叶蚊母树、猴头杜鹃、红楠、黑壳楠等。常绿落叶阔叶混交林多分布于海拔 900～1300 m，该地段生境较为干旱，建群种以水丝梨、红椿、缺萼枫香树、甜槠、多脉青冈、鹿角杜鹃、厚叶红山茶等为主。

3）海拔 1300 m 以上的植被以落叶性灌丛为主，优势种包括蜡瓣花、半边月、小叶石楠、金缕梅等。此外，该地段还分布有箭竹竹丛。

4）高山草地主要分布于海拔 1500 m 以上的区域，优势种主要为茅叶荩草、双穗雀稗、荻等禾本科植物，伴生种十分丰富，包括长箭叶蓼、珠光香青、三脉紫菀等。

2.4 万洋山脉植物资源及其利用和保护

据统计，万洋山脉共有种子植物170科961属3161种（含亚种和变种，下同），其中裸子植物6科18属25种，被子植物164科943属3136种①。资源植物种类丰富，其中有些是当地重要的产业原材料，如炎陵县桃源洞大量分布的毛竹、茶树，当地居民多以收获竹笋、销售油茶作为主要的经济来源。此外，还有相当一部分居民饲养蜜蜂，或在秋季野果成熟的季节上山采摘木通、猕猴桃等野果拿到集市上销售。参考吴征镒等（1983）的植物资源分类系统，侧重于植物的经济价值，对万洋山脉资源植物进行统计分析，将其分为4大类25小类，其中药用植物约有164科777属1931种、食用植物约73科149属317种、工业用植物约58科163属400种、观赏植物约138科397属978种（表2-9）。可以看出，万洋山脉具药用、食用、工业用及观赏等功用的植物种类丰富。由于我国中药学发展历史悠久，在药用植物的开发利用上更为成熟，因此药用植物数量占比最高。在资源利用的基础上进一步开展生态保护评价。

表2-9 万洋山脉资源植物科、属、种统计

类别	科数	占万洋山脉种子植物总科数比例（%）	属数	占万洋山脉种子植物总属数比例（%）	种数	占万洋山脉种子植物总种数比例（%）
药用植物	164	96.47	777	80.85	1931	61.09
食用植物	73	42.94	149	15.50	317	10.03
工业用植物	58	34.12	163	16.96	400	12.65
观赏植物	138	81.18	397	41.31	978	30.94

2.4.1 万洋山脉各类植物资源

1. 药用植物

药用植物一般是指具有治疗、预防疾病和对人体有保健功能的一类植物。我国研究与利用药用植物的历史悠久，本草学、中医中药学研究不但对中华民族的繁衍做出了巨大的贡献，对世界医药界也产生了重大的影响。今天许多现代药物的主要成分也来自于药用植物的提取物，因此药用植物在资源植物中占有相当重要的地位。万洋山脉药用植物有164科777属1931种，集中分布在禾本科（191种）、菊科（168种）、蔷薇科（133种）、唇形科（131种）、豆科（128科）、莎草科（100种）、兰科（89种）。依据药物的功效，将万洋山脉药用植物划分为12小类，分别是解表药、对治疗癌症有辅助作用的药、驱虫药、清热药、泻下药、祛风湿药、消食药、止血和活血化瘀药、化痰止咳平喘药、安神药、补虚药和蛇虫咬伤药，同一植物因入药部位或有效成分不同，可能具多种效用。

（1）解表药

用于疏解肌表、解除表征、促使发汗的解表药主要有：马兜铃科 Aristolochiaceae（细辛 *Asarum sieboldii*）、石蒜科 Amaryllidaceae（薤白 *Allium macrostemon*）、谷精草科 Eriocaulaceae（谷精草 *Eriocaulon buergerianum*）、毛茛科 Ranunculaceae（升麻 *Cimicifuga foetida*）、豆科（葛 *Pueraria montana*）、桑科 Moraceae（桑 *Morus alba*）、芸香科 Rutaceae（臭节草 *Boenninghausenia albiflora*）、十字花科 Brassicaceae（蔊菜 *Rorippa indica*）、唇形科（石香薷 *Mosla chinensis*、牛至 *Origanum vulgare*、黄荆 *Vitex negundo*）、菊科（牛蒡 *Arctium lappa*、石胡荽 *Centipeda minima*、华麻花头 *Serratula chinensis*、一枝黄花 *Solidago decurrens*）、伞形科 Apiaceae（藁本 *Ligusticum sinense*、前胡 *Peucedanum praeruptorum*、北柴胡

① 本节蕨类植物、裸子植物、被子植物分别采用PPGI、CPG、APG Ⅳ系统。

Bupleurum chinense）。

（2）对治疗癌症有辅助作用的药

对治疗癌症有辅助作用的植物主要有：红豆杉科 Taxaceae（三尖杉 *Cephalotaxus fortunei*、南方红豆杉 *Taxus wallichiana* var. *mairei*）、樟科 Lauraceae（黑壳楠 *Lindera megaphylla*）、金粟兰科 Chloranthaceae（草珊瑚 *Sarcandra glabra*）、天南星科 Araceae（天南星 *Arisaema heterophyllum*、一把伞南星 *A. erubescens*）、薯蓣科 Dioscoreaceae（黄独 *Dioscorea bulbifera*）、藜芦科 Melanthiaceae（七叶一枝花 *Paris polyphylla*）、菝葜科 Smilacaceae（菝葜 *Smilax china*）、百合科 Liliaceae（野百合 *Lilium brownii*）、莎草科（香附子 *Cyperus rotundus*）、防己科 Menispermaceae（粉防己 *Stephania tetrandra*）、毛茛科（威灵仙 *Clematis chinensis*、毛茛 *Ranunculus japonicus*、天葵 *Semiaquilegia adoxoides*）、蔷薇科（蛇莓 *Duchesnea indica*）、葫芦科 Cucurbitaceae（绞股蓝 *Gynostemma pentaphyllum*、栝楼 *Trichosanthes kirilowii*）、卫矛科 Celastraceae（雷公藤 *Tripterygium wilfordii*）、十字花科（弯曲碎米荠 *Cardamine flexuosa*）、檀香科 Santalaceae（槲寄生 *Viscum coloratum*）、蓼科 Polygonaceae（金荞麦 *Fagopyrum dibotrys*、何首乌 *Fallopia multiflora*）、蓝果树科 Nyssaceae（喜树 *Camptotheca acuminata*）、山矾科 Symplocaceae（白檀 *Symplocos paniculata*）、猕猴桃科 Actinidiaceae（中华猕猴桃 *Actinidia chinensis*、软枣猕猴桃 *A. arguta*）、茜草科 Rubiaceae（白花蛇舌草 *Hedyotis diffusa*）、夹竹桃科 Apocynaceae（牛皮消 *Cynanchum auriculatum*）、伞形科 Apiaceae（积雪草 *Centella asiatica*）。其中，喜树和槲寄生是近年来研究较多的对治疗癌症有辅助作用的植物，具有广阔的应用开发前景。

（3）驱虫药

可作驱虫药的植物主要有：红豆杉科（榧树 *Torreya grandis*）、樟科 Lauraceae（樟 *Cinnamomum camphora*、乌药 *Lindera aggregata*）、毛茛科（威灵仙、茴茴蒜 *Ranunculus chinensis*、天葵）、豆科（紫藤 *Wisteria sinensis*）、蔷薇科（龙芽草 *Agrimonia pilosa*）、楝科 Meliaceae（楝 *Melia azedarach*）、唇形科（石荠苎 *Mosla scabra*、半枝莲）、菊科（天名精 *Carpesium abrotanoides*）、伞形科（野胡萝卜 *Daucus carota*）。其中，龙芽草和茴茴蒜在万洋山脉路旁广布且数量较多，开发潜力较大。

（4）清热药

清热药是中草药的主要组成部分，也是目前开发较为成熟的代表，如广东地区各式各样的凉茶饮品及国内外畅销的凉茶饮料。

具清热解毒效用的植物主要有：三白草科（蕺菜 *Houttuynia cordata*）、樟科（无根藤 *Cassytha filiformis*）、藜芦科（七叶一枝花）、鸭跖草科（鸭跖草 *Commelina communis*）、防己科（蝙蝠葛 *Menispermum dauricum*、金线吊乌龟 *Stephania cephalantha*、青牛胆 *Tinospora sagittata*）、豆科（鸡眼草 *Kummerowia striata*）、蔷薇科（翻白草 *Potentilla discolor*、委陵菜 *Potentilla chinensis*）、大戟科 Euphorbiaceae（地锦 *Euphorbia humifusa*）、叶下珠科（叶下珠 *Phyllanthus urinaria*）、锦葵科（山芝麻 *Helicteres angustifolia*）、瑞香科（了哥王 *Wikstroemia indica*）、蓼科（杠板归 *Polygonum perfoliatum*）、马齿苋科（马齿苋 *Portulaca oleracea*）、报春花科（朱砂根 *Ardisia crenata*）、茜草科（玉叶金花 *Mussaenda pubescens*）、爵床科（狗肝菜 *Dicliptera chinensis*）、唇形科（半枝莲）、冬青科（冬青 *Ilex chinensis*、铁冬青 *I. rotunda*）、桔梗科（半边莲 *Lobelia chinensis*）、菊科（六棱菊 *Laggera alata*、千里光 *Senecio scandens*、蒲公英 *Taraxacum mongolicum*）、忍冬科（华南忍冬 *Lonicera confusa*、忍冬 *Lonicera japonica*）、五加科（天胡荽 *Hydrocotyle sibthorpioides*）。

具清热泻火效用的植物主要有：禾本科（淡竹叶 *Lophatherum gracile*）、小檗科 Berberidaceae（阔叶十大功劳 *Mahonia bealei*、南天竹 *Nandina domestica*）、苋科 Amaranthaceae（青葙 *Celosia argentea*）、茜草科（栀子 *Gardenia jasminoides*）、龙胆科 Gentianaceae（龙胆 *Gentiana scabra*）、唇形科（夏枯草 *Prunella vulgaris*）、列当科 Orobanchaceae（独脚金 *Striga asiatica*）。

（5）泻下药

泻下药主要是可增加肠内水分，促进蠕动，软化粪便或润滑肠道以达到促进排便的作用（杨利锋等，2014），主要植物有大戟科（巴豆 *Croton tiglium*、大戟 *Euphorbia pekinensis*、续随子 *Euphorbia lathyris*）、瑞香科（芫花 *Daphne genkwa*）、蓼科（何首乌）、商陆科 Phytolaccaceae（商陆 *Phytolacca acinosa*）。

（6）祛风湿药

祛风湿散寒的植物主要有：樟科（山鸡椒 *Litsea cubeba*）、金粟兰科 Chloranthaceae（宽叶金粟兰 *Chloranthus henryi*）、毛茛科（乌头 *Aconitum carmichaelii*、威灵仙）、菊科（六棱菊）。祛风湿清热的植物主要有：防己科（粉防己 *Stephania tetrandra*）、桑科（桑）、茄科（白英 *Solanum lyratum*）。祛风湿强筋骨类植物主要有：松科（马尾松 *Pinus massoniana*）、胡椒科（山蒟 *Piper hancei*）、防己科（风龙 *Sinomenium acutum*）、毛茛科（西南银莲花 *Anemone davidii*）、牻牛儿苗科（老鹳草 *Geranium wilfordii*）、檀香科（槲寄生）、杜鹃花科（鹿蹄草 *Pyrola calliantha*、羊踯躅 *Rhododendron molle*）、茜草科（鸡矢藤 *Paederia scandens*）、夹竹桃科（杠柳 *Periploca sepium*、络石 *Trachelospermum jasminoides*）、唇形科（海州常山 *Clerodendrum trichotomum*）。

（7）消食药

具消食化积、健脾开胃效用的植物主要有：樟科（少花桂 *Cinnamomum pauciflorum*、川桂 *C. wilsonii*、木姜子 *Litsea pungens*、毛叶木姜子 *L. mollis*）、菖蒲科 Acoraceae（菖蒲 *Acorus calamus*）、蔷薇科（湖北山楂 *Crataegus hupehensis*、台湾林檎 *Malus doumeri*）、茜草科（鸡矢藤）、夹竹桃科（隔山消 *Cynanchum wilfordii*）。

（8）止血、活血化瘀药

具收敛止血效用的植物主要有：松科（马尾松）、薯蓣科（薯莨 *Dioscorea cirrhosa*）、兰科（白及 *Bletilla striata*）、金缕梅科（檵木 *Loropetalum chinense*、龙芽草）、野牡丹科（地菍 *Melastoma dodecandrum*）、十字花科（荠 *Capsella bursa-pastoris*）、唇形科（杜虹花 *Callicarpa formosana*、风轮菜 *Clinopodium chinense*、灯笼草 *Clinopodium polycephalum*）、菊科（马兰 *Kalimeris indica*）。具活血化瘀效用的植物主要有：木通科（大血藤 *Sargentodoxa cuneata*）、远志科（黄花倒水莲 *Polygala fallax*）、鼠李科（多花勾儿茶 *Berchemia floribunda*）、芸香科（两面针 *Zanthoxylum nitidum*）、蓼科（红蓼 *Polygonum orientale*）、山茱萸科（八角枫 *Alangium chinense*）、凤仙花科（华凤仙 *Impatiens chinensis*）、紫葳科（凌霄 *Campsis grandiflora*）、唇形科（益母草 *Leonurus japonicus*）、菊科（风毛菊 *Saussurea japonica*）、伞形科（峨参 *Anthriscus sylvestris*）。

（9）化痰止咳平喘药

具温化寒痰效用的植物主要有：天南星科（天南星 *Arisaema heterophyllum*、半夏 *Pinellia ternata*）、天门冬科（麦冬 *Ophiopogon japonicus*）、豆科（皂荚 *Gleditsia sinensis*）、木犀科 Oleaceae（木犀 *Osmanthus fragrans*）、苦苣苔科（吊石苣苔 *Lysionotus pauciflorus*）、菊科（旋覆花 *Inula japonica*）。具清热化痰效用的植物主要有：葫芦科（栝楼 *Trichosanthes kirilowii*、中华栝楼 *T. rosthornii*）。具止咳平喘效用的植物主要有：马兜铃科（马兜铃 *Aristolochia debilis*）、百部科（大百部 *Stemona tuberosa*、百部 *Stemona japonica*）、胡颓子科（胡颓子 *Elaeagnus pungens*）、十字花科（播娘蒿 *Descurainia sophia*）、报春花科（紫金牛 *Ardisia japonica*）、杜鹃花科（满山红 *Rhododendron mariesii*）、夹竹桃科（白前 *Cynanchum glaucescens*）。

（10）安神药

具解郁安神效用的植物主要有：兰科（天麻 *Gastrodia elata*）、豆科（合欢 *Albizia julibrissin*）、远志科（黄花倒水莲 *Polygala fallax*、远志 *P. tenuifolia*）、漆树科（南酸枣 *Choerospondias axillaris*）、蓼科（何首乌）、茜草科（钩藤 *Uncaria rhynchophylla*、华钩藤 *U. sinensis*）、忍冬科（缬草 *Valeriana officinalis*）。

（11）补虚药

具补益正气效用的植物主要有：天门冬科（阔叶山麦冬 *Liriope muscari*）、桑科（构树 *Broussonetia papyrifera*、粗叶榕 *Ficus hirta*）、葫芦科（绞股蓝）、石竹科 Caryophyllaceae（孩儿参 *Pseudostellaria heterophylla*）、桔梗科（金钱豹 *Campanumoea javanica*、党参 *Codonopsis pilosula*）、菊科（白术 *Atractylodes macrocephala*）。具强壮补阳效用的植物主要有：仙茅科（仙茅 *Curculigo orchioides*）、小檗科（淫羊藿 *Epimedium brevicornu*、三枝九叶草 *E. sagittatum*）、豆科（大叶千斤拔 *Flemingia macrophylla*）、杜仲科 Eucommiaceae（杜仲 *Eucommia ulmoides*）、茜草科（巴戟天 *Morinda officinalis*）、旋花科（菟丝子 *Cuscuta chinensis*）、伞形科（蛇床 *Cnidium monnieri*）。具滋润补阴效用的植物主要有：兰科（铁皮石斛 *Dendrobium officinale*、绶草 *Spiranthes sinensis*）、天门冬科（天门冬 *Asparagus cochinchinensis*、山麦冬 *L. spicata*、麦冬 *Ophiopogon japonicus*、玉竹 *Polygonatum odoratum*、多花黄精 *Polygonatum cyrtonema*）、蔷薇科（路边青 *Geum aleppicum*）、茄科（枸杞 *Lycium chinense*）、木犀科（女贞 *Ligustrum lucidum*）、桔梗科（轮叶沙参 *Adenophora tetraphylla*）。

（12）蛇虫咬伤药

具治疗蛇虫咬伤效用的植物主要有：罂粟科 Papaveraceae（博落回 *Macleaya cordata*）、小檗科（八角莲 *Dysosma versipellis*）、清风藤科 Sabiaceae（泡花树 *Meliosma cuneifolia*）、豆科（皂荚 *Gleditsia sinensis*、河北木蓝 *Indigofera bungeana*）、卫矛科（雷公藤）、锦葵科（华木槿 *Hibiscus sinosyriacus*）、瑞香科（芫花）、报春花科（百两金 *Ardisia crispa*、朱砂根、九节龙 *Ardisia pusilla*、临时救 *Lysimachia congestiflora*、星宿菜 *Lysimachia fortunei*）、茜草科（白花蛇舌草、鸡矢藤）、唇形科（金疮小草 *Ajuga decumbens*、石香薷 *Mosla chinensis*、韩信草 *Scutellaria indica*、半枝莲 *Scutellaria barbata*、血见愁 *Teucrium viscidum*）、伞形科（蛇床 *Cnidium monnieri*）。

2. 食用植物

野生食用植物主要是指在自然环境中采集得到并可以作为食物来源的植物（董世林，1994）。万洋山脉野生食用植物资源丰富，共有 73 科 149 属 317 种，集中分布在樟科（29 种）、壳斗科（21 种）、芸香科（17 种）、蔷薇科（16 种）、豆科（12 种）、唇形科（11 种）、苋科（10 种），依据直接或间接食用，将其分为 5 小类，分别为淀粉植物类、野果植物类、野菜植物类、香料植物类和蜜源植物类。

（1）淀粉植物类

淀粉植物是指食用或工业用的富含淀粉的植物，不同的植物其淀粉贮存部位有所不同，主要有种子、果实、根茎、球茎、根和块根。万洋山脉淀粉植物有 12 科 16 属 44 种，其中壳斗科和薯蓣科植物种类最多且分布最为广泛，部分种类如栗 *Castanea mollissima* 和薯蓣 *Dioscorea polystachya* 已有悠久的应用历史。种子中富含淀粉的代表性植物主要有：睡莲科 Nymphaeaceae（芡实 *Euryale ferox*）、壳斗科（茅栗 *Castanea seguinii*、栗、锥栗 *Castanea henryi*、甜槠 *Castanopsis eyrei*、青冈 *Cyclobalanopsis glauca*、柯 *Lithocarpus glaber*、巴东栎 *Quercus engleriana* 和槲栎 *Quercus aliena* 等）。块根中富含淀粉的代表性植物主要有：天南星科（东亚磨芋 *Amorphophallus kiusianus*）、薯蓣科（薯蓣、大青薯 *Dioscorea benthamii*、山薯 *D. fordii*、日本薯蓣 *D. japonica*、五叶薯蓣 *D. pentaphylla* 等）、豆科（粉葛 *Pueraria montana*、葛麻姆 *P. montana* var. *lobata*）、五加科（食用土当归 *Aralia cordata*）。果实中富含淀粉的代表性植物主要有：禾本科（薏苡 *Coix lacryma-jobi*）、千屈菜科 Lythraceae（细果野菱 *Trapa incisa*、欧菱 *T. natans*）。

（2）野果植物类

野果植物是指果实或种子可以食用的野生植物（杜怡斌，2000），野果植物相比于改良种植的果树作物一般其果实大小、数量和口感都稍为逊色，但其营养丰富，口感独特，并具有较高的遗传多样性，具广阔的开发前景。万洋山脉野果植物有 13 科 16 属 28 种，集中分布在蔷薇科（7 种）、猕猴桃科（5 种）和壳斗科（3 种）。主要的种类有：银杏科 Ginkgoaceae（银杏 *Ginkgo biloba*）、五味子科

Schisandraceae（黑老虎 *Kadsura coccinea*、异形南五味子 *K. heteroclita*）、番荔枝科 Annonaceae（瓜馥木 *Fissistigma oldhamii*）、蔷薇科（豆梨 *Pyrus calleryana*、金樱子 *Rosa laevigata*、空心泡 *Rubus rosifolius*、浅裂锈毛莓 *R. reflexus* var. *hui*、毛萼莓 *R. chroosepalus*、黄泡 *R. pectinellus*、锈毛莓 *R. reflexus*）、胡颓子科（江西羊奶子 *Elaeagnus jiangxiensis*、牛奶子 *E. umbellata*）、壳斗科（茅栗 *Castanea seguinii*、栗 *C. mollissima*、米槠 *Castanopsis carlesii*）、杨梅科（杨梅 *Myrica rubra*）、藤黄科 Clusiaceae（木竹子 *Garcinia multiflora*）、猕猴桃科（井冈山猕猴桃 *Actinidia chinensis* f. *jinggangshanensis*、阔叶猕猴桃 *A. latifolia*、中华猕猴桃 *A. chinensis*、软枣猕猴桃 *A. arguta*、美味猕猴桃 *A. chinensis* var. *deliciosa*）。

（3）野菜植物类

野菜是其部分器官或全株可食用的野生植物，野菜营养丰富，口味独特，烹煮后食用或制作成副产品均可。万洋山脉野菜植物有 21 科 29 属 46 种，主要的种类有：莼菜科 Cabombaceae（莼菜 *Brasenia schreberi*）、三白草科（蕺菜）、独尾草科 Asphodelaceae（北黄花菜 *Hemerocallis lilioasphodelus*、黄花菜 *H. citrina*、萱草 *H. fulva*）、石蒜科（薤白）、天门冬科（天门冬、鹿药 *Maianthemum japonicum*）、禾本科（菰 *Zizania latifolia*）、豆科（小巢菜 *Vicia hirsuta*）、桑科（桑）、白花菜科 Cleomaceae（羊角菜 *Gynandropsis gynandra*）、十字花科（鼠耳芥 *Arabidopsis thaliana*、荠 *Capsella bursa-pastoris*）、蓼科（虎杖 *Reynoutria japonica*）、苋科（反枝苋 *Amaranthus retroflexus*、繁穗苋 *A. cruentus*、绿穗苋 *A. hybridus*、凹头苋 *A. blitum*、尾穗苋 *A. caudatus*、藜 *Chenopodium album*、小藜 *Chenopodium ficifolium*）、茄科（枸杞）、唇形科（薄荷 *Mentha canadensis*、疏柔毛罗勒 *Ocimum basilicum* var. *pilosum*、豆腐柴 *Premna microphylla*）、菊科（猪毛蒿 *Artemisia scoparia*、野艾蒿 *A. lavandulifolia*、艾 *A. argyi*、茵陈蒿 *A. capillaris*、五月艾 *A. indica*、野茼蒿 *Crassocephalum crepidioides*）、忍冬科（攀倒甑 *Patrinia villosa*、少蕊败酱 *P. monandra*、败酱 *P. scabiosifolia*）、伞形科（积雪草）。

（4）香料植物类

香料植物一般用于食品烹调或饮料调配，主要呈现出辛、香、辣味等特性，在香料工业中也称为辛香料（张卫明等，2007）。万洋山脉主要的香料植物有 15 科 37 属 63 种，集中在挥发油和香豆素含量较高的芸香科（13 科）、唇形科（9 种）、樟科（8 种），主要有：五味子科（假地枫皮 *Illicium jiadifengpi*、大八角 *I. majus*）、胡椒科（山蒟 *Piper hancei*、假蒟 *P. sarmentosum*、竹叶胡椒 *P. bambusifolium*）、马兜铃科（杜衡 *Asarum forbesii*、马蹄香 *Saruma henryi*）、木兰科 Magnoliaceae（野含笑 *Michelia skinneriana*、紫花含笑 *M. crassipes*）、蜡梅科 Calycanthaceae（柳叶蜡梅 *Chimonanthus salicifolius*、蜡梅 *C. praecox*）、樟科（沉水樟 *Cinnamomum micranthum*、野黄桂 *C. jensenianum*、樟、阴香 *C. burmanii*、黄樟 *C. parthenoxylon*、香叶树 *Lindera communis*、毛山鸡椒 *Litsea cubeba* var. *formosana*、山鸡椒 *L. cubeba*）、姜科 Zingiberaceae（华山姜 *Alpinia oblongifolia*、山姜 *A. japonica*、蘘荷 *Zingiber mioga*）、蕈树科 Altingiaceae（枫香树 *Liquidambar formosana*、半枫荷 *Semiliquidambar cathayensis*）、芸香科（三椏苦 *Melicope pteleifolia*、臭常山 *Orixa japonica*、黄檗 *Phellodendron amurense*、茵芋 *Skimmia reevesiana*、楝叶吴茱萸 *Tetradium glabrifolium*、飞龙掌血 *Toddalia asiatica*、野花椒 *Zanthoxylum simulans*、花椒 *Z. bungeanum*、青花椒 *Z. schinifolium*、簕欓花椒 *Z. avicennae*）、楝科（香椿 *Toona sinensis*）、瑞香科（瑞香 *Daphne odora*、毛瑞香 *Daphne kiusiana* var. *atrocaulis*、结香 *Edgeworthia chrysantha*）、车前科 Plantaginaceae（紫苏草 *Limnophila aromatica*、石龙尾 *L. sessiliflora*）、唇形科（藿香 *Agastache rugosa*、广防风 *Anisomeles indica*、兰香草 *Caryopteris incana*、海州香薷 *Elsholtzia splendens*、紫花香薷 *E. argyi*、野草香 *E. cypriani*、香薷 *E. ciliate*、薄荷、石荠苎）、五加科（藤五加 *Eleutherococcus leucorrhizus*、刚毛白簕 *E. setosus*、细柱五加 *E. nodiflorus*）、伞形科（重齿当归 *Angelica biserrata*、北柴胡、积雪草、明党参 *Changium smyrnioides*、隔山香 *Ostericum citriodorum*）。

（5）蜜源植物类

能为蜜蜂提供花蜜、蜜露和花粉的植物，统称为蜜源植物。蜜蜂依赖于蜜源植物生存、繁衍和发展，并生产蜂蜜、蜂蜡和王浆等产品供人们食用（徐万林，1983），属于间接食用类植物。万洋山脉主要的蜜源植物有 35 科 70 属 159 种，主要分布在樟科（27 种）、蔷薇科（10 种）、大戟科（8 种）、芸香科（8 种）、山茶科 Theaceae（8 种）、豆科（8 种）、杜鹃花科（8 种）、毛茛科（8 种）。主要包括：木兰科（厚朴 *Houpoëa officinalis*、木莲 *Manglietia fordiana*、深山含笑 *M. maudiae*、乐昌含笑 *M. chapensis*）、樟科（大叶桂 *C. iners*、野黄桂 *C. jensenianum*、樟 *C. camphora*、阴香 *C. burmanii*、厚壳桂 *Cryptocarya chinensis*、山胡椒 *L. glauca*、木姜子 *L. pungens*、豹皮樟 *L. coreana* var. *sinensis*、山鸡椒 *L. cubeba*、华润楠 *Machilus chinensis*、短序润楠 *M. breviflora*、浙江润楠 *M. chekiangensis*、新木姜子 *Neolitsea aurata*、显脉新木姜子 *N. phanerophlebia*、鸭公树 *N. chuii*）、防己科（苍白秤钩风 *Diploclisia glaucescens*）、毛茛科（山木通 *Clematis finetiana*、毛柱铁线莲 *C. meyeniana*、短柱铁线莲 *C. cadmia*、小木通 *C. armandii*）、山龙眼科（网脉山龙眼 *Helicia reticulata*、小果山龙眼 *H. cochinchinensis*）、蕈树科（蕈树 *Altingia chinensis*、枫香树）、金缕梅科（蜡瓣花 *Corylopsis sinensis*、大果马蹄荷 *Exbucklandia tonkinensis*）、鼠刺科 Iteaceae（鼠刺 *Itea chinensis*、峨眉鼠刺 *I. omeiensis*）、豆科（合欢 *Albizzia julibrissin*、山槐 *A. kalkora*、广西紫荆 *Cercis chuniana*、南岭黄檀 *Dalbergia balansae*、美丽胡枝子 *Lespedeza thunbergii* subsp. *formosa*）、远志科（华南远志 *Polygala chinensis*）、蔷薇科（山樱花 *Cerasus serrulata*、钟花樱桃 *Prunus campanulata*、腺叶桂樱 *P. phaeosticta*、豆梨 *Pyrus calleryana*、石灰花楸 *Sorbus folgneri*、贵州石楠 *Stranvaesia bodinieri*）、杜英科（中华杜英 *Elaeocarpus chinensis*、山杜英 *E. sylvestris*、猴欢喜 *S. sinensis*）、藤黄科（木竹子）、大戟科（东南野桐 *Mallotus lianus*、毛桐 *M. barbatus*、山乌桕 *Triadica cochinchinensis*、木油桐 *Vernicia montana*）、叶下珠科（湖北算盘子 *Glochidion wilsonii*、算盘子 *G. puberum*）、无患子科（伞花木 *Eurycorymbus cavaleriei*、复羽叶栾树 *Koelreuteria bipinnata*、无患子 *Sapindus saponaria*）、芸香科（黄檗、川黄檗 *Phellodendron chinense*、楝叶吴茱萸 *Tetradium glabrifolium*、吴茱萸 *T. ruticarpum*、飞龙掌血、椿叶花椒 *Zanthoxylum ailanthoides*）、楝科（楝、红椿 *Toona ciliata*）、绣球花科（蜡莲绣球 *Hydrangea strigosa*、圆锥绣球 *H. paniculata*）、山茱萸科 Cornaceae（灯台树 *Cornus controversa*、头状四照花 *C. capitata*）、五列木科 Pentaphylacaceae（尖萼毛柃 *Eurya acutisepala*、格药柃 *E. muricata*）、山茶科 Theaceae（尖连蕊茶 *Camellia cuspidata*、油茶 *C. oleifera*、大果核果茶 *Pyrenaria spectabilis*、木荷 *Schima superba*）、山矾科（黄牛奶树 *Symplocoslaurina*、密花山矾 *S. congesta*）、安息香科 Styracaceae（芬芳安息香 *Styrax odoratissimus*）、猕猴桃科（阔叶猕猴桃、中华猕猴桃）、杜鹃花科（吊钟花 *Enkianthus quinqueflorus*、刺毛杜鹃 *Rhododendron championae*、云锦杜鹃 *R. fortunei*）、茜草科（水团花 *Adina pilulifera*）、五加科（穗序鹅掌柴 *Schefflera delavayi*、鹅掌柴 *S. heptaphylla*）。

3. 工业用植物

工业用植物是现代工业重要的原料来源。万洋山脉工业用植物有 58 科 163 属 400 种，依据其利用方式不同，分为 3 小类，即材用植物类、纤维植物类和油脂植物类。

（1）材用植物类

材用植物是指以收获木材为目的的树种，种子植物中有许多树种是名贵或重要木材，如樟科的樟、黄樟，豆科的南岭黄檀等。万洋山脉材用植物有 22 科 43 属 49 种，主要分布在樟科（14 种）、大戟科（7 种）、蔷薇科（7 种）和木兰科（6 种）。代表性种类有：木兰科（厚朴、木莲、深山含笑、乐昌含笑）、樟科（樟、阴香、黄樟、厚壳桂、潺槁木姜子、红楠、华润楠、短序润楠、浙江润楠）、山龙眼科（网脉山龙眼、小果山龙眼）、蕈树科（蕈树、枫香树）、金缕梅科（大果马蹄荷）、虎皮楠科（交让木 *Daphniphyllum macropodum*）、豆科（南岭黄檀）、蔷薇科（钟花樱桃、腺叶桂樱、橉木 *Prunus buergeriana*、石灰花楸、贵州石楠 *Stranvaesia bodinieri*）、杜英科（中华杜英、山杜英）、大戟科（东南野桐、山乌桕、木油桐）、无患子科（伞花木、复羽叶栾树）、芸香科（楝叶吴茱萸）、楝科（楝）、锦葵科（南京椴 *Tilia miqueliana*、椴树 *T. tuan*）、山茶科（小果核果茶 *Pyrenaria microcarpa*、大果核果茶、木荷)、安息香科(赤杨叶 *Alniphyllum fortunei*、小叶白辛树 *Pterostyrax corymbosus*)、五加科(鹅掌柴)。

(2)纤维植物类

纤维植物是指体内含有大量纤维组织的一类植物,纤维植物应用最为广泛的是造纸业,经过深加工后还可作为工业原料。万洋山脉纤维植物有 5 科 11 属 28 种,集中分布在锦葵科(9 种)、荨麻科 Urticaceae(8 种)、桑科(7 种)。主要有:大麻科 Cannabaceae(葎草 *Humulus scandens*)、桑科(构树、藤构 *Broussonetia kaempferi* var. *australis*、楮 *B. kazinoki*、华桑 *Morus cathayana*、桑)、荨麻科(序叶苎麻 *Boehmeria clidemioides*、野苎麻 *B. grandifolia*、大叶苎麻 *B. longispica*、苎麻 *B. nivea*、悬铃叶苎麻 *B. tricuspis*)、大戟科(山麻杆 *Alchornea davidii*、红背山麻杆 *A. trewioides*)、锦葵科(苘麻 *Abutilon theophrasti*、田麻 *Corchoropsis crenata*、黄麻叶扁担杆 *Grewia henryi*、扁担杆 *G. biloba*、刺蒴麻 *Triumfetta rhomboidea*)。

(3)油脂植物类

油脂植物是指贮藏有丰富植物油脂的植物,植物油脂多集中在种子中,是食品、能源、化工、医药、纺织和皮革等行业的重要原料(李昌珠和蒋丽娟,2018)。万洋山脉油脂植物有 18 科 38 属 123 种,主要分布在樟科(35 种)、芸香科(17 种)、卫矛科(14 种)、山茶科(13 种)和大戟科(11 种)。主要有:五味子科(假地枫皮、大八角、红茴香)、松科(黄山松 *Pinus taiwanensis*、马尾松)、樟科(野黄桂 *Cinnamomum jensenianum*、樟、阴香、黄樟、厚壳桂、香叶树、绒毛山胡椒 *Lindera nacusua*、红果山胡椒 *L. erythrocarpa*、三桠乌药 *L. obtusiloba*、绿叶甘橿 *L. neesiana*、山鸡椒 *L. cubeba*、乌药 *L. aggregata*、黄丹木姜子 *Litsea elongata*、绒毛润楠 *Machilus velutina*、华润楠 *M. chinensis*、檫木 *Sassafras tzumu*)、胡桃科 Juglandaceae(野核桃 *Juglans cathayensis*)、卫矛科(过山枫 *Celastrus aculeatus*、南蛇藤 *C. orbiculatus*、大果卫矛 *Euonymus myrianthus*、中华卫矛 *Euonymus nitidus*)、大戟科(东南野桐、野梧桐、粗糠柴 *Mallotus philippensis*、山乌桕、木油桐、油桐)、省沽油科 Staphyleaceae(野鸦椿 *Euscaphis japonica*、省沽油 *Staphylea bumalda*)、漆树科(野漆 *Toxicodendron succedaneum*)、芸香科(黄檗、茵芋、楝叶吴茱萸、飞龙掌血、大叶臭花椒、簕欓花椒、竹叶花椒)、山茱萸科(毛八角枫 *Alangium kurzii*、八角枫、毛梾 *Cornus walteri*、光皮梾木 *Cornus wilsoniana*、灯台树)、山茶科(厚叶红山茶 *Camellia crassissima*、尖连蕊茶、浙江红山茶 *C. chekiangoleosa*、细叶短柱茶 *C. microphylla*、油茶、大果核果茶)。

4. 观赏植物

观赏植物是指具有一定的观赏价值,能够用于室内或室外布置以美化环境和丰富人们生活的一类植物(邢福武,2009)。随着城市化进程的加快,人们对园林美化观赏植物的种类和配置的美学要求也越来越高,观赏植物资源的开发与利用可为解决园林植物景观单一的问题提供科学参考。万洋山脉观赏植物有 138 科 397 属 978 种,依据其观赏特性分为观形植物、观叶植物、观花植物、观果植物、藤本植物 5 小类。由于有些观赏植物既可观叶又可观花观果,各类别间并没有很严格的界限,因此主要依据其主要的观赏特性进行划分,并更多地注重其复合观赏特性。

(1)观形植物

此类植物树形高大挺拔、树冠整齐、树形优美,可单植点缀或片植形成森林景观。主要种类有:松科(资源冷杉 *Abies beshanzuensis* var. *ziyuanensis*、银杉 *Cathaya argyrophylla*、黄山松 *P. taiwanensis*、南方铁杉 *Tsuga chinensis*)、柏科 Cupressaceae(柏木 *Cupressus funebris*、福建柏 *Fokienia hodginsii*、圆柏 *Juniperus chinensis*)、红豆杉科(穗花杉 *Amentotaxus argotaenia*、三尖杉)、木兰科(厚朴、木莲、乐昌含笑 *Michelia chapensis*、观光木 *M. odora*、武当玉兰 *Yulania sprengeri*)、樟科(沉水樟、樟、黄樟、华润楠、浙江润楠、新木姜子 *Neolitsea aurata*)、禾本科(花竹 *Bambusa albo-lineata*、井冈寒竹

Gelidocalamus stellatus、桂竹 *Phyllostachys reticulata*、紫竹 *Phyllostachys nigra*、苦竹 *Pleioblastus amarus*）、蕈树科（蕈树）、金缕梅科（水丝梨 *Sycopsis sinensis*）、豆科（南岭黄檀）、大麻科（紫弹树 *Celtis biondii*、青檀 *Pteroceltis tatarinowii*）、桑科（白桂木 *Artocarpus hypargyreus*）、壳斗科（吊皮锥 *Castanopsis kawakamii*、赤皮青冈 *C. gilva*、毛锥 *C. fordii*、滑皮柯 *Lithocarpus skanianus*、白栎 *Quercus fabri*、乌冈栎 *Q. phillyreoides*）、桦木科 Betulaceae（亮叶桦 *Betula luminifera*）、杜英科（中华杜英、山杜英、秃瓣杜英 *Elaeocarpus glabripetalus*、猴欢喜）、叶下珠科（重阳木 *Bischofia polycarpa*）、山茱萸科（灯台树、小梾木 *Cornus quinquenervis*）、柿树科（乌柿 *Diospyros cathayensis*）、山茶科（银木荷、木荷）。

（2）观叶植物

此类植物多以叶、芽为观赏对象，其叶形奇特或叶色多样，具季相变化，构成丰富的景观。主要种类有：银杏科（银杏）、红豆杉科（宽叶粗榧 *Cephalotaxus latifolia*）、三白草科 Saururaceae（三白草 *Saururus chinensis*）、木兰科（金叶含笑 *Michelia foveolata*）、樟科（三桠乌药 *Lindera obtusiloba*、绿叶甘橿 *L. neesiana*、显脉新木姜子 *Neolitsea phanerophlebia*、大叶新木姜子 *N. levinei*、锈叶新木姜子 *N. cambodiana*、簇叶新木姜子 *N. confertifolia*）、泽泻科 Alismataceae（东方泽泻 *Alisma orientale*、矮慈姑 *Sagittaria pygmaea*）、棕榈科（棕竹 *Rhapis excelsa*、棕榈 *Trachycarpus fortunei*）、罂粟科（博落回）、小檗科（华东小檗 *Berberis chingii*、庐山小檗 *B. virgetorum*、短叶江西小檗 *B. jiangxiensis* var. *pulchella*、豪猪刺 *B. julianae*、八角莲 *Dysosma versipellis*、六角莲 *D. pleiantha*、三枝九叶草 *Epimedium sagittatum*、阔叶十大功劳 *Mahonia bealei*、小果十大功劳 *M. bodinieri*、南天竹 *Nandina domestica*）、毛茛科（蕨叶人字果 *Dichocarpum dalzielii*、华东唐松草 *Thalictrum fortunei*、大叶唐松草 *T. faberi*、尖叶唐松草 *T. acutifolium*）、清风藤科（樟叶泡花树 *Meliosma squamulata*）、山龙眼科（网脉山龙眼）、黄杨科 Buxaceae（小叶黄杨 *Buxus sinica* var. *parvifolia*、大叶黄杨 *B. megistophylla*）、蕈树科（枫香树、缺萼枫香树 *Liquidambar acalycina*、半枫荷）、金缕梅科（腺蜡瓣花 *Corylopsis glandulifera*、大果马蹄荷、檵木 *Loropetalum chinense*）、虎皮楠科（交让木）、虎耳草科 Saxifragaceae（大叶金腰 *Chrysosplenium macrophyllum*、虎耳草 *Saxifraga stolonifera*、罗霄虎耳草 *S. luoxiaoensis*）、景天科 Crassulaceae（瓦松 *Orostachys fimbriatus*、凹叶景天 *Sedum emarginatum*、土佐景天 *S. tosaense*）、小二仙草科 Haloragaceae（狐尾藻 *Myriophyllum verticillatum*、穗状狐尾藻 *M. spicatum*）、葡萄科 Vitaceae（异叶蛇葡萄 *Ampelopsis glandulosa* var. *heterophylla*、异叶地锦 *Parthenocissus dalzielii*、三叶地锦 *P. semicordata*）、蔷薇科（桃叶石楠 *Photinia prunifolia*、美脉花楸 *Sorbus caloneura*、光叶石楠 *Photinia glabra*、大叶桂樱 *Laurocerasus zippeliana*）、鼠李科（多花勾儿茶、马甲子 *Paliurus ramosissimus*）、榆科 Ulmaceae（刺榆 *Hemiptelea davidii*、榔榆 *Ulmus parvifolia*）、荨麻科（镰叶冷水花 *Pilea semisessilis*、大叶冷水花 *P. martini*）、壳斗科（米心水青冈 *Fagus engleriana*、美叶柯 *Lithocarpus calophyllus*）、秋海棠科 Begoniaceae（紫背天葵 *Begonia fimbristipula*、红孩儿 *Begonia palmata* var. *bowringiana*、槭叶秋海棠 *Begonia digyna*、掌裂叶秋海棠 *Begonia pedatifida*、美丽秋海棠 *Begonia algaia*、周裂秋海棠 *Begonia circumlobata*）、酢浆草科 Oxalidaceae（山酢浆草 *Oxalis griffithii*）、野牡丹科（叶底红 *Bredia fordii*、张氏野海棠 *B. changii*）、无患子科（五裂槭 *Acer oliverianum*、秀丽槭 *A. elegantulum*、岭南槭 *A. tutcheri*、阔叶槭 *A. amplum*）、青荚叶科 Helwingiaceae（青荚叶 *Helwingia japonica*）、菊科（大吴风草 *Farfugium japonicum*、旋覆花 *Inula japonica*、大头橐吾 *Ligularia japonica*）、五加科（短梗幌伞枫 *Heteropanax brevipedicellatus*、短梗大参 *Macropanax rosthornii*、鹅掌柴）。

（3）观花植物

此类植物主要以花形、花色、花香和花相为观赏对象，种类较多集中在蔷薇科、杜鹃花科、绣球花科、木兰科、兰科、苦苣苔科、马兜铃科和睡莲科，主要有：睡莲科 Nymphaeaceae（芡实 *Euryale ferox*、萍蓬草 *Nuphar pumila*）、马兜铃科（通城虎 *Aristolochia fordiana*、管花马兜铃 *A. tubiflora*）、木兰科（天女木兰 *Magnolia sieboldii*、木莲 *Manglietia fordiana*、桂南木莲 *M. conifera*、紫花含笑 *Michelia crassipes*、阔瓣含笑 *Michelia cavaleriei* var. *platypetala*、武当玉兰 *Yulania sprengeri*、天目玉兰 *Y. amoena*、黄山玉兰 *Y. cylindrica*)、蜡梅科（蜡梅）、樟科（美丽新木姜子 *Neolitsea pulchella*、檫木）、天南星科（东亚磨芋 *Amorphophallus kiusianus*）、百合科（七叶一枝花、华重楼 *Paris polyphylla* var. *chinensis*、卷丹 *Lilium lancifolium*、百合 *Lilium brownii* var. *viridulum*）、兰科（虾脊兰 *Calanthe discolor*、剑叶虾脊兰 *C. davidii*、杜鹃兰 *Cremastra appendiculata*、多花兰 *Cymbidium floribundum*、黄花鹤顶兰 *Phaius flavus*）、鸢尾科 Iridaceae（射干 *Belamcanda chinensis*、蝴蝶花 *Iris japonica*）、石蒜科 Amaryllidaceae（忽地笑 *Lycoris aurea*、石蒜 *L. radiata*）、罂粟科（黄堇 *Corydalis pallida*、紫堇 *C. edulis*、刻叶紫堇 *C. incisa*）、毛茛科（狭盔高乌头 *Aconitum sinomontanum* var. *angustius*、西南银莲花 *Anemone davidii*、鹅掌草 *A. flaccida*、毛柱铁线莲、圆锥铁线莲 *Clematis terniflora*）、豆科（山槐 *Albizia kalkora*、肉色土圞儿 *Apios carnea*、紫荆 *Cercis chinensis*、苏木蓝 *Indigofera carlesii*）、远志科（黄花倒水莲 *Polygala fallax*）、蔷薇科（棣棠花 *Kerria japonica*、湖北海棠 *Malus hupehensis*、中华绣线梅 *Neillia sinensis*、迎春樱桃 *Prunus discoidea*、尾叶樱桃 *P. dielsiana*、钟花樱桃 *P. campanulata*、石斑木 *Rhaphiolepis indica*、粉团蔷薇 *R. multiflora*、珍珠绣线菊 *Spiraea thunbergii*、粉花绣线菊渐尖叶变种 *S. japonica* var. *acuminata*）、金丝桃科 Hypericaceae（元宝草 *Hypericum sampsonii*、贯叶连翘 *H. perforatum*）、堇菜科 Violaceae（紫花地丁 *Viola philippica*、光叶堇菜 *V. sumatrana*）、西番莲科 Passifloraceae（广东西番莲 *Passiflora kwangtungensis*）、千屈菜科（南紫薇 *Lagerstroemia subcostata*、紫薇 *L. indica*）、野牡丹科（柏拉木 *Blastus cochinchinensis*、锦香草 *Phyllagathis cavaleriei*、野牡丹 *Melastoma malabathricum*）、锦葵科（庐山芙蓉 *Hibiscus paramutabilis*、华木槿 *H. sinosyriacus*）、瑞香科（瑞香、结香）、石竹科（剪红纱花 *Lychnis senno*、剪春罗 *L. coronata*）、绣球花科（草绣球 *Cardiandra moellendorffii*、常山 *Dichroa febrifuga*、柳叶绣球 *Hydrangea stenophylla*、蜡莲绣球 *H. strigosa*、中国绣球 *H. chinensis*）、山茱萸科（头状四照花 *Cornus capitata*、尖叶四照花 *C. elliptica*）、凤仙花科 Balsaminaceae（井冈山凤仙花 *Impatiens jinggangensis*、管茎凤仙花 *I. tubulosa*、鸭跖草状凤仙花 *I. commellinoides*、湖南凤仙花 *I. hunanensis*）、报春花科（贯叶过路黄 *Lysimachia perfoliata*、矮桃 *L. clethroides*、轮叶过路黄 *L. klattiana*）、山茶科（厚叶红山茶 *Camellia crassissima*、浙江红山茶 *C. chekiangoleosa*、尖连蕊茶 *C. cuspidata*、大果核果茶 *Pyrenaria spectabilis*）、安息香科（银钟花 *Perkinsiodendron macgregorii*、玉铃花 *Styrax obassia*）、杜鹃花科（齿缘吊钟花 *Enkianthus serrulatus*、满山红、多花杜鹃 *Rhododendron cavaleriei*、岭南杜鹃 *R. mariae*、马银花 *R. ovatum*、猴头杜鹃 *R. simiarum*、云锦杜鹃 *R. fortunei*、杜鹃 *R. simsii*）、木犀科（流苏树 *Chionanthus retusus*、小蜡 *Ligustrum sinense*、木犀）、苦苣苔科（羽裂唇柱苣苔 *Chirita pinnatifida*、大齿唇柱苣苔 *C. juliae*、牛耳朵 *C. eburnea*、紫花马铃苣苔 *Oreocharis argyreia*）、爵床科（白接骨 *Asystasia neesiana*、九头狮子草 *Peristrophe japonica*）、紫葳科（凌霄）、泡桐科 Paulowniaceae（南方泡桐 *Paulownia taiwaniana*）、五福花科 Adoxaceae（宜昌荚蒾 *Viburnum erosum*、蝶花荚蒾 *V. hanceanum*）。

（4）观果植物

此类植物以果实（种子）为主要观赏对象，观赏特性主要表现在果实形态和色彩方面，大多果实众多、形态美观、色彩鲜艳。集中在冬青科、无患子科和猕猴桃科，主要包括：红豆杉科（白豆杉、红豆杉）、五味子科（黑老虎）、樟科（香粉叶 *Lindera pulcherrima* var. *attenuata*、绒毛润楠 *Machilus velutina*、黄绒润楠 *M. grijsii*）、菝葜科（马甲菝葜 *Smilax lanceifolia*、菝葜）、天门冬科（麦冬、沿阶草 *Ophiopogon bodinieri*）、香蒲科 Typhaceae（香蒲 *Typha orientalis*）、木通科（三叶木通 *Akebia trifoliata*、猫儿屎 *Decaisnea insignis*、野木瓜 *Stauntonia chinensis*）、蔷薇科（湖北海棠 *Malus hupehensis*、台湾林檎、红果树 *Stranvaesia davidiana*、火棘 *Pyracantha fortuneana*）、桑科（台湾榕 *Ficus formosana*）、壳斗科（锥栗 *Castanea henryi*、毛果青冈 *C. pachyloma*、福建青冈 *C. chungii*、小叶青冈 *C. myrsinifolia*）、卫矛科（西南卫矛 *Euonymus hamiltonianus*、疏花卫矛 *E. laxiflorus*、大果卫矛 *E. myrianthus*）、杜英科

（猴欢喜）、大戟科（木油桐）、叶下珠科（一叶萩 *Flueggea suffruticosa*、青灰叶下珠 *Phyllanthus glaucus*）、漆树科（南酸枣）、槭树科（罗浮槭 *Acer fabri*、毛果槭 *A. nikoense*、青榨槭 *A. davidii*、扇叶槭 *A. flabellatum*、中华槭 *A. sinense*、紫果槭 *A. cordatum*）、楝科（楝）、五列木科（细枝柃 *Eurya loquaiana*、凹脉柃 *E. impressinervis*、窄基红褐柃 *E. rubiginosa*）、柿树科（柿 *Diospyros kaki*、君迁子 *D. lotus*、延平柿 *D. tsangii*）、报春花科（罗伞树 *Ardisia quinquegona*、大罗伞树 *A. hanceana*）、山茶科（油茶、大果核果茶）、山矾科（海桐山矾 *Symplocos heishanensis*、光亮叶山矾 *S. lucida*、白檀 *S. paniculata*、密花山矾 *S. congesta*）、安息香科（陀螺果 *Melliodendron xylocarpum*、垂珠花 *Styrax dasyanthus*、赛山梅 *S. confusus*）、猕猴桃科（井冈山猕猴桃、葛枣猕猴桃 *Actinidia polygama*、阔叶猕猴桃、中华猕猴桃、软枣猕猴桃）、茜草科（水团花、风箱树 *Cephalanthus tetrandrus*、白花苦灯笼 *Tarenna mollissima*、钩藤）、茄科（枸杞）、唇形科（杜虹花、紫珠 *Callicarpa bodinieri*、白棠子树 *C. dichotoma*）、冬青科（台湾冬青 *Ilex formosana*、冬青 *I. chinensis*、大果冬青 *I. macrocarpa*、铁冬青 *I. rotunda*、落霜红 *I. serrata*、紫果冬青 *I. tsoii*）、五福花科（珊瑚树 *Viburnum odoratissimum*、水红木 *V. cylindricum*）。

（5）藤本植物

此类植物也称垂直绿化植物，可种植于墙壁、篱栏、花坛棚架、拱门、道路、高架桥等地形成独特的绿化景观。集中分布在木通科、葡萄科、葫芦科和猕猴桃科，主要种类有：马兜铃科（通城虎、管花马兜铃）、番荔枝科（香港瓜馥木 *Fissistigma uonicum*）、薯蓣科（五叶薯蓣、薯莨）、菝葜科（马甲菝葜、缘脉菝葜 *Smilax nervomarginata*）、毛茛科（柱果铁线莲 *Clematis uncinata*、毛柱铁线莲、圆锥铁线莲、小木通 *C. armandii*）、木通科（白木通 *Akebia trifoliata* subsp. *australis*、三叶木通、大血藤 *Sargentodoxa cuneata*）、防己科（苍白秤钩风、蝙蝠葛 *Menispermum dauricum*、金线吊乌龟 *Stephania cephalantha*）、葡萄科（羽叶蛇葡萄 *Ampelopsis chaffanjonii*、异叶蛇葡萄 *A. glandulosa* var. *heterophylla*、异叶地锦、地锦、三叶地锦、鸡足葡萄 *Vitis lanceolatifoliosa*、小果葡萄 *V. balanseana*、东南葡萄 *V. chunganensis*、俞藤 *Yua thomsonii*）、豆科（肉色土圞儿、香花鸡血藤 *Callerya dielsiana*、网络鸡血藤 *C. reticulata*、紫藤）、葫芦科（马铜铃 *Hemsleya graciliflora*、木鳖子 *Momordica cochinchinensis*、南赤爬 *Thladiantha nudiflora*、长萼栝楼 *T. laceribractea*）、西番莲科（广东西番莲）、猕猴桃科（井冈山猕猴桃、阔叶猕猴桃、中华猕猴桃、软枣猕猴桃、毛花猕猴桃 *Actinidia eriantha*）、茜草科（䅟花 *Mussaenda esquirolii*、玉叶金花）、紫葳科（凌霄）、忍冬科（大花忍冬 *Lonicera macrantha*、菰腺忍冬 *L. hypoglauca*、淡红忍冬 *L. acuminata*）。

2.4.2　万洋山脉生态环境现状和保护建议

万洋山脉是较早开展生物多样性研究的地区，早在 1981～1982 年林英就组织江西省各科研机构对中部井冈山地区的自然资源和生物多样性进行了较全面的考察，编写了《井冈山自然保护区考察研究》，后于 2010～2016 年进行了第二次生物多样性科学考察，范围扩大至南风面、七溪岭以及罗霄山脉的南坡湖南的桃源洞，出版了科学报告。万洋山脉生态整体保护良好，共建立各类保护地 20 处，包括国家级自然保护区 5 处、省级自然保护区 2 处、县级自然保护区 7 处、国家级森林公园 5 处、国家级风景名胜区 1 处（表 2-10）。

万洋山脉为罗霄山脉的核心地带，以井冈山、桃源洞、八面山、七溪岭为主体山地。该地区的区系成分以温带性属种稍占优势，而在罗霄山脉仅见于万洋山脉的属有冷杉属、白豆杉属、银杉属等，表现出明显的间断性分布及孑遗性特征。桃源洞东南部与南风面西北部海拔多为 1500 m 以上，分布有较多能适应寒冷气候的属种。

1）针阔叶混交林是万洋山脉最具代表性的植被，主要群系有穗花杉+灯台树林、穗花杉+深山含笑林、黄山松+交让木林、铁杉+甜槠林、杉木+枫香树林、福建柏+甜槠林、铁杉+白豆杉林、银杉+甜槠+福建柏林等。桃源洞分布有国家一级重点保护野生植物资源冷杉，群落内伴生种有黑叶冬青、鹿角杜鹃等。

表 2-10 万洋山脉各类保护地基本情况列表

序号	省	市或县	保护地名称	山地/湿地	面积（hm^2）	保护性质、对象	保护地类型	级别	始建时间	主管部门或经营管理单位
1	赣	井冈山市	井冈山风景名胜区	井冈山	261.4	革命人文景观及自然风光	风景名胜区	国家级	1982	江西井冈山管理局
2	赣	遂川县	江西罗霄山大峡谷国家森林公园	大峡谷、鹰盘山、白水仙	2 652.6	中亚热带常绿林、野生动植物资源	森林公园	国家级	2019	林业局
3	赣	万安县	万安国家森林公园	蜜溪坑/万安湖	16 333	森林及水源（森林面积 12 164 hm^2，水域面积 3 427 hm^2）	森林公园	国家级	2004	林业局
4	赣	宜春市	明月山国家森林公园	明月山	10 000	自然景观、森林生态系统、温泉	森林公园	国家级	1984	宜春市明月山温泉风景名胜区管理局（明月山管委会）
5	赣	永新县	三湾乡国家森林公园	三湾乡	15 513.3	中亚热带常绿阔叶林、珍稀濒危保护动植物、红色遗址	森林公园	国家级	2004	林业局
6	赣	井冈山市	井冈山国家级自然保护区	井冈山	21 499	中亚热带湿润常绿阔叶林生态系统及其生物多样性	自然保护区	国家级	1981	林业局
7	赣	遂川县	南风面国家级自然保护区	南风面	10 588	典型中亚热带山地常绿阔叶林森林生态系统	自然保护区	国家级	2002	林业局
8	赣	永新县	七溪岭自然保护区	七溪岭	10 500	中亚热带森林生态系统	自然保护区	省级	1999	林业局
9	赣	吉安市	福华山自然保护区	福华山	827	中亚热带常绿阔叶林	自然保护区	县级	2000	林业局
10	赣	吉安市	河坑自然保护区	河坑	4 367	中亚热带常绿阔叶林	自然保护区	县级	2000	林业局
11	赣	吉安市	江口自然保护区	江口	1 052	中亚热带常绿阔叶林	自然保护区	县级	2000	林业局
12	赣	吉安市	樟坑自然保护区	樟坑	2 345	中亚热带常绿阔叶林	自然保护区	县级	2000	林业局
13	赣	遂川县	大湾里自然保护区	大湾里	2 700	森林生态系统	自然保护区	县级	2002	林业局
14	赣	遂川县	高坪自然保护区	高坪	15 000	森林及野生动植物	自然保护区	县级	2002	林业局
15	赣	永兴县	便江自然保护区	便江	18 180	森林资源、野生动植物、丹霞地貌	自然保护区	县级	2001	林业局
16	湘	炎陵县	神农谷国家森林公园	桃源洞	160	亚热带常绿阔叶林、资源冷杉等珍稀物种	森林公园	国家级	1993	上高县九峰林场
17	湘	茶陵县	湖里湿地国家级自然保护区	湖里	96	野生稻、长喙毛茛泽泻及其生境/野生植物	自然保护区	国家级	2002	林业局
18	湘	桂东县	八面山国家级自然保护区	八面山	10 974	森林及银杉、水鹿、黄腹角雉等珍稀动植物	自然保护区	国家级	1982	林业局
19	湘	炎陵县	桃源洞国家级自然保护区	桃源洞	23 786	银杉群落及森林生态系统	自然保护区	国家级	2002	林业局
20	湘	资兴市	顶辽银杉自然保护区	顶辽银杉	953	银杉群落及其生境/野生植物	自然保护区	省级	1986	林业局

2）阔叶林是万洋山脉植被的重要组成部分，其中，常绿阔叶林在万洋山脉主要分布于中低海拔地区，优势种组成较为复杂，如红楠、杨梅叶蚊母树、大果马蹄荷、粗毛石笔木、钩锥、木莲、深山含笑、银木荷、鹿角锥、蕈树、薄叶润楠、闽楠等；常绿落叶阔叶林多分布于海拔 800～1200 m，主要以长柄双花木、赤杨叶、中华槭、水青冈、甜槠、交让木、圆萼折柄茶、青钱柳、香果树、红椿、黄丹木姜子、瘿椒树等为建群种。

3）灌丛主要分布于万洋山脉 1500 m 以上的中高海拔地区，包含常绿阔叶灌丛和落叶阔叶灌丛，优势种为耳叶杜鹃、云锦杜鹃、鹿角杜鹃、马银花、圆锥绣球、蜡瓣花、格药柃、尖连蕊茶、乌药、毛果珍珠花等。在南风面靠近山顶的区域，分布着面积较广的井冈寒竹竹丛。

4）在海拔 1000 m 左右分布有人工种植的毛竹林和茶秆竹林，伴生种有马银花、格药柃、红楠、赤杨叶、银木荷等。

5）高山草地是万洋山脉高海拔地区的主要类型，主要分布在海拔 1800 m 以上，建群种以禾本科植物为主，包括拂子茅、斑茅、大叶直芒草、台湾剪股颖等，伴生种包括粗叶悬钩子、食用土当归、獐牙菜、湖南千里光、大头橐吾等。

6）湿地植被是万洋山脉的特殊植被类型，主要分布于桃源洞高海拔地区，该类型植被的优势种有灯心草、金发藓等。

2.5 诸广山脉植物资源及其利用和保护

据统计，诸广山脉维管植物有 207 科 915 属 2442 种①（含种下等级，下同），资源植物极其丰富，按照吴征镒等（1983）的植物资源分类系统并参考相关资料，本地区植物资源大致可分为 5 大类 27 小类。有的植物只根据它们的主要用途，归入某一类或几类，有的种类具有多种用途，且每种用途均较显著，则将其归入相应的类别。其中食用植物有 85 科 207 属 389 种，药用植物约有 175 科 651 属 1483 种，工业用植物有 92 科 257 属 541 种，保护和改造环境植物约有 118 科 301 属 672 种，特有植物种质资源有 6 科 6 属 6 种（表 2-11）。在此基础上，对各区域进行生态保护评价。

表 2-11 诸广山脉各类植物资源科、属、种统计

类别	科数	占诸广山脉维管植物总科数比例（%）	属数	占诸广山脉维管植物总属数比例（%）	种数	占诸广山脉维管植物总种数比例（%）
食用植物	85	41.06	207	22.62	389	15.93
药用植物	175	84.54	651	71.15	1483	60.73
工业用植物	92	44.44	257	28.09	541	22.15
保护和改造环境植物	118	57.00	301	32.90	672	27.52
特有植物种质资源	6	2.90	6	0.66	6	0.25

2.5.1 诸广山脉各类植物资源

食用植物是指直接或间接为人类所食用的植物资源，间接为人类所食用是指其产品被人类食用，如食用植物中的蜜源植物就是间接被人类食用的植物。诸广山脉食用植物约有 389 种，本节按资源植物的主要用途，将其分为淀粉植物类、食用油脂植物类、维生素植物类、饮料植物类、食用色素植物类、食用香料植物类、植物甜味剂类；其他相关的有饲用植物类、蜜源植物类等。有文献将野菜和野果类资源均归并为维生素植物类，但本节仍将野菜和野果类资源列为单独的植物类型。

药用植物是指含有药用成分，具有医疗用途，可以作为植物性药物开发利用的一群植物。已被人们广泛认识和接受的中药资源或虽未被广泛接受但确认有一定疗效或者被证实含有特定成分及生理作用的中药资源在本节亦被纳入药用植物范畴。诸广山脉药用植物约有 1483 种，包括中草药类、植物农药类、有毒植物类 3 小类。

工业用植物是指作为工业原料应用的植物资源，它是现代工业赖以生存的最基本的条件。诸广山脉工业用植物有 541 种，可分为 8 类：材用植物类、纤维植物类、鞣料植物类、香料植物类、植物胶类、工业用油脂植物类、工业用植物性染料类和经济昆虫寄主植物类。

保护和改造环境植物是一切用于绿化美化，改善生态环境，有利于人类生活和生存的植物的总称，包括防风固沙植物，保持水土、改造荒山荒地植物，绿肥植物类（固氮增肥），观赏植物类（绿化美化），指示植物类，抗污染植物 6 类。诸广山脉保护和改造环境植物有 672 种。

① 本节蕨类植物、裸子植物、被子植物分别采用秦仁昌、郑万钧、哈钦松系统。

特有植物种质资源："特有植物"是指其自然分布的地理区域狭窄或异常狭窄或仅限于某一地区或仅生长在某种局部特有生境的植物种类。特有植物对该地区具有十分重要的意义，因为每一个地区的特有种都是该区域最重要的特征表现。

受篇幅限制，现择其主要资源类型概述如下。

1. 淀粉植物

诸广山脉淀粉植物主要包括壳斗科、莲座蕨科、豆科、蓼科、莲科、睡莲科、桑科、禾本科、百合科、薯蓣科、紫萁科、防己科、葫芦科等植物。较重要的种类有金荞麦 *Fagopyrum dibotrys*、芡实 *Euryale ferox*、莲 *Nelumbo nucifera*、欧菱 *Trapa natans*、锥栗 *Castanea henryi*、板栗 *Castanea mollissima*、茅栗 *Castanea seguinii*、苦槠 *Castanopsis sclerophylla*、钩锥 *Castanopsis tibetana*、青冈 *Cyclobalanopsis glauca*、薜荔 *Ficus pumila*、匍茎榕 *Ficus sarmentosa*、爬藤榕 *Ficus sarmentosa* var. *impressa*、珍珠莲 *Ficus sarmentosa* var. *henryi*、两型豆 *Amphicarpaea edgeworthii*、南岭土圞儿 *Apios chendezhaoana*、野大豆 *Glycine soja*、野燕麦 *Avena fatua*、百合 *Lilium brownii* var. *viridulum*、大百合 *Cardiocrinum giganteum*、日本薯蓣 *Dioscorea japonica* 等。

开发利用评价：诸广山脉淀粉植物资源十分丰富，在可持续利用方面亦取得了一些成效。例如，汝城县、桂东县通过锥栗、板栗优良品种选育，获得了新的优良品种和成果，通过扩大种植，已获得显著的经济效益。另外，本地区建立了 1 个国家级野大豆和金荞麦原生境保护点，这对野大豆和金荞麦种质保存发挥了重要作用。诸广山脉淀粉植物资源虽然十分丰富，但开发利用得并不多，大多数以原料或初级产品为主，因此淀粉植物资源的可持续利用研究还有很大空间和潜力。将来的发展方向应主要在资源和原生境保护、种质创新和可持续利用等方面，并取得突破，以获得显著的生态效益、经济效益和社会效益。

2. 蔬菜类植物

诸广山脉蔬菜类植物（有文献将蔬菜类植物纳入维生素植物统计，本研究采用蔬菜类植物名称）主要包括紫萁科、蕨科、蹄盖蕨科、藜科、苋科、马齿苋科、石竹科、睡莲科、白花菜科、十字花科、蔷薇科、伞形科、菊科、百合科、天南星科等植物。较重要的种类有菜蕨 *Diplazium esculentum*、蕨 *Pteridium aquilinum* var. *latiusulum*、紫萁 *Osmunda japonica*、莼菜 *Brasenia schreberi*、双牌阴山荠 *Yinshania rupicola* subsp. *shuangpaiensis*、南山葶菜 *Eutrema yunnanense*、马齿苋 *Portulaca oleracea*、刺儿菜 *Cirsium setosum*、鸭儿芹 *Cryptotaenia japonica*、水芹 *Oenanthe javanica*、蒌蒿 *Artemisia selengensis*、野茼蒿 *Crassocephalum crepidioides*、大野芋 *Colocasia gigantea* 等。

开发利用评价：诸广山脉蔬菜类植物资源比较丰富，在可持续利用方面亦取得了一些成效。例如，分布于资兴市、桂东县、炎陵县的双牌阴山荠（以资兴市八面山瑶族乡分布较多），资兴市方言称为"瓦萨比"，多年生草本，高 30～100 cm；具块状根茎，具有强烈的辛辣味。常生长在海拔 800～1200 m 沿沟谷的山坡、潮湿的岩石缝或沙地中；喜阴湿，较耐寒。本种为重要辛香芥素调味植物，是一种很有应用前景的植物资源。其块状根茎具有强烈的辛辣味，可加工成芥末，当地以此用作生鱼片的美味调料。当地村民已将其进行仿原生境栽培，并形成了一定规模，取得了较好的经济效益。另外，在桂东县沤江镇还建立了一个野生莼菜 *Brasenia schreberi* 原生境保护点，对野生莼菜种质保存发挥了重要作用。诸广山脉蔬菜类植物资源虽然十分丰富，但开发利用取得显著效益的种类还不多，大多数以原植物或初级产品为主，因此蔬菜类植物资源的可持续利用研究尚有很大的提升空间和潜力。

3. 饮料植物资源

植物饮料是以植物为原料制成的饮料，主要包括茶饮料和茶的代用品保健茶和花茶。饮料植物在诸广山脉约有 15 科 21 属 31 种，包括胡桃科 Juglandaceae、榆科 Ulmaceae、桑科 Moraceae、蔷薇科

Rosaceae、漆树科 Anacardiaceae、冬青科 Aquifoliaceae、葡萄科 Vitaceae、山茶科 Theaceae、藤黄科 Guttiferae、山矾科 Symplocaceae、木犀科 Oleaceae、唇形科 Labiatae、葫芦科 Cucurbitaceae、忍冬科 Caprifoliaceae、菊科 Asteraceae 植物。其中较重要的种类有青钱柳 *Cyclocarya paliurus*、湖北海棠 *Malus hupehensis*、茶 *Camellia sinensis*（野生种群）、毛叶茶（白毛茶、汝城毛叶茶）*Camellia ptilophylla*、尖连蕊茶 *Camellia cuspidata*、野山楂 *Crataegus cuneata*、绞股蓝 *Gynostemma pentaphyllum*、显齿蛇葡萄 *Ampelopsis grossedentata*、大叶冬青 *Ilex latifolia* 等。

开发利用评价：诸广山脉饮料植物资源较丰富，且富有特色，在可持续利用方面亦取得了初步成效。例如，除已在本地区广为饮用的七叶参茶（绞股蓝茶）和青钱柳茶外，还有当地最具特色的白毛茶（汝城当地称汝城毛叶茶 *Camellia sinensis* var. *pubilimba*，《中国植物志》英文版已将其并入毛叶茶 *C. ptilophylla* 中），该植物的最大特点是嫩枝及叶下面有短柔毛，叶大，用其嫩叶加工的茶具独特的生物学特性，据湖南省茶叶研究所化验鉴定，这种白毛茶含茶多酚 29.83%、儿茶素 12.84%、氨基酸 43.86 mg/g、咖啡碱 3.44%、茶红素 14.40%、茶黄素 1.445%。以白毛茶加工而成的红碎茶，滋味浓强，氨基酸含量高，特别是茶红素、茶黄素含量高，是优良的红茶资源。该资源不仅可在生产上直接利用，在茶树育种实践中也有重要意义。白毛茶已在汝城县大面积推广种植，成为汝城县的特色农业产品，优质茶叶市场前景广阔。

4. 药用植物

调查表明，诸广山脉有药用植物约 1483 种，其中一些珍贵药用植物具有较高的经济价值，如金毛狗 *Cibotium barometz*、黄连 *Coptis chinensis*、小八角莲 *Dysosma difformis*、八角莲 *Dysosma versipellis*、前胡 *Peucedanum praeruptorum*、黑老虎 *Kadsura coccinea*、管萼山豆根 *Euchresta tubulosa*、金线吊乌龟 *Stephania cephalantha*、竹节参 *Panax japonicus*、草珊瑚 *Sarcandra glabra*、大血藤 *Sargentodoxa cuneata*、朱砂根 *Ardisia crenata*、薯蓣 *Dioscorea opposita*、金线兰 *Anoectochilus roxburghii*、天麻 *Gastrodia elata*、白及 *Bletilla striata*、重楼属 *Paris* 及石斛属 *Dendrobium* 种类等。

特别值得一提的是，本次调查发现了珍稀濒危药用植物竹节参 *Panax japonicus* 天然种群。竹节参为五加科人参属植物。多年生草本，具有横生的短竹鞭状根状茎，为其药用部分。该种虽然分布较广，但因其自然生境破坏严重、被长期人为采挖（传统的中药材）和资源自然更新较慢等，以前文献上所记载的大部分地区野生资源已濒危或无存。本次调查过程中，我们在本区八面山海拔 1200 m 上下阴湿的林下发现有生长发育良好的竹节参天然种群，种群数量约 100 株，十分珍贵。

按药用功效，诸广山脉药用植物可分为以下 14 类。

（1）解表药

具有解表功效的植物有：紫玉兰 *Yulania liliiflora* 和望春玉兰 *Yulania biondii*，其花蕾入药称“辛夷”，有散风寒、通鼻窍的作用。武当玉兰 *Yulania sprengeri* 的花蕾代辛夷用。花椒 *Zanthoxylum bungeanum* 的果皮用作中药，有温中散寒、解表、除湿、止痛之功效。桑 *Morus alba* 的叶入药称“桑叶”，有疏散风热、清肺、明目之功效。单叶蔓荆 *Vitex rotundifolia* 的果实入药称“蔓荆子”，能疏散风热、清利头目等。野葛 *Pueraria lobata* 及粉葛 *P. lobata* var. *thomsonii* 的干燥根中药习称“葛根”，据《中华人民共和国药典》2010 年版，葛根具有解表退热、生津止渴、止泻之功效。

（2）清热、祛暑药

具有清热泻火或清热解毒功效的植物有：栀子 *Gardenia jasminoides*、通脱木 *Tetrapanax papyriferus*、忍冬 *Lonicera japonica*、灰毡毛忍冬 *L. macranthoides*、菰腺忍冬 *L. hypoglauca* 等。其中，栀子的果实为传统中药，能清热、泻火、凉血。通脱木的茎髓入药称“通草”，有清热利尿、通气下乳的作用。忍冬及同属植物灰毡毛忍冬、菰腺忍冬等，自古被誉为清热解毒、祛暑的良药，花药用，能清热解暑、降火顺气、杀菌消炎。金丝桃 *Hypericum monogynum* 的果实及根供药用，果实作连翘代用品，具清热解毒、散瘀止痛之功效。冬青 *Ilex chinensis* 及山蜡梅 *Chimonanthus nitens* 的叶入药，均具有清热解毒之功效。

具有清热燥湿及清虚热功效的植物有：川黄檗 *Phellodendron chinense* 的干燥树皮入药习称“川黄柏”，有清热燥湿、泻火除蒸、解毒疗疮的功效。苦参 *Sophora flavescens* 能清热燥湿、杀虫、利尿。白蜡树 *Fraxinus chinensis* 的枝皮或干皮药用称“秦皮”，能清热燥湿、收涩止痢。林下植物黄连 *Coptis chinensis* 及短萼黄连 *C. chinensis* var. *brevisepala* 的根状茎为著名中药“黄连”，入药有清热燥湿、泻火解毒之功效。枸杞 *Lycium chinense* 的根皮入药，称“地骨皮”，能凉血除蒸、清肺降火，为清虚热药用植物，具有这类功效的还有黄连木 *Pistacia chinensis*、六月雪 *Serissa japonica*、山矾 *Symplocos sumuntia*、臭椿 *Ailanthus altissima*、苦树 *Picrasma quassioides* 等 467 种。

（3）泻下药

具有泻下功能的植物有：巴豆 *Croton tiglium* 的成熟果实为泻下药，治寒结便秘、腹水肿胀等。芫花 *Daphne genkwa* 未开放的花蕾或花朵入药，亦具有泻下作用。此外，乌桕 *Sapium sebiferum* 及山乌桕 *Triadica cochinchinensis* 的根皮、树皮及叶有利尿、通便、泻下作用。卫矛 *Euonymus alatus* 的嫩枝或栓翅入药，有活血化瘀、止痛、通经、泻下、杀虫等功效。

（4）祛风化湿、止痛及舒筋活络药

具有祛风化湿、止痛作用的植物有：海州常山（臭梧桐）*Clerodendrum trichotomum* 的根、茎、叶入药，能祛风除湿、止痛、降血压，可治风湿痹痛。接骨木 *Sambucus williamsii* 的茎枝入药，有祛风除湿、活血接骨、消肿止痛之功效。威灵仙 *Clematis chinensis* 的根茎入药，有祛风湿、通经络的作用；根入药，有祛风湿、利尿、通经、镇痛之功效。木瓜（贴梗海棠）*Chaenomeles speciosa* 的果实入药，有祛风、舒筋、活络、镇痛、消肿之功效。粉防己 *Stephania tetrandra* 的块根入药，有行水消肿、祛风止痛之功效。五加（细柱五加）*Eleutherococcus nodiflorus* 的根皮入药，有祛风湿、补益肝肾、强筋壮骨、利水消肿之功效。枫香树 *Liquidambar formosana* 的根、叶及果实入药，有祛风除湿、通络活血、止痛之功效。桑寄生 *Taxillus sutchuenensis* 的枝叶入药，有补肝肾、强筋骨、除风湿、通经络之功效。雷公藤 *Tripterygium wilfordii* 根的木质部入药，有祛风除湿、活血通络、消肿止痛、杀虫解毒之功效。络石 *Trachelospermum jasminoides* 的根、茎、叶、果实供药用，有祛风活络、利关节、止血、止痛消肿、清热解毒的作用，我国民间用来治关节炎、肌肉痹痛等。楤木 *Aralia elata* 的根皮入药，能祛风除湿、活血止痛，主治风湿关节痛、腰腿酸痛、肾虚水肿、跌打损伤等。藤黄檀 *Dalbergia hancei* 的茎入药，能舒筋活络、理气止痛、用于治疗风湿痛。显齿蛇葡萄 *Ampelopsis grossedentata* 的根皮入药，有清热解毒、祛风湿、强筋骨、消炎、镇痛等功效，民间将其幼嫩茎叶制成保健茶，用于治疗感冒发热、咽喉肿痛、黄疸性肝炎、疱疖等已有数百年历史，显齿蛇葡萄是一种典型的药食两用植物。

（5）温中、理气和消食药

具有温中、理气作用的植物有：吴茱萸 *Tetradium ruticarpum* 的干燥近成熟果实入药，有散寒止痛、降逆止呕、助阳止泻之功效。花椒 *Zanthoxylum bungeanum* 有温中行气、逐寒、止痛、杀虫等功效。八角 *Illicium verum* 的干燥成熟果实供药用，有祛风理气、和胃调中之功效。山鸡椒 *Litsea cubeba* 的干燥成熟果实入药称“荜澄茄”，能温中散寒、行气止痛，主治胃寒呕逆、脘腹冷痛、寒疝腹痛、寒湿瘀滞等。川楝 *Melia toosendan* 的果实入药，能疏肝泄热、行气止痛。乌药 *Lindera aggregata* 的干燥块根入药，能行气止痛、温肾散寒。厚朴 *Magnolia officinalis* 及凹叶厚朴 *M. officinalis* subsp. *biloba* 的树皮入药，具行气化湿、温中止痛、降逆平喘、行气消积之功效。

具有消食功效的植物有 37 种。例如，野山楂 *Crataegus cuneata* 及湖北山楂 *C. hupehensis* 的果实入药，具消食健胃、增强食欲、散瘀止痛之功效。毛桂 *Cinnamomum appelianum* 及少花桂 *C. pauciflorum* 的树皮可代肉桂 *Cinnamomum cassia* 供药用，有开胃健脾、通气散热之功效。木姜子 *Litsea pungens*、清香木姜子 *Litsea euosma*、毛叶木姜子 *L. mollis* 的果实入药，具温中、行气止痛、燥湿、健脾消食之功效。湖北海棠 *Malus hupehensis* 的嫩叶及果实入药，能消积化滞、和胃健脾，主治食积停滞、消化不良等；楸子 *M. prunifolia* 的果实入药，有生津、消食之功效。三叶海棠 *M. sieboldii* 的果实入药，具消食健胃之功效。台湾林檎 *M. doumeri* 的果实入药，有健脾开胃之功效，用于治疗脾虚所致的食积停滞、脘腹胀满、腹痛等。杜梨 *Pyrus betulifolia* 的果实入药，能消食止痢。黄荆 *Vitex negundo* 的果实入药，具有祛风解表、止咳平喘、理气消食之功效。

（6）活血化瘀、止痛、止血药

具有活血化瘀、镇痛、止痛作用的植物有：香花崖豆藤 *Millettia dielsiana*、网络崖豆藤 *M. reticulata* 等的藤茎入药，能补血、活血、通络。大血藤 *Sargentodoxa cuneata* 的藤茎入药，具有清热解毒、活血、祛风止痛之功效。黑老虎 *Kadsura coccinea* 的根入药，能活血散瘀、消肿止痛。檫木 *Sassafras tzumu* 的根入药，有祛风除湿、活血散瘀、止血之功效。小叶石楠 *Photinia parvifolia* 的根、枝、叶入药，有行血止血、止痛之功效。卫矛 *Euonymus alatus* 带栓翅的枝条入药，称为“鬼箭羽”，可活血散瘀、杀虫、解毒消肿。蓝果蛇葡萄 *Ampelopsis bodinieri* 的根入药，能解毒消肿、止痛止血、排脓生肌、祛风除湿。千里香 *Murraya paniculata* 以叶和带叶嫩枝入药（药材名“九里香”），具行气止痛、活血散瘀之功效。飞龙掌血 *Toddalia asiatica* 的根入药，能活血散瘀、祛风除湿、消肿止痛。凌霄 *Campsis grandiflora* 的花（中药称“凌霄花”）及根入药，有活血散淤、凉血祛风、解毒消肿之功效。这类药用功效的植物还有灯台树 *Cornus controversa*、猴樟 *Cinnamomum bodinieri* 等。柘树 *Cudrania tricuspidata* 全株入药，可化瘀止血、清肝明目等。

具有止血作用的植物有 424 种。例如，紫珠 *Callicarpa bodinieri*、白棠子树 *C. dichotoma*、华紫珠 *C. cathayana*、老鸦糊 *C. giraldii*、广东紫珠 *C. kwangtungensis* 等多种紫珠属植物的根、茎、叶及果实均具有止血的作用，能活血通经、收敛止血，用于治疗咯血、呕血、衄血、牙龈出血、尿血、便血、崩漏、皮肤紫癜、外伤出血等。槐 *Sophora japonica* 的干燥花及花蕾中药称“槐花”，有凉血止血、清肝泻火之功效。侧柏 *Platycladus orientalis* 的鳞叶及槲树 *Quercus dentata* 的叶、树皮均具有良好的止血作用等。

（7）化痰、止咳、平喘药

具有清热化痰功效的植物有：十大功劳 *Mahonia fortunei* 及阔叶十大功劳 *M. bealei* 等植物的根、茎含小檗碱、药根碱、木兰花碱等，入药有清热解毒、消炎抑菌、止咳化痰之功效。

具有止咳、平喘功效的植物有：枇杷 *Eriobotrya japonica* 的叶有清肺止咳、化痰作用。桑 *Morus alba* 的干燥根皮称“桑白皮”，有清肺平喘、利水消肿之功效，主要用于治疗肺热咳喘、痰多、面目水肿、小便不利等。银杏 *Ginkgo biloba* 的种仁能祛痰定喘，用于治疗喘咳痰多。矮地茶 *Ardisia japonica* 全草入药，可化痰止咳、利湿、活血，用于治疗咳嗽、痰中带血、慢性支气管炎等。山蜡梅 *Chimonanthus nitens* 的叶、花入药，用于治疗风寒感冒、咳嗽痰喘、食欲缺乏。胡颓子 *Elaeagnus pungens*、长叶胡颓子 *E. bockii* 及蔓胡颓子 *E. glabra* 的根及枝叶入药，能止咳平喘、化痰，可治疗支气管炎、咳嗽、哮喘及牙痛等。南天竹 *Nandina domestica* 的果实入药，具敛肺止咳、清肝明目之功效，可治疗久咳、气喘、疟疾等。黄荆 *Vitex negundo* 的根、茎入药，可清热止咳、化痰，用于治疗支气管炎、疟疾、肝炎等。林下植物金线兰 *Anoectochilus roxburghii* 全草药用，有清热凉血、解毒消肿、润肺止咳之功效。具有这类药用功效的植物还有泡桐 *Paulownia fortunei*、臭辣树 *Tetradium glabrifolium*、蜡梅 *Chimonanthus praecox*、豆梨 *Pyrus calleryana* 等 136 种。

（8）安神、平肝息风及镇惊、开窍药

具有安神、平肝息风功效的植物有：合欢 *Albizia julibrissin* 的干燥树皮为悦心安神要药，具有镇静催眠的作用，可治疗心神不安、愤怒忧郁、烦躁失眠等。钩藤 *Uncaria rhynchophylla* 和华钩藤 *U. sinensis* 的带钩茎枝入药，具有清热、平肝息风、定惊之功效。黄花倒水莲 *Polygala fallax* 的根入药，有祛痰利窍、安神益智之功效。林下植物天麻 *Gastrodia elata* 的根茎入药，有平肝息风、定惊之功效，可治疗头晕目眩、肢体麻木、小儿惊风等，是名贵中药。

具有镇惊、开窍药功效的植物有：樟 *Cinnamomum camphora* 的枝叶经水蒸气蒸馏并重结晶可得冰片，其为开窍、醒神药，具通关窍、利滞气、辟秽浊、消肿止痛之功效。越南安息香 *Styrax tonkinensis* 的干燥树脂具开窍醒神、行气活血、止痛之功效，用于治疗中风痰厥、气郁暴厥、中恶昏迷、心腹疼痛、小儿惊风等。

（9）补益和润燥生津药

具有补益和润燥生津功效的植物有：杜仲 *Eucommia ulmoides* 的干燥树皮是名贵滋补药材，有补益肝肾、强筋壮骨等功效，可治疗由肾阳虚引起的腰腿痛或酸软无力等。林下植物三枝九叶草 *Epimedium sagittatum* 亦为补阳药，全草有补精强壮的作用。枸杞 *Lycium chinense* 果实称枸杞子，性平味甘，具养肝、滋肾、润肺之功效。女贞 *Ligustrum lucidum* 的成熟果实晒干为中药“女贞子”，有滋补肝肾、明目乌发之功效。桑 *Morus alba* 的干燥果穗为中药桑葚，有补肝益肾、补血滋阴、生津润燥之功效。铁皮石斛 *Dendrobium officinale* 及其同属植物细叶石斛 *D. hancockii* 等的茎为制作珍贵中药“风斗”的原植物，具有益胃生津、滋阴清热、润肺益肾之功效，自古被称为“滋阴圣品”，它们常附生于树干上或岩石上，属林下药用植物资源。林下植物竹节参 *Panax japonicus* 的干燥根茎入药，能补脾益肺、生津、安神，为强壮滋补药，又为兴奋剂和祛痰药。竹节参由于野外采挖严重及原生境被破坏等，种群数量锐减，现在野生资源已很少，应加强保护。

（10）收敛固涩、止汗药

具有收敛固涩、止汗功效的植物有：五味子 *Schisandra chinensis* 或华中五味子 *S. sphenanthera* 的干燥成熟果实（前者习称“北五味子”，后者习称“南五味子”）入药，有敛肺止咳、滋补涩精、止泻止汗之功效，可治疗肺虚喘咳、口干作渴、自汗、盗汗、梦遗滑精等。山茱萸 *Cornus officinalis* 及川鄂山茱萸 *C. chinensis* 的果实入药，为收敛性补血剂及强壮剂，有补肝益肾、收敛固脱、固肾涩精、止汗之功效。掌叶复盆子 *Rubus chingii* 的干燥果实入药，具益肾固精、缩尿、养肝明目之功效。麻栎 *Quercus acutissima* 的果实入药，能涩肠止泻。金樱子 *Rosa laevigata* 的干燥成熟果实入药，具有固精缩尿、固崩止带、涩肠止泻之功效。

（11）解毒、消肿、散结、生肌敛疮、去腐药和蛇、虫咬伤药

具有解毒、消肿、散结、生肌敛疮、去腐功效的植物有：芫花 *Daphne genkwa* 的根或根皮入药，有逐水、解毒、散结之功效。皂荚 *Gleditsia sinensis* 的干燥棘刺入药，能消肿脱毒、排脓、杀虫，用于治疗痈疽初起或脓成不溃。忍冬 *Lonicera japonica* 亦有清热解毒、消肿之功效。喜树 *Camptotheca acuminata* 的叶入药，主治痈疮疖肿、疮痈初起。马钱子 *Strychnos nux-vomica* 的种子有大毒，外用能活血通络、散结消肿、化瘀解毒。菝葜 *Smilax china* 的叶捣烂外敷，可治痈肿疮毒。具有这类药用功效的还有地锦 *Parthenocissus tricuspidata*、木槿 *Hibiscus syriacus* 等。

具有治疗蛇、虫咬伤功效的植物有：马棘 *Indigofera pseudotinctoria* 的根或地上部分入药，能清热解毒、消肿散结，主治风热感冒、肺热咳嗽、疔疮、毒蛇咬伤、跌打损伤等。短茎紫金牛（九管血）*Ardisia brevicaulis* 全株入药，有祛风解毒之功效，用于治风湿筋骨痛、痨伤咳嗽、蛇咬伤和无名肿毒等。百两金 *Ardisia crispa* 的根及根茎入药，有清热利咽、祛痰利湿、活血解毒的功效，主治咽喉肿痛、咳嗽咯痰不畅、湿热黄疸、小便淋痛、风湿痹痛、跌打损伤、疔疮、无名肿毒、毒蛇咬伤等。泡花树 *Meliosma cuneifolia* 的根皮入药，外用治痈疖肿毒、毒蛇咬伤。望江南 *Cassia occidentalis* 的鲜叶捣碎可治毒蛇、毒虫咬伤。林下植物天南星 *Arisaema heterophyllum* 的块茎外用，亦能治疗疮肿毒、毒蛇咬伤等。具有这类药用功效的还有林下植物八角莲 *Dysosma versipellis*、七叶一枝花 *Paris polyphylla* 等 71 种。

（12）驱虫药

具有驱虫作用的植物有 26 种。例如，使君子 *Quisqualis indica* 的种子为中药中最有效的驱蛔药之

一，对小儿寄生蛔虫症疗效尤著。楝 *Melia azedarach* 或川楝 *M. toosendan* 的树皮及根皮入药，对多种肠道寄生虫有较强的毒杀作用。粗糠柴 *Mallotus philippensis* 果实上的腺体粉末能驱绦虫、蛲虫、线虫。紫藤 *Wisteria sinensis* 的茎皮可以杀虫、止痛，用于治疗风痹痛、蛲虫病等。瓦子草 *Puhuaea sequax* 的根入药，有补虚、驱虫、止咳定喘的功效。榧树 *Torreya grandis* 的种子油有驱钩虫的作用，可治疗虫积腹痛、小儿疳积等。云实 *Caesalpinia decapetala* 的种子入药，可解毒除湿、止咳化痰、杀虫，主治痢疾、疟疾、慢性气管炎、小儿疳积、虫积等。

（13）对治疗癌症有辅助作用的药

对治疗癌症有辅助作用的植物有：红豆杉 *Taxus wallichiana* var. *chinensis* 和南方红豆杉 *Taxus wallichiana* var. *mairei* 是濒临灭绝的天然珍稀抗癌植物，从中提取或半合成的紫杉醇是国际公认的治癌良药，主要用于卵巢癌、乳腺癌及非小细胞肺癌的一线和二线治疗；多西紫杉醇主要用于晚期或转移性乳腺癌、非小细胞肺癌的治疗。喜树 *Camptotheca acuminata* 的果实及根皮中所含喜树碱及其衍生物具有较强的抗癌活性，喜树碱用于胃癌、结肠癌、膀胱癌、肝癌、绒毛膜上皮癌、白血病及头颈部肿瘤的治疗；羟基喜树碱主要用于肝癌、胃癌、食管癌、膀胱癌等的治疗。近年来研制的喜树碱半合成抗癌药依林诺特肯对治疗结肠癌、胰腺癌及肝癌有效。三尖杉 *Cephalotaxus fortunei* 的枝叶含三尖杉酯碱（即粗榧碱）、高三尖杉酯碱（即高粗榧碱）等多种生物碱，这些生物碱均具有抗癌活性，常用于治疗恶性淋巴瘤、白血病、肺癌、胃癌、食管癌、直肠癌等，在医学界备受关注。研究表明，篦子三尖杉 *Cephalotaxus oliveri* 所含的三尖杉酯碱、高三尖杉酯碱等具有抗白血病活性；从粗榧 *Cephalotaxus sinensis* 枝叶中分离的三尖杉酯碱、高三尖杉酯碱、异粗榧碱等生物碱对急性粒细胞白血病、慢性粒细胞白血病和恶性淋巴瘤有一定疗效。构棘 *Cudrania cochinchinensis* 的茎皮及根皮入药，具有止咳化痰、散瘀止痛、舒筋通络的作用，对直肠癌有一定疗效。雀梅藤 *Sageretia thea* 的根提取物有抗癌活性，对肺癌、胃癌、结肠癌有一定治疗作用。临床报道，白檀 *Symplocos paniculata* 的煎剂对胃癌有抑制作用。菝葜 *Smilax china* 的干燥根茎入药，有祛风利湿、解毒消痈的功效，临床报道其对各种癌症均有抑制作用。林下植物八角莲 *Dysosma versipellis* 是民间常用的中草药，入药能散风祛痰、消毒解肿、杀虫、治疗蛇咬伤等，为珍稀濒危植物。八角莲全株有毒，主要毒性成分为鬼臼毒素和盾叶鬼臼素等，以此研制的半合成抗癌药依托泊苷主要用于治疗急性粒细胞白血病，鬼臼噻吩苷主要用于治疗霍奇金淋巴瘤及非霍奇金淋巴瘤，对儿童淋巴细胞白血病也有疗效。中华猕猴桃 *Actinidia chinensis* 的果实及根对胃肠道癌及消化道癌有一定疗效。

（14）其他：催吐、调经安胎、止痒、通乳药等

除上述药用植物外，尚有多种药用植物具有催吐、调经安胎、止痒和调整内分泌系统功能等作用。例如，常山 *Dichroa febrifuga* 的根既是一种很好的治疗疟疾的药物，也是一种很好的催吐剂，其催吐作用显著。桑寄生 *Taxillus sutchuenensis* 的枝叶入药，具有安胎作用。凌霄 *Campsis grandiflora* 的花及茎入药，可治皮肤瘙痒等。化香树 *Platycarya strobilacea* 及枫杨 *Pterocarya stenoptera* 的枝、叶入药，具有解毒、止痒、杀虫之功效。野花椒 *Zanthoxylum simulans* 的果皮外用，可治湿浊、皮肤瘙痒等。小木通 *Clematis armandii*、绣球藤 *Clematis montana*、木通 *Akebia quinata*、三叶木通 *A. trifoliata* 或白木通 *A. trifoliata* var. *australis* 的干燥藤茎入药，有利尿通淋、清心除烦、通经下乳的功效。君迁子 *Diospyros lotus* 的果实入药，能止消渴、去烦热，使人肤色润泽、轻健、静心、悦人面色。

资源利用评价：诸广山脉野生药用植物资源十分丰富，种类较多，开发潜力较大。但目前主要是人工采集，现代化工艺利用较少，并有相当一部分被人们过度攫取，造成大量的药用资源浪费，如八角莲 *Dysosma versipellis*、黄连 *Coptis chinensis*、竹节参 *Panax japonicus*、金线兰 *Anoectochilus roxburghii*、铁皮石斛 *Dendrobium officinale* 等，均为名贵药用植物，有着重要的经济价值，由于过去长期过度采挖，加之原生境被破坏，野生资源几近枯竭。因此建议将上述种类分布较集中的区域纳入原生境保护，杜绝乱采乱挖；开展环境适应性及快速繁殖与野外回归关键技术等相关研究，扩大种群

数量，扩大栽培规模，以满足市场需要，实现资源可持续利用。

5. 材用植物

材用植物类产品是国家建设和人民生活不可或缺的生产资料和生活资料，被广泛应用于工农业生产、建筑装修、家具制造、制浆造纸以及国防等各个方面。我国是世界上的人口大国，对材用植物类产品的需求巨大，同时我国又是一个严重缺林的国家，材用植物产量和后备森林资源远远不能满足多方面的需求，加上我国森林资源分布极不平衡等，使得野生材用植物资源极为珍贵。因此，保护好森林资源、加强生态环境建设，是解决好材用植物类产品供求矛盾的关键。

诸广山脉材用植物约有 57 科 128 属 273 种，主要包括松科 Pinaceae、柏科 Cupressaceae、木兰科 Magnoliaceae、樟科 Lauraceae、蔷薇科 Rosaceae、豆科 Leguminosae、金缕梅科 Hamamelidaceae、壳斗科 Fagaceae、榆科 Ulmaceae、芸香科 Rutaceae、胡桃科 Juglandaceae、山茱萸科 Cornaceae、蓝果树科 Nyssaceae、五加科 Araliaceae 等植物。较重要的种类有银杉 *Cathaya argyrophylla*、马尾松 *Pinus massoniana*、南方铁杉 *Tsuga chinensis*、杉木 *Cunninghamia lanceolata*、南方红豆杉 *Taxus chinensis* var. *mairei*、榧树 *Torreya grandis*、樟 *Cinnamomum camphora*、黄樟 *Cinnamomum parthenoxylon*、毛桂 *Cinnamomum appelianum*、少花桂 *Cinnamomum pauciflorum*、闽楠 *Phoebe bournei*、檫木 *Sassafras tzumu*、红楠 *Machilus thunbergii*、紫茎 *Stewartia sinensis*、交让木 *Daphniphyllum macropodum*、樱桃 *Cerasus pseudocerasus*、大叶桂樱 *Laurocerasus zippeliana*、南岭黄檀 *Dalbergia balansae*、黄檀 *Dalbergia hupeana*、花榈木 *Ormosia henryi*、木荚红豆 *Ormosia xylocarpa*、槐 *Sophora japonica*、半枫荷 *Semiliquidambar cathayensis*、甜槠 *Castanopsis eyrei*、栲 *Castanopsis fargesii*、红锥 *Castanopsis hystrix*、苦槠 *Castanopsis sclerophylla*、钩锥 *Castanopsis tibetana*、赤皮青冈 *Cyclobalanopsis gilva*、青冈 *Cyclobalanopsis glauca*、细叶青冈 *Cyclobalanopsis gracilis*、多脉青冈 *Cyclobalanopsis multinervis*、水青冈 *Fagus longipetiolata*、光叶水青冈 *Fagus lucida*、柯 *Lithocarpus glaber*、曼青冈 *Cyclobalanopsis oxyodon*、青檀 *Pteroceltis tatarinowii*、大叶榉树 *Zelkova schneideriana*、榉树 *Zelkova serrata*、红椿 *Toona ciliata*、枫杨 *Pterocarya stenoptera*、黄连木 *Pistacia chinensis*、油柿 *Diospyros oleifera*、光皮梾木 *Cornus wilsoniana*、蓝果树 *Nyssa sinensis*、刺楸 *Kalopanax septemlobus*、苦槠 *Castanopsis sclerophylla* 等。

开发利用：诸广山脉材用植物资源丰富，对于一些原本分布较广、种群数量较多的珍贵材用树种，如水青冈、长苞铁杉 *Tsuga longibracteata*、铁杉、福建柏、多脉青冈、细叶青冈、蓝果树、甜槠 *Castanopsis eyrei*、钩锥等，由于过去过度采伐，数量急剧减少，现残存大树已很少，多散生于常绿阔叶林中，而成为濒危物种。由于本区对上述珍贵材用树种保护力度较大，人们保护意识强，加之其主要分布在区内齐云山和八面山即核心保护区内，现区内种群数量相对较多，十分珍贵。

6. 观赏植物

野生花卉是处于自然状态下待开发利用且具有观赏性的植物，也是独特自然风景、生态多样性和自然植被的重要组成部分。本次调查发现诸广山脉有观赏植物约 101 科 241 属 577 种。其中较珍贵的观赏、绿化植物约有 300 种，除兰科植物外，还有福建观音座莲 *Angiopteris fokiensis*、肾蕨 *Nephrolepis auriculata*、萍蓬草 *Nuphar pumila* subsp. *pumila*、中华萍蓬草 *Nuphar pumila* subsp. *sinensis*、睡莲 *Nymphaea tetragona*、桂东锦香草 *Phyllagathis guidongensis*、虎舌红 *Ardisia mamillata*、多脉凤仙花 *Impatiens polyneura*、石蒜 *Lycoris radiata*、鹿角杜鹃 *Rhododendron latoucheae*、云锦杜鹃 *Rhododendron fortunei* 等。

在珍贵观赏植物中，以兰科植物最为典型，其亦最具观赏和保护价值。研究表明，诸广山脉有兰科植物 41 属 81 种，如流苏贝母兰 *Coelogyne fimbriata*、建兰 *Cymbidium ensifolium*、独蒜兰 *Pleione bulbocodioides*、台湾吻兰 *Collabium formosanum*、独花兰 *Changnienia amoena*、象鼻兰 *Nothodoritis zhejiangensis*、金线兰 *Anoectochilus roxburghii*、鹤顶兰 *Phaius tankervilleae*、多花兰 *Cymbidium floribundum*、斑叶兰 *Goodyera schlechtendaliana*、石豆兰 *Bulbophyllum* spp.、橙黄玉凤花 *Habenaria rhodocheila*、石仙桃 *Pholidota chinensis* 等。这些兰科植物多为濒危种或渐危种，少数为近危种。分布范围通常较窄，对海拔、生境等要求较严格，过去由于过度采挖及原生境被破坏等，野生资源越来越少。本区兰科植物以齐云山、八面山、资兴市东江湖沿江两岸山地及汝城县部分地方分布种类最多。它们多生长在潮湿的岩石上、树干上或峭壁上。例如，在资兴市东江湖沿江两岸的峭壁上、岩石上，成片分布着细叶石仙桃 *Pholidota cantonensis*、斑唇卷瓣兰 *Bulbophyllum pectenveneris*、独蒜兰 *Pleione bulbocodioides* 等，花开时十分壮观。

环境及开发利用评价：本区野生花卉资源特别是兰科植物需要森林的庇护，稳定和多元化的生境有利于野生花卉特别是兰科植物的生存与发展，兰科植物种类的丰富与否，在一定程度上反映了森林生态系统的原生性程度。诸广山脉具有丰富的兰科植物资源，反映和折射出本区森林生态系统平衡、稳定，生态环境特别是原生境保持良好。

本区在野生花卉资源调查、种质保存、引种、新品种选育等方面做了大量工作，并取得了很大成效。例如，通过开展野生花卉资源调查，基本上摸清了本地野生花卉资源家底。在资源保护方面，目前已在汝城县建立了野生兰花（含所有兰科植物）原生境保护区。在兰花新品种选育方面已取得显著成效，如近年来在资兴市举办的一年一度兰花节活动对推动当地养兰、赏兰及兰花产业和地方经济的发展等产生了积极影响，由当地选育的兰花新品种在国内外兰花博览会上多次获得金奖。在利用野生花卉开展园林绿化、打造乡村旅游的园林绿化示范带和美丽乡村建设等方面亦取得了较好的成效。

问题与建议：诸广山脉虽然野生花卉资源十分丰富，在开发利用方面亦取得了一定成效，但在资源保护和可持续利用方面亦存在一些问题。①在进行资源引种栽培时，乱采滥挖野生植株，造成野生资源破坏，这在 20 世纪 70 年代至 80 年代初尤为突出，虽然这种现象现在已得到了根本性遏制，但局部仍偶有发生。②在野生花卉的引种驯化工作中不太重视新品种的选育，缺乏系统性和长期性工作，缺少统一组织和协调管理。③已驯化的乡土品种滞后于市场要求，多数未达到规模化、商品化生产，缺少成功推向市场的特色品种。

针对以上不足，特提出以下建议。首先，重视野生花卉资源和原生境保护、破坏野生资源现象，杜绝乱采滥挖野生植株。许多花卉进行种子繁殖，因此要注意对结实母株的保护，实现资源的可持续利用。其次，在制定保护性开发规划的基础上，对具有特殊观赏价值的野生花卉资源积极开展引种驯化工作，利用本区丰富的野生花卉资源，运用现代生物技术，如细胞融合技术、染色体技术、转基因工程技术及组培快繁技术等，并结合常规的杂交育种技术，培育出新的具有自主知识产权的花卉品种。最后，对具有特色和发展前景的花卉新品种进行规模化栽培和产业研发，以取得显著成效，将资源优势转变为效益，使当地丰富的野生花卉资源为促进地方经济发展和美丽乡村建设作出贡献。

2.5.2　诸广山脉生态环境现状和保护建议

诸广山脉地处罗霄山脉最南部，与南岭山脉交界，是复杂的生态交错区，尽管在 5 条中型山脉中面积最小，但具有最为丰富的植物区系，共有各类保护地 10 处，其中，国家级自然保护区 1 处、省级自然保护区 3 处、县级自然保护区 2 处、国家级森林公园 4 处（表 2-12）。主体山地包括齐云山、上犹五指峰等，区系成分表现出明显的热带性，罗霄山脉许多热带性属仅分布在本区域，如鹰爪属、厚壳桂属、密花树属、破布木属等，这些属为诸广山脉与南岭山脉及武夷山脉南段共通的属。

表 2-12 诸广山脉各类保护地基本情况列表

序号	省	市或县	保护地名称	山地/湿地	面积（hm^2）	保护性质、对象	保护地类型	级别	始建时间	主管部门或经营管理单位
1	赣	上犹县	陡水湖国家森林公园	陡水湖	22 666.7	亚热带常绿硬叶林、常绿阔叶林	森林公园	国家级	2004	林业局
2	赣	上犹县	江西五指峰国家森林公园	五指峰	24 533	常绿落叶阔叶林	森林公园	国家级	2003	上犹县五指峰林场管理局
3	赣	崇义县	阳岭国家森林公园	罗霄山脉南麓	6 889.8	亚热带季风常绿阔叶林、季雨林、动植物资源	森林公园	国家级	2006	林业局
4	赣	崇义县	齐云山国家级自然保护区	齐云山	17 105	亚热带常绿阔叶林生态系统	自然保护区	国家级	1997	林业局
5	赣	上犹县	江西五指峰省级自然保护区	五指峰	6 368	中亚热带原生性常绿阔叶林、野生动植物	自然保护区	省级	1992	林业局
6	赣	崇义县	江西阳岭省级自然保护区	罗霄山脉西南麓	1 880	亚热带季风常绿阔叶林、季雨林、动植物资源	自然保护区	省级	1997	江西省林业局
7	赣	信丰县	信丰县金盆山省级自然保护区	金盆山	1 830	中亚热带森林生态系统	自然保护区	省级	2017	林业局
8	赣	遂川县	白水仙自然保护区	白水仙	2 000	森林生态系统	自然保护区	县级	2002	林业局
9	湘	汝城县	九龙江国家森林公园	罗霄山脉南段西南麓	8 436	原始次生林群落及阔叶林	森林公园	国家级	2009	汝城县大坪国有林场
10	湘	汝城县	汝城自然保护区	罗霄山脉南段西南麓	14 230	森林生态系统及人文景观	自然保护区	县级	2001	林业局

1）齐云山的西坡多遭到破坏，针叶林以人工杉木林为主；中海拔地段主要为针阔叶混交林，代表群系有：黄山松+银木荷林、黄山松+马银花林、杉木+红楠林、南方红豆杉+鬣蒴锥林、银杉+甜槠林；常见伴生种有鹿角杜鹃、马银花、窄基红褐柃等；此外，还分布有一定面积的以中国特有种长苞铁杉为建群种的长苞铁杉+甜槠林。

2）东坡江西境内保存有较完好的阔叶林，主要分布在海拔 1400 m 以下的地区：常绿阔叶林的代表群系有：桂南木莲+多脉青冈林、观光木+华润楠林、金叶含笑+喜树林、红楠+钩锥林、薄叶润楠+毛锥+甜槠林、大果马蹄荷+红楠林、五列木+大果马蹄荷林，常见伴生种有鹿角锥、蕈树、尖萼厚皮香、猴欢喜等。常绿落叶阔叶混交林的代表群系有：赤杨叶+红楠林、华润楠+赤杨叶林、红楠+枫香树林、红楠+云南桤叶树林、青榨槭+银木荷林、赛山梅+交让木林、尖叶四照花+枫香树林等，常见伴生种有南酸枣、雷公鹅耳枥、格药柃等；此外，还分布有以珍稀濒危植物香果树为建群种的群系，群落内伴生种有野核桃、小叶青冈、鹿角杜鹃等。

3）灌丛在低海拔地带主要为常绿阔叶灌丛，以耳叶杜鹃、格药柃、马银花、猴头杜鹃、尖连蕊茶、云锦杜鹃等灌丛为主。海拔 1400 m 以上以落叶阔叶灌丛为主，分布有圆锥绣球、倒卵叶青冈、马银花、格药柃、翅柃、小果珍珠花等灌丛。

4）近山顶处则为草地群落，建群种以芒、毛秆野古草、拂子茅、密腺小连翘等为主，常见伴生种有芒属、紫菀属、龙胆属、薹草属等植物。

第3章 罗霄山脉国家珍稀濒危重点保护植物现状与评价

珍稀濒危重点保护物种是生物多样性的重要组成部分，如何对其开展有效的保护已经成为生态学家和保护生物学家重点关注的问题（张殷波和马克平，2008）。据初步估计，中国有4000～5000种植物处于濒危或受威胁状态，并且已有近100种面临灭绝（盛茂银等，2011）。随着国民经济的发展、资源利用的增加和人类活动的干扰，全球气候变化或温室效应明显加剧，使得生物多样性面临着越来越多的威胁（万加武等，2019）。因此，珍稀濒危植物的保护迫在眉睫。

罗霄山脉是亚洲东部亚热带地区重要的生物多样性丰度区，据统计，本地区有野生维管植物211科1187属4022种，其中蕨类植物32科101属411种、裸子植物6科23属32种、被子植物173科1063属3579种（廖文波等，2024）。关于罗霄山脉各局部区域的珍稀濒危植物有不少研究报道，如王蕾等（2013b）报道了井冈山地区国家珍稀濒危野生维管植物共47科111属199种；肖佳伟等（2018）报道了武功山脉国家珍稀濒危重点保护野生植物共58科92属113种；万加武等（2019）报道了庐山国家级自然保护区珍稀濒危野生植物38科59属69种，并从濒危系数、遗传系数、物种价值系数等角度进行了优先保护的定量评价。臧敏等（2018）统计了江西省全境的珍稀濒危植物，包括三清山、黄岗山、井冈山、庐山等地在内，共有78科208属422种。目前，罗霄山脉作为一个整体，涵盖江西西部、湖南东部，以及湖北南部，关于其珍稀濒危植物的总体组成、种群生存现状、群落状况、区系地理分化差异等，尚缺乏数据。本章在2013～2019年针对罗霄山脉广泛考察的基础上，针对上述问题，进行了充分的分析评估，以期为各级地方政府制定合理的保护管理措施提供依据。

3.1 数据来源及珍稀濒危植物统计标准①

1）以罗霄山脉内各级自然保护区、森林公园、地质公园、风景名胜区以及邻近独体山地等为主要考察点，如齐云山、毛鸡仙、八面山、桃源洞、井冈山、南风面、七溪岭、大围山、官山、九岭山、武功山、连云山、伊山等，基本覆盖了罗霄山脉全境范围，通过点面采集和群落调查，记录各珍稀濒危物种的生境信息、种群数量、生存现状、群落状况。

2）辅助文献考证和馆藏标本查阅，如《江西植物志》（《江西植物志》编辑委员会，2014）、《湖南植物志》（《湖南植物志》编辑委员会，2000，2010），相关学位论文（李家湘，2005；赵万义，2017），以及庐山植物园、华南植物园等标本馆标本，摘录在罗霄山脉采集的各珍稀濒危植物的物种名称、采集信息、生境信息等。

3）依据下列文献，收集、统计极危种（CR）、濒危种（EN）、渐危种（VU）或各类保护级别的珍稀濒危植物：①依据《国家重点保护野生植物名录》（第一批，1999），确定重点保护野生植物（一级、二级）。②《IUCN 红色名录》（IUCN，2011）。③《中国生物多样性红色名录——高等植物卷》（环境保护部和中国科学院，2013）。④《濒危野生动植物种国际贸易公约》（简称 CITES）附录Ⅰ、附录Ⅱ、附录Ⅲ。汇总以上资料后编制罗霄山脉珍稀濒危植物名录，参照APG IV系统（APG IV，2016）进行科属统计。

---

① 本次科考开始于2013年，结束于2018年，期间各课题组不断整理和发表了关于国家珍稀濒危及重点保护野生植物的统计，其概念和标准均采用此时期参考的主要的文献。因此本章亦沿用此标准开展统计和讨论。2021年国家公布了新的《国家重点保护野生植物名录》，作为回应，本章第3.7节针对新方案也做出新的统计，见后节。

3.2 珍稀濒危植物的组成

根据对罗霄山脉全境的野外考察和统计，其各类珍稀濒危植物共有 60 科 145 属 284 种，包括蕨类植物 5 科 5 属 5 种、裸子植物 6 科 17 属 18 种、被子植物 49 科 123 属 261 种。

1）根据《IUCN 红色名录》（2006，2011），罗霄山脉见有收录的珍稀濒危植物有 27 种。

极危种（CR）：8 种，分别为榧树 *Torreya grandis*、穗花杉 *Amentotaxus argotaenia*、罗汉松 *Podocarpus macrophyllus*、马尾松 *Pinus massoniana*、三角槭 *Acer buergerianum*、江西马先蒿 *Pedicularis kiangsiensis*、台湾泡桐 *Paulownia kawakamii*、铁皮石斛 *Dendrobium officinale*。

濒危种（EN）：7 种，分别为银杏 *Ginkgo biloba*、白豆杉 *Pseudotaxus chienii*、华榛 *Corylus chinensis*、伯乐树 *Bretschneidera sinensis*、细叶石斛 *Dendrobium hancockii*、细茎石斛 *D. moniliforme*、独花兰 *Changnienia amoena*。

渐危种（VU）：12 种，如篦子三尖杉 *Cephalotaxus oliveri*、黄山玉兰 *Yulania cylindrica*、八角莲 *Dysosma versipellis*、瘿椒树 *Tapiscia sinensis*、水青冈 *Fagus longipetiolata*、白桂木 *Artocarpus hypargyreus*、银钟花 *Perkinsiodendron macgregorii*、天麻 *Gastrodia elata* 等。

2）依据《中国生物多样性红色名录——高等植物卷》，罗霄山脉见有收录的珍稀濒危植物有 108 种。

极危种（CR）：10 种，分别为莼菜 *Brasenia schreberi*、银杏、红壳锥 *Castanopsis rufotomentosa*、铁皮石斛、细茎石斛、大花石斛 *Dendrobium wilsonii*、长苞羊耳蒜 *Liparis inaperta*、大黄花虾脊兰 *Calanthe sieboldii*、斑叶杜鹃兰 *Cremastra unguiculata*、中华盆距兰 *Gastrochilus sinensis*。

濒危种（EN）：34 种，如银杉 *Cathaya argyrophylla*、资源冷杉 *Abies beshanzuensis* var. *ziyuanensis*、湖南木姜子 *Litsea hunanensis*、栎叶柯 *Lithocarpus quercifolius*、独花兰、黄花白及 *Bletilla ochracea*、井冈山杜鹃 *Rhododendron jingangshanicum*、武功山冬青 *Ilex wugongshanensis*、大果安息香 *Styrax macrocarpus*、狭果秤锤树 *Sinojackia rehderiana*、宽距兰 *Yoania japonica* 等。

渐危种（VU）：64 种，如水蕨 *Ceratopteris thalictroides*、长苞铁杉 *Tsuga longibracteata*、篦子三尖杉、乐东拟单性木兰 *Parakmeria lotungensis*、花榈木 *Ormosia henryi*、半枫荷 *Semiliquidambar cathayensis*、杜仲 *Eucommia ulmoides*、春兰 *Cymbidium goeringii*、寒兰 *C. kanran*、建兰 *C. ensifolium*、台湾独蒜兰 *Pleione formosana*、日本对叶兰 *Neottia japonica* 等。

3）依据《国家重点保护野生植物名录》（第一批，1999），罗霄山脉见有收录的珍稀濒危植物有 257 种。

国家一级重点保护野生植物：8 种，即银杏、资源冷杉、南方红豆杉 *Taxus wallichiana* var. *mairei*、莼菜、伯乐树、铁皮石斛、细叶石斛、细茎石斛。

国家二级重点保护野生植物：248 种，其中蕨类 4 种，即蛇足石杉 *Huperzia serrata*、金毛狗 *Cibotium barometz*、粗齿桫椤 *Alsophila denticulata*、水蕨；裸子植物 8 种，即银杉、金钱松 *Pseudolarix amabilis*、长苞铁杉、铁坚油杉 *Keteleeria davidiana*、福建柏 *Fokienia hodginsii*、篦子三尖杉、白豆杉、穗花杉；被子植物 236 种，如武当玉兰 *Yulania sprengeri*、乐昌含笑 *Michelia chapensis*、连香树 *Cercidiphyllum japonicum*、金花猕猴桃 *Actinidia chrysantha*、红椿 *Toona ciliata*、武功山冬青、狭果秤锤树、大果安息香、七叶一枝花 *Paris polyphylla* 等，其中包含兰科植物 130 种，如日本全唇兰 *Myrmechis japonica*、日本对叶兰、象鼻兰 *Nothodoritis zhejiangensis*、狭叶鸢尾兰 *Oberonia caulescens*、长轴白点兰 *Thrixspermum saruwatarii*、二尾兰 *Vrydagzynea nuda*、宽距兰等。

4）依据 CITES，罗霄山脉见有列入的珍稀濒危植物有 71 种，均为附录Ⅱ收录。包括南方红豆杉、粗齿桫椤、金毛狗，以及兰科植物 68 种，如铁皮石斛、细茎石斛、独花兰、黄花白及、金兰 *Cephalanthera falcata*、银兰 *C. erecta*、流苏贝母兰 *Coelogyne fimbriata*、台湾吻兰 *Collabium formosanum*、杜鹃兰

Cremastra appendiculata、春兰、寒兰、建兰、扇脉杓兰 *Cypripedium japonicum*、长唇羊耳蒜 *Liparis pauliana* 等。

表 3-1 统计表明，所依据的文献或评估机构和标准有明显的差异，例如《IUCN 红色名录》收录的罗霄山脉 27 种珍稀濒危植物中，只有 11 种被《中国生物多样性红色名录——高等植物卷》收录；而《中国生物多样性红色名录——高等植物卷》收录的罗霄山脉 108 种珍稀濒危植物中，有 7 种极危种、32 种濒危种和 58 种渐危种未被《IUCN 红色名录》收录。CITES 所收录的 71 种珍稀濒危植物中，均被收录在《国家重点保护野生植物名录》中，为国家二级重点保护野生植物，而按照《中国物种红色名录》的标准，有 3 种为极危种、5 种为濒危种、8 种为渐危种，而有 6 种为近危种（NT）、44 种为无危种或关注种（LC）。同时被 4 个文献收录的只有 4 种，即兰科的铁皮石斛、细茎石斛、细叶石斛、独花兰，列为极危种或濒危种。可见，即便专业文献对珍稀濒危植物的收录标准也是有差异的，鉴于现阶段尚不大可能对所列全部物种均进行全国范围的区域调查或专项调查，因此，就罗霄山脉而言，根据线路调查、点面调查、群落调查，结合生态优势度，以判断各物种的生存状况和本地区保护级别，如表 3-1 所示。

表 3-1 罗霄山脉及 5 条中型山脉分布的各类珍稀濒危重点保护野生植物

山脉	《IUCN 红色名录》			《中国生物多样性红色名录——高等植物卷》			《国家重点保护野生植物名录》（第一批，1999）		《濒危野生动植物种国际贸易公约》	总计
	极危	濒危	渐危	极危	濒危	渐危	一级	二级	附录Ⅱ	
罗霄山脉	8	7	12	10	34	64	8	248	71	284
幕阜山脉	6	4	9	6	13	31	6	129	48	147
九岭山脉	6	4	10	3	14	25	5	117	48	138
武功山脉	6	4	8	2	14	25	4	112	43	133
万洋山脉	8	7	12	8	22	53	8	174	63	207
诸广山脉	7	6	9	4	17	38	8	164	59	192

3.3 珍稀濒危植物种群或群落的分布特征

罗霄山脉南北跨纬度约 5°，自北向南分布着近平行的 5 条中型山脉，各山脉珍稀濒危植物的物种数分布呈梯次变化（表 3-1），自北至南，如幕阜山脉 147 种、九岭山脉 138 种、武功山脉 133 种、万洋山脉 207 种、诸广山脉 192 种。显然，珍稀濒危植物的物种数分布与各山脉在区域范围、气候亚带、植被与区系组成上的纬度地带性相适应，纬度较高的北部幕阜山脉、九岭山脉、武功山脉其珍稀濒危植物的物种数比纬度较低的南部万洋山脉、诸广山脉要少。但显然，各山脉具体情况稍有差异，如包括庐山、九宫山在内的幕阜山脉，早年保护意识较强，保存着稍为更丰富的珍稀植物；而武功山脉、九岭山脉尽管建立了数量较多的保护地，但整体植被破碎化较严重，尤其是武功山脉近 40 年来受人为干扰严重，中、高海拔地区已沦为草坡。

在植被与区系组成上，也体现出与珍稀濒危植物的物种数分布相似的特征，根据赵万义（2017）的统计，5 条中型山脉种子植物的组成分别为：幕阜山脉 2765 种（珍稀濒危种 147 种，下同）、九岭山脉 2750 种（138 种）、武功山脉 2507 种（133 种）、万洋山脉 3161 种（207 种）、诸广山脉 2834 种（192 种）。区系组成以万洋山脉最为丰富，高于诸广山脉；其次为幕阜山脉，略高于九岭山脉和武功山脉。

5 条中型山脉区系组成、珍稀濒危植物的物种数分别在诸广山脉、万洋山脉、幕阜山脉出现小峰值（表 3-1），这种差异与生态边缘效应以及植被保护状况相关。万洋山脉处于罗霄山脉中段，境内有两大主峰，正好也处于热带成分、温带成分的交汇点（中亚热带平衡点，T/R 值=1），低海拔地区保存有典型的沟谷季雨林成分，中高海拔地区保存有典型的常绿阔叶林、常绿落叶阔叶混交林、落叶阔叶林、亚高山草甸等，如偏热性或暖温性的粗齿桫椤、金毛狗、穗花杉、罗汉松、小叶买麻藤 *Gnetum parvifolium* 群系或片层等，兰科植物也多偏热性，如宽距兰、伞花石豆兰 *Bulbophyllum shweliense*、马齿毛兰 *Eria szetschuanica*、黄松盆距兰 *Gastrochilus japonicus*、小叶白点兰 *Thrixspermum japonicum* 等。北部的幕阜山脉，则处于北亚热带和中亚热带的交汇过渡区域，比典型中亚热带的九岭山脉、武功山脉分布有更多的温性成分，如金钱松、元宝槭 *Acer truncatum*、天目木姜子 *Litsea auriculata*、南方兔儿伞 *Syneilesis australis*，以及北亚热带的斑叶杜鹃兰、风兰 *Neofinetia falcata*、日本全唇兰、长叶山兰 *Oreorchis fargesii*、角盘兰 *Herminium monorchis* 等。诸广山脉整体上是 5 条山脉中面积最小的，又处于最南部，因此，相对而言，其种子植物数量是较多的。

3.4 珍稀濒危植物的种群大小和生存现状

根据对罗霄山脉各珍稀濒危植物的调查，分析其种群大小以及生存现状，大致可以将其划分为三个主要类型。

（1）狭域稀有种

狭域稀有种，一方面，种群数量少，在罗霄山脉为零散分布，大多分布点不超过 5～8 处；另一方面，早期受人类活动干扰较大，主要群落遭到破坏或野生资源植物被过度采挖等，导致分布区缩减，如银杉、长苞铁杉、资源冷杉、水松 *Glyptostrobus pensilis*、乐东拟单性木兰、山橘 *Fortunella hindsii*、条叶猕猴桃 *Actinidia fortunatii*、金豆 *Fortunella venosa*、狭果秤锤树、大果安息香、浙江冬青 *Ilex zhejiangensis*、江西马先蒿、红椿、杜仲、川黄檗 *Phellodendron chinense*、井冈山杜鹃、马蹄香 *Saruma henryi*、黄连 *Coptis chinensis*、巴戟天 *Morinda officinalis*、八角莲等。大部分兰科植物分布点亦少，如铁皮石斛、细茎石斛、台湾盆距兰 *Gastrochilus formosanus*、绒叶斑叶兰 *Goodyera velutina*、黄花鹤顶兰 *Phaius flavus*、小花鸢尾兰 *Oberonia mannii*、北插天天麻 *Gastrodia peichatieniana*。

（2）星散式局限种

星散式局限种有一定的稳定种群，分布点多于 10 处，但有一定的局限分布区域。其种群或构成的优势群落常常受人为干扰，种群数量呈减少趋势。有一定的生态适应性，在罗霄山脉常分布在中低海拔的常绿阔叶林中，许多物种在经济林、竹林、果林等开垦地呈残存分布状态，生境破坏较严重，幼苗更新不足，大部分种群呈衰退趋势，如香果树 *Emmenopterys henryi*、台湾泡桐、闽楠 *Phoebe bournei*、花榈木、瘿椒树、白桂木、南方红豆杉等。

（3）片层式优势种

片层式优势种有一定的种群数量，分布点多于 20 处，在局部区域形成片层式优势群落，或集中分布于有限区域。这一类型的珍稀濒危植物在罗霄山脉有少量种群，如福建柏、穗花杉、紫果槭 *Acer cordatum*、美丽马醉木 *Pieris formosa*、阔叶猕猴桃 *Actinidia latifolia* 等。

3.5 珍稀濒危植物的区域分化特征和分布模式

珍稀濒危植物的形成和保存，一是受古地理、古地质等历史环境变迁的影响，二是受生态生物学因素、生殖障碍因素的影响。某一区域珍稀濒危植物的形成是该地区长期的地质演化和气候地理变迁的综合反映。罗霄山脉作为古近纪以来古老、孑遗物种的避难所（赵万义，2017），其珍稀濒危植物在分类学、地理学模式上有明显的区域分化特征。

（1）种系的古老性和孑遗性明显

罗霄山脉珍稀濒危植物中，受古地理、古地质和冰期的影响，亚热带、温带区系向南部、东部迁移，冰后期重新扩张，如蛇足石杉、穗花杉、福建柏、鹅掌楸 *Liriodendron chinense*、南方红豆杉等。

此外，在珍稀濒危植物中，共有单种属 19 属，多为古老、原始的种类，如银杏、银杉、金钱松、资源冷杉、柳杉 *Cryptomeria japonica* var. *sinensis*、白豆杉、莼菜、杜仲、伯乐树、喜树 *Camptotheca acuminata* 等；或为系统发育过程中各个科的较原始类群，如苦苣苔科的报春苣苔属 *Primulina*，兰科的风兰属 *Neofinetia*、独花兰属 *Changnienia*，蕈树科的半枫荷等。木兰科有 4 属 9 种，许多为孑遗种，如鹅掌楸、黄山玉兰、天目玉兰 *Yulania amoena* 等。

近期研究表明，单种属福建柏属 *Fokienia* 的现存谱系十分古老，分化时间可追溯到早中新世（19.34 Ma～19.95 Ma），东亚季风的影响为福建柏的生存创造了适宜的条件，在第四纪冰期时该种表现出明显的“就地避难（*in situ* survival）”模式，在冰后期仅发生了区域内的局部扩张，明显以罗霄山脉为避难所（Yin et al.，2020）。

（2）种系的特有化程度较高

罗霄山脉珍稀濒危植物中，中国特有种有 132 种，相当丰富，占本地区珍稀濒危植物种总数的 46.5%，其中不同评估体系的极危种、濒危种共 36 种，如银杉、榧树、铁皮石斛、马尾松、台湾泡桐、江西马先蒿、独花兰、细叶石斛、银杏、伯乐树、白豆杉、华榛、栎叶柯、黄花白及等。丰富的中国特有种反映出罗霄山脉在中国植物区系分化过程中的独特性，是华东植物区系的重要成分，有着明显的生物地理学价值。

（3）种系受植被和气候地带性的影响明显

罗霄山脉珍稀濒危植物中，单种属（在罗霄山脉仅 1 种）有 47 属。这些物种明显地受到区域生态地理分布格局的影响，或地处生态交错区、植被过渡区，植物区系成分向边界扩散，如乐东拟单性木兰、乐昌含笑、竹柏 *Nageia nagi*、小叶买麻藤，以及许多兰科植物如无柱兰 *Amitostigma gracile*、竹叶兰 *Arundina graminifolia*、独花兰、大序隔距兰 *Cleisostoma paniculatum*、流苏贝母兰、扇脉杓兰、单叶厚唇兰 *Epigeneium fargesii*、马齿毛兰、长距美冠兰 *Eulophia dabia* 等，这些偏于热性的成分均处于其现代分布中心的边缘地带，是其种群地带性扩张的结果。其中，许多属种是热带、亚热带地带性植被较典型的特征属或优势种。例如，冬青属 *Ilex* 3 种，该属为泛热带分布区类型，主产长江流域以南地区；兰科植物在罗霄山脉仍然分布较多，如舌唇兰属 *Platanthera* 6 种、兰属 *Cymbidium* 7 种、石豆兰属 *Bulbophyllum* 7 种、玉凤花属 *Habenaria* 8 种、石斛属 *Dendrobium* 8 种、斑叶兰属 *Goodyera* 9 种、羊耳蒜属 *Liparis* 12 种、虾脊兰属 *Calanthe* 12 种，这些物种常见于泛热带至南亚热带低海拔沟谷潮湿地带；此外，槭属 *Acer* 11 种、杜鹃属 *Rhododendron* 9 种、马醉木属 *Pieris* 2 种，这些属常见于亚热带中高海拔山地的常绿落叶阔叶混交林或山顶灌丛中；猕猴桃属 *Actinidia* 17 种，主要分布于亚热带山地的常绿阔叶林中。

3.6　珍稀濒危植物的保护策略和建议

3.6.1　珍稀濒危植物的区域分布差异及其原因

罗霄山脉珍稀濒危植物的分布与生态环境的纬度、经度的梯度变化有一定相关性，并且受到了人类活动的影响，总体上有三方面的因素。

1）受区域气候与植被的地带性特征的影响。整体上，南部低纬度各地区珍稀濒危植物的物种数高于北部高纬度地区，诸广山脉和万洋山脉均高于幕阜山脉，这与生物多样性丰富度水平的纬度梯度相符合，臧敏等（2018）研究了江西 5 个主要山地珍稀濒危植物的物种数和物种丰度指数，研究结果也表明南部山地高于北部山地。在本书中，珍稀濒危植物在万洋山脉、诸广山脉、幕阜山脉出现小峰值，既是纬度地带性的体现，也是气候和生态交错区的综合体现，处于气候与植被交汇地带的区域具有更丰富和复杂的生物多样性。

2）受植被保存现状以及人为干扰程度的影响。北部幕阜山脉为北亚热带过渡区，热量、雨量较少，但潮湿多雾，九宫山、庐山等保护区长期以来得到了较好的保护，其北亚热带常绿阔叶林、混交林有相当大的面积，其珍稀濒危植物相对丰富。相应地，中部武功山脉山地环境受到了旅游开发的人为干扰影响，海拔 1500 m 以上的矮林、灌丛逐渐沦为灌草丛和草地，而海拔 800 m 以下的天然林在 20 世纪下半叶林业生产活动的干扰下，基本已被改造成杉木林或毛竹林，破坏较严重，珍稀濒危植物保存明显较少。中南部万洋山脉的井冈山、桃源洞、南风面地区，尽管也受到了人为干扰的破坏，但该地区为罗霄山脉东西坡主峰，山体高耸，沟壑纵横，交通不便，垂直山地环境复杂，小生境多样，在低海拔沟谷中分布有南亚热带性质的沟谷雨季林、低地季雨林，中海拔地区有各类常绿林，植被垂直带明显，物种多样性丰富；自 1980 年开始就建立有多个省级、国家级保护区，如井冈山、桃源洞、南风面等保护区，整体自然植被保护良好，珍稀濒危植物最为丰富。南部诸广山脉整体山地比万洋山脉低，仅在齐云山、八面山等地区保存有较好的植被，山地面积较小，珍稀濒危植物数量比万洋山脉低。

3）物种自身生态生物学特征，如生殖障碍、生态障碍等，受到了局部生境条件的影响。生殖障碍是许多珍稀濒危植物面临的普遍性问题，是在长期历史演化过程中逐渐形成的。例如，南方红豆杉的种皮较厚，在自然状况下种子难以冲破种皮而萌发，但使用沙藏、低温春化（软化种皮）或直接剪破种皮处理，种子就很容易萌发（廖文波等，2002）。这是人工辅助繁育，在自然条件下，局部生境或气候变化也会起到春化或沙藏的作用。白豆杉、杜仲、资源冷杉等也存在类似的问题。白豆杉在井冈山—杜鹃山海拔 900～1100 m 的环山腰地带，冬春温度适宜时较容易萌发，因而形成了局部优势群落。总体而言，对植被、自然生境的保护是至关重要的。局部生境的破坏，首先是损害了土壤种子库，土壤是物种赖以生存的物质条件，土壤结构、土壤微生物环境、局部小生境的温度和湿度，以及季节性变化都会对种子的萌发产生一系列连锁效应。因此，建立各类自然保护地就成为一个重要的手段，对于那些濒临灭绝的物种，必须进行适当人为干预，使其恢复生机。

3.6.2 自然保护和管理对策建议

对罗霄山脉丰富的珍稀濒危植物开展有效的保护是必不可少的。依据珍稀濒危植物的生存现状、种群分布，以及以上的分析，珍稀濒危植物保护应从下列几方面落实保护政策、措施，提升保护力度。

（1）加强自然保护区建设和封山育林保护。依据自然资源、生物资源情况，升级一批自然保护区，对于省级、县级自然保护区，在条件许可的情况下，扩大潜在面积，或将具有丰富生物多样性、特殊生物种群的区域抢救式地列为自然保护区。特别关注特有种、珍稀濒危种以及极小种群，优先开展就地保护，保持适宜的原生境条件，当物种在群落中的地位和作用尚未明确时，建立自然保护区是保护野生动植物最有效的途径（王蕾等，2013a）。罗霄山脉整体植被覆盖率高，部分山地的原始或次生植被保存很好，如齐云山国家级自然保护区的西侧山体、湘赣交界处的赵公亭东侧沟谷，可能因为行政界线未划入保护区范围，附近村民可随意进林区采挖各类珍贵药材、兰科植物等，如七叶一枝花、春兰、杜鹃兰等，这类区域需要优先进行保护区建设规划。处于江西、湖南交界的江西坳，山梁至山顶大片区域未被划入保护区，不应作为宜林地开发，而应尽快划入邻近区域的保护区范围。

（2）加强野生种质资源收集与繁育研究。珍稀濒危植物是重要的种质遗传资源。针对极危种、濒危种，以及重要的古老、孑遗种，应该首先开展繁育研究，如加强对银杉、白豆杉、铁坚油杉等种子的收集，但应注意要在不破坏植株和生境的前提下。过往曾经发生过，由于资源冷杉成株高大，采种不易，采种者采用了“砍树”取种的粗暴方式，应该严禁。其他如杜仲、喜树、鹅掌楸、川黄檗、竹柏、巴戟天，以及兰科植物如铁皮石斛、细茎石斛、黄松盆距兰等都应加强种子收集，开展繁育研究。

（3）加强极小种群研究和群落监测。在各类珍稀濒危重点保护植物中，以极小种群、极危种群的生存状况最为危险，应加强遗传多样性研究，以揭示各类种群的致濒机制，从而为有效保护和管理提供依据。珍稀濒危植物的出现和致濒机制，是各种群生存力不断降低而造成的，而区域生长环境、群落特征的变化会直接影响各珍稀濒危种群之间的竞争关系，某一种群的致濒或灭绝会直接或间接地威胁着其他种群的生存和发展（Vos and Chardon，1998）。一些古老、原始、特有、孑遗的种群，其繁衍与群落的生态因子息息相关。因此，建立适当的生态监测样点，加强对极小种群和珍稀濒危植物所在群落的监测，可以有效预知种群的生长走向。例如，桃源洞大院和南风面的资源冷杉种群、桃源洞九曲水和永新县七溪岭的穗花杉种群、梨树洲鄢峰和南风面高海拔地区的日本对叶兰种群、江西坳和武功山山顶的江西马先蒿种群等，均可优先预设生态监测点，以加强就地保护。

（4）抢救式人工干预，定向开展生态环境修复。在桃源洞大院农场海拔 800 m 以下的地区，毛竹明显过度扩张，甚至已严重威胁到资源冷杉、南方铁杉种群的存在。应开展人工干预研究，在资源冷杉种群周围进行定向间砍毛竹，恢复适当的阔叶树种、乔灌木树种，恢复林地环境、土壤环境，以利于幼苗、幼树的生长。其他重要的孑遗种、珍稀濒危物种出现类似状况时也应及时进行适当干预。但是，总体上，应该针对群落退化区域进行生态修复整治，消除不利因素，促进植被的正向演替。

3.7　按 2021 年版统计的罗霄山脉国家珍稀濒危重点保护野生植物

3.7.1　新版国家重点保护野生植物

在本书第 3 章的 3.1～3.6 节，对罗霄山脉全境及各条中型山脉的国家重点保护野生植物、国家各类珍稀濒危保护植物进行了陈述和讨论，这是符合这一时期的考察周期和研究现状的。罗霄山脉科考的执行期是 2013～2018 年，当时科技部基础性工作专项前几期的考察均统一安排在 2019 年 12 月进行验收答辩，所以，实际工作时间延长了一年，其间项目组也抓紧后期的时间进行补充和汇总，实际执行时间前后 6 年。当时，在汇报完成后，即开始了“罗霄山脉生物多样性考察与保护研究”系列专著的编研和出版。随即进入疫情时期，2020～2022 年，许多工作都受到了影响，本系列研究丛书的编研和出版也受到了较大的影响。因此，尽管 2021 年公布了新版的《国家重点保护野生植物名录》，但鉴于本系列丛书前 5 卷已分别于 2022 年、2023 年陆续出版，而编研框架也早在 2020 年、2021 年就已确定，因此，本卷关于“国家重点保护植物”的内容仍然按照旧版的保护名录编写。

但是，毕竟新版《国家重点保护野生植物名录》（2021）已公布，为了便于按照新名录来开展罗霄山脉生物多样性保护和管理，本节根据新版进行整理、汇编，并进行简明的统计和说明，相关保护性质、生存状况不再分析，详细信息请参见附表。

根据 2021 版的《国家重点保护野生植物名录》以及各类标准的珍稀濒危植物文献统计，罗霄山脉有一级、二级重点保护野生植物共 115 种 3 变种，其中，一级保护 7 种，二级保护 108 种。其他各类珍稀濒危保护植物共 221 种，包括《IUCN 红色名录》、CITES、《中国生物多样性红色名录——高等植物卷》等收录的物种，那些第一批被列为保护种、第二批拟列为保护种的兰科植物，以及《中国植物红皮书》有记录，但在 2021 版《国家重点保护野生植物名录》中没有被列为重点保护种的物种。其他受关注种共 47 种，这些种均不属于珍稀濒危保护植物，为低危种或无危种。

总体统计，罗霄山脉各类珍稀濒危重点保护野生植物约 73 科 171 属 336 种，含国家一级、二级重点保护种 115 种，隶属于 45 科 75 属；除国家一级、二级保护种外的其他各类珍稀濒危种 224 种，隶属于 50 科 110 属。现逐项简要记述如下。

1. 国家一级重点保护野生植物

根据 2021 版《国家重点保护野生植物名录》统计，罗霄山脉一级重点保护野生植物共有 7 种；含裸子植物 4 科 6 属 6 种，即银杏科的银杏 *Ginkgo biloba*，松科的资源冷杉 *Abies beshanzuensis* var. *ziyuanensis*、银杉 *Cathaya argyrophylla*、大别山五针松 *Pinus dabeshanensis*，柏科的水松 *Glyptostrobus pensilis*，红豆杉科的南方红豆杉 *Taxus wallichiana* var. *mairei*；被子植物 1 科 1 属 1 种，即兰科的象鼻兰 *Nothodoritis zhejiangensis*。从生存状况来看，它们大多都处于极危的状况，其中水松近乎野外灭绝，象鼻兰也极度稀少。

2. 国家二级重点保护野生植物

国家二级重点保护野生植物共 108 种 3 变种，含苔藓 1 种、蕨类 12 种 1 变种、裸子植物 9 种、被子植物 86 种 2 变种。

（1）苔藓植物

苔藓植物 1 科 1 属 1 种，即白发藓科的桧叶白发藓 *Leucobryum juniperoideum*，在罗霄山脉南北山地大多地区有分布，因园林应用广泛，被采挖严重，故应加强保护。

（2）蕨类植物

蕨类植物 4 科 5 属 12 种 1 变种，即凤尾蕨科的粗梗水蕨 *Ceratopteris pteridoides*、水蕨 *Ceratopteris thalictroides*，合囊蕨科的福建观音座莲 *Angiopteris fokiensis*，金毛狗科的金毛狗 *Cibotium barometz*，石松科的长柄石杉 *Huperzia javanica*、昆明石杉 *Huperzia kunmingensis*、金发石杉 *Huperzia quasipolytrichoides*、直叶金发石杉 *Huperzia quasipolytrichoides* var. *rectifolia*、四川石杉 *Huperzia sutchueniana*、华南马尾杉 *Phlegmariurus austrosinicus*、福氏马尾杉 *Phlegmariurus fordii*、闽浙马尾杉 *Phlegmariurus mingcheensis*。其中，石杉属、马尾杉属都是重要的种质资源。

（3）裸子植物

裸子植物 4 科 7 属 9 种，即松科的金钱松 *Pseudolarix amabilis*，柏科的福建柏 *Fokienia hodginsii*，红豆杉科的穗花杉 *Amentotaxus argotaenia*、篦子三尖杉 *Cephalotaxus oliveri*、白豆杉 *Pseudotaxus chienii*、榧树 *Torreya grandis*，罗汉松科的短叶罗汉松 *Podocarpus chinensis*、罗汉松 *Podocarpus macrophyllus*、百日青 *Podocarpus neriifolius*。

（4）被子植物

被子植物 35 科 55 属 86 种 2 变种，包括许多重要的孑遗种，如安息香科的秤锤树 *Sinojackia xylocarpa*、狭果秤锤树 *Sinojackia rehderiana*，莼菜科的莼菜 *Brasenia schreberi*，叠珠树科的伯乐树 *Bretschneidera sinensis*，金缕梅科的长柄双花木 *Disanthus cercidifolius* subsp. *longipes*，锦葵科的梧桐 *Firmiana simplex*，连香树科的连香树 *Cercidiphyllum japonicum*，木兰科的鹅掌楸 *Liriodendron chinense*、落叶木莲 *Manglietia decidua*，茜草科的香果树 *Emmenopterys henryi*，小檗科的桃儿七 *Sinopodophyllum hexandrum* 等。许多重要的种质资源，如蝶形花科的野大豆 *Glycine soja*，杜鹃花科的井冈山杜鹃 *Rhododendron jingangshanicum*，禾本科的拟高粱 *Sorghum propinquum*、野生稻 *Oryza rufipogon*，兰科的串珠石斛 *Dendrobium falconeri*、大花石斛 *Dendrobium wilsonii*、球花石斛 *Dendrobium thyrsiflorum*、石斛 *Dendrobium nobile*、铁皮石斛 *Dendrobium officinale*、细茎石斛 *Dendrobium moniliforme*、细叶石斛 *Dendrobium hancockii*、浙江金线兰 *Anoectochilus zhejiangensis*、扇脉杓兰 *Cypripedium japonicum*，藜芦科的华重楼 *Paris polyphylla* var. *chinensis*、宽叶重楼 *Paris polyphylla* var. *latifolia*、球药隔重楼 *Paris fargesii*、狭叶重楼 *Paris polyphylla* var. *stenophylla*，蓼科的金荞麦 *Fagopyrum dibotrys*，毛茛科的短萼黄连 *Coptis chinensis* var. *brevisepala*，猕猴桃科的大籽猕猴桃 *Actinidia macrosperma*、金花猕猴桃 *Actinidia chrysantha*、软枣猕猴桃 *Actinidia arguta*、条叶猕猴桃 *Actinidia fortunatii*、中华猕猴桃 *Actinidia chinensis*，千屈菜科的细果野菱 *Trapa incisa*，茜草科的巴戟天 *Morinda officinalis*，伞形科的明党参 *Changium smyrnioides*，山茶科的茶 *Camellia sinensis*、汝城毛叶茶 *Camellia ptilophylla*，芸香科的金柑 *Citrus japonica*，百合科的荞麦叶大百合 *Cardiocrinum cathayanum* 等。

3.7.2 其他各类国家珍稀濒危植物

除一级、二级国家重点保护植物外，罗霄山脉其他各类珍稀濒危保护植物共有 221 种，隶属于 45 科 75 属，包括《IUCN 红色名录》、CITES、《中国生物多样性红色名录——高等植物卷》等保护种。按照上列三类记述如下。

1.《IUCN红色名录》保护种

罗霄山脉被《IUCN红色名录》列为保护种的共46种，其中19种已被列为2021年新版保护植物名录一级、二级保护种。其他27种在此列为珍稀濒危保护种，包括：①极危种CR共4种，即松科的马尾松 *Pinus massoniana*、槭树科的三角槭 *Acer buergerianum*、玄参科的台湾泡桐 *Paulownia kawakamii*、江西马先蒿 *Pedicularis kiangsiensis* 等；②濒危种EN有1种，即胡榛子科的华榛 *Corylus chinensis*；③渐危种VU共10种，如安息香科的银钟花 *Halesia macgregorii*，蝶形花科的南岭黄檀 *Dalbergia balansae*，壳斗科的水青冈 *Fagus longipetiolata*，马兜铃科的大叶细辛 *Asarum maximum*，木兰科的黄山玉兰 *Yulania cylindrica*，槭树科的长柄槭 *Acer longipes*，桑科的白桂木 *Artocarpus hypargyreus*，五加科的黄毛楤木 *Aralia chinensis*，瘿椒树科的瘿椒树 *Tapiscia sinensis*，足叶草科的八角莲 *Dysosma versipellis*。④低危种或近危种LR/NT，罗霄山脉统计有10种：壳斗科的吊皮锥 *Castanopsis kawakamii*，卫矛科的刺果卫矛 *Euonymus acanthocarpus*，樟科的沉水樟 *Camphora micrantha*、闽楠 *Phoebe bournei*、天竺桂 *Cinnamomum japonicum*。⑤无危种或受关注种LR/LC，共8种：卫矛科的大花卫矛 *Euonymus grandiflorus*，柏科的柏木 *Cupressus funebris*、刺柏 *Juniperus formosana*、杉木 *Cunninghamia lanceolata*，三尖杉科的三尖杉 *Cephalotaxus fortunei*、粗榧 *Cephalotaxus sinensis*，松科的铁杉 *Tsuga chinensis*。

2. CITES保护种

罗霄山脉被CITES列为保护种的共71种，其中18种已被列为2021年新版保护植物名录一级、二级保护种，另外53种在此列为珍稀濒危保护种，除了桫椤科的粗齿桫椤 *Alsophila denticulata*，其余52种均为兰科植物，如广东石豆兰 *Bulbophyllum kwangtungense*、齿瓣石豆兰 *Bulbophyllum levinei*、毛药卷瓣兰 *Bulbophyllum omerandrum*、斑唇卷瓣兰 *Bulbophyllum pectenveneris*、伞花石豆兰 *Bulbophyllum* shweliense、泽泻虾脊兰 *Calanthe alismaefolia*、剑叶虾脊兰 *Calanthe davidii*、钩距虾脊兰 *Calanthe graciliflora*、反瓣虾脊兰 *Calanthe reflexa*、银兰 *Cephalanthera erecta*、金兰 *Cephalanthera falcata*、台湾吻兰 *Collabium formosanum*、单叶厚唇兰 *Epigeneium fargesii*、山珊瑚 *Galeola faberi*、毛萼山珊瑚 *Galeola lindleyana*、十字兰 *Habenaria schindleri*、叉唇角盘兰 *Herminium lanceum*、小叶鸢尾兰 *Oberonia japonica*、黄花鹤顶兰 *Phaius flavus*、细叶石仙桃 *Pholidota cantonensis*、苞舌兰 *Spathoglottis pubescens*、带叶兰 *Taeniophyllum glandulosum*、小花蜻蜓兰 *Tulotis ussuriensis* 等。

3.《中国生物多样性红色名录——高等植物卷》保护种

罗霄山脉被《中国生物多样性红色名录——高等植物卷》列为保护种的共157种，列为关注种的共166种，其中已被列入2021年新版国家重点保护植物名录的，一级保护种6种、二级保护种66种，被列入《IUCN红色名录》的43种，被列入CITES的69种。在所列的157种保护种当中，包括极危种CR 9种，濒危种EN 32种，渐危种VU 73种，近危种NT 43种。

1）极危种9种，即莼菜科的莼菜 *Brasenia schreberi*，壳斗科的红壳锥 *Castanopsis rufotomentosa*，兰科有7种，即斑叶杜鹃兰 *Cremastra unguiculata*、长苞羊耳蒜 *Liparis inaperta*、大花石斛 *Dendrobium wilsonii*、大黄花虾脊兰 *Calanthe sieboldii*、铁皮石斛 *Dendrobium officinale*、细茎石斛 *Dendrobium moniliforme*、中华盆距兰 *Gastrochilus sinensis*。

2）濒危种32种，如安息香科的大果安息香 *Styrax macrocarpus*，菝葜科的矮菝葜 *Smilax nana*，冬青科的温州冬青 *Ilex wenchowensis*、武功山冬青 *Ilex wugongshanensis*，黄杨科的长叶柄野扇花 *Sarcococca longipetiolata*，壳斗科的栎叶柯 *Lithocarpus quercifolius*，兰科的印度宽距兰 *Yoania prainii*、风兰 *Neofinetia falcata*、黄花白及 *Bletilla ochracea*、铠兰 *Corybas sinii*、宽距兰 *Yoania japonica*、罗河

石斛 *Dendrobium lohohense*、南岭齿唇兰 *Odontochilus nanlingensis*，葡萄科的庐山葡萄 *Vitis hui*，樟科的湖南木姜子 *Litsea hunanensis*，竹柏科的竹柏 *Nageia nagi* 等。

3）渐危种 73 种，如冬青科的浙江冬青 *Ilex zhejiangensis*，壳斗科的吊皮锥 *Castanopsis kawakamii*，兰科的莲瓣兰 *Cymbidium tortisepalum*，马兜铃科的大叶细辛 *Asarum maximum*，猕猴桃科的安息香猕猴桃 *Actinidia styracifolia*、长叶猕猴桃 *Actinidia hemsleyana*、毛蕊猕猴桃 *Actinidia trichogyna*，芸香科的金豆 *Fortunella venosa*，兰科的日本对叶兰 *Neottia japonica*，杜仲科的杜仲 *Eucommia ulmoides*，红豆杉科的南方红豆杉 *Taxus wallichiana* var. *mairei*，金缕梅科的半枫荷 *Semiliquidambar cathayensis*，木兰科的乐东拟单性木兰 *Parakmeria lotungensis*、天目玉兰 *Yulania amoena*，松科的长苞铁杉 *Tsuga longibracteata*，樟科的沉水樟 *Camphora micrantha*，足叶草科的八角莲 *Dysosma versipellis*，报春花科的白花过路黄 *Lysimachia huitsunae*，杜鹃科的涧上杜鹃 *Rhododendron subflumineum* 等。

4）低危种或近危种，43 种，如安息香科的银钟花 *Halesia macgregorii*、杜鹃花科的南岭杜鹃 *Rhododendron levinei*，锦葵科的华木槿 *Hibiscus sinosyriacus*，蜡梅科的柳叶蜡梅 *Chimonanthus salicifolius*，猕猴桃科的红茎猕猴桃 *Actinidia rubricaulis*，木兰科的乐昌含笑 *Michelia chapensis*、天女木兰 *Magnolia sieboldii*，瓶尔小草科的狭叶瓶尔小草 *Ophioglossum thermale*、心叶瓶尔小草 *Ophioglossum reticulatum*，千屈菜科的福建紫薇 *Lagerstroemia limii*、尾叶紫薇 *Lagerstroemia caudata*，三尖杉科的粗榧 *Cephalotaxus sinensis*，山茶科的长瓣短柱茶 *Camellia grijsii* 等，其中有兰科 23 种，如长叶山兰 *Oreorchis fargesii*、毛药卷瓣兰 *Bulbophyllum omerandrum*、台湾盆距兰 *Gastrochilus formosanus*、狭叶鸢尾兰 *Oberonia caulescens*、鸢尾兰 *Oberonia iridifolia*、朱兰 *Pogonia japonica* 等。

其中，也有许多是在系统学、区系地理学上有重要意义的古老种、孑遗种，如瓶尔小草科的心叶瓶尔小草 *Ophioglossum reticulatum*、狭叶瓶尔小草 *Ophioglossum thermale*，松叶蕨科的松叶蕨 *Psilotum nudum*，安息香科的大果安息香 *Styrax macrocarpus*、银钟花 *Halesia macgregorii*，杜仲科的杜仲 *Eucommia ulmoides*，红豆杉科的南方红豆杉 *Taxus wallichiana* var. *mairei*，金缕梅科的半枫荷 *Semiliquidambar cathayensis*，蜡梅科的柳叶蜡梅 *Chimonanthus salicifolius*、山蜡梅 *Chimonanthus nitens*，蓝果树科的喜树 *Camptotheca acuminata*，木兰科的乐东拟单性木兰 *Parakmeria lotungensis*、天目玉兰 *Yulania amoena*、望春玉兰 *Yulania biondii*、武当玉兰 *Yulania sprengeri*，三尖杉科的粗榧 *Cephalotaxus sinensis*、三尖杉 *Cephalotaxus fortunei*，桑科的白桂木 *Artocarpus hypargyreus*，山茶科的紫茎 *Stewartia sinensis*，松科的长苞铁杉 *Tsuga longibracteata*，瘿椒树科的瘿椒树 *Tapiscia sinensis*，榆科的青檀 *Pteroceltis tatarinowii*，足叶草科的八角莲 *Dysosma versipellis* 等。

还包括兰科植物 110 种，如芳香石豆兰 *Bulbophyllum ambrosia*、瘤唇卷瓣兰 *Bulbophyllum japonicum*、毛药卷瓣兰 *Bulbophyllum omerandrum*、斑唇卷瓣兰 *Bulbophyllum pectenveneris*、台湾吻兰 *Collabium formosanum*、罗河石斛 *Dendrobium lohohense*、毛萼山珊瑚 *Galeola lindleyana*、日本对叶兰 *Neottia japonica*、小叶鸢尾兰 *Oberonia japonica*、狭穗阔蕊兰 *Peristylus densus* 等。

3.7.3 罗霄山脉其他受关注种

除上列 157 种外，《中国生物多样性红色名录——高等植物卷》还同时记载有罗霄山脉受关注种共 36 科 76 属 166 种，其中，有 11 种在 2021 年版的《国家重点保护野生植物名录》中被列为二级保护种，93 种为第一批、第二批（拟列）国家重点保护植物所列的二级保护种。

在这些受关注种当中，被 IUCN 记录的，共有 15 种，包括：①极危种 CR 3 种，即松科的马尾松 *Pinus massoniana*、槭树科的三角槭 *Acer buergerianum*、玄参科的台湾泡桐 *Paulownia kawakamii*；②濒危种 EN 1 种，即胡榛子科的华榛 *Corylus chinensis*；③渐危种 VU 4 种，即五加科的黄毛楤木 *Aralia chinensis*，瘿椒树科的瘿椒树 *Tapiscia sinensis*，壳斗科的水青冈 *Fagus longipetiolata*，木兰科的黄山木兰 *Yulania cylindrica*；其他为低危种或无危种，如卫矛科的刺果卫矛 *Euonymus acanthocarpus*、大花

卫矛 *Euonymus grandiflorus*，柏科的柏木 *Cupressus funebris*、刺柏 *Juniperus formosana*，三尖杉科的三尖杉 *Cephalotaxus fortunei*，松科的铁杉 *Tsuga chinensis*。

完全没有被其他保护系列所提到的受关注种共 47 种。其实，受关注种还是非常重要的，其中不乏重要的孑遗种，如阴地蕨科的阴地蕨 *Botrychium ternatum*，柏科的圆柏 *Juniperus chinensis*、柳杉 *Cryptomeria japonica* var. *sinensis*，松科的台湾松 *Pinus taiwanensis*，禾本科的短穗竹 *Brachystachyum densiflorum*；部分为重要的种质资源，如蔷薇科的臭樱 *Maddenia hypoleuca*、湖北海棠 *Malus hupehensis*、三叶海棠 *Malus sieboldii* 等；包括杜鹃花科 22 种，如耳叶杜鹃 *Rhododendron auriculatum*、多花杜鹃 *Rhododendron cavaleriei*、喇叭杜鹃 *Rhododendron discolor*、丁香杜鹃 *Rhododendron farrerae*、千针叶杜鹃 *Rhododendron polyraphidoideum*、乳源杜鹃 *Rhododendron rhuyuenense*、长蕊杜鹃 *Rhododendron stamineum* 等；槭树科 11 种，如锐角槭 *Acer acutum*、扇叶槭 *Acer flabellatum*、飞蛾槭 *Acer oblongum*、茶条槭 *Acer tataricum* 等。因为这些受关注种没有列入保护种，所以，本书也仅在这里略加记述，其他部分将不再讨论这些关注种。

3.7.4　罗霄山脉和 5 条中型山脉国家重点保护种与各类珍稀种的构成

表 3-2 是新版（2021）关于罗霄山脉和 5 条中型山脉重点保护种、各类珍稀濒危种的统计。据此，我们可以看到重点保护种与各类珍稀濒危种、中国特有种在整体罗霄山脉和 5 条中型山脉的组成与变化，简要论述如下。

表 3-2　据 2021 年版核准的罗霄山脉及 5 条中型山脉分布的各类珍稀濒危重点保护野生植物

山脉	珍稀濒危保护种中的中国特有种	国家重点保护种			IUCN 红色名录				中国生物多样性红色名录——高等植物卷				CITES 附录Ⅱ	珍稀濒危保护种总计
		一级	二级	小计	极危	濒危	渐危	小计	极危	濒危	渐危	小计		
罗霄山脉	154	7	108	115	8	7	12	27	9	32	73	114	71	336
幕阜山脉	84	3	63	66	6	4	9	19	5	11	39	49	48	174
九岭山脉	74	2	58	60	6	4	10	20	2	12	33	47	48	158
武功山脉	67	1	59	60	6	4	8	18	2	11	32	45	44	155
万洋山脉	112	4	77	81	8	7	12	27	7	20	60	87	66	236
诸广山脉	92	6	73	79	7	5	9	21	6	14	45	65	61	222

1. 罗霄山脉和 5 条中型山脉重点保护种和各类珍稀濒危种的构成

就全部国家重点保护种、各类珍稀濒危种而言，罗霄山脉共计 73 科 171 属 336 种，5 条中型山脉分布有明显差异，如诸广山脉 54 科 121 属 222 种，万洋山脉 60 科 132 属 236 种，武功山脉 52 科 98 属 155 种，九岭山脉 52 科 104 属 158 种，幕阜山脉 53 科 104 属 174 种。前版为 284 种，现版 336 种，两者相比较增加了 52 种，约 18.30%。5 条中型山脉增加的幅度也相当，为 14.01%～18.37%。

其中，全部的国家重点保护野生种共计 45 科 75 属 115 种，5 条中型山脉的分布略有差异，如诸广山脉 36 科 53 属 79 种，万洋山脉 36 科 56 属 81 种，武功山脉 31 科 46 属 60 种，九岭山脉 31 科 48 属 60 种，幕阜山脉 33 科 49 属 66 种。

很明显，国家重点保护种较前版明显减少。新版一级、二级保护种共有 115 种，而前版为 257 种，减少了约 55.25%，5 条中型山脉的总体数量减少也很多，幅度为 48.27%～55.49%。其中，万洋山脉、诸广山脉保护种相对较丰富，为 81 种和 79 种，其减少的幅度也最多，分别为 55.49%和 54.07%。新版考虑到实际保护和执法的可行性等问题，把大部分兰科植物都移出了保护名录，仅保留了一小部分特别珍稀和重要的类群，这个幅度是比较大的，目前新版罗霄山脉保留的兰科保护种仅有 25 种，而在前版中兰科保护种为 132 种。

从各类珍稀濒危种的数量和组成来看是很能说明问题的。前版一级、二级保护种 257 种，全部加在一起总的珍稀濒危种是 284 种，意思是大部分各类型所构成的珍稀濒危种（《IUCN 红色名录》、CITES、《中国生物多样性红色名录——高等植物卷》、《国家重点保护野生植物名录》）都被列为保护种，占总数的 90.49%，仅 9.51%没有被列入。而在新版中，这个比例很低，为 34.23%，即约 1/3 被列入。在这里，兰科仍然是一个主要因素，在兰科大幅度减少的情况下，新版整体上各类珍稀濒危种的总数仍在增加，可见，目前新版确定的“准入指标”更加广泛，涉及的类群、物种多样性等更加丰富。这里面其实各类珍稀濒危种数量变化并不大，一是增加新版确定的被准入的新保护种，二是被新版移出的保护种仍然保留了在珍稀濒危种中，因此，新版珍稀濒危种的增加幅度与一级、二级保护种增加的幅度是大致相当的。

2. 罗霄山脉和 5 条中型山脉国家重点保护种、各类珍稀濒危种中的中国特有种

罗霄山脉全部国家重点保护种和各类珍稀濒危种共 73 科 171 属 336 种，其中含中国特有种 47 科 95 属 154 种，占比为 45.83%。相应地，其他 5 条中型山脉全部的国家重点保护种、各类珍稀濒危种，其中国特有种的数量分布略有差异：诸广山脉 34 科 64 属 92 种，万洋山脉 38 科 75 属 112 种，武功山脉 34 科 51 属 67 种，九岭山脉 36 科 51 属 74 种，幕阜山脉 36 科 57 属 84 种，即特有种占比分别为 41.44%、47.46%、43.23%、46.84%、48.28%。

根据黄继红等（2014）的统计，中国种子植物特有种有 15 103 种，占中国种子植物总种数（29 238 种）的 51.66%，隶属于 193 科 1513 属。

罗霄山脉全部保护种、珍稀濒危种中的中国特有种比例比全中国的中国特有种比例低 3.38%～10.22%，应该说从略有差异至差异显著。这充分说明 2021 年公布的这一批国家重点保护种，其一是保护种、珍稀濒危种的选定标准是多方面的，是综合性的，具有广泛的代表性，并没有特别强调特有分布；其二是罗霄山脉的地理位置偏南，靠近华南热带亚热带，往南将进一步扩散至中南半岛，以及热带海岸地区、泛热带地区，因此，特有种的比例相对降低。

还有一个数据可以用于理解新版重点保护种选定的标准和原则。单就一级、二级重点保护种 45 科 75 属 115 种而言，中国特有种共 23 科 38 属 48 种，中国特有种占比为 41.74%。全部各类保护种、珍稀濒危种共 336 种，除去 115 种后，其他的各类珍稀濒危种为 221 种，所含的中国特有种为 106 种，中国特有种占比为 47.96%。这个比例略高，但仍低于中国的平均值。由此可见，目前定义的罗霄山脉的重点保护种与其他普通种相比，并没有很特殊，说明这一批重点保护种的选定更加注重物种本身的生存状况，以及种质资源价值状况等，如兰科的石斛属 *Dendrobium* 7 种、兰属 *Cymbidium* 5 种，猕猴桃科的猕猴桃属 *Actinidia* 3 种，石松科的石杉属 *Huperzia* 5 种（含 1 变种），藜芦科的重楼属 *Paris* 4 种等。

当然，也有相当部分种系确实与分布狭窄或局限于某一区域有关，在长期的繁衍过程中出现了生殖障碍而导致濒危，如金缕梅科的半枫荷 *Semiliquidambar cathayensis*，蜡梅科的柳叶蜡梅 *Chimonanthus salicifolius*，猕猴桃科的安息香猕猴桃 *Actinidia styracifolia*，松科的长苞铁杉 *Tsuga longibracteata*、铁坚油杉 *Keteleeria davidiana*，瘿椒树科的瘿椒树 *Tapiscia* sinensis，樟科的天目木姜子 *Litsea auriculata*，菝葜科的矮菝葜 *Smilax nana*，杜鹃花科的白马银花 *Rhododendron hongkongense*，这些都是中国特有种。更具有原始性、古老性者，分布于某些特殊的生境，可能缺少足够的基因交流，也会导致濒危，如安息香科的秤锤树 *Sinojackia xylocarpa*、大果安息香 *Styrax macrocarpus*、狭果秤锤树 *Sinojackia rehderiana*、银钟花 *Halesia macgregorii*，柏科的水松 *Glyptostrobus pensilis*，杜仲科的杜仲 *Eucommia ulmoides*，蓝果树科的喜树 *Camptotheca acuminata*，马兜铃科的大叶细辛 *Asarum maximum*，木兰科的黄山玉兰 *Yulania cylindrica*、天目玉兰 *Yulania amoena*、望春玉兰 *Yulania biondii*、武当玉兰 *Yulania sprengeri*、玉兰 *Yulania denudata*、紫玉兰 *Yulania liliiflora*，山茶科的紫茎 *Stewartia sinensis*，松科的金钱松 *Pseudolarix amabilis*、银杉 *Cathaya argyrophylla*、资源冷杉 *Abies beshanzuensis* var. *ziyuanensis*，无患子科的伞花木 *Eurycorymbus cavaleriei*，榆科的青檀 *Pteroceltis tatarinowii* 等，都是中国特有种，也都是较原始或孤立的种系。

当然，不考虑是否特有，珍稀濒危种包括有许多重要的种质资源，如杜鹃花科的杜鹃属 *Rhododendron* 8 种，猕猴桃科的猕猴桃属 *Actinidia* 14 种，槭树科的槭树属 *Acer* 10 种，兰科的虾脊兰属 *Calanthe* 12 种、羊耳蒜属 *Liparis* 12 种、玉凤花属 *Habenaria* 8 种、石豆兰属 *Bulbophyllum* 7 种等。

综上所述，依据前面两个部分对保护种、珍稀濒危种的论述，以及参考附表，大致可以明确了国家重点保护种、各类珍稀濒危种的组成情况、生存状况、生境和群落状况，可为进一步制定相应的保护和管理策略提供依据。

第 4 章　罗霄山脉动物多样性现状与保护

4.1　两栖爬行动物多样性与保护

4.1.1　两栖爬行类多样性评价

1. 罗霄山脉是中国东南部两栖爬行类物种丰富度最高的山脉之一

2013～2018 年罗霄山脉（含雩山山脉）调查，共记录两栖类 2 目 8 科 56 种，占中国两栖类总种数的 10.98%；共记录爬行类 2 目 15 科 68 种，约占中国爬行类总种数的 14.5%；其两栖类物种多样性水平远高于武夷山脉，爬行类（龟鳖目除外）物种多样性水平与武夷山脉相当。罗霄山脉两栖爬行类物种多样性水平低于南岭山脉，但两个山脉中段两栖类物种多样性水平相当。

武夷山脉是国际公认的生物多样性热点地区，是中国东南部生态关键区，一直被认为是中国东南部两栖爬行类物种多样性最高的山脉。目前武夷山脉记录的两栖类共计 41 种（包括近年发表的新种雨神角蟾、孟闻琴蛙和新记录种长肢林蛙），比罗霄山脉少了 15 种。

南岭山脉中段南岭国家公园面积 1931 km^2，共记录两栖类 55 种；武夷山脉中段的武夷山国家公园面积 1001 km^2，公园范围内记录的两栖类 39 种；罗霄山脉中段井冈山+桃源洞+七溪岭总面积 709 km^2，记录的两栖类 42 种，高于武夷山脉国家公园而低于南岭国家公园。

2. 罗霄山脉两栖类物种多样性仍处于被低估状态

2013～2018 年罗霄山脉（含雩山山脉）调查，课题组共发表两栖类新种 14 个，连同其他学者在罗霄山脉发表的 3 种，即七溪岭瘰螈 *Paramesotriton qixilingensis* Yuan, Zhao, Jiang, Hou, He, Murphy, and Che, 2014、弓斑肥螈 *Pachytriton archospotus* Shen, Shen, and Mo, 2008 和浏阳疣螈 *Tylototriton liuyangensis* Yang, Jiang, Shen, and Fei, 2014，共发表新种 17 个，尚有 2 个新种已通过检测待发表，近 10 年总计发现并确认的新种多达 19 个，还有 5 个省级新记录种，合计增加了 24 种，因此近 10 年罗霄山脉两栖类物种数提升了 1.33 倍。随着调查的进一步深入，预计还将有一些新种被发现，其物种多样性水平仍处于被低估状态。

3. 罗霄山脉是中国东南部两栖类物种形成与分化中心，表现出较高的遗传多样性

琴蛙属中国共 20 种，4 种出现在罗霄山脉，其他种主要沿珠江水系（东江湖）、鄱阳湖和洞庭湖水系分布，彼此不重叠，形成替代分布。

林蛙属中国共 20 种，属于东洋界成分，罗霄山脉有 5 种，是局部地区该属多样性最高的区域。近满蹼的寒露林蛙和九岭山林蛙，半蹼的长肢林蛙、徂崃林蛙和镇海林蛙，呈替代分布，多不重叠。

角蟾属在罗霄山脉记录有 8 种，除井冈角蟾外，其余均为狭域分布的特有种。

4.1.2　两栖类新种

1. 两栖纲有尾目蝾螈科

南城蝾螈 *Cynops maguae* Lyu, Qi and Wang, 2023。雩山山脉：江西南城麻姑山。

2. 两栖纲无尾目角蟾科

1）珀普短腿蟾 *Brachytarsophrys popei* Zhao, Yang, Chen, Chen, and Wang, 2014。万洋山脉：炎陵

桃源洞 SYS a001864、井冈山 SYS a001874。

2）东方短腿蟾 *Brachytarsophrys orientalis* Li, Lyu, Wang and Wang, 2020。模式产地：江西九连山国家级自然保护区。雩山山脉：江西安远三百山国家森林公园。

3）南岭角蟾 *Bolenophrys nanlingensis* Lyu, Wang, Liu and Wang, 2019。诸广山脉：崇义齐云山 SYS a003111、上犹光菇山 SYS a002357。

4）陈氏角蟾 *Bolenophrys cheni* Wang and Liu, 2014。万洋山脉：炎陵桃源洞 SYS a002123、井冈山 SYS a001427。

5）井冈角蟾 *Bolenophrys jinggangensis* Wang, 2012。万洋山脉：炎陵桃源洞 SYS a002131、井冈山 SYS a004028。武功山脉：茶陵云阳山 SYS a002543、安福陈山村 SYS a002567、安福武功山 SYS a002607、宜春明月山、安福羊狮慕 SYS a002626。九岭山脉：衡东四方山 SYS a004824、新余蒙山 SYS a002638、浏阳大围山 SYS a005527、铜鼓官山、淳安九岭山 SYS a003164、南昌梅岭 SYS a004545、衡南县川口乡 SYS a006381。幕阜山脉：武宁太平山 SYS a006988、九江庐山 SYS a003716。

6）林氏角蟾 *Bolenophrys lini* Wang and Yang, 2014。诸广山脉：桂东八面山 SYS a004407。万洋山脉：遂川县南风面 SYS a002369、炎陵桃源洞 SYS a002128、井冈山 SYS a002175、遂川县营盘圩 SYS a004441。

7）武功山角蟾 *Bolenophrys wugongensis* Wang, Lyu and Wang, 2019。武功山脉：安福武功山 SYS a004796，安福羊狮慕 SYS a002625，大围山 SYS a005510、SYS a005525、SYS a005526、SYS a005529。

8）幕阜山角蟾 *Bolenophrys mufumontana* Wang, Lyu and Wang, 2019。幕阜山脉：平江幕阜山 SYS a006391。

9）三明角蟾 *Bolenophrys sanmingensis* Lyu and Wang, 2021。模式产地：福建将乐龙栖山。其他分布地：信丰金盆山、江西军峰山、广东潮州、泰宁峨眉峰、上杭古田。

3. 两栖纲无尾目蛙科

1）九岭山林蛙 *Rana jiulingensis* Wan, Lyu, Li and Wang, 2020。武功山脉：安福武功山 SYS a003124、SYS a003125。九岭山脉：九岭山 SYS a003156、铜鼓官山 SYS a005519、浏阳大围山 SYS a006451、平江仙姑岩。幕阜山脉：平江幕阜山 SYS a005511、平江西山岭。

2）孟闻琴蛙 *Nidirana mangveni* Lyu and Wang, 2020。九岭山脉：铜鼓官山 SYS a007002、武宁九岭山桃源谷 SYS a006977。雩山山脉：南城军峰山 SYS a007033。

3）粤琴蛙 *Nidirana guangdongensis* Lyu and Wang, 2020。诸广山脉：崇义齐云山 SYS a003055、光菇山、桂东八面山 SYS a006199、东江湖 SYS a006522。雩山山脉：信丰金盆山 SYS a004466、安远三百山 SYS a003737。

4）湘琴蛙 *Nidirana xiangica* Lyu and Wang, 2020。武功山脉：安福武功山 SYS a002590。九岭山脉：浏阳大围山 SYS a006493。

5）中华湍蛙 *Amolops sinensis* Lyu, Wang and Wang, 2019。九岭山脉：衡阳栗子山 SYS a004252。

6）车八岭竹叶蛙 *Odorrana confuse* Song, Zhang, Qi, Lyu, Zeng and Wang, 2023。模式产地：广东车八岭国家级自然保护区。雩山山脉：信丰金盆山省级自然保护区。

4. 两栖纲无尾目树蛙科

1）井冈纤树蛙 *Gracixalus jinggangensis* Zeng, Zhao, Chen, Chen, Zhang, and Wang, 2017。万洋山脉：井冈山 SYS a003170。

其他 2 种为布角蟾属（*Bolenophrys*）物种，经形态鉴定结合 DNA 系统发育分析亦确定为新种，但目前尚未正式发表，其中一种分布于庐山，另一种分布于九岭山。

4.1.3 爬行类疑似新种

爬行纲有鳞目蜥蜴亚目蜥蜴科

草蜥一种，即 *Takydromus* sp.。考察时在湖南衡东县四方山采到一份标本，经 DNA 鉴定对比，疑为新种，但因只有一份标本，尚不能最后确定，暂记录于此。

4.1.4 保护建议

1）继续加强生物多样性监测工作，并常态化，及时把控区域生物多样性动态趋势及其所存在的问题，防患于未然。

2）针对区内道路关键节点做好生物通道的规划建设，降低道路的生态分割作用，规避道路致死风险。

3）及时清理山区小水电水坝，使河溪尽快恢复畅通。

4）加强区内风景名胜区对动物资源利用的监管工作，杜绝猎杀、捕捉野生动物。

5）加快罗霄山脉国家公园建设工作，实现罗霄山脉整体保护和管理。

4.2 哺乳动物多样性与保护

4.2.1 哺乳动物多样性评价

1. 现存的珍稀濒危哺乳动物比例不高

文献记录的云豹、金钱豹 2 种国家一级重点保护野生动物，以及金猫、狼、豺、赤狐、水獭、穿山甲、猕猴和中华鬣羚 8 种国家二级重点保护野生动物，在本次调查（及访问）中均没有证据证实其在该地区仍然栖息和存在，可能已经功能性绝灭。

现存的国家二级重点保护野生动物有藏酋猴 *Macaca thibetana* 等 8 种；列入 CITES 附录 I 的有斑林狸 *Prionodon pardicolor* 和中华斑羚 *Naemorhedus griseus* 2 种，列入 CITES 附录 II 的有藏酋猴和豹猫 *Prionailurus bengalensis* 2 种。

2. 小型哺乳动物物种多样性特别丰富

翼手目、啮齿目和劳亚食虫目三类小型哺乳动物占罗霄山脉哺乳动物总种数的 73.63%；其中发现的 9 种省级新记录种均为小型哺乳动物（江西省 4 种、湖南省 5 种、湖北省 2 种，其中毛翼管鼻蝠同时为上述三省的哺乳动物分布新记录种）。

1）褐扁颅蝠 *Tylonycteris robustula*：江西省新记录种（井冈山）（张秋萍等，2014）。

2）暗褐彩蝠 *Kerivoula furva*：江西省新记录种（井冈山）（李锋等，2015）。

3）水甫管鼻蝠 *Murina shuipuensis*：江西省新记录种（井冈山）（王晓云等，2016）。

4）中蹄蝠 *Hipposideros larvatus*：湖南省新记录种（衡东）（冯磊等，2017）。

5）大卫鼠耳蝠 *Myotis davidii*：湖南省新记录种（衡东）（任锐君等，2017）。

6）中管鼻蝠 *Murina huttoni*：湖北省新记录种（通山）（黄正澜懿等，2018）。

7）长指鼠耳蝠 *Myotis longipes*：湖南省新记录种（衡东）（余子寒等，2018）。

8）东亚水鼠耳蝠 *Myotis petax*：湖南省新记录种（衡东）（冯磊等，2019）。

9）毛翼管鼻蝠 *Harpiocephalus harpia*：江西省新记录种（井冈山）（陈柏承等，2015）；湖南省新记录种（炎陵）（余文华等，2017）；湖北省新记录种（通山）（岳阳等，2019）。

3. 哺乳动物的生态类型多样性

哺乳动物包括有 5 种生态类型：飞行生活型——翼手目比例最高（37 种，占 40.66%）；半地下生活型——鼠类和食虫类(28 种，占 30.77%)；地面生活型——偶蹄目和食肉目大中型兽(14 种，15.38%)；树栖型——鼯鼠和松鼠（6 种，6.59%）；地下生活型——鼹鼠和竹鼠（4 种，4.40%）。

4. 区系成分以东洋界种类占优

东洋界种类 72 种，占 79.12%。分布型多样，东洋型分布物种最多（39 种），占 42.86%，南中国型次之（27 种），占 29.67%；随后为古北型（10 种，占 10.99%）、季风区型和不易归类型（均为 5 种，均占 5.49%）。

4.2.2　保护建议

1. 罗霄山脉分属三省，建立跨区域自然保护网络极为重要

罗霄山脉北段九岭山脉、幕阜山脉接近长江北部的大别山地区，南段武功山脉、万洋山脉、诸广山脉更接近南岭山脉。这种特殊的地理位置，成为冰期哺乳动物重要的迁徙廊道和避难场所。在现代时期，罗霄山脉仍然很重要，对哺乳动物的南北移动和东西渗透，以及物种的分化和演化均会产生积极的影响。因此，建立和加强国家-省-市-县多层次的自然保护区网络，将对于有效地保护野生动物及其栖息场所具有十分重要的意义。

2. 开展穿山甲等专项调查，并建立和健全哺乳动物资源的长期动态监测机制

鉴于原文献记录的云豹、金钱豹 2 种国家一级重点保护野生动物，以及金猫、狼、豺、赤狐、水獭、穿山甲、猕猴和中华鬣羚 8 种国家二级重点保护野生动物，在本次调查（及访问）中均没有证据证实其在该地区仍然栖息和存在，除金钱豹等部分种类确实已经在该地区消失外，不排除水獭、穿山甲等可能在局部地区仍然有极少数量存在。同时，随着部分边远山区农田和耕地的荒废化，野猪等草食性动物的种群数量逐渐增加，在有些地区其甚至对农作物造成一定程度的危害。因此，开展水獭、穿山甲等专项调查，建立和健全如红外相机等哺乳动物资源的长期动态监测机制，可以为野生动物的有效保护与管理提供依据。

3. 进一步加强生态恢复与环境保护

由于历史原因，原始生态环境或多或少受到不同程度的人为干扰，调查期间仍发现部分地区有猎捕华南兔、中华竹鼠的现象。近年来，随着生态文明建设的开展，当地民众和地方政府大力推崇生态恢复和环境保护建设，保护青山绿水已成地方政府的发展理念，建立的自然保护区、森林公园、湿地公园、风景名胜区，已在野生动物保护与管理、生态旅游、生态文明建设等社会经济建设中发挥了重要的作用。

4.3　鸟类多样性与保护

4.3.1　鸟类多样性与区系特点评价

1. 鸟类物种多样性高，过境鸟类种数多

罗霄山脉共有鸟类 19 目 70 科 333 种，占江西省鸟类 570 种的 58.42%。333 种鸟类各自具有不同的生态位需求，生态位的空间异质性反映了此区域拥有极高的生态环境多样性。罗霄山脉鸟类的

G-F 指数①高于大瑶山、梵净山、伏牛山以及相邻的武夷山。罗霄山脉是北半球亚热带东段陆生生物南北向迁徙、扩散的重要通道，很多特有种以此为东西界。罗霄山脉也是保存较完好的中亚热带生物多样性较为丰富的绿色廊道，与其他鸟类丰富区域相比，罗霄山脉广布种特别丰富，相应的过境鸟也特别丰富。井冈山的涉禽、猛禽和杜鹃科鸟类相比武夷山和峨眉山均比较丰富，这些结果显示了罗霄山脉山间湿地丰富、食物链组成完整、繁殖鸟（能为杜鹃科鸟类提供巢的繁殖鸟）种类丰富。

2. 珍稀鸟类物种丰富

作为动物区系的避难所，罗霄山脉有大量的中国特有、珍稀濒危鸟类。本次调查共记录罗霄山脉珍稀鸟类 58 种，占总记录鸟类的 17.42%。记录的国家一级重点保护野生动物 5 种，国家二级重点保护野生动物 50 种，以鹰形目（21 种）、鸮形目（12 种）以及隼形目（6 种）物种为主。被《IUCN 红色名录》评估为渐危（VU）的有 5 种，分别为黄腹角雉、花田鸡 *Coturnicops exquisitus*、仙八色鸫 *Pitta nympha*、白喉林鹟 *Cyornis brunneatus* 和田鹀 *Emberiza rustica*；濒危（EN）的有 2 种，分别为中华秋沙鸭和海南鳽*Gorsachius magnificus*；极危（CR）的有 2 种，分别为白鹤和黄胸鹀 *Emberiza aureola*。

因此，本地区和秦岭、大巴山系，大别山系，四川南部山系，武夷山系，南岭山系等被国际鸟盟（BirdLife International）列为国际特有鸟类分布区（Endemic Birds Area）-中国东南部山地（South-east Chinese mountains）。

3. 鸟类区系过渡性质明显

罗霄山脉是我国东西山脉鸟类的过渡区域或延伸区域，纵跨湖北、湖南、江西三省，是一条历史悠久、成因复杂、总体呈南北走向的大型山脉，西部以洞庭湖平原与武陵山脉、雪峰山脉对望，南部与南岭山脉相接，东部和武夷山脉、鄱阳湖平原相隔。上述山地组成了中国长江中下游平原的“山”字形山地分布格局，是我国东部亚热带生物多样性很高的地区。罗霄山脉作为“山”字形山脉的中间一竖，是我国东西山脉鸟类的过渡区域或延伸区域。鸟类相似性聚类分析结果证实了这一结论。与罗霄山脉鸟类组成相似性最高的是南部的南岭山脉。罗霄山脉没有武陵山脉、雪峰山脉分布的一些具有中国地理第二阶梯的山地特色物种。本区海拔与武夷山脉相似，因此鸟类组成与武夷山脉有一定的相似性，但是武夷山脉分布有一些本区还没有记录的物种，即所谓的“武夷山现象”（何芬奇等，2006），当然一些物种也陆续在本区内被记录（何芬奇和林剑声，2011）。本区南段与南岭山脉直接相连，因此也不难理解为何罗霄山脉与南岭山脉鸟类的相似性最高。

4.3.2 保护建议

1. 建立鸟类资源动态监测的长效机制

鸟类监测是一项长期的工作，建立鸟类资源监测的长效机制，才能全面、准确地对鸟类资源动态进行科学评价。加强与科研队伍合作，开展野生鸟类资源监测。建立和完善野生鸟类及其栖息地监测制度，及时掌握野生鸟类资源动态基础数据，摸清其分布及数量，为保护、管理提供科学决策依据。对重要鸟类如猛禽等珍稀鸟类进行重点监测，掌握其每年的数量及分布情况，为保护这些濒危物种提供理论依据。

---

① *G-F* 指数：*G* 指数是指属间的多样性指数，*F* 指数是指科间的多样性指数；而 *G* 指数和 *F* 指数的比值即为 *G-F* 指数。如果 *G-F* 指数趋近 1，则代表科间多样性的 *F* 指数下降，或者代表属间多样性的 *G* 指数上升；否则 *G-F* 指数趋近零或为负数。*G-F* 指数测定的是一个地区一个生物类群中科属间的物种多样性，它提供了一种简捷有效的生物多样性保护评估方法，通过对 *G-F* 指数进行标准化，可以进行不同地区间生物多样性的比较。

2. 对罗霄山脉迁徙鸟类开展保护

罗霄山脉鸟类多样性高，同时罗霄山脉也是北半球亚热带东段陆生生物南北向迁徙、扩散的重要通道，迁徙过境鸟特别丰富，遭受非法猎捕也最为严重。因此，应加强罗霄山脉迁徙鸟类保护工作，特别是每年春、秋候鸟迁徙期间，积极采取各项管理措施，开展猎具清理整顿工作，收缴捕捉网等非法猎捕工具，强化对野生资源的保护。同时，组织开展保护野生动物执法检查，严厉打击野外设置拦网行为，以及其他非法猎捕、出售、收购及走私野生动物的违法犯罪活动。

3. 加强鸟类栖息地保护

罗霄山脉是大量鸟类的繁殖地、越冬地和中途停歇地，通过对其栖息地的有效保护，可促进野生鸟类资源的恢复与增长。特别是一些特殊的栖息地，如中、低海拔的常绿阔叶林，是罗霄山脉鸟类多样性最为集中的地段，包含本区域内最有代表性的鸟类，如白颈长尾雉、黄腹角雉、白眉山鹧鸪、仙八色鸫等。此外，本区域内的溪流、山区水库等分别是海南鳽、中华秋沙鸭等珍稀鸟类的觅食地和越冬地，也具有很高的保护价值。罗霄山脉一些高海拔的山地植被（如武功山、桃源洞等地的植被）已经遭到人为破坏，而成为草地、茶园等生境，这些地区是一些喜欢灌丛的鸟类，如钝翅苇莺、高山短翅莺和山鹪栖息的生境，这类鸟在中国南方的分布区比较狭窄，但在本区比较常见。

4. 推进观鸟、鸟类摄影的绿色旅游

近年来，以市民休闲为主的观鸟、鸟类摄影等绿色旅游在国内方兴未艾，一些交通便利、鸟类多样性高的保护区、国家公园成为当地乃至全国观鸟爱好者竞相拜访的场所。这种新兴的旅游方式不仅可以宣传和普及鸟类知识与鸟类保育，还拉动了地方的经济增长。通过宣传和推介工作，如举办观鸟节、鸟类摄影比赛，吸引全国乃至世界的鸟友前来，可以让更多的人了解罗霄山脉的特色鸟种、“明星鸟种”（珍稀、观赏性高的鸟类）。

4.4　鱼类多样性与保护

4.4.1　鱼类多样性概况

罗霄山脉北与长江相依，南与南岭山脉相连，是中国大陆东部第三级阶梯最为重要的生态交错区与脆弱区，是赣江流域与湘江流域的分水岭，是中国最大的两个淡水湖区鄱阳湖、洞庭湖的上游水源地（王春林，1998；赵万义，2017），也是许多特有、濒危鱼类的聚居地。2014～2018 年对罗霄山脉 11 条主要河流的鱼类进行调查，结果显示，罗霄山脉鱼类共有 113 种，隶属于 5 目 17 科 64 属。其中，鲤形目 77 种（68.1%），鲇形目和鲈形目各 16 种（14.2%），合鳃鱼目 3 种（2.7%），颌针鱼目仅 1 种（0.9%）。从科级水平来看，鲤科种类最多，有 62 种，占罗霄山脉鱼类总种数的 54.9%，其次为鳅科，9 种，占罗霄山脉鱼类总种数的 8.0%；亚口鱼科、斗鱼科、沙塘鳢科、合鳃鱼科、鱵科、鮡科和胡子鲇科均为 1 种，分别占罗霄山脉鱼类总种数的 0.9%。从分布来看，遂川江和袁河种类较多，分别有 69 种和 62 种，首次在遂川江监测到国家二级保护鱼类胭脂鱼；锦江和富水种类较少，均为 22 种。

4.4.2　鱼类生境评价与保护建议

罗霄山脉溪流均是赣江、湘江等长江支流的水源地，也是鄱阳湖和洞庭湖流域众多本地原生鱼类的洄游通道、产卵和育苗地，其生境的好坏直接决定和反映了赣江和湘江流域的生态环境，具有重要的渔业资源价值和生态价值。

鱼类是原生性水生动物中最高等的类群，对溪流生态系统结构的稳定和功能的维持至关重要，尽管溪流鱼类生态学研究在国内一直相对匮乏，少量研究主要聚焦于资源调查与区系分析上，但在国际上其是目前淡水群落生态学的焦点之一。在长期进化过程中，溪流鱼类已经逐步形成了相应的形态特征、物候节律和生活史对策，使其能够耐受甚至受益于河源溪流这种独特的自然环境。

鱼类对水温、流速、河床形态等的变化较为敏感。因此，旱涝灾害、水土流失、水体污染、水利工程、过度捕捞等环境变化和人类活动均会造成区域气候、降水强度和降水分布的变化，景观格局的变化也会造成河流水文情势、水质、河床形态、栖息环境等的改变，这些均对鱼类生活及繁育造成影响。

在季节动态研究方面，溪流中典型的水文变化是季节性的干旱和洪涝，由此导致溪流鱼类呈现出显著的季节动态；开展鱼类季节动态研究，不仅可以诠释鱼类季节变化的原因，还可以找出极端环境（如干旱）下鱼群的避难所。

从我们的调查来看，最近 10 多年来，罗霄山脉鱼类栖息地退化主要来源于两个因素，一是自然灾害，二是人为灾害，如下作简要说明，并提出相应的保护对策。

（1）自然灾害

自然灾害主要是由极端气候引起的旱涝灾害。例如，2011 年江西出现极端干旱，春夏连旱。春季干旱，鱼类难以繁殖，尤其是对于产漂流性卵的鱼类来说，河流无法满足鱼类繁殖所需的水体流速和漂程；夏季干旱，鱼苗索饵困难。

（2）人为灾害

人为灾害主要包括 4 个方面。其一是涉水工程建设，常常暂时性地阻隔鱼类洄游通道。这对于鱼类而言，可能是关键性地打断了鱼类的生态生理节律。其二是水体污染，水质退化，尤其是工业和农业污水排放，水体总磷和总氮增加，也影响着鱼类的生理代谢。其三，土地利用，水土流失，造成水环境、水生境变化，影响鱼类的生存。其四是过度捕捞，使得鱼类多样性下降，影响水域的生物多样性平衡状态。

（3）保护对策和建议

1）调整鱼类结构：通过人工放流，增加溪流某些特有鱼类。

2）调整水位：对建设了水利枢纽的溪流，调节下泄生态流量，以满足鱼类生长、繁殖及索饵需要。

3）生态修复，养护水生植被：为溪流鱼类提供良好的栖息生境。

4）禁止捕捞：禁止各种非法捕捞（电鱼、密网捕鱼、毒鱼）。

5）建立水产种质资源保护区：对鱼类丰富的溪流如遂川江，建立鱼类水产种质资源保护区。

6）大尺度、长期监测：基于长期的历史数据，可以探讨鱼类种群变化同人为干扰和全球气候变化的联系；基于物种的生态需求和气候变化影响趋势，预测未来全球气候演变对鱼类各种群的影响。

4.5 昆虫多样性与保护

4.5.1 昆虫资源与可持续利用

罗霄山脉科学考察共获得超过 13 万号昆虫标本，经鉴定昆虫纲共 21 目 270 科 3658 种，弹尾纲 1 目 6 科 8 种，即共有六足动物 22 目 276 科 3666 种。根据用途，可将资源昆虫划分为 7 大类：传粉昆虫（凤蝶科、蜜蜂科、切叶蜂科、蚁科等）、药用昆虫（蜚蠊、螳螂、芫菁等）、食用饲用昆虫（负蝗、寒蝉、天蛾、蟋蟀科等）、观赏及工艺昆虫（蝴蝶、大型甲虫类等）、天敌昆虫（肉食性瓢虫科、草蛉科、胡蜂科等）、环境监测昆虫（蜻蜓目等）、特有昆虫（隆线隐翅虫属、四齿隐翅虫属等）。同一种昆虫的资源价值也可以涉及几个方面。例如，蝶类既是十分重要的观赏及工艺昆虫，又是传粉昆虫；日本弓背蚁既是重要的药材，又可以加工成食材；天蛾幼虫既是高级的动物性蛋白饲料，又可以加工成可口的食品。科学技术的快速发展，特别是高新技术的开发利用，将使昆虫资源的应用产生前所未有的飞跃。

1. 传粉昆虫

罗霄山脉此次调查共有 7 目 26 科的昆虫能够传粉，膜翅目 12 个科的昆虫传粉能力较为突出。膜翅目的熊蜂科、蜜蜂科、叶蜂总科、蚁科是数量最多也是最为理想的传粉昆虫；鳞翅目的凤蝶科、灰蝶科、蛱蝶科、弄蝶科、环蝶科、长喙天蛾科、夜蛾科等昆虫均可传粉；双翅目的食蚜蝇科、丽蝇科、蜂虻科、蚊科、瘿蚊科、摇蚊科等的传粉昆虫传粉效果明显；鞘翅目有 200 余种常在花朵上活动的昆虫，如叩头虫科、郭公虫科、露尾甲科、叶甲科、花金龟科、芫菁科、天牛科和隐翅虫科等，它们受花香等特殊气味的吸引，在访花觅食中传粉，属于原始传粉昆虫，但传粉效果不佳；缨翅目有些昆虫以花为食，但也有传粉能力，主要包括蓟马科。半翅目有少量的访花昆虫，如姬猎蝽科、长蝽科、盲蝽科、蝽科和缘蝽科等的昆虫有一定的传粉作用，但是传粉能力非常有限，此处 5 个科不计入传粉昆虫。

罗霄山脉野生传粉昆虫有明显的本土优势。这些本土的传粉昆虫在生存和繁殖过程中不断进化和适应，对当地的不良环境具有很强的适应性和抗逆性，低海拔物种较耐热且耐寒，个别物种访花时间长、飞行快、出勤早、耐饥饿，如领无垫蜂 *Amegilla cingulifera* 等。

一些特殊种类的传粉昆虫具有较高的传粉效率，如槌腹叶蜂腹下有“腹下花粉刷”，着生排列整齐且密集的刚毛，在传粉过程中，能够携带比蜜蜂更多的花粉，传粉效果明显。

罗霄山脉还有个别昆虫具有特殊的传粉技能，如三条熊蜂 *Bombus trifasciatus*，其喙比蜜蜂长，能很好地采访茄科、豆科等植物的花朵。据报道，三条熊蜂为温室冬瓜授粉，要比人工授粉和自然授粉的坐果率分别高 75%和 53.3%。

2. 药用昆虫

罗霄山脉此次调查共有 6 目 10 科的药用昆虫。这些昆虫具有丰富的药用活性成分，如生物碱类、抗菌肽、甾类、脂肪族类、芳香族类等，在抗菌、抗病毒、辅助癌症治疗、镇静镇痛、免疫调节、抗疲劳等方面具有较好的药理作用及临床应用价值。

记录于湖南炎陵县桃源洞的大斑芫菁 *Mylabris phalerata*，可从中提取斑蝥素辅助治疗癌症，还可开发成斑蝥素糖衣片、甲基斑蝥胺针剂、去甲斑蝥素和斑蝥酸钠注射液等药品；广布于罗霄山脉的日本弓背蚁 *Camponotus japonicus*、双齿多刺蚁 *Polyrhachis dives* 等，可被开发成天蚁芪颗粒、乙肝灵、蚂蚁膏等药物，用于治疗乙型肝炎及风湿类疾病；罗霄山脉还出产多种我国传统中药，如蝉蜕（为蝉科黑蚱蝉 *Cryptotympana atrata* 羽化后的蜕壳）、螵蛸（为刀螳 *Tenodera* sp.或斧螳 *Hierodula* sp.的干燥卵鞘）、蜂巢（蜜蜂科昆虫的巢）、胡蜂房（胡蜂科昆虫的巢）等。

3. 食用饲用昆虫

早在 1980 年的第五届拉丁美洲营养学家和饮食学家代表大会上，有人就提出为了补充人类食品不足，应该把昆虫作为食品来源的一部分。我国已记载的可食用昆虫达 100 多种，罗霄山脉此次调查共有 8 目 13 科的食用饲用昆虫，如东方蝼蛄 *Gryllotalpa orientalis*、黑脸油葫芦 *Teleogryllus occipitalis*、史氏盘腹蚁 *Aphaenogaster smythiesi*、巨圆臀大蜓 *Anotogaster sieboldii* 等。不同的昆虫食用部位不一样，如螳螂目的中华大刀螳 *Tenodera sinensis*、直翅目的东方蝼蛄和黑脸油葫芦等主要取食整个虫体，而史氏盘腹蚁和巨圆臀大蜓等不仅成虫可食用，幼虫或卵也能食用。这些食用昆虫含有丰富的人体所必需的营养物质，如粗蛋白含量较高，一般是昆虫干重的 31%～72%，超过一般畜禽、鱼蛋的蛋白质含量，是一种良好的动物蛋白质来源。食用昆虫还含有多种人体必需的氨基酸，如苏氨酸、缬氨酸、赖氨酸、色氨酸、亮氨酸、异亮氨酸等，其中大多数指标达到或超过联合国粮食及农业组织（FAO）/世界卫生组织（WHO）标准值。

目前已被开发使用的饲用昆虫主要有蝇的幼虫、蝗虫、蛾类的蛹、蝼蛄等。饲用昆虫是最具应用潜力的动物性蛋白饲料资源，其繁殖快、数量多、蛋白质含量高，且大多数种类的昆虫都可以作为畜禽的饲料，开发昆虫用作饲料资源，对促进我国畜牧业及饲料工业的发展具有重要意义。

4. 观赏及工艺昆虫

罗霄山脉此次调查共有 8 目 27 科的观赏及工艺昆虫，主要为鞘翅目、鳞翅目、竹节虫目和直翅目等，根据观赏昆虫为人们提供的观赏内容可分为：形体类观赏昆虫、运动类观赏昆虫、鸣叫类观赏昆虫、发光类观赏昆虫及色彩类观赏昆虫。

形体类观赏昆虫，如鞘翅目的锹甲科、花金龟科和犀金龟科等大型甲虫，由于威武独特的外形，有极佳的观赏性，被国内外许多昆虫爱好者收集、饲养和交易，具有较高的经济价值和广阔的市场前景，如奥锹甲 *Odontolabis cuvera* 被列入《国家保护的有益的或者有重要经济、科学研究价值的陆生野生动物名录》；同时大型甲虫的成虫具有死后不易腐的特性，使其受到广大标本收藏者的喜爱。

运动类观赏昆虫包括具有格斗习性的长颚斗蟋 *Velarifictorus asperses*、具有两性异形的双叉犀金龟 *Allomyrina dichotoma*，以及叩头虫等，给人们运动娱乐的感受。

鸣叫类观赏昆虫以直翅目为主，一般具有一定的区域性，如蝉科、蟋蟀科、部分螽斯科昆虫等，它们具有发音器官，能发出悦耳动听的鸣声，尤受老人和儿童的喜爱。

发光类观赏昆虫，主要是萤类昆虫，如胸窗萤 *Pyrocoelia pectoralis*，此类物种较少。

色彩类观赏昆虫主要是鳞翅目中的蝶类、大蚕蛾科等昆虫，常常作为工艺品和开设蝴蝶园的原料，目前全国蝴蝶园年带动约 1.5 亿元的经济效益，工艺品每年的销售额在 1000 万元以上。罗霄山脉地理位置独特，鳞翅目昆虫较为繁盛，尤其是美丽的蝴蝶和蛾子数不胜数，如穹翠凤蝶 *Papilio dialis*、美凤蝶 *Papilio memnon*、长尾大蚕蛾 *Actias dubernardi*、红大豹天蚕蛾 *Loepa oberthür* 等。

5. 天敌昆虫

罗霄山脉天敌昆虫资源十分丰富，共有 8 目 32 科，包括寄生性天敌昆虫和捕食性天敌昆虫。寄生性天敌昆虫主要为膜翅目，如斑翅马尾姬蜂 *Megarhyssa praecellens*，可用于防治各种树蜂、光肩星天牛等林业害虫；泥蜂科昆虫繁殖时，有筑巢行为，于巢室内产卵，泥蜂将蛾类幼虫置于巢室内，封闭巢室，幼虫孵出后取食猎物，直至老熟化蛹，故泥蜂可用于防治夜蛾、螟蛾等农业害虫。捕食性天敌昆虫主要为鞘翅目、螳螂目、蜻蜓目、半翅目、脉翅目昆虫，螳螂目、蜻蜓目、脉翅目中的所有种类均为捕食性天敌昆虫，而鞘翅目、半翅目、革翅目部分种类为捕食性天敌昆虫，如鞘翅目的虎甲科、步甲科等，半翅目的猎蝽科，革翅目的球螋科、异螋科等。双翅目中既有寄生性天敌昆虫也有捕食性天敌昆虫，寄生性天敌昆虫主要为蜂虻科、寄蝇科和少量麻蝇属昆虫，主要用于防治鳞翅目的农林业害虫；捕食性天敌昆虫主要为食虫虻科，用于防治鞘翅目和鳞翅目的农林业害虫。

罗霄山脉天敌昆虫的种群数量非常多，它们对本地害虫的控制起着重要的作用，应该加以保护利用。在农林业生产时，可以对天敌昆虫采取直接保护措施，如螳螂、瓢虫等，在入冬前大量收集其卵鞘或成虫，保护其安全越冬，翌年释放到害虫多发的田地或林地，减轻害虫带来的生产损失，实现“以虫治虫”模式，大幅度减少使用化学农药，完成建设生态农林的伟大目标。

6. 环境监测昆虫

罗霄山脉能作为环境监测昆虫的有蜉蝣目、蜻蜓目、襀翅目、毛翅目、鞘翅目、半翅目、广翅目、鳞翅目、脉翅目和双翅目共 10 目 56 科。有些昆虫可检测水质和土壤环境，如不同种类的蜉蝣稚虫喜欢在含氧量高的水域生活，它们是测定水质污染程度的指示生物；一些双翅目昆虫的幼虫在促进水体物质循环中具有显著作用，如促进水体有机物的矿化作用，或消除水体有机物的污染等。有些昆虫对不同的污染物具有明显不同的反应，可用作环境检测昆虫。昆虫对生态环境的反馈作用，在某种程度上也反映了人类对环境的干扰程度，或者其间存在某些相关性，这对于分析干扰因素的来源、人们重建受损生态系统、协调人与自然的关系、保护生态系统以及可持续发展均有重要的指示意义。

7. 特有昆虫

罗霄山脉位于中国大陆东南部，纵跨湖北、湖南、江西三省，地理位置、气候条件等特殊，造就了大量的罗霄山脉特有种。

以隐翅虫为例，由表 4-1 可知，罗霄山脉的隐翅虫中，东洋种为 55 种，占罗霄山脉隐翅虫科总种数的 72.4%，古北-东洋共有种为 21 种，占罗霄山脉隐翅虫科总种数的 27.6%，特有种为 28 种，占罗霄山脉隐翅虫科总种数的 36.8%。从亚科水平来看，总种数最多的是毒隐翅虫亚科（24 种，占罗霄山脉隐翅虫科总种数的 31.6%），其中东洋种 21 种，占罗霄山脉该亚科总种数的 87.5%，古北-东洋共有种 3 种，占罗霄山脉该亚科总种数的 12.5%，由于该亚科种类具飞行功能，所以分布比较广泛。其次，种数较多的有突眼隐翅虫亚科（15 种，占罗霄山脉隐翅虫科总种数的 19.7%），其中东洋种 8 种，占罗霄山脉该亚科总种数的 53.3%，古北-东洋共有种 7 种，占罗霄山脉该亚科总种数的 46.7%；隐翅虫亚科（14 种，占罗霄山脉隐翅虫科总种数的 18.4%），其中东洋种 9 种，占罗霄山脉该亚科总种数的 64.3%，古北-东洋种 5 种，占罗霄山脉该亚科总种数的 35.7%；蚁甲隐翅虫亚科（12 种，占罗霄山脉隐翅虫科总种数的 15.8%），其中东洋种 11 种，占罗霄山脉该亚科总种数的 91.7%，古北-东洋种 1 种，占罗霄山脉该亚科总种数的 8.3%；出尾蕈甲亚科（9 种，占罗霄山脉隐翅虫科总种数的 11.8%），其中东洋种 4 种，占罗霄山脉该亚科总种数的 44.4%，古北-东洋共有种 5 种，占罗霄山脉该亚科总种数的 55.6%。尖腹隐翅虫亚科种数最少，仅 2 种。在蚁甲隐翅虫亚科中，特有种 9 种，占罗霄山脉该亚科总种数的 75.0%，多数是单种属；在毒隐翅虫亚科中，特有种 19 种，占罗霄山脉该亚科总种数的 79.2%，多数是多种属，种数是最多的。罗霄山脉的特有种很丰富，也侧面验证了该地区的生态环境及地理位置较特殊。

表 4-1　罗霄山脉隐翅虫科区系分析调查表

亚科名称	总种数	东洋种		古北-东洋共有种		特有种	
		种数	占罗霄山脉该亚科总种数比例（%）	种数	占罗霄山脉该亚科总种数比例（%）	种数	占罗霄山脉该亚科总种数比例（%）
蚁甲隐翅虫亚科	12	11	91.7	1	8.3	9	75.0
尖腹隐翅虫亚科	2	2	100	0	0	0	0
出尾蕈甲亚科	9	4	44.4	5	55.6	0	0
突眼隐翅虫亚科	15	8	53.3	7	46.7	0	0
毒隐翅虫亚科	24	21	87.5	3	12.5	19	79.2
隐翅虫亚科	14	9	64.3	5	35.7	0	0
合计	76	55	72.4	21	27.6	28	36.8

4.5.2　珍稀濒危昆虫及其保护现状

通过核查我国颁布的《国家重点保护野生动物名录》（1988，1989）、《国家保护的有益的或者有重要经济、科学研究价值的陆生野生动物名录》和罗霄山脉昆虫标本发现：罗霄山脉有国家一级重点保护野生动物 1 种，国家二级重点保护野生动物 1 种，三有保护动物 17 种。

国家一级重点保护野生动物：金斑喙凤蝶 *Teinopalpus aureus*（分布于江西省井冈山）。

国家二级重点保护野生动物：阳彩臂金龟 *Cheirotonus jansoni*（分布于湖南省炎陵县十都镇的神农谷自然保护区）。

三有保护动物：丽叩甲 *Campsosternus auratus*（分布于江西省萍乡市芦溪县武功山、赣州市崇义县阳岭国家森林公园）、朱肩丽叩甲 *Campsosternus gemma*（分布于江西省萍乡市莲花县高天岩）、眼

纹斑叩甲 *Cryptalaus larvatus*（湖南省、江西省广布）、木棉梳角叩甲 *Pectocera fortunei*（湖南省、江西省广布）、龟纹瓢虫 *Propylea japonica*（湖南省、江西省广布）、双叉犀金龟 *Allomyrina dichotoma*（分布于江西省吉安市安福县武功山、宜春市宜丰县官山国家级自然保护区、宜春市靖安县三爪仑森林公园、湖南省长沙市浏阳市大围山）、奥锹甲 *Odontolabis cuvera*（分布于湖南省长沙市浏阳市大围山）、巨叉深山锹甲 *Lucanus hermani*（分布于江西省吉安市遂川县南风面国家级自然保护区、湖南省资兴市回龙山瑶族乡、湖南省株洲市炎陵县桃源洞国家级自然保护区）、大燕蛾 *Lyssa zampa*（分布于江西省吉安市安福县武功山）、宽尾凤蝶 *Agehana elwesi*（分布于江西省井冈山）、箭环蝶 *Stichophthalma howqua*（湖南省、江西省广布）、华西箭环蝶 *Stichophthalma suffusa*（分布于江西省萍乡市莲花县高天岩）、金裳凤蝶 *Troides aeacus*（分布于江西省井冈山）、虎灰蝶 *Yamamotozephyrus kwangtunensis*（分布于湖南省株洲市炎陵县十都镇神农谷森林公园、江西省宜春市宜丰县官山国家级自然保护区）、大伞弄蝶 *Bibasis miracula*（分布于江西省吉安市安福县泰山乡武功山风景名胜区、湖南省岳阳市平江县幕阜山）、双齿多刺蚁 *Polyrhachis dives*（分布于湖南省株洲市炎陵县十都镇神农谷自然保护区、江西省萍乡市芦溪县武功山）、东方蜜蜂 *Apis cerana*（湖南省、江西省广布）。

罗霄山脉珍稀昆虫多数分布范围狭窄或对环境要求特殊，如仅分布于井冈山的金斑喙凤蝶 *Teinopalpus aureus* 和宽尾凤蝶 *Agehana elwesi* 对海拔、植被、气候等条件要求相当苛刻，而这些珍稀昆虫是罗霄山脉昆虫生物多样性的重要组成部分。随着当地的人口增加、对昆虫乱捕滥猎和对生态环境的破坏，一些珍稀濒危昆虫已经面临灭绝的威胁。归根结底，昆虫资源最大的威胁来自栖息地的破坏，所以只有充分发挥社会各个团体和个人的作用，增强广大人民群众的环保意识和昆虫科学知识的普及，才是切实保护昆虫资源的最有效的途径。

4.5.3 区域生态现状与评价

本项目调查的自然保护区和国家森林公园地跨湖北、湖南、江西三省，较均匀分布于罗霄山脉的北段、中段和南段，共 24 处调查样点，其中自然保护区 14 个，森林公园 10 个，共 303 937 hm^2。调查范围广且采样、鉴定细致。调查时发现，罗霄山脉自然保护区较多，大部分保护较好，部分还有待加强，而森林公园对外开放度较高，人为影响较大，比自然保护区保护较弱，昆虫种类和数量较少，珍稀濒危昆虫生存环境堪忧。

第5章　罗霄山脉大型真菌资源及其利用和保护

5.1　大型真菌资源及其可持续利用

大型真菌是生态系统中不可或缺的组成部分，在地球生物圈的物质循环和能量流动中发挥着不可替代的作用，具有重要的生态价值，许多食药用菌与人类生产生活密切相关，具有重大的社会经济价值。

本课题通过对罗霄山脉5年多的野外资源调查和标本收集，累计获得大型真菌标本5100余份，初步整理鉴定出670种，隶属于2门7纲20目81科235属，包括新属2属、新种15种。罗霄山脉大型真菌资源十分丰富，并蕴藏了不少特有类群，且许多种类具有很好的食药用价值，是可开发利用的资源。

5.1.1　食用菌资源

基于本研究结果，对罗霄山脉的食用菌资源进行统计分析，结果表明，该地区有食用菌133种，其中种类较多的有红菇属 *Russula* 10种、蜡蘑属 *Laccaria* 9种、小奥德蘑属 *Oudemansiella* 6种，以及鸡油菌属 *Cantharellus*、喇叭菌属 *Craterellus*、秃马勃属 *Calvatia* 各4种。具较高食用价值的种类包括毛木耳 *Auricularia polytricha*、茶褐牛肝菌 *Boletus brunneissimus*、淡蜡黄鸡油菌 *Cantharellus cerinoalbus*、小鸡油菌 *Cantharellus minor*、金黄喇叭菌 *Craterellus aureus*、长裙竹荪 *Phallus indusiatus*、花脸香蘑 *Lepista sordida*、脱皮大环柄菇 *Macrolepiota detersa*、长根小奥德蘑 *Oudemansiella radicata*、糙皮侧耳 *Pleurotus ostreatus*、铜绿红菇 *Russula aeruginea*、间型鸡𭀻 *Termitomyces intermedius*、金耳 *Naematelia aurantialba*、银耳 *Tremella fuciformis* 等，其中毛木耳、长根小奥德蘑、糙皮侧耳、花脸香蘑、金耳、银耳是可在实验室进行人工栽培驯化的食用菌资源。

5.1.2　药用菌资源

本次调查发现罗霄山脉药用菌有136种，其中虫草属 *Cordyceps*、灵芝属 *Ganoderma* 和木层孔菌属 *Phellinus* 的种类最多，各7种，其次是线虫草属 *Ophiocordyceps* 6种，红菇属、硬皮马勃属 *Scleroderma* 和栓菌属 *Trametes* 各5种。具较高药用价值的种类包括有消炎、利尿、益胃、抑制肿瘤作用的假芝 *Amauroderma rugosum*；具增强免疫力作用，可治疗失眠和抑制肿瘤的蜜环菌 *Armillaria mellea*；具止血化痰、抑肿瘤、抗菌、补肾、治疗支气管炎等功效的蛹虫草 *Cordyceps militaris*；具祛风、除湿、抑制肿瘤作用的红缘拟层孔菌 *Fomitopsis pinicola*；有健脑、抑制肿瘤、降血压、抗血栓、增强免疫力等作用的灵芝 *Ganoderma lingzhi*；具消炎、利尿、益胃、抑制肿瘤作用的紫芝 *Ganoderma sinense*；具抗炎、抑制肿瘤和抗氧化作用的桑黄 *Sanghuangporus sanghuang*；有清热、消炎、抑制肿瘤和治疗肝病作用的云芝 *Trametes versicolor*；以及具利尿、补肾、增强免疫力作用的黑柄炭角菌 *Xylaria nigripes*（戴玉成和杨祝良，2008）。

5.1.3　毒菌资源

本调查研究显示，罗霄山脉有毒菌87种，其中鹅膏属 *Amanita* 毒菌种类最多，有17种，其次是红菇属5种。常见的毒菌有灰花纹鹅膏 *A. fuliginea*、裂皮鹅膏 *A. rimosa*、异味鹅膏 *A. kotohiraensis*、欧氏鹅膏 *A. oberwinklerana*、假褐云斑鹅膏 *A. pseudoporphyria*、残托鹅膏有环变型 *A. sychnopyramis* f.

subannulata、近江粉褶蕈 *Entoloma omiense*、臭粉褶蕈 *Entoloma rhodopolium*、长沟盔孢伞 *Galerina sulciceps*、裂丝盖伞 *Inocybe rimosa*、变蓝灰斑褶伞 *Panaeolus cyanescens*、疸黄粉末牛肝菌 *Pulveroboletus icterinus* 和点柄黄红菇 *Russula senecis*，其中灰花纹鹅膏、裂皮鹅膏和长沟盔孢伞为剧毒菌，含极毒的鹅膏毒素，为肝损害型，有很高的致死率（陈作红等，2016）；异味鹅膏、欧氏鹅膏、假褐云斑鹅膏的毒性为急性肾衰竭型；残托鹅膏有环变型、裂丝盖伞、变蓝灰斑褶伞为神经精神型毒菌；近江粉褶蕈、臭粉褶蕈、疸黄粉末牛肝菌、点柄黄红菇为胃肠炎型毒菌。

5.1.4 大型真菌资源的可持续开发利用

对于我国大型真菌资源的保护和可持续利用，菌物学家李玉院士提出在菌物多样性调查的基础上，构建“一区一馆五库”体系，这对全面、持续和平衡地保护菌物物种多样性、遗传多样性和生态多样性等具有重要作用，是一项功在当代、利在千秋的重要基础性工作。大型真菌资源可从菌种驯化、发酵生产、生物活性物质筛选及功能基因筛选等方面，研究开发利用的关键技术，推动其可持续发展（宋斌等，2018）。本研究在对罗霄山脉大型真菌物种多样性调查的过程中，将采集鉴定的 5100 多份标本进行了数据信息录入，并长期保存在国际认可的广东省科学院微生物研究所真菌标本馆（国际代码 GDGM）中，同时也分离了一些具有重要经济价值的菌种进行保藏，可为其后续研究和开发利用提供标本材料和种质资源，对于该地区大型真菌的异地保护和可持续利用具有重要意义。

5.2 大型真菌资源的生态保护评价

5.2.1 环境变迁对大型真菌资源的影响

本调查研究显示，罗霄山脉从北至南的 5 条山脉大型真菌资源分布存在差异，大致为：幕阜山脉大型真菌有 115 种、九岭山脉 168 种、武功山脉 77 种、万洋山脉 220 种、诸广山脉 193 种，这表明罗霄山脉南部的大型真菌物种多样性明显较高，而中北部物种多样性相对较低。

大型真菌是生态系统中不可或缺的组成部分，在地球生物圈的物质循环和能量流动中发挥着不可替代的作用，具有重要的生态价值，许多食药用菌与人类生产生活密切相关，具有重大的社会经济价值。我国是生物多样性受威胁最严重的国家之一。资源过度利用、环境污染、气候变化、生境丧失与破碎化等因素，不仅导致部分动植物多样性降低，也威胁着大型真菌的多样性（生态环境部和中国科学院，2018）。罗霄山脉部分生态系统如亚热带红壤丘陵山地森林、热性灌丛及草山草坡植被生态系统等常常面临着人为活动强烈、土层变薄、土地严重过垦、土壤质量明显下降、生产力逐年降低等问题（张军涛等，2002），这些问题将会对当地大型真菌物种多样性产生严重影响。

著名真菌学家戴芳澜先生在井冈山东麓江西泰和发现的我国特有种细小地舌菌 *Geoglossum pusillum* 自 1944 年发表描述以来再无报道，为极危种，本次调查也尚未发现。细小地舌菌分布范围有限，难以适应环境的快速变迁，土地开发利用、城市化等导致的栖息地丧失和退化都可能导致其濒危或灭绝。渐危种竹黄 *Shiraia bambusicola* 是我国著名药用菌，应用历史较长，曾在武功山被报道（朱鸿等，2004），本次调查同样未发现。竹黄分布范围相对较广，但作为重要的传统中药材，主要依赖于野生资源，大量的人工采摘已对其物种生存造成了显著的威胁。朱鸿等（2004）也曾报道武功山有著名食用菌猴头菇 *Hericium erinaceus*，该物种属渐危种，本次调查也尚未发现。虽然猴头菇已经开始规模化人工栽培，但其野生资源有限，种群显著衰退，同样面临着严重威胁。本次调查发现的金耳 *Naematelia aurantialba* 也是受威胁的食药用大型担子菌。

生态环境的破坏对大型真菌的生存产生了严重影响。近些年生态旅游观光产业的蓬勃发展，使得部分保护区和森林公园等遭到过度开发，毁林修路、建房、建娱乐设施等现象普遍，区域内大型真菌的栖息地遭到破坏，生长面积不断缩小和碎片化，加之游客数量越来越多，过度的人为干扰和采摘、环境污染等，严重影响了大型真菌的正常生长，其物种数量呈减少趋势，这一现象在井冈山国家级自然保护区、九宫山国家级自然保护区、萍乡市芦溪县武功山等区域较为严重。相关物种及其生态环境亟待保护。

5.2.2　关于大型真菌生态保护策略

为了更好地保护大型真菌的生存环境，合理利用大型真菌资源，作者在对罗霄山脉大型真菌物种多样性调查和威胁因子分析的基础上，对该地区的大型真菌生态保护和管理提出如下建议。

1）在大型真菌栖息地生态环境脆弱或人为干扰严重的区域（如武功山）建立大型真菌物种多样性或重要物种保育区，减少游客等人为因素的干扰；同时制定大型真菌物种多样性监测方案，监测大型真菌种群数量和物种多样性的动态变化。

2）加强对大型真菌的调查与评估工作，尤其是对重要物种或受威胁严重物种需进行专项调查评估，制定科学的保护措施。本次调查结果显示，鸡坳和灵芝等一些物种过度采挖严重，种群出现衰退迹象。如果不合理控制采挖量和采用正确的采挖方式，并采取一定的保护措施，这些物种很可能在未来很短的时间内陷入受威胁状态。

3）建立和健全重要物种的就地保护和迁地保护政策体系。

大型真菌生活方式有腐生和共生等，一些与动植物共生的重要和受威胁物种不能进行实验室人工培养和驯化，应主要采取就地保护措施，这就要求在野外建立相应的物种保护区和保育区，健全法律法规体系，对重要物种加强法律保护，加大执法力度，限制或禁止商业性开发利用。

此外，对一些腐生的重要和受威胁物种，应对其进行菌种分离和驯化栽培，加快其物种基因库和菌种资源库建设，进行异地保护。同时可对菌种进行发酵生产、生物活性物质筛选及功能基因筛选等研究，研发菌物资源可持续利用的关键技术，从而推动菌物资源的可持续开发利用。

4）加强大型真菌科普宣传工作，加深民众对该类生物的认识和增强民众的保护意识。

较之动物和植物，大型真菌的知名度和受重视程度显得相对薄弱。广大群众对该类群了解较少，因此急需加强大型真菌的科普知识宣传工作，建立菌物标本馆、菌物博物馆及菌物科普长廊等，让大型真菌文化融入日常生活中去，加深民众对大型真菌资源的认识和增强民众的保护意识，让广大群众共同参与到大型真菌的保护中去。本研究在对罗霄山脉大型真菌物种多样性调查的过程中，将采集鉴定的 5100 多号标本在国际认可的广东省科学院微生物研究所真菌标本馆进行长期保存，并通过实物展示和科普讲解，让民众了解更多的相关科学知识，以便对大型真菌进行合理的保护和利用。

5）国家及相关部门加大人力、财力的投入。

大型真菌研究队伍和研究力量相对薄弱，急需政府部门对该类研究领域给予政策倾斜，加大资金投入和支持力度，加快推动大型真菌物种多样性研究和重要物种的调查评估工作。同时，也要加快大型真菌的科学研究，只有在科学研究的基础上，才能制定出更有效的物种保护政策和措施，两者有机结合才能达到良好的物种保护效果。

第6章　罗霄山脉区域生态保护现状与保护策略

罗霄山脉自北至南，涵盖3省14地级市55县区，南北长约516 km，东西宽175～285 km。整体罗霄山脉地区，山地与农田构成“八山一水一田”的格局，一方面经济发展困难，另一方面保存有丰富的自然资源、生态环境资源。当下，随着社会经济的发展、人口的增加，人类对自然的索取和对环境的干扰日益加剧，因而生物多样性正面临着严重的威胁。就罗霄山脉而言，自北至南散布有大量各类风景名胜区、森林公园、地质公园、旅游度假村等，这也加剧了生态保护的难度。为了促进国民经济发展，可有效、适度地利用区域生态环境资源，使之得到可持续发展，本章拟在实地考察的基础上，结合相关文献资料，对罗霄山脉各类自然保护区、地质公园、森林公园等进行全面评价，以期加强对自然山地、生物多样性的保护，以及提出相应可行的保护管理措施。

6.1　罗霄山脉各类自然保护地现状与评价

目前，建立各类自然保护地是保护区域自然资源、生物多样性，维护生态平衡、生态安全，保持生态可持续发展的重要手段。据粗略统计，在罗霄山脉已建立了各类重要的自然保护地约101处，其中自然保护区共包括国家级自然保护区11处，省级自然保护区18处，县级自然保护区38处，各类森林公园、地质公园、风景名胜区34处（表6-1），其他各类山地与城建区交界的生态公园、市政公园尚未涵盖在内。

表6-1　罗霄山脉自北至南5条中型山脉分布的各级自然保护区

山脉	国家级自然保护区数量	省级自然保护区数量	县级自然保护区	自然保护区面积（hm^2）	森林公园/风景名胜区/地质公园	各类保护地数量小计
幕阜山脉	2	4	2	82 129.8	3	11
九岭山脉	2	5	13	101 278	9	29
武功山脉	1	4	14	43 041.2	12	31
万洋山脉	5	2	7	122 867	6	20
诸广山脉	1	3	2	43 413	4	10
合计	11	18	38	392 729	34	101

《中华人民共和国自然保护区条例》规定：“凡具有下列条件之一的，应当建立自然保护区：（一）典型的自然地理区域、有代表性的自然生态系统区域以及已经遭受破坏但经保护能够恢复的同类自然生态系统区域；（二）珍稀、濒危野生动物物种的天然集中分布区域；（三）具有特殊保护价值的海域、海岸、岛屿、湿地、内陆水域、森林、草原和荒漠；（四）具有重大科学文化价值的地质构造、著名溶洞、化石分布区、冰川、火山、温泉等自然遗迹；（五）经国务院或者省、自治区、直辖市人民政府批准，需要予以特殊保护的其他自然区域。”从罗霄山脉各自然保护区来看，几乎符合上述5个条件。

相应地，依据《中华人民共和国森林法》和其他法规，各级政府还建立了大量的森林公园、地质公园等。森林公园是指依法设立，以森林资源为依托，具有一定规模和质量的森林风景资源与环境条件，可供人们游览、休闲和进行科学研究、文化教育等活动的区域。其蕴含着生态保护、生态建设、生态哲学、生态伦理、生态美学、生态教育、生态艺术、生态宗教文化等各种生态文化要素。目前，随着人们对环境的要求越来越高，发展森林公园生态旅游，是实现可持续生态旅游的重要方式之一（刘国明等，2012；张舜等，2007）。

无疑，以上 67 处自然保护区、33 处森林公园/地质公园等保护地，为自然资源较丰富的区域，其生态环境保护良好，本章通过对这些区域的实地考察和评价，以及针对若干潜在区域的评价，以期对整体罗霄山脉未来的生态保护提供可资借鉴的规划方案和适宜的管理措施。

6.1.1　自然保护区现状与评价

根据罗霄山脉自然保护区森林覆盖率、生物多样性和结构程度、珍稀濒危物种和特有种数、人为干扰程度等综合因素，可将其分为如下三大类。

第一类：资源丰富，开发力度小，有桃源洞自然保护区、官山自然保护区、八面山自然保护区、井冈山自然保护区、高天岩自然保护区、南风面自然保护区、羊狮慕自然保护区、茶陵湿地自然保护区等。这一类自然保护区地理位置和气候条件优越，山体垂直海拔较高，植被茂密且多样，资源丰富，生态环境保护较好，生物资源十分丰富，物种多样性程度很高，且珍稀濒危物种和特有种较多。

根据实地考察，安福县羊狮慕自然保护区和莲花县高天岩自然保护区有相当多的原始森林及竹林，区系成分十分复杂，植物资源非常丰富。尤其是羊狮慕自然保护区的武功山主峰，在海拔 1300 m 以下主要是阔叶林和竹林，再往上便是针叶林，其森林植被覆盖完好，除了道路和建筑等一些活动场所之外没有覆盖，其余大部分为森林景观。虽然有一定的人流量和开发，但物种保存完好，如含有较多的特色种质资源如武功山冬青、武功山异黄精、武功山阴山荠等，以及珍稀濒危保护植物如疏花虾脊兰、红椿 *Toona ciliata*、伯乐树 *Bretschneidera sinensis* 等。

在昆虫多样性方面，井冈山、桃源洞、南风面这 3 个自然保护区毗邻，形成了一大片林区。保护区内低海拔地区以人工林和竹林为主，开发程度较高，昆虫多样性较低。中海拔地区以阔叶林和竹林为主，环境较好，水系发达，溪流较多且水流量大，昆虫资源丰富，珍稀濒危昆虫种类较多，物种多样性较高。高海拔地区植被多样且竹林较少，以阔叶杂木林和高山草甸为主，此段海拔特有种和珍稀昆虫尤为丰富。国家一级重点保护野生动物金斑喙凤蝶 *Teinopalpus aureus* 于罗霄山脉中仅发现于井冈山自然保护区内。另外两个保护区内拥有数十种三有保护动物，如巨叉深山锹甲 *Lucanus hermani*、金裳凤蝶 *Troides aeacus*、宽尾凤蝶 *Agehana elwesi* 等。这一地区的特有种主要有井冈山长须蚁甲 *Cratna jinggangus*、井冈山锥须蚁甲 *Centrophthalmus jinggangshanus*、井冈山刺胸蚁甲 *Tribasodites jinggangshanus* 等。不仅如此，七大类昆虫资源也均较为丰富，有数百种，如蚤瘦花天牛 *Strangalia fortunei*、浓紫彩灰蝶 *Heliophorus ila*、竹木蜂 *Xylocopa nasalis* 等。八面山自然保护区和官山自然保护区毗邻，植被类似：基础海拔为 1000 m，以杉木林和杂木林为主，常见观赏及工艺昆虫和天敌昆虫，如异色瓢虫 *Harmonia axyridis*、密纹飒弄蝶 *Satarupa monbeigi* 等；海拔 1400～1600 m 以上为阔叶林和杂木林，树密且高，昆虫多样性高且数量相当多；海拔 1600～2000 m 有大片高山草甸，但是在山的北面海拔约 1700 m 处有大片的杜鹃林和杂木林，主峰海拔 1900 m 处有大片矮竹林；高海拔地区特有种有八面山毛触蚁甲 *Batriscenellus bamianshanus*、八面山隆线隐翅虫 *Lathrobium bamianense* 等。

第二类：资源丰富，开发力度较大。齐云山自然保护区、芦溪武功山金顶、九宫山自然保护区、明月山自然保护区、幕阜山自然保护区、三天门自然保护区、大岗山自然保护区等，这些自然保护区植被覆盖率较高，物种也较为丰富，但由于三天门自然保护区、芦溪武功山金顶等处于旅游核心地带，受人为干扰因素较多，特别是金顶每年的帐篷节等，对当地的生态环境造成了一定的压力，加上为了满足游客的需求，修建了许多游道等设施，造成生境的片段化，使得珍稀濒危物种和特有种较少。而大岗山自然保护区虽然避免了旅游的压力，但是竹林植被较多，植被资源相对较少于以上自然保护区。齐云山自然保护区虽然地理环境优越且最高海拔为 2061 m，但由于当地村民有上山砍柴的习俗，植被遭到了一定的破坏。九宫山自然保护区近山顶处人为高度开发，有大量居民长期居住，修建了许多街道、游道、路灯等设施，造成生境的片段化，使得珍稀濒危物种和特有种较少。明月山自然保护区连接羊狮慕和武功山，但是由于山顶修建火车轨道，森林的完整度被破坏。官山自然保护区位于赣西北九岭山脉西段的宜丰、铜鼓两县境内，面积巨大，是江西省建区最早的国家级自然保护区之一，由于该保护区海拔落差太小，特有种稀缺，且为著名的山岳型风景旅游区，周末、节假日的人流量较大，对当地的生态环境造成了一定的压力。幕阜山自然保护区中低海拔地区以低矮的杂木林、竹林和松树林为主，开发程度很高，生物种类和数量均较少；而在 1600 m 以上的高海拔地区，沿路植被以杉木林为主，山顶几乎全是灌木和松树林，杂木林很少，几乎没有高大阔叶林。

第三类：资源相对贫乏，开发力度较大。这类自然保护区有蒙山自然保护区、锅底潭自然保护区、猫牛岩自然保护区、石门寨自然保护区等，这些自然保护区可保护资源较少，保护程度一般，具有一定的植物种类，但受人为干扰程度比较大，原始森林不多，仅残存部分次生林。位于分宜县的石门寨自然保护区，主要保护白颈长尾雉及森林生态系统，群落多样性简单，特有种和珍稀濒危物种在此处没有调查到，目前管理人员尚未到位，有待加强管理。泥洋山和萝卜潭自然保护区距离不远，环境类似，保护区内可保护资源较少，植被资源也较贫乏，人为干扰显著，有一定的昆虫资源，但是种数和数量均不多。第三类保护地，宜加强封山育林，促进其自然恢复。

6.1.2　森林公园现状与评价

本次考察调查了 25 处国家森林公园，根据其物种丰富度、森林覆盖率、是否具有观赏性及人文历史文化、地理位置、知名度等综合因素，可将其分为如下三大类。

第一类：明月山国家森林公园、武功山国家森林公园、神农谷国家森林公园、九龙江国家森林公园、大围山国家森林公园。明月山国家森林公园于 1984 年由国家林业局批复成立，园内植被茂盛，植被完好，多为原生态森林，森林覆盖率达 73%，是国家地质公园和省级风景名胜区，分布有南方红豆杉 *Taxus wallichiana* var. *mairei*、落叶木莲 *Manglietia decidua*、白及 *Bletilla striata* 等珍稀植物。武功山国家森林公园相对于明月山国家森林公园成立较晚，于 2002 年批复成立，同时也是国家地质公园和省级风景名胜区，主峰白鹤峰（金顶）海拔 1918.3 m，垂直落差大，为各类动植物提供了良好的栖息环境。神农谷国家森林公园接壤井冈山自然保护区，生态环境优良，水系发达，不仅有国家二级重点保护野生动物阳彩臂金龟 *Cheirotonus jansoni* 和多种三有保护动物，而且其他资源昆虫也较为丰富。湖南大围山国家森林公园低海拔地区以农耕地、人工林、果林和竹林为主，植被单调，多样性较低，而中海拔地区有大片竹林和杂木林，海拔 1500 m 以上为低矮的灌木林和小竹林，高海拔地区虽然开发程度较高，但是仍然在海拔 1200～1500 m 处存留有大片壳斗类森林，为大型鞘翅目昆虫提供了优良栖息环境。九龙江国家森林公园地处郴州、韶关、赣州三角地带，保存有完整的原始次生林及南岭山脉低海拔沟谷阔叶林，地理环境优越，保护力度较大，使得该公园内有大量昆虫分布。

第二类：阳岭国家森林公园、三爪仑国家森林公园、江西五指峰国家森林公园、云阳山国家森林公园、上高县省级森林公园、宜丰县省级森林公园、百丈峰省级森林公园、玉壶山省级森林公园、分宜县大砻下省级森林公园、江西省三尖峰森林公园、江西省寒山森林公园、江西省马形山森林公园、江西省仙隐洞森林公园、江西省湖仙山省级森林公园、江西螺峰尖省级森林公园。这类森林公园在森林覆盖率、动植物资源、知名度等方面都没有第一类国家森林公园评价高，主要原因是其自然环境本身欠佳，加上人为干扰程度较高，因此吸引力较低。

第三类：安福县蒙岗岭森林公园、分宜县石门寨森林公园等，这类森林公园由于物种较为单一，并且没有风景优美的景点，相当部分或为人工林，总体上来说尚处在规划阶段，尚没有开展全面的森林改造或重建修复。

6.2　罗霄山脉苔藓植物资源及其对区域环境的响应

经调查研究，发现罗霄山脉苔藓植物 97 科 282 属 883 种（含种及种下分类单位），其中苔类 35

科 67 属 232 种，角苔类 4 科 4 属 5 种，藓类 58 科 211 属 646 种，物种丰富度高，总体上罗霄山脉苔藓植物表现出由温带向热带过渡的特征。罗霄山脉适宜、多变的气候为苔藓植物提供了良好的生长条件，但是不同区域的苔藓植物有不同的特点。

6.2.1　庐山

庐山位于罗霄山脉的最北缘，最高峰海拔 1400 多米，由于该区旅游业发达且历史悠久，因此区内景观人工化痕迹较重，人流压力较大，使得本区内伴人苔藓种类较多，尤其是主景区五老峰为庐山云雾茶的种植区，植被亦受到较严重的人为干扰，以低矮的旱生性苔藓植物为主。本区生态环境保护与旅游业调和是一个值得注意的问题。

6.2.2　官山

官山纬度较庐山略低，保护区实验区以竹林及人工林为主，伴人苔藓较多。但核心区内植被保护较好，且区内湿度大，常年云雾缭绕，为苔藓植物的生长创造了良好条件。其核心区生境多样，苔藓植物盖度大，树生及叶附生苔藓植物丰富，如平藓科、木灵藓科、青藓科等常长满树干，河流、小溪边的苔藓植物盖度大，种类多，极有特色（图 6-1）。圆叶裸蒴苔在本区内极为常见。

(1)长于叶面的尖叶薄鳞苔 *Leptolejeunea elliptica*　(2)生于岩面的长柄绢藓 *Entodon macropodus*

(3)生于树枝上的卵叶毛扭藓 *Aerobryidium aureonitens*　(4)生于土面的褐角苔 *Folioceros fuciformis*

图 6-1　罗霄山脉不同生境下的苔藓植物（彩图见附图 1）

6.2.3　齐云山、五指峰

这两个保护区位于相邻的两个县——崇义县和上犹县，齐云山的南坡位于崇义县内，但其北坡位于上犹县，与五指峰相距很近。总体来说，这两个保护区内苔藓植物的种类组成比较相似，种类丰富，由于山体较高，存在比较明显的垂直梯度。另外，齐云山南坡海拔 1000 m 以下有一片区域有较大面积的泥炭藓（图 6-2），这在较低海拔区域比较罕见，作者与同行对此进行了交流，研究泥炭藓的专家对此很重视，东北师范大学卜兆君教授还特意前来考察。

图6-2 罗霄山脉齐云山泥炭藓沼泽（彩图见附图1）

作者还考察了齐云山与五指峰之间的犹江林场及陡水湖，与两个主体保护区相比，其受到的人为干扰较多，苔藓植物种类相对较少，但总体来说仍保护得较好。

6.2.4 井冈山

井冈山地形复杂，生境多样，植被整体保护较好，孕育了丰富的苔藓植物，总体而言，竹林中的苔藓植物相对较为贫乏。虽然到井冈山旅游的人较多，但井冈山面积较大，在旅游人群不到的地方，苔藓植物仍较丰富。对于井冈山来说，应加强旅游管理，保护现有植被群落及苔藓植物资源。

6.2.5 桃源洞

桃源洞与井冈山毗邻，是湖南东部一个较大的自然保护区，共检出苔藓植物200多种，总体来说，核心区内植物种类丰富，但缓冲区受人为干扰较明显。茶盐古道苔藓湿地可作为苔藓植物景观及生态旅游资源重点保护。

苔藓植物的应用较少，常用于园林景观和园艺保水的泥炭藓属、金发藓科、白发藓属、匐灯藓属、羽藓科、灰藓属等类群，目前濒危等级以“无危”为主，但上述类群近年来遭到越来越高强度的挖掘售卖，并常常大量分布于保护区核心地带以外的中低海拔地区，有必要对其种群动态进行后续关注。

6.3 生态可持续发展与保护策略

自然保护区及森林公园是资源保护和发展旅游的矛盾统一体，既要发展又要保护，才能更好地行使其功能。自然保护区和森林公园的建立不仅可以保护当地动植物资源，还可以促进旅游业的发展，以及行使科研教育的职能。为了更有效地保护当地植被和物种资源，最大化实现资源利用价值，提出以下几点发展建议。

6.3.1 进行科学的统一规划和管理

尽管罗霄山脉的部分自然保护区和森林公园保护得较好，但也存在一些共同的问题，尤以人为行政区的划分造成生境隔离的现象最为典型。例如，武功山，一部分归萍乡市芦溪县相关部门管辖，一部分归吉安市安福县相关部门管辖，还有一部分归宜春市袁州区相关部门管辖，各单位部门管理的方式不一样、政策不一样等客观问题的存在，一方面导致该地区的生境片段化，阻碍各物种之间进行交流，另一方面由于界限模糊，会引起不同部门之间的纠纷和矛盾等，因此相关部门人员可将相近或类似的保护区整合起来，形成特定的保护区群，进行统一的规划和管理，在统一规划时特别要注意处理好保护和开发的关系。

6.3.2 纳入一批新的自然保护区和森林公园

自然保护区和森林公园的建立应该综合考虑物种丰富度、植被覆盖率、地理位置、濒危物种和特有种以及人为干扰即现阶段受破坏的程度等因素。根据罗霄山脉自然保护区和森林公园的保护现状，建议在保护薄弱的地方新建一批自然保护区和森林公园，并提升部分保护区等级。①建立分宜县大岗山萍蓬草 *Nuphar pumilum* 自然保护区，萍蓬草为国家二级保护植物，《中国物种红色名录》将其定为渐危（VU）种，物种受威胁严重，又具有多种价值，因此保护萍蓬草具有重要的生态价值、经济价值、科研价值。②遂川县高坪自然保护区作为候鸟重要的迁徙通道和兰科植物的重要分布区，建议将其升级为省级自然保护区。③湖南省资兴市顶辽银杉省级自然保护区自然生态环境保护良好，生物多样性程度高，植物区系具有完整性、古老性、典型性、复杂性和特有性等特征，建议将其晋升为国家级自然保护区。

此外，综合考虑罗霄山脉的资源特征、土地权属、基础设施和游憩环境，可筹备建设“罗霄山国家公园试点”，罗霄山国家公园的建立将更加合理地整合自然资源和人文资源，使得罗霄山脉的核心资源与特色能够更有效地被保存与发展。

6.3.3 加大保护资金投入，建立健全保护机制

据调查，有相当一部分自然保护区投入资金极度匮乏，严重制约了其对资源的有效保护和合理利用，也无力支持地方经济的发展，如锅底潭自然保护区、猫牛岩自然保护区、安福县蒙岗岭森林公园等，可加大对这些地区的资金投入，增加其保护力度和开发程度，这样才能有效发挥保护区及森林公园在生态环境建设中应有的示范作用。同时，也要加强队伍建设，对保护区及森林公园管理人员加强培训，培养一支高素质的自然保护区及森林公园人员队伍，确保自然保护区及森林公园事业长期健康发展。

6.3.4 探索新的可持续开发策略

有很多保护区管理机构队伍不健全，缺乏科学规划和有效的管理监督。因此，一方面要加强管理，要严禁采伐林木和非法征占用林地；要加强森林防火和林业有害生物防治；要加强封山育林、低产低效林改造、针叶林补阔叶树改造等，以提高森林质量和功能。另一方面，要充分考虑可持续利用，不能对野生动植物资源掠夺式地破坏，并且除了对目标物种的保护，还要加强对其伴生群落和生态系统的保护。

6.3.5 均衡各保护区与森林公园保护

根据罗霄山脉自然保护区和森林公园的保护现状，省级综合管理部门和地方行政主管部门不仅要对生物多样性丰富的井冈山、桃源洞、武功山、官山、八面山等地区进行保护，同时也要加大对其他市县级自然保护区和森林公园，如蒙山自然保护区、高坪自然保护区、大岗山自然保护区、分宜县石

门寨森林公园等的投入和管理开发力度，并加大其建设力度。因此，应统筹协调不同保护区和森林公园的建设，使各保护区和森林公园能均衡发展，从而从整体上提升境内各保护区和森林公园的综合管理水平。

6.3.6 加强保护区与森林公园的科教宣传

生物多样性是否能被有效地保护和利用，在很大程度上取决于公众的意识及行为方式。因此，通过各种途径和方式进行宣传教育，强化和提高人们保护物种多样性的意识，是有效保护和综合利用各类资源的重要基础。对于资金较为充足的保护区和森林公园，可在保护区和森林公园内建立规范的生物标本馆（室），一方面可及时保存和鉴定采集到的生物标本，为自然保护区和森林公园内的生物资源提供历史记录，方便今后开展广泛的研究交流工作；另一方面可为在保护区和森林公园内开展公众科普教育活动提供很好的素材。

第 7 章 罗霄山脉典型植物群落及其结构特征

罗霄山脉地处我国中亚热带东部湿润型季风气候区，保存着大面积的原生林和原生性较强的天然常绿阔叶林。本次针对罗霄山脉的植被和植物群落进行了较全面的考察。罗霄山脉植被系统可划分为 4 个植被型组、12 个植被型，包括常绿针叶林、针阔叶混交林、常绿阔叶林、常绿落叶阔叶混交林、落叶阔叶林、竹林、常绿阔叶灌丛、落叶阔叶灌丛、竹丛、灌草丛、草本与藓类沼泽、水生植被。常绿阔叶林为本区的地带性植被类型，北段的幕阜山脉和九岭山脉具有较高比例的落叶阔叶林优势度型；南段的万洋山脉和诸广山脉则是常绿阔叶林占明显优势，并且在低海拔沟谷地段发育有亚热带沟谷季雨林。海拔是影响罗霄山脉物种分布的主要因素，植被在各山脉的分布呈现垂直地带性，且垂直带谱的结构从低纬度至高纬度趋于简单，同一垂直带的海拔随着纬度自南向北逐渐降低。

为充分展现罗霄山脉的植被、植物群落特征，本书在《罗霄山脉生物多样性综合科学考察》及《中国井冈山地区生物多样性综合科学考察》两部专著植被研究的基础上，将未全面收录展示的关于群落组成、结构和动态的部分代表性论文收录于此，作为补遗，以供参考。

7.1 罗霄山脉中段西坡台湾松＋檫木群落的结构特征

檫木 *Sassafras tzumu* 隶属于樟科 Lauraceae 檫木属 *Sassafras*，是中国特有种。其所在的檫木属是典型的东亚和北美洲间断分布属，全属仅 3 种，中国 2 种，即檫木和台湾檫木 *Sassafras randaiense*，台湾檫木特产于我国台湾，第三种为北美檫木 *Sassafras albidum*，分布于北美洲。檫木为落叶乔木，属中亚热带深根树种，分布于长江流域以南各地。根据《中国植物志》以及相关标本查阅情况，檫木的自然分布区为 23°N～32°N，102°E～122°E。檫木木材浅黄色，纹理通直，花纹明显美观，木工性能优良，细致耐用，为优良的造船材、室内装修材及上等家具用材。种子含油，可用于制造油漆。树皮及叶可入药，有祛风除湿、活血散瘀之功效。

目前，我国对檫木的研究主要集中在形态学解剖特征（王馨等，2014；蒋艾民等，2016；王馨等，2016）、林业生产（尹瑞生，1982；张传峰，1980；黄旺志等，2000）与病虫害防治（江鸿等，2005；张立军和周丽君，1988；汪爱平等，1983；舒培林等，1966）等方面，而在群落学研究方面，大多简单描述檫木人工林，或檫木混交林中檫木的生长状况，而对于天然檫木林未见群落学研究报道。

野生檫木在武陵山脉、雪峰山脉及湘赣两省交界的武功山脉、九岭山脉一带分布较多，保存较好，但多为零星分布，未见形成大片优势群落。在桃源洞地区发现的檫木群落是至今为止极为少见的天然林群落。另外，檫木属属于洲际间断分布，被认为是第三纪孑遗成分（Li，1952；吴征镒，1991；张宏达，1998），该分布区类型在中国仅有 121 属（吴征镒，1991，1993），其中，相当部分木本属构成的森林群落被认为是第三纪北半球高度发达的温带森林的残余成分，对追溯被子植物在白垩纪的早期起源，说明“北美板块与欧亚板块”的古气候、古环境特征，以及揭示植物区系的区域亲缘关系均具有重要意义（Boufford and Spongberg，1983；Graham，1972；Raven，1972，1974；Wen，1999）。

本节针对野生檫木群落的外貌、组成、结构、物种多样性、演替趋势以及种间联结等方面开展研究，一方面可以揭示野生檫木种群的生存状况，另一方面可以阐明相关群落特征、植被历史，还能为探讨檫木属东亚和北美洲间断分布的演化过程提供群落学证据。

7.1.1 台湾松+檫木群落样地设置及数据分析

1. 研究区自然地理概况

桃源洞国家级自然保护区位于湖南省炎陵县，地处罗霄山脉中段西坡，地理坐标为26°18′00″N～26°35′30″N，113°56′30″E～114°06′20″E，属中山地貌。本区地处中亚热带湿润性季风气候区，夏季高温，严冬凉爽，降水丰富，日照时间较短而多雾。海拔1000 m以下，年平均气温14.4℃，年降水量1967.9 mm；海拔1000 m以上，年平均气温12.3℃，年降水量2292 mm。保护区内地形复杂，小气候类型多样，气候垂直变化大，具有典型的山地气候特征。土壤分属4个亚类：山地草甸土（分布海拔1700 m以上）、山地黄棕壤（分布海拔1200～1700 m）、山地暗黄壤（分布海拔650～1200 m）和山地黄红壤（分布海拔650 m以下）（谭益民和吴章文，2009）。

自然植被分布良好，保存有许多珍稀濒危物种、孑遗种，常形成大面积的孑遗植物群落，如银杉群落、资源冷杉群落、福建柏群落、南方铁杉群落和大果马蹄荷群落等（刘忠成，2016），显示桃源洞自然保护区在植被、区系地理学方面有重要价值。

2. 样地设置与调查

研究样地位于桃源洞国家级自然保护区梨树洲，地理位置26°20′22.33″N，114°00′14.94″E，海拔1595 m。设置样地3000 m^2，划分为30个10 m×10 m方格，采用单株每木记账调查法，起测径阶≥1.5 cm，高度≥1.5 m，调查样方内乔灌木，记录种名、胸围、高度、冠幅、株数等；再在每个方格内设置1个2 m×2 m的小样方，记录样方中草本和乔灌木幼苗，包括种名、高度、株数（丛数）和盖度等。

3. 数据分析

根据野外调查所得数据，对檫木群落的种类组成、群落结构、物种多样性及群落演替动态等进行分析。

（1）重要值计算

根据王伯荪等（1996）的测度方法，计算乔灌木的重要值（IV）。

乔木重要值=（相对多度+相对频度+相对优势度）/3×100%

灌木重要值=（相对多度+相对频度+相对盖度）/3×100%

式中，相对多度指在样地中某一物种的个体数目与该样地中全部物种的个体数目的比值；相对频度指样地中某一物种出现的样方数与总样方数的比值；相对优势度指样地中某一物种的胸高断面积总和与样地面积总和的比值，它反映了物种在群落中的优势度；相对盖度常用于度量没有明显主干而多分枝的灌木，或丛生状的草本，指样地中某一物种的盖度面积总和与样地面积总和的比值。

（2）群落物种多样性计算

采用Simpson多样性指数（D）、Shannon-Wiener多样性指数（H），以及Pielou均匀度指数（EH）3个指数进行测度（马克平等，1995a）。公式如下。

$$D = 1 - \sum_{1}^{N} P_i^2$$

$$H = -\sum_{1}^{N} P_i \ln P_i$$

$$\mathrm{EH} = H / \ln S$$

式中，$P_i=N_i/N$，i为随机第i种，N_i为i物种的个体数，N为观察到的样方内个体总数，S为样方内全部物种总数。

（3）频度分析

按Raunkiaer的方法（王伯荪等，1996），将频度划分为5个等级：1%～20%为A级，21%～40%

为 B 级，41%～60%为 C 级，61%～80%为 D 级，81%～100%为 E 级。并与 Raunkiaer 群落标准频度级进行比较。

（4）年龄结构分析

采用胸径级分析年龄结构。乔木树种间的胸径级差别在不同级差间具有不同意义。本节大乔木以 5 cm、小乔木以 2 cm 为一个径级尺度，作胸径级分布频度图，进而探讨某一种群的年龄结构。

（5）种间联结

采用王伯荪等（1996）的种间联结测度，探讨群落中物种的种间关系。种间联结研究基于 2×2 联列表，公式如下。

共同出现百分率（PC）：$\mathrm{PC}=\dfrac{a}{a+b+c}$

χ^2 检验：$\chi^2=\dfrac{\left(\left|ab-bc\right|-0.5N\right)^2 N}{(a+b)(c+d)(a+c)(b+d)}$

联结系数（AC）：

当 $ad \geqslant bc$ 时，$\mathrm{AC}=(ad-bc)/(a+d)(b+d)$；

当 $ad \leqslant bc$ 时，$\mathrm{AC}=(ad-bc)/(b+d)(d+c)$。

点相关系数（PCC）：$\mathrm{PCC}=\dfrac{ad-bc}{\sqrt{(a+b)(a+c)(b+d)(c+d)}}$

式中，a 为两个物种均出现的样方数；b 为仅 b 种出现的样方数，c 为仅 c 种出现的样方数，d 为两个物种均没有出现的样方数。为方便计算，令 b 大于 c，否则就调换 b、c 的种序。

当 $3.841 \leqslant \chi^2 \leqslant 6.635$ 时，表明种间联结性显著；

当 $\chi^2 > 6.635$ 时，表明种间联结性极显著；

当 $\chi^2 < 3.841$ 时，表明种间联结性不显著。

AC 与 PCC 为负，则相联结的种为负相关关系，反之若为正则相联结的种为正相关关系；AC 和 PCC 的绝对值越大，则种间相联结的关联程度越大。

在本例子中，台湾松与檫木的种间联结达极显著水平（$\chi^2 > 6.635$，$P<0.01$），二者的 AC 和 PCC 值为正值且绝对值较大，说明该群落中台湾松与檫木的种间联结呈极显著正相关关系；但台湾松和檫木与交让木、毛漆树、鹿角杜鹃、格药柃、东方古柯和尖萼毛柃的 AC 和 PCC 值均为负值，说明该群落中台湾松和檫木与这些优势种的种间联结呈负相关关系。

另外，台湾松和檫木与银木荷、蓝果树、尾叶樱桃、江南山柳、红柴枝、香冬青和马银花的 AC 和 PCC 值均为正值且数值较小，说明该群落中台湾松和檫木与这些优势种的关联程度较低，其种间竞争和排斥关系不明显。

7.1.2　群落外貌和群落种类组成

1. *群落外貌*

桃源洞台湾松+檫木群落林冠层凹凸不平，起伏较大且不连续，郁闭度较高，为 0.7～0.9。本群落为常绿落叶针阔叶混交林，常绿乔灌木占优势，但分布于群落林冠层的高大乔木如檫木、蓝果树、缺萼枫香树（*Liquidambar acalycina*）等多为落叶乔木，因此，群落季相变化明显，春夏季呈浅绿色至深绿色，而秋冬季呈现黄色斑块或淡黄绿色。

2. *种类组成和地理成分分析*

桃源洞台湾松+檫木群落共有维管植物 45 科 73 属 126 种（表 7-1），分别占桃源洞自然保护区野生维管植物科、属、种总数的19.31%、8.31%和6.27%。其中，蕨类植物8科9属11种，裸子植物2科2属2种，被子植物35科62属113种。从属种的丰富度来看，种子植物中以蔷薇科（6属11种）、山茶科（5属12种）、杜鹃花科（5属11种）、樟科（5属10种）等为优势科，其次是木兰科 Magnoliaceae（4属4种）、壳斗科 Fagaceae（3属5种）等。木本植物105种，草本21种，其中常绿木本植物63种，落叶木本植物42种，常绿木本植物占木本植物总种数的60%。

表 7-1　桃源洞台湾松+檫木群落科、属、种组成

植物类别	科数	百分比（%）	属数	百分比（%）	种数	百分比（%）
蕨类植物	8	17.78	9	12.33	11	8.73
裸子植物	2	4.44	2	2.74	2	1.59
被子植物	35	77.78	62	84.93	113	89.68
总计	45	100	73	100	126	100

根据吴征镒（1991，1993）对种子植物属分布区类型的划分，对该群落的种子植物属组成进行统计，结果表明，该群落以热带性属占优势，共32属，占非世界属总数的52.46%；温带性属共29属，占非世界属总数的47.54%。群落中具有丰富的孑遗植物，如檫木、福建柏 *Fokienia hodginsii*、东方古柯、缺萼枫香树 *Liquidambar acalycina* 等。群落中东亚和北美洲间断分布区类型较丰富，除檫木属外，尚有木兰属、枫香树属 *Liquidambar*、蓝果树属 *Nyssa*、鼠刺属 *Itea*、绣球属 *Hydrangea*、锥属 *Castanopsis*、红淡比属 *Cleyera*、珍珠花属 *Lyonia*、石楠属 *Photinia* 等均为孑遗种，其他尚有漆树属 *Toxicodendron*、山胡椒属 *Lindera*、胡枝子属 *Lespedez* 等，共占非世界属总数的21.31%，包括13种，在一定程度上体现了该群落地理成分的古老性。

3. 生活型分析

按照 Raunkiaer 生活型谱对湖南桃源洞台湾松+檫木群落的生活型谱进行分析，结果表明，高位芽植物占73.02%，地上芽植物占23.02%，地面芽植物占1.59%，隐芽植物占2.38%，未发现一年生植物。该群落以高位芽植物占绝对优势，反映出群落所在区域气候在夏秋季节具有高温湿热的特征，并且自南至北呈现地带性变化规律，表现出高位芽植物递减、地面芽植物递增的趋势（曲仲湘等，1983）。通过与其他典型群落（李博，2000）进行比较（表7-2），发现该群落高位芽植物占比低于热带山地雨林、南亚热带季风常绿阔叶林，但高于暖温带落叶阔叶林，与三清山缺萼枫香树群落相近，这符合生活型的纬度地带性规律。但该群落的高位芽植物占比低于纬度更高的浙江中亚热带常绿阔叶林，这与两者均处于较低的海拔山地是相适应的。

表 7-2　桃源洞台湾松+檫木群落物种生活型组成

群落（地点）	生活型				
	高位芽植物（%）	地上芽植物（%）	地面芽植物（%）	隐芽植物（%）	一年生植物（%）
暖温带落叶阔叶林（秦岭北坡）	52.00	5.00	38.00	3.70	1.30
桃源洞台湾松+檫木群落（湖南东部）	73.02	23.02	1.59	2.38	0.00
三清山缺萼枫香树群落（江西东北部）	75.38	21.54	3.08	0.00	0.00
中亚热带常绿阔叶林（浙江天目山）	76.10	1.00	13.10	7.80	2.00
南亚热带季风常绿阔叶林（福建和溪）	87.63	5.99	3.42	2.44	0.52
热带山地雨林（海南五指山）	96.88	0.77	0.42	0.98	0.95

7.1.3 群落的垂直结构与重要值

1. 垂直结构

桃源洞台湾松+檫木群落内垂直结构层次明显，可划分乔木层、灌木层、草本层。乔木层又可分三个亚层，第一亚层高 24～32 m，以台湾松、檫木占优势，其次有蓝果树、银木荷、缺萼枫香树等；第二亚层高 10～24 m，以台湾松占优势，其次有江南山柳 *Clethra cavaleriei*、银木荷、多脉青冈 *Cyclobalanopsis multinervis*、石灰花楸 *Sorbus folgneri* 等；第三亚层高 5～10 m，以交让木、毛漆树占绝对优势，其次有尾叶樱桃 *Cerasus dielsiana*、香冬青 *Ilex suaveolens*、黄丹木姜子 *Litsea elongata* 等，其他为乔木层优势种的幼树。灌木层（高 1.5～5 m）植株密集，其总个体数占群落乔灌层植物总个体数的 70.27%，以鹿角杜鹃、格药柃、东方古柯占优势，其他有尖萼毛柃、马银花、吴茱萸五加 *Gamblea ciliata* var. *evodiifolia*、圆锥绣球 *Hydrangea paniculata*、鼠刺 *Itea chinensis*、尖连蕊茶 *Camellia cuspidata* 等。草本层较空旷，主要分布有楮头红 *Sarcopyramis nepalensis*、竹根七 *Disporopsis fuscopicta*、阳荷 *Zingiber striolatum*、锦香草 *Phyllagathis cavaleriei*、狗脊 *Woodwardia japonica* 等 21 种草本植物，还包括少数泡花树 *Meliosma cuneifolia*、日本扁枝越橘 *Vaccinium japonicum*、山橿 *Lindera reflexa*、吴茱萸五加等乔灌木层幼苗。

2. 重要值分析

本研究列出该群落乔灌木层重要值大于 1%的物种（表 7-3，表 7-4）。由表 7-3、表 7-4 可知，乔木层重要值大于 1%的物种共有 15 种，以台湾松占优，重要值为 23.241%，其次是檫木（15.302%）、交让木（12.852%）和毛漆树（10.021%）；灌木层中重要值大于 5%的物种有 8 种，以鹿角杜鹃占优，为 17.964%，其次是格药柃（14.048%）、东方古柯（10.590%）、尖萼毛柃（7.949%）、马银花（6.856%）。总体来看，桃源洞台湾松+檫木群落的乔木层中台湾松优势明显，且重要值大于 15%的物种仅有台湾松和檫木，而其他乔木树种的重要值均较小，优势不明显；灌木层中优势种的重要值差距不大。显然，群落组成呈多优势种状况。

表 7-3　湖南桃源洞台湾松+檫木群落乔木层主要物种的重要值

种名	株数	相对优势度（%）	相对多度（%）	相对频度（%）	重要值（%）
台湾松 *Pinus morrisonicola*	64	45.737	11.189	12.796	23.241
檫木 *Sassafras tzumu*	40	28.012	6.993	10.900	15.302
交让木 *Daphniphyllum macropodum*	108	5.932	18.881	13.744	12.852
毛漆树 *Toxicodendron trichocarpum*	78	5.053	13.636	11.374	10.021
银木荷 *Schima argentea*	21	6.286	3.671	10.900	6.952
蓝果树 *Nyssa sinensis*	29	2.003	5.070	8.057	5.043
尾叶樱桃 *Cerasus dielsiana*	30	2.792	5.245	6.195	4.744
江南山柳 *Clethra cavaleriei*	32	1.964	5.594	5.687	4.415
红柴枝 *Meliosma oldhamii*	26	2.119	4.545	4.739	3.801
香冬青 *Ilex suaveolens*	20	1.012	3.497	7.109	3.873
多脉青冈 *Cyclobalanopsis multinervis*	14	2.450	2.448	2.844	2.581
石灰花楸 *Sorbus folgneri*	15	1.345	2.622	3.318	2.428
黄丹木姜子 *Litsea elongata*	15	0.440	2.622	2.844	1.969
缺萼枫香树 *Liquidambar acalycina*	8	0.567	1.399	1.896	1.287
华南木姜子 *Litsea greenmaniana*	6	0.588	1.049	1.422	1.020

注：表中为重要值大于 1.000%的乔木，共计 15 种；重要值小于 1.000%的乔木共 37 种，略。

表 7-4　湖南桃源洞台湾松+檫木群落灌木层主要物种的重要值

种名	株数	相对盖度（%）	相对多度（%）	相对频度（%）	重要值（%）
鹿角杜鹃 *Rhododendron latoucheae*	358	19.426	26.479	7.986	17.964
格药柃 *Eurya muricata*	206	17.185	15.237	9.722	14.048
东方古柯 *Erythroxylum sinensis*	116	13.469	8.580	9.722	10.590
尖萼毛柃 *Eurya acutisepala*	115	7.007	8.506	8.333	7.949
马银花 *Rhododendron ovatum*	89	7.735	6.583	6.250	6.856
吴茱萸五加 *Gamblea ciliata* var. *evodiifolia*	77	7.455	5.695	6.597	6.582
圆锥绣球 *Hydrangea paniculata*	51	5.523	3.772	6.597	5.297
合轴荚蒾 *Viburnum sympodiale*	56	5.523	4.142	5.556	5.074
鼠刺 *Itea chinensis*	42	4.154	3.107	2.778	3.346
红果山胡椒 *Lindera erythrocarpa*	13	3.454	0.962	3.125	2.514
杜鹃 *Rhododendron simsii*	31	1.355	2.293	3.819	2.489
茶荚蒾 *Viburnum setigerum*	22	1.471	1.627	2.431	1.843
微毛山矾 *Symplocos wikstroemiifolia*	17	1.103	1.257	3.125	1.828
窄基红褐柃 *Eurya rubiginosa*	32	0.887	2.367	2.083	1.779
尖连蕊茶 *Camellia cuspidata*	20	0.987	1.479	2.083	1.516
半齿柃 *Eurya semiserrata*	14	1.058	1.036	1.736	1.277
南烛 *Vaccinium bracteatum*	8	1.079	0.592	1.736	1.136

注：表中为重要值大于 1.000%的灌木，共计 17 种；重要值小于 1.000%的灌木共 34 种，略。

7.1.4　群落物种的频度级与多样性指数

1. 频度级

频度（frequency）表示某一种群的个体在群落中水平分布的均匀程度（王伯荪等，1996），按照 Raunkiaer 频度定律对桃源洞台湾松+檫木群落进行物种频度分析，并与 Raunkiaer 标准频度级进行比较，结果如图 7-1 所示。其中群落中 A、B、C、D、E 级植物分别占 71.54%、13.00%、6.50%、3.25%和 5.69%，频度级为 A 级的物种是群落中相对频度小的物种，A 级占据很大比例，说明群落中偶见种较丰富，E 级为台湾松、檫木、交让木等优势种。整体上，群落频度级为 A>B>C>D<E，与标准级 A>B>C≥D<E 基本一致，表明群落具有良好的稳定性。

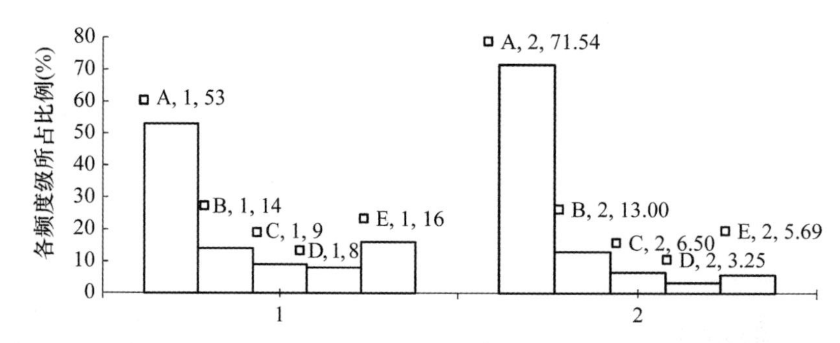

图 7-1　湖南桃源洞台湾松+檫木群落的物种频度级与 Raunkiaer 标准频度级对比分析

1. Raunkiaer 标准频度级；2. 台湾松+檫木群落频度级。A～E 及后面的两个数字表示频度级所在系列及该频度级的数值

2. 物种多样性指数

物种多样性和均匀度指数能充分反映群落的结构类型、组织水平、发展阶段和稳定程度。在一个群落中，如果物种较多且它们的多度分布均匀，则该群落就有较高的物种多样性；反之则说明群落具

有较低的物种多样性（王伯荪等，1996）。通过与同处中亚热带的常绿阔叶林、中山暖性杉林的多样性指数进行比较（表 7-5），结果表明，桃源洞台湾松+檫木群落 Simpson 多样性指数、Shannon-Wiener 多样性指数均略小于或等于同纬度带低海拔的湖南桃源洞大果马蹄荷群落（刘忠成，2016），但高于江西三清山华东黄杉群落（郭微等，2007）和江西井冈山穗花杉群落（郭微等，2013）；Pielou 均匀度指数略小于湖南桃源洞大果马蹄荷群落和江西井冈山穗花杉群落，略高于江西三清山华东黄杉群落。这说明了桃源洞台湾松+檫木群落物种多样性基本符合中亚热带针阔叶混交林的多样性特征，也反映了桃源洞台湾松+檫木群落的物种丰富，有较好的稳定性。

表 7-5　桃源洞台湾松+檫木群落物种多样性指数

群落参数	湖南桃源洞大果马蹄荷群落	湖南桃源洞台湾松+檫木群落	江西三清山华东黄杉群落	江西井冈山穗花杉群落
地理位置	26°33′50.52″N 114°04′35.18″E	26°20′22.33″N 114°00′14.94″E	28°54′48″N 118°03′25″E	26°27′N～26°40′N 113°39′E～114°23′E
海拔（m）	761	1595	1559	500～800
年平均气温（℃）	12.3～14.4	12.3	10.19～12	14.2
年均降水量（mm）	1976	2292	1857.7	1836.6
土壤类型	山地黄红壤	山地黄棕壤	山地黄棕壤	山地黄红壤
气候类型	中亚热带湿润性季风气候	中亚热带湿润性季风气候	中亚热带湿润性季风气候	中亚热带湿润性季风气候
Simpson 多样性指数	0.950	0.950	—	0.56
Shannon-Wiener 多样性指数	3.712	3.670	3.66	3.1
Pielou 均匀度指数	0.787	0.760	0.62	0.82

7.1.5　年龄结构与种间联结

1．年龄结构

种群的年龄结构主要指种群内不同年龄的个体分布或组成状态，不仅可以反映种群动态及其发展趋势，也可以在一定程度上反映种群与环境间的相互关系，以及它们在群落中的作用和地位（王伯荪等，1996）。对桃源洞台湾松+檫木群落乔木层重要值前 5 位的台湾松、檫木、交让木、毛漆树和银木荷进行年龄结构分析，其胸径级分布如图 7-2、图 7-3 所示。

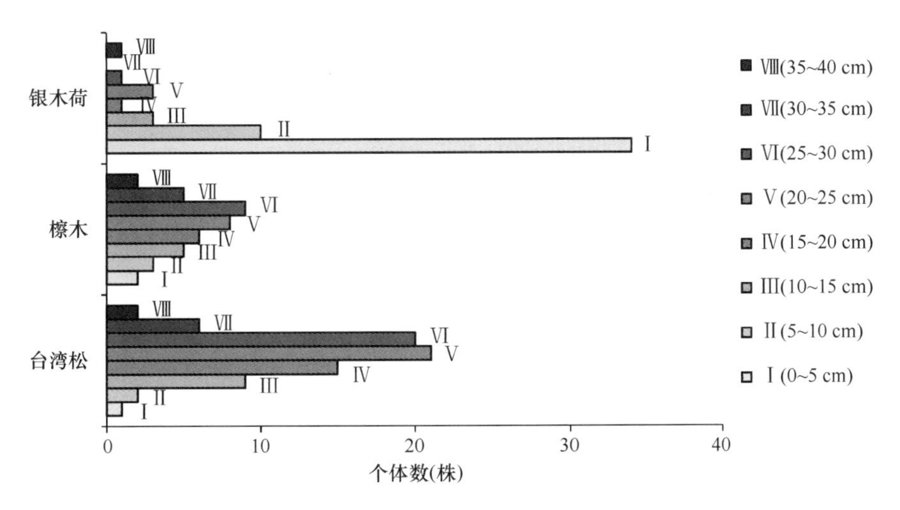

图 7-2　桃源洞台湾松、檫木及银木荷胸径级分布

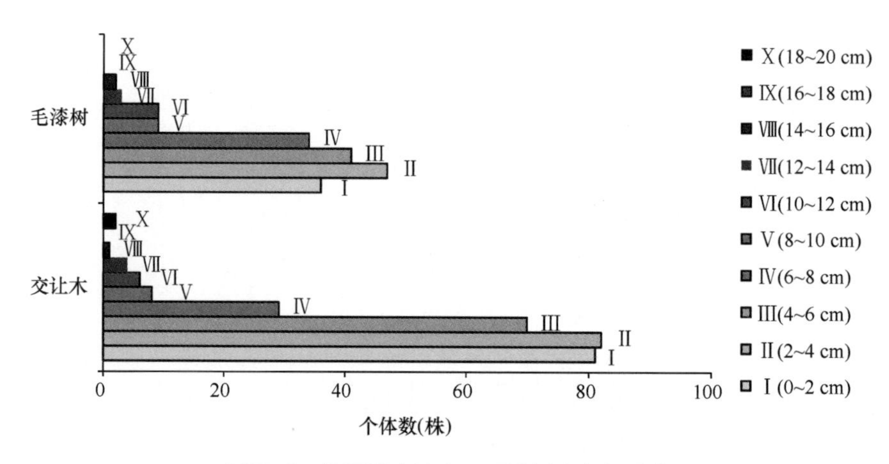

图 7-3 桃源洞交让木、毛漆树胸径级分布

从 5 个种群的胸径级频度分布图可以看出，台湾松、檫木年龄结构呈明显的倒金字塔形，为衰退型种群，且衰退程度台湾松>檫木，而交让木、毛漆树和银木荷呈明显的正金字塔形，为增长型种群。野外调查时发现，台湾松和檫木两个种群显著度大、分布广，数量也占据明显优势，但多为壮树、老树，少幼苗和小植株，尤其是台湾松死亡个体较多，而小乔木交让木、毛漆树、鹿角杜鹃、格药柃、东方古柯等优势乔灌木的幼苗、小植株较多，生长旺盛，保持了较高的更新率。

2. 种间联结

种间联结是指不同物种在空间分布上的相互关联性，是对不同物种个体空间联结程度的客观测定（王伯荪等，1996）。对不同物种个体空间联结程度的客观测定，对研究两个物种的相互作用和群落的组成与动态有极大的意义（王伯荪和彭少麟，1983）。分别对调查样地内台湾松、檫木与重要值排名前 10 位的其他乔木、重要值排名前 5 位的灌木进行 PC、AC、PCC、χ^2 的计算，来探讨台湾松、檫木分别与群落中其他物种之间的关系。

由表 7-6、表 7-7 可知，台湾松和檫木与其他物种的共同出现百分率（PC）均较高，都大于 30%，说明台湾松和檫木与其他乔灌木优势种共同出现的概率大，物种分布频度大。χ^2 检验表明，台湾松与檫木种间联结极显著（$\chi^2>6.635$，$P<0.01$），而其他种对间联结都不显著（$\chi^2<3.841$，$P>0.05$）。AC 和 PCC 值计算表明，台湾松与檫木间的 AC、PC 为正，且绝对值较大，说明两者呈较高的正相关关系，

表 7-6 台湾松与其他优势乔灌木种间联结

	种对	PC（%）	χ^2	AC	PCC
乔木层	台湾松-檫木	85.185	6.708	0.365	0.604
	台湾松-交让木	86.667	1.839	−1.000	−0.062
	台湾松-毛漆树	70.000	0.023	−1.000	−0.167
	台湾松-银木荷	79.310	0.000	0.111	0.149
	台湾松-蓝果树	57.143	0.060	0.060	0.157
	台湾松-尾叶樱桃	46.429	0.015	0.028	0.089
	台湾松-江南山柳	44.444	0.756	0.074	0.272
	台湾松-红柴枝	43.478	2.818	0.152	0.390
	台湾松-香冬青	65.217	0.000	0.037	0.111
灌木层	台湾松-鹿角杜鹃	66.667	0.083	−1.000	−0.184
	台湾松-格药柃	86.667	1.839	−1.000	−0.062
	台湾松-东方古柯	86.667	1.839	−1.000	−0.062
	台湾松-尖萼毛柃	73.333	0.000	−1.000	−0.149
	台湾松-马银花	60.714	0.139	0.074	0.181

表 7-7　檫木与其他优势乔灌木种间联结

	种对	PC（%）	χ^2	AC	PCC
乔木层	檫木-台湾松	85.185	6.708	0.365	0.604
	檫木-交让木	79.310	0.411	–1.000	–0.102
	檫木-毛漆树	67.857	0.012	–0.107	–0.118
	檫木-银木荷	65.517	0.149	0.143	0.035
	檫木-蓝果树	50.000	0.008	0.038	0.067
	檫木-尾叶樱桃	48.000	0.440	0.103	0.200
	檫木-江南山柳	34.615	0.070	0.048	0.032
	檫木-红柴枝	32.000	0.023	0.022	0.056
	檫木-香冬青	46.154	0.000	0.043	0.079
灌木层	檫木-鹿角杜鹃	58.621	0.019	–0.388	–0.118
	檫木-格药柃	73.333	0.411	–1.000	–0.102
	檫木-东方古柯	73.333	0.411	–1.000	–0.102
	檫木-尖萼毛柃	62.069	0.034	–0.250	–0.067
	檫木-马银花	57.692	0.380	0.130	0.193

台湾松和檫木为阳性树种，喜好生境条件也相似，两者往往伴生，但两者与乔木层中的交让木、毛漆树和灌木层中的鹿角杜鹃、格药柃、东方古柯、尖萼毛柃之间的 AC、PCC 均为负，说明台湾松、檫木与其呈不同程度的负相关关系；另外，台湾松、檫木与银木荷、蓝果树、尾叶樱桃、江南山柳、红柴枝、香冬青、马银花的 AC、PCC 均为正但绝对值很小，说明台湾松、檫木与其关联程度较低，不存在明显的种间竞争、排斥关系。

7.1.6　桃源洞台湾松+檫木群落动态及保护

1. 桃源洞台湾松+檫木群落演替特征

吴中伦（1963）指出台湾松在我国东南部省份海拔 600～700 m 以上中山地区广泛分布，上限可达 2800 m（台湾中央山脉）。在《中国植被》（中国植被编辑委员会，1980）分类中，台湾松群落被归为温性常绿松林，是我国东部亚热带中山地区的代表群系之一（蔡守坤等，1985）。檫木则多生长于天然散生林，大多与马尾松、台湾松、杉木、油茶、毛竹、樟、苦槠等树种混生。桃源洞台湾松+檫木群落地处我国东南部中亚热带中山地区，为常绿落叶针阔叶混交林，有其独特之处。该群落物种组成丰富，垂直分层明显，从种子植物属的组成来看，温带成分与热带成分相当，同时其高位芽植物占优的生活型谱都体现了群落所在区域桃源洞气候具有中亚热带高温高湿的特征；与其他典型群落生活型的对比则体现了桃源洞台湾松+檫木群落因所在区域的海拔较高而具有中山针阔叶混交林的特征；另外，该群落中分布的檫木、福建柏、东方古柯、缺萼枫香树均为孑遗种，木兰属、枫香树属、蓝果树属均为孑遗属，还分布有东亚和北美洲间断分布属，其占到非世界分布属总数的 21.31%，包括 13 种。这些在一定程度上反映了台湾松+檫木群落植物区系的古老性，这与廖文波等（2014）对井冈山、桃源洞植被的研究结果是一致的。

台湾松与檫木相互伴生成为群落乔木中上层优势种，交让木、毛漆树成为乔木下层优势种。对优势种的年龄结构分析已知，台湾松、檫木均处于不同程度的衰退状态，而交让木、毛漆树、银木荷处于增长状态。但从群落整体来看，台湾松、檫木因为更新率低而显示的衰退状态，并不是以非优势种、次优势种趋优生长、剧烈更替为基础的，因此桃源洞台湾松+檫木群落在一段时间内处于相对比较稳定的状态，主要体现在 4 个方面。

1）优势种群的更替，台湾松和檫木重要值明显高于其他乔木，次优势种、非优势种优势度较小，短期内不可能替代现优势种。而且台湾松和檫木有一定比例的幼苗，有一定的更新率，尤其檫木在适宜条件下，幼树可速生，5 年生树高可达 7～10 m。

2）群落的频度级分析表明，桃源洞台湾松+檫木群落频度级与 Raunkiaer 标准频度级基本一致。而且群落 A 级频度级占据绝对优势，C、D 级占据比例较小，表明群落中非优势种和次优势种并未开始大量增长，暗示着群落处于相对稳定状态。

3）群落多样性指数分析表明，桃源洞台湾松+檫木群落多样性指数相较于其他相近纬度的群落处于较高的水平，并且其均匀度指数也较高，这在一定程度上反映了群落处于相对稳定的状态。

4）群落种间联结分析表明，台湾松与檫木呈显著的正相关关系，两者与其他优势大乔木如银木荷、蓝果树均呈不显著的正相关关系，说明目前群落位于乔木中上层的大乔木物种间并未产生明显的竞争、排斥，短期内不会取代台湾松和檫木的优势地位。从长期来看，种间联结分析表明，台湾松、檫木与优势小乔木交让木、毛漆树及鹿角杜鹃、格药柃、东方古柯等优势大灌木之间呈不同程度的负相关关系，说明这些物种对台湾松和檫木的生长、更新产生了一定影响。文献表明（李家湘等，2004；黄成林等，1999；蔡守坤等，1985），在裸岩、陡坡等特殊生境中，台湾松种群可以形成稳定的群落；在立地较为优越的地段，台湾松种群在森林演替中起着强阳性先锋树种的作用，而随着耐阴阔叶树种的侵入及覆盖率的不断增加，台湾松+檫木群落会逐渐演变成为针阔叶混交林或落叶阔叶林。该群落未来的演替可能受到几方面的影响：交让木、毛漆树小乔木以及鹿角杜鹃等灌木继续生长，盖度过高，严重影响台湾松、檫木幼苗的生长和更新，同时可能对其他优势乔灌木物种产生相同影响，从而影响群落的动态；气候变化，廖玉芳等（2014）的研究显示，1960 年湖南气候与全球变化一致，呈现出以变暖为主要特征的变化，冬、春、秋变暖趋势显著，极端降水增加等，气候的变化亦曾影响着该区域群落的物种动态变化；人为干扰，桃源洞国家级自然保护区作为旅游风景区受到人为干扰的概率大，从而加剧对群落演替的影响。

2. 野生檫木种群的管理与保护

湖南桃源洞台湾松+檫木群落处于光照充足的阳坡，水热条件丰富，受人为干扰较少。但总的来说，桃源洞自然保护区台湾松种群较丰富，野生檫木种群只在少数地方有发现，数量不多，分布也不普遍，资源量还是比较少的，并且现有天然野生檫木种群呈衰退状态。因此，一方面，要加强对桃源洞现有檫木种群的保护。檫木喜光，不耐阴，在低洼处不能生长，应做好檫木天然林病虫害的防治工作；另一方面，应继续加强檫木的种群生态学研究，为进一步探索该类植被的演替特征提供依据。

3. 桃源洞台湾松+檫木群落结构总结

1）桃源洞台湾松+檫木群落共有维管植物 45 科 73 属 125 种，包括蕨类植物 8 科 9 属 11 种，种子植物 37 科 64 属 114 种，以蔷薇科 Rosaceae、山茶科 Theaceae、杜鹃花科 Ericaceae 和樟科 Lauraceae 为优势科；群落种类组成的地理成分以热带性属略占优势，占非世界属总数的 52.46%，温带性属亦较丰富，占非世界属总数的 47.54%，反映了该群落的中亚热带山地性质；从生活型来看，群落中高位芽植物占 73.02%，地上芽植物占 23.02%，地面芽植物占 1.59%，隐芽植物占 2.38%，未见一年生植物，体现了群落所在区域气候具有高温高湿特征。

2）群落垂直结构明显，乔木层可分成三个亚层，以台湾松、檫木、交让木 *Daphniphyllum macropodum*、毛漆树 *Toxicodendron trichocarpum* 为优势种，其重要值依次为 23.241%、15.302%、12.852%、10.021%；灌木层以鹿角杜鹃 *Rhododendron latoucheae*、格药柃 *Eurya muricata*、东方古柯 *Erythroxylum sinensis* 为优势种，重要值依次是 17.964%、14.048%、10.590%。

3）群落各频度级分布规律为 A>B>C>D<E，与 Raunkiaer 频度定律 A>B>C≥D<E 基本一致，表明群落具有良好的稳定性；群落的 Simpson 多样性指数为 0.950、Shannon-Wiener 多样性指数为 3.670，Pielou 均匀度指数为 0.760，与其他中亚热带典型群落相比，物种丰富度、多样性较高，是中亚热带

针阔叶混交林的代表类型。

4）对群落乔木层重要值排名前 5 位的物种种群进行年龄结构分析，表明台湾松、檫木的胸径级分布呈倒金字塔形，为衰退型种群，而交让木、毛漆树、银木荷为增长型种群；计算台湾松、檫木与其他 14 种优势乔灌木间的共同出现百分率（PC）、χ^2、联结系数（AC）、点相关系数（PCC），得出檫木与台湾松呈极显著的正相关关系，而与交让木、毛漆树及其他 5 种优势灌木呈不同程度的负相关关系。

7.2 罗霄山脉中段西坡珍稀植物瘿椒树群落的结构特征

瘿椒树 *Tapiscia sinensis* 又名银鹊树，隶属于中国特有科——瘿椒树科 Tapisciaceae 的瘿椒树属 *Tapiscia*，是中国特有种、古近纪孑遗种、国家珍稀濒危保护植物（吴征镒等，2003）。瘿椒树星散分布于我国亚热带、南亚热带地区，西起四川中部，东至浙江东部，南达广西西南部，北至陕西中南部（宗世贤等，1985；陶金川等，1990）。瘿椒树生长较快、主干发达、材质轻、纹理直，是良好的木材和家具材料，并且树姿美观，花序大且香，大型羽状复叶秋后变黄，极为美观，是优良的园林绿化、观赏树种（宗世贤等，1985）。我国有关瘿椒树的研究主要集中在解剖学（李智选，1989；黎明等，2002；康华钦和刘文哲，2008）、细胞学（陈发菊等，2007；张博等，2011）、繁殖生物学（刘文哲等，2008）和个体发育（周佑勋和段小平，2008）等方面。目前，在群落学研究方面，只有对瘿椒树群落学特性的简单描述（谢春平等，2006），以及自然灾害对瘿椒树群落结构的影响（廖进平等，2010）等方面的相关报道，尚未有专门针对瘿椒树群落学的深入研究。湖南桃源洞国家级自然保护区自然植被分布良好，有许多濒危物种、孑遗种，形成了大面积的孑遗植物群落，除瘿椒树群落外，还有银杉群落、资源冷杉群落、福建柏群落、南方铁杉群落、青钱柳群落和香果树群落等（侯碧清，1993），显示着桃源洞自然保护区在植被、区系地理学方面具有重要的研究价值。瘿椒树在桃源洞自然保护区保存有数片群落，本节通过对瘿椒树群落外貌、组成、地理成分、群落结构和演替趋势等方面的研究，一方面，有助于探讨瘿椒树群落特征和植被历史；另一方面，可为该地区珍稀、孑遗群落的保护和管理提供科学依据。

7.2.1 瘿椒树群落样地设置及数据分析

1. 研究区自然地理概况

桃源洞国家级自然保护区位于湖南省炎陵县，地处罗霄山脉中段，地理坐标为 26°18′00″N～26°35′30″N，113°56′30″E～114°06′20″E，属中山地貌。本区属于中亚热带湿润性季风气候区。海拔 1000 m 以下，年平均气温 14.4℃，年降水量 1967.9 mm；海拔 1000 m 以上，年平均气温 12.3℃，年降水量 2292 mm。保护区内日照少，湿度大，气候垂直变化大，具有典型的山地气候特征。土壤具有明显的地带性，海拔 650 m 以下为山地黄红壤；海拔 650～1200 m 为山地暗黄壤；海拔 1200～1700 m 为山地黄棕壤；海拔 1700 m 以上为山地草甸土。保护区内植被类型主要有常绿阔叶林、落叶阔叶林、中山针叶林等（侯碧清，1993）。

2. 样地设置与调查

研究样地位于桃源洞国家级自然保护区田心里村附近，海拔 1187 m，坐标 26°27′05″N，114°01′42″E；处于山腰地带，坡度 30°～50°，下侧延伸为平缓沟谷；生境条件良好，群落分层明显，林冠层郁闭度为 0.85～0.9，林下土壤以腐殖土为主。

在桃源洞田心里村瘿椒树占优势的植物群落中，设置样地 2400 m^2，划分为 24 个 10 m×10 m 方格，采用单株每木记账调查法，起测径阶≥1.5 cm，高度≥1.5 m。记录样方内乔灌木的种名、胸围、高度、冠幅、株数等；再在每个方格内设置 1 个 2 m×2 m 的小样方，记录样方中草本和乔灌木幼苗，包括种名、高度、株数（丛数）和盖度等。

3. 数据分析

根据野外调查所得的相关数据，对瘿椒树群落的种类组成、群落结构、物种多样性及群落动态等进行分析。

1）按照《植物群落学实验手册》（王伯荪等，1996）计算群落中各种群的相对优势度（RD）、相对盖度（RC）、相对多度（RA）、相对频度（RF）和重要值（IV）等，其中，

乔木重要值=相对多度+相对频度+相对优势度

灌木重要值=相对多度+相对频度+相对盖度

式中各分项的意义或定义见前节。

2）种群年龄结构分析根据株高（H）及胸径（DBH），采用 5 级立木划分标准（王伯荪等，1996）：Ⅰ级为苗木，H<33 cm；Ⅱ级为小树，H≥33 cm，DBH<2.5 cm；Ⅲ级为壮树，2.5≤DBH<7.5 cm；Ⅳ级为大树，7.5≤DBH< 22.5 cm；Ⅴ级为老树，DBH≥22.5 cm。

3）频度分析按 Raunkiaer 的方法（王伯荪等，1996），将频度划分为 5 个等级：1%～20%为 A 级，21%～40%为 B 级，41%～60%为 C 级，61%～80%为 D 级，81%～100%为 E 级。

4）根据 Simpson 多样性指数（D）、Shannon-Wiener 多样性指数（H），以及 Pielou 均匀度指数（EH）分析群落物种多样性。计算公式如下。

$$D = 1 - \sum P_i^2$$

$$H = -\sum P_i \ln P_i$$

$$\mathrm{EH} = H / \ln S$$

式中，$P_i = N_i / N$，i 为随机第 i 种，N_i 为 i 物种的个体数，N 为观察到的样方个体总数，S 为样方内物种总数（王伯荪等，1996）。

7.2.2 群落种类组成和结构分析

1. 群落种类组成

根据瘿椒树群落样方数据统计，该群落共有维管植物 64 科 90 属 134 种（表 7-8），其中蕨类植物 6 科 10 属 16 种，裸子植物 2 科 2 属 2 种，被子植物 56 科 78 属 116 种。群落中含 4 种及以上的科有 8 科，分别为樟科（3 属 5 种）、壳斗科（1 属 5 种）、山茶科（2 属 4 种）、大戟科（2 属 4 种）、五加科（5 属 6 种）、荨麻科（4 属 7 种）、蔷薇科（2 属 4 种）、茜草科（3 属 4 种）。科属组成中，仅含 1～2 种的科有 49 科，占该群落维管植物总科数的 76.56%；单种属共 69 属，占该群落维管植物总属数的 76.67%。群落中分布有许多孑遗植物，如杉木 *Cunninghamia lanceolata*、南方红豆杉 *Taxus wallichiana* var. *mairei*、瘿椒树、灯台树、蓝果树 *Nyssa sinensis*、腺蜡瓣花 *Corylopsis glandulifera* 和中国旌节花 *Stachyurus chinensis* 等（廖文波等，2014）。总体来看，该群落的科属组成较为丰富，成分复杂，多样性较高，自然条件良好，适宜物种的生存，是一个亚热带山地的典型群落，具有古老性特征。

表 7-8 湖南桃源洞瘿椒树群落科、属、种组成

分类等级	科数	百分比（%）	属数	百分比（%）	种数	百分比（%）
蕨类植物	6	9.38	10	11.11	16	11.94
裸子植物	2	3.13	2	2.22	2	1.49
被子植物	56	87.50	78	86.67	116	86.57
合计	64	100	90	100	134	100

2. 地理成分分析

以吴征镒（1991）关于中国种子植物属的分布区类型划分原则为依据，对桃源洞瘿椒树群落种子植物属的分布区类型进行统计（表 7-9）。从表 7-9 可以看出，桃源洞瘿椒树群落种子植物共 80 属，除“温带亚洲”“地中海区、西亚至中亚”和“中亚”3 种分布区类型不存在外，其他 12 种分布区类型均有，可见，瘿椒树群落物种组成中地理成分十分复杂。

表 7-9 湖南桃源洞瘿椒树群落种子植物属的分布区类型

分布区类型	属数	百分比/%
1. 世界分布	5	—
2. 泛热带	17	22.67
3. 热带亚洲和热带美洲间断	3	4.00
4. 旧世界热带	4	5.33
5. 热带亚洲至热带大洋洲	2	2.67
6. 热带亚洲至热带非洲	3	4.00
7. 热带亚洲	10	13.33
8. 北温带	15	20.00
9. 东亚和北美洲间断	8	10.67
10. 旧世界温带	3	4.00
11. 温带亚洲	0	0.00
12. 地中海区、西亚至中亚	0	0.00
13. 中亚	0	0.00
14. 东亚（东喜马拉雅—日本）	8	10.67
15. 中国特有	2	2.67
合计	75（世界分布类型除外，称为非世界属）	100

由表 7-9 可知，除去世界分布属，热带分布区类型属最多，包含第 2～7 项分布区类型，共有 39 属，占非世界属总数的 52.00%；其中泛热带分布属最多，共 17 属，如山矾属 *Symplocos*、柿属 *Diospyros*、冬青属 *Ilex*、苎麻属 *Boehmeria*、紫金牛属 *Ardisia* 等，占非世界属总数的 22.67%；其次为热带亚洲分布属，共 10 属，占非世界属总数的 13.33%。

温带分布区类型包括 8～15 项分布区类型，共 36 属，占非世界属总数的 48.00%；其中以北温带分布属最多，共 15 属，如红豆杉属 *Taxus*、榛属 *Corylus*、槭属 *Acer*、樱属 *Cerasus*、细辛属 *Asarum* 等，占非世界属总数的 20.00%；东亚和北美洲间断分布属和东亚分布属次之，两者各有 8 属，所占比例均为 10.67%；中国特有属有 2 属，分别为瘿椒树属 *Tapiscia* 和杉木属 *Cunninghamia*。

总体上，该瘿椒树群落地理成分组成中热带成分（52.00%）略高于温带成分（48.00%），表现出热带成分向亚热带山地成分和温带成分过渡的性质，表明桃源洞地区明显的亚热带山地性质（刘克旺和侯碧清，1991），以及在海拔为 1200 m 时植被类型为常绿落叶阔叶混交林的特点（谭益民和吴章文，2009）。

3. 群落结构分析

桃源洞瘿椒树群落由不同生活型和生态幅的树种组成，各自占据着不同的生态位，群落内垂直结构层次比较明显，可划分为乔木层、灌木层、草本层 3 个层次。其中乔木层可划分为 3 个亚层。第一亚层高 18～25 m，以中华槭和瘿椒树为主，其他主要有南方红豆杉、蓝果树和灯台树等，该层除南方红豆杉外，基本为落叶树种。第二亚层高 10～18 m，以中华槭、瘿椒树和海通 *Clerodendrum mandarinorum* 为主，其他主要有灯台树、薄叶润楠 *Machilus leptophylla* 和华榛 *Corylus chinensis* 等。第三亚层高 5～10 m，植物种类比较丰富，以薄叶润楠、瘿椒树和灯台树为主，其他还有中华槭、杉木、饭甑青冈 *Cyclobalanopsis fleuryi*、黄丹木姜子 *Litsea elongata* 等 32 种植物。

灌木层以蜡莲绣球、格药柃和尖连蕊茶为主，其余主要有细枝柃 *Eurya loquaiana*、蜡瓣花 *Corylopsis sinensis* 以及薄叶润楠、华润楠 *Machilus chinensis*、黄丹木姜子 *Litsea elongata* 等乔木层幼树。该层植物种类丰富，并且植物株数较多，占群落中植物总株数的 64.29%；其中灌木占本层植物总株数的 82.83%，在本层中占据着绝对优势。

群落内草本层植物亦十分丰富，有大叶金腰 *Chrysosplenium macrophyllum*、花葶薹草 *Carex scaposa*、江南星蕨 *Microsorum fortunei*、黑足鳞毛蕨 *Dryopteris fuscipes*、骤尖楼梯草 *Elatostem acuspidatum*、七叶一枝花 *Paris polyphylla* 等 75 种植物，还有中华槭、瘿椒树和蜡莲绣球等乔木和灌木的小苗，体现了群落内较为丰富的物种多样性。

群落内层间植物比较发达，大型缠绕藤本主要有野木瓜 *Stauntonia chinensis*、木通 *Akebia quinata*、象鼻藤 *Dalbergia mimosoides* 和南五味子 *Kadsura longipedunculata* 等，较粗的胸围达 35 cm，高度可达 20 m。这一现象体现出桃源洞瘿椒树群落水热条件良好，有一定的热带性特征。

4. 优势种和重要值分析

对群落乔木层和灌木层物种的重要值进行计算，如表 7-10、表 7-11 所示，表中分别列出了乔木层和灌木层中重要值大于 3.00%的物种。由表 7-10 和表 7-11 可知，乔木层重要值大于 3.00%的共 17 种，其中中华槭的重要值最大，为 67.85%，其次是瘿椒树，重要值为 38.86%，两者的重要值远大于位于第三的薄叶润楠的重要值（18.54%），显然中华槭和瘿椒树为乔木层的建群种；薄叶润楠、灯台树和海通为乔木层优势种。灌木层重要值大于 3.00%的共 21 种，其中蜡莲绣球的重要值最大，为 79.98%，格药柃和尖连蕊茶次之，分别为 32.23%和 31.87%，三者为灌木层的优势种。

表 7-10 湖南桃源洞瘿椒树群落乔木层主要物种的重要值

种名	株数	相对优势度（%）	相对多度（%）	相对频度（%）	重要值（%）
中华槭 *Acer sinense*	32	39.44	17.30	11.11	67.85
瘿椒树 *Tapiscia sinensis*	25	14.24	13.51	11.11	38.86
薄叶润楠 *Machilus leptophylla*	13	5.95	7.03	5.56	18.54
灯台树 *Cornus controversa*	14	3.81	7.57	5.56	16.94
海通 *Clerodendrum mandarinorum*	10	5.60	5.41	5.56	16.57
华榛 *Corylus chinensis*	6	4.74	3.24	3.17	11.15
格药柃 *Eurya muricata**	8	1.15	4.32	3.97	9.44
南方红豆杉 *Taxus wallichiana* var. *mairei*	2	5.97	1.08	1.59	8.64
黄丹木姜子 *Litsea elongata*	5	1.68	2.70	3.17	7.55
细叶青冈 *Cyclobalanopsis gracilis*	4	1.89	2.16	2.38	6.43
尖连蕊茶 *Camellia cuspidata**	5	0.46	2.70	3.17	6.33
蓝果树 *Nyssa sinensis*	2	2.79	1.08	1.59	5.46
山柿 *Diospyros japonica*	2	2.44	1.08	1.59	5.11
腺蜡瓣花 *Corylopsis glandulifera*	6	0.26	3.24	1.59	5.09
青榨槭 *Acer davidii*	1	3.47	0.54	0.79	4.80
华润楠 *Machilus chinensis*	3	0.26	1.62	2.38	4.26
小叶青冈 *Cyclobalanopsis myrsinifolia*	3	0.93	1.62	1.59	4.14

注：表中为重要值大于 3.00%的乔木，共计 17 种；其他重要值小于 3.00%的乔木共 26 种，此处略。

*. 格药柃和尖连蕊茶以灌木为主，在个别样地可形成小型乔木。

表 7-11　湖南桃源洞瘿椒树群落灌木层主要物种的重要值

种名	株数	相对盖度（%）	相对多度（%）	相对频度（%）	重要值（%）
蜡莲绣球 *Hydrangea strigose*	117	25.41	39.53	15.04	79.98
格药柃 *Eurya muricata*	22	15.95	7.43	8.85	32.23
尖连蕊茶 *Camellia cuspidata*	34	10.65	11.49	9.73	31.87
黄丹木姜子 *Litsea elongata*	10	7.22	3.38	7.08	17.68
薄叶润楠 *Machilus leptophylla*	12	6.24	4.05	5.31	15.60
华润楠 *Machilus chinensis*	11	3.29	3.72	3.54	10.55
黄牛奶树 *Symplocos laurina*	6	3.16	2.03	2.65	7.84
蜡瓣花 *Corylopsis sinensis*	7	4.15	2.36	0.88	7.39
海通 *Clerodendrum mandarinorum*	3	2.57	1.01	1.77	5.35
五加 *Acanthopanax gracilistylus*	6	0.56	2.03	2.65	5.24
中国旌节花 *Stachyurus chinensis*	3	2.17	1.01	1.77	4.95
华桑 *Morus cathayana*	4	0.88	1.35	2.65	4.88
红楠 *Machilus thunbergii*	5	0.94	1.69	1.77	4.40
细叶青冈 *Cyclobalanopsis gracilis*	3	1.50	1.01	1.77	4.28
木莓 *Rubus swinhoei*	3	1.10	1.01	1.77	3.88
细枝柃 *Eurya loquaiana*	5	1.18	1.69	0.88	3.75
中南悬钩子 *Rubus grayanus*	2	1.12	0.68	1.77	3.57
中华槭 *Acer sinense*	2	0.80	0.68	1.77	3.25
厚叶山矾 *Symplocos crassilimba*	2	1.50	0.68	0.88	3.06
腺蜡瓣花 *Corylopsis glandulifera*	3	1.12	1.01	0.88	3.01
油茶 *Camellia oleifera*	2	0.56	0.68	1.77	3.01

注：表中为重要值大于 3.00%的灌木，共计 21 种；重要值小于 3.00%的灌木共 24 种，略。

7.2.3　群落频度分析

频度（frequency）表示某一种群的个体在群落中水平分布的均匀程度（王伯荪等，1996）。按 Raunkiaer 频度定律分析方法，对桃源洞瘿椒树群落进行物种频度分析，并与 Raunkiaer 标准频度级进行比较，结果如图 7-4 所示。其中 A 级所占比例最大，为 83.08%、B 级占 6.15%、C 级占 3.08%、D 级占 3.08%、E 级占 4.62%。5 个频度级的大小排序为 A>B>C=D<E，与标准频度定律 A>B>C≥D<E 几乎一致，表明群落具有良好的稳定性。瘿椒树群落频度级为 A 级的物种所占比例很大，说明群落中物种丰富，偶见种较多，使得 D、E 级比例显著减少。E 级植物是群落中的优势种和建群种，在瘿椒树群落中主要为乔木层的中华槭和瘿椒树以及灌木层的蜡莲绣球。

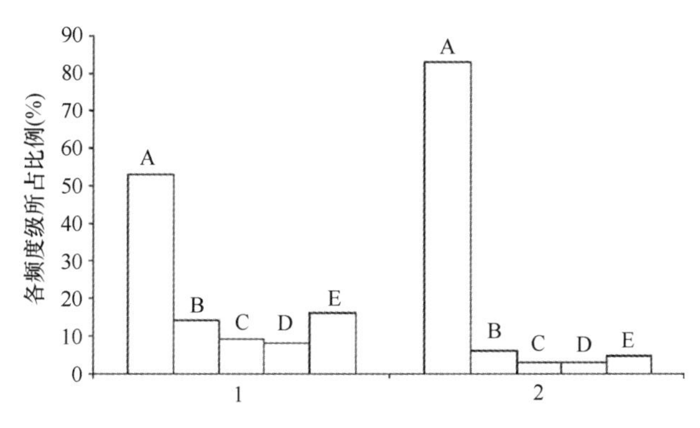

图 7-4　湖南桃源洞瘿椒树群落的频度级与 Raunkiaer 标准频度级对比分析

1. Raunkiaer 标准频度级；2. 瘿椒树群落频度级

7.2.4 乔木层优势种群的年龄结构分析

种群的年龄结构主要指种群内不同年龄段的个体分布或组成状态，不仅可以反映种群动态及其发展趋势，也可在一定程度上反映种群与环境间的相互关系，说明种群在群落中的作用和地位（王伯荪等，1996）。一般来说，森林树种幼苗生存率极低，仅靠幼苗多寡难以对种群的未来进行预测，因此分析年龄结构时一般不包括幼苗（王伯荪等，1995）。在桃源洞瘿椒树群落中，选取乔木层重要值较大的中华槭、瘿椒树、薄叶润楠、灯台树和海通 5 个优势种群进行年龄结构分析（图 7-5）。

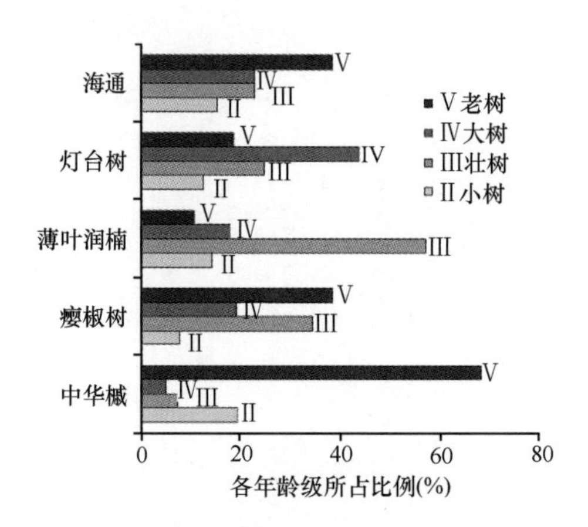

图 7-5 湖南桃源洞瘿椒树群落乔木层主要优势种群年龄结构示意图

由图 7-5 可以看出，中华槭、瘿椒树、灯台树和海通的种群年龄结构均属于倒金字塔形，为衰退型种群，表明群落已处于成熟或过成熟阶段，即顶极或亚顶极阶段。

中华槭种群中，V级立木占据绝对优势，且有一定比例的II级立木，III、IV级立木较少，表明在以后的演替过程中，中华槭的老树虽然会逐渐衰亡，但是III、IV级个体数量会得到一定的补充。瘿椒树种群III、V级立木均较多，说明瘿椒树种群整体上呈现出一定的平衡状态，会在一段时期内保持一定的稳定性，继续占据着优势地位。灯台树和海通种群中，III、IV、V级立木较多，处于发展的成熟阶段，均属于衰退型种群，在群落演替过程中可能会被其他种群替代。薄叶润楠种群III级立木最多，其他各级立木也占据着一定的比例，为增长型种群，可能会在以后的发展演替中逐步占据优势地位。

整体上，该群落乔木层处于亚顶极状态，但由于地处沟谷地带，湿度较大，坡度较大，灌木丰富，在一定程度上影响乔木层苗木的发育。

7.2.5 瘿椒树群落物种多样性分析

物种多样性是群落组织水平的生态学特征之一，多样性指数和均匀度是反映物种多样性的定量数值，对衡量群落的演替、探讨群落的最优物种结构等具有重要意义，并且可作为自然资源保护管理和开发利用的数量指标（彭少麟等，1983a）。

由于目前尚未有专门针对瘿椒树群落的研究，故本研究选择同纬度地区的江西中亚热带常绿阔叶林（王梅峒，1988）、南岭莽山典型常绿阔叶林（朱彪等，2004）以及江西井冈山穗花杉群落（郭微等，2013）进行比较（表 7-12）。由表 7-12 可以看出，桃源洞瘿椒树群落的 Shannon-Wiener 多样性指数较接近江西井冈山穗花杉群落，与江西中亚热带常绿阔叶林基本相符合，反映出桃源洞瘿椒树群落物种丰富，且均匀度较高，具有典型的中亚热带山地的性质。

表 7-12　湖南桃源洞瘿椒树群落与其他植物群落的生物多样性指数比较

群落参数	湖南桃源洞瘿椒树群落	江西中亚热带常绿阔叶林	南岭莽山典型常绿阔叶林	江西井冈山穗花杉群落
地理位置	26°27′05″N 114°01′42″E	24°29′N～30°05′N 113°24′E～118°29′E	24°52′N～25°03′N 112°43′E～113°00′E	26°27′N～26°40′N 113°39′E～114°23′E
海拔（m）	1187	1000～1200	860	500～800
年平均气温（℃）	14.4	16～19	13.92	14.2
年均降水量（mm）	2292	1400～2100	1710～2555	1836.6
土壤类型	山地暗黄壤	山地黄壤	山地黄红壤	山地黄红壤
气候类型	中亚热带季风气候	中亚热带季风气候	南亚热带-中亚热带过渡季风气候	中亚热带季风气候
Simpson 多样性指数	0.92	—	0.86～0.94	0.56
Shannon-Wiener 多样性指数	3.06	2.9～4.8	2.66～3.12	3.1
Pielou 均匀度指数	0.84	—	0.65～0.79	0.82

7.2.6　瘿椒树群落生态现状与保护

1. 瘿椒树群落生态现状

从桃源洞瘿椒树群落的种类组成和结构来看，群落物种组成较为丰富，并且存在许多珍稀、孑遗植物。群落中植物分层明显，乔木层树木粗壮高大，而且层间植物比较丰富，有大型藤本缠绕。这些特征表明了群落物种组成的复杂性和起源的古老性，这与廖文波等（2014）对井冈山、桃源洞地区植被的研究结果是一致的。

桃源洞瘿椒树群落中，从年龄结构分析，除了薄叶润楠种群属于增长型种群外，其他 4 个优势种群均处于不同程度的衰退阶段，但从群落整体来看，瘿椒树群落应该是一个成熟的群落，处于发展的高级阶段，相对比较稳定，在演替上处于顶极或亚顶极状态。主要特征体现在三个方面。

1）优势种群的更新率。群落主要优势种有中华槭、薄叶润楠、瘿椒树、灯台树和海通等。其中，后 3 个优势种群除幼苗外其他各立木级均占有一定比例，表明这 3 个种群在较长的一段时间内仍具有持续更新的能力。瘿椒树具有超长的有性生殖周期，天然更新困难（刘文哲等，2008；周佑勋和段小平，2008），而在该群落中却以大量的壮树、老树出现，体现出群落发展演替时间的久远性。中华槭种群有大量的老树，但中壮树、大树较少，表明已处于演替后期；中华槭小树占有一定比例，并且在林下有一定数量的小苗，表明中华槭种群在以后的长期演替过程中仍具有恢复优势度的能力。

2）根据对群落的频度分析，A 级频度级占据绝对优势，B、C、D 级占据比例较小，表明群落中非优势种群并未开始大量增长，暗示群落处于相对稳定状态（李博，2000）。

3）群落多样性指数分析表明，该群落与其他相近纬度的群落相比，多样性处于中等甚至是较高的水平，并且其均匀度指数也较高，这在一定程度上反映出群落处于相对稳定的状态。

因此，尽管该群落优势种群中，除了薄叶润楠种群外，均属于衰退型种群，但群落整体上仍然处于相对稳定状态，发展比较成熟，可能处于演替后期，达到了顶极或亚顶极状态。

通过对群落组成的地理成分分析，反映出该群落具有明显的热带植物区系向温带植物区系过渡的性质，这与陈卫娟（2006）对中亚热带常绿阔叶林植物区系组成的研究结果是一致的。群落中建群种、优势种以樟科、壳斗科、槭树科、山茶科等占优势，体现了中亚热带常绿阔叶林的优势科组成特征（中国植被编辑委员会，1980）。因此，桃源洞瘿椒树群落应属于较为典型的中亚热带常绿落叶阔叶混交林类型。

2. 瘿椒树群落的保护

桃源洞瘿椒树群落处于沟谷旁边，水热条件丰富，受人为干扰较少。在该样地附近，还发现有3～4片瘿椒树群落。但总的来说，瘿椒树群落仅在田心里村附近有发现，资源量还是比较少的。因此，一方面，要加强对桃源洞瘿椒树群落的保护，尤其是对瘿椒树种群生境的保护，要减少人为干扰；另一方面，应继续加强瘿椒树种群在群落学、育种遗传学等方面的研究，为加强对瘿椒树的保护提供技术支持。

3. 桃源洞瘿椒树群落结构特征总结

1）桃源洞瘿椒树群落共有维管植物134种，隶属于64科90属，其中蕨类植物6科10属16种，种子植物58科80属118种；种子植物组成中其地理成分以热带分布属占优势，为52.00%，温带分布属亦较丰富，占48.00%，表现出明显的亚热带山地性质。

2）群落垂直结构明显，乔木层可分为三个亚层，以中华槭、瘿椒树、薄叶润楠和灯台树为主要优势种，其重要值依次为67.85%、38.86%、18.54%和16.94%；灌木层以蜡莲绣球、格药柃和尖连蕊茶为优势种，重要值分别为79.98%、32.23%和31.87%。

3）群落各频度级分布规律为A>B>C=D<E，与Raunkiaer频度定律A>B>C≥D<E几乎一致，表明该群落具有良好的稳定性；但从优势种群中华槭、瘿椒树、灯台树、海通的年龄结构分析，其皆为倒金字塔形，即衰退型种群，仅薄叶润楠为增长型种群，表明该群落是一个成熟群落，处于发展的高级阶段，在演替上处于顶极、亚顶极状态。

4）群落的Simpson多样性指数为0.92，Shannon-Wiener多样性指数为3.06，Pielou均匀度指数为0.84。通过比较显示，该群落的Shannon-Wiener多样性指数与典型中亚热带常绿阔叶林相当。

7.3 罗霄山脉中段西坡南方铁杉种群结构与生存分析

南方铁杉 *Tsuga chinensis* 是第三纪孑遗种、中国特有种。南方铁杉的分布虽广但数量少而分散，是珍稀濒危植物，被列为国家二级重点保护野生植物，具有很高的科研价值和潜在的经济价值（张志祥，2011）。南方铁杉分布于浙江、安徽南部、福建北部、武夷山、江西武功山、湖南莽山、广东北部、广西北部及云南麻栗坡等地，分布区地跨中亚热带至北亚热带（张志祥，2011）。其分布的垂直高度变化较大，在海拔600～2100 m，但以海拔800～1400 m的生长较好（张志祥，2011）。目前，关于南方铁杉群落的研究已有许多报道，包括群落结构和物种多样性（张志祥，2011；张志祥等，2008a，2008b；陈璟，2010；冯祥麟等，2011；谢琼中，2011；谢旺生，2012）、空间分布格局和种群动态（冯祥麟等，2011；杜道林等，1994；黄宪刚和谢强，2000；封磊等，2003，2008；郭连金等，2006；张志祥等，2009；何建源等，2010a；王大来，2010；李林等，2012；杨清培等，2014）、种间和种内关系（刘春生等，2008；何建源等，2010b；罗金旺，2011b；赵峰，2011）、生态位（谢琼中，2011；刘春生等，2009）、生长规律（李晓铁，1992；罗金旺，2011a；祁红艳等，2014）、越冬策略（张强等，2015）、土壤金属含量与土壤养分关系（张志祥等，2010）、菌根生态学（吴九玲等，2001；钱晓鸣等，2007），以及扦插繁殖、林隙干扰规律等（李晓铁等，2008；何建源等，2009）。

以上对南方铁杉群落的研究包括浙江九龙山、福建光泽、福建武夷山、江西武夷山、湖南莽山、湖南黄桑坪、广西猫儿山、贵州茂兰和贵州高坡等区域。但到目前为止，还未有对湖南桃源洞南方铁杉群落的研究报道。本节从南方铁杉群落的外貌、组成、结构和种群年龄结构等方面着手，着重探讨桃源洞南方铁杉种群的结构和种群的更新，为加强对南方铁杉种群的保护和管理提供理论依据。

7.3.1 南方铁杉群落样地设置及数据分析

1. 研究区自然地理概况

桃源洞国家级自然保护区位于湖南省东南部炎陵县的东北部（26°18′00″N～26°35′30″N，113°56′30″E～114°06′20″E），总面积 113 153 hm^2（侯碧清，1993）。该区山峦重叠、地势险峻、沟谷深邃、溪流纵横，属中亚热带湿润性季风气候，年平均气温 12.3～14.4℃，1 月气温最低（−0.2～1.5℃），7 月气温最高（25.8～29.7℃），极端最高气温 34.5℃（1990 年 8 月 16 日），极端最低气温−9℃（1991 年 12 月 29 日）；年降水量 1967.9～2165.2 mm，最大降水强度为 129.6 mm/d（1984 年 9 月 1 日），4～6 月降水量占全年的 42%；土壤分属 4 个亚类：山地草甸土（分布海拔 1700 m 以上）、山地黄棕壤（分布海拔 1200～1700 m）、山地暗黄壤（分布海拔 650～1200 m）和山地黄红壤（分布海拔 650 m 以下）（谭益民和吴章文，2009）。

2. 样地设置与调查

针对湖南桃源洞国家级自然保护区的植被状态进行实地考察，发现在牛石坪（26°25′53.6″N，114°2′49.2″E）和梨树洲（26°20′56.38″N，113°59′05.54″E）分别保存有较丰富的南方铁杉种群，为探讨其种群生存状态，特设置两片样地进行调查，样地面积分别为 1000 m^2 和 1600 m^2。其中，牛石坪样地海拔 1370 m，坡向东南，坡度 40°，土壤为山地黄棕壤，郁闭度为 0.65～0.70；梨树洲样地海拔 1495 m，坡向向东，坡度 45°，土壤为山地黄棕壤，郁闭度为 0.95。南方铁杉种群在这两片样地中生长状况差异较大，牛石坪样地南方铁杉数量较少但多为大树，鲜有幼树；梨树洲样地南方铁杉数量较多但多为小树，少大树。此外，梨树洲南方铁杉群落的郁闭度明显高于牛石坪南方铁杉群落的郁闭度。因此，对这两个南方铁杉群落进行比较研究，将有利于了解南方铁杉种群的生存状态及其更新演替的趋势，可为南方铁杉的保护和管理提供理论依据。本研究采用相邻格子法将两个样地进一步划分成 10 m×10 m 的样方，每个样方内再设置 1 个 2 m×2 m 的小样方。样方调查记录植物的种名、胸径、高度、冠幅，起测径阶≥1.5 cm；小样方记录植物的种名、株数、高度和盖度。

3. 数据分析

（1）重要值的计算

根据王伯荪等（1996）的测度方法，调查计算乔灌木的重要值（IV）。

乔木重要值=（相对多度+相对频度+相对优势度）/3×100%

灌木重要值=（相对多度+相对频度+相对盖度）/3×100%

（2）多样性测度方法

采用孙濡泳等（1996）的测度方法确定南方铁杉群落的物种多样性。

$$\text{Simpson 多样性指数：} D=1-\sum P_i^2$$

$$\text{Shannon-Wiener 多样性指数：} H=-\sum P_i \ln P_i$$

$$\text{Pielou 均匀度指数：} \mathrm{EH}=H/\ln S$$

式中，$P_i=N_i/N$，N 为调查样地中乔木层、灌木层或草本层的总个体数；N_i 为第 i 个物种的个体数；S 为调查样地中乔木层、灌木层或草本层的物种总数。

（3）高度结构和径级结构的划分

根据南方铁杉种群的高度组成，按每隔 2 m 划分成 15 个等级，第 1 高度级为 0～2 m，第 15 高度级为 28～30 m，也是本群落的最大高度级。种群年龄结构采用立木径级代替，共划分 13 个径级，每 5 cm 为一个径级，第 1 径级为 0～5 cm，第 2 径级为 6～10 cm，以此类推，最后把>60 cm 的归为第 13 径级（张志祥等，2008b）。在绘制种群年龄结构的条形图时，第 1 径级对应第 1 龄级，第 2 径级对应第 2 龄级，以此类推。

（4）静态生命表编制

静态生命表的编制按照江洪（1992）的方法，相关参数的关系和计算公式如下。

$$l_x = a_x/a_0 \times 1000$$
$$d_x = l_x - l_{x+1}$$
$$q_x = d_x / l_x$$
$$L_x = (l_x + l_{x+1}) / 2$$
$$T_x = \sum L_x$$
$$e_x = T_x / l_x$$
$$K_x = \ln l_x - \ln l_{x+1}$$
$$S_x = l_{x+1} / l_x$$

式中，x 是单位时间年龄等级的中值；a_x 是在 x 龄级内现有的个体数；a_0 是全龄级现有的总个体数；l_x 是在 x 龄级开始时标准化存活个体数（转化为 1000）；d_x 是从 x 到 x+1 龄级间隔期间标准化死亡数；q_x 是从 x 到 x+1 龄级间隔期间死亡率；L_x 是从 x 龄级到 x+1 龄级的标准化存活个体数；T_x 是从 x 龄级到超过 x 龄级的个体总数；e_x 是进入 x 龄级的期望寿命；K_x 是消失率（损失度）；S_x 是存活率。

由于牛石坪南方铁杉种群属于“幼龄株数少的衰退种群”，因此无法编制静态生命表。本节仅对梨树洲南方铁杉种群编制了静态生命表并进行了生存分析。此外，在静态生命表的编制中，为了避免出现负值，往往对各龄级的个体数进行标准化后作匀滑处理（江洪，1992）。但是 Wretten 等（1980）认为，生命表分析中产生的一些负值虽然与数据假设技术不符，但其仍提供了有用的生态记录，即表明种群并非静止不动，而是在发展或衰落之中的。因此，本节未对相关数据作匀滑处理，而是将各龄级个体数标准化后直接用于各参数的计算。

（5）生存分析方法

种群的生存分析按照杨凤翔等（1991）的方法进行，计算种群生存率函数 $S_{(i)}$、累计死亡率函数 $F_{(i)}$、死亡密度函数 $f_{(ti)}$和危险率函数 $\lambda_{(ti)}$这 4 个函数，并绘制生存率曲线、累计死亡率曲线、死亡密度曲线和危险率曲线。这 4 个函数的计算公式如下。

$$S_{(i)} = S_1 \times S_2 \times S_3 \times \cdots \times S_i \text{（}S_i\text{ 为存活率）}$$
$$F_{(i)} = 1 - S_{(i)}$$
$$F_{(ti)} = (S_{i-1} - S_i) / h_i \text{（}h_i\text{ 为龄级宽度）}$$
$$\Lambda_{(ti)} = 2(1 - S_i) / [h_i(1+S_i)]$$

7.3.2 群落种类组成及地理成分分析

牛石坪南方铁杉群落共有维管植物 26 种，隶属于 13 科 21 属。其中，裸子植物仅南方铁杉 1 种，被子植物 12 科 20 属 25 种。种子植物中，物种数最多的科为山茶科，共 5 属 5 种；山矾科次之，为 1 属 4 种；樟科和杜鹃花科分别有 3 属 3 种和 2 属 3 种；五加科和漆树科分别为 2 属 2 种和 1 属 2 种；其余的科均为 1 属 1 种（表 7-13）。梨树洲南方铁杉群落共有维管植物 36 种，隶属于 22 科 30 属。其中，蕨类植物 3 科 3 属 4 种，裸子植物 3 科 4 属 4 种，被子植物 16 科 23 属 28 种。种子植物中，物种数最多的科为山茶科和杜鹃花科，分别为 4 属 5 种和 2 属 5 种；蔷薇科次之，为 2 属 3 种；樟科、壳斗科和松科皆为 2 属 2 种；里白科为 1 属 2 种；其余的科均为 1 属 1 种（表 7-13）。

牛石坪南方铁杉群落中种子植物共 21 属，其中热带分布区类型 10 属，占 47.62%，温带分布区类型 11 属，占 52.38%；梨树洲南方铁杉群落中种子植物共 27 属，其中热带分布区类型 11 属，占 44.00%，温带分布区类型 14 属，占 56.00%。两个南方铁杉群落的温带成分均高于热带成分，与其位于罗霄山脉西坡，受到西部和北部温带成分的影响相符合。将桃源洞两个南方铁杉群落的地理成分组成与福建光泽、浙江九龙山、贵阳高坡的南方铁杉群落进行比较，发现四者的温带成分占比分布在 52.38%～

表 7-13　桃源洞两个南方铁杉群落的种类组成

科	牛石坪（NP/NG）	梨树洲（NP/NG）
山茶科 Theaceae	5/5	5/4
樟科 Lauraceae	3/3	2/2
杜鹃花科 Ericaceae	3/2	5/2
蔷薇科 Rosaceae	1/1	3/2
山矾科 Symplocaceae	4/1	1/1
壳斗科 Fagaceae	0/0	2/2
松科 Pinaceae	1/1	2/2
五加科 Araliaceae	2/2	1/1
漆树科 Anacardiaceae	2/1	0/0
槭树科 Aceraceae	1/1	0/0
冬青科 Aquifoliaceae	1/1	0/0
忍冬科 Caprifoliaceae	0/0	1/1
卫矛科 Celastraceae	0/0	1/1
桤叶树科 Clethraceae	1/1	1/1
虎皮楠科 Daphniphyllaceae	0/0	1/1
柿树科 Ebenaceae	1/1	0/0
龙胆科 Gentianaceae	0/0	1/1
虎耳草科 Saxifragaceae	0/0	1/1
莎草科 Cyperaceae	0/0	1/1
禾本科 Gramineae	1/1	0/0
百合科 Liliaceae	0/0	1/1
兰科 Orchidaceae	0/0	1/1
红豆杉科 Taxaceae	0/0	1/1
柏科 Cupressaceae	0/0	1/1
铁角蕨科 Aspleniaceae	0/0	1/1
里白科 Gleicheniaceae	0/0	2/1
石松科 Lycopodiaceae	0/0	1/1

注：NP 表示物种数，NG 表示属数。

65.79%，并且均明显高于热带成分。湖南桃源洞、贵阳高坡、福建光泽、浙江九龙山 4 个区域均属于中亚热带常绿阔叶林区，其中湖南桃源洞、贵阳高坡位于常绿阔叶林区的南部亚地带，福建光泽、浙江九龙山位于常绿阔叶林区的北部亚地带，按照地带性规律，南部亚地带的温带成分占比低于北部亚地带（陈灵芝等，2015）。但从数据看，贵阳高坡南方铁杉群落的温带成分却与福建光泽、浙江九龙山的基本相当，甚至略高（表 7-14），这可能与其特殊的喀斯特地貌相关（冯祥麟等，2011）。4 个南方铁杉群落的温带成分中，北温带分布区类型、东亚和北美洲间断分布区类型所占的比例较大（表 7-14）。

7.3.3　群落外貌与垂直结构

在群落外貌上，牛石坪南方铁杉群落和梨树洲南方铁杉群落都为常绿落叶针阔叶混交林，但以常绿树种占优势，亦有部分落叶树种如漆树 *Toxicodendron vernicifluum*、檫木 *Sassafras tzumu*、青榨槭 *Acer davidii*、柿 *Diospyros kaki*、木蜡树 *Toxicodendron sylvestre*、吴茱萸五加 *Gamblea ciliata* var. *evodiifolia* 等，因此群落有一定的季相变化，夏季呈暗绿色，秋冬呈淡黄绿色。

表 7-14　四处南方铁杉群落种类组成的地理成分比较

分布区类型	湖南牛石坪	湖南梨树洲	贵阳高坡	福建光泽	浙江九龙山
1. 世界分布	—	2/—	3/—	1/—	—
2. 泛热带	4/19.05	3/12.00	3/7.89	5/15.63	3/15.00
3. 热带亚洲和热带美洲间断	4/19.05	4/16.00	1/2.63	2/6.25	2/10.00
4. 旧世界热带	—	—	—	—	—
5. 热带亚洲至热带大洋洲	—	—	3/7.89	2/6.25	—
6. 热带亚洲至热带非洲	—	—	1/2.63	—	—
7. 热带亚洲	2/9.52	4/16.00	5/13.16	3/9.38	3/15.00
8. 北温带	4/19.05	5/20.00	13/34.21	6/18.75	5/25.00
9. 东亚和北美洲间断	4/19.05	4/16.00	6/15.79	10/31.25	4/20.00
10. 旧世界温带	—	—	2/5.26	—	—
11. 温带亚洲	—	1/4.00	—	—	—
12. 地中海区、西亚至中亚	—	—	—	—	—
13. 中亚	—	—	—	—	—
14. 东亚	2/9.52	2/8.00	3/7.89	3/9.38	1/5.00
15. 中国特有	1/4.76	2/8.00	1/2.63	1/3.13	2/10.00
热带成分（2～7）	10/47.62	11/44.00	13/34.21	12/37.50	8/40.00
温带成分（8～15）	11/52.38	14/56.00	25/65.79	20/62.50	12/60.00

注：表中数据为属数/比例（%）。湖南牛石坪地理位置 26°25′53.6″N，114°2′49.2″E，海拔 1370 m，湖南梨树洲地理位置 26°0′56.38″N，113°59′05.54″E，海拔 1495 m，贵阳高坡地理位置约 26°18′N，106°30′E，海拔 1350～1450 m，福建光泽地理位置 27°48.214′N～27°48.368′N，117°39.398′～117°39.505′E，海拔 1445～1625 m，浙江九龙山地理位置 28°19′N～28°24′N，118°49′E～118°55′E，海拔 1300～1620 m。文献来源：冯祥麟等，2011；谢旺生，2012；张志祥，2009。

根据群落的高度级频率分布（图 7-6a，b），除了草本层外，桃源洞两处的南方铁杉群落的林木层可分为 4 层，由下至上依次为灌木层、乔木下层、乔木中层和乔木上层。但由于两个群落的组成及所处的演替阶段不同，两者的分层高度稍有差异：牛石坪群落的灌木层为 0～4 m，乔木下层为 4～10 m，乔木中层为 10～16 m，乔木上层为 16～30 m（图 7-6a）；梨树洲群落的 0～4 m 为灌木层，4～6 m 为乔木下层，6～14 m 为乔木中层，14～22 m 为乔木上层（图 7-6b）。

从乔木层和灌木层的生活型来看，桃源洞南方铁杉群落共有常绿针叶树 3 种，常绿阔叶树 29 种，落叶阔叶树 10 种。牛石坪南方铁杉群落各层的常绿树种相对多度由上自下依次为 89.74%、59.46%、84.16%和 95.03%；杜鹃花科植物在灌木层、乔木下层和乔木中层都为多度最高的类群，主要为马银花 *Rhododendron ovatum*；山茶科在灌木层和乔木下层也有较高的多度，主要为尖连蕊茶 *Camellia cuspidata*；而南方铁杉在乔木上层占据绝对的多度优势（图 7-6c）。梨树洲南方铁杉群落各层常绿树的相对多度由上自下依次为 97.30%、82.29%、69.63%和 89.10%；杜鹃花科植物在灌木层和乔木下层为多度最高的类群，主要是鹿角杜鹃 *Rhododendron latoucheae* 和背绒杜鹃 *Rhododendron hypoblematosum*；乔木中层和乔木上层中多度最高的类群均为山茶科植物，主要是银木荷 *Schima argentea*；南方铁杉在各层都占有一定的比例，多度仅次于杜鹃花科或山茶科植物（图 7-6d）。

7.3.4　群落物种多样性

由表 7-15 可知，牛石坪南方铁杉群落乔木层和草本层的 Shannon-Wiener 多样性指数、Simpson 多样性指数和 Pielou 均匀度指数均大于灌木层，草本层的 Simpson 多样性指数和 Pielou 均匀度指数略大于乔木层，而 Shannon-Wiener 多样性指数则略低于乔木层；梨树洲南方铁杉群落的 Shannon-Wiener

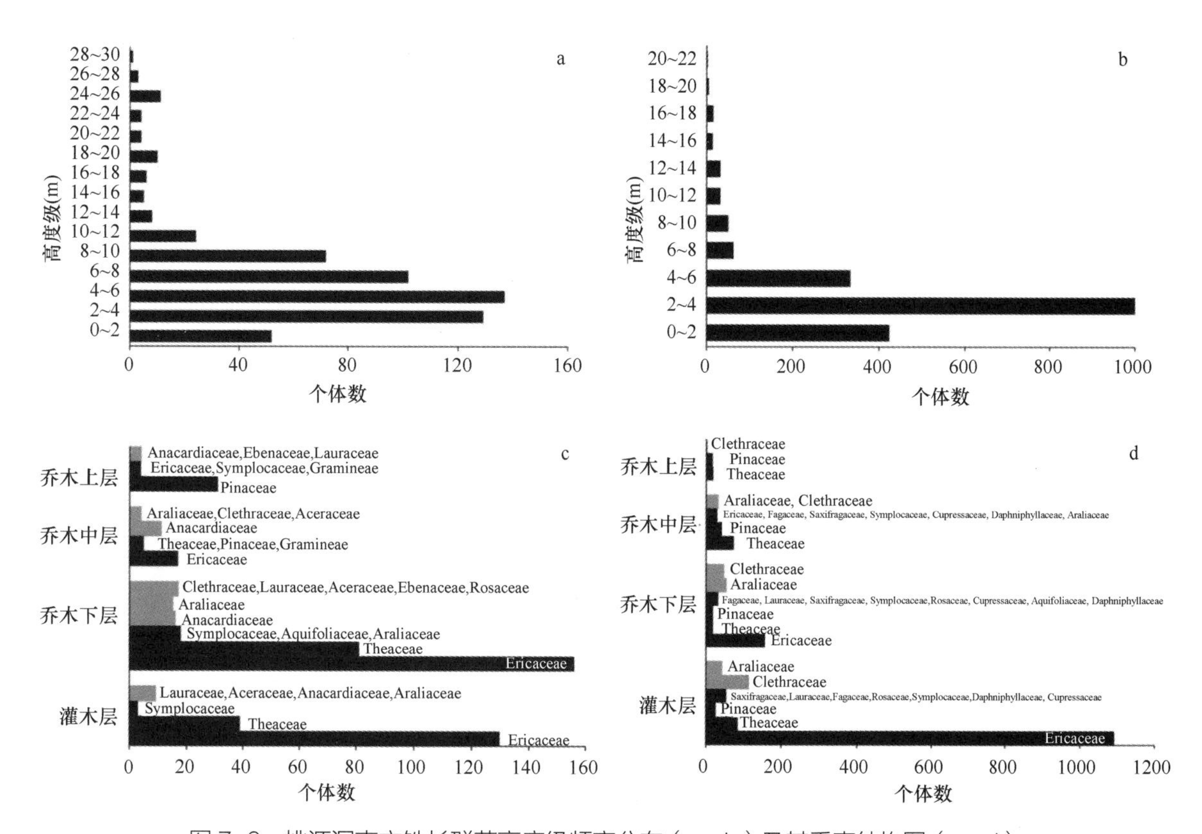

图 7-6　桃源洞南方铁杉群落高度级频率分布（a、b）及其垂直结构图（c、d）

a、c. 牛石坪南方铁杉群落；b、d. 梨树洲南方铁杉群落；c、d 图中黑色填充表示常绿树，灰色填充表示落叶树

多样性指数、Simpson 多样性指数和 Pielou 均匀度指数变化趋势相同，均为草本层>乔木层>灌木层。分别比较两个南方铁杉群落各层的三个指数，其差别不大。具体比较每个群落灌木层、乔木下层、乔木中层和乔木上层的三个指数可得：两个南方铁杉群落的 Shannon-Wiener 多样性指数和 Simpson 多样性指数均为乔木下层>乔木中层>灌木层>乔木上层；牛石坪南方铁杉群落的 Pielou 均匀度指数为乔木中层>乔木下层>灌木层>乔木上层，梨树洲南方铁杉群落的 Pielou 均匀度指数为乔木中层>乔木下层>乔木上层>灌木层，并且乔木层的三个亚层 Pielou 均匀度指数变化不大，这与银木荷和南方铁杉在该群落乔木上层分布均匀且数量较多相关（表 7-15）。

表 7-15　桃源洞南方铁杉群落物种多样性

群落地点-层次	Shannon-Wiener 多样性指数	Simpson 多样性指数	Pielou 均匀度指数
牛石坪-乔木层	2.2876	0.8194	0.6865
牛石坪-乔木上层	0.8629	0.3603	0.4434
牛石坪-乔木中层	1.6623	0.7173	0.7219
牛石坪-乔木下层	2.1115	0.7888	0.6644
牛石坪-灌木层	1.2484	0.5208	0.4867
牛石坪-草本层	2.1054	0.8601	0.9144
梨树洲-乔木层	2.3015	0.8581	0.6983
梨树洲-乔木上层	1.0629	0.5888	0.6604
梨树洲-乔木中层	1.8096	0.7645	0.6857
梨树洲-乔木下层	2.2264	0.8154	0.6833
梨树洲-灌木层	1.7803	0.7247	0.5343
梨树洲-草本层	2.7330	0.8739	0.7750

7.3.5 群落乔、灌木种群重要值

对两地南方铁杉群落的乔、灌木种群重要值分别进行分析，结果表明：①牛石坪南方铁杉群落乔木层中的优势种群是马银花种群和南方铁杉种群，重要值分别为 24.84%和 16.32%；次优势种群是尖连蕊茶种群、鹿角杜鹃种群和漆树种群，重要值都在 5%以上（表 7-16）。②牛石坪南方铁杉群落灌木层中的优势种群是马银花种群，重要值为 52.17%，高于其余所有种群的重要值之和；次优势种群是尖连蕊茶种群和鹿角杜鹃种群，重要值分别为 18.08%和 6.98%；南方铁杉在灌木层没有分布（表 7-17）。③梨树洲南方铁杉群落乔木层中的优势种群是银木荷种群和南方铁杉种群，重要值分别为 23.98%和 20.85%；次优势种群为鹿角杜鹃种群、吴茱萸五加种群和华东山柳种群（表 7-18）。④梨树洲南方铁杉群落灌木层中的优势种群是鹿角杜鹃种群和背绒杜鹃种群；次优势种群是华东山柳种群、吴茱萸五加种群、马银花种群和南方铁杉种群，其中南方铁杉种群的重要值为 3.57%（表 7-19）。

表 7-16 牛石坪南方铁杉群落乔木种群重要值

种类	相对多度	相对频度	相对优势度	重要值（%）
马银花 *Rhododendron ovatum*	0.3669	0.1087	0.2695	24.84
南方铁杉 *Tsuga chinensis*	0.0827	0.1087	0.2981	16.32
尖连蕊茶 *Camellia cuspidata*	0.1499	0.0761	0.0683	9.81
鹿角杜鹃 *Rhododendron latoucheae*	0.0827	0.0761	0.0452	6.80
漆树 *Toxicodendron vernicifluum*	0.0646	0.0652	0.0536	6.11
吴茱萸五加 *Gamblea ciliata* var. *evodiifolia*	0.0439	0.0652	0.0284	4.58
厚皮香 *Ternstroemia gymnanthera*	0.0439	0.0543	0.0177	3.86
银木荷 *Schima argentea*	0.0026	0.0109	0.0932	3.56
华东山柳 *Clethra barbinervis*	0.0181	0.0543	0.0089	2.71
山矾 *Symplocos sumuntia*	0.0155	0.0435	0.0154	2.48
柿 *Diospyros kaki*	0.0103	0.0326	0.0176	2.02
木蜡树 *Toxicodendron sylvestre*	0.0103	0.0326	0.0072	1.67
柃木 *Eurya japonica*	0.0155	0.0217	0.0064	1.45
山胡椒 *Lindera glauca*	0.0078	0.0326	0.0018	1.41
羊舌山矾 *Symplocos glauca*	0.0129	0.0217	0.0064	1.37
青榨槭 *Acer davidii*	0.0103	0.0217	0.0031	1.17
檫木 *Sassafras tzumu*	0.0052	0.0217	0.0067	1.12

注：表中仅列出了重要值大于 1.00%的种群。

表 7-17 牛石坪南方铁杉群落灌木种群重要值

种类	相对多度	相对频度	相对优势度	重要值（%）
马银花 *Rhododendron ovatum*	0.6630	0.2564	0.6458	52.17
尖连蕊茶 *Camellia cuspidata*	0.1381	0.2308	0.1734	18.08
鹿角杜鹃 *Rhododendron latoucheae*	0.0442	0.1282	0.0369	6.98
厚皮香 *Ternstroemia gymnanthera*	0.0387	0.0513	0.0517	4.72
山胡椒 *Lindera glauca*	0.0221	0.0769	0.0148	3.79
柃木 *Eurya japonica*	0.0221	0.0513	0.0111	2.82
厚叶红淡比 *Cleyera pachyphylla*	0.0166	0.0513	0.0111	2.63
漆树 *Toxicodendron vernicifluum*	0.0055	0.0256	0.0295	2.02
羊舌山矾 *Symplocos glauca*	0.0166	0.0256	0.0111	1.78
南烛 *Vaccinium bracteatum*	0.0110	0.0256	0.0055	1.40
青榨槭 *Acer davidii*	0.0110	0.0256	0.0037	1.34
吴茱萸五加 *Gamblea ciliata* var. *evodiifolia*	0.0055	0.0256	0.0037	1.16
木姜子 *Litsea pungens*	0.0055	0.0256	0.0018	1.10

注：包括所有的灌木种群。

表 7-18　梨树洲南方铁杉群落乔木种群重要值

种类	相对多度	相对频度	相对优势度	重要值（%）
银木荷 *Schima argentea*	0.1755	0.0945	0.4494	23.98
南方铁杉 *Tsuga chinensis*	0.1335	0.1260	0.3660	20.85
鹿角杜鹃 *Rhododendron latoucheae*	0.2450	0.0866	0.0334	12.17
吴茱萸五加 *Gamblea ciliata* var. *evodiifolia*	0.1389	0.1260	0.0324	9.91
华东山柳 *Clethra barbinervis*	0.1005	0.1260	0.0245	8.37
多脉青冈 *Cyclobalanopsis multinervis*	0.0311	0.0551	0.0122	3.28
背绒杜鹃 *Rhododendron hypoblematosum*	0.0293	0.0472	0.0030	2.65
马银花 *Rhododendron ovatum*	0.0293	0.0394	0.0024	2.37
台湾松 *Pinus morrisonicola*	0.0073	0.0315	0.0210	1.99
杉木 *Cunninghamia lanceolata*	0.0091	0.0315	0.0161	1.89
鼠刺 *Itea chinensis*	0.0146	0.0394	0.0023	1.88
羊舌山矾 *Symplocos glauca*	0.0091	0.0394	0.0066	1.84
厚叶红淡比 *Cleyera pachyphylla*	0.0165	0.0236	0.0138	1.80

注：表中仅列出了重要值大于 1.00%的种群。

表 7-19　梨树洲南方铁杉群落灌木种群重要值

种类	相对多度	相对频度	相对优势度	重要值（%）
鹿角杜鹃 *Rhododendron latoucheae*	0.3979	0.1176	0.3873	30.09
背绒杜鹃 *Rhododendron hypoblematosum*	0.3277	0.1103	0.2313	22.31
华东山柳 *Clethra barbinervis*	0.0786	0.1103	0.1099	9.96
吴茱萸五加 *Gamblea ciliata* var. *evodiifolia*	0.0295	0.0735	0.0433	4.88
马银花 *Rhododendron ovatum*	0.0323	0.0662	0.0373	4.53
南方铁杉 *Tsuga chinensis*	0.0175	0.0735	0.0161	3.57
尖萼毛柃 *Eurya acutisepala*	0.0147	0.0662	0.0091	3.00
厚叶红淡比 *Cleyera pachyphylla*	0.0175	0.0368	0.0355	2.99
油茶 *Camellia oleifera*	0.0077	0.0515	0.0108	2.33
鼠刺 *Itea chinensis*	0.0126	0.0368	0.0104	1.99
多脉青冈 *Cyclobalanopsis multinervis*	0.0063	0.0441	0.0073	1.92
羊舌山矾 *Symplocos glauca*	0.0035	0.0368	0.0067	1.57
格药柃 *Eurya muricata*	0.0133	0.0147	0.0145	1.42
显脉新木姜子 *Neolitsea phanerophlebia*	0.0084	0.0221	0.0104	1.36
银木荷 *Schima argentea*	0.0056	0.0221	0.0111	1.29

注：表中仅列出了重要值大于 1.00%的种群。

7.3.6　南方铁杉种群的年龄结构和数量动态

从牛石坪南方铁杉群落中南方铁杉种群的年龄结构图来看，其为衰退型种群，幼年阶段的个体数量较少，成年个体相对丰富；种群内个体集中分布在第 6～9 龄级，并在第 7 龄级出现个体数量高峰；此外，种群在第 2 龄级、第 11 龄级和第 12 龄级出现断层，表明受到过严重的干扰，如人为砍伐、自然灾害等（图 7-7a）。从梨树洲南方铁杉群落中南方铁杉种群的年龄结构图来看，其为增长型种群，个体数随龄级的增加而递减；第 10～13 龄级个体数为 0；第 6 龄级和第 7 龄级出现断层，同样表明存在干扰（图 7-7b）。

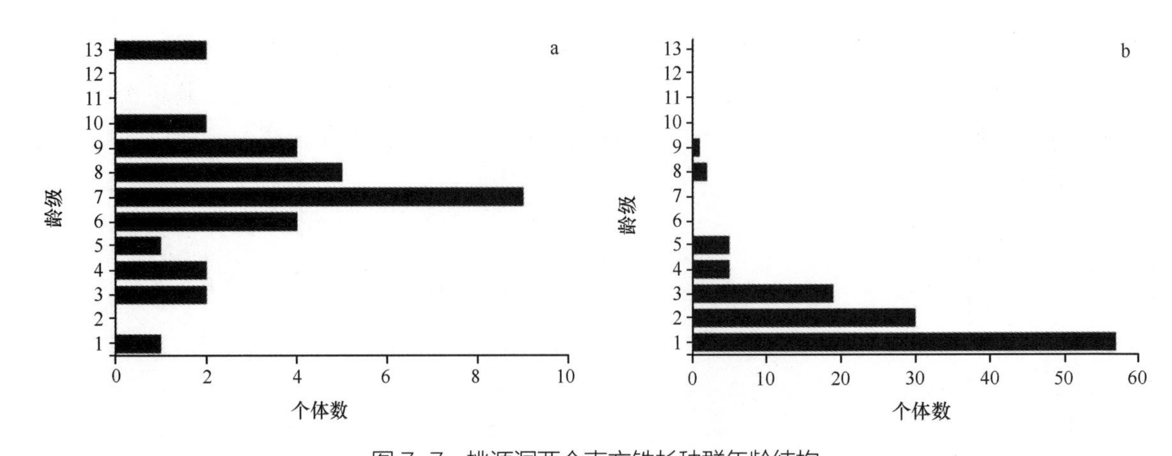

图 7-7　桃源洞两个南方铁杉种群年龄结构

a. 牛石坪南方铁杉种群年龄结构；b. 梨树洲南方铁杉种群年龄结构

梨树洲南方铁杉种群的静态生命表（表 7-20）和生存曲线（图 7-8）表明：①梨树洲南方铁杉种群结构存在一定的波动性；②第 3 龄级是其存活的一个关键时期，表现为其存活数量迅速下降（图 7-8a）以及死亡率和消失率达到第一个峰值（图 7-8b）；③在第 3 龄级以前，该种群的生存率、累计死亡率和危险率变化显著，生存率锐减而累计死亡率和危险率骤增（图 7-8c、d）；④到第 5 龄级以后，生存率和累计死亡率变化趋于平缓，但由于干扰的存在，第 5、6 龄级的存活率为 0（图 7-8c）。

表 7-20　梨树洲南方铁杉种群静态生命表

龄级	径级 DBH（cm）	组中值	a_x	l_x	$\ln l_x$	d_x	q_x	L_x	T_x	e_x	K_x	S_x
1	0～5	2.5	57	1000	6.908	474	0.474	763	1588	1.588	0.642	0.526
2	5～10	7.5	30	526	6.266	193	0.367	430	825	1.567	0.457	0.633
3	10～15	12.5	19	333	5.809	246	0.737	211	395	1.184	1.335	0.263
4	15～20	17.5	5	88	4.474	0	0.000	88	184	2.100	0.000	1.000
5	20～25	22.5	5	88	4.474	88	1.000	44	96	1.100	—	0.000
6	25～30	27.5	0	0	—	0	—	0	53	—	—	—
7	30～35	32.5	0	0	—	–35	—	18	53	—	—	—
8	35～40	37.5	2	35	3.558	18	0.500	26	35	1.000	0.693	0.500
9	40～45	42.5	1	18	2.865	18	1.000	9	9	0.500	—	0.000
10	45～50	47.5	0	0	—	0	—	0	0	—	—	—
11	50～55	52.5	0	0	—	0	—	0	0	—	—	—
12	55～60	57.5	0	0	—	0	—	0	0	—	—	—
13	>60	70.0	0	0	—	0	—	0	0	—	—	—

注：DBH. 胸径；a_x. 在 x 龄级内现有的个体数；l_x. 在 x 龄级开始时标准化存活个体数；d_x. 从 x 到 x+1 龄级间隔期间标准化死亡数；q_x. 从 x 到 x+1 龄级间隔期间标准化死亡数；L_x. 从 x 龄级到 x+1 龄级的平均标准化存活个体数；T_x. 从 x 龄级到超过 x 龄级的个体总数；e_x. 进入 x 龄级的期望寿命；K_x. 消失率（损失度）；S_x. 存活率。

总的来说，牛石坪南方铁杉种群的个体数明显少于梨树洲南方铁杉种群的个体数，前者仅有南方铁杉 32 株，后者共有南方铁杉 98 株。根据南方铁杉解析资料（祁红艳等，2014），第 7 龄级植株树龄在 100 年左右，表明 100 年前牛石坪南方铁杉种群存在自我更新。然而，由于低龄级个体的缺乏和种群总体数量的不足，牛石坪南方铁杉种群可因为高龄级个体的生理衰老而不断死亡及低龄级个体的缺失而呈现更新困难和衰亡的趋势。梨树洲南方铁杉种群中低龄级个体数较丰富，年龄结构分布基本连续，理论上可实现自我更新。但是，根据生存分析，第 3 龄级是其存活的一个关键时期，群落的郁闭度为其限制因子，并且梨树洲南方铁杉种群还较年轻，其是否能自然更新还存在一定的挑战。此外，两个南方铁杉种群均有较严重的干扰现象，成为影响高龄级个体数量的一个重要原因。

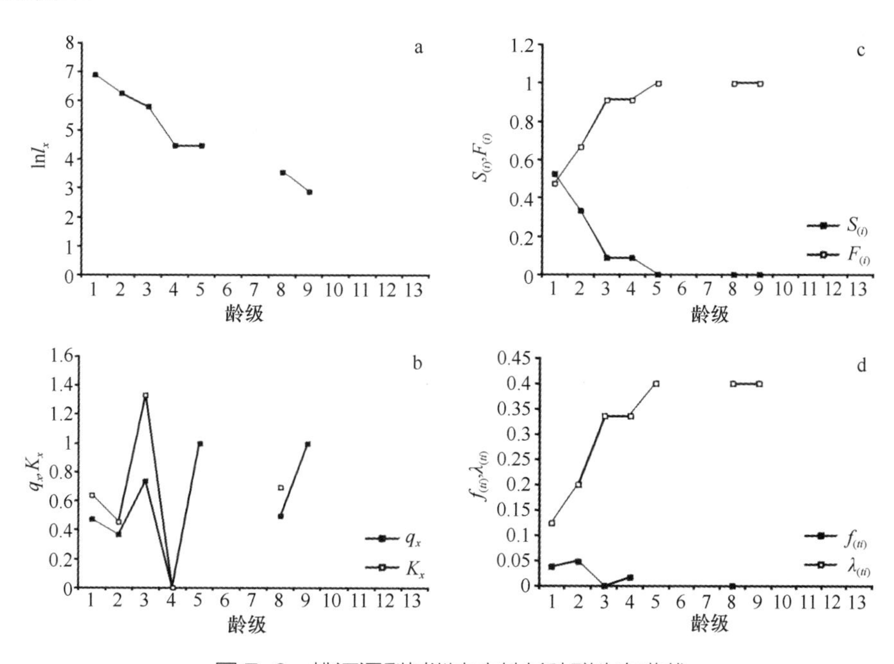

图 7-8　桃源洞梨树洲南方铁杉种群生存曲线

a. 存活曲线；b. 死亡率（q_x）和消失率（K_x）曲线；c. 生存率（$S_{(i)}$）和累计死亡率（$F_{(i)}$）曲线；d. 死亡密度（$f_{(ti)}$）和危险率（$\lambda_{(ti)}$）曲线

7.3.7　南方铁杉群落特征及保护建议

1. 南方铁杉群落特征

桃源洞自然保护区中牛石坪南方铁杉群落共有维管植物 13 科 21 属 26 种，梨树洲南方铁杉群落共有维管植物 22 科 30 属 36 种。地理成分分析表明温带成分明显多于热带成分，表现为温带向热带过渡的特性，也体现了该群落的亚热带山地性质。两个群落中常绿树种占优势，整体外貌有一定的季相变化，春夏暗绿色，秋冬淡黄绿色。群落垂直结构可分为乔木层、灌木层和草本层，其中乔木层又可分为 3 亚层。两个南方铁杉群落的 Shannon-Wiener 多样性指数和 Simpson 多样性指数均为乔木下层>乔木中层>灌木层>乔木上层，Pielou 均匀度指数为乔木中层和乔木下层>乔木上层和灌木层。

牛石坪南方铁杉群落乔木层的优势种群为马银花种群和南方铁杉种群，次优势种群是尖连蕊茶种群、鹿角杜鹃种群和漆树种群；灌木层优势种群是马银花种群，次优势种群是尖连蕊茶种群和鹿角杜鹃种群。其中，南方铁杉种群几乎全部的个体都分布于乔木上层，是乔木上层的压倒性优势植物。根据南方铁杉种群的年龄结构分布特征，表明其属于衰退型种群。南方铁杉种群不论是低龄级个体还是种群的总体数量都严重不足，难以实现自然更新。

梨树洲南方铁杉群落乔木层中的优势种群是银木荷种群和南方铁杉种群，次优势种群为鹿角杜鹃种群、吴茱萸五加种群和华东山柳种群；灌木层优势种群是鹿角杜鹃种群和背绒杜鹃种群，次优势种群是华东山柳种群、吴茱萸五加种群、马银花种群和南方铁杉种群。南方铁杉在各层均有分布，乔木中层有 42 株、灌木层有 25 株、乔木下层有 17 株、乔木上层有 14 株。梨树洲南方铁杉种群的年龄结构分布属于增长型，低龄级个体数较丰富，年龄结构分布基本连续，理论上可实现自我更新。

2. *南方铁杉群落的保护*

南方铁杉作为国家二级重点保护野生植物，加强对其的保护具有很高的学术价值和实际意义。南方铁杉濒危的原因主要有三点：一是南方铁杉的种子休眠期较长且幼苗呈聚集生长，导致种群更新较慢和幼苗死亡率较高；二是南方铁杉为喜光树种，在其生长的各个阶段都需要充足的阳光，因此群落的郁闭度是其主要的限制因子之一；三是南方铁杉多散生于针阔叶混交林中，为小种群，自然灾害和人为破坏带来的伤害可能是毁灭性的（张志祥，2011）。在本研究的两个南方铁杉群落中，牛石坪南方铁杉种群虽然是乔木层优势种群，但已经处于衰退阶段，随着南方铁杉成年个体的不断死亡以及幼苗的缺乏，呈现更新困难和衰亡的趋势。而梨树洲南方铁杉种群目前生长旺盛，具有一定的更新率，但该群落郁闭度高，且有鹿角杜鹃等耐阴种群的竞争，自我更新存在一定的挑战。总体来说，南方铁杉种群早期的自我更新限制因子主要是郁闭度，后期个体数量减少的主要原因是人为砍伐等干扰。因此，建议对桃源洞南方铁杉群落加强后续监测，如有必要应进行人为干预以降低林地郁闭度和加强群落通风条件。此外，还应加强保护性标识牌的使用和警示。

3. *南方铁杉群落结构总结*

1）桃源洞的两个南方铁杉群落中常绿植物占优势，群落有一定的季相变化，夏季呈暗绿色，秋冬呈淡黄绿色。

2）牛石坪南方铁杉群落共有维管植物 13 科 21 属 26 种，梨树洲南方铁杉群落共有维管植物 22 科 30 属 36 种；地理成分分析表明温带成分明显高于热带成分，表现为亚热带山地性质。

3）群落垂直结构可分为乔木层（进一步分为乔木上层、乔木中层、乔木下层三个亚层）、灌木层和草本层。

4）两个群落的 Shannon-Wiener 多样性指数和 Simpson 多样性指数均为乔木下层>乔木中层>灌木层>乔木上层，Pielou 均匀度指数为乔木中层和乔木下层>乔木上层和灌木层。

5）牛石坪南方铁杉群落的优势种群为马银花种群、南方铁杉种群、尖连蕊茶种群和鹿角杜鹃种群，梨树洲南方铁杉群落的优势种群为银木荷种群、南方铁杉种群、鹿角杜鹃种群和背绒杜鹃种群。

6）根据年龄结构和生存分析，牛石坪的南方铁杉种群为衰退型，低龄级个体和种群数量都严重不足，难以实现自然更新；梨树洲的南方铁杉种群为增长型，低龄级个体数较丰富，年龄结构分布基本连续，唯其群落郁闭度较高，自我更新还存在一定的挑战。根据以上结果建议对牛石坪的南方铁杉群落进行就地保护和适当人为干扰，对梨树洲南方铁杉群落加强后续监测。

7.4 罗霄山脉中段西坡资源冷杉种群动态特征

资源冷杉隶属于松科 Pinaceae 冷杉属 *Abies*，是我国特有的第四纪孑遗植物，为国家一级重点保护野生植物，呈极度濒危状态（于永福，1999；汪松和解焱，2004）。资源冷杉主要分布在广西银竹老山、湖南舜皇山、湖南炎陵县大院、江西井冈山和南风面等地（傅立国等，1980；汪维勇和裘利洪，1999；刘起衔等，1998），为湘桂和湘赣两省交界的狭长地带。其中，湖南炎陵县是现存资源冷杉最大的分布地，主要包括和平坳、香菇棚、鸡麻捷、中牛石 4 个分布点，2013 年我们调查数量为 391 株。

宁世江等（2005）、宁世江和唐润琴（2005）研究了广西银竹老山资源冷杉种群的退化机制、现状和保护措施；王蕾等（2013a）研究了江西南风面次原始森林无人为干扰的资源冷杉的生存状况及其所在群落特征；张玉荣等（2004）、苏何玲和唐绍清（2004）研究了资源冷杉的种群保育、遗传多样性。刘招辉、刘燕华等对炎陵县大院资源冷杉的空间分布（刘招辉等，2011）、种群结构（刘燕华等，2011）、小尺度空间遗传格局（刘招辉等，2011）进行了研究。由于濒危植物的特殊性，有必要对其进行跟踪调查，以了解最新濒危状态，从而及时调整和跟进保护措施。炎陵县资源冷杉的种群数量和群落特征动态的调查数据截至 2008 年（刘招辉等，2011；刘燕华等，2011）。而关于其最新的种群动态近年来未见报道。根据我们 2013 年在湖南炎陵县对香菇棚、鸡麻捷、中牛石、和平坳 4 个分布点的资源冷杉的群落调查数据，发现香菇棚分布点的资源冷杉近年来受到强烈的人为干扰。相较于 2008 年，其数量持续减少、种群显著退化。本节从生境概况、种群数量和种群动态三个方面对香菇棚资源冷杉种群的生存现状和濒危机制进行探讨。为制止人为干扰、切实保护香菇棚及炎陵县其他分布点的资源冷杉提供科学依据。

7.4.1　资源冷杉群落样地概况及数据分析

1. 研究区自然地理概况

香菇棚分布点位于湖南省炎陵县桃源洞国家级自然保护区，地理坐标是 26°26.28′N～26°26.4′N，114°3.18′E～114°3.32′E。最高海拔 1499 m，最低海拔 1451 m。属于中亚热带湿润性季风气候区，年平均气温 12.3～14.4℃，极端最高气温 34.5℃，极端最低气温–9℃，年均降水量 1967 mm，年平均雾日 107.7 天。土壤为中亚热带山地森林土，以黄红壤、黄壤和暗黄棕壤为主。地带性植被为中亚热带常绿阔叶林（李辉等，2001）。

资源冷杉在湖南省炎陵县香菇棚的分布点位于海拔 1451 m 东西向的山脊上，山脊两侧的坡度为 20°～40°，分布着高 1 m 以上的资源冷杉 75 株。乔木层的优势种是毛竹，其他伴生种仅见极少量的吴茱萸五加、杉木、缺萼枫香树、多脉青冈和亮叶桦；灌木层物种较为丰富，有鹿角杜鹃 *Rhododendron latoucheae*、变叶树参 *Dendropanax proteus*、吴茱萸五加、格药柃 *Eurya muricata* 等；草本层物种较为稀少，林下有大量枫香树和杉树小苗，而资源冷杉小苗较少。

香菇棚徐屋地区海拔 1499 m，零散分布着 6 株资源冷杉。其中 4 株较大的资源冷杉分布位置邻近，胸围分别为 154 cm、140 cm、125 cm 和 96 cm，另 2 株单独分布在距其约 10 m 的地方。徐屋地区毛竹入侵严重，阔叶树仅有少量的缺萼枫香树、多脉青冈、华东山柳 *Clethra barbinervis*。林下无灌木，草本层物种丰富，如三脉紫菀 *Aster ageratoides*、蔓生莠竹 *Microstegium vagans*、楮头红 *Sarcopyramis nepalensis*、求米草 *Oplismenus undulatifolius* 等。

2. 数据分析

对香菇棚资源冷杉群落进行每木调查，记录枝下高、胸围、冠幅和高度，并对其生境进行描述。用径级替代年龄结构（蔡飞，2000；Parker and Peet，1984），将高度小于 1 m 的幼苗按 I 级记；高度大于 1 m（胸径大于 5 cm）的按胸径划分径级，每隔 5 cm 为一级，5～10 cm 为第II径级，10～15 cm 为第III径级，以此类推。以各大小级株数为基础，经标准化后直接用于各参数计算，第 I 径级对应第 I 龄级，第 2 径级对应第II龄级，以此类推，编制静态生命表（党海山等，2009；任青山等，2007），以静态生命表为基础，绘制存活曲线、死亡率曲线和消失率曲线。

7.4.2　种群数量

如图 7-9 所示，1991 年香菇棚分布点的资源冷杉数量为 239 株（张玉荣等，2004），2004 年为 163 株（DHB=3.5～22.0 cm）（张玉荣等，2004），2008 年为 86 株（H>1 m）（刘燕华等，2011），2013 年为 81 株（H>1 m）。22 年来，香菇棚资源冷杉的数量持续下降。1991 年到 2004 年约下降 31.8%；受 2008 年雪灾的影响，2004 年到 2008 年下降达到 47.24%；2008 年到 2013 年下降趋势有所缓和，约为 5.81%。据肖学菊和康华魁（1991）的考察报告，1991 年的香菇棚资源冷杉面积 12 亩，数量 239 株。而截至 2013 年 8 月，香菇棚高 1 m 以上的资源冷杉仅 81 株。虽然数量减少趋势有所缓和，但是种群已然严重退化，情况不容乐观。

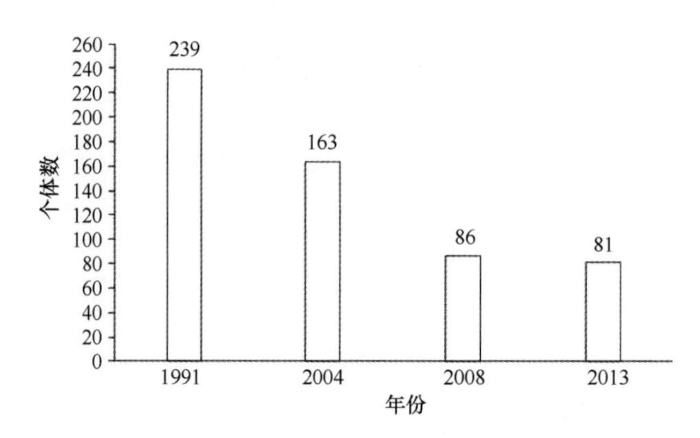

图 7-9　1991～2013 年香菇棚资源冷杉数量变化

7.4.3　种群动态

1. 种群年龄结构

从图 7-10 可以看出，香菇棚资源冷杉 I 级幼苗缺失，II 级幼树仅 7 株，幼树和幼苗占所有树木的 8.64%；Ⅳ级和Ⅴ级树木占所有树木的 53.09%；Ⅸ级及以上大树共 5 株。幼苗和幼树的数量过少，该种群的天然更新不良，香菇棚自然分布点的资源冷杉种群为衰退型。其数量在未来几年内还会进一步下降。

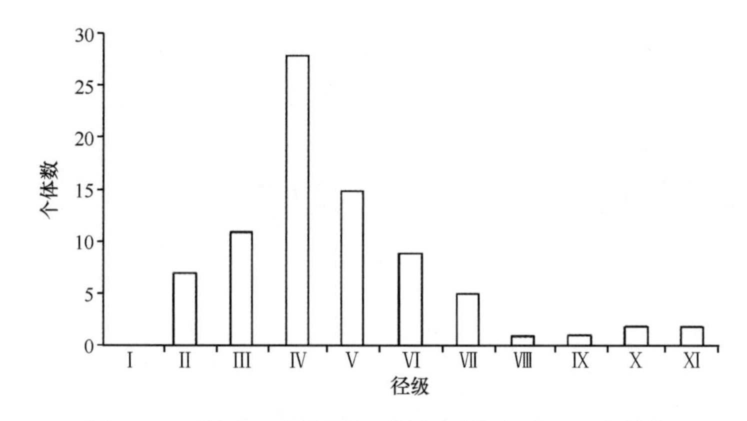

图 7-10　桃源洞香菇棚资源冷杉种群径级（DBH）结构

I. H<1 m; II. H>1 m, DBH<5 cm; III. 5 cm≤DBH<10 cm; IV. 10 cm≤DBH<15 cm; V. 15 cm≤DBH<20 cm; VI. 20 cm≤DBH< 25 cm; VII. 25 cm≤DBH<30 cm; VIII. 30 cm≤DBH<35 cm; IX. 35 cm≤DBH<40 cm; X. 40 cm≤DBH<45 cm; XI. 45 cm≤DBH<50 cm

2. 死亡率曲线、消失率曲线和存活曲线

用径级代替龄级来编制静态生命表。以 q_x、K_x 为纵坐标，以径级相对的龄级为横坐标绘制死亡率曲线和消失率曲线，以静态生命表为基础，以标准化存活数 l_x 为纵坐标、以径级相对的龄级为横坐标绘制存活曲线（罗金旺，2011b）。由于香菇棚分布点 I 级幼苗缺失，个体数量为 0，因而未放入静态生命表。II 级和III级幼树的死亡率均为负数，表明该分布点的 II 级和III级幼树数量不足。

如图 7-11a 所示，资源冷杉的死亡率曲线和消失率曲线变化趋势基本一致。II～Ⅳ级小树死亡率较低；Ⅳ～Ⅵ级资源冷杉死亡率较高，在 40%～50%；死亡率的高峰期出现在第Ⅶ龄级，达到 80%。

根据 Deevey 的划分，存活曲线可以分为 3 种类型：Deevey-Ⅰ型、Deevey-Ⅱ型、Deevey-Ⅲ型（肖学菊和康华魁，1991）。如图 7-11b 所示，由于香菇棚资源冷杉种群的资源冷杉幼苗数量过于稀少，其存活曲线在 II～Ⅴ级阶段出现变形。忽略该变形可看出，香菇棚资源冷杉种群的存活曲线符合

Deevy-III型，是凹曲线。该种群的最高死亡率出现在Ⅴ～Ⅶ级。即幼苗、幼树个体数量不足，中等径级的树木死亡率高。

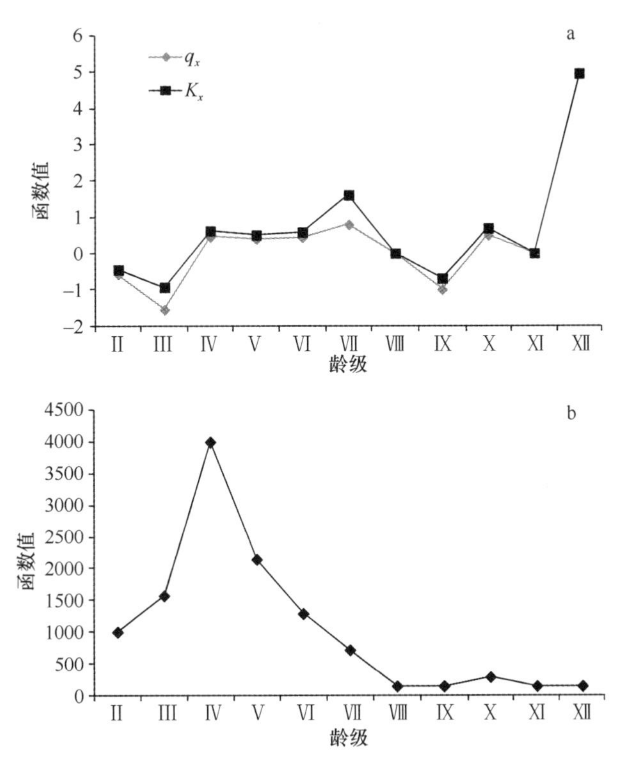

图 7-11　桃源洞香菇棚资源冷杉种群死亡率（q_x）曲线与消失率（K_x）曲线（a）、存活曲线（b）

II. H>1 m，DBH<5 cm；III. 5 cm≤DBH<10 cm；IV. 10 cm≤DBH<15 cm；V. 15 cm≤DBH<20 cm；VI. 20 cm≤DBH<25 cm；VII. 25 cm≤DBH<30 cm；VIII. 30 cm≤DBH<35 cm；IX. 35 cm≤DBH<40 cm；X. 40 cm≤DBH<45 cm；XI. 45 cm≤DBH<50 cm；XII. 50 cm≤DBH<55 cm

中等径级树木的死亡率最高、存活率最低，其主要的原因是人为干扰。为了经济利益，当地居民主观扩大作物毛竹的生长范围，通过在资源冷杉及其伴生树种树干基部“环剥”树皮，阻碍其水分运输，从而致使其缓慢死亡。在香菇棚共发现 10 株因“环剥”致死的植株，包括缺萼枫香树 4 株、台湾松 3 株、冷杉 2 株、华东山柳 1 株，枯树干仍存在原地（图 7-12d）。此外，尚有大量被“环剥”但尚未枯死的植株（图 7-12a～c）。资源冷杉本身的“环剥”会直接导致其种群数量下降，而其伴生树种的“环剥”则会致使其原始生境遭到破坏而间接加重其濒危状态。因此，虽然香菇棚分布点的资源冷杉位于保护区内，但其仍受到强烈的人为干扰和破坏，“环剥”树皮现象亟待制止，保护工作亟待加强。

7.4.4　资源冷杉种群动态特征及群落结构

1. 资源冷杉种群动态

我国湘、桂、晋三省的资源冷杉种群退化的主要原因包括：自身生物学特性的限制（张桥英等，2008）、气温升高（向巧萍，2001；李晓笑等，2012）、自然灾害（刘燕华等，2011）和人为干扰（宁世江等，2005；宁世江和唐润琴，2005；张玉荣等，2004）。在湖南炎陵县香菇棚分布点，三种因素均在一定程度上导致资源冷杉的种群退化，而人为干扰因素尤为突出。香菇棚资源冷杉的数量急剧下降，一方面是受到 2008 年雪灾的影响；另一方面是人为通过“环剥”树皮促使资源冷杉及其伴生树种死亡、扩大毛竹生长范围。资源冷杉的原始冷湿生境遭到破坏，数量急剧下降。

图 7-12　桃源洞资源冷杉及伴生树种树干基部环剥照片（彩图见附图 1）

幼苗的数量不足，是种群退化的重要表现。导致幼苗数量不足的因素包括种子数量减少、种子萌发率降低、幼苗存活率降低等（苏何玲和唐绍清，2004）。香菇棚资源冷杉幼苗数量的不足，主导的因素仍然是人为干扰，资源冷杉生长在毛竹林内，挖竹笋的活动必然会对资源冷杉的幼苗造成伤害，此外，人们为了提高竹笋的产量，有可能主观清除资源冷杉幼苗（刘招辉等，2011）。

由存活曲线（图 7-11b）可知，香菇棚资源冷杉种群幼苗数量虽然不足，但存活率并不低。可能的原因是毛竹林生境的郁闭度降低满足了资源冷杉幼苗喜光的特性（宁世江和唐润琴，2005；刘招辉等，2011；刘燕华等，2011），而郁闭度降低对于喜湿冷的资源冷杉成树不利，加之成树还受到人为环剥致死的影响，因而径级在Ⅴ级左右的树木的死亡率大幅提高。幼苗喜光是许多冷杉属的濒危植物所共有的特性，如元宝山冷杉（李先琨和苏宗明，2002；唐润琴等，2001）、梵净山冷杉（李晓笑等，2011）、秦岭冷杉（Dang et al.，2009）、岷江冷杉（张远彬等，2006）等，因而促进林窗的形成对于以上濒危植物的保护尤为重要。

针对目前香菇棚资源冷杉生存现状，提出以下几点保护措施与建议：①落实和加强国家级自然保护区相应的保护条例，切实做好濒危植物的保护工作，制止人为干扰和破坏，控制毛竹的入侵，保护资源冷杉伴生阔叶树种；②制定和推行有效的帮扶补贴政策，从根本上解决当地居民扩大毛竹生长范围而获得经济利益与资源冷杉生境保护之间的矛盾；③恢复与重建资源冷杉原始生境，要注意控制林内荫蔽的环境、保证林窗的形成，从而促进资源冷杉幼苗的生长，确保其良好的天然更新。

2. 资源冷杉群落结构总结

1）资源冷杉种群数量从 1991 年的 239 株、2004 年的 163 株，降至 2013 年的 81 株，分别下降 31.8%和 50.3%。

2）资源冷杉种群为衰退型，Ⅱ～Ⅳ级小树死亡率较低，Ⅳ～Ⅵ级资源冷杉死亡率较高，死亡率的高峰期出现在Ⅶ级，为 80%。

3）群落乔木第一层是资源冷杉和杉木 *Cunninghamia lanceolata*，第二层是毛竹 *Phyllostachys heterocycla*，伴生种仅有少量吴茱萸五加 *Gamblea ciliata* var. *evodiifolia*、缺萼枫香树 *Liquidambar acalycina*、多脉青冈 *Cyclobalanopsis multinervis* 和亮叶桦 *Betula luminifera*。香菇棚分布点的资源冷杉受到强烈的人为破坏和干扰，保护工作亟待加强。

7.5　罗霄山脉北段花榈木群落特征及种群空间分布格局

常绿阔叶林在我国亚热带山地广泛分布（吴中伦，2000），然而在纬度偏北或海拔较高处这种林型因适应冬季低温而出现程度不同的落叶成分（冯广等，2016；黄永涛等，2015），形成常绿和落叶物种共存的混交林型。常绿树种和落叶树种在群落中呈斑块状分布。落叶树种采取高生长的生态策略（Cornelissen et al.，2003；Tomlinson et al.，2014；唐青青等，2016），在生长季节获得更多的光照、水分和营养物质等稀缺资源以满足向上生长和叶面积增长，并且以落叶的方式来适应低温的不良影响；常绿树种采用保守型策略获取生活所需营养物质（Poorter et al.，2007），一部分用于高生长，一部分用于枝干和叶片组织的硬度生长。不同的生态策略减少了两种林型的竞争强度，从而使常绿树种和落叶树种得以共生形成群落。了解这两种林型的共存机制对理解森林生态系统的物种多样性非常关键。研究常绿落叶阔叶混交林的物种组成、生态特性以及空间格局，对分析群落的稳定性以及发展趋势有着重要意义。

花榈木 *Ormosia henryi* 又名花梨木，是国家二级重点保护野生植物，因其木材紧密、材色鲜艳、纹理清晰漂亮、耐腐蚀、易切割等特点而广泛用于高档家具制作、工艺雕刻等。花榈木根、茎、树皮、叶片等均可入药，可提高免疫力，在抵抗病原微生物感染方面功效也很明显，因此在中医上运用广泛（孟宪帅和韦小丽，2011；段如雁等，2013）。鉴于以上价值，花榈木被大量采伐利用，加之自然条件下其种子量少，实生苗不多见，导致野生资源日益减少，因而对花榈木资源的合理保护与可持续利用问题逐渐引起人们的重视。目前，国内外学者对花榈木展开的研究不多，仅见在种子播种繁殖（虞志军等，2008；陈志萍等，2014）、组织培养（姚军等，2007；乔栋等，2016）、微卫星引物开发（胡磊等，2010）等方面做了部分工作，对其生态特性和分布格局方面的相关研究尚未见报道。作者在对幕阜山脉森林植被详细调查中发现花榈木数量已很少，仅在江西省修水县的油岭山地发现有小面积集中成片分布，因此对该群落进行野外调查以及生态学分析非常有必要。本节以此花榈木群落为研究对象，研究其生物多样性、主要物种更新特点、花榈木在群落中的分布格局，以及花榈木与群落中其他物种的关系，以期为花榈木这一珍贵物种提供生态特性基础资料，进而为深入了解常绿落叶阔叶混交林内物种组成、生态特性以及物种间作用机制、生物多样性的维持机制等提供基础资料。

7.5.1　花榈木群落样地设置及数据分析

1. 研究区自然地理概况

研究区位于江西省修水县油岭山地，幕阜山脉中段，地理坐标 20°56′32.51″N，114°43′16.20″E，海拔 643 m 左右，坡度 20°～30°。该区属亚热带湿润性季风气候区，因受地貌形态的影响，日照偏少，日温差悬殊，云雾偏多，雨热同期，四季分明，气候温和，雨量充沛，属典型的山区小气候。根据修水县气象局提供的数据，年平均气温 16.7℃，平均最高气温 22.5℃，极端最高气温 42.1℃（2003 年 8 月 2 日），平均最低气温 12.60℃，极端最低气温–12.1℃（1991 年 12 月 29 日），日照时数 1424.2 h，年均降水量 2039.8 mm，相对湿度 85%，年均无霜期 254 天。土壤类型为山地黄壤，是适合植物自然生长的一个理想之地。

2. 样地设置与调查

2016 年 9 月于油岭山地花榈木集中分布的狮台山设置 1 块 40 m×40 m 的标准样地，用罗盘仪打点定位，调查时将样地分为 16 个 10 m×10 m 的小样方，对样方内所有花榈木包括小树、幼苗进行每木调查，对样地内出现的其他乔木胸径大于 2 cm 起录，测定并记录每株植物的胸径、株高、冠幅、盖度等指标，并记录相对于坐标原点的相对坐标。在标准样地内，设置 5 个 5 m×5 m 的梅花形灌木样方，在每个灌木样方内随机设置 1 个 2 m×2 m 的草本样方。灌木、草本分别记录物种名、高度、盖度等指标。

3. 数据分析

（1）重要值

本节乔木和灌木、草本重要值计算方法不同，乔木重要值=（相对多度+相对优势度+相对频度）×100/3，灌木、草本重要值=（相对多度+相对盖度+相对频度）×100/3，具体计算方法参考《数量生态学》（张金屯，2004）。

（2）种群结构

大小级指数（size distribution index，SDI）计算种群偏离胸径分布范围中点值的系数，以此来估算种群更新的连续性（Nanami et al.，2004；杨永川等，2006）。

$$\mathrm{SDI}=\frac{1}{N}\sum_{i=1}^{N}\left(x_i-0.5\right)^3$$

式中，N 为样地内某个种群的株数；x_i 为该种群第 i 株胸径（DBH）的标准化值，即第 i 株 DBH 值 d_i 与样地内该种群最大株 DBH 值 D 的比值。如果 SDI 为负值且相对较小，表明种群小径级个体数量多，种群结构为“L”形或倒“J”形；如果 SDI 为正值且相对较大，表明种群缺乏小径级个体，结构为单峰型。

（3）物种多样性

物种多样性可用于测定群落的生态水平结构，对反映群落的功能有重要意义（马克平和刘玉明，1994）。物种多样性测度方法很多，本节采用经典统计方法，通过计算物种丰富度（S）、Simpson 样性指数、Shannon-Wiener 多样性指数（H）、Pielou 均匀度指数等来测度和分析群落物种多样性，多样性计算方法参考相关文献（史作民等，2002；马克平和刘玉明，1994）。

（4）种群空间分布格局

根据花榈木生活史特点，参考有关种群的大小级划分法来划分花榈木的生活阶段。将 DBH<2.5 cm 的植株确定为幼苗，记为 hlm1；2.5 cm≤DBH<5 cm 的植株定为小树，记为 hlm2；DBH≥5 cm 的植株定为成年树，记为 hlm3；为便于统计分析花榈木特性，将花榈木整体记为 hlm。对标准样地内其他非目标树种认定为一个整体，不进行大小级的划分记为 hlmq。采用雷普利函数（Ripley’s function）的单种格局分析方法 $L(t)$来分析样地内花榈木的空间分布格局、样地内其他乔木及常绿树种、落叶树种分布格局；用成对相关函数 $M(t)$来分析花榈木不同大小级间相关性、花榈木和其他树种相关性，以及常绿树种和落叶树种相关性，并用蒙特卡罗拟合检验计算上下包迹线，拟合次数 200 次，步长 0.5 m，置信区间 95%。处于置信区间以上、之间、以下，分布格局分别为聚集分布、随机分布、均匀分布。偏离置信区间最大值作为最大聚集强度，以最大聚集强度为半径的圆记为聚集规模。研究种间相关性时，处于置信区间以上、之间、以下，相关性分别记为明显正相关性、无明显相关性和负相关性。具体的计算方法及意义参见相关文献（周赛霞等，2008；杨洪晓等，2006）。数据分析过程通过改进的生态学软件包 ADE-4 完成。

7.5.2 花榈木群落垂直结构特征

花榈木群落成层现象明显，可分为乔木层、灌木层和草本层，层间植物较少。调查到样方中乔木层物种 40 种，其中常绿物种 21 种 279 株，落叶物种 19 种 95 株。乔木层可分为林冠层和次林层（表 7-21），林冠层层高 18～25 m，胸径多在 12～40 cm，个别达到 40 cm 以上，主要树种为枫香树 *Liquidambar formosana*、雷公鹅耳枥 *Carpinus viminea*、苦槠 *Castanopsis sclerophylla*、枹栎 *Quercus serrata* 等高大乔木，此类树型饱满、枝繁叶茂、盖度较大；次林层层高 5～17 m，胸径多在 20 cm 以下，个别植株达到 30 cm 左右，树种主要为花榈木、杉木 *Cunninghamia lanceolata*、赤杨叶 *Alniphyllum fortunei*、尾叶冬青 *Ilex wilsonii*、油茶 *Camellia oleifera*、檵木 *Loropetalum chinense* 等，此类树多冠幅较小、树干长直、盖度较小。整个乔木层盖度 85%左右。灌木层物种 15 种（表 7-22），层高 0.3～5 m，盖度 60%左右，主要由油茶、花榈木的幼树、乌药 *Lindera aggregata*、杉木、阔叶箬竹 *Indocalamus latifolius*、浙江新木姜子 *Neolitsea aurata* var. *chekiangensis* 等常绿物种组成。草本层物种 14 种（表 7-22），层高 0.5 m 以下，盖度 35%左右，局部分布较密，主要由淡竹叶 *Lophatherum gracile*、狗脊蕨 *Woodwardia japonica*、紫金牛 *Ardisia japonica*、瓦韦 *Lepisorus thunbergianus* 等组成。层间植物种类较少，零星分布，主要由络石 *Trachelospermum jasminoides*、菝葜 *Smilax china*、海金沙 *Lygodium japonicum* 等较矮小物种组成。

表 7-21　油岭山地花榈木天然林结构特征

物种	生活型	株数及所占比例		胸径 (cm)		树高(m)		重要值（%）	大小级指数
		株数	占比（%）	最大	平均	最大	平均		
花榈木 *Ormosia henryi*	E	99	26.47	25.8	8.3	22	7.1	21.61	–0.0558
杉木 *Cunninghamia lanceolata*	E	42	11.23	24.8	12.1	20	10.9	9.9	0.0007
苦槠 *Castanopsis sclerophylla*	E	25	6.68	37.9	17.2	25	11.6	9.07	0.0008
雷公鹅耳枥 *Carpinus viminea*	D	27	7.22	65	12.7	25	11.2	8.32	–0.0428
油茶 *Camellia oleifera*	E	45	12.03	15.8	6.2	8.5	5.2	8.28	–0.0017
赤杨叶 *Alniphyllum fortunei*	D	16	4.28	31	13.1	20.3	12.8	5.51	–0.1472
檵木 *Loropetalum chinense*	E	18	4.81	12	6.4	9	6.1	3.69	0.1906
短柄枹 *Quercus serrata*	D	6	1.60	42	21.8	20	11.2	3.44	0.2009
尾叶冬青 *Ilex wilsonii*	E	10	2.67	15	6.5	10	6.1	2.83	0.0067
枫香 *Liquidambar formosana*	D	3	0.80	45	25.4	25	16	2.04	0.0392
紫玉兰 *Yulania liliflora*	D	8	2.14	12.1	7.2	18	10.5	1.99	0.0192
浙江新木姜子 *Neolitsea aurata*	E	6	1.60	11.3	6.6	12	7.6	1.95	0.0243
冬青 *Iiex chinensis*	E	5	1.34	25.1	12.7	18	10.2	1.81	0.0068
玉兰 *Yulania denudata*	D	7	1.87	18.7	9.8	15	9.3	1.69	0.0207
合计		317	84.76					82.13	

注：D. 落叶阔叶树种，E. 常绿阔叶树种。

表 7-22　油岭山地花榈木群落不同层次植物种类与重要值

层次	种类	重要值（%）
灌木层	油茶 *Camellia oleifera*	18.05
	花榈木 *Ormosia henryi*	13.02
	乌药 *Lindera aggregata*	9.24
	杉木 *Cunninghamia lanceolata*	6.88
	阔叶箬竹 *Indocalamus latifolius*	6.42
	浙江新木姜子 *Neolitsea aurata* var. *chekiangensis*	5.13
	南烛 *Vaccinium bracteatum*	4.66
	朱砂根 *Ardisia crenata*	4.63
	微毛柃 *Eurya hebeclados*	3.85
	黄檀 *Dalbergia hupeana*	2.87
	雷公鹅耳枥 *Carpinus viminea*	2.64
	中国绣球 *Hydrangea chinensis*	2.60
	日本紫珠 *Callicarpa japonica*	2.57
	中华石楠 *Photinia beauverdiana*	2.17
	尖连蕊茶 *Camellia cuspidata*	2.14
	合计	86.87

续表

层次	种类	重要值（%）
草本层	淡竹叶 *Lophatherum gracile*	24.41
	狗脊蕨 *Woodwardia japonica*	15.54
	瘤足蕨 *Plagiogyria adnata*	9.14
	紫金牛 *Ardisia japonica*	7.64
	地锦 *Parthenocissus tricuspidata*	7.10
	瓦韦 *Lepisorus thunbergianus*	6.22
	黑鳞鳞毛蕨 *Dryopteris lepidopoda*	4.74
	异叶蛇葡萄 *Ampelopsis glandulosa* var. *heterophylla*	4.71
	黑足鳞毛蕨 *Dryopteris fuscipes*	4.05
	金星蕨 *Parathelypteris glanduligera*	3.71
	求米草 *Oplismenus undulatifolius*	3.71
	粉背薯蓣 *Dioscorea collettii* var. *hypoglauca*	3.35
	沿阶草 *Ophiopogon bodinieri*	3.02
	过路黄 *Lysimachia christinae*	2.66
	合计	100

7.5.3 群落物种多样性

根据 0.16 hm^2 的样地统计，该群落记录有维管植物 66 种，隶属于 36 科 54 属。乔木层重要值在 1.6%以上的物种有 14 种（表 7-21），占乔木层重要值的 82.13%，主要分布在豆科 Leguminosae、壳斗科 Fagaceae、柏科 Cupressaceae、桦木科 Betulaceae、山茶科 Theaceae、安息香科 Styracaceae 和金缕梅科 Hamamelidaceae 等；重要值在 1.6%以下的物种有 26 种，占乔木层重要值的 17.87%，分属于 15 科 22 属，这说明花榈木群落乔木层种类丰富，优势树种比较明显。灌木层植物共 24 种（表 7-22 为主要物种），隶属于 17 科 22 属，主要分布在豆科、山茶科、樟科 Lauraceae、柏科等。草本层植物种类较少，共调查到 14 种（表 7-22），隶属于 11 科 13 属，主要是禾本科 Gramineae、葡萄科 Vitaceae、瘤足蕨科 Plagiogyriaceae 等。总之，乔、灌、草物种均分布在分散的科属，科属优势不明显。

由表 7-23 可见，物种丰富度和 Shannon-Wiener 多样性指数显示乔木层>灌木层>草本层，Pielou 均匀度指数正好相反，乔木层<灌木层<草本层，Simpson 样性指数为草本层>乔木层>灌木层。

表 7-23 油岭山地花榈木群落各层次物种多样性特征

层次	物种丰富度	Shannon-Wiener 多样性指数	Pielou 均匀度指数	Simpson 多样性指数
乔木层	40	2.731	0.740	0.115
灌木层	24	2.718	0.855	0.091
草本层	14	2.261	0.857	0.143

7.5.4 花榈木种群结构与空间分布格局

1. 种群结构

从表 7-21 可知，群落中花榈木个体数量最多，其重要值为 21.61%，是该群落的第一优势种，但由于其处于群落的次林层，多为小乔木，径级较小，因此在群落中优势地位不明显。径级结构是植物群落稳定性和生长发育状况的重要指标（叶万辉等，2008）。大小级指数 SDI 正是基于径级计算的表征种群径级连续性的指标，花榈木大小级指数为–0.0558，说明该种群径级分布均匀，不缺乏小径级个体，各年龄级植株均有，更新具有连续性，表现出较好的更新能力。群落中 SDI 为负值的还有雷公鹅耳枥、油茶、赤杨叶，这些是群落中更新较好的物种；其他乔木物种 SDI 均为正值，表明其缺乏小径级个体，更新不良。

2. *种群空间分布格局*

（1）空间分布格局分析

经统计，样地内出现花榈木 99 株，其他乔木物种 275 株。点格局分析可见（图 7-13），各大小级花榈木 hlm1、hlm2、hlm3 及全体花榈木（hlm）分布格局在所有研究尺度 0～20 m 上均表现为聚集分布，各大小级间，幼苗级 hlm1 聚集强度最大，在 3.75 m 尺度上，达到最大聚集强度，其次是小树级 hlm2，最小聚集强度的是成年树级 hlm3。其他乔木在小于 15.25 m 尺度上表现为显著聚集分布，大于此尺度则为随机分布。落叶树种在 7.5～9.75 m 和 15.5～20 m 尺度上随机分布，在其他尺度上均为聚集分布；常绿树种在 0～20 m 所有尺度上均为聚集分布。

（2）空间关联性分析

从图 7-14 分析可见，hlm1 与 hlm2 在 0～6 m 尺度上为显著正相关关系，大于此尺度上无明显相关性；hlm1 与 hlm3 在所有研究尺度上均无明显相关性；hlm2 与 hlm3 在所有研究尺度上均为显著正相关关系。

花榈木全体与其他乔木整体在 0～5.25 m 尺度上为显著正相关关系，大于此尺度上无明显相关性。

常绿树种和落叶树种在 6～10.25 m 尺度上没有明显相关性，在其他尺度上表现出显著正相关性。

7.5.5　花榈木种群动态及保护

1. *花榈木种群分布格局*

不同生活型的物种数量及分布格局形成了群落的物种多样性（孔祥海和李振基，2012），不同层次的物种多样性指标可以较好地表达群落的结构（金则新等，1999）。修水油岭山地花榈木样地乔木树种组成丰富，高大乔木苦槠、雷公鹅耳枥、短柄枹栎、枫香树等占据林冠层，花榈木、杉木、油茶等较矮乔木居于次林层，多样性指数和均匀度指数都较高，优势物种较明显，群落中以常绿物种的重要值较高，落叶阔叶成分并存，说明此群落为以花榈木为主的常绿落叶阔叶混交林。前人的研究结果表明，群落结构越复杂，丰富度指数和多样性指数越大，优势度指数和均匀度指数越小（郭艳萍等，2005；张忠华等，2008；黄庆丰等，2010；彭焱松等，2013），油岭山地花榈木群落正好符合这个特征。群落中乔木物种种类丰富但稀疏种多，富集种少，整个林层盖度较大，造成林隙较小，灌木层和草本层分布不均，在林隙下分布有较多的种类，密闭的林下则物种很少，灌木层主要是由乔木层物种的更新苗和一些生态适应性较强的广布种，如微毛柃 *Eurya hebeclados*、日本紫珠 *Callicarpa japonica*、中国绣球 *Hydrangea chinensis* 等组成。草本层物种种类少，但同种株数较多，因而造成草本层物种丰富度和物种多样性较低，但优势度指数最高。

对植物种群空间分布格局的研究离不开种群所处的生态环境，以及物种本身的生物学特性和种群间的竞争、排斥关系，在不同研究尺度下，分布格局也可能不同（Schurr et al.，2004；潘霞等，2013）。本研究表明，各大小级及全体花榈木种群空间分布格局均为聚集分布，且聚集性主要发生在较小尺度上，表明聚集分布是花榈木种群的主要分布形式，聚集分布是植物界种群最普遍的分布方式（杨永川等，2006），这种高聚集性可能与其种子传播方式和生境变化有密切关系。花榈木种子成熟后，大部分受重力作用自然散落在母树周围，受风力作用的影响较小。在天然状态下，种子散布的距离一般不

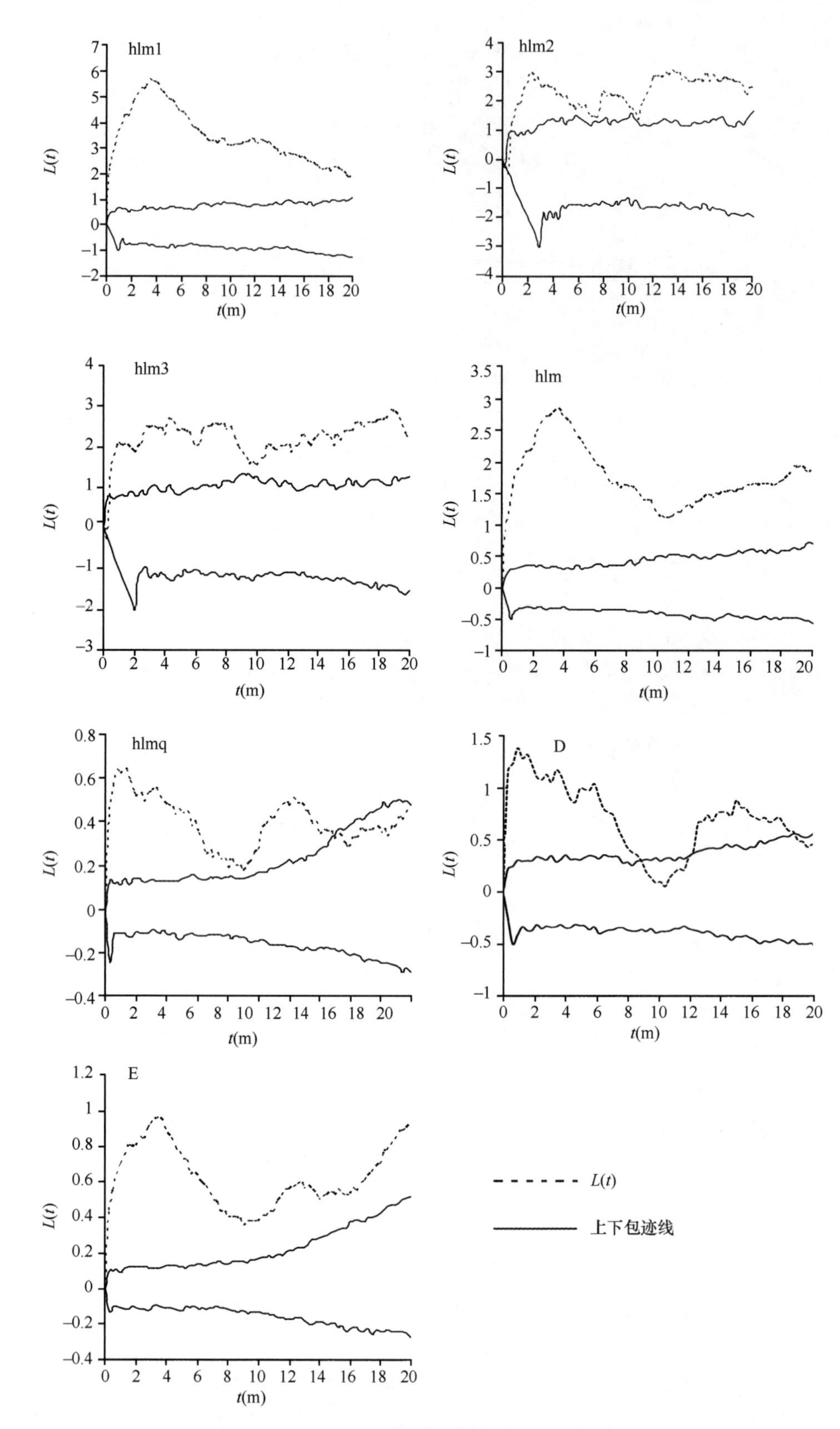

图 7-13　罗霄山脉北段花榈木种群空间分布格局

hlm1，表示花榈木幼苗级分布格局；hlm2，表示花榈木小树级分布格局；hlm3，表示花榈木成年树级分布格局；hlm，表示花榈木整体分布格局；hlmq，表示花榈木大龄级分布格局；D，表示落叶树种整体的分布格局；E，表示常绿树种整体的分布格局

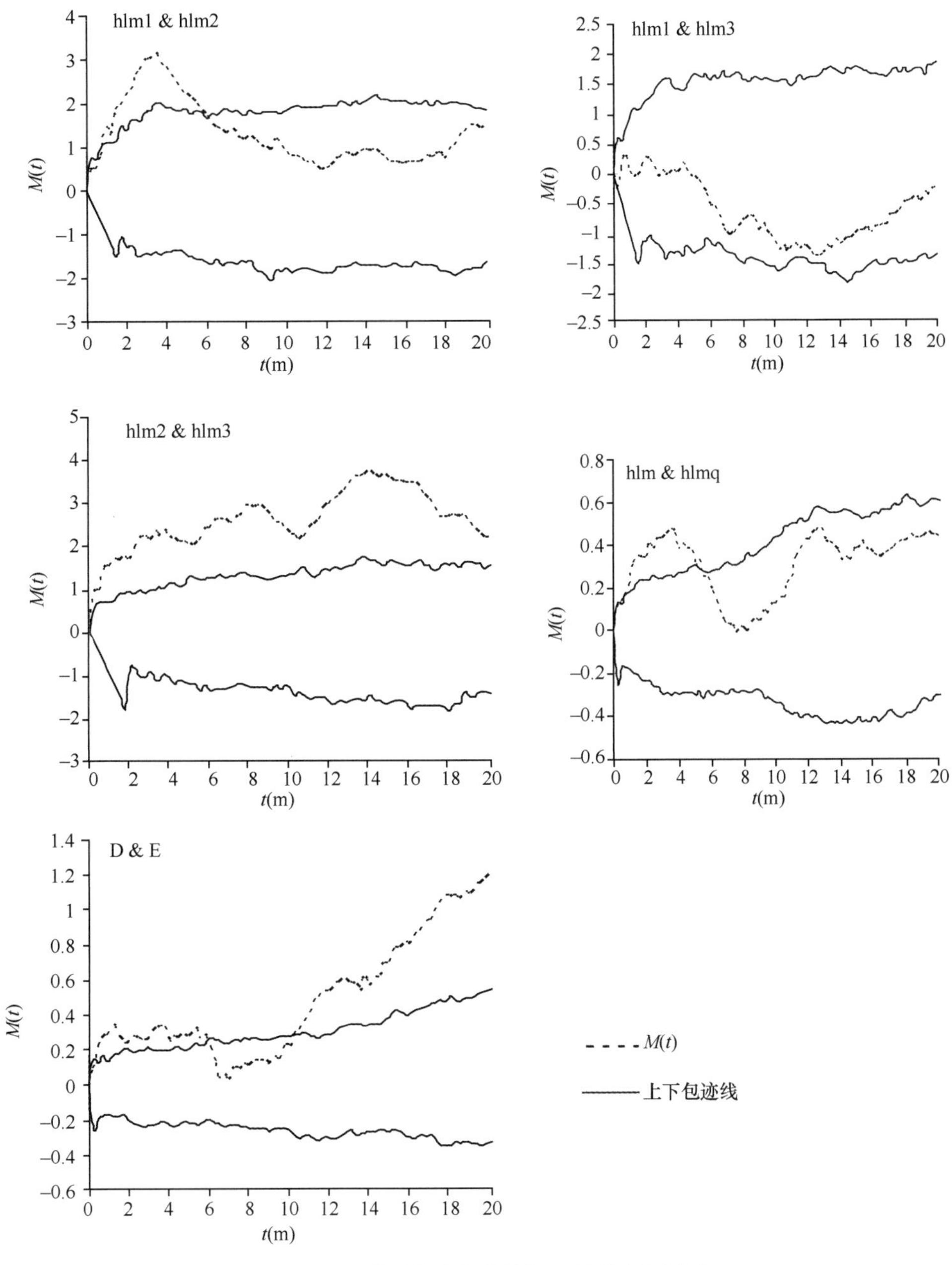

图 7-14　罗霄山脉北段花榈木种群空间关联

会太远，因而幼苗表现出更高的聚集强度，聚集分布有利于提高种群生存和竞争力，随着林分的发展，因光照、水分等生长因子的供给限制，有些弱小的更新苗不能适应环境的变化而被淘汰，进而造成花榈木幼树与成年树聚集强度的依次降低。种群聚集强度随着年龄增长而减弱也是种群的一种自我调节机理（赵丽娟和项文化，2014），花榈木大径级个体聚集强度低有利于环境资源的利用，更有利于种群的生存和发展。

花榈木种群各个大小级的空间分布格局差异不明显，主要取决于种群生物学特征，因为同一植物种群的个体对环境等条件的要求基本上是一致的，自然环境条件对格局形成的作用较小（牛丽丽等，2008）。花榈木各大小级个体的空间关联基本上都是正相关或无明显相关性，说明花榈木各大小级个体对环境的要求和适应性具有一致性，不同大小级个体的正相关说明小龄级树与大龄级树形成了垂直空间上的生态位分化，成年树为幼苗、小树提供了较适的荫蔽环境，这种个体在空间的交错分布有利于对各种资源的充分利用，对于维持种群更新具有积极意义，更有利于整个种群的生存和发展。花榈木种群与群落中其他乔木种间在所有尺度上为正相关或无明显相关性，表明此群落中物种相互竞争压力较小，为群落中多物种共存和其他物种入侵提供了机会，常绿树种与落叶树种，大乔木与小乔木生态位分化，充分利用光、温、水等资源。结合多样性分析结果来看，花榈木群落物种丰富，多样性高，均匀度高，说明此群落稳定性较高，正处于稳定发展阶段。

物种的空间分布格局及相互关系提供了许多潜在的生态学过程信息（倪瑞强等，2013），对于这些信息我们还不能给予很好的解释，如群落稳定的机制，包括优势种的自我更新方式、不同物种的种群年龄结构和数量动态、群落的演替方向等尚不清楚，还需要进行长期有效的持续调查研究。

2. 花榈木群落的保护

花榈木作为优良的绿化、药用及材用树种，在野外资源分布已很少，在其分布区经常看到被盗伐和盗采现象，特别是在一些没有设为保护区的地域情况尤为突出，人为造成了自然资源的破坏。作为聚集分布的花榈木种群，如果优势层花榈木被砍伐，其群落稳定性就会受到影响，可能会导致整个群落的演替方向朝着不利于花榈木生长的方向进行，造成花榈木种群在此群落中衰退。本次调查的油岭山地目前只是成立了以民间个别群众自发组织的县级自然保护区，政府资金投入很低，而民间力量毕竟有限，又没有执法权，有些珍稀树种还是难逃遭砍伐的命运。建议修水县各级政府和相关职能部门适当加大对该区域的资源保护投入，以及对花榈木的保护宣传力度，保护生态环境，减少乱砍滥伐、乱采滥挖的现象发生。同时，为解决花榈木用材短缺和人工培育不足的矛盾，还应加大对花榈木资源的培育力度，出台优惠政策鼓励林农栽植花榈木和营造花榈木风景林，重点提倡在低山丘陵山区营造常绿落叶阔叶树种与花榈木的混交林，模拟花榈木的原生境，营造上层高大乔木、次林层花榈木、下层灌草的适生环境，培育材质优良的花榈木用材林。

3. 花榈木群落结构总结

1）群落中花榈木优势地位明显，其重要值为21.61%，处于次林层，是该群落的第一优势种；主要伴生种为处于林冠层的苦槠、雷公鹅耳枥、枫香树、短柄枹栎等和处于次林层的赤杨叶、杉木、油茶、檵木等。

2）群落乔木层丰富度较高，物种丰富度（*S*）、Shannon-Wiener 多样性指数均高于灌木层和草本层，Pielou 均匀度指数则低于灌木层和草本层。

3）群落中仅花榈木、雷公鹅耳枥、赤杨叶、油茶 4 个物种具有较多小径级个体，更新具有连续性，其 SDI 为负值。

4）各个大小级的花榈木均为明显的聚集分布，随个体的增大，聚集程度降低；花榈木各大小级间空间关联表现为正相关或无明显相关性，大小级差异越大，相关性越弱；花榈木与其他乔木物种在小尺度空间上为正相关关系，在大尺度上无明显相关性。

5）样地中常绿树种和落叶树种均以聚集分布为主，两者的空间关系基本上显著正相关。总之，该群落中花榈木种群结构稳定，更新较好，与其他乔木树种竞争较小，处于良好的生长状态；常绿树种和落叶树种相互竞争压力不大；该群落处于稳定发展阶段。

7.6 罗霄山脉北段虎皮楠群落的组成和结构特征

虎皮楠生物碱具有抗肿瘤、抗病毒和调控神经生长因子等多种生物活性，过去 30 年受到了合成化学家的密切关注（李震宇和郭跃伟，2007），关于虎皮楠生物碱的研究取得了很大进展（谭承建等，2015；曹志然等，2010；陆云阳等，2014）。虎皮楠（*Daphniphyllum oldhamii*）为分离虎皮楠生物碱的重要植物来源，是虎皮楠科（Daphniphyllaceae）常绿高大乔木或小乔木，为速生物种（郑万钧，1985），主要分布于长江以南各省区，常见于海拔 200～2300 m 的阔叶林中，是常绿阔叶林的主要组成树种之一。虎皮楠树形优美，树干通直，冠幅较大，具有很高的观赏价值，种子榨油可以制皂（杨鑫侃，2016）。

江西五梅山自然保护区位于修水县的东南部，区内植物丰富，达 2300 余种（冷亚雄等，2017）。保护区内虎皮楠主要分布在 28°50′N、114°47′E、海拔 500 m 左右的区域，呈集群分布态势。近年来，有关虎皮楠的研究主要集中于药用成分和繁殖利用（欧斌等，2003；张勤生和曾建国，2008；陈海云等，2011；郑勇平等，2004），尚未见对其开展群落生态学方面的研究。本节以江西省修水县五梅山自然保护区内虎皮楠为研究对象，采用典型样方调查法，对保护区境内虎皮楠进行群落学调查，试图阐明该地区虎皮楠群落区系特征、群落物种组成和结构、物种多样性、物种生活型等，希望能为该物种的经营和管理提供一点科学依据。

7.6.1　虎皮楠群落样地设置及数据分析

1. 研究区自然地理概况

江西五梅山自然保护区位于修水县的东南部，地处修水、靖安、奉新三县的交界处，属于九岭山脉的中段。保护区地貌复杂，地理位置为 28.5°N～29°N，114.5°E～115°E。此地区长期受东亚季风气候的影响，气候温暖湿润，年平均气温 16.7℃，年均降水量 1634.1 mm，年日照时数 1600.4 h。土地肥沃，植被覆盖率 97.8%，是中亚热带常绿阔叶林的重要组成部分以及珍稀动植物的繁衍地（冷亚雄等，2017）。

2. 样地设置与调查

采用样地调查方法，在虎皮楠集中分布地区设立两个 20 m×40 m 的样地，地理位置分别为 28°50′4.37″N、114°47′53.05″E、海拔 497 m 和 28°50′03.93″N、114°47′53.58″E、海拔 493 m。对样地内胸径 2 cm 以上的乔木进行每木调查，记录植物名称，测量胸径、盖度、树高、冠幅等指标，同时在每个样地设置 3 个 5 m×5 m 的灌木样方和 3 个 2 m×2 m 的草本样方，调查样方内的灌木和草本植物的组成和高度、盖度、株数等指标。

3. 数据分析

1）参照吴征镒（1991）关于中国种子植物属分布区类型的划分原则，对样地内物种进行区系类型划分。

2）参考植物群落学研究方法（易好等，2014），统计样方内各物种的相对多度、相对频度、相对优势度，分别计算乔木、灌木和草本的重要值，即

乔木重要值=（相对多度+相对优势度+相对频度）/3

灌木重要值=（相对多度+相对盖度+相对频度）/3

3）群落物种多样性是群落生态结构可测定的、独特的生物学特征，对反映群落的功能有重要意义。物种多样性测度方法很多，本节采用经典统计方法，通过计算物种丰富度（S）、Simpson 多样性指数（D）、Shannon-Wiener 多样性指数（H）、Pielou 均匀度指数（EH）等来测度和分析群落物种多样性与群落特征的关系（王玉霞等，2013）。

S=样地内各层出现的物种数

$$D = 1 - \sum_{i=1}^{s} \frac{N_i(N_i - 1)}{N(N - 1)}$$

$$H = -\sum_{i=1}^{s} (P_i \ln P_i)$$

$$EH = H / \ln S$$

式中，N_i为第 i 个物种的个体数；N 为样方中所有物种的个体数之和；P_i为第 i 个物种的个体数占样方中所有物种个体总数的百分比。

4）生活型的划分：根据 Raunkiaer 的生活型系统将植物划分为高位芽植物、地上芽植物、地面芽植物、隐芽植物和一年生植物五大类。群落中优势植物生活型决定了群落的外貌形态。

5）年龄结构测定：用立木级结构代替年龄结构，将胸径在 2～6 cm 的植株定义 1 龄级，胸径在 6～10 cm 的定义为 2 龄级，以此类推，将样地内所有虎皮楠划分到相应的龄级。

7.6.2 虎皮楠群落的区系组成

经过调查，样方内共有维管植物 62 种，隶属于 31 科 53 属。根据吴征镒（1991）对中国种子植物属的分布区类型划分原则，对虎皮楠群落中属的分布区类型进行统计，结果见表 7-24。由表 7-24 可知，虎皮楠群落植物区系组成以热带亚洲和北温带分布区类型占优势，各有 10 属和 12 属，分别占非世界属总数 19.23%和 23.08%。热带亚洲分布区类型位于乔木层、灌木层和草本层，如常山 *Dichroa febrifuga*、草珊瑚 *Sarcandra glabra*、绞股蓝 *Gynostemma pentaphyllum* 等。北温带分布区类型主要位于乔木层和灌木层，如枹栎 *Quercus serrata*、马尾松 *Pinus massoniana*、鹿角杜鹃 *Rhododendron latoucheae*、锥栗 *Castanea henryi*、小蜡 *Ligustrum sinense* 等。其次是泛热带分布区类型，达 9 属，占 17.31%，在乔木层、灌木层、草本层都有分布，如尾叶冬青 *Ilex wilsonii*、老鼠矢 *Symplocos stellaris*、树参 *Dendropanax dentiger*、珍珠莲 *Ficus sarmentosa* var. *henryi*、大青 *Clerodendrum cyrtophyllum*、悬铃叶苎麻 *Boehmeria tricuspis* 等。中国特有分布区类型有 2 属，含 2 种，即杉木 *Cunninghamia lanceolata* 和白簕 *Eleutherococcus trifoliatus*。

表 7-24 虎皮楠群落种子植物的区系地理成分

序号	分布区类型	属数	占总属数的百分比/%
1	世界分布	1	1.89（扣除）
2	泛热带分布	9	17.31
3	热带亚洲和热带美洲间断分布	2	3.85
4	旧世界热带分布	2	3.85
5	热带亚洲至热带大洋洲分布	3	5.77
6	热带亚洲至热带非洲分布	0	0
7	热带亚洲分布	10	19.23
8	北温带分布	12	23.08
9	东亚和北美洲间断分布	6	11.54
10	旧世界温带分布	0	0
11	温带亚洲分布	0	0
12	地中海区、西亚至中亚分布	0	0
13	中亚分布	0	0
14	东亚分布	6	11.54
15	中国特有分布	2	3.85
总计		53	—

7.6.3 虎皮楠群落的种类组成及结构

虎皮楠群落垂直结构比较明显，林分结构较简单，有乔木层、灌木层和草本层。乔木层和灌木层的主要种类特征见表 7-25，可以明显地看出，乔木层有两层，上层为林冠层，高度 18～25 m，以松科、柏科、安息香科、冬青科、漆树科、山茶科为主，主要有马尾松、杉木、赤杨叶、野漆 *Toxicodendron succedaneum*、南酸枣 *Choerospondias axillaris*、银木荷 *Schima argentea* 等；下层为次林层，高度 4～18 m，以杜鹃花科、山茶科和虎皮楠科为主，主要有虎皮楠、鹿角杜鹃和油茶 *Camellia oleifera* 等。在乔木层中虎皮楠的平均高度为 10.72 m，最高 18 m，平均胸径 12.85 m，重要值为 17.58%。虎皮楠群落中鹿角杜鹃数量较多，重要值达 18.68%。

表 7-25 虎皮楠群落种类特征值

层次	植物名称	相对优势度（%）	相对频度（%）	相对多度（%）	重要值（%）
乔木层	鹿角杜鹃 *Rhododendron latoucheae*	8.61	24.86	22.58	18.68
	虎皮楠 *Daphniphyllum oldhamii*	22.49	15.85	14.39	17.58
	马尾松 *Pinus massoniana*	22.37	6.83	6.2	11.80
	赤杨叶 *Alniphyllum fortunei*	14.23	8.2	7.44	9.96
	檵木 *Loropetalum chinense*	6.2	11.48	10.42	9.37
	杉木 *Cunninghamia lanceolata*	6.09	9.56	8.68	8.11
	野漆 *Toxicodendron succedaneum*	3.4	3.01	2.73	3.05
	油茶 *Camellia oleifera*	1.45	5.46	4.96	3.96
	银木荷 *Schima argentea*	3.9	0.96	1.74	2.20
层次	植物名称	相对盖度（%）	相对多度（%）	相对频度（%）	重要值（%）
灌木层	紫金牛 *Ardisia japonica*	2.67	20.83	2.04	8.51
	草珊瑚 *Sarcandra glabra*	16.32	6.55	2.04	8.30
	苦槠 *Castanopsis sclerophylla*	2.88	6.55	12.24	7.22
	乌药 *Lindera aggregata*	13.35	5.95	2.04	7.11
	杜茎山 *Maesa japonica*	13.65	5.36	2.04	7.02
	鹿角杜鹃 *Rhododendron latoucheae*	13.35	1.79	4.08	6.41
	油茶 *Camellia oleifera*	3.74	5.95	8.16	5.95
	微毛柃 *Eurya hebeclados*	8.31	3.57	4.08	5.32

7.6.4 群落的外貌特征及生活型谱

根据 Raunkiaer 生活型分类系统分析虎皮楠群落的层片结构，结果见表 7-26。由表 7-26 可知，虎皮楠群落内出现 62 种植物，其中，高位芽植物 49 种，种类最多，占该群落植物总种数的 79.03%，处于第二的是地上芽植物，占该群落植物总种数的 8.06%，隐芽植物仅 1 种，占该群落植物总种数的 1.61%，群落内一年生植物种类较少，仅 3 种。

表 7-26 虎皮楠群落植物生活型谱

生活型谱	高位芽植物	地上芽植物	地面芽植物	隐芽植物	一年生植物
种数	49	5	4	1	3
比例（%）	79.03	8.06	6.45	1.61	4.84

7.6.5 虎皮楠群落物种多样性分析

虎皮楠群落的物种多样性指数见表 7-27，由表 7-27 可以看出，虎皮楠群落中灌木层物种丰富度大于乔木层，草本层最小；灌木层 Shannon-Wiener 多样性指数最高，该层物种种类多但分布相对不均；草本层物种数少，但每种植物株数较多，优势度相比其他两层最高。说明此群落灌木层发育较好，草本层物种与灌木层物种竞争光、热、水等营养物质，明显处于劣势。总体而言，虎皮楠群落物种丰富度较高，乔木层物种丰富且均匀，虎皮楠能与其他乔木物种和谐共存。

表 7-27 虎皮楠群落各层次的物种多样性

层次	Shannon-Wiener 多样性指数	Pielou 均匀度指数	Simpson 多样性指数	物种丰富度
乔木层	2.68	0.75	0.11	36
灌木层	2.74	0.08	0.84	40
草本层	2.24	0.12	0.93	11

7.6.6 虎皮楠群落的龄级结构

从虎皮楠群落龄级结构图（图 7-15）可以看出，虎皮楠群落龄级结构完整，中、低龄级个体数较多，说明虎皮楠还处在生长阶段，种群比较稳定。可能受同一林层鹿角杜鹃影响，虎皮楠 1、2 龄级幼苗、小树在数量上没有明显的优势，一旦突破了鹿角杜鹃的影响，更大龄级 3、4 级青壮年虎皮楠数目就会多而更稳定，可能由于林冠层更高大乔木的影响，更高龄级的虎皮楠数目有所降低。

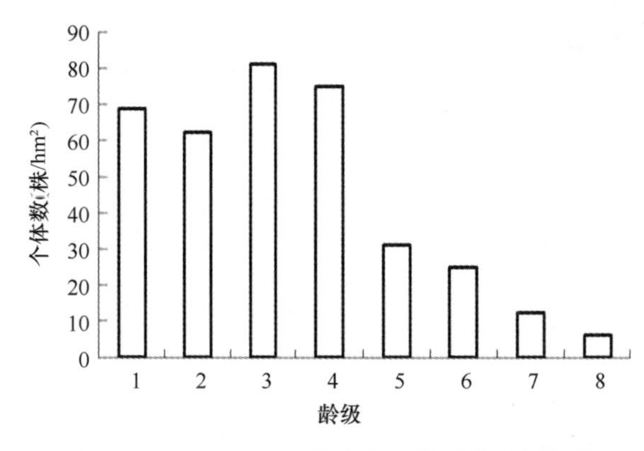

图 7-15 罗霄山脉五梅山虎皮楠群落龄级结构

7.6.7 虎皮楠群落综合评价

1. 虎皮楠群落特征

近年来，一些学者尝试在群落尺度上讨论植物区系，一般以珍稀濒危植物或群落优势种来探讨群落的区系发生、分析地理成分等（谢国文等，2012；丁炳扬等，2006；廖文波等，2002）。五梅山虎皮楠群落中泛热带、热带亚洲、北温带分布区类型较多，说明该群落具有热带-亚热带区系性质，尤其与热带亚洲关系紧密。虎皮楠作为一种热带亚洲的分布物种，在该地有较强的生存适应能力。在虎皮楠群落中，虎皮楠与鹿角杜鹃和谐共生，这两个物种对群落的稳定性贡献最大，说明该群落是鹿角杜鹃、虎皮楠等常绿树种共优势的群落。乔木层各物种重要值差异明显，虎皮楠龄级延续，中低龄级个体占绝大多数，说明本区域虎皮楠正处于一个旺盛生长阶段，在群落中优势地位明显，种群相对稳定。群落中高位芽植物占该群落植物总种数的 79.03%，进一步证明了它地处中国的常绿阔叶林地区（万文豪等，1986），物种体现了热带或温带的性质。群落中灌木层 Shannon-Wiener 多样性指数较大，很可能与地理位置、气候、生存环境有关。总之，江西五梅山自然保护区的虎皮楠群落，层次分明，物种组成丰富，虎皮楠为群落的优势种，处于次林层，正处于旺盛生长阶段。

2. 虎皮楠群落结构总结

1）虎皮楠群落中共有维管植物 62 种，隶属于 31 科 53 属。植物区系组成以北温带分布区类型和热带亚洲分布区类型占比最高。

2）群落的垂直结构可分为乔木层、灌木层和草本层，乔木层较草本层和灌木层发达。群落根据 Raunkiaer 生活型谱划分，居于第一的是高位芽植物，占该群落植物总种数的 79.03%。

3）群落中虎皮楠的重要值为 17.58%，为该群落的优势种；Shannon-Wiener 多样性指数灌木层最高，Pielou 均匀度指数乔木层最高；物种丰富度灌木层最高。

4）年龄结构显示，江西五梅山自然保护区虎皮楠正处于早期旺盛生长阶段，种群比较稳定。

7.7　罗霄山脉中南段大果马蹄荷群落纬度地带性特征

大果马蹄荷 *Exbucklandia tonkinensis* 隶属于金缕梅科马蹄荷属，为大型常绿乔木，树干笔直，叶片革质、基部楔形、全缘或顶端 3 浅裂，头状或总状花序，无花瓣，蒴果较大、表面有小瘤状突起（张宏达，1973）。大果马蹄荷是热带及亚热带山地常绿阔叶林中的重要物种，主要分布于我国海南、广东、广西、云南东南部、贵州东南部、湖南南部、江西南部、福建西南部，最东见于福建省德化县，最西见于云南省屏边苗族自治县，最北见于江西省井冈山、湖南省桃源洞，最南见于海南省保亭黎族苗族自治县。越南北部也有零星分布。

大果马蹄荷在南亚热带较常见，属于高温湿润型的常绿阔叶林优势种（倪健和宋永昌，1997），优势群落主要以南亚热带或南岭南坡为分布中心。广西十万大山一带有以大果马蹄荷为主的季节性雨林，海拔在 400～500 m，群落中其他优势种有紫荆木 *Madhuca pasquieri*、锈叶新木姜子 *Neolitsea cambodiana*、苦竹 *Pleioblastus amarus* 等（王献溥等，2001）。广东省连南瑶族自治县板洞自然保护区分布有大果马蹄荷+毛桃木莲 *Manglietia moto*+红锥 *Castanopsis hystrix*-狗脊 *Woodwardia japonica* 群落，海拔为 870 m（李建春，2005）。在湖南都庞岭国家级自然保护区海拔 800～1050 m 的地区，大果马蹄荷为常绿阔叶林的优势种（喻勋林和薛生国，1999）。在贵州雷公山国家级自然保护区的姊妹岩，沟谷有大果马蹄荷占优势的林分，伍铭凯等（2007）对其群落结构、特征及种群更新进行了初步分析。大果马蹄荷也广泛分布于江西井冈山、湖南桃源洞地区，这两地是其分布的北缘，对这两个地区大果马蹄荷群落的研究较多，如吴强（1986）研究了大果马蹄荷群落的亚热带过渡性特征，刘品辉（1987）研究了井冈山下江三级电站大果马蹄荷种群的生长情况及其林分状况，刘仁林等（2000）研究了大果马蹄荷种群的动态规律和种群生态数量场势函数。

纬度地带性规律是地表热量分布在两极向赤道递增的变化表现，在中国境内，除塔里木和藏北高原，同一经度上的年平均气温和年均降水量均由南向北随纬度升高而递减（蒋忠信，1990），植物群落的分布受纬度地带性影响明显。黄建辉等（1997）研究了不同纬度地带性植被群落的物种多样性变化特征，缪绅裕等（2009）研究了种群径级结构与纬度差异的相关性。目前，尚未见有对大果马蹄荷群落纬度地带性分析的相关报道。本节对大果马蹄荷群落进行了广泛调查，主要以海南岛至江西井冈山、湖南桃源洞地区 6 个大果马蹄荷群落样地为对象，开展群落生态学研究，探讨其种类组成的区系性质、物种多样性、种群结构等特征，以揭示其南北纬度地带性特征，也为该类群落和生态系统的保护及研究提供理论依据。

7.7.1　大果马蹄荷群落样地设置及数据分析

1. 研究区自然地理概况

依据我国大果马蹄荷的分布，选择以大果马蹄荷为优势种或特征种的常绿阔叶林，按纬度地带性从海南岛至罗霄山脉中段横跨 7 个纬度设置 6 个样地，即海南霸王岭国家级自然保护区（海南省昌江黎族自治县，下文简称霸王岭）、广东南岭国家级自然保护区（广东省乳源瑶族自治县，下文简称南岭）、广东封开黑石顶省级自然保护区（广东省封开县，下文简称黑石顶）、信丰县金盆山自然保护区（江西省赣州市，下文简称金盆山）、江西井冈山国家级自然保护区（江西省吉安市，下文简称井冈山）、湖南桃源洞国家级自然保护区（湖南省株洲市，简称桃源洞），分别进行样地调查和群落分析。各样地自然地理概况见表 7-28。

表 7-28　6 个大果马蹄荷相关群落的自然地理概况

项目	霸王岭（陈玉凯等，2014；刘万德等，2009）	黑石顶（叶岳等，2013；刘洪杰，1999；周先叶等，1997）	南岭（谢正生等，1998）	金盆山（曹展波等，2014）	井冈山（陈宝明等，2012）	桃源洞（赵继锋等，2010）
地理坐标	19°05′00.01″N，109°12′43.53″E	23°26′37.18″N，111°53′06.39″E	24°52′14.13″N，113°2′58.85″E	25°13′10.88″N，115°13′53.61″E	26°32′01.27″N，114°11′25.43″E	26°33′50.52″N，114°04′35.18″E
海拔（m）	1342	213	1156	571	585	761
坡度（°）	10～40	10～60	40～70	35～55	40～60	10～40
土壤	砖红壤	富铁土	山地黄壤	山地黄红壤	山地黄红壤	山地黄红壤
气候类型	热带季风气候	南亚热带湿润性季风气候	中亚热带湿润性季风气候	中亚热带湿润性季风气候	亚热带湿润性季风气候	中亚热带湿润性季风气候
年平均气温（℃）	23.6	19.6	19.5～20.3	19.5	14.2	12.3～14.4
年均降水量（mm）	1500～2000	1744	1570～1800	1151	1836.6	1967
样地面积（m^2）	1600	2400	2400	2000	2000	2000
群落坡位	山坡	山坡沟边	山坡	山坡沟边	陡壁山坡	沟谷溪边
郁闭度	40～60	80～90	40～50	30～40	80～90	60～70
群落外貌	常绿，冠层连续	淡黄常绿，冠层起伏大，不连续	常绿，冠层起伏小，连续	淡黄绿色，冠层起伏大，不连续	淡黄绿色，冠层起伏大，不连续	淡黄绿色，冠层起伏小，连续
乔木层	分层不明显，高度约 15 m	分层明显，高度 25～30 m，可达 35 m	分层不明显，高度约 30 m	分层不明显，高度约 25 m	分层明显，高度 25～30 m，可达 33 m	分层不明显，高度约 25 m
草本层	草本稀疏	沟边草本丰富	草本稀疏	草本较丰富	草本稀疏	草本稀疏

2. 样地设置与调查

按大果马蹄荷种群大小情况，设置 1600～2400 m^2 面积不等的样地，调查时划分成 10 m × 10 m 的小方格，采用单株记账调查法，起测径阶 1.5 cm，高度大于 2 m，记录乔灌木的种名、胸围、高度、冠幅，并在每个方格内设立一个 2 m × 2 m 的小样地，记录小样地内林下幼苗及草本的种名、高度、株数、盖度（王伯荪等，1996）。

3. 数据分析

（1）群落的相似性分析

采用索雷申系数 Cs 进行群落的相似性分析（王兴华，1987），公式为

$$\mathrm{Cs} = \frac{2j}{a+b}$$

式中，j 为两群落的共有种数，a、b 分别为两群落的全部种数。

（2）重要值分析

依据《植物群落学实验手册》（王伯荪等，1996）的定量研究方法，分析各群落中物种的相对多度（RF）、相对频度（RA）、相对显著度（RD）及重要值（IV）。

$$\mathrm{RF} = \text{该物种个体数/所有物种个体总数} \times 100\%$$

$$\mathrm{RA} = \text{该物种频度/所有物种频度之和} \times 100\%$$

$$\mathrm{RD} = \text{该物种胸高断面积/所有物种胸高断面积之和} \times 100\%$$

$$\mathrm{IV} = \mathrm{RF} + \mathrm{RA} + \mathrm{RD}$$

（3）群落物种多样性分析

采用 Simpson 多样性指数（D）、Shannon-Wiener 多样性指数（H），以及相应的均匀度 E_d、E_h 进行群落物种多样性分析（孙儒泳等，1993）。

$$D = 1 - \sum_{i=1}^{S} P_i^2$$

$$E_d=D/(1-1/S)$$

$$H=-\sum_{i=1}^{S}P_i\times\ln P_i$$

$$E_h=H/\ln S$$

式中，$P_i=N_i/N$，N_i为 i 物种的个体数，N 为观察的总个体数，S 为样地内物种总数。

（4）种群大小径级结构分析

应用立木大小径级结构替代年龄结构（刘智慧，1990；倪健和宋永昌，1997），依据大果马蹄荷种群动态研究（刘仁林等，2000）及样地调查情况，将立木大小径级结构划分为 6 级：Ⅰ级为胸径（DBH）<3 cm，Ⅱ级为 3 cm≤DBH<5 cm，Ⅲ级为 5 cm≤DBH<15 cm，Ⅳ级为 15 cm≤DBH<35 cm，Ⅴ级为 35 cm≤DBH<60 cm，Ⅵ级为 DBH≥60 cm。

7.7.2　群落外貌与种类组成

1. 群落外貌

大果马蹄荷叶型较宽，质厚，正面色浓绿，背面略显苍白或淡黄色。以大果马蹄荷占优势的群落，春夏冠层浓绿，秋冬呈淡黄绿色。

2. 物种丰富度

表 7-29 表明，各样地大果马蹄荷群落物种多样性较丰富，维管植物均超过 100 种。从维管植物的相对多度（样地 10 m×10 m 小方格内的平均物种数）来看，金盆山和桃源洞两地分别为 6.4 和 6.7，明显比海南（5.8）、黑石顶（4.5）、南岭（4.8）、井冈山（4.9）高，群落内物种较丰富。样地调查发现，金盆山群落之前受到人为干扰，次生性强，群落中有木荷、白皮唐竹等，中度干扰假说（刘艳红和赵惠勋，2000）认为在干扰发生后演替的中期，物种丰富度达到最高。金盆山样地乔木层、草本层物种丰富度均较高。而桃源洞位于沟谷溪边，为原生林，生境富多样性，生态优势明显，物种相对也较丰富。

表 7-29　大果马蹄荷群落 6 个样地植物信息概况

样地地点	霸王岭	黑石顶	南岭	金盆山	井冈山	桃源洞
蕨类植物（科/属/种）	7/8/9	10/12/13	10/12/19	9/10/11	8/9/9	9/11/12
种子植物（科/属/种）	35/54/93	53/86/108	39/81/115	42/78/128	35/54/99	41/79/134
合计	42/62/102	63/98/121	49/93/134	51/88/139	43/63/108	50/90/146

乔灌木层：主要优势种集中在金缕梅科、壳斗科、樟科、山茶科、杜鹃花科、山矾科等。霸王岭样地中，大果马蹄荷为特征种，上层乔木是岭南青冈 *Cyclobalanopsis championii*、白花含笑 *Michelia mediocris*、蚊母树 *Distylium racemosum*，下层乔灌木为赤楠 *Syzygium buxifolium*、九节 *Psychotria rubra*、药用狗牙花 *Ervatamia officinalis* 等，林内攀缘灌木光清香藤 *Jasminum lanceolarium* 多见。黑石顶样地中，大果马蹄荷为建群种，占据林冠层；中低层优势乔木主要有福建青冈 *Cyclobalanopsis chungii*、显脉新木姜子 *Neolitsea phanerophlebia*、陈氏钓樟 *Lindera chunii*、石木姜子 *Litsea elongata* var. *faberi*，下层灌木有辛木 *Sinia rhodoleuca*、钩毛紫珠 *Callicarpa peichieniana*。南岭样地中，大果马蹄荷为优势种，共优势种丰富，个体数量多，乔木层除大果马蹄荷外，还主要有华南五针松 *Pinus kwangtungensis*、疏齿木荷 *Schima remotiserrata*、甜槠 *Castanopsis eyrei* 等，中下层为五列木 *Pentaphylax euryoides*、多花杜鹃 *Rhododendron cavaleriei*、腺萼马银花 *Rhododendron bachii* 等。金盆山样地中，大果马蹄荷为建群种，乔木优势种主要有华润楠 *Machilus chinensis*、米槠 *Castanopsis carlesii*、枝穗山矾 *Symplocos multipes*，灌木层优势种不明显，主要有鹿角杜鹃 *Rhododendron latoucheae*、桃叶石楠 *Photinia prunifolia*。井冈山样地中，大果马蹄荷为建群种，占据林冠层，见有鹿角锥 *Castanopsis lamontii*，下

层乔木为微毛山矾 *Symplocos wikstroemiifolia*、石木姜子，灌木层以少花柏拉木 *Blastus pauciflorus* 和井冈寒竹 *Gelidocalamus stellatus* 占优势。桃源洞样地中，大果马蹄荷为建群种，林冠层有南酸枣 *Choerospondias axillaris*、钩锥 *Castanopsis tibetana*、米心水青冈 *Fagus engleriana*，下层以美丽马醉木 *Pieris formosa*、吊钟花 *Enkianthus quinqueflorus*、鹿角杜鹃占优势。

草本层：物种总体上不丰富，常见有黑莎草 *Gahnia tristis*、毛果珍珠茅 *Scleria levis*、山麦冬 *Liriope spicata*、流苏子 *Coptosapelta diffusa*、草珊瑚 *Sarcandra glabra*。霸王岭样地有金线兰 *Anoectochilus roxburghii*、簇花球子草 *Peliosanthes teta*，黑石顶样地有小叶买麻藤 *Gnetum parvifolium*、华山姜 *Alpinia chinensis*，南岭样地有箬竹 *Indocalamus tessellatus*，金盆山样地有灰毛泡 *Rubus irenaeus*，井冈山样地有细茎石斛 *Dendrobium moniliforme*，桃源洞样地有水晶兰 *Monotropa uniflora* 等特征种。蕨类植物多为乌毛蕨 *Blechnum orientale*、深绿卷柏 *Selaginella doederleinii*、狗脊 *Woodwardia japonica*；霸王岭样地有圆裂短肠蕨 *Allantodia uraiensis*，黑石顶样地有黑桫椤 *Alsophila podophylla*、崇澍蕨 *Chieniopteris harlandii*，金盆山样地有华南紫萁 *Osmunda vachellii*、福建观音座莲 *Angiopteris fokiensis*，井冈山样地有粗齿桫椤 *Alsophila denticulata*、中华里白 *Diplopterygium chinense*，桃源洞样地有针毛蕨 *Macrothelypteris oligophlebia* 等特征种。

3. 群落物种组成的地理成分特点

依据吴征镒（1991）种子植物属的地理分布区类型方案，统计热带分布区类型（表中 2～7）和温带分布区类型（表中 8～15）的比例，结果见表 7-30。

表 7-30 大果马蹄荷群落 6 个群落种子植物属的地理分布区类型比较*

分布区类型	霸王岭		黑石顶		南岭		金盆山		井冈山		桃源洞	
	属数	比例%	属数	比例%	属数	比例%	属数	比例%	属数	比例%	属数	比例%
1. 世界分布	0	0	0	0	0	0	2	2.6	1	1.9	1	1.3
2. 泛热带分布	16	26.7	27	31.4	19	23.8	21	27.6	12	22.6	16	20.5
3. 热带亚洲和热带美洲间断分布	3	5.0	6	7.0	4	5.0	6	7.9	4	7.5	6	7.7
4. 旧世界热带分布	6	10.0	12	14.0	3	3.8	10	13.2	6	11.3	6	7.7
5. 热带亚洲至热带大洋洲分布	7	11.7	6	7.0	2	2.5	4	5.3	4	7.5	1	1.3
6. 热带亚洲至热带非洲分布	1	1.7	0	0	1	1.3	2	2.6	3	5.7	1	1.3
7. 热带亚洲分布	14	23.3	21	24.4	22	27.5	16	21.1	13	24.5	20	25.6
8. 北温带分布	6	10.0	5	5.8	12	15.0	6	7.9	3	5.7	10	12.8
9. 东亚和北美洲间断分布	6	10.0	3	3.5	9	11.3	4	5.3	5	9.4	10	12.8
10. 旧世界温带分布	0	0	0	0	0	0	0	0	1	1.9	0	0
11. 温带亚洲分布	0	0	0	0	0	0	0	0	0	0	0	0
12. 地中海区、西亚至中亚分布	1	1.7	0	0	0	0	0	0	0	0	0	0
13. 中亚分布	0	0	0	0	0	0	0	0	0	0	0	0
14. 东亚分布	0	0	4	4.7	7	8.8	5	6.6	0	0	6	7.7
15. 中国特有分布	0	0	2	2.3	1	1.3	2	2.6	2	3.8	2	2.6
热带分布总计	47	78.3	72	83.7	51	63.8	59	75.6	42	79.2	50	64.1
温带分布总计	13	21.7	14	16.3	29	36.4	17	21.8	11	20.8	28	35.9

*. 世界分布型占比是指占属总数的百分比；其他分布区类型占比是指占非世界属总数的百分比。

结果表明，6 个样地中物种组成的地理成分符合纬度地带性和海拔梯度特征（表 7-30、图 7-16、图 7-17），一是热带性属的比例均大于 60%，说明大果马蹄荷群落的南亚热带性质确实较强。二是海拔梯度规律也在发挥作用，霸王岭地处热带，其热带性属占 78.3%，但因该群落海拔较高（1342 m），其温带成分略高而热带成分稍下降，甚至低于黑石顶。南岭目标群落海拔较高，其热带性属占比略下降，仅占 63.8%。桃源洞的大果马蹄荷群落热带性属也是很丰富的，占 64.1%，但因地理位置处于西坡，受到西部、北部寒冷气候的影响，气温较低，温带成分略强。

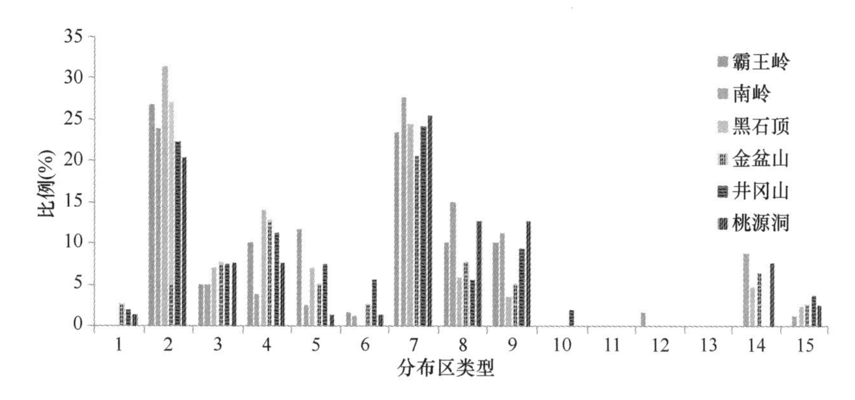

图 7-16　6 个群落种子植物属的各分布区类型比较（彩图见附图 1）

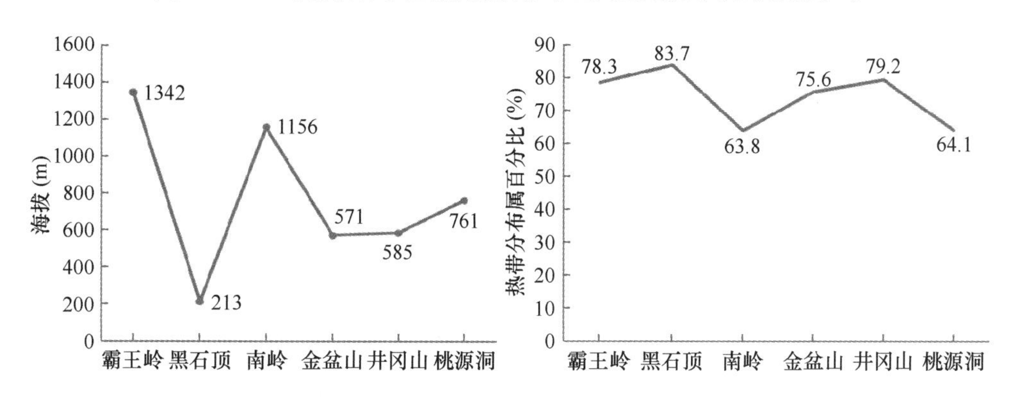

图 7-17　中国中南部 6 个群落热带性属随海拔的变化

南岭样地海拔（1156 m）较高，大果马蹄荷群落主要建群种为华南五针松，属于山地针阔叶混交林，温带成分增加。黑石顶和井冈山样地相对比霸王岭和金盆山的热带成分比例高，大果马蹄荷群落是该地区低山沟谷林顶极群落的代表。图 7-17 表明大果马蹄荷群落分布区的区系性质相对一致。

7.7.3　群落的重要值分析

重要值是群落分析的一个综合性指标，能客观、定量揭示群落中各物种的群落地位。大果马蹄荷在选定的地带性群落中均为优势种，仅在海南霸王岭优势度较低。表 7-31 是各样地优势种的重要值比较，为方便比较，依次列出前 20 个优势种，大果马蹄荷在海南霸王岭样地因优势度较低，排名第 32 位，额外越位列出。

依据大果马蹄荷在群落的重要值水平，6 个样地可分成 2 类。第 1 类为海南样地，大果马蹄荷重要值仅为 2.36%，排名 32，是群落中乔木伴生种、特征种。该群落主要优势种为赤楠（重要值 23.24%），但其他优势种亦较丰富，为多优势种群落。但显然，大果马蹄荷不占优势，重要值排序 32 位。

第 2 类为其他样地，大果马蹄荷均占优势。又以黑石顶、井冈山、桃源洞最为典型，为大果马蹄荷优势、成熟群落，大果马蹄荷优势度、重要值远高于其他群落。除大果马蹄荷外，尚有大量其他大乔木独秀其中，如黑石顶样地重要的建群种还有福建青冈、显脉新木姜子、陈氏钓樟，井冈山样地还有鹿角锥，桃源洞样地有米心水青冈等。

表 7-31 6 个群落主要物种的重要值

（1）霸王岭：岭南青冈+蚊母树-赤楠-九节群落

重要值排名	种名	个体数	相对显著度（%）	相对多度（%）	相对频度（%）	重要值（%）
1	赤楠 *Syzygium buxifolium*	130	13.17	6.90	3.17	23.24
2	蚊母树 *Distylium racemosum*	103	15.37	5.47	2.38	23.22
3	九节 *Psychotria rubra*	241	2.29	12.80	3.17	18.26
4	岭南青冈 *Cyclobalanopsis championii*	10	12.90	0.53	1.39	14.82
5	丛花山矾 *Symplocos poilanei*	149	3.06	7.91	3.17	14.14
6	黄杞 *Engelhardtia roxburghiana*	81	6.02	4.30	3.17	13.49
7	药用狗牙花 *Ervatamia officinalis*	134	1.37	7.12	3.17	11.66
8	光叶山矾 *Symplocos lancifolia*	82	2.79	4.35	2.97	10.11
9	厚皮香 *Ternstroemia gymnanthera*	34	4.31	1.81	2.97	9.09
10	毛棉杜鹃 *Rhododendron moulmainense*	67	2.33	3.56	2.97	8.86
11	白花含笑 *Michelia mediocris*	37	2.83	1.96	2.38	7.17
12	大头茶 *Gordonia axillaris*	37	2.17	1.96	2.77	6.90
13	平托桂 *Cinnamomum tsoi*	24	2.98	1.27	2.57	6.82
14	木荷 *Schima superba*	35	2.62	1.86	1.98	6.46
15	光清香藤 *Jasminum lanceolarium*	55	0.22	2.92	2.57	5.71
16	陆均松 *Dacrydium pierrei*	14	3.46	0.74	1.39	5.59
17	锈毛杜英 *Elaeocarpus howii*	37	1.04	1.96	2.57	5.57
18	双瓣木犀 *Osmanthus didymopetalus*	45	0.64	2.39	2.18	5.21
19	密花树 *Rapanea neriifolia*	18	2.04	0.96	2.18	5.18
20	线枝蒲桃 *Syzygium araiocladum*	33	1.39	1.75	1.98	5.12
32	大果马蹄荷 *Exbucklandia tonkinensis*	6	0.85	0.32	1.19	2.36
（2）黑石顶：大果马蹄荷+福建青冈+陈氏钓樟群落						
1	大果马蹄荷 *Exbucklandia tonkinensis*	55	62.01	7.79	4.86	74.66
2	福建青冈 *Cyclobalanopsis chungii*	59	6.60	8.36	1.14	16.10
3	显脉新木姜子 *Neolitsea phanerophlebia*	40	0.55	5.67	4.86	11.08
4	陈氏钓樟 *Lindera chunii*	45	0.73	6.37	3.14	10.24
5	短序润楠 *Machilus breviflora*	26	0.44	3.68	4.00	8.12
6	石木姜子 *Litsea elongata* var. *faberi*	18	1.06	2.55	3.71	7.32
7	少花桂 *Cinnamomum pauciflorum*	8	2.79	1.13	2.00	5.92
8	米槠 *Castanopsis carlesii*	14	1.12	1.98	2.57	5.67
9	鼠刺 *Itea chinensis*	13	0.61	1.84	1.71	4.16
10	锈叶新木姜子 *Neolitsea cambodiana*	13	0.16	1.84	2.00	4.00
11	黄丹木姜子 *Litsea elongata*	19	0.12	2.69	1.14	3.95
12	黄樟 *Cinnamomum porrectum*	7	1.53	0.99	1.43	3.95
13	木姜叶柯 *Lithocarpus litseifolius*	8	1.02	1.13	1.43	3.58
14	香港四照花 *Cornus hongkongensis*	7	1.16	0.99	1.43	3.58
15	谷木冬青 *Ilex memecylifolia*	7	1.17	0.99	1.14	3.30
16	紫玉盘柯 *Lithocarpus uvariifolius*	9	0.29	1.27	1.71	3.27
17	毛桃木莲 *Manglietia kwangtungensis*	7	0.55	0.99	1.71	3.25
18	马尾松 *Pinus massoniana*	5	1.5	0.71	0.86	3.07
19	白桂木 *Artocarpus hypargyreus*	8	0.74	1.13	1.14	3.01
20	黑叶锥 *Castanopsis nigrescens*	1	2.29	0.14	0.29	2.72

续表

重要值排名	种名	个体数	相对显著度（%）	相对多度（%）	相对频度（%）	重要值（%）
（3）南岭：华南五针松+大果马蹄荷+五列木-多花杜鹃群落						
1	五列木 *Pentaphylax euryoides*	302	6.09	12.04	2.95	21.08
2	华南五针松 *Pinus kwangtungensis*	37	10.28	1.48	1.71	13.47
3	罗浮锥 *Castanopsis faberi*	69	7.91	2.75	2.02	12.68
4	大果马蹄荷 *Exbucklandia tonkinensis*	108	4.29	4.31	2.49	11.09
5	多花杜鹃 *Rhododendron cavaleriei*	141	1.56	5.62	2.33	9.51
6	甜槠 *Castanopsis eyrei*	65	4.06	2.59	1.71	8.36
7	赤杨叶 *Alniphyllum fortunei*	87	2.37	3.47	2.18	8.02
8	鹿角锥 *Castanopsis lamontii*	28	4.40	1.12	1.24	6.76
9	檵木 *Loropetalum chinense*	50	4.21	1.99	0.47	6.67
10	疏齿木荷 *Schima remotiserrata*	55	2.23	2.19	2.02	6.44
11	腺萼马银花 *Rhododendron bachii*	101	0.52	4.03	1.24	5.79
12	青冈 *Cyclobalanopsis glauca*	50	1.96	1.99	1.71	5.66
13	蕈树 *Altingia chinensis*	41	2.84	1.63	1.09	5.56
14	钩锥 *Castanopsis tibetana*	12	3.79	0.48	0.78	5.05
15	杨桐 *Adinandra millettii*	39	1.26	1.56	2.18	5.00
16	黄丹木姜子 *Litsea elongata*	46	1.26	1.83	1.87	4.96
17	金叶含笑 *Michelia foveolata*	45	1.11	1.79	2.02	4.92
18	枫香树 *Liquidambar formosana*	42	1.94	1.67	1.24	4.85
19	栲 *Castanopsis fargesii*	27	2.14	1.08	1.09	4.31
20	猴欢喜 *Sloanea sinensis*	28	1.98	1.12	0.78	3.88
（4）金盆山：大果马蹄荷+华润楠-白皮唐竹群落						
1	大果马蹄荷 *Exbucklandia tonkinensis*	39	14.21	5.60	4.88	24.69
2	华润楠 *Machilus chinensis*	23	15.76	3.30	3.96	23.02
3	米槠 *Castanopsis carlesii*	59	5.52	8.46	4.57	18.55
4	白皮唐竹 *Sinobambusa farinosa*	74	0.99	10.62	3.05	14.66
5	毛锥 *Castanopsis fordii*	40	4.25	5.74	4.27	14.26
6	木荷 *Schima superba*	5	10.99	0.72	0.91	14.26
7	枝穗山矾 *Symplocos multipes*	49	0.68	7.03	4.88	12.59
8	黄樟 *Cinnamomum porrectum*	16	6.79	2.30	2.44	11.53
9	喙果安息香 *Styrax agrestis*	19	5.53	2.73	2.74	11.00
10	凹脉红淡比 *Cleyera incornuta*	25	2.66	3.59	3.66	9.91
11	栲 *Castanopsis fargesii*	22	2.74	3.16	3.66	9.56
12	鹿角杜鹃 *Rhododendron latoucheae*	22	1.47	3.16	2.74	7.37
13	桃叶石楠 *Photinia prunifolia*	16	1.23	2.30	2.44	5.97
14	日本杜英 *Elaeocarpus japonicus*	11	2.58	1.58	1.52	5.68
15	马尾松 *Pinus massoniana*	1	4.99	0.14	0.30	5.43
16	罗浮柿 *Diospyros morrisiana*	13	0.53	1.87	2.44	4.84
17	栓叶安息香 *Styrax suberifolius*	5	2.70	0.72	0.61	4.03
18	冬青 *Ilex chinensis*	8	0.70	1.15	2.13	3.98
19	吊皮锥 *Castanopsis kawakamii*	6	1.22	0.86	1.52	3.60
20	大叶冬青 *Ilex latifolia*	9	0.06	1.29	1.83	3.18
（5）井冈山：大果马蹄荷-石木姜子-少花柏拉木+井冈寒竹群落						
1	大果马蹄荷 *Exbucklandia tonkinensis*	61	64.27	6.24	4.71	75.22
2	石木姜子 *Litsea elongata* var. *faberi*	107	1.80	10.95	4.71	17.46

续表

重要值排名	种名	个体数	相对显著度（%）	相对多度（%）	相对频度（%）	重要值（%）
（5）井冈山：大果马蹄荷-石木姜子-少花柏拉木+井冈寒竹群落						
3	少花柏拉木 *Blastus pauciflorus*	131	0.12	13.41	2.62	16.15
4	尖萼厚皮香 *Ternstroemia luteoflora*	70	1.15	7.16	5.24	13.55
5	鹿角锥 *Castanopsis lamontii*	21	7.53	2.15	2.62	12.30
6	谷木冬青 *Ilex memecylifolia*	42	1.20	4.30	4.45	9.95
7	深山含笑 *Michelia maudiae*	52	0.56	5.32	3.93	9.81
8	细枝柃 *Eurya loquaiana*	45	0.48	4.61	4.71	9.80
9	甜槠 *Castanopsis eyrei*	10	6.33	1.02	1.83	9.18
10	赤楠 *Syzygium buxifolium*	42	0.11	4.30	4.45	8.86
11	微毛山矾 *Symplocos wikstroemiifolia*	36	2.47	3.68	2.62	8.77
12	黄丹木姜子 *Litsea elongata*	36	1.08	3.68	3.66	8.42
13	绒毛润楠 *Machilus velutina*	29	0.23	2.97	3.40	6.60
14	美丽新木姜子 *Neolitsea pulchella*	24	0.52	2.46	3.14	6.12
15	栲 *Castanopsis fargesii*	8	2.42	0.82	1.31	4.55
16	硬壳柯 *Lithocarpus hancei*	11	1.28	1.13	2.09	4.50
17	光叶山矾 *Symplocos lancifolia*	15	0.42	1.54	2.09	4.05
18	褐毛杜英 *Elaeocarpus duclouxii*	13	0.25	1.33	2.36	3.94
19	罗浮柿 *Diospyros morrisiana*	15	0.20	1.54	1.83	3.57
20	猴头杜鹃 *Rhododendron simiarum*	8	0.29	0.82	0.79	1.90
（6）桃源洞：大果马蹄荷+米心水青冈-美丽马醉木群落						
1	大果马蹄荷 *Exbucklandia tonkinensis*	85	27.76	9.65	6.01	43.42
2	美丽马醉木 *Pieris formosa*	125	6.39	14.19	2.70	23.28
3	米心水青冈 *Fagus engleriana*	7	12.57	0.79	2.10	15.46
4	吊钟花 *Enkianthus quinqueflorus*	76	2.77	8.63	3.60	15.00
5	鹿角杜鹃 *Rhododendron latoucheae*	53	4.32	6.02	3.00	13.34
6	南烛 *Vaccinium bracteatum*	28	1.31	3.18	4.20	8.69
7	钩锥 *Castanopsis tibetana*	11	4.64	1.25	2.70	8.59
8	罗浮柿 *Diospyros morrisiana*	28	1.44	3.18	3.60	8.22
9	马银花 *Rhododendron ovatum*	25	1.61	2.84	1.80	6.25
10	鹅耳枥 *Carpinus turczaninowii*	12	3.37	1.36	1.50	6.23
11	甜槠 *Castanopsis eyrei*	11	2.75	1.25	2.10	6.10
12	猴头杜鹃 *Rhododendron simiarum*	23	0.80	2.61	2.40	5.81
13	深山含笑 *Michelia maudiae*	19	0.58	2.16	3.00	5.74
14	赤杨叶 *Alniphyllum fortunei*	10	2.21	1.14	2.10	5.45
15	多脉青冈 *Cyclobalanopsis multinervis*	19	1.59	2.16	1.50	5.25
16	蕈树 *Altingia chinensis*	4	3.84	0.45	0.90	5.19
17	格药柃 *Eurya muricata*	28	0.41	3.18	1.50	5.09
18	鼠刺 *Itea chinensis*	22	0.44	2.50	2.10	5.04
19	黄丹木姜子 *Litsea elongata*	17	0.59	1.93	2.40	4.92
20	红楠 *Machilus thunbergii*	15	0.79	1.70	2.40	4.89

金盆山样地尽管大果马蹄荷重要值最高，为 24.69%，但其他优势种的优势度亦较大，如米槠（18.55%）、毛锥 *Castanopsis fordii*（14.26%）、黄樟 *Cinnamomum porrectum*（11.53%）、喙果安息香 *Styrax agrestis*（11.00%）等；该群落亦受到样地内白皮唐竹 *Sinobambusa farinosa*（14.66%）的影响，是一个处于演替中后期的受干扰群落，乔木层物种竞争激烈。乳源样地在南岭分布海拔较高，大果马蹄荷重要值为 11.09%，在各优势种中仅排名第 4，其他乔木优势种有五列木（21.08%）、华南五针松（13.47%）、罗浮锥（12.68%）等；灌木的主要优势种有多花杜鹃（9.51%）。

7.7.4　群落多样性分析

表 7-32 是各大果马蹄荷样地乔灌木层物种多样性指数，结果表明：Simpson 多样性指数和 Shannon-Wiener 多样性指数及各自均匀度指数与大果马蹄荷的生态地理分布是一致的。大果马蹄荷以南亚热带为主要分布中心，向北、向南优势度下降，因此各多样性指数向周围扩展也随之呈下降趋势，如 Simpson 多样性指数向南在霸王岭为 0.953，向北在黑石顶为 0.969、桃源洞为 0.950、井冈山为 0.945；Shannon-Wiener 多样性指数，向南在霸王岭为 3.453，向北在黑石顶为 4.021、南岭为 4.130、桃源洞为 3.712、井冈山为 3.415。均匀度指数也有相似的变化。李意德和黄全（1986）研究了海南岛山地雨林，认为样地最小取样面积不低于 2500 m^2；黄康有等（2007）研究了海南岛吊罗山植物群落的 Shannon-Wiener 多样性指数及其均匀度，结果分别为 3.61～4.17、0.77～0.92，海南霸王岭样地的大果马蹄荷群落较小，仅能取样 1600 m^2，整体群落结构较简单，因此其多样性指数均比黑石顶样地的要低。南岭、黑石顶、桃源洞的大果马蹄荷群落，Shannon-Wiener 多样性指数比霸王岭、井冈山样地的高，主要原因前者处于中低海拔，水热条件优越，物种数也较高（121～142 种），多样性指数也较高，而霸王岭海拔较高，井冈山较受一定的干扰；在均匀度上，南岭样地比黑石顶样地小，原因是黑石顶群落发展较成熟，接近顶极群落。桃源洞样地各指数均比井冈山样地高，两者纬度相差小，主要受群落环境异质性（如地形、降水、湿度）的影响。

表 7-32　大果马蹄荷群落 6 个样地乔灌木层物种多样性指数

样地	物种数	个体数	Simpson 多样性指数（D）	D 的均匀度 E_d	Shannon-Wiener 多样性指数（H）	H 的均匀度 E_h
霸王岭	86	1883	0.953	0.965	3.453	0.775
黑石顶	114	706	0.969	0.978	4.021	0.849
南岭	142	2508	0.969	0.976	4.130	0.833
金盆山	104	697	0.961	0.970	3.790	0.816
桃源洞	112	881	0.950	0.959	3.712	0.787
井冈山	79	977	0.945	0.957	3.415	0.782

从数值来看，表 7-32 中各样地 Simpson 多样性指数及其均匀度都高于 0.940，表明其物种丰富度高，且分布较均匀。黑石顶、南岭样地的 Shannon-Wiener 多样性指数分别为 4.021、4.130，与广东亚热带常绿阔叶林群落的 Shannon-Wiener 多样性指数为 3.56～4.84（彭少麟和陈章和，1983a）的结论是一致的。井冈山样地的 Shannon-Wiener 多样性指数为 3.415，其均匀度为 0.782，较井冈山暖性穗花杉群落的 Shannon-Wiener 多样性指数 3.1（郭微等，2013）要高。向东，与福建纬度相当（24°23′N～28°19′N）的中亚热带常绿阔叶林的 Shannon-Wiener 多样性指数（廖成章等，2003）为 2.53～2.93，其均匀度为 0.75～0.87，与其相比较，井冈山大果马蹄荷群落的 Shannon-Wiener 多样性指数明显要高许多。这符合多样性指数的纬度地带性规律，也说明井冈山、桃源洞的大果马蹄荷群落沟谷特征、南亚热带特征比较明显。

7.7.5　群落的相似性分析

调查表明，6 个大果马蹄荷群落共有种子植物 78 科 197 属 471 种，根据索雷申（王兴华，1987）

提出的索雷申系数 Cs 的计算公式，对各样地植物属的相似性系数进行分析，半矩阵结果见表 7-33。

表 7-33 6 个群落种子植物属的相似性系数半矩阵

	金盆山	桃源洞	井冈山	黑石顶	南岭	霸王岭
金盆山	1	0.5963	0.5820	0.5444	0.4691	0.3380
桃源洞		1	0.5413	0.5126	0.4845	0.3970
井冈山			1	0.5390	0.4627	0.4035
黑石顶				1	0.4142	0.4027
南岭					1	0.3098
霸王岭						1

根据半矩阵表，可以按一定的定量指标将样地群落划分成若干类型（余小平和李新，1991），本节以 50%为划分标准，50%=0.50，其是判断区系或群落物种组成的属是否具有相似性的标准。很明显 6 个样地群落可以划分为 2 个类型，一是沿纬度从南至北的黑石顶、金盆山、桃源洞、井冈山为一类，群落相似性系数大于 0.5100，这些群落均具有典型亚热带常绿阔叶林，尤以黑石顶最为典型，其热带性属比例最高，为 83.7%，温带性属比例最低，为 16.3%；二是群落分布海拔较高的南岭和霸王岭划分为另一类，相似性系数为 0.30～0.49，说明纬度、海拔均会对群落中物种的地理和生态属性产生影响。

7.7.6 群落的种群结构分析

种群的径级结构可以反映其年龄结构，进而反映种群的动态及发展趋势（刘智慧，1990）。依据前文对群落重要值的分析，选取各样地中主要乔灌木的优势种进行径级结构分析，结果见图 7-18。

依据 6 个样地优势种群的径级结构特征，大果马蹄荷种群结构可分为 3 个类型。

第 1 类是海南霸王岭，该群落主要优势种群为赤楠、蚊母树、岭南青冈、丛花山矾、黄杞种群；其中赤楠、丛花山矾种群为增长型，蚊母树、黄杞种群为稳定型，岭南青冈种群为衰退型。而大果马蹄荷个体数少，在群落中不占优势，仅有 6 株，径级结构为低阶增长型。

第 2 类是广东南岭、黑石顶、江西井冈山、湖南桃源洞，大果马蹄荷种群为稳定型。其中，南岭的大果马蹄荷群落，五列木、甜槠、罗浮锥径级结构相似，个体数多，为稳定型种群，而华南五针松种群表现为衰退型，在后期的群落演替中可能被其他优势种替代。黑石顶的大果马蹄荷群落，显脉新木姜子、石木姜子、陈氏钓樟、福建青冈在一定时期内为优势种，种群为增长型或稳定型。在井冈山，大乔木如甜槠、鹿角锥为衰退型种群，小乔木如尖萼厚皮香、石木姜子、微毛山矾为增长型种群。在桃源洞比较特殊，大果马蹄荷Ⅵ级数量极少，而Ⅴ、Ⅳ级较丰富，Ⅲ、Ⅱ级稍少，是一个稳定型结构；吊钟花、美丽马醉木在一段时间内尚为稳定型。

第 3 类为江西金盆山，大果马蹄荷以Ⅴ级最丰富，而Ⅳ、Ⅲ、Ⅱ级比较少，属于衰退型种群；枝穗山矾、米槠为增长型种群，喙果安息香、华润楠在一段时间为稳定型种群。

从大果马蹄荷种群径级结构的纵向对比来看（图 7-19），从霸王岭到井冈山、桃源洞，径级结构差异明显，各样地表现出不同的种群发展动态。霸王岭样地大果马蹄荷种群数量仅为 6 株，为群落特征种，但种群数量低，为非优势种，有巨大的变化空间，种群为低阶增长型。南岭和桃源洞样地种群数量大于 80 株，Ⅲ级个体比例最大，Ⅱ级和Ⅳ级也占较大比例，Ⅴ级和Ⅵ级比例小，表明其中小龄树更新稳定、频繁，老龄树少，更新周期长。黑石顶、南岭、桃源洞、井冈山样地种群数量较丰富，达 55～108 株，以Ⅳ、Ⅴ或Ⅳ级比例最大，成熟个体相对多，其中黑石顶和井冈山的Ⅴ级和Ⅵ级比例最大，老龄个体多，种群发展成熟，是一个古老的群落类型。金盆山种群数量相对较小，Ⅰ级所占比例较大，Ⅱ级所占比例较小，演替较米槠差。

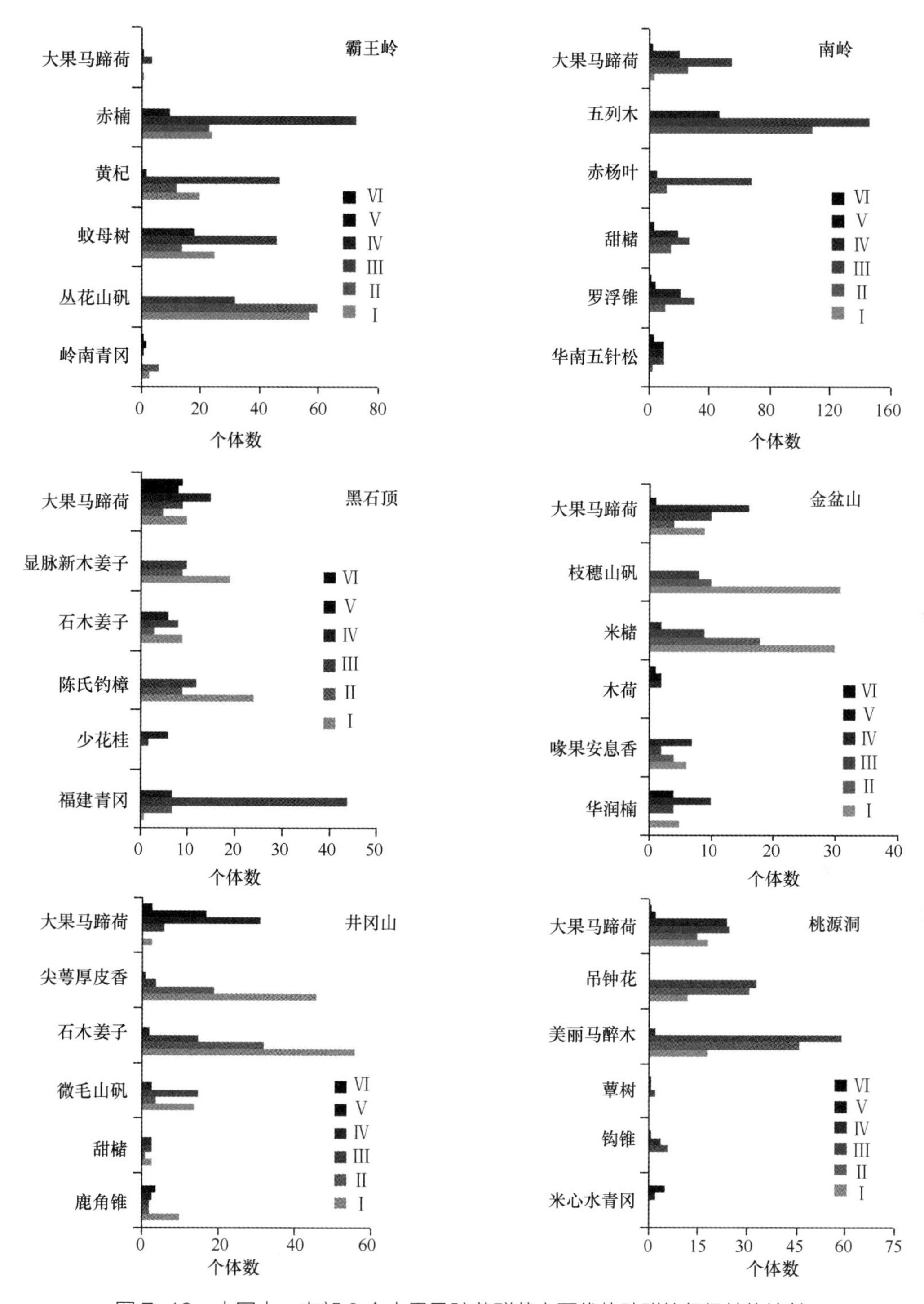

图 7-18 中国中、南部 6 个大果马蹄荷群落主要优势种群的径级结构比较

7.7.7 大果马蹄荷群落纬度地带性特征及群落结构

1. 大果马蹄荷群落纬度地带性特征

各样地大果马蹄荷群落主要优势种集中在金缕梅科、壳斗科、樟科、山茶科、杜鹃花科、山矾科等，种子植物属的热带成分比例较高，表现出较强的南亚热带性。这与马蹄荷属的热带亚洲分布性质是一样的。吴强（1986）对井冈山地区另一处大果马蹄荷天然林的研究结果表明，该群落的植物区系成分有明显的亚热带向热带过渡的性质；雷公山姊妹岩（伍铭凯等，2007）的大果马蹄荷群落的热带

性属达 82.61%，也体现出这一特点。同时，受海拔、环境异质性等的影响，热带成分比例随纬度升高而表现为逐渐下降，温带成分比例则相反。冯建孟等（2012）对云南地区群落尺度的种子植物区系过渡性研究结果表明，随纬度、海拔的升高，温带成分所占比重呈显著递增趋势。本研究中温带成分随海拔的升高增加明显，如南岭样地海拔比金盆山高 585 m，金盆山尽管纬度偏北 100 km，但前者温带成分比重仍高出 14.5%。

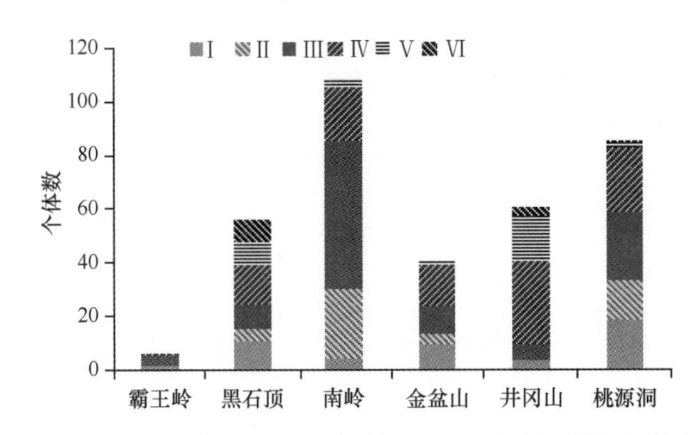

图 7-19　中国中、南部 6 个样地中大果马蹄荷种群径级结构

各样地大果马蹄荷群落的物种多样性指数随纬度升高呈降低趋势，在一定纬度或海拔内，其受到纬度、海拔、温度、水分、土壤养分、演替梯度等方面的影响（王斌和杨校生，2009；贺金生和陈伟烈，1997）。

黑石顶森林群落生态系统是典型的南亚热带植被类型，本研究中金盆山、井冈山、桃源洞的群落与黑石顶群落被划分为同一植被类型，均表现出明显的南亚热带性。例证说明，在南岭山脉以北的中亚热带地区、低海拔沟谷地区仍保存或发育有典型的南亚热带森林生态系统，除大果马蹄荷群落外尚有鹿角锥+蕈树群落等（景慧娟等，2014）。根据张宏达（1973）和张宏达等（2004）的意见，马蹄荷属的分化以华南地区特别是珠江两岸为分布中心，并沿着南岭地区向北分布到井冈山地区，向南分布到海南岛，向西分布至黔桂地区。本节 6 个大果马蹄荷相关群落的径级结构、物种多样性组成、地理成分组成等也体现了其南亚热带性质。无疑，桃源洞、井冈山沟谷中出现的大果马蹄荷群落，是其地理分布的避难所。

大果马蹄荷群落的重要值及种群径级结构大小与地理分布规律表现出一致性。在海南霸王岭，大果马蹄荷仅为伴生种，径级结构为低阶增长型；在广东南岭，大果马蹄荷为主要优势种，径级结构表现为稳定型；在黑石顶、井冈山、桃源洞，大果马蹄荷为建群种，径级结构表现为增长型或稳定型。从种群发展及演替的角度来看，在金盆山、井冈山，大果马蹄荷种群的径级结构体现出一定的衰退型性质，主要受到寒冷气候的影响；特别是在井冈山锡坪的风水林样地中（景慧娟等，2014），大果马蹄荷以Ⅵ级立木占优势，高龄个体濒临退化，而群落内林窗明显，为幼树更新创造了条件。事实上，在黑石顶、井冈山大果马蹄荷群落已发展为气候顶极群落，缺乏Ⅳ、Ⅲ、Ⅱ级等中龄级立木，但大果马蹄荷种群有较强的自我更新机制，已出现Ⅰ、Ⅱ级立木，应加强保护和监测，避免过多的人为干扰，以便能够实现顺行演替和恢复。

2. 大果马蹄荷群落结构总结

1）各样地具有较丰富的物种多样性，尤以金盆山（蕨类植物 9 科 10 属 11 种、种子植物 42 科 78 属 128 种）和桃源洞（蕨类植物 9 科 11 属 12 种、种子植物 41 科 79 属 134 种）最为丰富。群落组成的优势科主要集中在金缕梅科、壳斗科、樟科、山茶科、杜鹃花科、山矾科等。

2）从区系特征和环境梯度看，大果马蹄荷群落以南亚热带为分布中心，向南或向北其物种多样性 Simpson 多样性指数、Shannon-Wiener 多样性指数及其相应的均匀度指数均呈下降趋势，其中霸王岭、黑石顶、南岭、金盆山、桃源洞、井冈山的 Shannon-Wiener 多样性指数分别为 3.453、4.021、4.130、3.790、3.712、3.415。

3）群落相似性聚类分析显示群落随纬度和海拔形成两个梯度系列，一是以黑石顶、金盆山、井冈山、桃源洞的南北纬度地带性为一支，相似性系数>0.51；二是南岭和霸王岭聚成海拔梯度较高的另一支，但其相似性系数<0.50，为 0.30～0.49。

4）大果马蹄荷群落种类组成在区系性质上很相似，具有明显的南亚热带特征；同时，受海拔、地形、气温、降雨条件等因素的影响，植物属的热带成分随纬度增加而呈波动性下降趋势。

5）大果马蹄荷在各群落中的重要值水平和种群径级结构表现出一致性；在纬度地带性上，偏南、偏北，优势度、群落多样性均降低，表明大果马蹄荷主要以南岭至桃源洞一带为分布中心。霸王岭大果马蹄荷的种群径级结构为增长型，但重要值排名为 32，说明向南分布该种群优势度明显下降；在南岭、黑石顶、金盆山、桃源洞该种群优势度较大，且为稳定型种群；在井冈山该群落受到人为干扰，大果马蹄荷的重要值排名第 1，但为衰退型种群。

7.8　罗霄山脉中南段香果树种群的年龄结构和演替动态

香果树 *Emmenopterys henryi* 隶属于茜草科 Rubiaceae 香果树属 *Emmenopterys*，起源于约 1 亿年前中生代白垩纪，是第四纪冰川时期幸存下来的孑遗植物之一，为中国特有的单种属植物，是研究茜草科系统发育、形态演化及中国植物地理区系的重要材料，且由于现存数量有限，濒临灭绝，被列为国家二级重点保护野生植物（于永福，1999）。香果树为中国亚热带中山或低山地区的落叶阔叶林或常绿落叶阔叶混交林的伴生树种，分布于我国西南和长江流域一带。目前所发现的野生香果树群落虽然分布范围较广，但多零散生长于疏林中，且多为高大乔木，幼苗较少，加上其种子萌发率低，天然更新能力差，分布范围逐渐缩减（傅立国，1991）。

近年来，针对香果树群落的研究主要集中在群落学（张志祥等，2008c；杨开军等，2007；康华靖等，2008a）、种群生态学（康华靖等，2008a；徐小玉等，2002；曾庆昌等，2014）等方面。这些研究大多是对单一群落进行分析，较少涉及不同地区或不同环境下各香果树群落的比较。因此，本节拟针对大围山、八面山的香果树群落开展相关群落生态学研究，并与河南桐柏山、湖北九宫山、广东连州田心等不同纬度地区的香果树群落进行比较研究，旨在探讨香果树种群在不同群落环境下的空间分布格局和演替动态，探讨其生存状况，从而为加强对野生香果树群落的保护和管理提供理论依据。

7.8.1　香果树群落样地设置及数据分析

1. 研究区自然地理概况

湖南大围山国家森林公园位于湖南省浏阳市大围山镇与张坊镇交界处，地处湘东幕阜山与九岭山接壤地带，属于罗霄山脉的北段（28°21′N～28°26′N，114°02′E～114°12′E）。本区属构造剥蚀、侵蚀花岗岩中低山地貌，最高点七星岭海拔 1607.9 m，地形坡度一般为 15°～35°（赵振华等，2008）。境内气候为中亚热带湿润性季风气候。据浏阳市气象局 1970～2005 年的资料统计，大围山国家森林公园年平均气温 11.4～16.5℃，极端最低气温–13℃，极端最高气温 38℃，年无霜期 243 天。年降水量 1800～2000 mm，年相对湿度 83%以上，为湖南省多雨中心之一。海拔 600 m 以下为红壤，海拔 600～800 m 为黄红壤，海拔 800～1100 m 为黄壤，海拔 1100～1300 m 黄棕壤，海拔 1300 m 以上为山地灌丛草甸土（马欣，2016）。植被类型属中亚热带典型常绿阔叶林带、北部亚地带（吴征镒，1991）。

湖南八面山于 2008 年升格为国家级自然保护区，位于湖南省东南部、桂东县西部，地处罗霄山脉中南段、南岭山脉北端（25°54′02″N～26°06′59″N，113°37′39″E～113°50′08″E），南北长 24 km，东西宽 21 km。以纵谷岭脊和横谷岭脊中山地貌为主，海拔 1000 m 以上的山峰有 1600 多座，最高海拔 2052 m（石牛仙），最低海拔 860 m，总面积 10 974 hm^2。八面山属于中亚热带湿润性季风气候，气候特点是冬夏季节长，春秋季节短，秋温高于春温，年平均气温 15.80℃，1 月最低气温 5.90℃，7 月最高气温 24.4℃，年无霜期 240～280 天。雨量充沛，年降水量 1900 mm，年相对湿度 88%以上（易任远，2015）。土壤为山地黄壤或黄棕壤，土壤疏松，含水量低（谢宗强等，1995）。植被类型属中亚热带典型常绿阔叶林、南部亚地带（王伯荪等，1996）。

2. 样地设置与调查

调查组在 2016 年对湖南大围山国家森林公园（以下简称大围山）和湖南八面山国家级自然保护区（以下简称八面山）进行野外考察期间发现有多片香果树群落。为探究香果树种群的生长状况和发展趋势，调查组分别在大围山设置两个香果树群落样地，面积均为 2000 m^2，在八面山设置一个香果树群落样地，面积为 1600 m^2，均按 10 m×10 m 方格划分小样方，采用单株每木记账调查法（王伯荪等，1996），起测径阶≥1.5 cm，高度≥1.5 m。记录样地内乔灌木的种名、胸围、高度、冠幅、株数等；再在每个样地内设置 1 个 2 m×2 m 的小样方，记录小样地内林下幼苗及草本的种名、高度、株数、盖度等。

3. 数据分析

（1）重要值

根据《植物群落学实验手册》（王伯荪等，1996），计算群落中各种群的相对显著度（RD）、相对盖度（RC）、相对多度（RA）、相对频度（RF）和重要值（IV）等，其中乔木层为 IV=RD+RF+RA；灌木层为 IV=RC+RF+RA。

（2）群落物种多样性

根据样地调查数据，分别测算 Simpson 多样性指数（*D*）、Shannon-Wiener 多样性指数（*H*），以及 Pielou 均匀度指数（EH），计算公式如下：

$$D=1-\sum P_i^2$$

$$H=-\sum P_i \ln P_i$$

$$\mathrm{EH}=H/\ln S$$

式中，$P_i=N_i/N$，N_i 为某种物种 i 的个体数，N 为观察到的某种个体总数；S 为样方内物种总数（马克平等，1995a）。

（3）种群年龄结构

根据株高（*H*）及胸径（DBH），采用 5 级立木划分标准（王伯荪等，1996）：Ⅰ级为苗木，H<33 cm；Ⅱ级为小树，H≥33 cm，DBH<2.5 cm；Ⅲ级为壮树，2.5 cm≤DBH<7.5 cm；Ⅳ级为大树，7.5 cm≤DBH<22.5 cm；Ⅴ级为老树，DBH≥22.5 cm。

（4）生活型

按 Raunkiaer 的方法（王伯荪等，1996），将植物生活型划分为 5 个类别，即高位芽植物（Ph）、地上芽植物（Ch）、地面芽植物（H）、隐芽植物（Cr）、一年生植物（Th）。

（5）静态生命表编制

静态生命表的编制按照江洪（1992）的方法，相关参数的关系和计算公式如下。

$$l_x = a_x/a_0 \times 1000$$

$$d_x = l_x - l_{x+1}$$

$$q_x = d_x / l_x$$

$$L_x = (l_x + l_{x+1}) / 2$$

$$T_x = \sum L_x$$

$$e_x = T_x / l_x$$
$$K_x = \ln l_x - \ln l_{x+1}$$
$$S_x = l_{x+1} / l_x$$

式中，x 是单位时间年龄等级的中值；a_x 是在 x 龄级内现有的个体数；a_0 是全龄级现有的总个体数；l_x 是在 x 龄级开始时标准化存活个体数；d_x 是从 x 到 x+1 龄级间隔期间标准化死亡数；q_x 是从 x 到 x+1 龄级间隔期间死亡率；L_x 是从 x 到 x+1 龄级的标准化存活个体数；T_x 是从 x 龄级到超过 x 龄级的个体总数；e_x 是进入 x 龄级的期望寿命；K_x 是消失率（损失度）；S_x 是存活率。

由于大围山下游香果树种群与上游香果树种群生命表情况相似，因此本节仅对大围山上游和八面山的香果树种群编制了生命表，并进行了生存分析对比。此外，在生命表的编制中，为了避免出现负值，往往对各龄级的个体数进行标准化后作匀滑处理（江洪，1992）。但是 Wretten 等（1980）认为，生命表分析中产生的一些负值虽然与数据假设不符，但其仍提供了有用的生态记录，即表明种群并非静止不动，而是在发展或衰落之中的。因此，本节未对相关数据作匀滑处理，而是将各龄级个体数标准化后直接用于各参数的计算（杨凤翔等，1991）。

（6）生存分析方法

种群的生存分析按照杨凤翔等（1991）的方法进行，计算种群生存率函数 $S_{(i)}$、累计死亡率函数 $F_{(i)}$、死亡密度函数 $f_{(ti)}$和危险率函数 $\lambda_{(ti)}$这 4 个函数，并绘制生存率曲线、累计死亡率曲线和危险率曲线。这 4 个函数的计算公式如下。

$$S_{(i)} = S_1 \times S_2 \times S_3 \times \cdots \times S_i \text{（}S_i\text{ 为存活率）}$$
$$F_{(i)} = 1 - S_{(i)}$$
$$f_{(ti)} = (S_{i-1} - S_i) / h_i \text{（}h_i\text{ 为龄级宽度）}$$
$$\lambda_{(ti)} = 2(1 - S_i) / [h_i(1+S_i)]$$

7.8.2　香果树群落外貌与分层结构

根据香果树群落的高度级频率图（图 7-20），除草本层外，三处香果树群落林木层可分为 4 层，由下至上分别为灌木层、乔木下层、乔木中层、乔木上层。分层高度在 1.5～5 m 的为灌木层，5～10 m 的为乔木下层，10～20 m 的为乔木中层，20～25 m 的为乔木上层。

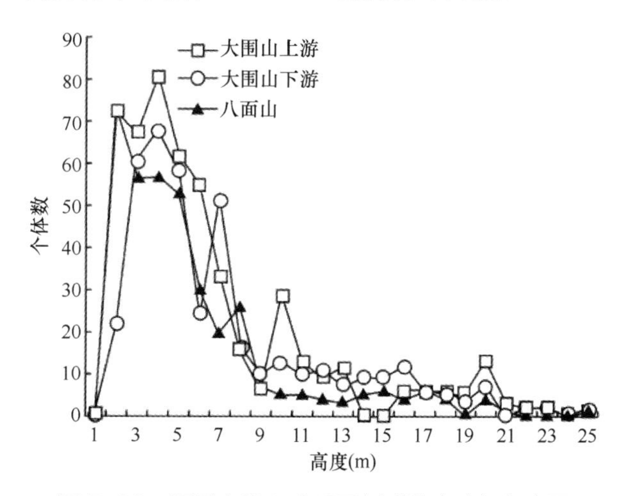

图 7-20　罗霄山脉 3 个香果树群落高度级频率图

大围山两处群落为典型亚热带常绿落叶混交林群落。大围山上游香果树群落的乔木上层和乔木下层植被浓密，乔木中层植被稀疏，因此乔木上层的高大乔木为灌木层和乔木下层的物种提供了良好的生长空间，故灌木层和乔木下层的植被长势较好。乔木上层和乔木中层的优势种，如多脉榆 *Ulmus castaneifolia*、香果树、青钱柳 *Cyclocarya paliurus* 等为落叶树种，乔木下层和灌木层的优势种，如白

木乌桕 *Sapium japonicum*、香果树、油茶 *Camellia oleifera*、格药柃 *Eurya muricata*、四川溲疏 *Deutzia setchuenensis* 等为常绿灌木和落叶小乔木。大围山下游香果树群落的乔木上层、乔木中层和乔木下层冠层连续，乔木层的物种组成单一，该三层的优势种均为香果树、多脉榆和黄檀 *Dalbergia hupeana* 等落叶乔木，灌木层优势种为四川溲疏、油茶、白木乌桕、格药柃等常绿灌木。

八面山香果树群落冠层整齐连续，起伏小。乔木层植被稀疏，分层不明显，群落内乔木上层、乔木中层和乔木下层植被个体数分配均匀，乔木层的优势种，如野核桃 *Juglans cathayensis*、香果树、青钱柳等为落叶乔木。灌木层植被浓密，优势种有薄叶润楠 *Machilus leptophylla*、鹿角杜鹃 *Rhododendron latoucheae* 和小叶青冈 *Cyclobalanopsis myrsinifolia* 等常绿树种，以及香果树、接骨木 *Sambucus williamsii* 和野核桃等落叶树种。

由于香果树、青钱柳、多脉榆和野核桃等乔木的花为白色和淡黄色，因此三处香果树群落林冠层的季相在春季为黄白色，夏季呈浓绿色。秋冬季节三处香果树群落颜色分异明显，大围山上游香果树群落林冠层乔木上层淡黄色，乔木中层、乔木下层和灌木层为黄绿色。大围山下游香果树群落林冠层乔木上层、乔木中层和乔木下层为淡黄色，灌木层为绿色。八面山香果树群落林冠层乔木上层、乔木中层和乔木下层为淡黄色，灌木层为黄绿色。

7.8.3 群落物种组成及地理成分性质

1. 物种组成

大围山上游香果树群落共有维管植物 60 科 96 属 118 种，优势科有山茶科 Theaceae、槭树科 Aceraceae、榆科 Ulmaceae、忍冬科 Caprifoliaceae 和杜鹃花科 Ericaceae 等，仅含 1～2 种的科共 49 科，如苦木科 Simaroubaceae、豆科 Leguminosae 和省沽油科 Staphyleaceae 等，占该群落维管植物总科数的 81.67%；单种属共 78 属，占该群落维管植物总属数的 81.25%，其中青钱柳属 *Cyclocarya* 为中国特有属；中国特有种有 42 种，占该群落维管植物总种数的 35.6%。

大围山下游香果树群落共有维管植物 76 科 120 属 163 种，优势科有榆科、山茶科、鼠李科 Rhamnaceae、槭树科、蔷薇科 Rosaceae 和卫矛科 Celastraceae；仅含 1～2 种的科共 64 科，如杜鹃花科、省沽油科等，占该群落维管植物总科数的 84.21%；单种属共 89 属，占该群落维管植物总属数的 74.16%；中国特有种 53 种，占该群落维管植物总种数的 32.5%。

八面山香果树群落共有维管植物 61 科 95 属 108 种，优势科有樟科 Lauraceae、壳斗科 Fagaceae、山茶科和楝科 Meliaceae；仅含 1～2 种的科有 49 科，如鼠李科、无患子科 Sapindaceae、木犀科 Oleaceae 等，占该群落维管植物总科数的 80.33%；单种属共 85 属，占该群落维管植物总属数的 89.47%，其中伞花木属 *Eurycorymbus* 为中国特有属；中国特有种 23 种，占该群落维管植物总种数的 21.3%，其中国家二级重点保护野生植物有香果树、伞花木 *Eurycorymbus cavaleriei* 和红椿 *Toona ciliata*。樟科、壳斗科、山茶科和安息香科 Styracaceae 作为亚热带植物区系的表征科（廖文波和张宏达，1992），在八面山香果树群落中优势明显，表明八面山香果树群落明显的亚热带属性。

多脉榆 *Ulmus castaneifolia*、香果树 *Emmenopterys henryi* 和青钱柳 *Cyclocarya paliurus* 均为孑遗种，在群落中又为优势种，在一定程度上反映了三个群落的古老性。

2. 地理成分分析

大围山上游香果树群落种子植物共 89 属，除世界分布属外，温带分布区类型属（45 属）占非世界分布属总属数的 54.9%；热带分布区类型属（37 属）占非世界分布属总属数的 45.1%（表 7-34）。大围山下游香果树群落种子植物共 111 属，温带分布区类型属（55 属）占非世界分布属总属数的 52.9%；热带分布区类型属（49 属）占非世界分布属总属数的 47.1%。八面山香果树群落种子植物共 80 属，温带分布区类型属（35 属）占非世界分布属总属数的 47.3%；热带分布区类型属（39 属）占非世界分布属总属数的 52.7%。三个香果树群落中，“地中海区、西亚至中亚”和“中亚”2 种分布区类型属均不存在。湖南大围山和湖南八面山均位于中亚热带季风区，大围山两处香果树群落的温带成分高于热带成分，群落具有一定的温带性质；而八面山香果树群落的热带成分高于温带成分，群落具有一定的南亚热带性质。这与大围山位于罗霄山脉北段，受北部温带气候影响，八面山位于罗霄山脉中南段，受南亚热带暖湿气流影响相符合。

表 7-34　香果树 3 个样地种子植物属的分布区类型比较

类型	大围山上游样地		大围山下游样地		八面山样地	
	属数	比例（%）	属数	比例（%）	属数	比例（%）
热带分布区类型属	37	45.1	49	47.1	39	52.7
温带分布区类型属	45	54.9	55	52.9	35	47.3

此外，三个群落内层间植物均比较发达，大围山上游香果树群落中的大型缠绕藤本主要有藤黄檀 *Dalbergia hancei*、鄂西清风藤 *Sabia campanulata* subsp. *ritchieae*、钻地风 *Schizophragma integrifolium*、象鼻藤 *Dalbergia mimosoides* 等；大围山下游香果树群落中的大型缠绕藤本主要有藤黄檀、鄂西清风藤、钻地风、象鼻藤、藤构 *Broussonetia kaempferi* var. *australis* 等，较粗的胸围达 30 cm；八面山香果树群落中的藤本有鄂西清风藤、京梨猕猴桃 *Actinidia callosa* var. *henryi*、扶芳藤 *Euonymus fortunei* 等。三个群落中存在丰富的大型藤本，体现出了三个群落良好的湿热性、物种组成的复杂性和发展的久远性。

7.8.4　生活型分析

根据 Raunkiaer 的生活型分类系统对群落中的植物进行分类，并对三个香果树群落的生活型进行比较。由图 7-21 可知，大围山上游、下游和八面山香果树群落中，高位芽植物（Ph）所占比例最高，均高于总种数的 45%；三个群落的地面芽植物（H）占该群落维管植物总种数的比例分别为 22.41%、24.54%和 38.89%；地上芽植物（Ch）所占比例均不足 15%；隐芽植物（Cr）所占比例最低不足 5%；一年生植物（Th）在三个香果树群落中所占比例均较低，说明群落发育相当成熟、稳定。其中，大围山上游的香果树群落一年生植物（Th）所占比较略高于 5%。

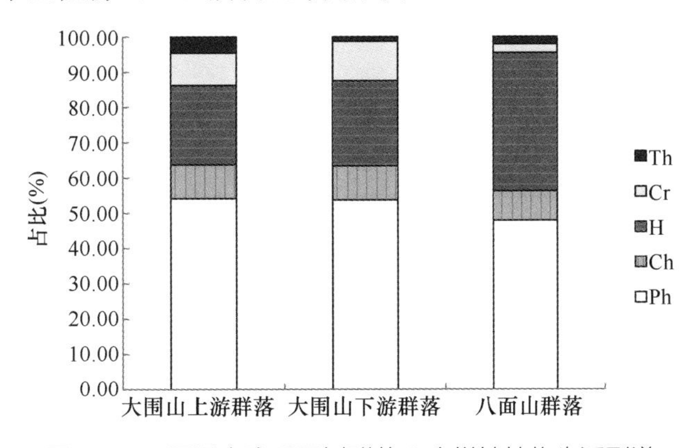

图 7-21　罗霄山脉香果树群落 3 个样地植物生活型谱

从生态气候适应参数来看（郭泉水等，1999），三个香果树群落均符合生活型谱中的第 2 型亚热带常绿阔叶林地带。由于大围山两个香果树群落所处纬度较高，处于中亚热带向北亚热带过渡区域，并且位于沟谷溪流附近，因此四季较温和；而八面山香果树群落所处纬度相对较低，虽然处于南亚热带向中亚热带过渡区域，但其海拔较高。因此在生活型上三个群落都处在 3 型和 4 型中亚热带常绿阔叶林与暖温带落叶阔叶林区域之间，但八面山偏向于亚热带常绿阔叶林的特征。

7.8.5 重要值分析

重要值是群落分析的一个综合性指标，能客观、定量地揭示各物种在群落中的地位。分别对大围山两处和八面山一处香果树群落乔木层和灌木层物种的重要值进行计算，并列出重要值排名前 10 的物种（表 7-35～表 7-40）。由表 7-35、表 7-37 和表 7-39 可知，香果树在三个样地乔木层重要值中均处于第二的位置，说明在三个群落中香果树均为优势种，为群落中的建群种。

表 7-35 湖南大围山上游样地：多脉榆+香果树-四川溲疏群落乔木层重要值

种名	相对显著度（%）	相对多度（%）	相对频度（%）	重要值（%）
多脉榆 *Ulmus castaneifolia*	37.02	21.46	75.00	133.48
香果树 *Emmenopterys henryi*	23.04	16.10	60.00	99.14
青钱柳 *Cyclocarya paliurus*	8.78	5.85	40.00	54.63
灰柯 *Lithocarpus henryi*	3.65	7.32	35.00	45.97
格药柃 *Eurya muricata*	2.09	11.22	30.00	43.31
白木乌桕 *Sapium japonicum*	1.22	5.37	30.00	36.59
四川溲疏 *Deutzia setchuenensis*	1.25	3.90	30.00	35.15
油茶 *Camellia oleifera*	0.41	3.41	20.00	23.82
山樱花 *Cerasus serrulata*	3.69	2.93	15.00	21.62
野核桃 *Juglans cathayensis*	4.32	2.93	10.00	17.25

注：仅列出了重要值排名前 10 的种，下同。

表 7-36 湖南大围山上游样地：多脉榆+香果树-四川溲疏群落灌木层重要值

种名	相对盖度（%）	相对多度（%）	相对频度（%）	重要值（%）
四川溲疏 *Deutzia setchuenensis*	15.34	17.25	85.00	117.59
油茶 *Camellia oleifera*	20.27	17.61	60.00	97.88
格药柃 *Eurya muricata*	18.30	10.56	35.00	63.86
灰柯 *Lithocarpus henryi*	9.41	8.45	30.00	47.86
多脉榆 *Ulmus castaneifolia*	6.87	4.23	35.00	46.10
紫珠 *Callicarpa bodinieri*	2.31	4.23	35.00	41.54
白木乌桕 *Sapium japonicum*	4.22	3.87	30.00	38.09
三叶海棠 *Malus sieboldii*	12.12	5.28	20.00	37.40
华空木 *Stephanandra chinensis*	1.50	9.15	20.00	30.65
象鼻藤 *Dalbergia mimosoides*	0.76	1.41	15.00	17.17

表 7-37 湖南大围山下游样地：黄檀+香果树-油茶群落乔木层重要值

种名	相对显著度（%）	相对多度（%）	相对频度（%）	重要值（%）
黄檀 *Dalbergia hupeana*	15.89	8.15	36.36	60.40
香果树 *Emmenopterys henryi*	16.69	10.87	27.27	54.83
油茶 *Camellia oleifera*	1.85	7.61	40.91	50.37
白木乌桕 *Sapium japonicum*	4.97	11.41	31.82	48.20
多脉榆 *Ulmus castaneifolia*	7.93	7.61	31.82	47.36
青钱柳 *Cyclocarya paliurus*	13.89	4.35	27.27	45.51
四川溲疏 *Deutzia setchuenensis*	0.51	3.26	27.27	31.04
格药柃 *Eurya muricata*	1.08	4.89	18.18	24.15
西川朴 *Celtis vandervoetiana*	6.13	3.80	13.64	23.57
灰柯 *Lithocarpus henryi*	4.64	4.89	13.64	23.17

表 7-38 湖南大围山下游样地：黄檀+香果树-油茶群落灌木层重要值

种名	相对盖度（%）	相对多度（%）	相对频度（%）	重要值（%）
油茶 *Camellia oleifera*	16.70	17.62	63.64	97.96
四川溲疏 *Deutzia setchuenensis*	10.76	16.67	68.18	95.61
灰柯 *Lithocarpus henryi*	13.62	10.48	40.91	65.01
格药柃 *Eurya muricata*	10.80	9.05	27.27	47.12
香果树 *Emmenopterys henryi*	5.46	2.86	22.73	31.05
腺叶桂樱 *Laurocerasus phaeosticta*	5.46	3.81	18.18	27.45
白木乌桕 *Sapium japonicum*	1.97	2.38	18.18	22.53
蝶花荚蒾 *Viburnum hanceanum*	1.28	2.86	13.64	17.78
尖连蕊茶 *Camellia cuspidata*	1.97	1.90	13.64	17.51
荚蒾 *Viburnum dilatatum*	1.66	1.90	13.64	17.20

表 7-39 湖南八面山样地：香果树+野核桃-接骨木群落乔木层重要值

种名	相对显著度（%）	相对多度（%）	相对频度（%）	重要值（%）
野核桃 *Juglans cathayensis*	18.62	5.95	62.50	87.07
香果树 *Emmenopterys henryi*	23.82	10.12	31.25	65.19
小叶青冈 *Cyclobalanopsis myrsinifolia*	7.21	6.55	37.50	51.26
薄叶润楠 *Machilus leptophylla*	1.96	4.76	37.50	44.22
青钱柳 *Cyclocarya paliurus*	10.26	2.98	25.00	38.24
华南木姜子 *Litsea greenmaniana*	0.81	4.76	31.25	36.82
江南桤木 *Alnus trabeculosa*	1.41	3.57	31.25	36.23
尾叶樱桃 *Cerasus dielsiana*	5.00	3.57	25.00	33.57
鹿角杜鹃 *Rhododendron latoucheae*	1.33	4.76	18.75	24.84
柃木 *Eurya japonica*	6.40	5.36	12.50	24.26

表 7-40 湖南八面山样地：香果树+野核桃-接骨木群落灌木层重要值

种名	相对盖度（%）	相对多度（%）	相对频度（%）	重要值（%）
香果树 *Emmenopterys henryi*	12.133	24	43.75	79.88
接骨木 *Sambucus williamsii*	6.197	10.5	50	66.70
鹿角杜鹃 *Rhododendron latoucheae*	19.102	11	31.25	61.35
江南桤木 *Alnus trabeculosa*	3.249	7.5	50	60.75
薄叶润楠 *Machilus leptophylla*	7.272	3.5	37.5	48.27
野核桃 *Juglans cathayensis*	3.493	2.5	25	30.99
大果卫矛 *Euonymus myrianthus*	3.091	2.5	25	30.59
油茶 *Camellia oleifera*	6.443	3.5	18.75	28.69
红楠 *Machilus thunbergii*	4.814	3.5	18.75	27.06
赤杨叶 *Alniphyllum fortunei*	3.366	3	18.75	25.12

在大围山上游样地乔木层中（表 7-35），多脉榆（133.48%）和香果树（99.14%）的重要值较大，为优势种，相对显著度也最大，分别为 37.02%和 23.04%；青钱柳、灰柯和格药柃为次优势种，重要值都在 40%以上。青钱柳的相对显著度（8.78%）和相对多度（5.85%）较小，原因可能是青钱柳的数目较少，但重要值（54.63%）和相对频度（40.00%）较大，说明青钱柳的胸径大，在群落内分布均匀，因此可判断此群落内的建群种为多脉榆、香果树和青钱柳。

在大围山下游样地乔木层中（表 7-37），黄檀和香果树为优势种，重要值分别为 60.40%和 54.83%，相对显著度分别为 15.89%、16.69%，由此可见，黄檀和香果树是乔木层的建群种。油茶、白木乌桕、多脉榆和青钱柳的重要值都在 40%以上，为次优势种。但油茶的相对显著度（1.85%）和相对多度

（7.61%）都很小，原因可能是油茶为灌木树种，胸径很小，但个体数较多使其重要值很大。多脉榆和青钱柳的相对显著度比较高，分别为7.93%和13.89%，说明在群落乔木层中占据着优势地位，因此对保持群落稳定起到了很重要的作用。

在八面山香果树群落乔木层中（表7-39），野核桃和香果树在乔木层中的重要值较高，分别为87.07%和65.19%，相对显著度较高，分别为18.62%和23.82%，显然为建群种。其他优势种的重要值亦较大，如小叶青冈（51.26%）、薄叶润楠（44.22%）、青钱柳（38.24%）和华南木姜子（36.82%）。青钱柳的相对显著度排名第三，相对多度仅2.98%，说明此群落中青钱柳的胸径也很大。

由表7-36、表7-38和表7-40可知，大围山上游香果树群落灌木层中四川溲疏（117.59%）的重要值最大，油茶（97.88%）和格药柃（63.86%）次之，三者构成了灌木层的优势种；大围山下游香果树群落灌木层中油茶（97.96%）和四川溲疏（95.61%）的重要值较大，灰柯、格药柃和香果树次之；八面山香果树群落中灌木层中香果树（79.88%）和接骨木（66.70%）的重要值较大，鹿角杜鹃（61.35%）和江南桤木（60.75%）的重要值相当。在大围山下游和八面山香果树群落灌木层的优势种中，香果树都在其中，特别是在八面山香果树群落中，重要值排名第一，说明香果树的小乔木在这两处群落中长势较好。

通过对三个群落乔灌层重要值分析，大围山上游香果树群落可命名为多脉榆+香果树-四川溲疏群落；下游香果树群落可命名为黄檀+香果树-油茶群落；八面山香果树群落可命名为香果树+野核桃-接骨木群落。

7.8.6 物种多样性分析

物种多样性是对群落组成、结构和功能复杂性的度量，对物种多样性进行研究可以更好地认识群落特征（何建源，2005）。

大围山上游香果树群落乔灌层的物种数少于下游群落，但上游香果树群落物种的个体数大于下游群落，说明上游的香果树群落较稳定。大围山下游香果树群落乔木层的Simpson多样性指数、Shannon-Wiener多样性指数最高，灌木层的Simpson多样性指数、Shannon-Wiener多样性指数和均匀度指数均比较高，整体上来看大围山下游香果树群落的物种丰富度最高。八面山香果树群落乔灌木的Simpson多样性指数、Shannon-Wiener多样性指数和均匀度指数都较高且均匀，反映了八面山香果树群落的均匀性。如表7-41所示，三个香果树群落乔木层的Simpson多样性指数和均匀度指数整体上大于灌木层，表明三个群落乔木层的物种多样性大于灌木层。而大围山上游乔木层的Shannon-Wiener多样性指数略小于灌木层，表明群落受到了明显的干扰，侵入的灌木物种明显较丰富。

表7-41 三个样地的物种多样性指数比较

样地		物种数	个体数	Simpson多样性指数（D）	D的均匀度	Shannon-Wiener多样性指数（H）	H的均匀度EH
乔木	大围山上游样地	27	205	0.90	0.93	2.66	0.81
	大围山下游样地	44	184	0.94	0.96	3.23	0.85
	八面山样地	32	168	0.94	0.97	3.16	0.91
灌木	大围山上游样地	37	284	0.90	0.93	2.72	0.75
	大围山下游样地	48	210	0.91	0.93	3.05	0.79
	八面山样地	36	200	0.90	0.93	2.88	0.80

三个香果树群落的Shannon-Wiener多样性指数与中亚热带常绿针叶林及阔叶林Shannon-Wiener多样性指数2.0～4.0相符（蔡飞，1993），表明三个香果树群落的物种多样性在一个水平上。此外，三个香果树群落乔木层的Simpson多样性指数及均匀度指数在0.8以上，特别是八面山群落的均匀度最高。有研究表明，一个较成熟的群落往往具有较高的物种多样性、较高的均匀度和较低的生态优势度（彭少麟，1996），所以，三个香果树群落乔木层目前都处于较为均衡、成熟、稳定的状态。但通过对三个群落物种重要值分析可知，除去重要值排在前几位的建群种外，乔灌木的相对多度分

布相对比较均匀，且物种较多。在一个群落中，如果物种较多，而且它们的多度非常均匀，则说明该群落有较高的物种多样性；反之如果物种少，并且它们的多度不均匀，则说明该群落有较低的物种多样性（彭少麟和陈章和，1983a；彭少麟和王伯荪，1983b）。因此，三个香果树群落都具有较高的物种多样性。

7.8.7　年龄结构分析

种群的年龄结构主要是指种群内不同年龄段的个体分布或组成状态，不仅可以反映种群动态及其发展趋势，也可在一定程度上反映种群与环境间的相互关系，说明种群在群落中的作用和地位（王伯荪等，1996）。在 3 处香果树群落中选取乔木层重要值较大的前 5 个优势种群进行年龄结构分析。

1. 乔木层优势种群的年龄结构分析

由图 7-22a 可知，大围山上游香果树群落中的多脉榆种群、香果树种群和青钱柳种群的Ⅴ、Ⅳ级立木所占比例较大，而Ⅱ、Ⅲ级立木所占比例极小，呈典型的倒金字塔结构，特别是青钱柳种群，无Ⅰ、Ⅱ、Ⅲ级立木；灰柯种群Ⅱ、Ⅲ、Ⅳ级立木较多，Ⅴ级立木较少，群落处于发展阶段，在以后群落自然发展过程中，随着青钱柳种群的衰退，灰柯有可能成为较有优势的种群。总体而言，群落中优势种群的Ⅴ级立木数量相对较少，Ⅲ、Ⅳ级立木数量较多，说明此群落优势种群正处于更新状态。

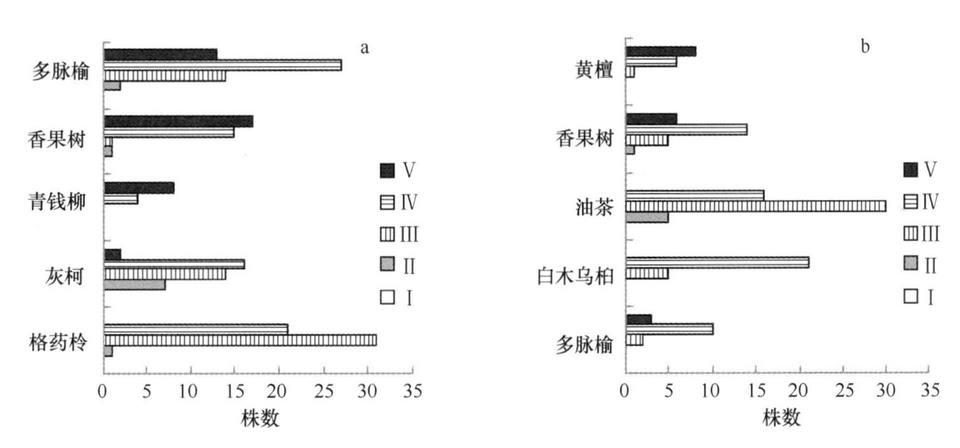

图 7-22　湖南大围山香果树群落乔木层主要优势种群年龄结构

a. 上游香果树群落；b. 下游香果树群落

由图 7-22b 可知，大围山下游香果树群落中的黄檀种群、香果树种群的Ⅳ、Ⅴ级立木所占比例较大，Ⅱ、Ⅲ级立木所占比例较小，但群落优势种群的Ⅳ、Ⅴ级立木数量少于上游香果树群落。群落中优势种群的Ⅴ级立木数量相对较大，Ⅲ、Ⅳ级立木数量较少，说明此群落优势种群正处于衰退状态，随着时间的推移，这些优势种群将逐渐被其他种群代替。

由图 7-23 可知，八面山香果树群落的 5 个优势种群均为乔木。其中野核桃、小叶青冈、薄叶润楠和青钱柳种群的Ⅴ、Ⅳ级立木占绝对优势，Ⅱ、Ⅲ级立木所占比例较少，其中青钱柳只有Ⅴ级立木，均为倒金字塔形的衰退种群；而香果树种群的Ⅱ、Ⅲ级立木所占比例较多，占总数的 72.5%，Ⅳ、Ⅴ级立木相对较少，为典型的增长型金字塔结构。此群落优势种群的Ⅳ、Ⅴ级立木在数量上比大围山下游香果树群落还要少，整体郁闭度较低。此外，在此群落中，野核桃、青钱柳和薄叶润楠的植株数量均较少，年龄结构偏老；香果树种群植株数量最多，年龄结构较平衡，因此在以后的群落发展过程中，随着其他种群的衰退，以及香果树种群Ⅱ、Ⅲ级立木的生长，香果树种群在群落中将占据更加优势的地位。

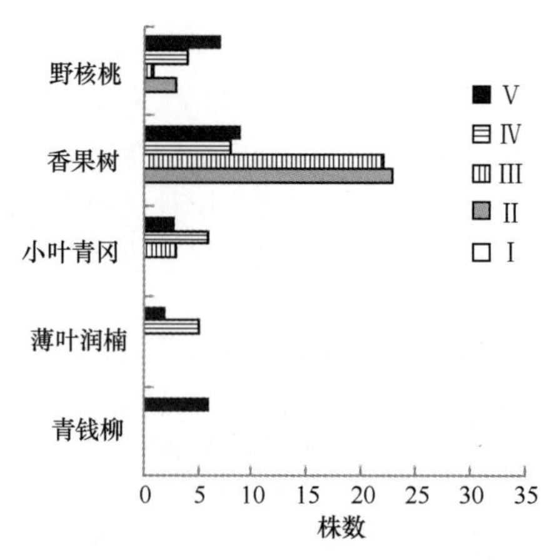

图 7-23 湖南八面山香果树群落乔木层主要优势种群年龄结构

2. 不同地区香果树种群年龄结构比较

分析不同地区不同群落环境同种植物年龄结构，可以反映一个物种在不同环境中的生长状态，说明种群与环境的相互关系。按照纬度位置从北到南依次选出河南桐柏山（孟庆法等，2009）、湖北九宫山（康华靖等，2008a）、湖南大围山上游和下游、湖南八面山及广东连州田心（徐小玉等，2002）6 处香果树群落，从年龄结构上比较分析香果树群落的生长状态（表 7-42）。

表 7-42 亚热带地区 6 个香果树样地的基本信息

群落参数	河南桐柏山香果树群落	湖北九宫山香果树群落	湖南大围山上游香果树群落	湖南大围山下游香果树群落	湖南八面山香果树群落	广东连州田心香果树群落
地理位置	32°21.292′N，113°19.624′E	29°20′N～29°26′N，114°34′E～114°42′E	28°25′14.33″N，114°05′53.62″E	28°25′13.11″N，114°05′50.11″E	26°01′19″N，113°41′55″E	25°7′44″N，112°25′59″E
海拔（m）	640	630	1165	1155	1389	760
年平均气温（℃）	15	8.8～16.7	13.5	13.5	15.8	19.5
年均降水量（mm）	1168	1800	>1800	>1800	1900	1571.8
土壤类型	山地黄红壤	山地黄红壤-山地黄壤	黄棕壤	黄棕壤	山地黄壤或黄棕壤	山地黄壤
岩石裸露度（%）	25	—	85	60	—	—
坡度（°）	30	36	50	30	30	—
郁闭度	90	—	90	70	60～75	88.5
气候类型	亚热带季风型大陆性暖湿气候	中亚热带季风气候	中亚热带湿润性季风气候	中亚热带湿润性季风气候	中亚热带季风气候	中亚热带季风气候
香果树株数	75	98	32	34	99	97
群落内重要值排名	1	1	2	2	2	1
Simpson 多样性指数	0.58（乔木层） 0.74（灌木层）	0.58（乔木层） 0.59（灌木层）	0.90（乔木层） 0.90（灌木层）	0.94（乔木层） 0.91（灌木层）	0.94（乔木层） 0.90（灌木层）	—
Shannon-Wiener 多样性指数	1.38（乔木层） 1.58（灌木层）	1.31（乔木层） 1.18（灌木层）	2.66（乔木层） 2.72（灌木层）	3.23（乔木层） 3.05（灌木层）	3.16（乔木层） 2.88（灌木层）	—
Pielou 均匀度指数	0.63（乔木层） 0.89（灌木层）	0.67（乔木层） 0.73（灌木层）	0.81（乔木层） 0.75（灌木层）	0.85（乔木层） 0.79（灌木层）	0.91（乔木层） 0.80（灌木层）	—

从年龄结构上看（图 7-24），6 处香果树群落大致分为两类。一类是在河南桐柏山、湖北九宫山、湖南八面山和广东连州田心的香果树群落，其Ⅰ、Ⅱ和Ⅲ级立木的数量多于Ⅳ和Ⅴ级立木，年龄结构呈金字塔形。尤其是在八面山香果树群落中，香果树的Ⅰ、Ⅱ、Ⅲ级立木占总数的 82.83%，Ⅳ、Ⅴ级立木仅占总数的 17.17%，属于典型的金字塔结构。加上八面山香果树群落处于沟谷地带，群落水热条件较好，坡度不大，高度 10 m 以上的树木不多，郁闭度较小，因此，幼苗成长受阻较小。广州

连州田心香果树种群没有Ⅳ级立木，Ⅴ级立木仅占总数的 1%，Ⅰ、Ⅱ、Ⅲ级立木占总数的 99%，香果树种群在该群落中重要值排名第一，数量较多，共 97 株，属于增长型种群。另一类是大围山的两处香果树种群，其Ⅳ和Ⅴ级立木占绝大多数，年龄结构呈倒金字塔结构。尤其是大围山上游香果树群落，该群落中香果树种群的Ⅰ、Ⅱ和Ⅲ级立木仅占香果树种群的 5.9%，Ⅳ、Ⅴ级立木占 94.1%，具有绝对优势，并且，该群落中岩石裸露度和郁闭度均较高，因此幼苗成长阻力很大。

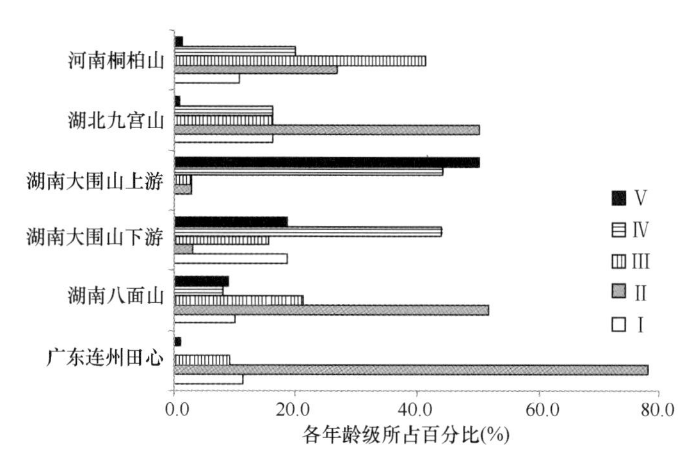

图 7-24　中国中、南部 6 个样地中香果树种群年龄结构

从数量上来看，6 个香果树群落中的香果树株数均较多，在群落中的重要值排名靠前，目前在群落中的优势地位比较明显。除八面山的香果树群落环境对香果树种群的生长比较有利外，其他 4 个地方的香果树种群虽然数量较多，均为群落的优势种群，但目前都面临岩石裸露度高、郁闭度大和人为破坏严重等问题（康华靖等，2008a；徐小玉等，2002；孟庆法等，2009），以及香果树种群Ⅰ、Ⅱ级立木竞争力较小、生长受到阻碍等现实生存状况。若这些问题依旧存在，那么从长远角度来看这些香果树种群的优势地位将会逐渐减弱，甚至消亡。就现状而言，大围山香果树群落此问题最为突出。

7.8.8　生命表和生存分析

按各群落香果树种群的径级分布情况，可把大围山上游的香果树种群划分为 10 个龄级，八面山香果树种群可划分为 9 个龄级。

大围山上游香果树种群的静态生命表（表 7-43）和生存曲线（图 7-25a）表明，死亡率和消失率的变化趋势基本一致，1～7 龄级的变化曲线较平缓，7 龄级之后的波动变化较大，且分别在 8 龄级和 10 龄级出现了峰值，在 8 龄级出现小峰值，原因可能是群落内在 8、9、10 龄级的乔木较密集，郁闭度大，导致 7 龄级的乔木生存空间小，生长受到抑制。在 10 龄级的死亡率和消失率最大，此阶段幸存少量的香果树。

八面山香果树的静态生命表（表 7-44）和生存曲线（图 7-25b）表明，香果树种群的死亡率和消失率变化趋势基本一致，但在 6 龄级和 9 龄级出现了峰值。在 6 龄级出现小峰值，原因可能是八面山香果树的幼苗数量较多，在发展过程中各个体生长所需空间增大，对营养空间的需求增大，植株间竞争加大，自疏作用更加明显，个体间的分化现象严重，导致死亡率也随之增大；在 9 龄级死亡率增加可能是人为砍伐所致。

从大围山上游香果树群落的生存函数图（图 7-25c）可以看出：①生存率单调递减，累计死亡率和危险率单调递增；②6 龄级之前的生存率大于累计死亡率，之后的生存率小于累计死亡率，8 龄级时危险率超过生存率，反映了种群衰退的趋势；③在 5～8 龄级处，生存率和累计死亡率增加或下降幅度变大，危险率大于 15%，因此后期仅幸存少量香果树。此群落香果树种群的生存函数图说明幼苗的死亡率较小，乔木的死亡率较大，具有前期稳定、中期锐减和后期衰退的特点。

表 7-43　大围山上游香果树种群静态生命表

龄级	DBH（cm）	组中值	a_x	l_x	$\ln l_x$	d_x	q_x	K_x	L_x	T_x	e_x	S_x
1	0～30	15	2	1000	6.9078	125	0.125	0.1335	937.5	4250	4.25	0.875
2	30～40	35	3	875	6.7742	125	0.1429	0.1542	812.5	3312.5	3.7857	0.8571
3	40～50	45	2	750	6.6201	125	0.1667	0.1823	687.5	2500	3.3333	0.8333
4	50～60	55	3	625	6.4378	125	0.2	0.2231	562.5	1812.5	2.9	0.8
5	60～70	65	7	500	6.2146	125	0.25	0.2877	437.5	1250	2.5	0.75
6	70～80	75	2	375	5.9269	125	0.3333	0.4055	312.5	812.5	2.1667	0.6667
7	80～90	85	8	250	5.5215	125	0.5	0.6931	187.5	500	2	0.5
8	90～100	95	2	125	4.8283	0	0	0	125	312.5	2.5	1
9	100～110	105	3	125	4.8283	0	0	0	125	0	0	1
10	>110		2	125	4.8283	125	1	4.8283	62.5	0	0	0

注：DBH 是胸径；a_x是在 x 龄级内现有的个体数；l_x是在 x 龄级开始时标准化存活个体数（转化为 1000）；d_x是从 x 到 x+1 龄级间隔期间标准化死亡数；q_x是从 x 到 x+1 龄级间隔期间死亡率；L_x是从 x 龄级到 x+1 龄级的标准化存活个体数；T_x是从 x 龄级到超过 x 龄级的个体总数；e_x是进入 x 龄级的期望寿命；K_x是消失率（损失度）；S_x是存活率。

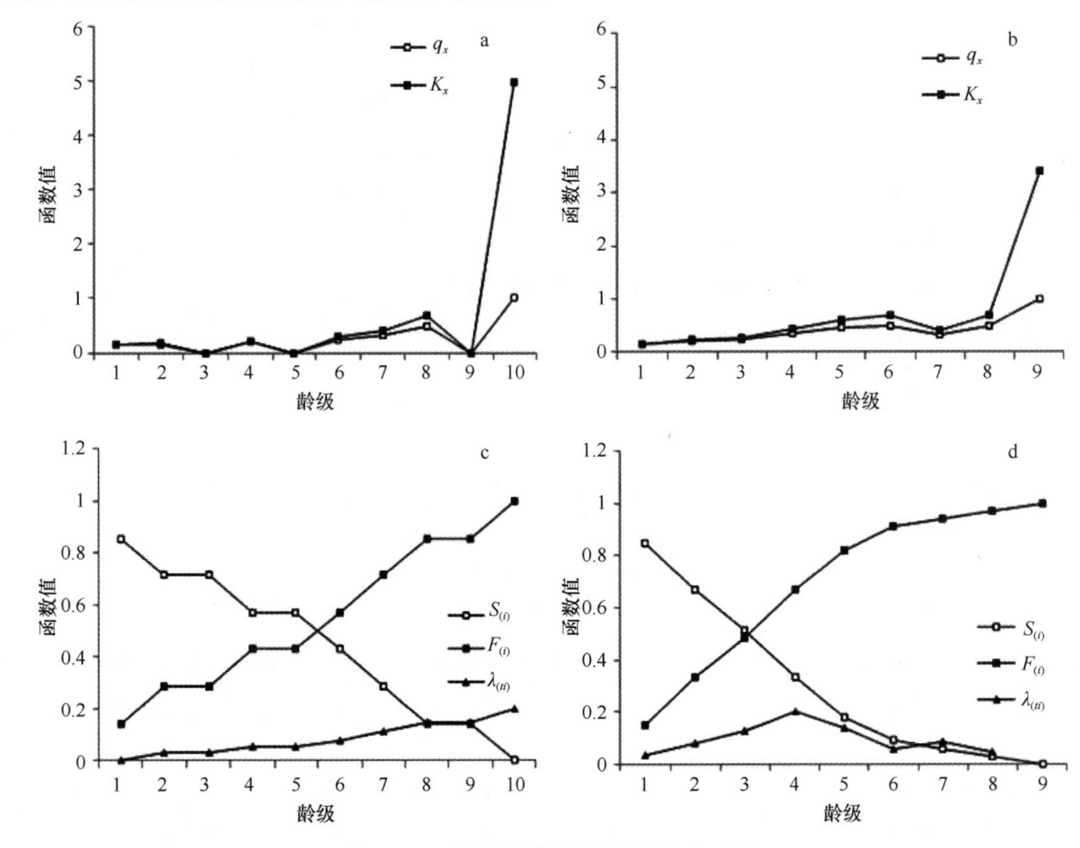

图 7-25　罗霄山脉香果树种群生存曲线

a、c. 大围山上游；b、d. 八面山。q_x. 死亡率；K_x 消失率；$S_{(i)}$. 生存率；$F_{(i)}$. 累计死亡率；$\lambda_{(ti)}$. 危险率

从八面山香果树群落的生存函数图（图 7-25d）可以看出：①生存率单调递减，累计死亡率单调递增；②3 龄级之前的生存率大于累计死亡率，3 龄级之后的生存率小于累计死亡率，危险率分别在 4 龄级和 7 龄级出现两个小峰值；③在 5 龄级之前生存率锐减，累计死亡率锐增，在 5 龄级之后，生存率和累计死亡率变化比较平缓，说明 5～8 龄级，香果树的生存状态较稳定。在 8 龄级之后种群生存率小于 3%，累计死亡率大于 96%，可能是由于香果树种群在此年龄阶段处于生理衰老期或人为破坏严重。

表 7-44 八面山香果树种群静态生命表

龄级	DBH（cm）	组中值	a_x	l_x	$\ln l_x$	d_x	q_x	K_x	L_x	T_x	e_x	S_x
1	0～5	5	49	1000	6.9078	151.515	0.1515	0.1643	924.2424	3227.273	3.227	0.8485
2	5～10	15	20	848.4848	6.7435	181.818	0.2143	0.2412	757.5758	2303.03	2.714	0.7857
3	10～15	25	11	666.6667	6.5023	151.515	0.2273	0.2578	590.9091	1545.455	2.318	0.7727
4	15～20	35	4	515.1515	6.2445	181.818	0.3529	0.4353	424.2424	954.5455	1.853	0.6471
5	20～30	45	4	333.3333	5.8091	151.515	0.4545	0.6061	257.5758	530.303	1.591	0.5455
6	30～60	55	4	181.8182	5.203	90.9091	0.5	0.6931	136.3636	272.7273	1.5	0.5
7	60～80	65	4	90.90909	4.5099	30.303	0.3333	0.4055	75.75758	136.3636	1.5	0.6667
8	80～120	75	4	60.60606	4.1044	30.303	0.5	0.6931	45.45455	60.60606	1	0.5
9	>120	85	3	30.30303	3.4112	30.303	1	3.4112	15.15152	0.5	3.4112	0

注：DBH 是胸径；a_x 是在 x 龄级内现有的个体数；l_x 是在 x 龄级开始时标准化存活个体数（转化为 1000）；d_x 是从 x 到 x+1 龄级间隔期间标准化死亡数；q_x 是从 x 到 x+1 龄级间隔期间死亡率；L_x 是从 x 龄级到 x+1 龄级的标准化存活个体数；T_x 是从 x 龄级到超过 x 龄级的个体总数；e_x 是进入 x 龄级的期望寿命；K_x 是消失率（损失度）；S_x 是存活率。

对大围山上游和八面山香果树种群的生存分析表明，大围山上游香果树种群的个体数明显少于八面山香果树种群的个体数，前者香果树仅有 32 株，后者共有 99 株。然而，由于大围山上游香果树低龄级个体的缺乏和种群总体数量的不足，香果树种群可能会因高龄级个体的生理衰老而不断死亡和低龄级个体的缺失而呈现更新困难和衰亡的趋势。八面山香果树种群中低龄级个体数较丰富，年龄结构分布基本连续，理论上可实现自我更新。

7.8.9 香果树群落结构和种群演替动态

大围山上游、下游和八面山香果树群落物种组成丰富，维管植物的物种组成分别为 60 科 96 属 118 种、76 科 120 属 163 种、61 科 95 属 108 种，三处群落均有孑遗种，特别香果树属、杉属、伞花木属和青钱柳属在群落中的重要值很高，反映了群落的古老性。

从地理成分分析、物种组成和生活型分析来看，大围山两处香果树群落的温带成分占比大于热带成分，八面香果树群落的温带成分占比小于热带成分，樟科、壳斗科、山茶科和安息香科等热带表征科植物在群落中分布多，地面芽植物所占比例高于大围山两处群落，体现了纬度位置、水热条件对群落的影响。三个群落的物种多样性指数均较高，有较高的物种多样性。

对三个香果树群落中香果树种群的年龄结构和生存分析结果表明，在大围山上游香果树群落中，香果树种群多为Ⅴ和Ⅳ级立木，虽然乔木层中香果树种群为优势种群，群落生境良好，但群落内岩石裸露度较高，群落郁闭度高达 90%，幼苗极少，分布疏散，加上种子萌发率低，在以后的群落演替中将会呈现更新困难的现象，可以推断此群落的香果树种群在以后的群落发展过程中趋于衰退；大围山下游香果树群落中，香果树种群的Ⅳ级立木数量最多，Ⅲ级立木和Ⅴ级立木数量相当，香果树小树较少，群落岩石裸露度相对较低，但群落郁闭度稍高，不利于小苗的萌发与生长，但相对于群落内其他优势种群，香果树仍处于优势地位，因此推断在可预见的群落发展中，香果树种群在群落内的地位变化不大，属于稳定型种群。而在八面山的香果树群落中，香果树种群的Ⅱ和Ⅲ级立木数量较多，为金字塔形结构，而群落内的其他种群Ⅰ、Ⅱ、Ⅲ级立木较少，由于八面山的纬度较低、温度高、降水多，群落内水热条件较好，加上群落的郁闭度低，更有利于香果树种群Ⅰ、Ⅱ、Ⅲ级立木的生长，为典型的增长型种群。

综上所述，导致大围山两个香果树群落在相同地理位置上出现不同演替动态的原因主要是：①与下游香果树群落相比，上游香果树群落内郁闭度大和岩石裸露度相对较高导致香果树的幼苗生长受阻；②大围山下游的香果树群落内香果树的Ⅳ级立木数量较多，而其他优势种群缺乏Ⅰ、Ⅱ和Ⅲ级立木，因此为香果树幼苗提供了生长空间。与大围山香果树群落相比，八面山香果树种群为增长型的原因为：①八面山纬度稍低，水热条件较好，为香果树提供了适合的生长环境；②群落内郁闭度较低，为低龄级香果树提供了生长空间；③群落内其他优势种群植株数量少，且多为高龄级树木，与低龄级香果树生长竞争的优势种少。

本研究表明，香果树种群有不同演替趋势的原因主要有以下几点：①纬度差异，高纬度地区香果树群落内的水热条件相对较差，对香果树的生长不利；②群落环境差异，在岩石裸露度高的群落内，适合香果树萌发的土壤少，会阻碍香果树的萌发与生长；③通过海拔的对比分析表明，海拔对香果树生长的影响不明显；④香果树为第四纪孑遗树种，小树为喜光性植物（李中岳和班青，1995），而香果树所在群落内古老树种多，龄级大，导致郁闭度大，不利于小树的生长；⑤香果树多为小种群，种群竞争不具优势，且其材质优良，人为砍伐和破坏严重。因此，建议对本节中的衰退型、稳定型和增长型香果树种群的动态发展加强后续检测，为以后香果树种群发展的研究提供参考，若有必要，也可对八面山香果树群落的环境稍加人为干扰，如减小郁闭度、移栽小苗、搬出部分石头、减小岩石裸露度等，并对少有的增长型的八面山野生香果树群落加强保护。

7.9 罗霄山脉南段观光木群落的组成和结构特征

观光木 *Tsoongiodendron odorum* 又名香花木、宿轴木兰（傅立国和金鉴明，1991），隶属于木兰科 Magnoliaceae 观光木属 *Tsoongiodendron*（陈焕镛，1963）。该属为中国特有的单种属，星散分布于云南、广西、广东、福建、江西等省区海拔 500～1000 m 的常绿阔叶林中（吴征镒等，2005）。观光木是古老的孑遗树种，被列为国家二级重点保护野生植物（傅立国和金鉴明，1991）。其树形高大、优美，是重要的植物种质资源，对研究古地理、古气候及植物区系地理均具有重要的意义。

2015 年，为筹备建立江西省信丰县细迳坑自然保护区，对该区域进行本底调查，发现观光木种群在保护区范围内广泛分布，而在核心区更是形成大面积的优势群落，此外还有花榈木 *Ormosia henryi*、闽楠 *Phoebe bournei*、小叶买麻藤 *Gnetum parvifolium*、福建观音座莲 *Angiopteris fokiensis* 等国家二级重点保护野生植物。关于观光木的相关研究已有较多报道，如针对福建牛姆林（潘文钻，2002）、福建万木林（郑群瑞和张兴正，1995）、广东南昆山（许涵等，2007）、江西井冈山（邓贤兰等，2010）、广西南宁（黄松殿等，2011）等地的观光木种群曾开展过群落生态学研究，此外，还有关于种群空间分布格局（许涵等，2007）、种群遗传多样性（黄久香和庄雪影，2002）、选育与栽培技术（邱德英等，2009）、生物量和碳储量（黄松殿等，2011）、生物活性成分筛选（宋晓凯等，2002）等方面的研究。全面掌握观光木群落及其种群动态特征，对揭示信丰细迳坑自然保护区在植被地理、区系地理方面的重要性有实际意义，也将为自然保护区的规划和管理提供重要依据。

7.9.1 观光木群落样地设置及数据分析

1. 研究区自然地理概况

细迳坑自然保护区（以下简称细迳坑）位于江西省赣州市信丰县，处于南岭山脉与武夷山脉之间，地理位置 25°20′N～26°30′N，115°04′E～115°16′E，海拔 200～700 m，属丘陵山地。保护区地处中亚热带湿润性季风气候区，年平均气温 19.5℃，最高气温达 40℃，最低气温 7.5℃，年均降水量 1508 mm，年无霜期长达 298 天，年平均日照时数 1810.7 h（詹有生等，1999）。土壤多为变质岩、石灰岩、花岗岩、页岩等发育而成的红壤、黄红壤，土层深厚肥沃，一般为 80～100 cm，腐殖质层厚 8～20 cm（程齐来等，2012）。

选定的观光木群落位于保护区核心区内，海拔 409 m，地理位置 25°26′18.18″N，115°15′01.65″E；样地处于山腰中段，坡度 40°～60°。该群落立地条件较好，群落外貌深绿色，林冠层有起伏，不甚连续，郁闭度为 0.75～0.85，林下土壤以腐殖土为主。

2. 样地设置与调查

设置观光木群落的调查面积为 3600 m^2，参照王伯荪等（1996）的方法，将样地划分为 36 个 10 m×10 m 的方格；采用每木记账调查法，木本植物起测径阶≥1.5 cm，或高度≥1.5 m，记录树种名称、胸径、高度、冠幅等；再在每个 10 m×10 m 样方内设置 1 个 2 m×2 m 的小样方，调查样方中的草本和乔灌木的小苗，记录种名、株数、高度和盖度等。

3. 数据分析

根据野外调查结果，对观光木群落的种类组成、群落结构、物种多样性及群落动态等进行分析。

（1）重要值

按照《植物群落学实验手册》（王伯荪等，1996），计算群落中各种群的相对优势度（RD）、相对盖度（RC）、相对多度（RA）、相对频度（RF）和重要值（IV）等，其中，乔木层重要值 IV=RD+RA+RF，灌木层重要值 IV=RC+RA+RF。

（2）种群年龄结构

根据株高（H）及胸径（DBH）划分，采用 5 级立木划分标准：Ⅰ级为苗木，H<33 cm；Ⅱ级为小树，H≥33 cm，DBH<2.5 cm；Ⅲ级为壮树，2.5 cm≤DBH<7.5 cm；Ⅳ级为大树，7.5 cm≤DBH<22.5 cm；Ⅴ级为老树，DBH≥22.5 cm（宋晓凯等，2002）。

（3）频度分析

按 Raunkiaer 的方法（王伯荪等，1996），将频度划分为 5 个等级：1%～20%为 A 级，21%～40%为 B 级，41%～60%为 C 级，61%～80%为 D 级，81%～100%为 E 级。

（4）群落物种多样性

根据 Simpson 多样性指数（D）、Shannon-Wiener 多样性指数（H），以及 Pielou 均匀度指数（EH）进行测度（王伯荪等，1996）。计算公式如下。

$$H=-\Sigma P_i \ln P_i$$

$$D=1-\Sigma P_i^2$$

$$\mathrm{EH}=H/\ln S$$

式中，$P_i=N_i/N$，N 为乔木层、灌木层或草本层各层的个体总数；N_i 为第 i 个物种的个体数；S 为乔木层、灌木层或草本层各层的物种总数。

7.9.2 观光木群落组成和结构分析

1. 种类组成与生活型分析

根据细迳坑观光木群落样方数据统计，该群落共有维管植物 146 种，隶属于 66 科 106 属。其中，蕨类植物有 9 科 10 属 14 种，裸子植物 1 科 1 属 1 种，被子植物 56 科 95 属 131 种（表 7-45）。

表 7-45　江西省信丰县细迳坑观光木群落种类组成

分类等级	科数	占该群落维管植物总科数的百分比（%）	属数	占该群落维管植物总属数的百分比（%）	种数	占该群落维管植物总种数的百分比（%）
蕨类植物	9	13.64	10	9.43	14	9.59
裸子植物	1	1.52	1	0.94	1	0.68
被子植物	56	84.85	95	89.62	131	89.73
合计	66	100	106	100	146	100

与其他观光木群落相比，细迳坑观光木群落中的物种数明显高于牛姆林、南昆山、井冈山等地的观光木群落（表 7-46），其原因除了本次所调查群落面积较大之外，细迳坑观光木群落分布纬度较低，

年平均气温较高，且该区域位于核心区中间沟谷区，受人类活动影响较小等，也使得群落保存有较高的生物多样性。

表 7-46　江西省信丰县细迳坑观光木群落与其他观光木群落物种组成比较

群落名称	样地面积（m^2）	科数	属数	种数
井冈山观光木群落	1200	34	47	52
南昆山观光木群落	4800	35	64	99
牛姆林观光木群落	—	51	76	102
细迳坑观光木群落	3600	66	106	146

依据 Raunkiaer 的生活型分类系统（朱忠保，1991），对细迳坑观光木群落进行生活型分析，图 7-26 显示，该群落以高位芽植物（Ph）为主，有 101 种，占该群落维管植物总种数的 69.18%；地上芽植物（Ch）和地面芽植物（H）种数相近，分别为 20 种和 19 种，各占该群落维管植物总种数的 13.70% 和 13.01%；此外，还有少量的隐芽植物（Cr）和一年生植物（Th），其中隐芽植物 2 种、一年生植物 4 种，分别占该群落维管植物总种数的 1.37%和 2.74%。群落中高位芽植物占很高比例，隐芽植物、一年生植物极少，表明该群落受亚热带湿润性季风气候影响较大。依据郭泉水等（1999）对我国主要森林群落植物生活型谱的分类，细迳坑观光木群落大致符合第III类生活型谱，观光木群落呈现出典型的中亚热带常绿落叶阔叶混交林性质。

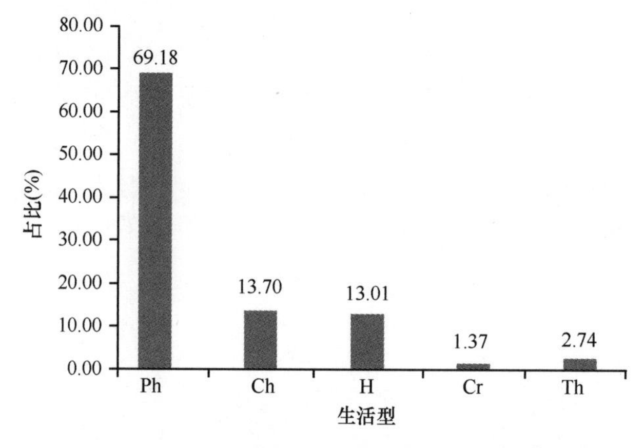

图 7-26　江西省信丰县细迳坑观光木群落生活型谱

Ph. 高位芽植物；Ch. 地上芽植物；H. 地面芽植物；Cr. 隐芽植物；Th. 一年生植物

2. 地理成分分析

依据吴征镒（1991）关于中国种子植物属的分布区类型划分原则，对细迳坑观光木群落种子植物属的分布区类型进行分析。本群落全部种子植物 96 属中，除温带亚洲，地中海区、西亚至中亚和中亚 3 种分布区类型不存在外，其余 12 种分布区类型均有分布（表 7-47），由此可见，该群落物种组成的地理成分较为复杂。

除去世界分布属，热带分布区类型属占绝对优势，共有 73 属，占非世界属总数的 77.66%；其中，泛热带分布属最多，共 28 属，如菝葜属 *Smilax*、冬青属 *Ilex*、杜英属 *Elaeocarpus*、安息香属 *Styrax*、榕属 *Ficus* 等，占总属数（世界分布类型除外）的 29.79%；热带亚洲分布属次之，共 17 属，包括润楠属 *Machilus*、青冈属 *Cyclobalanopsis*、新木姜子属 *Neolitsea* 等，占总属数（世界分布类型除外）的 18.09%。

温带分布区类型属共 21 属，占总属数（世界分布类型除外）的 22.34%；其中，东亚和北美洲间断分布属最多（10 属），如锥属 *Castanopsis*、络石属 *Trachelospermum*、山胡椒属 *Lindera*、石楠属

表 7-47　江西省信丰县细迳坑观光木群落种子植物属的分布区类型

分布区类型	属数	区系比例（%）
1. 世界分布	2	—
2. 泛热带	28	29.79
3. 热带亚洲和热带美洲间断	5	5.32
4. 旧世界热带	13	13.83
5. 热带亚洲至热带大洋洲	6	6.38
6. 热带亚洲至热带非洲	4	4.26
7. 热带亚洲	17	18.09
8. 北温带	2	2.13
9. 东亚和北美洲间断	10	10.64
10. 旧世界温带	2	2.13
11. 温带亚洲	0	0.00
12. 地中海区、西亚至中亚	0	0.00
13. 中亚	0	0.00
14. 东亚（东喜马拉雅—日本）	6	6.38
15. 中国特有	1	1.06
合计（非世界属）	94	100

Photinia、鼠刺属 *Itea* 等，占总属数（世界分布类型除外）的 10.64%；东亚（东喜马拉雅—日本）分布属次之，有 6 属，占总属数（世界分布类型除外）的 6.38%；中国特有分布仅有观光木属。

总体来看，该观光木群落地理成分组成中热带成分（77.66%）远高于温带成分（22.34%），表现出明显的热带、南亚热带性质。此外，该群落还分布有较多的古老和原始科属，如木兰科的观光木属、壳斗科的青冈属、金缕梅科的枫香树属 *Liquidambar* 和山茶科的杨桐属 *Adinandra* 等（邓贤兰等，2012）。

3. 群落外貌与垂直结构分析

细迳坑观光木群落为典型常绿落叶阔叶混交林。根据群落的高度级频率分布（图 7-27），该群落林木层有 4 层，包括乔木 3 亚层，即乔木上层、乔木中层、乔木下层，以及灌木层。

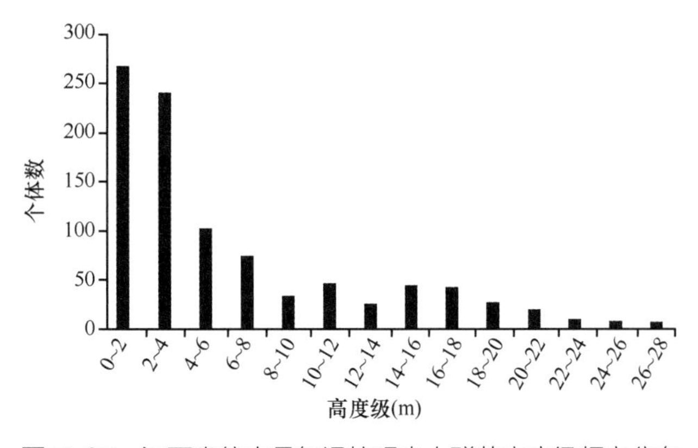

图 7-27　江西省信丰县细迳坑观光木群落高度级频率分布

乔木上层高 14～28 m，常绿树种以观光木、华润楠 *Machilus chinensis*、栲 *Castanopsis fargesii* 占据优势。其中观光木有 13 株，有 9 株高度超过 20 m，长势良好；毛锥 *Castanopsis fordii* 在此层也占优势。落叶树种以南酸枣 *Choerospondias axillaris* 占优势，次之有大叶桂樱 *Laurocerasus zippeliana*、赤杨叶 *Alniphyllum fortunei*、枫香树 *Liquidambar formosana*、罗浮柿 *Diospyros morrisiana*、垂枝泡花树 *Meliosma flexuosa* 等。因此，群落的季相变化比较明显，群落冠层在夏季整体呈深绿色，秋冬季则有部分黄色斑块映衬其中。乔木中层高 8～14 m，以华润楠、锈叶新木姜子 *Neolitsea cambodiana*、观光木占优势，其次为硬壳桂 *Cryptocarya chingii*、栲、香皮树 *Meliosma fordii*、大叶桂樱等。乔木下层

高 4～8 m，以锈叶新木姜子、硬壳桂、鸭公树 *Neolitsea chuii*、观光木占优势，其他有栲、香皮树、茜树 *Aidia cochinchinensis*、罗浮柿、华润楠等。

灌木层植株高度为 0～4 m，以矩叶鼠刺 *Itea oblonga*、鼠刺 *Itea chinensis*、细枝柃 *Eurya loquaiana*、白花苦灯笼 *Tarenna mollissima*、黄丹木姜子 *Litsea elongata*，以及乔木下层幼树，如锈叶新木姜子、鸭公树、硬壳桂、大叶桂樱、黧蒴锥 *Castanopsis fissa* 占据优势；整体上，灌木层树种约 32 种，植物株数占林木层总株数的 25.81%。

草本层物种较为丰富，约 120 种，狗脊 *Woodwardia japonica*、楼梯草 *Elatostema involucratum*、淡绿短肠蕨 *Allantodia virescens* 等草本植物居多，还有林木层黧蒴锥、鸭公树、大叶桂樱、观光木等树种的幼苗。层间植物有瓜馥木、小叶买麻藤、络石 *Trachelospermum jasminoides*、香花崖豆藤 *Millettia dielsiana*、龙须藤 *Bauhinia championii*、马甲菝葜 *Smilax lanceifolia*、酸藤子 *Embelia laeta* 等。

4. 优势种和重要值分析

对观光木群落乔木层和灌木层物种的重要值进行计算，分别列出重要值大于 3.00%的树种。由表 7-48 可知，乔木层重要值大于 3.00%的共 22 种，其中以观光木的重要值最高，为 24.22%，华润楠次之，重要值为 23.68%，南酸枣、锈叶新木姜子和毛锥的重要值也均大于 20%。由此可见，群落乔木层优势种明显，但无明显建群种，各优势种互为竞争者，群落稳定性较高。由表 7-49 可知，灌木层重要值大于 3.00%的共有 26 种，其中以硬壳桂的重要值最高，为 30.84%，细枝柃和锈叶新木姜子次之，分别为 27.08%和 24.98%，鸭公树的重要值也超过 20%，为 22.52%。可见，灌木层以硬壳桂、细枝柃、锈叶新木姜子和鸭公树为优势种，观光木幼树在灌木层的重要值较低，仅为 4.69%。

表 7-48 江西省信丰县细迳坑观光木群落乔木层主要物种的重要值

种名	多度	相对多度（%）	相对频度（%）	相对显著度（%）	重要值（%）
观光木 *Tsoongiodendron odorum*	24	5.48	6.06	12.68	24.22
华润楠 *Machilus chinensis*	31	7.08	5.30	11.30	23.68
南酸枣 *Choerospondias axillaris*	18	4.11	4.92	12.29	21.32
锈叶新木姜子 *Neolitsea cambodiana*	47	10.73	8.71	1.83	21.27
毛锥 *Castanopsis fordii*	14	3.20	2.27	15.05	20.52
栲 *Castanopsis fargesii*	24	5.48	6.06	8.13	19.67
硬壳桂 *Cryptocarya chingii*	29	6.62	7.58	2.51	16.71
香皮树 *Meliosma fordii*	16	3.65	4.55	3.84	12.04
瓜馥木 *Fissistigma oldhamii*	31	7.08	3.79	1.13	12.00
鸭公树 *Neolitsea chuii*	18	4.11	4.92	1.76	10.79
大叶桂樱 *Laurocerasus zippeliana*	18	4.11	1.89	2.39	8.39
赤杨叶 *Alniphyllum fortunei*	14	3.20	2.27	2.70	8.17
枫香树 *Liquidambar formosana*	5	1.14	0.76	4.20	6.10
山杜英 *Elaeocarpus sylvestris*	5	1.14	1.52	3.05	5.71
浙江润楠 *Machilus chekiangensis*	8	1.83	1.89	1.78	5.50
胭脂 *Artocarpus tonkinensis*	8	1.83	1.52	1.93	5.28
罗浮柿 *Diospyros morrisiana*	8	1.83	1.89	0.83	4.55
茜树 *Aidia cochinchinensis*	6	1.37	2.27	0.18	3.82
黧蒴锥 *Castanopsis fissa*	6	1.37	1.52	0.86	3.75
短梗幌伞枫 *Heteropanax brevipedicellatus*	5	1.14	1.52	0.96	3.62
黄丹木姜子 *Litsea elongata*	6	1.37	1.89	0.21	3.47
垂枝泡花树 *Meliosma flexuosa*	6	1.37	0.76	1.29	3.42

注：表中为重要值大于 3.00%的物种，共计 22 种；重要值小于 3.00%的物种共 38 种，略。

表 7-49 江西省信丰县细迳坑观光木群落灌木层主要物种的重要值

种名	多度	相对多度（%）	相对频度（%）	相对盖度（%）	重要值（%）
硬壳桂 *Cryptocarya chingii*	33	6.41	5.58	18.85	30.84
细枝柃 *Eurya loquaiana*	45	8.74	6.87	11.47	27.08
锈叶新木姜子 *Neolitsea cambodiana*	46	8.93	8.15	7.90	24.98
鸭公树 *Neolitsea chuii*	45	8.74	6.44	7.34	22.52
白花苦灯笼 *Tarenna mollissima*	28	5.44	6.44	4.57	16.45
黧蒴锥 *Castanopsis fissa*	34	6.60	3.86	3.44	13.90
大叶桂樱 *Laurocerasus zippeliana*	23	4.47	3.00	5.30	12.77
黄丹木姜子 *Litsea elongata*	20	3.88	5.58	2.87	12.33
矩叶鼠刺 *Itea oblonga*	16	3.11	3.00	6.12	12.23
鼠刺 *Itea chinensis*	21	4.08	4.29	3.59	11.96
瓜馥木 *Fissistigma oldhamii*	22	4.27	1.29	2.22	7.78
黄丹木姜子 *Litsea elongata*	13	2.52	3.86	1.32	7.70
香皮树 *Meliosma fordii*	10	1.94	2.15	2.65	6.74
鲫鱼胆 *Maesa perlarius*	23	4.47	0.86	0.46	5.79
罗浮柿 *Diospyros morrisiana*	7	1.36	2.58	1.06	5.00
观光木 *Tsoongiodendron odorum*	8	1.55	1.72	1.42	4.69
密花树 *Rapanea neriifolia*	2	0.39	0.86	3.39	4.64
福建青冈 *Cyclobalanopsis chungii*	11	2.14	1.29	1.17	4.60
茜树 *Aidia cochinchinensis*	6	1.17	2.15	1.20	4.52
闽楠 *Phoebe bournei*	4	0.78	1.72	1.21	3.71
朱砂根 *Ardisia crenata*	11	2.14	0.86	0.51	3.51
赤杨叶 *Alniphyllum fortunei*	5	0.97	0.86	1.61	3.44
香楠 *Aidia canthioides*	5	0.97	1.29	1.17	3.43
华润楠 *Machilus chinensis*	5	0.97	1.72	0.71	3.40
浙江润楠 *Machilus chekiangensis*	4	0.78	1.72	0.83	3.33
毛冬青 *Ilex pubescens*	8	1.55	1.29	0.20	3.04

注：表中为重要值大于 3.00%的物种，共计 26 种；重要值小于 3.00%的物种共 36 种，略。

7.9.3 群落频度分析

按 Raunkiaer 频度定律分析方法，对细迳坑观光木群落进行物种频度分析，并与 Raunkiaer 标准频度级进行比较，结果如图 7-28 所示。其中，A 级频度级所占比例最大（77.32%）；B 级占 11.34%；C 级占 5.15%；D 级占 4.12%；E 级占 2.06%。5 个频度级的大小排序为 A>B>C>D>E，与 Raunkiaer 标准频度定律 A>B>C≥D<E 并不相符，表现为 A 级频度级相对更高，而 E 级频度级相对更低。有研究表明，随着样方数目的增加，群落中 A 级物种的数量会增加，而 E 级物种的数量则会降低（温远光，1998）。观光木群落中频度级为 A 级的物种所占比例很大，说明群落中物种较为丰富，偶见种较多。E 级植物是群落中的优势种，在观光木群落中主要是乔木层的锈叶新木姜子和灌木层中的鸭公树，优势种的频度级低，说明优势种较分散，群落在进一步向多样化和复杂化演变。与本研究相似的是，海

南山地雨林种群频度系数也表现为 A（52.83%）>B（24.45%）>C（14.96%）>D（5.14%）>E（2.89%），与 Raunkiaer 标准频度定律不符，表现出山地雨林大多数种群分布不均匀的特征（俞通全，1983）。Raunkiaer 标准频度定律主要是研究北方的草本群落所得（温远光，1998），而细迳坑保护区地处中亚热带，植被以中亚热带常绿阔叶林为主，群落结构较为复杂、种类组成繁多、优势种较不明显，因此与 Raunkiaer 标准频度定律有所出入，频度分布更倾向于遵循 A>B>C>D>E 的规律。

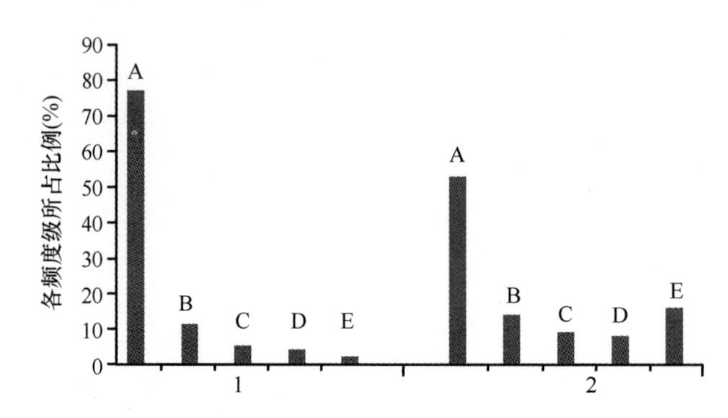

图 7-28　江西省信丰县细迳坑观光木群落的频度级与 Raunkiaer 标准频度级对比分析

1. 观光木群落频度级；2. Raunkiaer 标准频度级

7.9.4　乔木层优势种群的年龄结构分析

在细迳坑观光木群落中选取乔木层重要值较大的观光木、华润楠、南酸枣、锈叶新木姜子、毛锥和柃 6 个优势种群进行年龄结构分析。由图 7-29 可以看出，乔木层中重要值最高的观光木种群以Ⅱ、Ⅳ级立木占优，各占 25.64%，Ⅲ、Ⅴ级立木次之，各占 20.51%，Ⅰ级立木最少，为 7.69%，表明群落中的观光木种群处于较为稳定、成熟的状态。观光木种群Ⅰ级苗木较少，推测主要原因是观光木在郁闭度较高的森林环境中无法正常结果，而在郁闭度较低的环境中，观光木的种子成熟后容易被鸟类啄食，且观光木幼苗生长较慢，故在此群落中较难发现观光木幼苗（潘文钻，2002）。

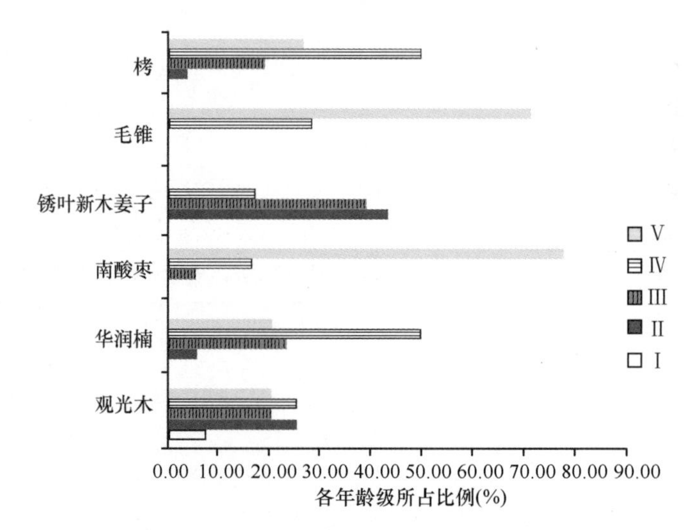

图 7-29　江西省信丰县细迳坑观光木群落乔木层主要优势种群年龄结构

群落乔木层中重要值分别位于第二、第六的华润楠种群和柃种群年龄结构与观光木相似，但Ⅳ级立木所占比重更高，均为 50%，Ⅱ级立木更少，分别为 5.80%和 3.80%，表明华润楠种群和柃种群处于成熟趋向衰老阶段；而南酸枣和毛锥分别处在群落乔木层重要值第三位、第五位，两者种群年龄结构均属于倒金字塔形，Ⅴ级立木所占比例均超过 70%，且未见Ⅰ级、Ⅱ级立木，表明南酸枣种群和毛锥种群为衰退型种群；与此相反的是，重要值处在群落乔木层第四的锈叶新木姜子种群年龄结构呈金字塔形，种群以Ⅱ级立木最多，Ⅲ级立木次之，表明锈叶新木姜子种群正处于发展阶段，有一定的发展潜力，并将趋向稳定，其在群落中的优势地位将有所提高。

结合群落乔木层重要值分析与种群年龄结构结果来看，该群落乔木层处于郁闭稳定的亚顶极阶段，群落结构趋于稳定，但由于地处沟谷地段，湿度较大，坡度较高，且乔木层和灌木层物种均较为丰富，乔木层幼苗的发育受一定的影响，群落内部仍有一定的动态变化。

7.9.5 物种多样性分析

由表 7-50 可知，细迳坑观光木群落的 Shannon-Wiener 多样性指数明显高于江西中南部观光木群落（俞通全，1983）。而地理位置与细迳坑相近的江西中亚热带常绿阔叶林，其 Shannon-Wiener 多样性指数明显较低，受干扰明显（杨清培等，2009）。由于 Shannon-Wiener 多样性指数与物种丰富度关系较为密切（马克平等，1995a），可认为前者群落物种丰富度较大。在 Simpson 多样性指数方面，细迳坑观光木群落高于江西中南部观光木群落，Pielou 均匀度则略低于后者，但比同在江西信丰县的中亚热带常绿阔叶林高，因此可认为相比于同区域其他群落，细迳坑观光木群落所在生境较为优越，人为干扰较轻（邓贤兰等，2004）。

表 7-50　江西省信丰县细迳坑观光木群落与其他植物群落的物种多样性指数比较

群落参数	江西细迳坑观光木群落	江西中亚热带常绿阔叶林	江西中南部观光木群落
地理位置	25°26′18.18″N， 115°15′01.65″E	25°21′12.8″N， 115°8′38.82″E	24°29′N～27°57′N， 113°39′E～116°38′E
海拔（m）	409	400～600	380～460
年平均气温（℃）	19.5	17	18.3
年均降水量（mm）	1508	1430	1550
土壤类型	山地黄红壤	山地黄红壤	山地黄红壤-山地黄壤
气候类型	中亚热带湿润性季风气候	中亚热带湿润性季风气候	中亚热带湿润性季风气候
Simpson 多样性指数	0.96（乔木层） 0.95（灌木层） 0.97（草本层）	—	0.779±0.006（乔木层） 0.884±0.001（灌木层） 0.789±0.006（草本层）
Shannon-Wiener 多样性指数	3.54（乔木层） 3.42（灌木层） 3.85（草本层）	1.67±0.25（乔木层） 2.99±0.28（灌木层） 1.59±0.30（草本层）	2.444±0.278（乔木层） 3.133±0.091（灌木层） 2.354±0.275（草本层）
Pielou 均匀度指数	0.85（乔木层） 0.81（灌木层） 0.80（草本层）	0.30±0.13（乔木层） 0.08±0.03（灌木层） 0.27±0.10（草本层）	0.884±0.002（乔木层） 0.966±0.000（灌木层） 0.957±0.000（草本层）

而在群落不同层次物种多样性变化方面，单就三种多样性指数而言，Simpson 多样性指数和 Shannon-Wiener 多样性指数表现为草本层>乔木层>灌木层；Pielou 均匀度指数则表现为乔木层>灌木层>草本层（表 7-50）。这与该群落草本层物种丰富，但均匀度低的实际情况相符，而乔木层的 Simpson 多样性指数、Shannon-Wiener 多样性指数和 Pielou 均匀度指数均高于灌木层，表明细迳坑观光木群落处于较高的发展阶段：乔木树种分布于灌木层的幼苗种类较少，部分灌木树种长势较好形成大灌木，这也从侧面说明该群落的生境较好、人为干扰程度轻、发展阶段和稳定程度较高。

7.9.6 观光木种群动态及群落结构

1. 观光木种群动态

细迳坑观光木群落林下草本及层间藤本植物丰富，是保存较为完好的中亚热带常绿阔叶林群落。群落乔木层分层较明显，物种丰富度较高，乔木层中观光木的重要值最高，表明该群落生境良好。群落地理成分分析表明，群落中物种组成以热带成分占绝对优势（77.66%），因地处武夷山脉与南岭山脉过渡区，海拔低，易受热带、泛热带成分扩散的影响。温带性属以东亚和北美洲间断分布属最多，体现出观光木群落的物种组成具有一定的古老性（Wolfe，1975）。

Raunkiaer 频度级分析表明，细迳坑观光木群落频度级分布规律为 A>B>C>D>E，与标准 Raunkiaer 频度级不同，表现出热带、亚热带常绿阔叶林群落频度分布规律；Simpson 多样性指数和 Shannon-Wiener 多样性指数表现为草本层>乔木层>灌木层；Pielou 均匀度指数则表现为乔木层>灌木层>草本层，表明该群落草本层物种丰富，但均匀度低，而乔木层在物种多样性和均匀度方面均高于灌木层。群落各层次的物种多样性是相互依赖的（Bradfield et al.，1984），且与森林的特性和动态特点有关（Auclair et al.，1971），当群落乔木层郁闭度较高时，林下光照不足，就会导致林下灌木层和草本层物种多样性下降。贺金生等（1998）关于群落物种多样性的研究表明，乔木层物种多样性会随演替过程不断增加，而灌木层和草本层则会经历先增加到峰值再下降的过程。观光木群落乔木层较高的物种多样性表明该群落处于较高的发展阶段。而与地理位置相近的群落及江西其他观光木群落的物种多样性相比，细迳坑观光木群落物种多样性指数较高，物种丰富，属于生境优越、人为干扰轻、稳定程度较高的中亚热带常绿阔叶林群落。从优势种群年龄结构分析来看，该群落趋向成熟状态，在群落演替上处于亚顶极状态（Frost and Rydin，2000），其中，观光木种群处于较为稳定、成熟的状态。

细迳坑观光木群落位于水热条件丰富的沟谷旁边，在该群落周围地区，观光木群落的种群优势逐渐降低，整体上可以看出细迳坑保护区的观光木种群渐趋于成熟状态，属于群落乔木层第一优势种，但优势度开始降低，且群落中观光木Ⅰ级苗木较少，群落观光木种群在未来的更新演替过程中可能出现“青黄不接”现象（潘文钻，2002），从而在未来的种间竞争中退出优势地位。

在受到周期性冬季低温、季节性降雪影响的条件下，观光木仍然在南岭以北形成优势群落是很不容易的。这有两方面的原因：一是细迳坑局部生境特殊，具有微地貌环境，使许多古老孑遗种得以保存；另一方面，大陆东部受冰期影响较小，使得偏热性的树种在冰川退却后又再次向中亚热带地区回归和扩散。事实上，观光木向北分布至罗霄山脉中段的井冈山、桃源洞地区，但不再占优势。细迳坑观光木群落以观光木为主要优势种，成材大树较多，因此对该地区观光木群落的研究和保护有重要意义，应尽快建立自然保护区，加强对该观光木群落及其所在的细迳坑保护区的生境保护。

2. 观光木群落结构总结

1）细迳坑观光木群落包括维管植物 146 种，隶属于 66 科 106 属。其中，蕨类植物 9 科 10 属 14 种，种子植物 57 科 96 属 132 种。种子植物属的地理成分以热带分布占较大优势（77.66%）。

2）该区域的地带性植被以常绿阔叶林为主，有少部分落叶树种，使得群落秋冬季有一定的季相变化。群落垂直结构包括乔木 3 亚层及灌木层和草本层；乔木层以观光木、华润楠 *Machilus chinensis*、南酸枣 *Choerospondias axillaris*、锈叶新木姜子 *Neolitsea cambodiana* 为主要优势种，灌木层以硬壳桂 *Cryptocarya chingii*、细枝柃 *Eurya loquaiana*、锈叶新木姜子 *Neolitsea cambodiana*、鸭公树 *Neolitsea chuii* 为主要优势种。

3）群落各频度级分布规律为 A>B>C>D>E，从优势种群年龄结构分析来看，该群落在演替上处于亚顶极状态。

4）群落的 Simpson 多样性指数和 Shannon-Wiener 多样性指数表现为草本层>乔木层>灌木层；Pielou 均匀度指数则表现为乔木层>灌木层>草本层。观光木是该地区最重要的植被特征种和生境指示种。

7.10 罗霄山脉中段天然白豆杉群落种内和种间竞争研究

竞争是森林生态系统中普遍存在的一种现象，是两个或以上有机体在环境资源或其他能量不足时而发生的一种相互作用关系（高浩杰等，2017）。Contreras 等（2011）认为竞争是邻近个体在消耗有限的光照、水分或其他养分等资源时产生的抑制效应。植物种群的竞争能力不仅取决于其本身的生物学特性，还受到其他生物和非生物因素的影响。竞争不仅影响个体的生长、存活和繁殖，而且影响种群的时空动态和群落的物种多样性（马世荣等，2012；陈诗等，2018；巢林等，2017）。自 20 世纪 60 年代以来，很多学者为了更准确地预测林分的生长，相继提出了一系列描述林木间竞争作用的数量指标（仇建习等，2016）。

白豆杉 *Pseudotaxus chienii* 隶属于红豆杉科白豆杉属，又名短水松，是我国特有的珍稀濒危植物，分布于浙江、江西、湖南、广东、广西等省区，为第三纪孑遗种，不仅有极高的科学研究价值，而且具有较高的观赏和药用价值（王桢等，2016）。白豆杉通常垂直分布于海拔 900～1400 m 的陡坡深谷密林下或悬崖峭壁上，分布星散，个体稀少，雌雄异株，生于林下的雌株很难正常授粉，天然更新困难（杨旭等，2005；符潮等，2017；徐晓婷等，2008），加之植被破坏，生境恶化，导致分布区逐渐缩小，资源日趋枯竭，已被列为国家二级重点保护野生植物（于永福，1999）。目前关于白豆杉的研究主要包括地理分布、群落特征、遗传、化学成分、栽培繁殖等方面（周其兴等，1998；解雪梅和温远影，1996；丁炳扬等，2006；王艇等，2001；康强胜等，1999；陈春泉等，1999），而对于白豆杉本身所受的竞争压力的分析研究较少。白豆杉作为亚热带针阔叶混交林的伴生树种，研究其种内、种间的竞争关系，对于揭示白豆杉种群的动态规律、保护及恢复白豆杉资源具有重要的理论价值和实践意义。

7.10.1　白豆杉群落样地设置及数据分析

1. 研究区自然地理概况

研究地点设在江西省井冈山国家级自然保护区笔架山（杜鹃山）景区内，地理位置 26°30.3′N，114°9.4′E，海拔 1350 m，是白豆杉在井冈山分布最集中、天然种群保存最为完好的地区，白豆杉群落垂直分布于海拔 1300～1400 m、水平长约 400 m 的狭长形悬崖峭壁中。按种群密度估测，数量约有 300 株。地带性植被是以黄山松 *Pinus taiwanensis* 和猴头杜鹃 *Rhododendron simiarum* 为主的针阔叶混交林，组成树种主要有多脉青冈 *Cyclobalanopsis multinervis*、福建柏 *Fokienia hodginsii*、大果花楸 *Sorbus megalocarpa*、罗浮槭 *Acer fabri*、厚叶红淡比 *Cleyera pachyphylla*、小叶青冈 *Cyclobalanopsis myrsinifolia*、金叶含笑 *Michelia foveolata* 和浙江新木姜子 *Neolitsea aurata* var. *chekiangensis* 等。

2. 样方设置与调查

在白豆杉集中分布的地段，以白豆杉为中心，设 10 m×10 m 的样地 20 个，对样地内所有高度在 2 m 以上的植株进行每木检尺，记录其胸径、树高和冠幅。每一样地内均设 5 个 1 m×1 m 的样方，调查 2 m 以下幼小植株及幼苗数量。选取白豆杉为对象木，测量其胸径、树高和冠幅，以该对象木为中心，将半径 5 m 样圆内的所有木本植物定义为竞争木，测量竞争木的胸径、树高、冠幅以及与对象木的距离，并记录竞争木种名。

3. 数据分析

竞争指数被广泛应用并被证明能够很好地解释植物竞争的强度、作用和竞争结果。Hegyi 的单木竞争指数在形式上反映的是林木个体生长与生存空间的关系，实质反映了林木对环境质量的需求与现实生境下林木对环境资源占有量之间的关系，且野外调查方法相对简便易行，获得的数据准确（张池等，2006；李帅锋等，2013）。因此，本研究采用 Hegyi 提出的单木竞争指数（CI），计算方法如下。

$$\mathrm{CI}_i=\sum_{j=1}^{N} D_j D_i^{-1} L_{ij}^{-1}$$

$$\mathrm{CI}=\sum \mathrm{CI}_i$$

式中，i 为对象木的数量；j 为竞争木的数量；CI_i 为对象木 i 的竞争指数；D_i 为对象木 i 的胸径（cm）；D_j 为竞争木 j 的胸径（cm）；L_{ij} 为对象木 i 与竞争木 j 之间的距离（m）；N 为对象木 i 的竞争木的数量；CI 为种群的竞争指数。

种内和种间竞争指数的计算是先求出每个竞争木对对象木的竞争指数，再将种内或种间多个单木竞争指数累加，即得种内或种间对象木的竞争强度。CI 值越大，对象木种群受到竞争木的竞争越激烈。

7.10.2 对象木及竞争木的基本情况

本研究共调查对象木（白豆杉）26 株，最小胸径为 2.4 cm，最大胸径为 10.8 cm。竞争木共 364 株，最大胸径为 36.6 cm，为金叶含笑，其余种类包括猴头杜鹃、黄山松、多脉青冈、厚叶红淡比、微毛樱桃 *Prunus clarofolia*、福建柏、山乌桕 *Triadica cochinchinensis*、大果花楸、罗浮槭、桃叶石楠 *Photinia prunifolia*、小叶青冈、甜槠 *Castanopsis eyrei* 等 49 种。以胸径 5 cm 为径级对对象木和竞争木进行统计（表 7-51）。

表 7-51 对象木及竞争木的基本情况

径级（cm）	对象木			竞争木		
	株数	占总株数百分比（%）	平均树高（m）	株数	占总株数百分比（%）	平均树高（m）
0～5	12	46.15	2.61	170	46.70	2.55
5～10	12	46.15	3.67	96	26.37	4.26
10～15	2	7.70	3.30	58	15.93	6.31
15～20	0	0	0	20	5.49	7.75
≥20	0	0	0	20	5.49	10.43
总计	26	100.00	—	364	99.98	—

注：表中占比之和不为 100%是因为各数据有四舍五入，本书余同。

7.10.3 白豆杉的种内和种间竞争

植物的种内竞争主要受密度、个体大小等影响，种间竞争能力主要取决于物种的生物学特性、生态习性和生态幅等（刘怡青等，2018）。从竞争指数的角度出发，白豆杉种群受到的竞争压力不仅受竞争木个体大小的影响，而且与竞争木种群的数量直接相关（表 7-52）。

表 7-52 白豆杉种内和种间竞争强度

竞争木径级（cm）	种内竞争			种间竞争		
	株数	竞争指数	平均竞争指数	株数	竞争指数	平均竞争指数
0～5	27	8.24	0.31	143	20.46	0.14
5～10	11	5.59	0.51	85	40.02	0.47
10～15	0	0	0	58	40.57	0.70
15～20	0	0	0	20	24.90	1.25
≥20	0	0	0	20	27.25	1.36
总计	38	13.83	—	326	153.20	—

1. 白豆杉的种内竞争

调查的竞争木中，白豆杉共有 38 株，种群的径级分布基本均匀，胸径在 3～6 cm 的个体数为 28 株，占总个体数量的 73.68%，胸径<3 cm 的个体为 5 株，占总个体数量的 13.16%，而胸径>6 cm 的个体也只有 5 株，占总个体数量的 13.16%，没有出现胸径超过 10 cm 的个体。种内竞争指数只有 13.83，远远低于种间竞争指数（153.20），仅占总竞争指数的 8.28%（表 7-52），反映出自然生长的白豆杉种群种内竞争压力并不大，主要的竞争还是来自于种间。这与该种在自然状态下种群数量少、个体为灌木状且散生的生物学特性相适应。白豆杉单木竞争指数总体上维持在 0.5 以下，而且随着胸径的增加有增大的趋势，但出现个别单木竞争指数超过 1.0（图 7-30）。

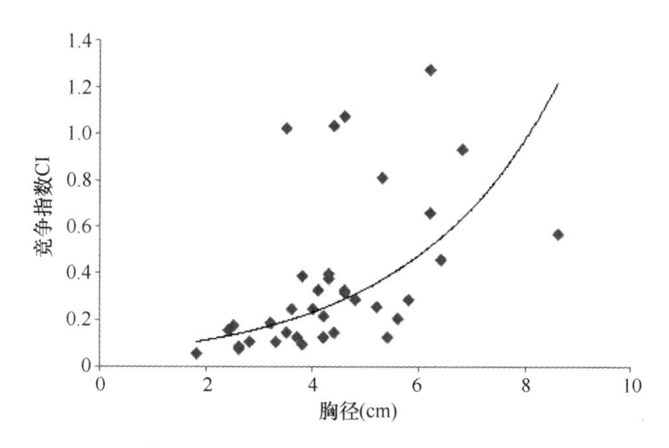

图 7-30　井冈山白豆杉竞争木胸径与林分竞争强度的关系

2. 白豆杉种群的种间竞争

白豆杉种群的种间竞争指数为 153.20，占总竞争指数的 91.72%（表 7-52）。来自种间的竞争压力中，胸径为<15 cm 的个体群产生的竞争压力最大，竞争指数达到 101.05，占 65.96%。其中，胸径在 5～15 cm 的林木，虽然个体数量和胸径<5 cm 的一样多，都是 143 株，但由于个体相对较大等原因，总体竞争指数最大，达到 80.59，远高于胸径<5 cm 的 20.46，占 52.60%。当胸径>15 cm 时，单木竞争指数虽然增大，但由于个体数量少，总体的竞争强度并不大。

白豆杉种群的竞争压力不仅受竞争木胸径和数量的影响，也因竞争木种类不同而不同。在所调查的林分中，竞争木共有 49 种，主要竞争木有 25 种（表 7-53），竞争指数较大的是猴头杜鹃、黄山松和福建柏，竞争指数分别为 53.17、20.51 和 15.78，其次为多脉青冈和小叶青冈、金叶含笑和厚叶红淡比，罗浮槭、背绒杜鹃 *Rhododendron hypoblematosum*、小果南烛 *Lyonia ovalifolia* var. *elliptica*、香桂 *Cinnamomum subavenium* 和马银花 *Rhododendron ovatum* 等种群竞争强度较小，竞争指数都在 0.7 以下。猴头杜鹃、黄山松、多脉青冈和福建柏是当地现实林分的主要组成树种，林木个体高大，种群数量也较多，处于林分的上层，在群落中占据优势，对白豆杉的竞争压力也最大。与白豆杉同处于灌木层的大果花楸 *Sorbus megalocarpa*、鹿角杜鹃 *Rhododendron latoucheae*、光亮山矾 *Symplocos lucida*、长尾毛蕊茶 *Camellia caudata* 和桃叶石楠的平均高度都在 3～4 m，且单木竞争指数都超过 0.3，在同一林层中对白豆杉的竞争压力最大。

7.10.4　白豆杉对象木胸径与竞争强度的关系及其预测

胸径是林分调查的基本因子，分析胸径与竞争强度的关系，建立起由胸径推算竞争强度的预估模型，对林木间竞争的预估有实际意义（高浩杰等，2017；Contreras et al.，2011；马世荣等，2012）。竞争能力受很多种因素制约，包括生态需求、生态幅、群落所处的演替阶段和个体大小等，其中胸径对个体竞争能力影响较大。以竞争指数为因变量，以对象木胸径为自变量，采用线性函数、多项式函数、指数函数、幂函数和对数方程等数学公式对竞争指数与对象木胸径间的关系进行回归拟合。结果表明，对象木胸径与竞争指数之间服从对数函数：

$$\mathrm{CI}=A\ln D+B$$

式中，CI 为竞争指数，D 为对象木胸径，A、B 为参数。

拟合方程为

$$y=-6.22\ln x+18.43 \quad R^2=0.795$$

通过分析 26 株白豆杉对象木胸径与所受到的整个林分竞争压力之间的关系（图 7-31），可以发现参数 A 为负值，表明随着对象木胸径的增大，其所受到的林分竞争压力正逐渐减小。对象木的胸径在 4 cm 前所受到的林分竞争压力最大，以后逐渐变缓。竞争压力随着白豆杉胸径的增大而逐渐减小。这是由于白豆杉处于林下灌木层，一般都生于郁闭度高的林荫下，为阴性树种，个体相对较小，幼年期生长缓慢。在对井冈山白豆杉群落进行调查时发现，成年的白豆杉（胸径>4 cm）生长良好，但林下很少发现更新的幼苗。同时，由于白豆杉种群的适宜生境十分恶劣，所处群落的生境异质化显著，种群恢复困难，且周围的竞争木对空间资源产生了激烈竞争。当白豆杉个体成熟后，会逐渐占据一定的资源空间，与周围的竞争木有了一定的适应，随着冠幅的增大，个体的竞争能力也相应增强，因而受到的周围竞争逐渐减弱。

表 7-53 井冈山白豆杉群落主要竞争木的竞争强度

种名	株数	占主要竞争木总株数百分比（%）	平均胸径（cm）	平均树高（m）	竞争指数	占主要竞争木总竞争指数的百分比（%）	平均竞争指数
猴头杜鹃 *Rhododendron simiarum*	96	34.66	8.06	4.77	53.17	38.75	0.55
黄山松 *Pinus taiwanensis*	22	7.94	14.44	6.07	20.51	14.95	0.93
多脉青冈 *Cyclobalanopsis multinervis*	22	7.94	5.70	3.93	7.67	5.59	0.35
福建柏 *Fokienia hodginsii*	20	7.22	8.23	4.01	15.78	11.50	0.79
厚叶红淡比 *Cleyera pachyphylla*	13	4.69	9.85	6.81	5.33	3.88	0.41
金叶含笑 *Michelia foveolata*	10	3.61	12.70	7.66	6.69	4.88	0.67
小叶青冈 *Cyclobalanopsis myrsinifolia*	9	3.25	18.46	10.51	5.13	3.74	0.57
微毛樱桃 *Prunus clarofolia*	8	2.89	2.15	2.31	2.17	1.58	0.27
长尾毛蕊茶 *Camellia caudata*	7	2.53	4.50	3.90	2.40	1.75	0.34
大果花楸 *Sorbus megalocarpa*	7	2.53	3.93	3.30	3.27	2.38	0.47
山乌桕 *Triadica cochinchinensis*	6	2.17	3.00	3.87	1.37	1.00	0.23
浙江新木姜子 *Neolitsea aurata* var. *chekiangensis*	6	2.17	2.33	2.75	1.04	0.76	0.17
罗浮槭 *Acer fabri*	5	1.81	2.14	2.20	0.39	0.28	0.08
背绒杜鹃 *Rhododendron hypoblematosum*	5	1.81	1.70	2.24	0.32	0.23	0.06
桃叶石楠 *Photinia prunifolia*	5	1.81	3.20	2.54	1.50	1.09	0.30
甜槠 *Castanopsis eyrei*	5	1.81	9.00	4.92	1.67	1.22	0.33
光亮山矾 *Symplocos lucida*	4	1.44	5.75	3.62	1.32	0.96	0.33
小果南烛 *Lyoniao valifolia* var. *elliptica*	4	1.44	1.25	2.00	0.21	0.15	0.05
香桂 *Cinnamomum subavenium*	4	1.44	2.00	10.60	0.37	0.27	0.09
野漆 *Toxicodendron succedaneum*	4	1.44	4.98	10.13	1.30	0.95	0.33
马银花 *Rhododendron ovatum*	4	1.44	4.78	3.55	0.65	0.47	0.16
蓝果树 *Nyssa sinensis*	3	1.08	14.00	9.00	1.44	1.05	0.48
乳源木莲 *Manglietia yuyuanensis*	3	1.08	9.67	6.83	1.17	0.85	0.39
鹿角杜鹃 *Rhododendron latoucheae*	3	1.08	2.33	3.67	1.29	0.94	0.43
南方铁杉 *Tsuga chinensis*	2	0.72	5.25	14.50	1.04	0.76	0.52
合计	277	100.00	—	—	137.2	100.00	

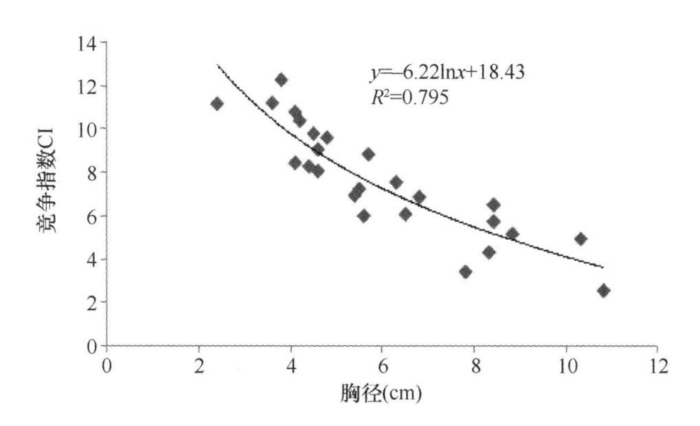

图 7-31 井冈山白豆杉对象木胸径与林分竞争强度的关系

7.10.5 白豆杉群落种内、种间竞争关系及保护

1. 白豆杉群落种内、种间竞争

白豆杉种群可以生长在多种群落类型中，杨旭等（2005）对凤阳山白豆杉群落进行生态学研究后认为，福建柏-猴头杜鹃林和猴头杜鹃矮林中的白豆杉种群可以更好地发育，植株生长正常，而井冈山白豆杉种群的适宜生境为黄山松-福建柏-猴头杜鹃林，凤阳山、井冈山两地适宜生境很相似。张若蕙（1994）认为白豆杉种群在郁闭度 0.6～0.8 的林荫下生长较好，郁闭度大于 0.9 或小于 0.5 都会导致其生长不良，我们的调查结果也印证了这一观点。由此可见，光照是白豆杉种群发展的主要限制性因子之一，光照不足或强光照将严重影响白豆杉种群的长期存活。所以井冈山上这种冠层为黄山松和福建柏、下层为白豆杉和猴头杜鹃的典型针阔叶混交林比较适合白豆杉种群的生长。

对井冈山白豆杉群落竞争关系的调查与分析表明，白豆杉的种内竞争强度不大，占总竞争的 8.28%，竞争压力更多地来自种间竞争，占总竞争的 91.72%。白豆杉散生的特性以及天然种群数量稀少，决定了其种内竞争弱，更多的竞争压力来自种间。

现实林分中，与白豆杉种群竞争激烈的树种主要是猴头杜鹃、黄山松和福建柏等地带性植被的优势种。随着白豆杉胸径的增大，其所受到的竞争压力逐渐减小，胸径在 4 cm 前所受到的竞争压力最大，竞争指数与白豆杉对象木胸径之间的关系符合指数函数 $CI=A\ln D+B$。

根据竞争关系及白豆杉天然种群结构的严重不合理现状，应从幼龄起对生长有白豆杉的森林群落进行必要的抚育管理，可伐除一些对其生长影响较大的竞争木，主要是对白豆杉种群有竞争影响的灌木，为白豆杉提供良好的生长环境，进而恢复其天然种群的合理结构。否则，随着白豆杉种群的老龄化，这一珍贵的植物资源将濒临灭绝。

2. 白豆杉群落的保护

井冈山自然保护区的白豆杉群落目前还是得到了较好的保护，生长良好。但由于井冈山保护区近年来旅游开发的力度增大，因此如何解决白豆杉种群和群落保护与旅游开发的矛盾已成为一个十分迫切的问题。首先，要努力保护其自然生境，应将白豆杉集中分布的杜鹃山景区按核心区要求加以重点保护。由于目前开发的旅游栈道正好位于白豆杉种群生长的核心区，对白豆杉种群的正常繁衍已经造成了相当大的损害，同时也对其生境造成了一定程度的破坏，建议不要再在该区域修建更多的道路了。其次，适度的干扰有利于白豆杉种群的繁衍，如对严重影响白豆杉种群生长繁殖的灌木进行疏枝和疏伐，人为开辟少量种群生长所需的空白生境斑块，但强烈的人为干扰会导致生境破碎化，所以这种干扰必须控制在种群得以自身恢复之内。最后，要加强宣传教育，特别是生物多样性保护宣传，让游客在感受美好大自然的同时，也能为白豆杉的保护做出自己的贡献。

7.11 罗霄山脉杜鹃属植物群落物种多样性及其影响因素

杜鹃属 *Rhododendron* 是杜鹃花科 Ericaceae 中最大的属，全世界约 1000 种，我国有 570 余种，分属 9 亚属，包括 14 组和 44 亚组（Fang et al.，2005）。杜鹃属广布于欧洲、亚洲和北美洲的温带地区，属于典型的北温带分布区类型（闵天禄和方瑞征，1979）。我国除了宁夏和新疆外均有杜鹃属植物的分布，其主要分布在四川、西藏、云南、贵州、广东、广西、湖南、江西、福建、台湾和浙江等省区（闵天禄和方瑞征，1979；方瑞征和闵天禄，1995）。我国西南地区是世界最大的杜鹃属分布中心和多度中心（方瑞征和闵天禄，1995）。杜鹃或杜鹃花是杜鹃属植物的统称，被誉为世界三大园艺植物之一、中国三大天然名花之一，素有"木本花卉之王"和"花中西施"的美称（马宏等，2017）。目前，野生杜鹃林正成为我国森林旅游业的新热点，如西藏林芝地区的"杜鹃花旅游节"、云南大理苍山的"杜鹃之乡"、贵州毕节的"百里杜鹃国家森林公园"和井冈山的"十里杜鹃长廊"等。此外，杜鹃属大多数植物还具有药用价值，主要活性成分有黄酮类、二萜类、三萜类、酚类、鞣质、挥发油、香豆素类和木脂素类等，它们在祛痰、止咳平喘、治疗心血管疾病和神经疾病、抗炎镇痛、免疫和杀虫等方面具有药理活性（李少泓和孙欣，2010）。自 19 世纪中叶西方国家引入中国杜鹃以来，其对杜鹃属进行了相对深入的研究，而国内对于杜鹃属植物的基础研究则相对滞后，严重影响了杜鹃属植物的开发利用及保护。

罗霄山脉有杜鹃花科植物 51 种，其中杜鹃属植物 42 种（王蕾等，2023），罗霄山脉是杜鹃花科杜鹃属主要的次生演化中心。杜鹃属植群落的优势种主要有常绿杜鹃亚属 Subgen. *Hymenanthes* 的云锦杜鹃 *Rhododendron fortunei*、耳叶杜鹃 *Rhododendron auriculatum* 和猴头杜鹃 *Rhododendron simiarum*，马银花亚属 Subgen. *Azaleastrum* 的鹿角杜鹃 *Rhododendron latoucheae* 和马银花 *Rhododendron ovatum*，以及映山红亚属 Subgen. *Tsutsusi* 的杜鹃 *Rhododendron simsii* 和满山红 *Rhododendron mariesii*。这些群落主要分布在海拔 700～1850 m 的山顶或山脊。在植被类型上，以鹿角杜鹃、猴头杜鹃、云锦杜鹃和耳叶杜鹃为建群种的群落属于阔叶林植被亚纲、常绿苔藓林植被型组的山地常绿苔藓林植被型（宋永昌等，2017）或常绿阔叶林植被型、山顶苔藓矮曲林植被亚型（中国植被编辑委员会，1980）；以马银花、杜鹃和满山红为建群种的群落属于阔叶灌丛，其中马银花群落为常绿阔叶灌丛，另二者为落叶阔叶灌丛（宋永昌等，2017）。关于杜鹃属的系统发育学和区系地理学的研究表明，杜鹃属中最原始的类群是常绿杜鹃亚属的云锦杜鹃亚组 Subsect. *Fortunea*，在第三纪时期，常绿杜鹃亚属以西南山区为分布中心向各个方向扩展，其中向东扩展的类群演化出耳叶杜鹃亚组 Subsect. *Auriculata*、马银花亚属和映山红亚属（方瑞征和闵天禄，1995）。云锦杜鹃和猴头杜鹃为中国东部-广义横断山-喜马拉雅分布型，马银花为中国东部-广义横断山分布型，耳叶杜鹃为中国东部分布型，鹿角杜鹃、杜鹃和满山红都为东亚分布型（庄平，2012）。对罗霄山脉杜鹃属植物的群落生态学研究除了可为野生杜鹃资源的开发利用提供理论依据、为相关区域杜鹃属植物多样性保护提供参考外，还对东亚分布型、中国东部分布型和包括中国东部的跨界分布型相关类群的生物地理学研究有重要的意义。

本节通过对罗霄山脉中幕阜山脉、九岭山脉、万洋山脉和诸广山脉主要山地的 60 个杜鹃属植物群落进行野外样方调查，重点探讨 3 个群落生态学方面的问题：①罗霄山脉杜鹃属植被的主要类型；②罗霄山脉杜鹃属植物群落的 α 多样性及其影响因素；③罗霄山脉杜鹃属植物群落的 β 多样性及其影响因素。

7.11.1 杜鹃属植物群落样方数据收集及分析

1. 物种数据收集

本节的群落样方数据是在对罗霄山脉全境主要山地进行植被样方调查的基础上，对植被数量分类的结果（丁巧玲，2016），选择以杜鹃属植物为优势度型且海拔在700 m以上的60个样方进行进一步的分析，共包括幕阜山脉样方5个、九岭山脉样方12个、万洋山脉样方33个和诸广山脉样方10个。样方的面积均为400 m^2，每个样方又划分为4个10 m×10 m的小样方。清查样方中胸径大于等于1 cm的乔木、灌木个体，记录种名、胸径、高度、冠幅；用GPS仪记录样方的经纬度和海拔。胸径的具体测量方法参照方精云等（2009）的研究，物种拉丁名参照*Flora of China*。

物种数据为重要值的样方-物种数据矩阵。物种重要值（importance value，IV）的计算公式为

IV（%）=（相对多度+相对频度+相对优势度）×100/3

式中，相对多度为某个物种的株数占所有物种的总株数比例，相对频度为某个物种在统计样方中出现的次数占所有物种出现的总次数比例，相对优势度为某个物种的胸高断面积占所有物种的胸高断面积的比例（方精云等，2009）。

2. 空间数据和环境数据收集

空间数据包括经度和纬度，将样方的GPS坐标转化为笛卡儿坐标系。环境数据包括气候数据和地形数据。气候数据包括19个生物气候变量，代表了能量和水分两个指标，下载自CHELSA（http://chelsa-climate.org/）。地形数据包括坡度、坡向、凹凸度和海拔4个变量，其中坡度、坡向和凹凸度根据下载的高程数据计算得到，海拔为实测数据。高程数据由先进星载热发射和反射辐射仪全球数字高程模型（ASTER-GDEM V2，分辨率为30 m）获取，数据来源于中国科学院计算机网络信息中心国际科学数据镜像网站。坡度、坡向和凹凸度的计算方法同丁巧玲（2016）。

3. 植被数量分类及排序分析

聚类分析基于弦转化的物种数据，利用平均聚合聚类（average linking clustering）和算数平均的非权重成对组法进行聚类分析（Borcard et al.，2014）。采用典范对应分析（canonical correspondence analysis，CCA）分析环境变量和空间变量对罗霄山脉杜鹃属植物群落组成差异的解释。解释变量包括2个空间变量、4个地形变量和19个气候变量，对除了经纬度以外的变量进行标准化，还用向前选择法（forward selection）来筛选变量以减小变量间的共线性。用解释变量与排序轴夹角的余弦值表示各环境变量与排序轴的相关性，用决定系数（coefficient of determination，r^2）来表征各环境变量对群落物种分布的影响，用置换检验（permutation test）检验各环境因子的显著性，置换次数为999次。通过Kruskal-Wallis检验及多重比较来分析各山脉间和各群落分组间的环境差异显著性。

4. 物种多样性分析

群落的α多样性用物种丰富度测度，运用负二项广义线性模型（negative binomial generalized linear model）分析群落物种丰富度的影响因素。解释变量包括2个空间变量、4个地形变量、19个气候变量和植被类型（根据聚类分析的结果分为7个群丛），对除了经纬度和植被类型以外的变量进行标准化，并用逐步回归法（stepwise regression）进行变量的选择，建立简约模型。

群落间的β多样性是任意两样方间的物种构成差异，本节用Jaccard相似系数（C_j）（Jaccard，1912）来计算，计算公式为

$$C_j=c/(a+b-c)$$

式中，c表示两个样方共有物种数；a和b分别表示样方A和B的物种总数。计算所有样方两两间的Jaccard相似系数，构成物种组成相似性矩阵。用Mantel检验分析物种组成相似性矩阵与空间距离矩阵、地形距离矩阵及气候距离矩阵之间的相关程度。用偏Mantel检验分别分析纯空间距离矩阵、地形距离矩阵及气候距离矩阵与物种组成相似性矩阵的相关程度（Legendre and Legendre，1998）。地形距离矩阵和气候距离矩阵的构建分别利用CCA分析中向前选择法保留的地形变量和

气候变量。

以上全部的数据处理和分析都在 R3.5.3 中进行，经纬度转化为笛卡儿坐标系用 SoDA 包完成，高程数据提取和地形因子计算用 raster 包和 stringr 包完成，群落数量分类和排序分析用 stats 包和 vegan 包完成，Kruskal-Wallis 检验用 stats 包完成，多重比较用 spdep 包和 pgirmess 包完成，负二项广义线性模型分析用 MASS 包完成，Mantel 检验和偏 Mantel 检验用 ecodist 包完成。聚类树的可视化用 factoextra 包完成，其他的可视化结果用 ggplot2 包完成。

7.11.2 植物群落分类

根据平均聚合聚类分析，60 个杜鹃属植物群落样方被分为 7 个聚类组（图 7-32），每个聚类组内的群落其优势种相同。根据各聚类组的优势种，7 个聚类组分别代表猴头杜鹃群丛 Ass. *Rhododendron simiarum*、云锦杜鹃群丛 Ass. *Rhododendron fortunei*、耳叶杜鹃群丛 Ass. *Rhododendron auriculatum*、鹿角杜鹃群丛 Ass. *Rhododendron latoucheae*、马银花群丛 Ass. *Rhododendron ovatum*、满山红群丛 Ass. *Rhododendron mariesii* 和杜鹃群丛 Ass. *Rhododendron simsii*。

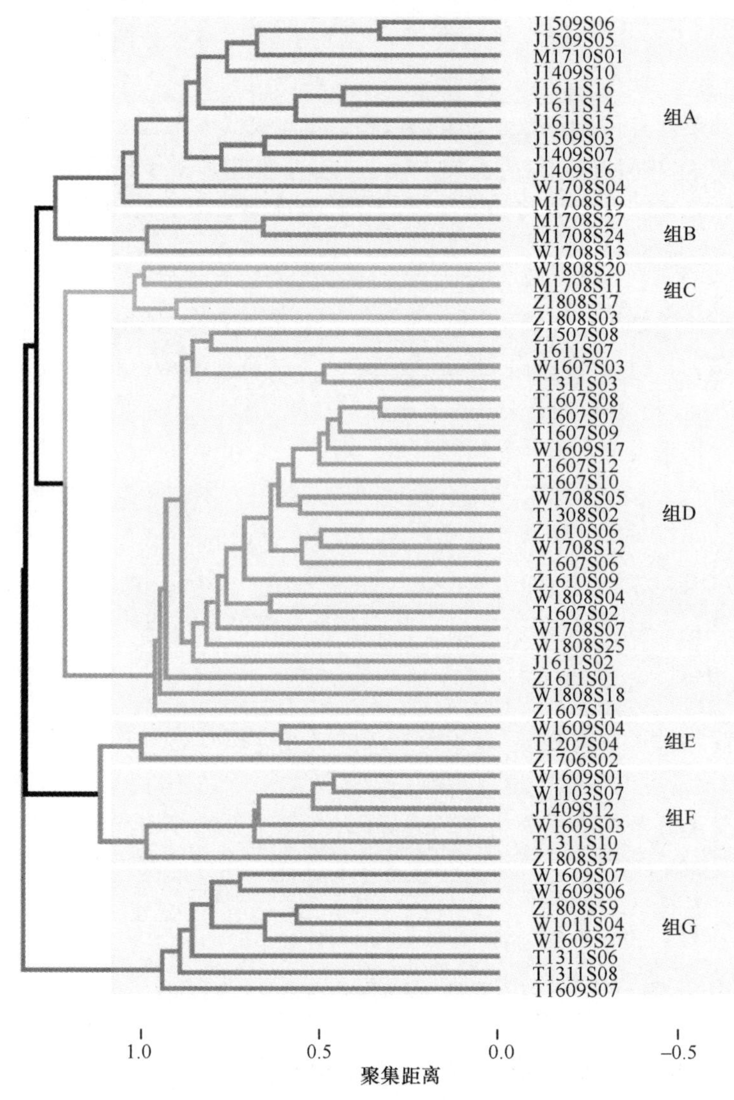

图 7-32 罗霄山脉杜鹃属植物群落平均聚合聚类图（彩图见附图 1）

组 A. 杜鹃群丛；组 B. 满山红群丛；组 C. 马银花群丛；组 D. 鹿角杜鹃群丛；组 E. 耳叶杜鹃群丛；组 F. 云锦杜鹃群丛；组 G. 猴头杜鹃群丛

猴头杜鹃群丛常见的伴生植物为吴茱萸五加 *Gamblea ciliata* var. *evodiifolia*、凹叶冬青 *Ilex championii*、银木荷 *Schima argentea*、厚叶红淡比 *Cleyera pachyphylla*、南方铁杉 *Tsuga chinensis*、多脉青冈 *Cyclobalanopsis multinervis*、尖连蕊茶 *Camellia cuspidata*、小叶青冈 *Cyclobalanopsis myrsinifolia*、背绒杜鹃 *Rhododendron hypoblematosum*、香桂 *Cinnamomum subavenium*、鹿角杜鹃、黄山松 *Pinus taiwanensis* 和马银花等。云锦杜鹃群丛常见的伴生植物为圆锥绣球 *Hydrangea paniculata*、格药柃 *Eurya muricata*、杜鹃、云南桤叶树 *Clethra delavayi*、交让木 *Daphniphyllum macropodum*、山橿 *Lindera reflexa*、合轴荚蒾 *Viburnum sympodiale*、波叶红果树 *Stranvaesia davidiana* var. *undulata* 和五裂槭 *Acer oliverianum* 等。耳叶杜鹃群丛常见的伴生植物为云锦杜鹃、圆锥绣球、茶荚蒾 *Viburnum setigerum*、马银花、油茶 *Camellia oleifera*、城口桤叶树 *Clethra fargesii*、小果珍珠花 *Lyonia ovalifolia* var. *elliptica*、鹿角杜鹃、江西小檗 *Berberis jiangxiensis*、格药柃和中华石楠 *Photinia beauverdiana* 等。鹿角杜鹃群丛常见的伴生植物为格药柃、马银花、交让木、银木荷、杜鹃、黄丹木姜子 *Litsea elongata*、黄山松、东方古柯 *Erythroxylum sinensis*、石灰花楸 *Sorbus folgneri*、云南桤叶树、小果珍珠花、窄基红褐柃 *Eurya rubiginosa*、老鼠矢 *Symplocos stellaris*、甜槠 *Castanopsis eyrei* 和华东山柳 *Clethra barbinervis* 等。马银花群丛常见的伴生植物为红楠 *Machilus thunbergii*、格药柃、鹿角杜鹃、青榨槭 *Acer davidii*、杜鹃、南烛 *Vaccinium bracteatum*、油茶、光叶石楠 *Photinia glabra*、光叶山矾 *Symplocos lancifolia* 和中国绣球 *Hydrangea chinensis* 等。满山红群丛常见的伴生植物为石灰花楸、杜鹃、格药柃、山橿、短柄枹栎 *Quercus serrata* var. *brevipetiolata*、宜昌荚蒾 *Viburnum erosum*、黄丹木姜子、蜡瓣花 *Corylopsis sinensis*、雷公鹅耳枥 *Carpinus viminea*、中华石楠和山槐 *Albizia kalkora* 等。杜鹃群丛常见的伴生植物为白檀 *Symplocos paniculata*、中国绣球、山胡椒 *Lindera glauca*、马银花、圆锥绣球、红果山胡椒 *Lindera erythrocarpa*、樱桃 *Cerasus pseudocerasus*、石灰花楸、满山红、中华石楠、华中樱桃 *Cerasus conradinae* 和小叶石楠 *Photinia parvifolia* 等。

7.11.3　植物群落排序

对包括经纬度、19 个气候变量和 4 个地形变量的 CCA 全模型进行变量向前选择，共保留 8 个解释变量：经度、纬度、海拔、平均日较差（bio2）、年均降水量（bio12）、最湿地区降水量（bio16）、最干地区降水量（bio17）和最暖地区降水量（bio18）。除了最暖地区降水量外，其余 7 个解释变量均与植被类型和分布显著相关（P=0.001）。全部的 8 个变量共解释了杜鹃属植物群落物种构成变化 22.8%的方差，其中第一、二轴分别承担了 5.0%和 4.5%的信息量。各显著解释变量的决定系数由大到小依次为纬度（r^2 = 0.826）、海拔（r^2 = 0.793）、平均日较差（r^2 = 0.695）、经度（r^2 =0.414）、最湿地区降水量（r^2 =0.357）、年均降水量（r^2 =0.289）和最干地区降水量（r^2 =0.206）（表 7-54）。典范对应分析的第一轴主要反映了降水和纬度的影响，第二轴主要反映了海拔的影响（图 7-33）。除海拔外的其余变量均与第一轴负相关，相关性较大的显著变量为最湿地区降水量（CCA1 = −0.997）、年均降水量（CCA1 = −0.953）、纬度（CCA1 = −0.910）和最干地区降水量（CCA1 = −0.898）；海拔以及与降水相关的变量均与第二轴正相关，而经纬度和平均日较差则与第二轴负相关，其中海拔与第二轴的相关性最强（CCA2 = 0.962）（表 7-54）。

表 7-54　罗霄山脉杜鹃花属植物群落排序向前选择的解释变量与典范排序分析的相关性

环境因子	CCA1	CCA2	r^2	P
纬度	−0.910	−0.414	0.826	0.001
海拔	0.272	0.962	0.793	0.001
平均日较差	−0.789	−0.615	0.695	0.001

续表

环境因子	CCA1	CCA2	r^2	P
经度	−0.532	−0.847	0.414	0.001
最湿地区降水量	−0.997	0.071	0.357	0.001
年均降水量	−0.953	0.304	0.289	0.001
最干地区降水量	−0.898	0.440	0.206	0.001
最暖地区降水量	−0.998	−0.056	0.030	0.409

注：CCA1. 环境变量箭头与排序第 1 轴夹角的余弦值；CCA2. 环境变量箭头与排序第 2 轴夹角的余弦值；r^2. 环境变量与物种分布的决定系数；P. 环境变量与植被类型和分布相关性的显著性检验。

幕阜山脉和九岭山脉的群落全部分布在第一轴的负半轴，而万洋山脉和诸广山脉的群落全部分布在第一轴的正半轴；猴头杜鹃群丛、云锦杜鹃群丛和耳叶杜鹃群丛几乎全部分布在第二轴的正半轴，马银花群丛和满山红群丛几乎全部分布在第二轴的负半轴，而鹿角杜鹃群丛和杜鹃群丛则分布较分散（图 7-33）。4 条山脉各样点的 4 个显著气候变量的分布情况显示，幕阜山脉和九岭山脉的年均降水量、最湿地区降水量、最干地区降水量和平均日较差均高于万洋山脉和诸广山脉（图 7-34）。非参数检验和多重比较的结果显示，幕阜山脉和九岭山脉的年均降水量和最湿地区降水量显著高于万洋山脉和诸广山脉（P<0.05）；九岭山脉的最干地区降水量显著高于万洋山脉（P<0.05）；幕阜山脉和九岭山脉的平均日较差显著高于万洋山脉和诸广山脉（P<0.05）。各个杜鹃群丛的海拔分布图显示，耳叶杜鹃群丛、云锦杜鹃群丛和猴头杜鹃群丛分布的海拔较高，马银花群丛和满山红群丛分布的海拔较低，而鹿角杜鹃群丛和杜鹃群丛的分布海拔较分散（图 7-35）。非参数检验和多重比较的结果显示，耳叶杜鹃群丛的分布海拔显著高于马银花群丛和满山红群丛的分布海拔（P<0.05）；云锦杜鹃群丛的分布海拔显著高于杜鹃群丛、马银花群丛和满山红群丛的分布海拔（P<0.05）。

7.11.4 物种丰富度特征

对物种丰富度的负二项广义线性模型进行逐步回归，共保留了 14 个解释变量，包括 2 个空间变量（经度和纬度）、1 个地形变量（海拔）、6 个代表能量的气候变量（等温性、温度季节性、最暖月最高温、气温年较差、最湿地区平均气温和最冷地区平均气温）和 5 个代表水分的气候变量（最湿月

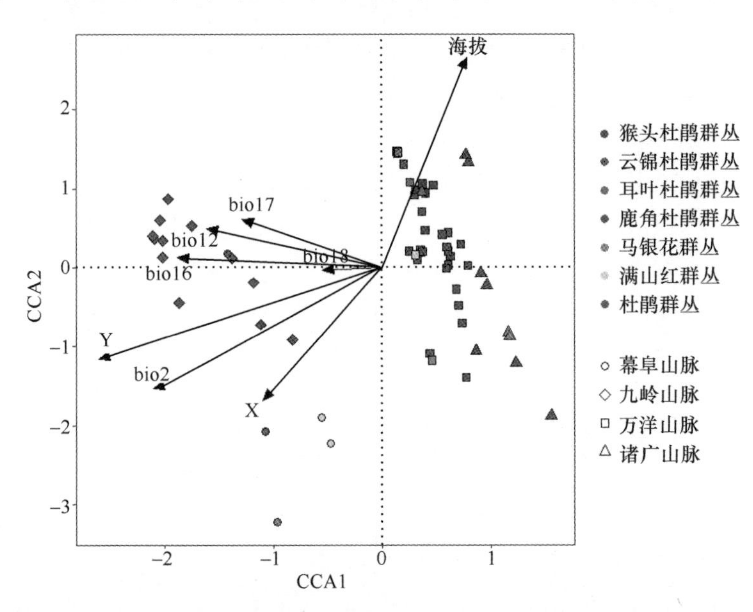

图 7-33 罗霄山脉杜鹃属植物群落样方的 CCA 排序（彩图见附图 1）

X. 经度；Y. 纬度；bio2. 平均日较差；bio12. 年均降水量；bio16. 最湿地区降水量；bio17. 最干地区降水量；bio18. 最暖地区降水量

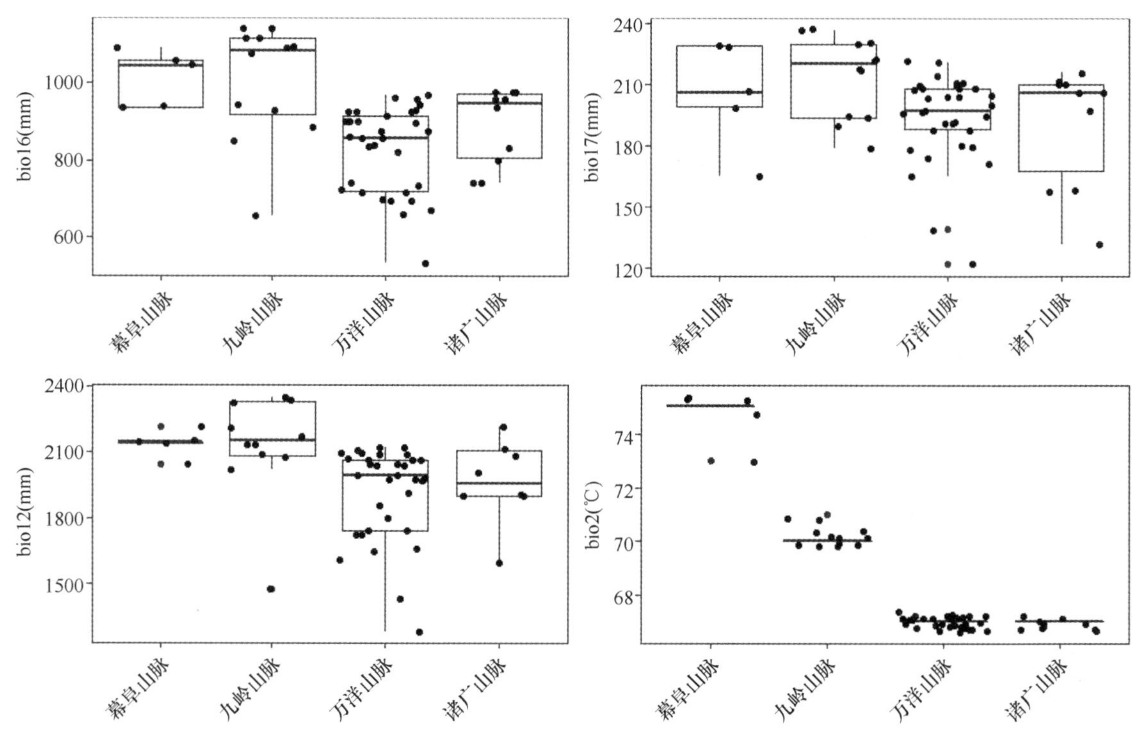

图 7-34 罗霄山脉各山脉样点的 4 个气候变量箱形图

bio2. 平均日较差；bio12. 年均降水量；bio16. 最湿地区降水量；bio17. 最干地区降水量

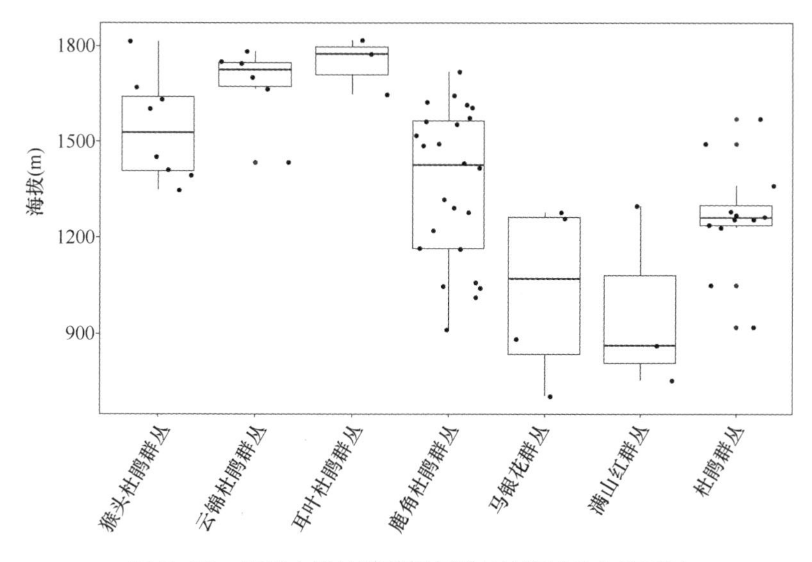

图 7-35 罗霄山脉杜鹃花属各群丛的海拔分布箱形图

降水量、季节性降水量、最湿地区降水量、最干地区降水量和最冷地区降水量）。除了气温年较差、最湿地区平均气温、最冷地区平均气温和季节性降水量外，其余变量均与物种丰富度显著相关（P<0.05）（表 7-55）。简约模型的 14 个变量共解释了群落物种丰富度变化 59.3%的方差。用各变量解释的方差占总解释方差的比例来表示各变量的相对权重，则显著的解释变量中海拔是最主要的影响因子，其次是纬度、最湿地区降水量和最湿月降水量（图 7-36）。

表 7-55 群落物种丰富度格局负二项广义线性模型的回归系数及其统计显著性

环境因子	回归系数	P
海拔	−0.168	0.002

续表

环境因子	回归系数	P
最冷地区平均气温	2.425	0.073
纬度	-3.91×10^{-5}	0.001
最湿地区降水量	−2.534	<0.001
最湿月降水量	3.043	<0.001
最暖月最高温	−4.438	0.023
温度季节性	4.768	0.017
季节性降水量	−0.411	0.127
气温年较差	1.779	0.133
经度	9.35×10^{-6}	0.003
最湿地区平均气温	0.123	0.072
最干地区降水量	−1.712	<0.001
最冷地区降水量	1.950	<0.001
等温性	0.859	0.012

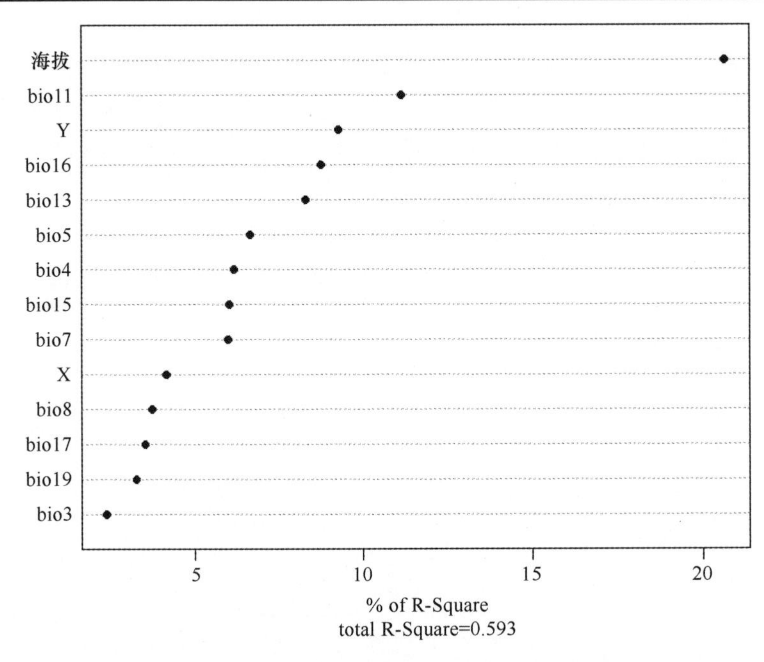

图 7-36　群落物种丰富度格局负二项广义线性模型的解释变量相对权重

X. 经度；Y. 纬度；bio3. 等温性；bio4. 温度季节性；bio5. 最暖月最高温；bio7. 气温年较差；bio8. 最湿地区平均气温；bio11. 最冷地区平均气温；bio13. 最湿月降水量；bio15. 季节性降水量；bio16. 最湿地区降水量；bio17. 最干地区降水量；bio19. 最冷地区降水量

该模型表明罗霄山脉杜鹃属植物群落的物种丰富度与各显著解释变量的关系为：随着海拔和纬度的升高而降低，随着经度的增大而增大；随着最湿月降水量和最冷地区降水量的增大而增大，但随着最湿地区降水量和最干地区降水量的增大而减小；随着温度季节性和等温性的增大而增大，但随着最暖月最高温的增大而减小（表 7-55）。

7.11.5　群落 β 多样性的 Mantel 检验

Mantel 检验表明，地理距离（R=0.414，P=0.001）比地形距离（R=0.286，P=0.001）和气候距离（R=0.140，P=0.017）对罗霄山脉杜鹃属植物群落物种组成差异的影响更大（表 7-56）。偏 Mantel 检验表明，在控制地形和气候距离效应的情况下，单纯的地理距离效应仍然显著（R=0.371，P=0.001）；

在控制地理距离和气候距离效应的情况下，单纯的地形距离（海拔差异）效应仍然显著（R=0.162，P=0.001）；而在控制地理距离和地形距离效应的情况下，单纯的气候距离效应极小且不显著（R=−0.093，P=0.915）（表 7-56）。

表 7-56　罗霄山脉杜鹃属植物群落物种组成相似性 Mantel 检验及偏 Mantel 检验

距离矩阵	R	P
地理距离	0.414	0.001
地理距离 | 地形距离和气候距离	0.371	0.001
地形距离	0.286	0.001
地形距离 | 地理距离和气候距离	0.162	0.001
气候距离	0.140	0.017
气候距离 | 地理距离和地形距离	−0.093	0.915

7.11.6　杜鹃属植物群落动态及群落结构

1. 杜鹃属植物群落动态

负二项广义线性模型显示海拔和纬度是影响群落物种丰富度的主要因素，即群落物种丰富度随着海拔和纬度的升高而降低，这是较为普遍的一种格局（贺金生和陈伟烈，1997；唐志尧和方精云，2004）。在气候因子中，水分对物种丰富度的影响大于能量的作用。但是降水对物种丰富度的影响较为复杂，表现为物种丰富度与最湿地区降水量和最干地区降水量呈显著负相关关系，而与最湿月降水量和最冷地区降水量呈显著正相关关系。由于水分因子往往与其他生态因子一起发生作用以及隐域湿地的存在，探讨水分梯度与群落物种多样性的关系十分困难（贺金生和陈伟烈，1997）。在与能量相关的因子中，最暖月最高温的作用相对较大，与群落的物种丰富度呈负相关关系，表明这些杜鹃属植物群落喜温凉生境。

群落数量分类和 CCA 分析的结果表明，纬度是影响群落物种组成差异最主要的因素。总体来看，罗霄山脉北段的幕阜山脉和九岭山脉主要是杜鹃群丛和满山红群丛，而南段的万洋山脉和诸广山脉则主要是鹿角杜鹃群丛、猴头杜鹃群丛、云锦杜鹃群丛和马银花群丛。虽然 CCA 分析显示平均日较差和 3 个降水因子也与群落物种组成差异有一定程度的相关性，但是综合偏 Mantel 检验的结果表明，气候因子与物种 β 多样性的关系实质上是由其与地理距离的相关性间接引起的。偏 Mantel 检验的结果表明了扩散限制对群落物种组成差异的影响。虽然罗霄山脉的整体是南北走向，但组成罗霄山脉的 5 条中型山脉却是近平行的东北—西南走向，并且北段幕阜山脉和九岭山脉与南段武功山脉、万洋山脉和诸广山脉的连接较不紧密。研究表明，山脉延伸方向与生物扩散方向之间的关系决定了山地是生物迁移的障碍还是桥梁（Caplat et al.，2016；沈泽昊等，2017）。罗霄山脉的地形特征在一定程度上限制了海拔分布范围较高的物种在南北方向上，尤其是北段与南段之间的扩散。

CCA 分析的结果还表明海拔是影响群落物种组成差异的第二大因素。从植被类型来看，耳叶杜鹃群丛、云锦杜鹃群丛和猴头杜鹃群丛分布的海拔较高，马银花群丛和满山红群丛分布的海拔较低，而鹿角杜鹃群丛和杜鹃群丛的分布海拔较分散。偏 Mantel 检验的结果显示，虽然单纯的海拔因子对群落物种组成差异有显著影响，但是在剔除地理距离的效应后，相关系数从 0.286 下降到 0.162。这是垂直带的纬度地带性规律的体现，表现为同一垂直带的海拔随着纬度自南向北逐渐降低（彭补拙和陈浮，1999；丁巧玲，2016）。这一现象在云锦杜鹃群丛、满山红群丛和马银花群丛都有体现：云锦杜鹃群丛的样方在九岭山脉、万洋山脉和诸广山脉的分布海拔分别为 1435 m、1662～1750 m 和 1781 m；满山红群丛的样方在幕阜山脉和万洋山脉的分布海拔分别为 755～863 m

和 1300 m；马银花群丛的样方在幕阜山脉、万洋山脉和诸广山脉的分布海拔分别为 705 m、883 m 和 1259～1279 m。

基于过程的群落生态学理论框架认为，群落的形成是选择、漂变、成种和扩散这 4 个过程不同程度作用的综合体现，将各种群落构建机制理论归纳为 3 类：强调平衡选择过程的生态位理论；强调成种、扩散和选择过程的局域与区域过程共同作用理论；强调漂变、成种和扩散过程的中性理论（朱碧如和张大勇，2011）。区系地理学研究表明，罗霄山脉内区系成分存在南北分异，即北段的幕阜山脉和九岭山脉受华中区系影响明显，温带成分占比更高，而南段的武功山脉、万洋山脉和诸广山脉受华南区系渗透明显，保存有更多的热带成分（赵万义等，2020）。罗霄山脉南北段植物区系组成的差异表明成种、扩散和历史等因素对区域物种库有影响。但是在讨论区域物种库对局域物种组成的影响是选择作用占主导还是随机过程占主导时则需要谨慎对待。虽然本节偏 Mantel 检验的结果表明扩散限制对群落物种组成差异的影响要大于环境因素，但是 CCA 分析中仍有 77.2%的方差未得到解释，并且不能排除偏 Mantel 检验中地理距离的效应包含了未测量环境因子共同作用的可能。根据山地常绿苔藓林的生境特点，即山风强烈、云雾多、日照少、湿度大、温度日较差大和土壤贫瘠（中国植被编辑委员会，1980），推测风力、郁闭度和土壤等因子可能对群落物种组成差异有一定的影响。此外，本研究中缺失处于罗霄山脉中段的武功山脉的相关样方，北段幕阜山脉的样本数量也较少，这给分析的结果带来了更多的不确定性。因此，选择作用对罗霄山脉杜鹃属植物群落物种组成差异的影响到底有多大，是选择过程更占主导还是中性过程更占主导等问题还有待进一步的研究。

2. 杜鹃属植物群落结构总结

1）60 个杜鹃属植物群落分为 7 个群丛，即猴头杜鹃群丛、云锦杜鹃群丛、耳叶杜鹃群丛、鹿角杜鹃群丛、马银花群丛、杜鹃群丛和满山红群丛。

2）CCA 排序结果表明纬度、海拔和平均日较差是群落物种组成差异最主要的影响因子。

3）负二项广义线性模型显示群落物种丰富度与海拔和纬度显著负相关，其次受到降水和高温限制的显著影响。

4）Mantel 检验和偏 Mantel 检验表明单纯的地理距离对群落物种组成差异的影响大于单纯海拔差异的效应，而单纯的气候差异影响则不显著。综上，纬度和海拔是影响罗霄山脉杜鹃属植物群落物种 α 多样性和 β 多样性最主要的因素，且就目前搜集的数据来看，扩散限制等中性过程对群落物种组成差异的影响大于地形、气候等环境因子的选择过程。

第 8 章　罗霄山脉古植被与古气候研究

8.1　罗霄山脉山地沼泽全新世以来的古气候记录

我国亚热带地区地形复杂，地貌多样，尤其是受亚洲夏季风主要影响的大陆区域，其气候类型复杂、植被种类及其分布格局等在不同地点有着不同特征的变化（李杰等，2013）。因此，对于亚热带地区古环境和古气候演变历史的探究一直备受古气候研究者的关注。近年，由于石笋测年结果精准可靠且具有相对较高分辨率的沉积记录，已成为古气候学家对亚洲季风进行探讨的重要材料之一。根据石笋氧同位素测量的变化研究结果可较准确地记录东亚夏季风（EASM）的变化强度，且早全新世 EASM 最强、气候最为湿润（Dykoski et al.，2005；Wang et al.，2008；邵晓华等，2006）。而指示 EASM 变化的古气候信息显示，我国全新世阶段表现为 EASM 强度最大值在不同区域出现的具体时间不同，其中东部地区 EASM 最强时期为中全新世（Zhang et al.，2011a）。此外，中国东部地区的山地沼泽及湖泊沉积物记录显示，早全新世季风强盛、气候湿润，中全新世季风开始衰退，晚全新世季风减弱、气候变干（萧家仪等，2007；Li et al.，2013；马春梅等，2008）。由此可见，这些研究观点与早期古气候研究学家的普遍结论存在一定差别，尤其对全新世气候最适宜期的探讨各研究者持有不同见解。施雅风等（1992）在早期曾提出了中国全新世大暖期为 8.5～3 cal. ka B.P.，其中温度与降水达到最佳配比的时间为 7.2～6 cal. ka B.P.；同时 An 等（2000）提出了温暖湿润期在中国具有穿时性的说法，阐述了中国位于东亚季风区的区域气候表现为全新世气候适宜期不同步性的变化特点。不同研究材料所承载的气候差别，以及不同地域气候的驱动机制也可能存在差异，使得前人对于东亚季风区降水变化和冷暖交替的界限划分虽然总体趋势相近，但仍较模糊，对全新世气候最适宜期的探讨也仍未得出较一致的结论。

此外，过去针对泥炭记录的研究地点多集中于我国西部和东北部中高纬度地区（于学峰等，2006；沈吉等，2004；陈发虎等，2001，2006），而对于较低纬度地区，尤其是华南亚热带较高海拔山地泥炭沼泽的古气候记录（Ma et al.，2009；Huang et al.，2014；Yue et al.，2012）至今仍相对缺乏。

本研究地点位于华南亚热带罗霄山脉东南段，该区域是东亚夏季风路径连接水汽源地（南海）与内陆地区的关键区域，是东亚夏季风在大陆前缘最重要的降雨区，同时也是中国亚热带地区重要的生物避难所，前人已经开展了对该区域生态系统多样性的探讨以及晚全新世以来古植被演替过程的研究（叶张煌等，2013；魏识广等，2015）。本节对井冈山江西坳山地沼泽剖面进行烧失量、腐殖化度、有机碳同位素和泥炭沉积物灰度等多种指标分析，以再现罗霄山脉全新世以来的季风降雨变化历史；同时，通过与北半球太阳辐射强度及低纬度地区其他古气候记录进行对比，进一步探讨东亚夏季风全新世以来在华南亚热带地区的活动规律及其与全球气候变化的时空联系，以期为研究华南亚热带气候演替及全球气候变迁提供重要的理论依据。

8.1.1　山地沼泽研究区域概况及实验方法

1. 研究区自然地理概况

本研究地点位于江西省西南部井冈山的江西坳山地泥炭沼泽，属于华南亚热带罗霄山脉东南段，现代气候特征为中亚热带季风气候。该区域水热条件充沛，年平均气温为 14.2℃，最热月（7 月）均温为 23.9℃，7 月极端最高气温为 34.8℃，最冷月（1 月）均温为 3.2℃（魏识广等，2015）。年均降水量为 1890 mm，最大降水量为 2880 mm（2002 年），最小降水量为 1300 mm（陈宝明等，2012）。江西坳钻孔（JXA）位于山顶低洼封闭的沼泽地上，地理坐标为 26°28′12″N，114°05′30.84″E，海拔为 1650 m（图 8-1）；井冈山地区是典型的亚热带常绿阔叶林，但研究地点的周边山顶植被却以灌丛为主，主要植物种类为长尾毛蕊茶 *Camellia caudata*、柃木 *Eurya japonica*、江西杜鹃 *Rhododendron kiangsiense*、灯笼树 *Enkianthus chinensis*、五节芒 *Miscanthus floridulus*、莎草 *Cyperus* spp.、野古草 *Arundinella hirta* 和泥炭藓 *Sphagnum palustre*。

图 8-1　罗霄山脉江西坳钻孔地周围环境（彩图见附图 1）

2. 钻孔岩心描述及年代框架

JXA 钻孔岩心通过人工便携钻机野外钻取获得，总长度为 150 cm，岩心上部 55 cm 含有较多的植物残体，根据沉积物特征，该剖面自上而下可分为 5 层（图 8-2），具体描述如下。

Ⅰ：0～27 cm，灰色腐殖泥，含较多植物根茎。

Ⅱ：27～50 cm，深灰色泥炭，含少量植物根茎。

Ⅲ：50～84 cm，灰黑色泥炭，74～75 cm 处含木块。

Ⅳ：84～105 cm，棕褐色黏土，94～96 cm 处含植物碎屑。

Ⅴ：105～150 cm，灰褐色粉砂质黏土，106 cm、108 cm 处含小块砾石。

钻孔年代框架的建立主要根据 6 个放射性 ^{14}C 加速器质谱（AMS ^{14}C）的测年结果（表 8-1）完成。为了避免现代植物根系对测年结果的影响，测年样品送样之前在体视镜下去除细小植物根系，泥炭样品以植物叶片为主。沉积物的真实年龄通过 IntCal13 数据集进行日历年龄校正（Reimer et al.，2013），并运用 Clam 1.0.2 软件建立整个岩心的年龄-深度模型（图 8-2）。根据推算结果，钻孔底部 150 cm 处的年龄为 11 cal. ka B.P.，由图 8-2 可以发现：岩心沉积速率变化较大，0～102 cm 沉积速率较小，102～150 cm 沉积速率相对较大。

3. 实验方法

（1）烧失量

将岩心以 2 cm 为间隔连续取样，总共选取 75 个样品进行烧失量实验，具体实验步骤如下。

1）选 15 mL 坩埚，称重为 W_1。

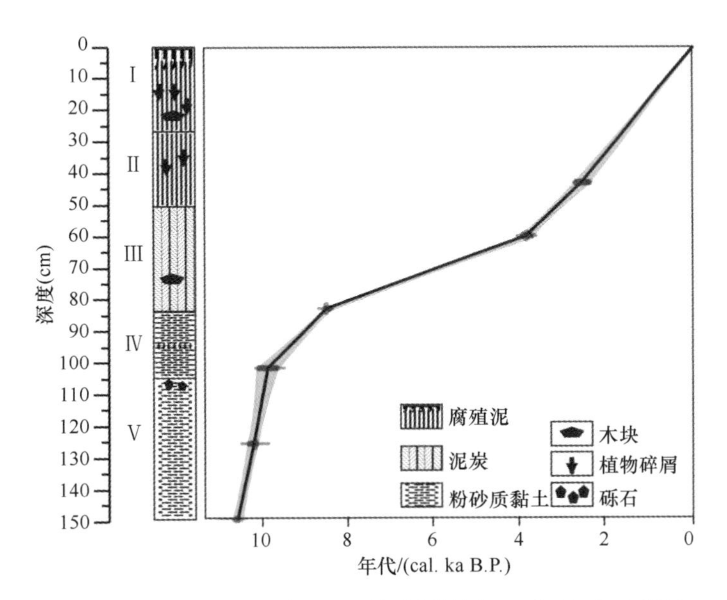

图 8-2　罗霄山脉江西坳 JXA 钻孔岩性描述及年龄-深度模型

表 8-1　AMS ^{14}C 测年结果及其校正后年龄

样品编号	实验编号	深度（cm）	材料	^{14}C 年龄（/a B.P.）	校正年龄（cal. a B.P.）
JXA-43	Beta-390829	43	黑色黏土	2480±30	2579±67
JXA-60	Poz-69008	60	泥炭	3580±35	3883±44
JXA-83	Beta-390830	83	泥炭	7780±30	8558±25
JXA-102	Poz-69010	102	黑色黏土	8840±50	9310±35
JXA-126	Poz-69011	126	粉砂质黏土	9090±50	10260±70
JXA-150	Beta-319836	150	粉砂质黏土	9410±40	10640±47

注：Beta 表示由美国 Beta 测年实验室完成；Poz 表示由 Poznan ^{14}C 实验室完成。

2）取约 1.5 g 样品，称重为 W_2。

3）将样品放入 105℃烘箱中，烘干 2 h 后称重，标记为 W_{105}，干样重 $DW_{105}=W_{105}-W_1$。

4）将干样放入马弗炉内，以 550℃烘烤约 2 h，称重，标记为 W_{550}。

5）将样品再次放入马弗炉内，保持 950℃烘烤约 2 h，称重，标记为 W_{950}。

6）根据以下公式计算样品有机质与无机质碳酸盐的含量。

有机质：$LOI_{550℃}=(W_{105}-W_{550})/DW_{105}\times100$。

无机质碳酸盐：$LOI_{950℃}=(W_{550}-W_{950})/DW_{105}\times100$。

$LOI_{550℃}$、$LOI_{950℃}$分别为在 550℃、950℃环境下测得的烧失量数据。

（2）腐殖化度

将上述以 2 cm 为间隔所取的样品从 14 cm 处开始进行实验，共计 68 个样品，运用传统的碱提取溶液吸光度法（Blackford and Chambers，1993）进行腐殖化度的测定，具体实验步骤如下。

1）将样品风干磨细后过 60 目筛，称取约 0.1 g 置于烧杯中。

2）在烧杯中加入 100 mL 0.1 mol/L 的 NaOH 溶液，加热至沸腾后，继续煮沸约 1 h。

3）待样品冷却后，将溶液倒入 100 mL 容量瓶中稀释并摇匀，使固、液分离。

4）取清液 5 mL，转移至 50 mL 容量瓶中，稀释并摇匀。

5）采用可见分光光度计对样品的碱提取物在波长 400 nm 处进行吸光度测定，其值即可表示样品的腐殖化度（为提高实验数据的精确性，每个样品测试 3 次）。

（3）有机碳同位素

由于岩心 13 cm 以上含水分和现代植物根系较多，故从 13 cm 以下开始取样，取样间距为 4 cm，共计 34 个样品，具体实验步骤如下。

1）取适量样品置于冷干机中冷干 48 h。

2）将冷干后样品置于玛瑙研钵中研磨，并去除现代植物根茎的干扰。

3）将研磨后的样品置于 15 mL 的玻璃试管中，加入约 6 mL 10%的稀盐酸，用振动仪振动 3～5 min 后静置 24 h。

4）用中性去离子水反复洗样品直至中性（pH=7），并再次冷干 48 h 后研磨。

5）称取适量样品置于锡杯后送入氧化炉内，经稳定同位素质谱仪、元素分析仪测试完成。

（4）泥炭沉积物灰度

泥炭沉积物的灰度即对图像进行数字化处理，从而对图片中每点的像素赋值。利用 Image J 软件进行灰度值分析（于学峰等，2005，2012），选取 8-bit[颜色深度概念：颜色深度是指每个像素可以显示的颜色数，一般以“位”（bit）为单位来描述]对沉积物图像进行灰度的测定，其中灰度值 0 表示沉积物的颜色全黑，灰度值 255 表示沉积物的颜色为全白，即灰度值越低，表示样品颜色越深，反映有机质含量越高；反之，则反映有机质含量越低。

8.1.2 代用指标的环境意义

烧失量（loss on ignition，LOI）：烧失量是沉积物中因有机质和无机质分别在一定温度下分解，进而出现不同温度下的质量差（Santisteban et al.，2004）。研究表明：$LOI_{550℃}$与有机质的积累具有紧密的相关性，主要由水体中有机质的生产力及保存条件决定（于学峰等，2005），即高值代表有机质积累较多，反之较少；$LOI_{950℃}$与无机质碳酸盐的积累具有相关性，一般情况下，随着温度的升高，水中二氧化碳和碳酸盐的溶解度降低，反之增加，同时干燥气候条件下，水体中盐度上升，有利于碳酸盐的沉积（刘子亭等，2006，2008；吴世迎等，2001），即高值代表碳酸盐沉积较多，反之较少。总之，有机质含量越高（碳酸盐含量越低），指示气候越暖湿；相反，则表明气候越冷干。

腐殖化度：腐殖化度是描述泥炭堆积中植物残体降解程度的古气候代用指标，其数值主要受沉积物的水热条件、微生物分解和成炭植物类型等的影响（柴岫，1990），一般用碱提取液吸光度来表示泥炭腐殖化度，吸光度大代表腐殖化度较大，指示环境较暖湿；反之，则表明环境较冷干。实际上，腐殖化度的高低除了与气候因素有关，不同沉积物类型也可能影响其测量值，如钻孔岩心黏土和泥炭两者的腐殖化度不同，但其主要原因是不同的沉积相导致有机碳的输入量不同，并不是直接反映气候条件。

有机碳同位素：对有机质进行碳同位素的分析，用 $\delta^{13}C$ 表示，其值受沉积物有机质来源、水体中生产力状况、气候变化等众多因素的影响，其中有机质的来源及其贡献对 $\delta^{13}C$ 影响较大（吴敬禄等，1996）。一般 C3 类植物 $\delta^{13}C$ 分布在–37‰～–24‰，C4 类植物 $\delta^{13}C$ 分布在–19‰～–9‰，景天科酸代谢（CAM）类植物 $\delta^{13}C$ 分布在–30‰～–10‰。因此根据沉积物中有机质 $\delta^{13}C$ 的值可推断 C3、C4 植物的相对生物贡献量，进而重建周边的生态环境。前人研究结果也表明，沼泽区域有机碳同位素 $\delta^{13}C$ 偏轻（负）指示环境暖湿，偏重（正）则指示环境冷干（王国安，2003）。

灰度：对于泥炭沉积物而言，沉积物的灰度值高代表泥炭含量较高，即反映当时气候温暖湿润且植被发育繁盛，因此沉积物的颜色在一定程度上可以反映气候变化的信息。前人研究认为灰度与腐殖化度有很好的相关性，可间接指示夏季风的强弱变化（周卫健等，2001）。

8.1.3 江西坳气候环境变化阶段

通过对 JXA 钻孔岩心的灰度、腐殖化度、有机碳同位素（$\delta^{13}C$ 值）、$LOI_{550℃}$、$LOI_{950℃}$ 5 种指标的变化特点进行综合分析，将江西坳约 11 cal. ka B.P.以来的气候环境变化过程划分为 4 个阶段（图 8-3），各阶段的特点按照年龄由大到小的顺序描述如下。

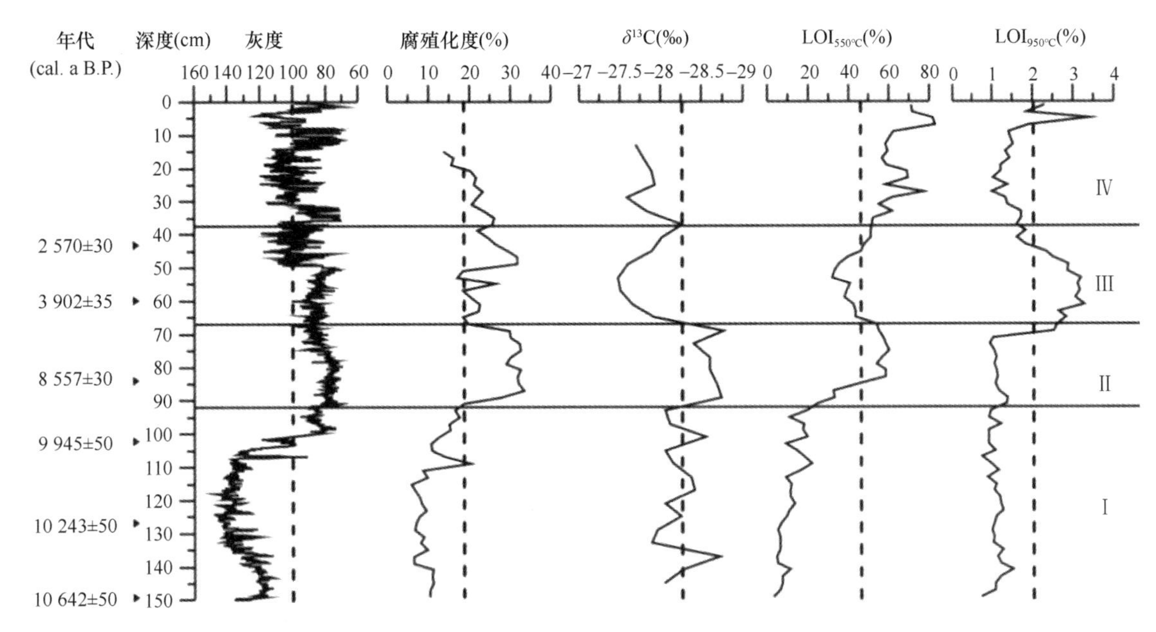

图 8-3　罗霄山脉江西坳灰度、腐殖化度、有机碳同位素和烧失量的变化曲线

阶段Ⅰ（150～92 cm，11～9.2 cal. ka B.P.）：灰度值在 73.92～148.64，平均值为 123.19，最高值 148.64 出现在 117 cm（10 232 cal. a B.P.）处，此阶段岩心颜色以灰褐色为主，逐渐由浅变深。腐殖化度在 6%～20.3%，平均值为 9.87%，整体偏低，反映此阶段有机质分解程度总体较弱，但后期趋于增强，且变化趋势与灰度值有较好的吻合。有机碳同位素 $\delta^{13}C$ 为–28.73‰～–27.89‰，平均值为–28.22‰，整体处于相对偏重的波动变化中，137 cm（10.4 cal. ka B.P.）处为最小值，之后迅速偏重，并在 133 cm（10.37 cal. ka B.P.）处达到本阶段最重值，此后呈现波动变化。$LOI_{550℃}$在 3.18%～22.06%变化，平均值为 10.46%，变幅较弱，从 141 cm（10.5 cal. ka B.P.）处开始呈现降低趋势，直至 109 cm（10 cal. ka B.P.）处达到本阶段的峰值 22.06%，总体呈现上升的趋势，反映此阶段为有机质缓慢积累的过程；$LOI_{950℃}$为 0.71%～1.51%，平均值为 1.07%，总体较低且变化幅度较小，反映此阶段碳酸盐沉积较少，但在 141 cm（10.5 cal. ka B.P.）处同样出现本阶段峰值 1.51%。

阶段Ⅱ（92～67 cm，9.2～5.3 cal. ka B.P.）：灰度值在 69.58～99.58，平均值为 80.17，其中最低值 69.58 出现在 79 cm 处，整体反映岩心颜色较深，且较为均一、稳定。腐殖化度在 18.8%～33.3%，平均值为 29.23%，是整段岩心中腐殖化度最高的阶段，反映此时有机质分解程度较强。有机碳同位素 $\delta^{13}C$ 为–28.76‰～–28.39‰，平均值为–28.63‰，整体呈现相对偏轻的现象，指示森林植被相对较繁茂。$LOI_{550℃}$在 24.37%～59.96%变化，平均值为 49.80%，相比上一阶段，有较大幅度的增加，反映该阶段有机质含量总体增加，达到全新世以来相对较高值；$LOI_{950℃}$处于 0.94%～2.61%，平均值为 1.35%，整体仍处于较低值，反映碳酸盐含量总体较小。

阶段Ⅲ（67～37 cm，5.3～2.2 cal. ka B.P.）：灰度值在 75.29～120.50，平均值为 101.68，其中 50 cm（3.0 cal. ka B.P.）处灰度值达到本阶段最高，反映岩心颜色变浅，沉积物有机质含量减少。腐殖化度在 17.1%～31.8%，平均值为 21.74%，但其值波动较大，反映有机质分解程度呈现降低—增加—降低的波动趋势。有机碳同位素 $\delta^{13}C$ 为–28.01‰～–27.47‰，平均值为–27.81‰，较上阶段迅速增大，整体呈现相对偏重的现象，并在 53 cm（3.3 cal. ka B.P.）处达到本阶段的最重值–27.47‰，随后又偏轻，指示 C3 植物覆盖率在本阶段发生了相对较显著的变化。$LOI_{550℃}$为 31.88%～54.18%，平均值为 42.47%，表现为缓慢的波动降低后又快速趋于增加，反映有机质积累缓慢减少后急剧增加；$LOI_{950℃}$处于 1.59%～3.27%，平均值为 2.64%，是 11 cal. ka B.P.以来相对较高值阶段，反映此期间碳酸盐沉积相对较多。

阶段Ⅳ（37～0 cm，2.2～0 cal. ka B.P.）：灰度值为 70.14～119.83，平均值为 96.04，沉积物的颜

色在深浅之间变化频繁，反映当时沉积环境的动荡变化。腐殖化度为 13.7%～26.2%，平均值为 20.85%，该值总体趋于减小，反映有机质分解程度逐渐减弱。有机碳同位素 $\delta^{13}C$ 为–28.27‰～–27.58‰，平均值为–27.86‰，总体偏重，指示植被覆盖率较低。$LOI_{550℃}$为 51.94%～83.03%，平均值为 64.29%，表现为快速的波动上升，其中 7 cm（369 cal. a B.P.）处达到本阶段最高值，呈现出有机质快速增加的趋势；$LOI_{950℃}$处于 0.99%～3.40%，平均值为 1.59%，整体以低值波动变化，后期突然升高，5 cm（247 cal. a B.P.）处为此期间最高值，总体反映碳酸盐沉积相对较少，但后期再次趋于缓慢增加。

8.1.4 多指标反映的环境演变过程

罗霄山脉是东亚夏季风路径连接水汽源地（南海）与内陆地区的关键区域，是东亚夏季风在大陆前缘最重要的降雨区，本研究根据 JXA 钻孔多个古环境代用指标的分析结果及其与华南地区石笋氧同位素记录和太阳辐射强度的对比，探讨了东亚夏季风早全新世以来的活动规律。此外，还通过与南岭山地大湖钻孔记录进行对比，揭示了研究区域的古环境与古气候演变过程（图 8-4）。

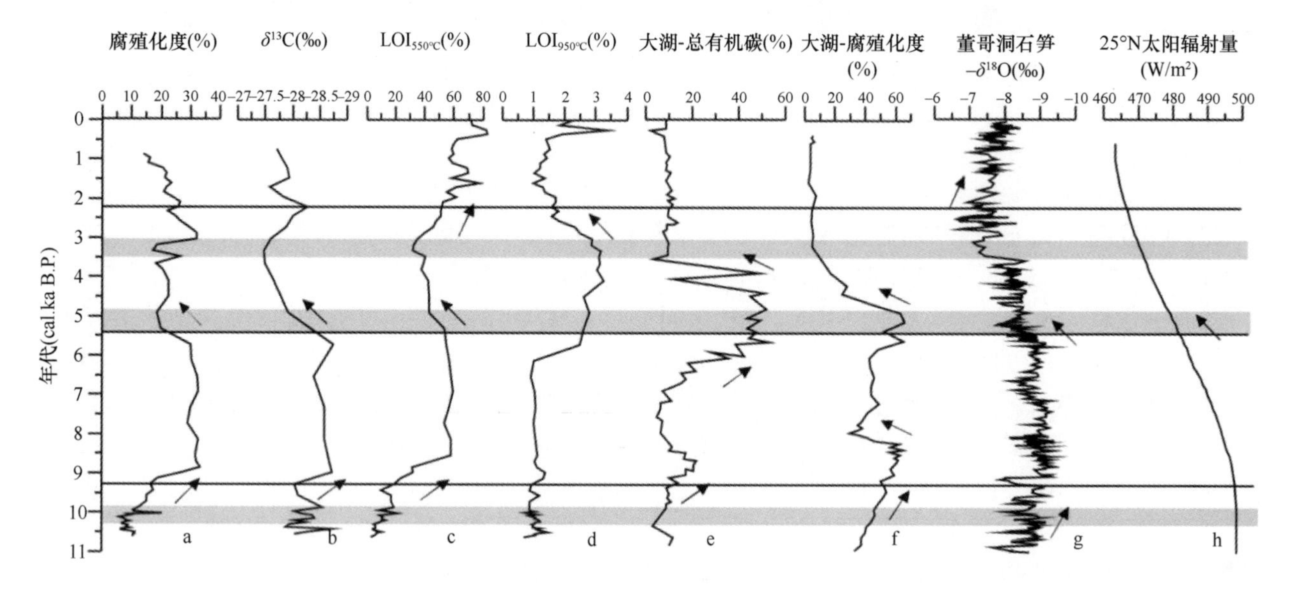

图 8-4 罗霄山脉江西坳泥炭环境替代指标与其他高分辨率记录对比

a. 江西坳腐殖化度；b. 江西坳有机碳同位素；c. 江西坳 550℃烧失量；d. 江西坳 950℃烧失量；e. 大湖钻孔总有机碳（萧家仪等，2007）；f. 大湖钻孔腐殖化度（薛积彬等，2007）；g. 贵州董哥洞石笋氧同位素（Dykoski et al., 2005）；h. 25° N 太阳辐射量（Liew et al., 2006）

11～9.2 cal. ka B.P.：此阶段本研究区有机质的积累与分解以及碳酸盐的沉积都相对较低，且表现为波动变化，揭示出此时气候较不稳定，整体相对凉干。腐殖化度在此阶段的值较低，这与该时期植物的初级生产力较低、干凉气候条件下微生物分解能力较弱有关，但其总体呈现上升趋势。同时 $\delta^{13}C$ 的平均值在–28‰左右，指示沼泽周边植被以乔木类 C3 植物为主，同时在本阶段中 C3 植物覆盖率呈现出较明显的波动变化，揭示当时气候在整体回暖的过程中仍然存在较大的波动，但外界环境逐渐向有利于 C3 植物生长的条件发展。在此阶段，JXA 钻孔的腐殖化度与 $LOI_{550℃}$逐渐升高，其变化趋势与南岭大湖泥炭的记录（沈吉等，2004）一致（图 8-4），揭示出研究区随着末次冰期以后气温的回升、东亚夏季风强度的增加，周边植物逐渐恢复，钻孔岩心的有机碳输入量逐渐增加，同时腐殖化度也随之增高。因此，本阶段应为江西坳山地沼泽的缓慢积累与初步发育阶段，对应全球末次冰期逐步增温和夏季风快速增强的爬升过程。

9.2～5.3 cal. ka B.P.：此阶段本研究区域有机质的积累与分解及 C3 植物覆盖率都处于全新世以来的最高值，表明适宜的气候条件促使 C3 植物大量繁殖，初级生产力明显增加，继而导致有机物输入量剧增，即此时该研究区域泥炭开始大量积累，反映出该阶段相对稳定且温暖湿润的气候环境。而

$LOI_{950℃}$在本阶段前期仍保持较低值，随后迅速升高，反映沉积物中碳酸盐的含量开始沉积较少后期逐渐增加，指示暖湿的气候条件下，随着降水逐渐增多，水流带入了相对较多的碳酸盐沉积。大湖钻孔8.2 cal. ka B.P.时期，泥炭腐殖化度、总有机碳（TOC）含量均处于明显的低谷时期，反映出全球性的冷事件（薛积彬等，2007）。然而，虽然 JXA 钻孔的腐殖化度和 $LOI_{550℃}$在 9.2～5.3 cal. ka B.P.是最高值，但在 8.2 cal. ka B.P.变冷事件上的响应并不十分突出，其原因可能是 JXA 钻孔处于山顶沼泽，周边环境对于快速短暂的气候变化事件并不敏感。腐殖化度在此阶段也呈现相对较高值，表明该时期是全新世以来温度和湿度达到最佳配置的阶段，同时也是山地沼泽快速形成期。该时期 25°N 太阳辐射处于全新世以来相对较强阶段（Liew et al.，2006），董哥洞石笋也显示为夏季风最强时期，降水量增多（Dykoski et al.，2005），这与江西坳全新世气候最适宜期是一致的。

5.3～2.2 cal. ka B.P.：此阶段有机质积累与分解程度都趋于降低，$\delta^{13}C$ 在此阶段迅速趋向偏重，指示周边植被发生较大的转变，且 C3 植物总体覆盖量较少。$LOI_{950℃}$在此阶段相对前期值较高，反映该时期沉积物中碳酸盐的含量升高，表明此时降水减少，湖水处于封闭状态，碳酸盐积累增多。25°N 太阳辐射量曲线在本阶段持续减弱（Liew et al.，2006），贵州董哥洞石笋氧同位素曲线也指示季风减弱，降雨持续减少（Wang et al.，2008）。江西大湖的腐殖化度与 TOC 值在 4.5～3.5 cal. ka B.P.明显下降，揭示了明显的季风降水减少（薛积彬等，2007）（图 8-3），其与四川红原泥炭腐殖化度所指示的印度季风强度也显著减弱较一致（王华等，2003）。然而，JXA 钻孔腐殖化度、$\delta^{13}C$ 和 $LOI_{550℃}$指示降水量在 3.5～3 cal. ka B.P.时期也减少，因此处于山顶的 JXA 钻孔与低海拔的大湖钻孔在气候响应的时间上存在差异性。根据上述指标的分析结果，推测在本阶段气候发生较大变化，总体表现为凉干的气候特征。同时，亚热带地区的山地沼泽在晚全新世阶段均出现气候转型的迹象，湿度（降水量）快速降低，标志着中晚全新世气候最适宜期的结束（马春梅等，2008）。此外，本研究结果也反映江西坳山地沼泽因降雨减少而沼泽发育呈现不稳定性变化。

2.2～0 cal. ka B.P.：此阶段 TOC 含量再次上升，与董哥洞石笋氧同位素记录的季风降水趋势（Wang et al.，2008）一致，揭示出相对暖湿的气候，即随着降水量增加，有机物输入量增多，同时水流带入的沉积物中碳酸盐的含量也随之增加。然而，此阶段有机质分解程度及 C3 植物的比例相对上阶段降低，可能与人类活动对植被类型以及对环境的干扰有关（Huang et al.，2014）。

8.1.5　区域对比及驱动机制

通过多指标的研究结果发现，江西坳泥炭开始积累的时间约为 9.2 cal. ka B.P.，同一时期在较低海拔的江西大湖泥炭也呈现出 TOC 含量处于小峰值（萧家仪等，2007），即山地泥炭也在同一时期开始有所积累，并形成沼泽环境（图 8-4），而 TOC 含量和腐殖化度的高值区滞后于董哥洞石笋的初始上升期，与 Marcott 等（2013）重建的温度指标较为相近。虽然中国南方山地泥炭沼泽的发育存在时间上的不同，但是部分亚热带沼泽的发育初期年代基本上是同期的，即末次冰期以后随着东亚季风逐渐增强，降水量增加，泥炭在一些地方开始积累，直到早中全新世，降雨与温度达到最佳配比，大多数山地沼泽迅速形成。

在本研究中，泥炭的快速积累时期为 9.2～5.3 cal. ka B.P.，可能与全新世气候最适宜期降雨有关。这比福建山地孢粉结果的 8～4 cal. ka B.P.大暖期时间点（Yue et al.，2012）略有提前。最近 Zhao 等（2014b）对中国泥炭数据集成的研究也表明，整个亚热带泥炭集中堆积的初始时间为 8 cal. ka B.P.。但整个全新世的山地湖沼发育及沉积相变化复杂，各地仍存在不一致性。例如，江西坳沼泽面积在 5～3 cal. ka B.P.有收缩的迹象，总炭堆积减少；而低海拔的大湖沉积中显示 6～4 cal. ka B.P.为高含量 TOC 的泥炭堆积（萧家仪等，2007），因此，中晚全新世阶段降水量减少在 2 个钻孔中存在时间上的差异。本研究结果与董哥洞石笋的季风指标对比发现（Wang et al.，2008），碳同位素早在 11 cal. ka B.P.就已经在–28.5‰附近波动变化，与石笋的氧同位素变化基本吻合。江西坳全新世以来表现为早全新世气候凉干，约 9.2 cal. ka B.P.快速变暖，并达到全新世气候最适宜期，约 5.3 cal. ka B.P.夏季风开始减弱，气候向凉干发展，到晚全新世 2.2 cal. ka B.P.以来气候回暖，最近 2000 多年的生态环境还可能受到人类活动叠加的影响。

有研究指出，在东亚季风区，从约 9 cal. ka B.P.降水量开始增加（Zhao and Yu，2012；Zhao et al.，2014a），大九湖研究结果表明，暖温带常绿及阔叶树种在早全新世 9 cal. ka B.P.已达到峰值（Li et al.，2013）。前人在季风区收集了 31 个孢粉资料的综合结果也同样得出早中全新世为季风区气候最湿润时期，并指出 6～5 cal. ka B.P.木本植物开始减少，其原因是夏季太阳辐射最大值的改变引起季风强度转移，从而导致植被覆盖率发生改变（Zhao et al.，2009）。目前对早中全新世气候最适宜期形成的原因机制有多种认识，主要是热带低纬度地区的降水由热带辐合带（ITCZ）的迁移及与之相关的雨带移动造成，并受控于岁差周期的太阳辐射。本研究认为，热带—亚热带低纬度地区温度上升与降水量的明显增加可能是同步变化的，水热同期的主要原因是太阳辐射变化和季风增强。此外，本研究还发现泥炭堆积初始时间略早于整个季风区域泥炭堆积的平均时间，其原因可能是罗霄山脉位于季风前缘区，季风增强的信号要早于大陆内部地区。

本研究虽然分辨率不算高，但仍然记录了一些气候突变的冷事件，如 10.02 cal. ka B.P.事件、5.3 cal. ka B.P.事件、3.5 cal. ka B.P.事件等，这些变化与董哥洞石笋氧同位素记录的 10.8 cal. ka B.P.事件、5.2 cal. ka B.P.事件、3.5 cal. ka B.P.事件有较好的对应（Wang et al.，2008）。对比其他区域也发现有类似气候事件，如湖北神农架石笋记录的 10.2 cal. ka B.P.事件（邵晓华等，2006）、冰芯记录的 10.8 cal. ka B.P.事件（Wang et al.，2008）、南岭西部记录的 11 cal. ka B.P.事件（Zhong et al.，2015）。而对于以往研究发现的 8.2 cal. ka B.P.、2.8 cal. ka B.P.冷事件，在本区域中并未有明显体现。在全新世的中晚期，国内许多研究结果证明了在 5.3 cal. ka B.P.左右存在快速降温事件，如江西大湖的孢粉分析结果表明在 5.4 cal. ka B.P.出现了气候不稳定的凉干变化（萧家仪等，2007），敦德冰芯显示 5.3 cal. ka B.P.出现了冷锋（施雅风等，1992）。此外，南岭西部还记录了 3.5 cal. ka B.P.冷干事件（Zhong et al.，2015）。在驱动机制方面，研究表明，5.2 cal. ka B.P.气温突然下降，可能与冰盖扩张有关，且全新世 5.5 cal. ka B.P.的变化可能还与冰筏碎屑（Ice-Rafted Detritus）相关（Heinz et al.，2008）。同时研究指出，5.4 cal. ka B.P.事件除与季风作用相关外，还可能是人类活动干扰所致（萧家仪等，2007）。总之，全新世的一些快速气候波动事件在千年尺度的时间上具有同步性，可能与赤道太平洋 ENSO（厄尔尼诺与南方涛动的合称）过程，以及北大西洋浮冰事件和人类活动等诸多因素遥相关（洪冰等，2006）。而本研究由于分辨率不高，这些突变事件还有待进一步深入的探讨。

综上所述，本研究区域泥炭堆积的初始时间略早于整个季风区域的平均时间，其原因，一方面可能是罗霄山脉位于季风前缘区，季风增强的信号要早于大陆内部地区，接受降水的时间较早及降水持续的时间较长；另一方面山地环境的初始条件不同等其他因素，可能最终导致纬度相近海拔不同的山地沼泽与湖泊沼泽的形成时间存在明显差异，即江西坳山地沼泽的快速形成期为 9.2～5.3 cal. ka B.P.，且此时应为罗霄山脉全新世的季风降水显著增强时期。江西坳全新世以来的气候环境演变反映了区域气候的变化特征，与其他低纬度地区全新世气候变化格局基本一致，且主要受控于北半球太阳辐射强度影响下的东亚季风的变化，近 2000 多年的记录可能还反映了人类活动过程。

8.1.6 山地沼泽气候环境变迁

罗霄山脉东南段的江西坳山地沼泽记录了 11 cal. ka B.P.以来的气候环境变化过程，全新世大致有 4 个环境变化阶段。11～9.2 cal. ka B.P.为气候凉干阶段，该时段有机碳含量及腐殖化度较低，山地沼泽尚未形成，可能与降雨相对较少有关；9.2～5.3 cal. ka B.P.为气候最适宜期，$\delta^{13}C$ 偏负（–28.63‰），沉积物有机碳含量与有机碳同位素的同步变化指示亚热带 C3 乔木植物可能为主要来源，反映森林覆盖率增加。由于该时段腐殖化度为整个钻孔最高，表明此时是山地沼泽快速形成和夏季风降雨最强的时期；5.3～2.2 cal. ka B.P.时期气候变为凉干，$\delta^{13}C$ 向偏正变化（–27.81‰），有机质含量和腐殖化度均明显降低，指示山地沼泽在气候变凉和降雨减少的过程中发育不稳定，也可能与物源变化有关；

2.2～0 cal. ka B.P.时期有机碳再次快速积累，指示了气候回暖过程，石笋记录也有类似的趋势，此阶段还可能与人类活动的扰动有一定关联。其间江西坳泥炭还记录了一些快速气候变化事件，鉴于本研究的分辨率不高，这些突变事件还有待今后进一步深入探讨。

本研究表明，罗霄山脉全新世以来记录的气候变化与已有东亚季风变化的研究结果总体相似，且与其他低纬度地区的全新世气候记录也基本保持一致。泥炭堆积始于 9.2 cal. ka B.P.，是亚热带季风前缘山脉接受季风降雨的信号，许多研究也证明了亚热带山地常绿阔叶植被在该时段替代了常绿落叶阔叶混交林（王淑云等，2007；Zhou et al.，2004；Zhao et al.，2014a），本研究进一步证明了早全新世气候转暖的阶段性过程。

8.2 罗霄山脉中部井冈山高山沼泽晚全新世植被演变与火灾历史的重建

东亚夏季风（EASM）的变化对我国东南地区植被有着显著的影响，该地区的地带性植被主要为热带雨林、亚热带常绿阔叶林和阔叶混交林。东亚夏季风带来充沛的降水对区域农业生产、维持自然生物多样性和生态平衡起到至关重要的作用（Zhang et al.，2011a），前人的研究结果表明晚全新世降水量的减少导致华南亚热带山地森林火灾频繁发生（Sun et al.，2000；Zong et al.，2007；吴立等，2008）。根据石笋 $\delta^{18}O$ 的研究结果获得了全新世亚洲季风演变的连续记录（Dykoski et al.，2005；Wang et al.，2005）。然而，由于缺乏高分辨率的亚热带孢粉记录，人们对研究区域过去森林植被如何响应 EASM 的变化仍然知之甚少（Yue et al.，2012；Li et al.，2013）。因此，本研究的目的是探讨晚全新世季风减弱之后植被生态系统的演化与季风系统的相互关系。

现代植物群落分布格局是环境（非生物和生物）与植物种类相互作用的结果，火灾、土地利用和人类活动对自然植被群落有着强烈的影响（Lubchenco et al.，1991；Hannah et al.，1995；Xu et al.，2013），因此了解清楚现代植物物种在群落或生态系统中的分布格局可为预测未来气候条件下植物如何响应气候变化提供重要参考（Austin，2002）。中国东南部洞穴石笋高分辨率的 $\delta^{18}O$ 数据记录了 EASM 活动强度和降水量的变化信息（Cosford et al.，2008），尤其是莲花洞、和尚洞和董哥洞石笋的 $\delta^{18}O$ 记录揭示了热带辐合带（ITCZ）的南移，北纬夏季日照减少，导致中、晚全新世夏季风活动减弱（Dykoski et al.，2005；Wang et al.，2005；Cosford et al.，2008；Hu et al.，2008）。目前，大量研究结果表明，早全新世气温和降水量均持续上升，并且在中全新世达到最高水平，晚全新世逐渐降低（An et al.，2000；Chen et al.，2001；Wang et al.，2005）。在植被演替上，亚热带区域孢粉记录揭示了全新世混交林逐渐被常绿阔叶林的扩张取代（Xiao et al.，2007），在约 8500 cal. ka B.P.时常绿季风阔叶林成为亚热带山区的优势植被（Yue et al.，2012）。然而，在华南亚热带/热带地区高分辨率的孢粉记录仍然较少，尤其是晚全新世阶段许多地区植被的演变通常被解释为仅与人为干扰有关（Xu et al.，2013）。

本研究基于华南亚热带中部井冈山湿地沉积的孢粉和炭屑分析，重建了华南亚热带地区晚全新世约 4000 年以来季风活动和植被的演变过程；根据植被演变与季风变化的关系，探讨了华南亚热带罗霄山脉人与自然的相互作用。

8.2.1 高山沼泽研究区域概况及实验方法

1. 研究区自然地理概况

本研究的岩心材料位于罗霄山脉中段井冈山松木坪（SMP）山坳湿地（图 8-5），该湿地沼泽为椭圆形，大小为 300 m×200 m，沼泽周边岩石类型以中生代花岗岩为主，研究区属于中亚热带的南部地区，年平均气温约为 14.2℃，年平均降水量约为 1800 mm（林英，1990）。

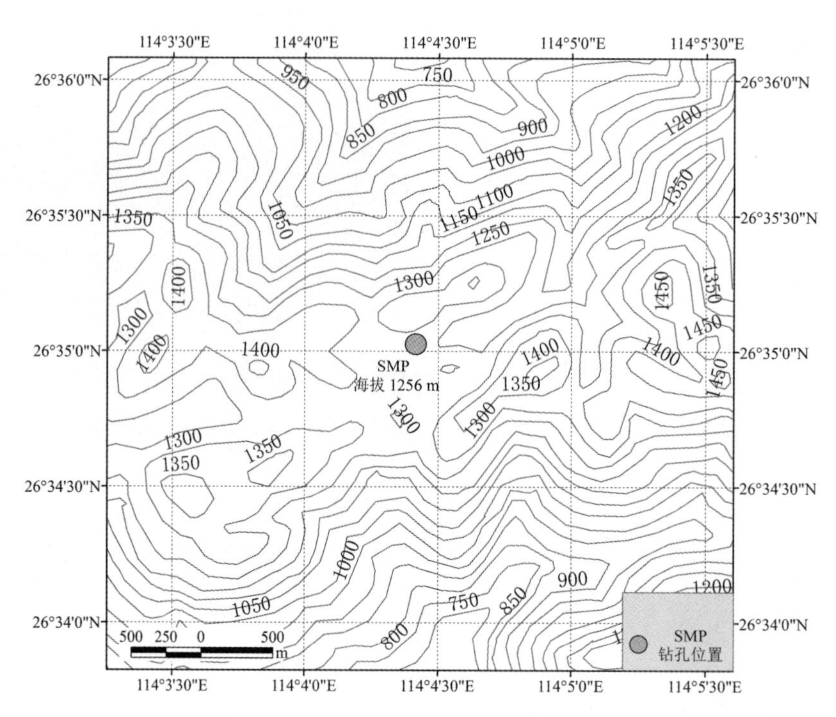

图 8-5 罗霄山脉井冈山松木坪（SMP）岩心钻孔地理位置图

罗霄山脉中段井冈山地区的植被以亚热带常绿阔叶林为主，垂直带植被特征：在低海拔地区（约 1000 m），主要是以苦槠、华南栲、罗浮栲、钩锥、红楠、楠和沙枣为主的常绿阔叶林，马尾松分布较少；在中山地区（海拔 1000～1400 m），植被类型以常绿落叶阔叶混交林为主，主要建群种为甜槠、木荷和亮叶水青冈；在山顶地区（海拔>1400 m），植被群落以灌木类型为主，主要优势种包括杜鹃、马醉木和吊钟花（中国植被编辑委员会，1980）。钻孔所在位置周围的植被为次生亚热带常绿阔叶林，优势种为江南桤木、尖连蕊茶、石木姜子、厚叶红淡比、绒毛石楠、湖北海棠、鹿角杜鹃、交让木、小叶冬青、阔叶箬竹、毛竹、阔叶山麦冬和白花前胡。此外，人类活动对周边植被的影响也较为强烈，以人工种植的毛竹和马尾松林为主。

2. *材料和分析方法*

本研究的岩心材料是使用钻机进行取样的，地理坐标为 26°34′51.63″N，114°04′37.55″E，海拔 1269 m，岩心总长度为 165 cm。松木坪（SMP）岩心岩性描述如下。第一层（0～31 cm）：黑褐色泥炭层，富含植物根和植物碎片。第二层（31～72 cm）：灰绿色黏土层，含少量粉砂。第三层（72～81 cm）：灰黄色细砂。第四层（81～117 cm）：暗灰色黏土。第五层（117～143 cm）：棕色粉砂质黏土，含植物残体。第六层（143～155 cm）：灰棕色黏土。第七层（155～165 cm）：含砾石粗砂（图 8-6）。

本研究钻孔的年代框架基于 4 个沉积物样品的放射性 ^{14}C 加速器质谱（AMS ^{14}C）测试分析所得年龄结果建立（表 8-2），测年数据由美国迈阿密 Beta 实验室提供。测试的 ^{14}C 年龄使用 IntCal09 数据集进行校准（Reimer et al.，2009）。岩心年龄-深度模型使用 Clam 1.0.2 软件建立（Blaauw，2010）（图 8-7）。

本研究中泥炭的腐殖化度采用可见分光光度计进行分析，采集密度是间隔 3 cm，总共获得 48 个样品；对样品进行捣碎并在烤箱中干燥 24 h 之后，经过 240 μm 筛网过滤，每个样品取 0.1 g 置于 100 mL 8% NaOH 中煮沸 1 h，稀释成 100 mL 液体，然后取出 5 mL 液体，并在容量瓶中稀释到 50 mL，最后用可见分光光度计对每个样品进行三次吸光度测量，取其平均值。

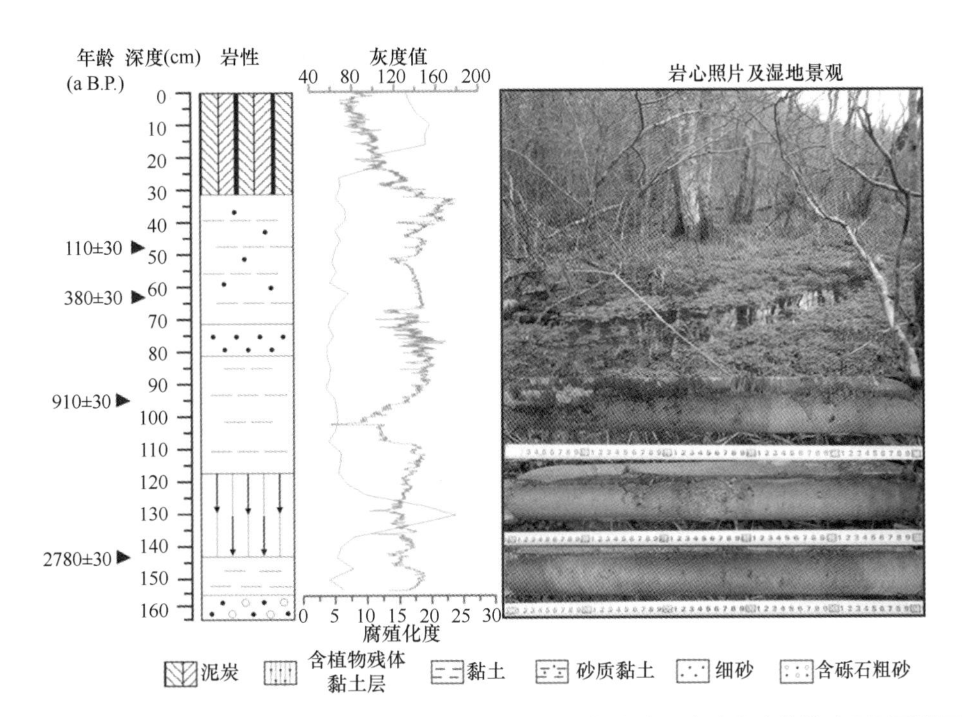

图 8-6　罗霄山脉井冈山松木坪（SMP）岩心照片、岩性、灰度值及腐殖化度曲线（彩图见附图 1）

表 8-2　罗霄山脉井冈山松木坪（SMP）钻孔样品 ^{14}C 测年结果

编号	深度/cm	测年材料	测试年龄（a B.P.）	$^{13}C/^{12}C$（‰）	校正年龄（a B.P.）	中值年龄（cal. a B.P.）
SMP01	48	植物残体	110±30	–26.6‰	13～148	80
SMP04	63	黏土	380±30	–25.6‰	440～450	445
SMP02	95	黏土	910±30	–28.1‰	761～915	840
SMP03	142	黏土	2780±30	–27.4‰	2837～2952	2895

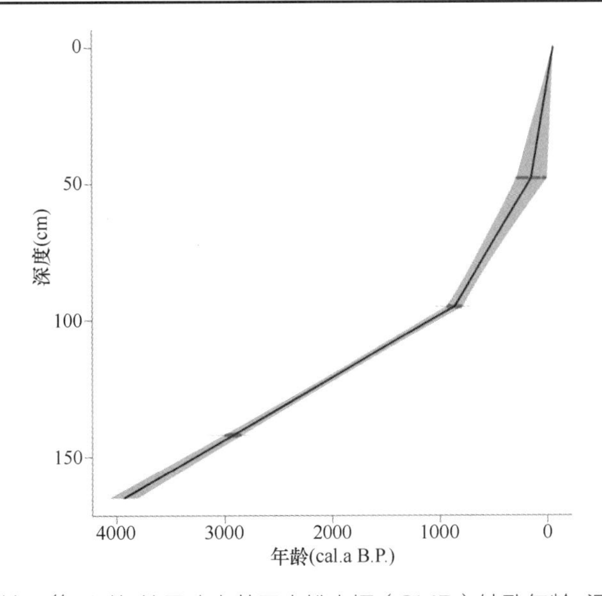

图 8-7　基于 ^{14}C 测年结果建立井冈山松木坪（SMP）钻孔年龄-深度框架图

此外，本研究使用 Image J 软件对岩心灰度值进行分析（http://rsb.info.nih.gov/ij/），灰度值的变化即可反映沉积物颜色的变化，一般来说，灰度值越高，沉积物中有机质含量越少，灰度值越低，沉积物中有机质含量越丰富（图 8-6）。

对 SMP 岩心以 2 cm 为间隔共采集 80 个样品用于孢粉分析。孢粉提取过程如下：①往样品中加入 10%盐酸去除碳酸盐；②加热 10% KOH 去除有机物；③加入重液（$ZnCl_2$，2 cm 间隔密度）提取孢粉；④用 10 μm 筛网过滤微小杂物（Nakagawa et al.，1998）。

孢粉提取完之后制成孢粉玻片，然后在显微镜下使用 1000 倍进行鉴定，孢粉鉴定参考《中国植物花粉形态》第 2 版（王伏雄，1995）和《中国热带亚热带被子植物花粉形态》（中国科学院植物研究所古植物室孢粉组和中国科学院华南植物研究所形态研究室，1982），每个玻片孢粉鉴定的平均统计数超过 300 粒以上（个别样品至少 200 粒），孢粉种类按照乔木、灌木、草本和蕨类孢子进行划分，将各个孢粉类型的总和作为基数计算各个孢粉种类的百分比，通过 Tilia 软件绘制孢粉谱，在 CONISS 进行聚类的基础上划分孢粉带（Grimm，1987）（图 8-8）。

本研究当中炭屑计数是与孢粉鉴定同时进行的，通常由于<50 μm 的炭屑颗粒可能是沉积环境的背景值，并不代表研究区火灾的发生，因此本研究选择>50 μm 的炭屑分析结果作为区域/局部火灾的证据（Whitlock and Larsen，2001；Sadori and Giardini，2007）。炭屑浓度值（粒/cm^2）用于评估历史时期森林火灾的动态。

8.2.2 孢粉和炭屑特征

本研究对 80 个孢粉样品进行鉴定分析，总共鉴定出 78 种孢粉，主要的类型包括针叶类群（柏科和松科）、阔叶乔木和灌木（桤木属、锥属、柯属、常绿栎属、落叶栎属、青冈属、槭属、杜鹃花科、桦木属、枫香树属、蔷薇科、金缕梅科、水青冈属、冬青属、柃属、山茶科、朴属和榆属）。主要的草本类型包括莎草科、禾本科、天南星科、伞形科、菊科和蓼属。孢子主要由芒萁属、水龙骨科、铁线蕨等产生，还包括三缝孢子和单缝孢子。根据聚类分析结果，孢粉组合由下至上可分为 8 个带（图 8-8）。

孢粉带 1：165～150 cm（4000～3200 cal. ka B.P.），孢粉种类主要是落叶阔叶林和针叶林，如水青冈属、枫香树属、桦木属、鹅耳枥属、槭属、桤木属、柏科和松属，各个种类的孢粉含量为 5%～13%。山顶灌丛的优势种主要为杜鹃花科和落叶栎属，其孢粉含量约占 10%。桤木孢粉含量在整个剖面中最低。灌丛植被主要由杜鹃花科、蔷薇科和冬青属组成。草本和孢子类分别以禾本科和三缝孢子占优势。

孢粉带 2：150～139 cm（3200～2800 cal. ka B.P.）。在此期间，落叶阔叶类孢粉突然减少，取而代之的是常绿阔叶林，如常绿栎属（10%～15%）、枫香树属（8%～10%）和冬青属（5%～10%）；此外，蕨类三缝孢子的含量也较丰富。

孢粉带 3：139～125 cm（2800～2200 cal. ka B.P.）。该孢粉带的特征是常绿阔叶林和落叶阔叶林比例均较低（<8%）。桤木属在本孢粉带中占主要地位，从孢粉带 3 当中的<10%增加到 35%，桤木属植物作为次生林的代表成分，其孢粉含量较高揭示了当时发育了次生林。

孢粉带 4：125～107 cm（2200～1300 cal. ka B.P.）。该孢粉带沉积物为浅灰色沉积层，其中桤木属孢粉从 35%急剧下降至<10%，但落叶常绿混交林成分如常绿栎属（约 8%）、水青冈属（约 10%）和杜鹃花科（15%～25%）孢粉含量较高。

孢粉带 5：107～75 cm（1300～550 cal. ka B.P.）。常绿阔叶林的孢粉含量相对较高，其中最具代表性的是栲属、枫香树属和常绿栎属，以上三个种类的孢粉占孢粉总量的 40%以上。此外，桤木属孢粉含量较上一个孢粉带有所增加（20%～35%）。相比之下，在该孢粉带中落叶阔叶林成分突然减少。

孢粉带 6：75～52 cm（550～200 cal. ka B.P.）。在此孢粉带中，亚热带阔叶林类孢粉含量明显减少；此外，桤木属孢粉含量也减少至约 10%，但湿地草本类的莎草科植物孢粉含量增加至约 15%。

孢粉带 7：52～38 cm（200～90 cal. ka B.P.）。在此孢粉带中，莎草科植物孢粉含量继续增加，但是阔叶林的孢粉含量明显下降，该孢粉带最显著的特征是芒萁属孢子含量达到最高水平。

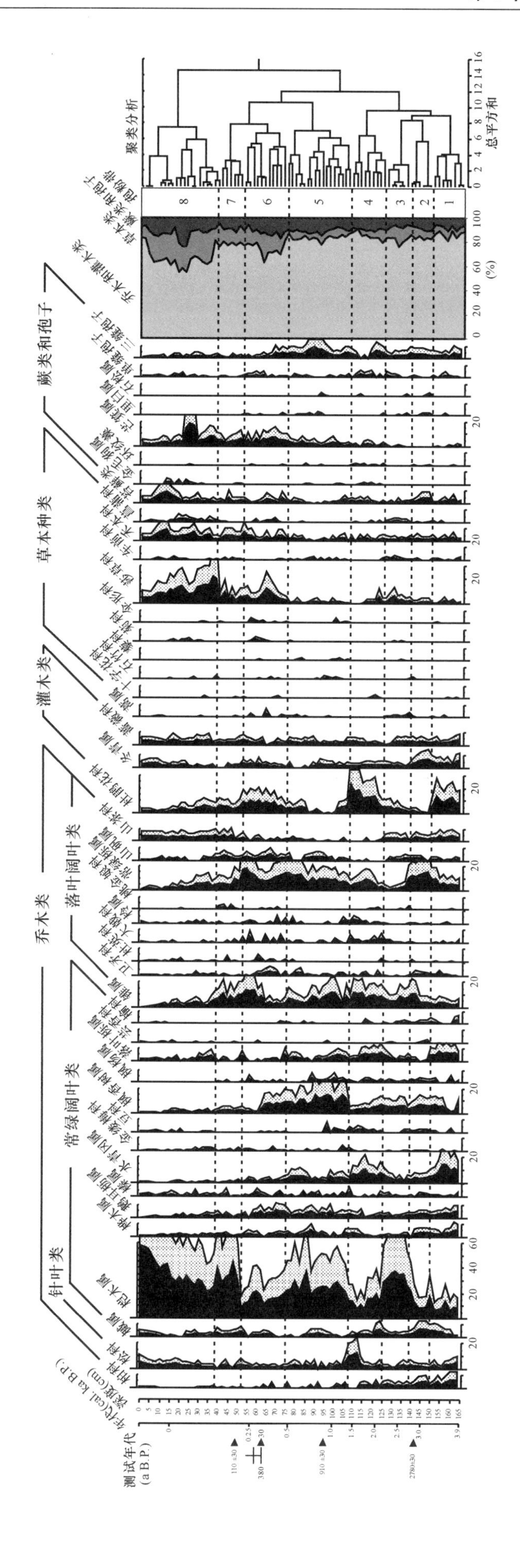

图 8-8　罗霄山脉松木坪（SMP）钻孔主要孢粉种类百分比含量图谱（阴影为放大 2 倍）

孢粉带 8：38～0 cm（约 90 cal. ka B.P.至今）。该孢粉带处于整个剖面的顶部，桤木属和莎草科植物孢粉含量较高，尤其是桤木属孢粉含量约为 50%，最高可达 70%。然而，其他乔木孢粉的含量急剧下降，特别是亚热带常绿林，如栲属、常绿栎属、石楠属和山矾科。温带落叶林如水青冈和桦木属几乎完全消失。同时，大量的禾本科和芒萁属是该带的显著特征。

总炭屑浓度为 1.5×10^3～21.36×10^3 粒/cm^2，在 SMP 剖面中至少有 6 次峰值（图 8-9）。首次峰值在约 3100 cal. ka B.P.，浓度约为 10.04×10^3 粒/cm^2。第二次峰值在 2600 cal. ka B.P.，浓度相似，约为 8.97×10^3 粒/cm^2。在 1300～700 cal. ka B.P.，多个峰值在 3.2×10^3～9.19×10^3 粒/cm^2 波动变化。最后一次峰值在 160～60 cal. ka B.P.，炭屑浓度最高（21.36×10^3 粒/cm^2，是之前峰值的 2～3 倍）。

8.2.3 孢粉种类的生态学意义

桤木属孢粉的环境指示意义在前人的研究中存在不同的观点，有学者认为桤木属植物指示寒冷和潮湿的环境（Xiao et al.，2007），也有学者认为它是代表湿地灌木林的特征成分之一（Zong et al.，2007）。据记载，桤木属植物 4 个种在亚热带溪谷或亚高山地带形成矮林或灌丛，根据前人的研究在西南地区和亚热带山区，桤木属植物构成的群落属于毁林和火灾引起的次生林（姜汉侨，1980；李大伟等，2008；彭海明，2010），尤其在云南省桤木群落是一个不稳定的演替类型（彭海明，2010）。此外，亚热带常绿阔叶林带存在小面积的桤木属落叶阔叶类群，其主要是原生植被遭受破坏之后的次生林（中国植被编辑委员会，1980）。因此，地层中桤木属孢粉并不指示寒冷气候，而是反映次生生态系统。

本研究对孢粉数据进行主成分分析（PCA），结果显示孢粉分为三个不同的植被生态演变群组（图 8-10）。第一组（G1）主要由栲属、常绿栎属、金缕梅科、山矾属、枫香树属、卫矛科和枫杨属等常绿类组成，因此 G1 指示亚热带阔叶林。第二组（G2）主要由水青冈属、槭属、桦属、落叶栎、榆属、松属、柏科和杜鹃花科组成，杜鹃花科的主成分接近落叶林组，可能跟它分布靠近山顶有关，因此 G2 代表了落叶林和针叶混交林。第三组（G3）只有一个桤木属的乔木种类，此外，还有莎草科、香蒲属、禾本科、芒萁属和苔藓植物，这些种类是构成湿地植被群落的主要成分。

8.2.4 晚全新世植被对气候变化的响应

前人的研究结果表明，全新世大暖期主要发生在早-中全新世（9～4 cal. ka B.P.），从华南亚热带至中国北方季风活动边缘地区均有一致的记录（安芷生等，1993；Yang and Scuderi，2010）。有学者认为，华南山地植被在 6 cal. ka B.P.消退可能是干燥的气候条件所导致的（Xiao et al.，2007），而较多钻孔记录显示大约 4.2 cal. ka B.P.存在气候突然降温事件（夏正楷等，2000；靳桂云和刘东生，2001；吴文祥和刘东生，2004），华南地区记录显示在晚全新世阶段气候变得冷干，可能与夏季风在晚全新世阶段减弱有关。三宝洞和董哥洞石笋的 $\delta^{18}O$ 记录证实，东亚夏季风在 4～3 cal. ka B.P.显著减弱（Dykoski et al.，2005；Wang et al.，2005；Shao et al.，2006）。阿拉伯海沉积记录揭示了 4.2 cal. ka B.P.时期发生了干旱事件，该事件持续了 300～600 年（Cullen et al.，2000），并且干旱程度存在区域性的变化（Bond et al.，1997；郭正堂等，1999；De Menocal et al.，2000；Perry and Hsu，2000）。因此，在 4 cal. ka B.P.以来，干旱事件在中国地区存在广泛记录（Tang et al.，1993；Fang and Sun，1998；郭正堂等，1999）。

井冈山 SMP 的多指标分析结果表明，井冈山地区在 4 cal. ka B.P.以来沉积物特征和孢粉组合都有明显的变化。岩心底部（约 165 cm）开始于约 4 cal. ka B.P.，最早的沉积物为含砂砾的冲积层（165～155 cm），其次为 3.5～2.9 cal. ka B.P.的泥质湖相沉积（155～142 cm）。泥炭腐殖化的两个主要峰值（带 3 和带 8）意味着泥炭地形成的两个时期可能与气候和/或火灾事件有关。井冈山的孢粉记录表明，当地植被在落叶阔叶林、常绿阔叶林和次生桤木林之间发生变化。落叶林和常绿林之间的变化可能是由气温波动引起的。落叶阔叶林在 3.8～3.2 cal. ka B.P.和 2.2～1.3 cal. ka B.P.所占比例高，表明气候较冷

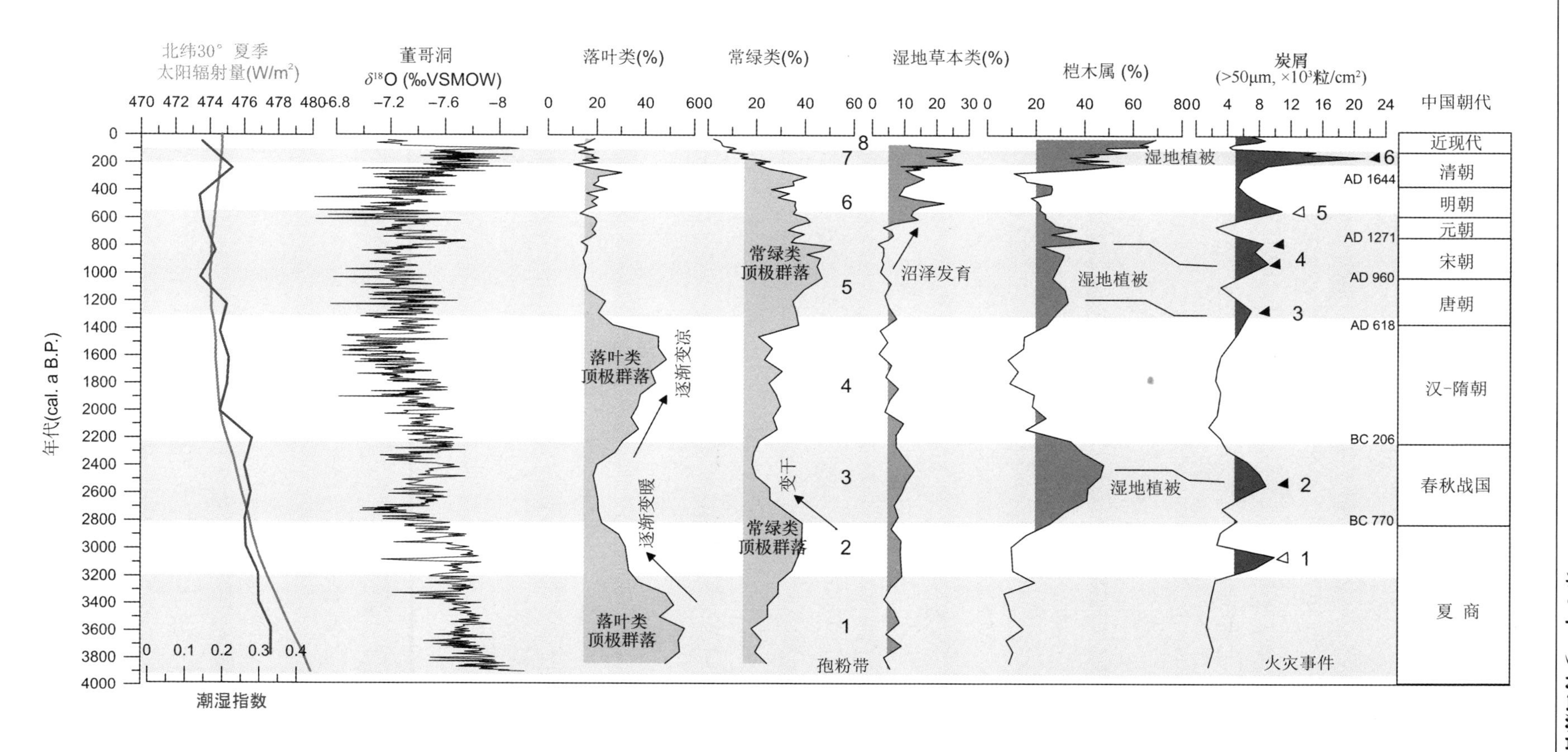

图 8-9　罗霄山脉松木坪（SMP）等不同孢粉类群（落叶类、常绿类、湿地草本和桤木属）、炭屑浓度与气候因子关系对比图

（彩图见附图 1）

北纬 30° 夏季太阳辐射量引自 Berger 和 Loutre（1991）；基于氧同位素重建的潮湿指数引自 Zhang 等（2011a）；董哥洞氧同位素曲线引自 Dykoski 等（2005）和 Wang 等（2005）

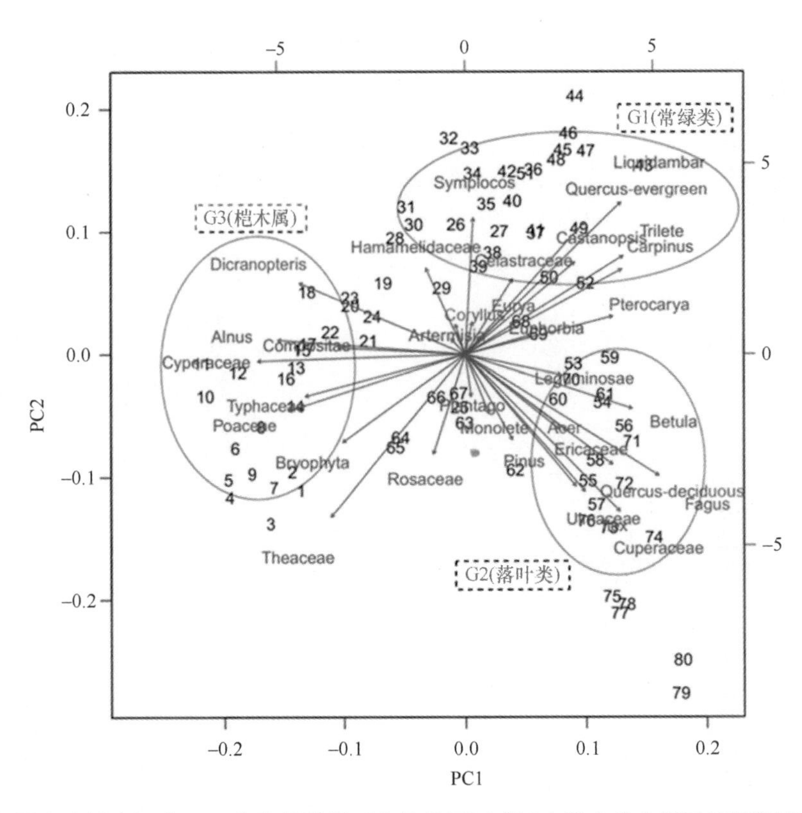

图 8-10　基于罗霄山脉松木坪（SMP）孢粉种类对应性分析图（图中数字代表样品编号顺序，彩图见附图 1）

左纵坐标和下横坐标为样品的载荷值（刻度线黑色，对应的样品编号黑色）；右纵坐标和上横坐标为孢粉种类的载荷值（刻度线为红色，对应花粉种类拉丁名红色）

（图 8-9）。而常绿阔叶林最繁盛时期为 3.2～2.8 cal. ka B.P.和 1.3～0.8 cal. ka B.P.，该时期气候相对暖湿。上述植被与气候的变化过程表明了亚热带山地阔叶林对气候变化相对较为敏感。例如，以落叶种类为优势的植被在冷期 2.2～1.3 cal. ka B.P.表现出树木年轮较窄（低分辨率的平均值），这表明在 1.4 cal. ka B.P.之前气温相对较低（Moberg et al.，2005）。此外，历史资料也表明在大约公元 310 年（1.64 cal. ka B.P.）有一次寒冷气候事件（Shi et al.，1999）。

目前，井冈山地区的水青冈落叶混交林分布的海拔为 1200～1500 m，而 SMP 钻孔孢粉分析结果显示，水青冈属及其他落叶类成分在大约 1.3 cal. ka B.P.所占比例很高（图 8-9），这表明当时气候条件比当前的气温要低一些，适合落叶类植物生长。在华南亚热带南部也发现了类似的孢粉组合，如对福建省水竹洋（SZY）钻孔的孢粉分析结果发现，水青冈属植物在末次冰盛期（LGM）扩张，反映出当时气候较为寒冷（Yue et al.，2012）。井冈山地区常绿阔叶林的第二次繁盛期出现在 1.0 cal. ka B.P.左右，山地沼泽在 0.5～0.4 cal. ka B.P.开始发育形成一定的规模（图 8-9，图 8-11）。本钻孔的孢粉数据揭示当时气候变化与依据树木年轮重建的北半球气候一致，在 1000～900 cal. ka B.P.温度较高，随后约 0.4 cal. ka B.P.气温降低（Moberg et al.，2005）。根据孢粉分析重建当时古植被演替过程可以发现，常绿阔叶林与桤木属次生林呈周期性变化，桤木属植物代表次生的过渡性植被群落，可能是在降雨减少的干旱条件下引起毁灭性森林火灾后的次生群落。因此，桤木属植物群落的演替意味着当地森林的强烈退化，指示当时可能发生天然火灾或人类活动引起的火灾。本研究当中的炭屑分析结果显示，炭屑浓度首次峰值出现在 3.1 cal. ka B.P.，表明钻孔所在区域发生了第一次火灾事件，但是火灾并没有导致当地混交林的完全破坏，但它至少表明了由季风降雨减少而引发了火灾的发生。在 2.8～2.2 cal. ka B.P.（钻孔 140～124 cm），桤木属植物孢粉和炭屑浓度均较高，可能由于气候干燥引起的森林火灾，有利于次生群落的快速发展。此外，在腐殖化度曲线出现了一个显著峰值（图 8-6），对应桤木增加。华南地区 $\delta^{13}C$ 记录的综合研究表明，晚全新世时东亚夏季风 EASM 减弱导致了空气湿度和降水量的减少（Zhang et al.，2011a），晚全新世干旱的气候也导致了中国北方森林大火的发生（李永化等，2003；Huang et al.，2006）。

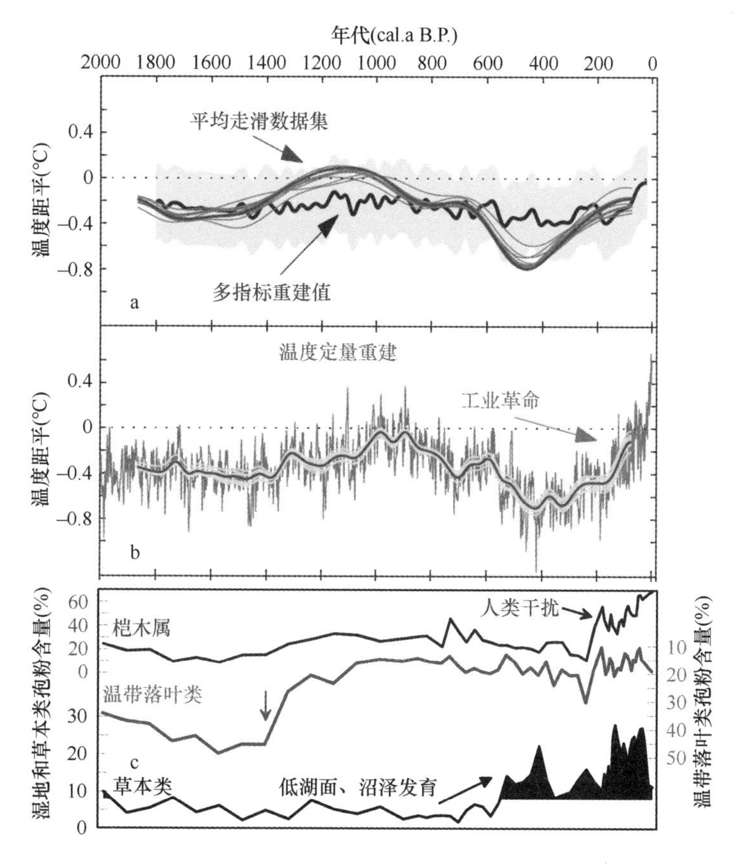

图 8-11　过去 2000 年以来温度变化曲线与罗霄山脉松木坪（SMP）主要孢粉类群对比图（彩图见附图 1）

井冈山 SMP 的炭屑分析结果表明，研究区域至少存在 6 次炭屑峰值，表明当时可能存在 6 次火灾事件（图 8-9），通常在森林火灾事件之后形成次生森林群落（特别是桤木）。并且，次生林形成与每次火灾事件的滞后时间为 50～150 年。晚全新世阶段的气候干旱现象很可能与 ITCZ 向南迁移时 EASM 减弱有关（Dykoski et al.，2005；Fleitmann et al.，2007；Yancheva et al.，2007；Wang et al.，2008）。董哥洞与三宝洞石笋 δ^{18}O 结果表明，东亚夏季风不仅在晚全新世有明显的减弱趋势（Dykoski et al.，2005；Wang et al.，2005；Hu et al.，2008），而且在短期变化中存在多次气候震荡，其中很多变化与本研究炭屑事件相一致。对海南岛双池玛珥湖的研究结果表明，在大约 2.7 cal. ka B.P.发生了显著的气候变化（Zheng et al.，2003），温度下降与本研究桤木属次生林的发育几乎一致。另外，福建水竹洋（SZY）钻孔孢粉研究结果揭示，常绿阔叶林在 2.6 cal. ka B.P.突然减少，这表明随着东亚夏季风减弱，气候变得冷干，当然这也是北半球夏季日照减少的结果（Yue et al.，2012）。中国东部多个泥炭剖面也表明在 3.2～0.63 cal. ka B.P.出现了较干冷的气候（尹茜等，2006）。人类活动也是引发森林火灾及随后次生森林群落形成的重要因素。芒萁属通常被认为是次生植物群落的先锋植物，本钻孔的孢粉分析结果揭示高含量的芒萁属（蕨类植物）孢子是在植被受人类活动或森林火灾严重干扰后的 0.2 cal. ka B.P.出现的。综上所述，本研究发现，在过去 200 年炭屑浓度达到最高值，而且常绿阔叶林突然消失，桤木属次生林迅速生长，泥炭沼泽迅速形成。对这些组合最合理的解释是，顶极森林的彻底毁灭是多次刀耕火种造成的，这导致天然湖泊向浅沼泽迅速发展，桤木属湿地植物次生群落开始繁衍。中国南方董哥洞的石笋 δ^{18}O 揭示了 EASM 在过去 200 年以来迅速增强（Wang et al.，2005），随之降水量和湿度增加，导致火灾发生频率减少。

然而，大量的研究结果发现气候变化可能对历史文化的衰落起到了一定作用（Hodell et al.，1995；Ge et al.，2003；Yancheva et al.，2007）。根据本研究结果，火灾事件与中国某些朝代的衰落吻合，如夏商王朝的灭亡与顶极森林突然消失被桤木次生林取而代之的现象相吻合（图 8-9）。春秋战国时期气候干燥，森林火灾频繁（孢粉带 3）。汉代和隋代结束于孢粉带 4（火灾事件 3）。尽管本研究结果不能将这些重大的中国社会事件与植被演替过程简单地联系在一起，但有趣的是它们在年代上有着惊人的相似之处。

8.2.5 古气候影响的井冈山高山沼泽森林演替

虽然对中国东部季风区全新世的古气候研究很多，但对高分辨率记录的森林演替研究较少。本研究获得的数据使我们能够分析植被对晚全新世 EASM 变弱所导致的干旱气候趋势的响应。目前华南亚热带井冈山孢粉记录揭示了 4.0 cal. ka B.P.的一系列植被变化，表明了山地森林对气候波动的敏感性。本研究的结论如下。

1）井冈山 SMP 钻孔孢粉可以划分为三个植被生态演变群组，该植被生态演变群组为过去的生态系统变化以及火灾事件和气候变化提供了一致的解释。

2）常绿、落叶和针叶林之间的演变可能是由温度波动引起的。落叶阔叶林的增加发生在 3800～3.2 cal. ka B.P.和 2.2～1.3 cal. ka B.P.两个较冷的时段。相反，常绿阔叶林在 3.2～2.8 cal. ka B.P.和 1.3～0.8 cal. ka B.P.两阶段增加，表明该时期处于气候温暖期。上述天然顶极群落的变化反映出亚热带山地阔叶林对晚全新世的气候变化非常敏感，尤其是湖泊水位在 0.5～0.4 cal. ka B.P.突然降低导致了浅水沼泽的形成以及桤木群落的迅速发展。这种环境变化与“小冰期”是同步的，例如，过去 2000 年的最低气温大约在 0.4 cal. ka B.P.（Moberg et al.，2005）。

3）本研究当中植被演替过程表明，以桤木属为优势种的群落通常出现在森林火灾或最近强烈的人类活动之后，代表了生长在区域内沼泽上的次生林。2.8～2.2 cal. ka B.P.记录的桤木峰值和腐殖化度记录可能是火灾事件的结果。我们认为，东亚夏季风在晚全新世减弱和与之相关的水分减少导致大规模森林火灾。桤木属植物占优势阶段与董哥洞及和尚洞 δ^{18}O 变化基本一致。在过去 4000 年里，至少确认了 6 次森林火灾事件，大多数时候次生森林群落（主要是桤木）发展紧随其后，森林火灾后次生林的发展滞后了 50～150 年。

4）研究结果表明，当地顶极植物群落在 0.6 cal. ka B.P.时逐渐退化，随之而来的是桤木、莎草科等草本植物和其他水生植物的增加。上述植物群落在过去 200 年形成优势群落，但之后该植物群落却出现了先锋植物芒萁属植物，植物群落这样的孢粉组合反映了刀耕火种引发森林火灾，导致天然顶极植物群落被完全破坏的现象。

5）当前的记录表明，环境变化、人口增长与中国朝代之间存在良好的相关性。夏商王朝的覆灭与常绿阔叶林的急剧减少和次生林的更替相吻合，指示干旱气候的出现，随之汉、隋末期也发生了相应的火灾事件。

第 9 章　罗霄山脉部分选定种群的保护生物学研究

9.1　罗霄山脉发现雀形目一个残存谱系和单型家系

鸟类在分类学上的描述和记录一向比其他动物类群更为完整，同时分子生物学分析手段的广泛应用，使得它们的系统关系变得更加清晰明确（Cracraft，2013；Fjeldså，2013）。这些研究在不同分类阶元的层面上揭示了许多传统分类学存在的矛盾。在较低的分类阶元，形态学上的趋同或速率不均等的形态趋异经常与独特的生物地理学分布共同出现，使基于表型特征的分类被混淆（Fjeldså，2013；Alström et al.，2013）。一些更广为人知的物种关系曾被错误估计的雀形目的例子包括文须雀 *Panurus biarmicus*（Ericson and Johansson，2003；Alström et al.，2006；Fregin et al.，2012）、白眉长颈鸫 *Eupetes macrocercus*（Jønsson et al.，2007）、白腹凤鹛 *Erpornis zantholeuca*（Cibois et al.，2002；Barker et al.，2004）、桂红绣眼鸟 *Hypocryptadius cinnamomeus*（Fjeldså et al.，2010）、黑顶鸫鹪 *Donacobius atricapilla*（Alström et al.，2006；Fregin et al.，2012；Barker，2004）、黄腹扇尾鹟 *Chelidorhynx hypoxanthus*（Fuchs et al.，2009）、丝尾阔嘴鹟 *Lamprolia victoriae*（Irestedt et al.，2008）、褐背拟地鸦 *Pseudopodoces humilis*（James et al.，2003；Johansson et al.，2013）和苏拉鹛 *Malia grata*（Oliveros et al.，2012）。

过去 10 年间，出现了亚洲鸟类系统分类更改的浪潮，其中一部分就是分子生物学分析导致的。被称作“画眉”的鸣禽类群下包含了非常多的物种。基于一些全面的分子生物学研究，可以从中得到 5 个基本演化支：林鹛科 Timaliidae、噪鹛科 Leiothrichidae、幽鹛科 Pellorneidae、绣眼鸟科 Zosteropidae 和莺鹛科 Sylviidae（Alström et al.，2006；Fregin et al.，2012；Cibois，2003；Gelang et al.，2009；Moyle et al.，2012）。以前林鹛科占据了“画眉”当中的大部分，而莺鹛科在传统上指各种“莺”（Alström et al.，2013）。林鹛科的 5 个鹪鹛物种一向被归类于“画眉”（Deignan，1964；Dickinson，2003），后来 Collar 和 Robson（2007）将长尾鹪鹛 *Spelaeornis chocolatinus* 析分为 4 个物种，在形态及鸣声的基础上将丽星鹪鹛 *Elachura formosa* 独立为一个新属——丽星鹪鹛属 *Elachura*。

基于雀形目演化支中最全面的数据集之一，我们在分类单元数目和基因座两方面回顾了这个分类单元的系统学关系，并揭示了丽星鹪鹛并非画眉，而是代表了一个没有密切亲缘关系的、仅存的分类单元。

9.1.1　实验材料与方法

测序数据获取自雀形目除去三个单型科外的所有科中代表物种，包括三种分布在不同地区的丽星鹪鹛（图 9-1），以及其余 4 种鹪鹛（数据存放于 Dryad 数据库）。我们分析了 7 个基因，分别是 2 个线粒体基因，即细胞色素 b 基因（*cytb*）和 NADH 脱氢酶亚基 2 编码基因（*ND2*）；5 个核基因，即甘油醛-3-磷酸脱氢酶基因片段（*GADH*）、鸟氨酸脱羧酶编码基因（*ODC*）、肌红蛋白基因（*myo*）、乳酸脱氢酶基因（*LDH*）、内含子及重组激活基因 1（*RAG1*）。并非所有物种的基因座都被获取（数据存放于 Dryad 数据库）。数据利用 MrBayes 软件进行贝叶斯推断，并在 RAxML 软件上通过最大似然抽样法进行分析。

9.1.2　雀形目初级支系亲缘关系

图 9-2 展示了浓缩版的多基因树。根据雀形目的进化树（图 9-2），可以看出，莺总科 Sylvoidea、

鹟总科 Muscicapoidea、旋木雀总科 Certhioidea 和雀总科 Passeroidea 的分支有极高的支持率。

在基因树的同一进化阶元上，有 5 个支持率较高的演化支，分别为攀雀科+山雀科、莺鹟科、“太平鸟”（太平鸟科 Bombycillidae、连雀科 Hylocitreidae、丝鹟科 Ptilogonatidae 和棕榈鹏科 Dulidae）、戴菊科和丛莺科。丽星鹩鹛以单一演化支出现在这些支系之间。莺总科、攀雀科山雀科、莺鹟科和丛莺科成为单一的演化支，鹟总科、旋木雀总科、太平鸟科和丽星鹩鹛科则成为另一支，两者的支持率都较高。其余基群的关系尚不明确，且雀形目的内枝长极短。

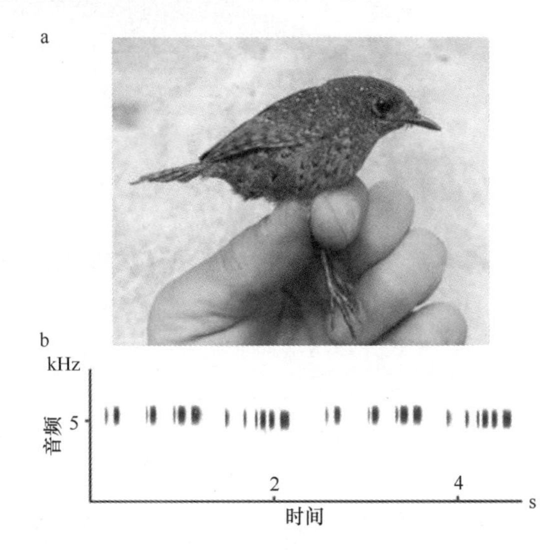

图 9-1　丽星鹩鹛 *Elachura formosa* 照片图及鸣唱模式（彩图见附图 1）

（a）丽星鹩鹛，江西省武夷山（Per Alstörm 摄，2013 年 4 月）；（b）丽星鹩鹛的鸣唱模式为连续性的高音调短声单元重复（两个以上单元，每次约 2 s 长），福建省武夷山（Per Alstörm 摄，1993 年 4 月）

9.1.3　丽星鹩鹛系统发育的独特性

这是我们所知的强烈支持“由莺总科、攀雀科+山雀科、莺鹟科和丛莺科形成一个演化支，以及由鹟总科、旋木雀总科、太平鸟科和丽星鹩鹛科（Fuchs et al.，2006，2009；Johansson et al.，2008）形成另一演化支”这一结论的第一项重要研究。然而，这些科之间以及雀形目的其他基系之间的关系仍然不明确，根据系统发育学的推断，很可能是因为这些基系经历过爆发性的物种分化。

显然，丽星鹩鹛并非“画眉”，而是在雀形目的 10 个初级支系里独立成一支。虽然数据显示支持鹟总科、旋木雀总科和“太平鸟”之间的关系，但丽星鹩鹛在演化支中的确切位置仍不清楚。丽星鹩鹛的独有性是最出乎意料的。在形态学和生态学上，它与几种鹩鹛几乎相同（Collar and Robson，2007）。从不同角度上看，它与鹪鹩属 *Troglodytes* 下的一些鹪鹩非常相似。然而，它们的鸣唱与亚洲大陆的其他雀形目鸟类只有一点相像（Collar and Robson，2007；图 9-1），这个说法，加上它们比其他鹩鹛明显有着更长的鸟喙的事实，Collar 和 Robson 决定将它置于单独的属——丽星鹩鹛属 *Elachura*。丽星鹩鹛与一些鹩鹛和鹪鹩存在明显的平行演化。这与之前鳞鹪鹛属 *Pnoepyga* 的情况一样，而它目前被放进了一个单型科——鳞胸鹪鹛科 Pnoepygidae（Gelang et al.，2009）。

我们的研究结果支持将丽星鹩鹛划入丽星鹩鹛属中。另外，基于它在系统发育上的独特性，我们建议把它放到一个单系科里，因此，我们提出一个新的科名——丽星鹩鹛科 Elachuridae，其代表属为丽星鹩鹛属 *Elachura*，丽星鹩鹛属只有丽星鹩鹛 *Elachura formosa* 一种，丽星鹩鹛为小型（长约 10 cm）、短尾（长约 3 cm）鸣禽，并具有灰褐色冠，后枕、耳羽及上部羽毛多有白色或米黄色斑点，近末端具黑色条纹，喉部和前胸羽毛白色，近末端具黑色斑点混杂，下半部分（尤其是侧翼）由淡红褐色和近末端黑色斑点及末端白色的羽毛构成。飞羽（包括飞羽外侧）及尾羽红褐色，有间隔宽阔的黑色宽带状条纹，见图 9-1。科名 Elachuridae 已在 ZooBank 登记，登记号为 E95131EF-4849-46A4-915B-1789ABC08143。我们建议将丽星鹩鹛科 Elachuridae 的英文名称改为 elachura 以突显出其独特性。

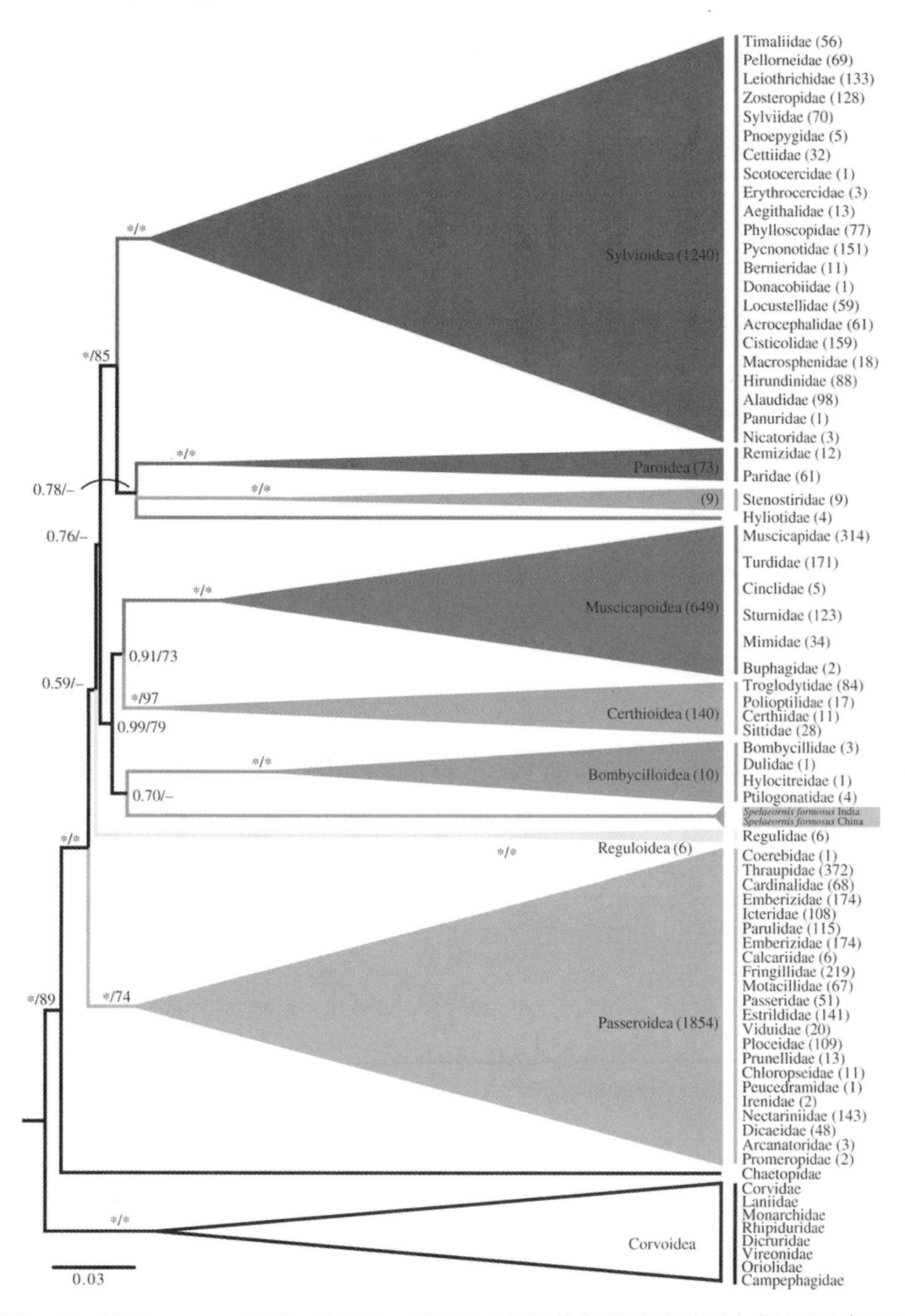

图 9-2　基于 *cytb*、*ND2*、*myo*、*ODC*、*GADH*、*LDH* 和 *RAG1* 的雀形目初级支系亲缘关系图（彩图见附图 1）

通过贝叶斯推断分为 10 组，以松散分子钟模型分析。后验概率（PP）和最大似然抽样数值（MLBS）分别示于节点处；星号（*）代表 PP 1.00 或 MLBS 100%。括号中的数字代表在不同分组中的物种数量

可以认为丽星鹩鹛科的系统发育独特性在超科水平上得到了验证，就像雀形目中所有高度支持的初级支系一样。在本次情况中，山雀科+攀雀科、戴菊科和“太平鸟”的支持率最高，在过去的研究中这个分类方式被一致证明是独特的（Alström et al.，2006；Fregin et al.，2012；Barker et al.，2004，2002；

Johansson et al.，2013）。我们建议上述分类在超科水平上分别识别为山雀总科、攀雀总科及太平鸟总科。

位于长末端分支的物种（“古老”的物种）不成比例地分布在非雀形目中，如古颚下纲（鸵鸟、鹬鸵等）、鹭鹤 *Rhynochetos jubatus*、麝雉 *Opisthocomus hoazin*、油鸱 *Steatornis caripensis* 和鹃鴗 *Leptosomus discolor*（Jetz et al.，2012）。由于雀形目演化相对于上面的支系相对年轻，其中少有这种长末端分支的鸟类，如新西兰的 4 种鷦鷯（刺鷯科）、两种琴鸟（琴鸟科）以及两种跳岩鸟（岩鸫科）。在占所有鸟类约 36%以及雀形目 60%的种类中，丽星鹩鹛是独特的，因为它代表其所属最基本的谱系中仅存的物种。

9.2 罗霄山脉及大陆东部濒危鸟类的保护生物地理学研究

生物地理学在保护生物学中的应用，为全球生物多样性的保护做出了重大贡献（Whittaker et al.，2005；Richardson and Whittaker，2010）。保护生物地理学的初步任务之一是探索物种的地理模式，为保护和管理行动提供信息（Richardson and Whittaker，2010）。这些成效可以大大加深我们对所关注物种的进化历史和保护状况的了解，使我们能够进行更有效的保护管理（IUCN，2001）。通过实地调查、分布抽样和建模，也可使我们更好地了解生物多样性的地理格局。

生态位模型（ecological niche modeling，ENM）被广泛地用于解决生物地理学、全球变化生态学和保护生物学中的问题（Engler et al.，2004；Guisan and Thuiller，2005；Guisan et al.，2006）。生态位模型利用物种存在数据和相关的生态变量，如物理和环境条件，来绘制有关物种的适宜栖息地地图（Guisan and Thuiller，2005）。提高生态位模型的有效性，即辨别具有最高保护价值的区域，建立保护区，实施适当的保护措施，以及判断预测的未来气候变化对物种分布范围变化的潜在影响，是保护生物学的关键点（Carvalho et al.，2010；Virkkala et al.，2013；Doko et al.，2011；Bosso et al.，2013）。

一些动物种类出现的栖息地难以进入，或具有特殊的行为模式，使其很难被发现。例如，收集栖息在偏远的高山地带、热带雨林或极地地区的物种的存在数据就相当困难（Crête et al.，1991；Jackson et al.，2006；Poncet et al.，2006）。当前的分布格局仅反映了一个物种演化轨迹中的一个瞬间，而该物种的分布可能会因内部和外部因素[如分布扩张（Excoffier et al.，2009）和环境变化（Parmesan et al.，1999）]而发生改变。越来越多的证据表明，物种分布的变化正在随着气候的不断变化而增大（Parmesan et al.，1999；Sorte and Thomson，2007；Tingley et al.，2009）。对物种生物地理学的理解也因其不利于收集存在/丰度数据的特殊生态学和独特行为特点而受到阻碍。例如，与食肉动物、蝙蝠和猫头鹰等行踪隐秘和夜行性物种有关的数据，往往比活跃的和昼行性物种的数据更难以获取（Jackson et al.，2006；Sattler et al.，2007）。所有这些困难都给保护生物地理学的理解和应用带来了挑战。

海南鳽*Gorsachius magnificus* 是东亚地区特有的一种中等体型鹭科鸟类（del Hoyo et al.，1994；图 9-3），分布于中国南部、西南部，以及越南北部的热带及亚热带湿润低地森林中。夜间活动的习性和隐秘的行为使它成为一种鲜为人知的鸟类（Li et al.，2007；Pilgrim et al.，2009）。海南鳽的种群状况文献记载不足，其分布被认为是分散和斑块状的（BirdLife International，2012），这也得到了有限的标本和野外观察记录的支持（Fellowes et al.，2001；He et al.，2007a，2007b）。由于海南鳽破碎化的分布和过小的种群数量（估计少于 1000 只成年个体），其目前被《IUCN 红色名录》列为“濒危”物种（BirdLife International，2012）。人们对它的栖息地要求知之甚少，已知的是它依靠森林来繁殖，依靠水体进行觅食（Li et al.，2007；Pilgrim et al.，2009；BirdLife International，2012）。最近有关分布的研究表明海南鳽在中国南部和西南部的分布比之前认为的更广泛（Li et al.，2007；He et al.，2007b），出现的范围约为 $2.5\times10^6 km^2$（He et al.，2011）。在位于华南地区的核心分布区，人口密集，人类发展历史悠久，对海南鳽的保护造成了相当大的压力。这就突出了加强这一珍稀濒危物种的保护生物地理学研究以指导管理和保护规划的紧迫性（Crosby，2003）。

图 9-3　国家濒危野生动物海南鳽（彩图见附图 1）

最近的一些记录表明，海南鳽新的分布点可能归功于人们对其认识的加深和调查力度的增强（He et al.，2007a，2007b，2011），但是关于其分布范围和潜在的适宜栖息地仍然没有很完整的描述。这种信息的缺失可能会阻碍有效的保护工作，特别是在生境退化和气候变化的情况下（Ladle and Whittaker，2011）。因此，本研究旨在为这个全球受胁物种的生物地理学和保护管理提供新的见解。为了实现这一目标，我们使用生态位模型（Guisan and Thuiller，2005）来描述海南鳽的潜在适宜分布范围，并模拟预测的未来气候变化对物种分布的潜在影响。我们也讨论了研究结果对保护和管理行动的意义。

9.2.1　实验材料与方法

1. 物种存在数据

我们从已发表的文献（Pilgrim et al.，2009；BirdLife International，2012；Fellowes et al.，2001；He et al.，2007a，2007b，2011；Gao et al.，2000；Li et al.，2008；Zhou and Lu，2002）和其他未发表但我们认为可信的观察记录中获得了所有已知海南鳽存在的地理参考数据。所有的存在数据采用统一的处理办法，且不考虑每个地点的种群大小。使用电子表格和地理信息系统（geographic information system，GIS）对数据进行双重检查，以检测重复和可能有的地理参考错误，最终得到一组 36 条存在数据的数据集。使用 ArcGIS 9.2 中的空间统计工具中的平均最近邻指数（nearest neighbor ratio）测试了这些记录的空间自相关性。根据曼哈顿距离（Manhattan distance），这些存在数据的空间模式既非聚集，也非分散（nearest neighbor ratio=1.04，$Z = 0.50$，$P = 0.62$）。

2. 环境变量

我们最初收集了 31 个环境变量（描述生物气候特征、生境、人为影响等），用于模拟海南鳽的潜在分布范围。从 WorldClim 1.4 数据库获得了 19 个生物气候变量（Hijmans et al.，2005），从全球湖泊和湿地数据库（Global Lakes and Wetlands Database）获得了水体数据（Hof et al.，2012），并获取了归一化植被指数（normalized difference vegetation index，NDVI；取 1982～2000 年共 18 年每年 12 个月的平均值）。由于到水体的距离可能是水鸟最重要的生态因子，因此基于水体数据，我们利用 ArcGIS 9.2 中的空间统计工具创建了一个基于欧氏距离（Euclidean distance）的栅格，对每个栅格单元到水的距离进行分类。为了表示土壤-水平衡和土壤属性，我们采用了可持续发展和全球环境中心（Center for Sustainability and the Global Environment）提供的有效积温、净初级生产力、土壤湿度、土壤有机碳和土壤 pH，以及空间信息协会（Consortium for Spatial Information）提供的年实际蒸发量（AET_{anu}）、年干旱指数和年潜在蒸发量。为了纳入人为因素对海南鳽的影响，我们采用人类足迹指数（human footprint index，HFI）来基于人类聚居地、土地改造、可及性和基础设施数据对人类影响进行估计（Sanderson et al.，2002）。最后，我们从美国地质调查局的 Hydro1K 数据集中获得了代表地形变异性的综合地形指数（compound topographic index，CTI，通常称为湿润指数）。

将所有的环境变量都纳入进来可能会在生态位模型预测中产生不确定性（Hu and Jiang，2010；Synes and Osborne，2011）。过多的变量可能会造成过拟合，特别是对于小样本量的存在记录（Heikkinen et al.，2006；Beaumont et al.，2005）。由于许多环境变量之间的相关性很高，并且需要变量尽可能接近，因此我们根据皮尔逊相关检验和刀切法重抽样的结果对初始的变量集进行了过滤。我们对所有成对的变量组合进行了相关性检验。对于高相关性的变量对（$|r|\geqslant 0.8$），只保留了在正则化增益和/或对 Maxent 模型的贡献百分比中具有较高值的变量（Phillips et al.，2006）。最终，确定了 10 个环境变量：月平均温度范围（mean monthly temperature range，T_{ran}）、等温性（isothermality，T_{iso}）、最暖季度平均温度（mean temperature of the warmest quarter，T_{war}）、年均降水量（annual precipitation，$Prec_{anu}$）、最干旱月份降水量（$Prec_{dry}$）、AET_{anu}、CTI、HFI、距水体距离和 NDVI。随后使用双线性插值函数将所有变量重新采样至 2.5 弧分的分辨率，该函数被认为比更简单的最近邻法更现实（Phillips et al.，2006）。

3. 未来气候预测的生物气候变量

考虑到未来气候预测的不确定性，我们选用了联合国政府间气候变化专门委员会第四次评估报告中的两个 CO_2 排放情景（A2a 和 B2a）（Solomon et al.，2007）。A2a 的 CO_2 排放量为中到高，B2a 的 CO_2 排放量为低到中。我们又选取了来自三种大气环流模式：CCCMA（Kim et al.，2003）、CSIRO（Gordon and Farrell，1997）和 HADCM3（Collins et al.，2001）的数据。这 5 个生物气候变量提取自不同的气候变化情景，用于 2050 年的预测。因为对于非气候变量（如 AET_{anu}、CTI、HFI、距水体距离和 NDVI）的未来发展没有可获得的情景（Thuiller et al.，2006），所以这些变量被假定为常数。因此，我们的预测代表了环境变化对海南鳽分布范围综合影响的保守估计。

为了定义气候变化，我们使用 ArcGIS 9.2 中的空间分析工具提取当前和未来情景下物种存在记录中的生物气候变量值。通过独立样本 t 检验了与 T_{ran}、T_{iso}、T_{war} 和 $Prec_{anu}$ 相关的当前和未来气候情景之间的差异。使用 Kolmogorov-Smirnov 检验来检查数据的正态性，并在必要时对数据进行转换以满足正态性假设，如对 T_{iso} 进行了对数转换，对 T_{ran} 进行了反正切转换。又利用非参数 Mann-Whitney U 检验测试了 $Prec_{dry}$ 在当前和未来情景之间是否存在差异。最后，提取了在不同情景下预测的适宜范围内的生物气候变量值，以考察当前和未来预测范围之间的气候变化，并通过非参数 Kruskal-Wallis 检验检验了当前和未来情景之间与生物气候变量相关的差异。这些分析都在 SPSS 16 中进行。

4. 生态位模型

我们利用 Maxent 3.3.3k 对海南鳽进行了生态位建模（Phillips et al.，2006）。这是一种专门为存在数据设计的机器学习方法，已经被证明在各种应用中都具有良好的预测表现（Virkkala et al.，2013；Doko et al.，2011；Bosso et al.，2013；Phillips and Dudík，2008；Elith et al.，2006）。Maxent 模型利用最大熵原理来评估环境变量的不同组合和它们的相互作用，为某一特定物种预测其环境适应性（Phillips et al.，2006）。Maxent 模型的复杂性可以通过要素类和正则化参数的选择来控制（Elith et al.，2011），在本研究中主要使用默认设置。我们对模型进行了 10 次自举重复，并将存在数据随机分配为训练和测试数据集（分别为 80%和 20%），利用得到的平均受试者工作特征曲线下面积（area under the curve，AUC）（mean±SD）来评估模型效果。另外，参考 Raes 和 ter Steege（2007）介绍的方法，我们还应用了零模型法来测试我们建立的海南鳽生态位模型是否与偶然预期的有显著不同。实际生态位模型的 AUC 值是使用所有存在记录确定的，而零模型则是通过在生态位模型建立的地理范围内随机抽取收集位点来生成的。我们使用了逻辑斯谛（logistic）输出格式，即适宜性指数为从 0（最低适宜性）到 1（最高适宜性），很容易理解（Phillips and Dudík，2008）。我们将 Maxent 模型的分析范围定为整个已知的海南鳽的分布区域（He et al.，2007b，2011），并在运行模型时确保在 2.5 弧分的分辨率下，每个栅格单元内只有一个存在数据。

基于一致性的集成预测方法结合了许多替代模型来预测物种分布，通过结合不同模型所代表的可能的真实分布状态的不同实现，被认为可以提供可靠的预测结果（Araújo and New，2007）。不同的生态位模型提供的结果大不相同（Thuiller，2004；Lawler et al.，2006；Marmion et al.，2009），这正是在研究的主要不确定性来源（如初始数据集、生态位模型、大气环流模式和气体排放情景）中对气候变化影响的预测存在最大差异的根源（Buisson et al.，2010），因此我们使用了 Maxent 模型中的自举重复作为一致性方法中不同模型的代表（Araújo and New，2007）。利用 ArcGIS 9.2，计算了每个栅格单元的平均适宜性，我们总结了两种排放情景下三种大气环流模型的输出预测（Marmion et al.，2009）。

5. 气候变化影响的空间分析

我们使用了以下方法来评估预测的未来气候变化下海南鳽潜在分布的变化：因为海南鳽的扩散能力尚未可知，我们考虑了在扩散能力范围不同端点的两种情况，即零扩散（没有扩散能力）和全扩散（不受限的扩散能力）（Thuiller et al.，2006）。一个物种在零扩散情况下只能存在于当前和未来预测范围的重叠区域，而在全扩散情况下可以拓殖至所有的适宜范围。合适的范围在布尔逻辑（存在/不存在）地图上进行定义，该图由连续的适宜性输出结果通过相应的阈值或“截断”转换而来（Hu and Jiang，2010；Nenzén and Araújo，2011）。我们基于输出图的平均训练存在阈值，对当前和未来气候条件下海南鳽在每个删格单元的适应性进行了估计。为了评估适宜区域在像素水平上的变异度，我们用像素点来量化潜在范围损失（potential range loss，PRL），并按像素点将其与当前适宜范围（current suitable range，CSR）联系起来，同时也利用相同的方法对全扩散假设下范围获得（range gained，RG）的百分比进行了评估。我们用以下两个公式估计了预测范围变化（range change，RC）（Hu and Jiang，2010）和范围流转（range turnover，RT）的百分比：$RC=100\times(RG-PRL)/CSR$，$RT=100\times(PRL+RG)/(CSR+RG)$。为了支持保护决策的制定，我们也对预测的稳定范围、损失范围和范围获得进行了可视化。

为了检测海南鳽分布范围对气候变化响应的空间趋势，我们使用 ArcGIS 9.2 中的空间分析工具，计算了当前和未来相应情景下适宜范围的每个栅格单元的平均、最小和最大适宜性指数，以及海拔、纬度和经度（Lu et al.，2012）。然后我们又对每个纬度带的适宜范围（栅格单元数）的总面积进行分类和汇总，以研究在预测气候变化下适宜范围内所产生的获得或损失的纬度模式。

最后，为了修正与将 logistic 模型输出结果转换为存在和不存在的二元估计的阈值选择相关的不确定性（Hu and Jiang，2010；Nenzén and Araújo，2011），我们额外计算了在不选择任何类型的阈值情况下栖息地适宜性的变化，将其作为当前和未来气候情景下的适宜性差异（Hof et al.，2011）。

9.2.2　模型表现、解释变量和预测分布

AUC 值表明我们的模型可以提供合理的判别（$AUC_{training}=0.886\pm0.016$；$AUC_{test}=0.817\pm0.047$）。此外，零模型的频率直方图的 95%置信区间上限的 AUC 值（0.786）也表明，海南鳽生态位模型的准确度明显高于偶然预期的（$P<0.01$）。对模拟潜在分布贡献最大的环境变量依次为 $Prec_{dry}$、NDVI 和 T_{iso}，相反，T_{ran} 和 $Prec_{anu}$ 只对模型建立有很小的贡献值。

研究范围的大部分区域都被预测具有对海南鳽较低的适宜性，90.7%的栅格单元的 logistic 适宜性指数小于 0.5。此外，5.4%（约 $1.9\times10^5 km^2$）、2.9%（约 $1.0\times10^5 km^2$）和 0.9%（约 $3.2\times10^4 km^2$）的栖息地分别具有 0.5～0.6、0.6～0.7 和 0.8 的 logistic 适宜性指数，只有 0.07%（约 $2.5\times10^3 km^2$）的栖息

地具有大于 0.8 的 logistic 适宜性指数。总之，输出地图中共有 1.3×10^5 km^2 的栖息地可被认为是海南鳽的适宜分布范围。

模型输出清楚地确定了 5 个含有高度适宜栖息地的区域：中国东部至西南部、湖北省西部、安徽省南部至江西省东北部、海南省，以及越南东北部。预测的分布范围基本上和可用的存在记录相匹配。然而，云南和湖南两省却被预测具有较低的适宜性，尽管它们都已知有海南鳽的存在。

对比当前已知存在区域的生物气候变量值和在未来气候变化情景下的值可发现，当前的 T_{war} 明显低于未来（t=–4.03，P<0.0001），而其他的变量则没有出现明显差异（T_{ran}：t=1.09，P=0.28；T_{iso}：t=0.02，P=0.99；$Prec_{anu}$：t=21.09，P=0.28；$Prec_{dry}$：U=3578，P=0.44）。对于适宜区域内的生物气候变量，T_{iso}、T_{war} 和 $Prec_{anu}$ 在当前的值均小于未来情景（P 均小于 0.001，Kruskal-Wallis 检验），而 T_{ran} 和 $Prec_{dry}$ 在当前的值则高于未来情景（P 均小于 0.001，Kruskal-Wallis 检验；图 9-4）。

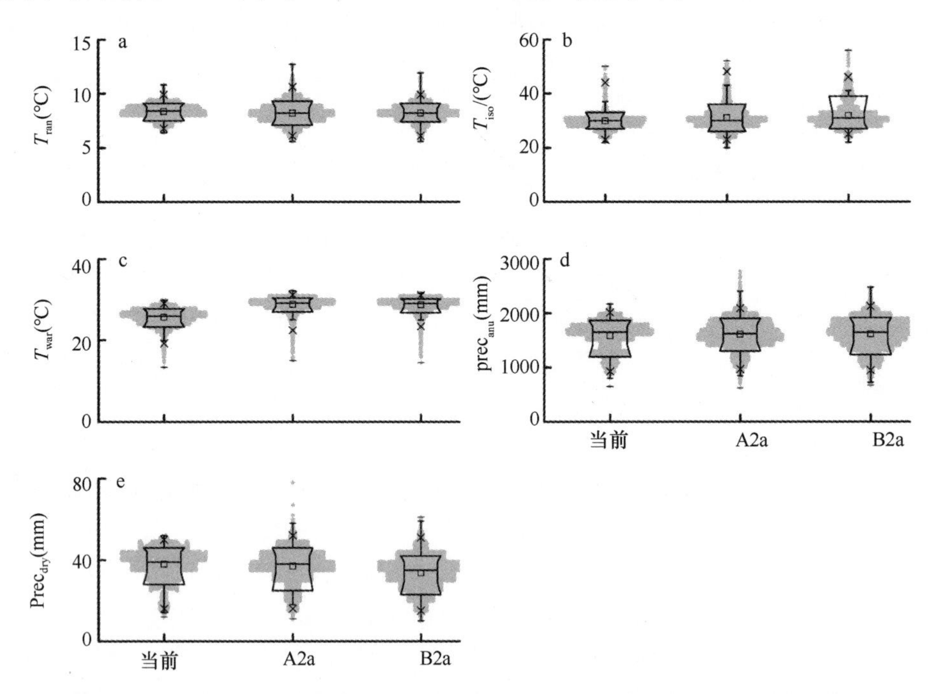

图 9-4　当前和未来气候情景之间的预测适当范围内的生物气候变量的对比值

黑色实线水平线表示中值，方形符号表示均值，盒边为四分位，须为第 1 和第 99 百分位，黑色短线为最小值和最大值

9.2.3　潜在的气候变化影响

气候变化对海南鳽适宜分布范围的预测影响是可识别的。在气候变化情景 A2a 下，6.9%（约 2.39×10^5 km^2）、3.0%（约 1.03×10^5 km^2）和 0.9%（约 3.20×10^4 km^2）的栅格单元分别具有 0.5～0.6、0.6～0.7 和 0.7～0.8 的 logistic 适宜性指数。logistic 适宜性指数预测值大于 0.8 的栅格数量（0.06%，约 2.35×10^3 km^2）比当前略少。在气候变化情景 B2a 下，7.9%（约 2.75×10^5 km^2）、4.0%（约 1.38×10^5 km^2）和 1.3%（约 34.36×10^4 km^2）的栅格单元分别具有 0.5～0.6、0.6～0.7 和 0.7～0.8 的 logistic 适宜性指数。logistic 适宜性指数预测值大于 0.8 的栅格数量（0.09%，约 3.18×10^3 km^2）约为当前数量的 1.25 倍。

在气候变化情景 A2a 和 B2a 下，海南鳽的栖息地范围损失率预测值分别为 35%和 36%，范围获得率分别为 36%和 73%，两者相结合产生的范围流转率分别为 52%和 63%。在全扩散假设下，A2a 和 B2a 情景下的分布范围分别有 1%和 37%的增加，平均范围面积分别增加至 1.32×10^5 km^2 和 1.80×10^5 km^2。

在气候变化条件下，海南鳽的当前适宜分布范围并没有变小或增大，平均 logistic 适宜性指数预测值和最大 logistic 适宜性指数预测值变化不大。然而，最小预测值对应的区域面积在 A2a 情景下减小（Z=3.86，P<0.001：图 9-5a）。海拔分布预测的上限（A2a 情景下下降 361 m，Z=21.50，P<0.001；B2a 情景下下降 370 m，Z=24.43，P<0.001）和均值（A2a 情景下下降 162 m，Z=24.42，P<0.001；B2a 情景下下降 184 m，Z=32.77，P<0.001；图 9-5b）下降，而在下限处上升（A2a 情景下升高 9 m，Z=3.62，P<0.01；B2a 情景下升高 18 m，Z=7.46，P<0.001）。总的来说，我们的模型预测的经度分布发生了向西偏移，分别为在 B2a 情景下 1.65°的平均偏移，在 A2a 情景下 0.01°和 B2a 情景下 1.10°的最大偏移，以及 A2a 情景下 0.92°和 B2a 情景下 1.58°的最小偏移（图 9-5c）。同时，适宜分布区域也在纬度上发生了向南偏移，分别为 A2a 情景下 0.49°和 B2a 情景下 0.80°的平均偏移，A2a 情景下 1.18°和 B2a 情景下 1.54°的最大偏移，以及 A2a 情景下 2.11°和 B2a 情景下 2.45°的最小偏移（图 9-5d）。

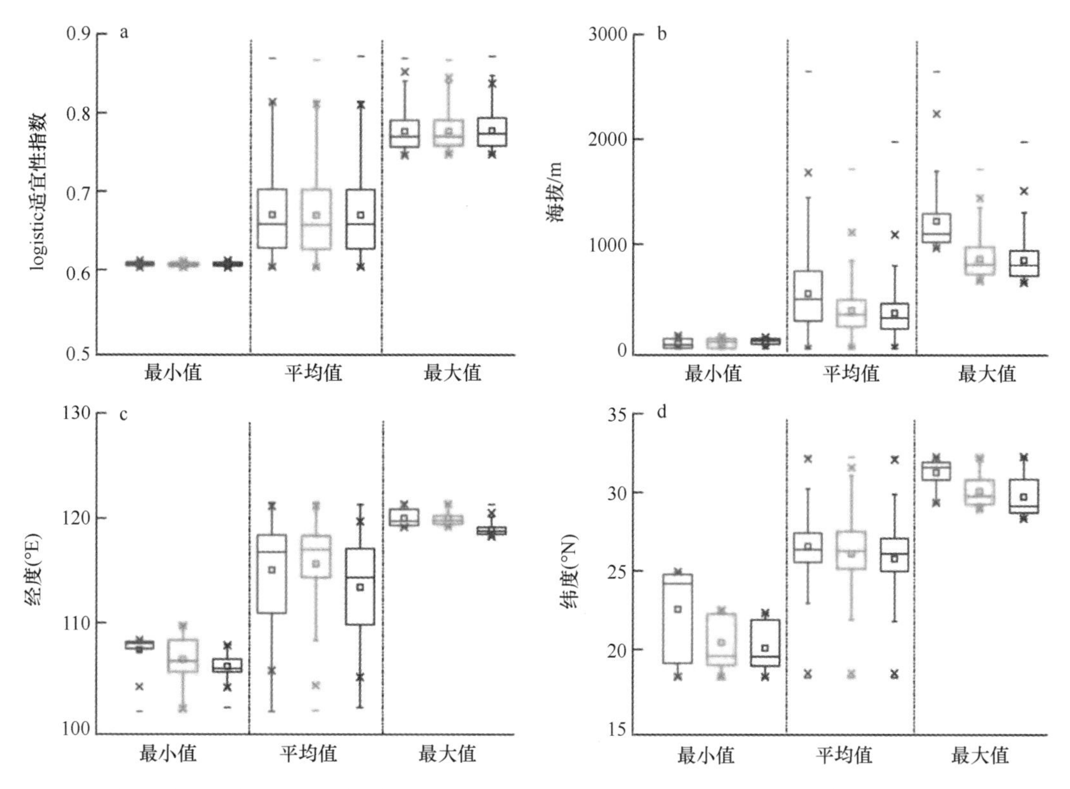

图 9-5　当前和未来情景下预测分布的 logistic 适宜性指数、海拔、经度和纬度的差异（彩图见附图 1）

图中给出了 logistic 适宜性指数（a）、海拔（b）、经度（c）和纬度（d）的最小值、平均值和最大值。

红色、绿色和蓝色分别代表当前、A2a 情景和 B2a 情景

在纬度梯度上，与当前的分布相比，适宜范围的损失主要发生在中、高纬度。不管使用哪种排放情景，沿纬度梯度发生的范围损失的趋势与预计稳定的范围一致（图 9-6a，b）。在 A2a 情景下，未来预测的范围获得沿纬度梯度分散发生，而在 B2a 情景下，范围获得的趋势是与范围损失相一致且稳定的。预测范围损失的百分比在低于 20°N 的范围内较低，在 20°N～24°N 的缺口后又相对较高（图 9-6c，d）。当前和未来预测范围在空间上的清晰对比表明，在 logistic 适宜性预测中，超过 75%的栅格单元具有一个–0.1～0.1 的较低变异范围。此外，在 A2a 情景下，3.7%（$1.27\times10^5\,km^2$）和 0.12%（$4.03\times10^3\,km^2$）的当前分布范围的 logistic 适应性预测指标会分别降低 0.1～0.2 和超过 0.2；相反，有 11.6%（$4.00\times10^5\,km^2$）和 0.19%（$6.53\times10^3\,km^2$）的当前分布范围的 logistic 适应性预测指标会分别升高 0.1～0.2 和超过 0.2。而在 B2a 情景下，3.5%（$1.20\times10^5\,km^2$）和 0.24%（$8.18\times10^3\,km^2$）的当前分布范围的 logistic 适应性预测指标会分别降低 0.1～0.2 和超过 0.2；相反，有 18.6%（$6.43\times10^5\,km^2$）和 1.99%（$6.89\times10^4\,km^2$）的当前分布范围的 logistic 适应性预测指标会分别升高 0.1～0.2 和超过 0.2。这些空间上的明显对比显示了在 A2a 和 B2a 两种情景下，中国的广西、广东、湖北、安徽和福建，以及越南的东北部存在高度差异。

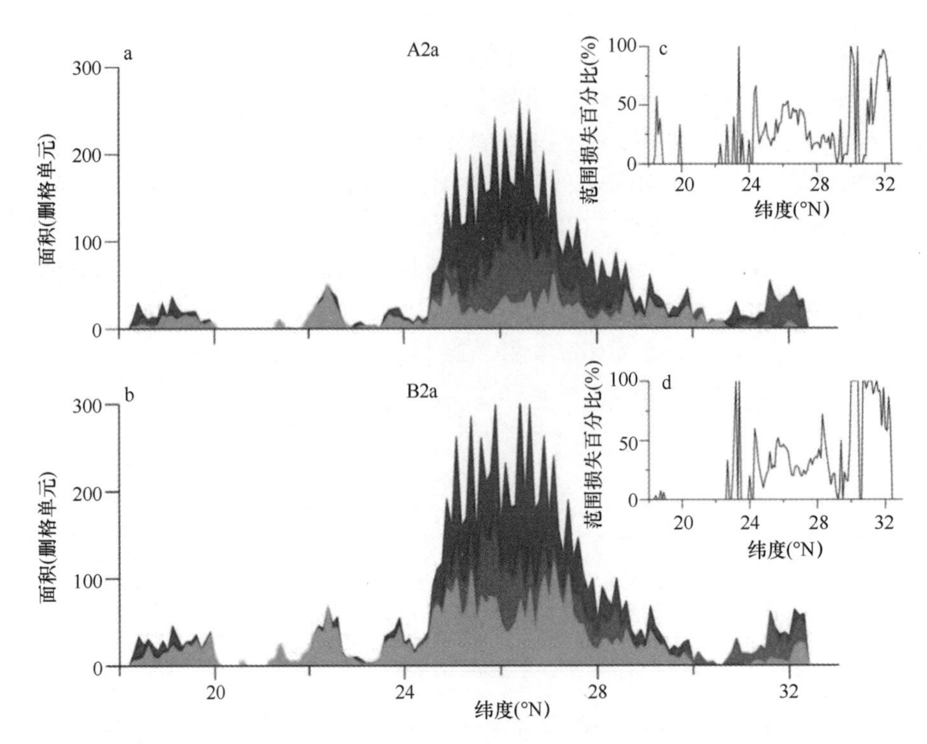

图 9-6 纬度梯度上气候变化对生境适应性的影响（彩图见附图 1）

a 和 b 图代表了两种未来气候情景（A2a 和 B2a；蓝色：当前预计稳定的适宜范围；红色：预计损失的适宜范围；绿色：预计新获得的适宜范围）。c 和 d 图表示范围损失的百分比。预测的适用性是基于平均训练存在阈值估计的

9.2.4 海南鳽的保护生物地理学研究

我们的研究显示，海南鳽的适宜栖息地分散在中国南部、西南部和越南北部的山区。海南鳽当前的存在记录也大多位于这个范围内，这与国际鸟盟（birdlife International）所确定的范围非常一致（Hu and Jiang，2010；Elith et al.，2006；Hernandez et al.，2006）。尽管估计的适宜范围覆盖了很广阔的区域，但是较为零散的。尽管缺乏野外记录，但我们在该范围的东部（即福建和贵州）仍然发现了大量可能的适宜生境，可作为寻找新种群的候选区域。我们进一步证明，如果海南鳽无法不受限地扩散，在预期的气候情景下，目前的适宜范围将会缩小。总的来说，这些结果为我们了解世界上最神秘的鹭科鸟类的生物地理格局提供了新的见解，也为指导有效的保护管理提供了有用的信息。

尽管对受胁物种来说，存在记录的可获得性对生态位模型的应用是一个相当大的限制，但 Maxent 模型在所有检测样本大小的类别中仍被认为是准确和稳定的（Hu and Jiang，2010；Elith et al.，2006；Hernandez et al.，2006）。此外，由于我们的存在记录数据中存在抽样偏差，Maxent 模型同时使用存在记录和随机选择的背景样本，为遗漏误差和错分误差提供了一个解决方案（Phillips et al.，2006）。通过 AUC 的可接受值和零模型的检验，验证了利用 Maxent 模型建立海南鳽的生态位模型的有效性。生态位模型的结果已经被证明仅仅是根据输入的存在数据和环境预测因子估计的现实生态位的空间投影，而不一定反映当前真实的被使用范围（Elith and Leathwick，2009）。因此，在生态位模型中考虑一个物种的实际栖息地需求和引入相关的可操作的环境层次是至关重要的。在这个研究中，除了生物气候层，我们实际上还考虑了相关的非气候层，尤其是对于水鸟非常重要的水体距离层次。所以，这里的适宜分布预测代表了海南鳽的合理栖息地要求。

1. 生物地理格局

本研究结果显示海南鳽分布在 18°N～32°N 和 100°E～120°E，拥有面积约 130 000 km^2 的潜在适

宜栖息地，只占何芬奇等计算结果的 5%（He et al.，2011）。这个范围覆盖了中国南部、西南部的 11 个省和越南北部，但是其中高适宜性（logistic 适宜性指数预测值>0.8）的栖息地却受限地分散在中国南部的山系中。这些区域包括几个山脉，分别为黄山-天目山脉、雁荡-武夷-戴云山脉、幕阜-九岭-罗霄山脉、武陵-雪峰-苗岭山脉、南岭山脉和十万大山。神农架和大别山，代表这个物种的分布北缘（Liu et al.，2008）。西南边界在我国的哀牢山及越南的 Ban Thi 和 Xuan Lac 地区，这两个地区对海南鳽的最新记录都有贡献（Pilgrim et al.，2009；He et al.，2011）。海南黎母岭-五指山山脉的历史记录构成了海南鳽的最南分布界限，与其他分布区域相隔绝。

除了只有历史记录的地区，如海南和最北端的大别山，在以上提及的其他山脉中都有最近的目击记录或繁殖种群的证据（Li et al.，2007；Pilgrim et al.，2009；He et al.，2007b，2011）。这些记录表明，这些地区可能还栖息着独立和自我维持的亚种群。何芬奇等通过对海南鳽野外记录的回顾，估计了 11 个与其分布范围内的主要山系相关的亚种群（He et al.，2007b）。然而，需要注意的是，这些亚种群在空间上的分化只是缺少遗传信息支持的假设。尽管海南鳽主要分布在中国南部和西南部的亚热带山地森林，但该区域还生活着其他一些特有的具有明显谱系地理结构的山地鸟类，如黄腹角雉（*Tragopan caboti*）（Dong et al.，2010）和红头穗鹛（*Stachyridopsis ruficeps*）（Liu et al.，2012a）。因此，我们认为假定的亚种群可能对应不同的进化单位。遗传分析对于评估遗传多样性以及较好地理解山脉之间的种群联系是有必要的（Gu et al.，2013）。

最近福建亚种群的重新发现是继福建北部一笔历史繁殖记录后该省的第二次记录（He et al.，2011）。模型预测显示在浙江南部和福建中部的雁荡-武夷-岱云山系将出现适宜的生境，这一预计分布可能是尚未得到实地确认的繁殖种群的栖息地。贵州东南部与广西北部之间的苗岭山脉是另一个适宜生境，其面积较大，值得野外调查。本研究结果表明这些提到的地区可能还有未被发现的亚种群存在，需要进一步实地调查。

2. 气候变化的作用

尽管气候变化对热带和亚热带地区的影响被证明比对温带和极地地区小，但是日渐频繁的极端天气（如严重干旱、大火、暴风和洪水）也在威胁着热带和亚热带的生态系统（Davidson et al.，2012）。很少有研究评估气候变化对南亚和东亚陆地生物群的影响（Zhou et al.，2013）。由于目前海南鳽的分布有限，气候变化可能会通过缩小其当前的适宜分布范围从而对其造成严重影响。因为鸟类通常可以对温度和降水的变化表现出可预测的反应，所以我们试图用最新的生态位模型来说明气候变化下的分布格局（Hu et al.，2010；Lu et al.，2012；Hole et al.，2009）。和预想的一样，在未来气候情景下的预测分布表明当前的适宜生境将会变得更加受限，并有相当一部分适宜的栖息地会消失。在不受限的扩散假设下，未来预计的可供利用的定殖地点与在气候变化情景 A2a 下损失的相似，但两倍于情景 B2a 中损失的量。所以，如果海南鳽无法扩散至新的可占用的定殖点，其未来的分布将很可能会缩减。由于在海南鳽的许多分布范围内人类活动和生境破碎化的强度较高，以上这种情况极有可能发生（BirdLife International，2012；He et al.，2011）。尽管我们的预测研究具有相当大的不确定性，但在相对保守的情景下的预测分布变化表明，保护行动面临着相当大的挑战和需求。具体地说，气候变化被证明在中国南方的亚热带季风常绿阔叶林中造成了大型树木的死亡率上升，生长率下降（Zhou et al.，2013）。森林群落中的这种变化可以引起该地区的生境退化，进而可能影响海南鳽的繁殖点。此外，栖息地的破碎化和丧失（主要由非法采伐引起）在很大程度上还被认为是这种鹭类面临的主要威胁（BirdLife International，2012；He et al.，2011）。因此，任何气候变化对适宜生境的影响都将加剧对其充分保护的挑战。

气候变化被证明可以改变海南鳽的分布，并可能对这个物种种群的生存造成威胁。而气候变化在种群水平的影响在世界许多地区的许多物种中都有发生（Thomas et al.，2004；Hu and Jiang，2011；

Jetz et al.，2007；Araújo and Rahbek，2006），气候变化也被认为是决定物种分布的主要环境因素（Guisan and Thuiller，2005；Tingley et al.，2009）。因此，了解气候变化对物种分布的影响至关重要（Araújo and Rahbek，2006）。在不断变化的气候下，一些物种通过将分布范围扩展至目前不适宜的地区而受益，然而，许多物种会表现出负反馈，这将缩减它们的分布范围和/或加速它们的灭绝（Thuiller et al.，2006；Hu et al.，2010；Lu et al.，2012；Thomas et al.，2004；Hu and Jiang，2011）。地理分布较窄的物种比分布更加广泛的物种，往往对气候变化更加敏感（Lu et al.，2012；Thomas et al.，2004；Hu and Jiang，2011）。有研究表明，在模型中引入极端气候主要是对局部预测过度和不足进行修正，以打破未来条件下对物种范围的限制[0][0]（Nakicenovic et al.，2000）。根据这一说法，本研究结果显示，海南鳽在B2a情景下的栖息地变化大于A2a情景。这在直觉上似乎是相反的，因为情景B2a描述了不太严重的气候变化（Gao et al.，2013）。然而，在本研究中，最干旱月份降水量（$Prec_{dry}$）在众多环境变量中对海南鳽生态位建模的贡献最大。由于在预测的适宜范围内，$Prec_{dry}$在B2a情景中的值比在A2a情景中小（图9-4），因此B2a情景对海南鳽潜在分布的影响最有可能大于A2a情景。这些结果突出了将气候变化，特别是极端气候纳入濒危物种栖息地保护规划的重要性。

3. 本研究对物种保护的意义

由于海南鳽种群数量小且分布分散，以及在现有栖息地承受的捕猎和采伐压力，依据EN C2（i）标准，海南鳽目前被《IUCN红色名录》列为“濒危”物种（BirdLife International，2012）。尽管在中国南方的最新存在数据和观察记录（He et al.，2007a，2007b；Gao et al.，2013）已经扩展了我们对海南鳽分布和生态的了解，但鉴于该物种在这一地区更广泛的分布，这些较少的数据似乎并不足以为保护工作提供依据。相反，通过将生物物理和环境条件考虑在内，并使用稳健的空间显式建模技术，本研究首次量化了海南鳽在其分布范围内的生境适宜性。本研究结果对海南鳽的保护有以下几方面意义。第一，生态位模型揭示了海南鳽在华南地区的分布范围内拥有几个片段化适宜栖息地。这似乎支持了IUCN对碎片化种群的评估。第二，除了几个已知的需要研究和保护管理特别关注的重点区域外，我们还确定了贵州南部和福建北部是急需进行调查以寻找新的亚种群的地区。第三，海南鳽最适宜的栖息地在整个山区的亚热带森林中，但也有一些记录位于较不适宜的生境，这些地区未来可能会遭受更多的栖息地丧失和人为干扰，应当在这些地区考虑建立新的保护区或保护地。此外，我们还研究了气候变化情景下海南鳽的分布范围，发现其目前的分布范围在未来的气候变化下可能会大幅缩小，而如果海南鳽可以无限制地扩散，则可能会有新的适宜栖息地。对海南鳽栖息地适宜性在未来的显著变化进行预测，促使我们在考虑将任何红色名录状态降级时都要谨慎行事。

总之，本研究为一种珍稀濒危鸟类海南鳽提出了一个稳健的保护生物地理学空间显式模型，展示了生态位模型在预测由气候变化塑造的潜在分布和未来威胁方面的作用。未来的研究工作应以种群大小估计、对潜在分布点的调查和保护遗传分析为目标。同时结合大尺度生物地理学知识，开展小尺度生境利用研究是必要的，这将有助于我们理解海南鳽的片段化分布和栖息地选择。除了研究之外，管理行动应集中于保护已知的栖息地和繁殖地点，以及提高人们的保护意识，从而减少栖息地退化和人为干扰。总的来说，这些努力不仅将提供关键信息，使人们能够全面了解海南鳽的分布和数量，而且将有助于实施有效的保护和管理行动。

9.3 罗霄山脉濒危特有种井冈山杜鹃遗传多样性结构

杜鹃（杜鹃花科）是世界重要的园艺植物，具有美丽的株形和鲜艳的花朵。杜鹃属（*Rhododendron*）约有1025种（Chamberlain et al.，1996），是木本植物中最大、最有价值的属之一。杜鹃是高山和亚高山群落的重要组成部分，在防治水土流失和维持生态系统稳定方面发挥着重要作用（Monk et al.，

1985）。同时，这些丰富的野生种质资源也被广泛应用于引种和新品种的开发（Fang et al.，2005）。

我国杜鹃属植物的分布范围较为狭窄。例如，在我国记录的 571 种杜鹃中，约有 314 种仅在一个省份内被发现，如云南西部的亮红杜鹃 *R. albertsenianum* 和四川西部的汶川星毛杜鹃 *R. asterochnoum*（Fang et al.，2005）。目前，《IUCN 红色名录》（IUCN，2011）中有 13 种杜鹃被列为濒危物种。不容乐观的是，由于对其生存现状的认识不足，许多其他濒危的杜鹃物种被这个名单遗漏了。一般来说，这些狭域分布的特有种相对于广布种更容易受到环境的干扰，这意味着它们需要更为广泛的社会和科学关注。

作为中国东南部生物多样性热点地区之一，井冈山拥有 31 个杜鹃属物种（Wang et al.，2013b；廖文波等，2014），其中伏毛杜鹃、小溪洞杜鹃和井冈山杜鹃这三个种是井冈山特有种（Tam，1982；胡文光，1990；Liu，2001）。而 2009～2013 年，我们在对井冈山进行的长期野外调查（廖文波等，2014）中并未发现伏毛杜鹃和小溪洞杜鹃，只发现了井冈山杜鹃的 5 个居群，可以看出这些杜鹃的生存状况极其不好。

井冈山杜鹃属于二倍体物种（$2n$=26）（Fang and Min，1995），生活在海拔 1500 m 以上的荫蔽潮湿环境，如林缘、河流或丛林山谷（Fang et al.，2005）。其被《中国物种红色名录》列为濒危物种（汪松和解焱，2004），目前只在栽培和耐热性方面有研究（陈春泉，1998；Zhang et al.，2011b）。

简单重复序列（SSR，又称微卫星）具有可重复性、多等位基因的特性、共显性、较高的丰富度和良好的基因组覆盖度等特点（Wang et al.，2013c），是检测野生植物遗传多样性高低的有效工具。幸运的是，目前已经开发出了大量的杜鹃属植物微卫星引物，如大白杜鹃 *R. decorum* 已开发出 24 对 SSR 引物（Wang et al.，2013c），牛皮杜鹃 *R. aureum* 已开发出 12 对 SSR 引物（Li et al.，2011），高山玫瑰杜鹃 *R. ferrugineum* 已开发出 9 对 SSR 引物（Delmas et al.，2011）。本研究选取了其中 9 对多态性 SSR 引物，对井冈山杜鹃的遗传多样性和群体结构进行了研究，希望通过这些研究工作为该物种的保护提供有价值的建议。

9.3.1　实验材料与方法

罗霄山脉 5 个居群 119 个井冈山杜鹃样品采集自井冈山（表 9-1），每个居群随机选出 14～33 个成熟个体的新鲜叶片作为实验材料，标本保存于中山大学植物标本馆（SYS）。

表 9-1　罗霄山脉井冈山杜鹃 5 个居群地理采集信息

居群	编号	区域	样本数量	纬度	经度	海拔（m）
江西南风面	NFM	北部	14	26°17′51.5″N	114°03′51.7″E	1752
江西江西坳	JXA	南部	31	26°25′58.9″N	114°04′57.1″E	1750
湖南桃源洞大院	DY	南部	14	26°26′37.1″N	114°03′03.1″E	1567
江西荆竹山	JZS	南部	33	26°29′11.3″N	114°04′47.7″E	1371
江西平水山	PSS	南部	27	26°30′13.3″N	114°06′45.6″E	1601

DNA 提取采用改良的 CTAB 法（Doyle and Doyle，1987），选用 Wang 等（2009b）发表的 9 对特异性 SSR 引物，每对引物用荧光染料标记后，进行 PCR 扩增反应。

使用 ARLEQUIN 3.1 版本（Schneider et al.，2000）检验每个群体中等位基因之间的连锁不平衡以及每个位点/群体组合的哈迪-温伯格平衡（Hardy-Weinberg equilibrium）的偏离程度。使用 GenAlEx v6.41（Peakall and Smouse，2006）计算每个等位基因和居群的以下参数：等位基因数量（A）、每个位点的有效等位基因数（A_E），以及期望杂合度（H_E）和观测杂合度（H_O）。此外，利用 FSTAT 2.9.3（Goudet，2002）计算等位基因丰富度（A_R）和固定指数（F，也称近交指数）。

为了估测居群间的遗传变异，使用 FSTAT 2.9.3 计算 Wright F-statistics（Weir and Cockerham，1984）的无偏估计，包括居群间近交系数（F_{IT}）、居群内近交系数（F_{IS}）和居群间遗传分化系数（F_{ST}）。然后使用 ARLEQUIN 计算不同群体间的多位点成对 F_{ST}，并进行分子方差分析（AMOVA）（Excoffier et al.，1992）。利用 GenAlEx 进行 Mantel 检验（Mantel，1967），统计 1000 个随机排列矩阵之间的两两居群分化的 $F_{ST}/(1–F_{ST})$和地理距离矩阵（Rousset，1997）。

利用 STRUCTURE 2.3.1（Pritchard et al.，2000）并采用贝叶斯聚类方法来研究种群结构。设置具有相关等位基因频率的混合模型，在 $5×10^5$ MCMC 重复和 $2×10^5$ burn-in 周期条件下，对 1 和 5 之间的 K 值进行检测，根据 Evanno 等（2005）的方法确定最合适的 K 值。最后，使用 BOTTLENECK 1.2.02（Cornuet and Luikart，1996；Piry et al.，1999）通过 IAM 模型和 TPM 模型来确定井冈山杜鹃居群是否经历了近期瓶颈事件。

9.3.2 遗传多样性

表 9-2 总结了井冈山杜鹃 5 个居群的遗传多样性情况。9 个位点共检测到 66 个等位基因，每个位点的等位基因数量从 4 个（RDW51）到 16 个（RDW8）不等。井冈山杜鹃在物种水平上表现出较高的遗传多样性，平均等位基因丰富度（A_R）为 4.760±1.638，平均期望杂合度（H_E）为 0.642±0.200。RDW51 位点的遗传多样性最低（A_R=2.341，H_E=0.255），RDW8 位点的遗传多样性最高（A_R=7.988，H_E=0.849）。居群间 A_R 和 H_E 的平均值分别为 4.760±0.260 和 0.596±0.032。居群 JZS 的遗传多样性最高（A_R=5.098±1.438，H_E=0.648±0.060）。DY 居群内的固定指数（F）显著大于零（F=0.265，P<0.001），而在其他 4 个居群中接近于零（表 9-3）。

表 9-2 罗霄山脉井冈山杜鹃 5 个居群 9 个 SSR 位点的变异

位点	引物标记	变异范围（bp）	等位基因数量 A	有效等位基因数 A_E	等位基因丰富度 A_R	期望杂合度 H_E
RDW1	6-FAM	243～255	7	3.565	5.020	0.742
RDW6	6-FAM	149～161	7	3.945	5.357	0.788
RDW8	HEX	290～312	16	4.216	7.988	0.849
RDW11	HEX	244～256	7	3.644	5.506	0.748
RDW16	TAM	250～268	6	3.213	4.602	0.710
RDW33	6-FAM	200～216	7	2.483	4.495	0.608
RDW34	6-FAM	142～150	5	1.426	2.734	0.317
RDW44	HEX	210～234	7	3.587	4.798	0.761
RDW51	TAM	206～212	4	1.342	2.341	0.255
平均			7.3 ± 3.2	3.047 ± 0.178	4.760 ± 1.638	0.642 ± 0.200

表 9-3 罗霄山脉井冈山杜鹃 5 个居群的微卫星多样性研究

居群	样本数量 N	等位基因数量 A	有效等位基因数 A_E	等位基因丰富度 A_R	观测杂合度 H_O	期望杂合度 H_E	固定系数 F
NFM	14	43	2.941 ± 0.414	4.778 ± 2.587	0.587 ± 0.095	0.573 ± 0.084	0.012
JXA	31	52	2.691 ± 0.327	4.911 ± 1.227	0.584 ± 0.072	0.576 ± 0.056	0.002
DY	14	41	2.953 ± 0.384	4.556 ± 1.944	0.444 ± 0.098	0.578 ± 0.086	0.265***
JZS	33	53	3.319 ± 0.354	5.098 ± 1.438	0.697 ± 0.077	0.648 ± 0.060	−0.060
PSS	27	44	3.331 ± 0.528	4.458 ± 1.704	0.593 ± 0.096	0.604 ± 0.083	0.038
平均			3.047 ± 0.178	4.760 ± 0.260	0.581 ± 0.040	0.596 ± 0.032	0.051 ± 0.125

*** P<0.001。

9.3.3 居群结构

在对多重比较的 Bonferroni 校正后，哈迪-温伯格平衡（HWE）检验显示 45 个居群/位点组合中的 5 个，DY 和 PSS 居群间存在显著的杂合度缺失（P<0.001）。F 统计结果表明，居群内近交系数（F_{IS}）为 0.023±0.125，居群间近交系数（F_{IT}）为 0.075±0.112，居群间遗传分化系数（F_{ST}）为 0.052±0.026。

基于这些系数，计算获得基因流（N_m）为 4.558±3.433（表 9-4）。5 个居群间的成对 F_{ST} 值差异均极显著（P<0.001），从 0.030（居群 JXA 和 JZS 之间）到 0.086（居群 NFM 和 DY 之间）（表 9-5）。居群间成对 $F_{ST}/(1-F_{ST})$与居群间的地理距离存在较强的相关性（r=0.603，P=0.065；图 9-7）。

表 9-4　每个位点及总位点的 *F* 统计

位点	居群内近交系数 F_{IS}	居群间近交系数 F_{IT}	居群间遗传分化系数 F_{ST}	基因流 N_m
RDW1	0.086	0.111	0.027	9.009
RDW6	−0.276	−0.187	0.070	3.321
RDW8	0.044	0.139	0.099	2.275
RDW11	0.077	0.094	0.019	12.91
RDW16	0.103	0.160	0.064	3.656
RDW33	0.005	0.058	0.054	4.380
RDW34	0.153	0.187	0.040	6.000
RDW44	0.088	0.125	0.040	6.000
RDW51	−0.009	0.018	0.027	9.009
总位点	0.023 ± 0.125	0.075 ± 0.112	0.052 ± 0.026	4.558 ± 3.433

表 9-5　罗霄山脉井冈山杜鹃 5 个居群的成对 F_{ST} 值

居群编号	NFM	JXA	DY	JZS	PSS
NFM	—				
JXA	0.065***	—			
DY	0.086***	0.068***	—		
JZS	0.056***	0.030***	0.032***	—	
PSS	0.083***	0.073***	0.049***	0.038***	—

*** P<0.001。

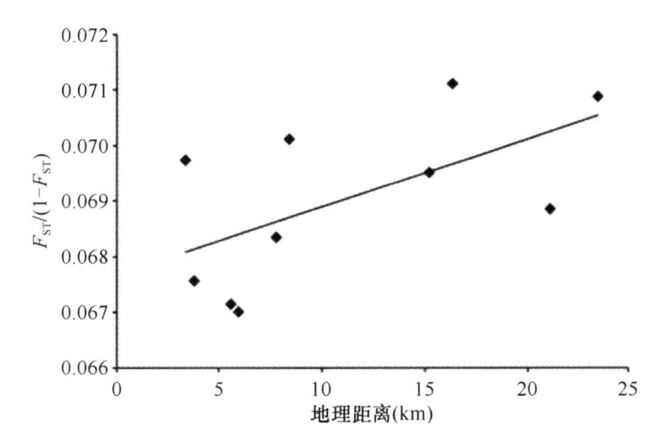

图 9-7　罗霄山脉井冈山杜鹃居群间成对 $F_{ST}/(1-F_{ST})$和地理距离间的关系（r = 0.603，P = 0.065）

按地理位置可将 5 个居群分为两组（表 9-1），分子方差分析（AMOVA）显示，遗传变异主要表现在居群内个体间（93.13%；P<0.001），而组内居群间的变异仅为 4.60%（P<0.001），组间变异为 2.27%（P=0.196）（表 9-6）。

表 9-6　SSR 变异的分子方差分析

变异来源	自由度 df	变异成分	变异率（%）
组间	1	0.067 47	2.27
居群间	3	0.136 67	4.60***
居群内	233	2.769 11	93.13***
总计	237	2.973 25	

*** P<0.001。

9.3.4 瓶颈效应检测

IAM 模型（P=0.003）和 TPM 模型（P=0.024）的 Wilcoxon 检验显示，显著的瓶颈效应主要发生在居群 PSS 中（表 9-7）。在其他居群中未发现瓶颈效应事件。

表 9-7 每个居群的瓶颈效应分析结果

	NFM	JXA	DY	JZS	PSS
IAM	0.156	0.545	0.037*	0.014*	0.003*
TPM	0.230	0.936	0.273	0.326	0.024*

*P < 0.05。

9.3.5 群体间遗传关系

STRUCTURE 分析结果显示，模型似然值在 K=2 之前急剧增加，然后趋于平稳（图 9-8a），二次变化率（图 9-8b）也表明最优 K 值为 2。K=2 的结果显示，所有采样个体均表现出来自两个基因池的混合（图 9-9）：基因池 1（绿色）在居群 NFM 和 DY 中占优势，基因池 2（红色）在居群 PSS 中占优势。居群 JXA 和 JZS 表现出对两个基因池大致相同的贡献，一些个体被分配到基因池 1 中，一些被分配到基因池 2 中，而剩下的个体则表现出在两个基因池之间高度的混合。我们还分别探讨了 K=3、4 和 5（结果未显示）：虽然具体细节不同，但这些较高的 K 值并没有在地理和基因池划分方面表现出比 K=2 更大的相关性，而且这些 K 值在 5 个居群的个体中均表现出了更高的混合程度。

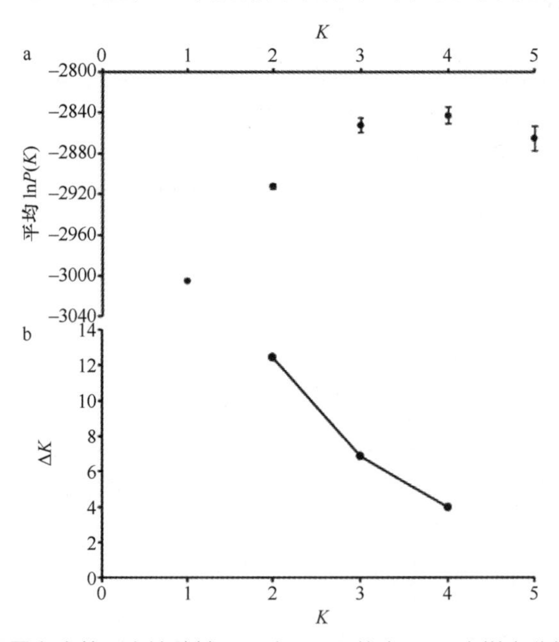

图 9-8 罗霄山脉井冈山杜鹃基于 9 个 SSR 位点 119 个样本分析最优 K 值

a. K 值和平均 ln$P$（K）的关系；b. K 和 ΔK 的关系

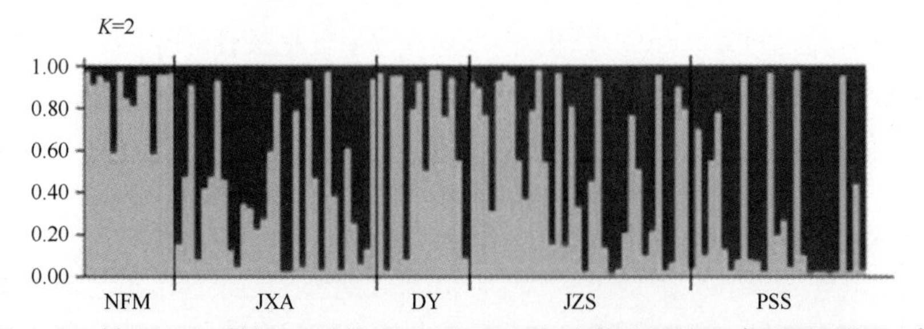

图 9-9 基于 SSR 数据 K=2 的 STRUCTURE 个体分配结果（彩图见附图 1）

横坐标 NFM 等表示居群名称，纵坐标表示各居群在遗传结构中所占的比例；绿色表示基因池 1；红色表示基因池 2；K 是基因池的数目

9.3.6 井冈山杜鹃遗传多样性结构及保护

1. 井冈山杜鹃的遗传多样性

较高的遗传多样性往往表现在分布广泛、寿命较长的树种中，如大白杜鹃 *R. decorum*（A_R=6.818±0.647，H_E=0.758±0.048）（Wang et al.，2013c）和飞蓬属植物 *Erigeron arisolius*（A_R=5.733±0.250，H_E=0.748±0.069）（Edwards et al.，2014）。在本研究中，井冈山杜鹃的遗传多样性（A_R=4.760±1.638，H_E=0.642±0.200）略低于这些物种，这与之前发现的狭域分布的物种往往比广布种具有较低的遗传多样性的结果一致（Purdy and Bayer，1995a，1995b）。

相反，相比于其他稀有物种，井冈山杜鹃具有相对较高的遗传多样性，如分布在新南威尔士州南部高原的 *Daviesia suaveolens*（A_R=2.620±0.415，H_E=0.274±0.056）（Young and Brown，1996）及中国广东北部丹霞地貌特有的丹霞梧桐（A_R=2.444±0.218，H_E=0.364±0.019）（Chen et al.，2014）。井冈山杜鹃较高的遗传多样性可能是井冈山健康的自然环境造成的。井冈山是南北区系的重要通道，地形复杂，裸子植物和被子植物种类丰富，是我国西南地区生物多样性最丰富的地区之一（Wang et al.，2013b）。此外，自 1981 年以来，该地区相继建立了 4 个相关的自然保护区，这也有助于保护许多物种（Xue et al.，2004）。

2. 群体间的遗传分化

5 个居群较低的居群内近交系数（F_{IS}=0.023±0.125）表明井冈山杜鹃以远交为主，这与之前发现的大部分长寿的多年生木本森林物种，如刺毛杜鹃 *R. championae*（F_{IS}=–0.012±0.010）、毛棉杜鹃 *R. moulmainense*（F_{IS}=0.045±0.010）（Ng and Corlett，2000）和丹霞梧桐（F_{IS}=–0.113±0.049）（Chen et al.，2014）进行远交一致（Muona，1990）。但居群 DY 的固定指数（F）显著大于零（F= 0.265，P < 0.001）。据我们实地调查，居群 DY 被大片很少开花的竹林包围，因此相对于其他居群，居群 DY 的传粉者来访的频率可能被降低，因而阻碍了居群 DY 的基因流。

Hamrick 和 Godt（1990）提出，异交的多年生植物通常在群体内具有高度的遗传变异。在本研究中，AMOVA 结果还表明井冈山杜鹃的遗传多样性主要表现在居群内（93.13%，P <0.001），且略高于其他杜鹃属植物，如分布在中国西南部的大白杜鹃 *R. decorum*（85.11%，P <0.001）（Wang et al.，2009b；Wang et al.，2013c）和分布在秦岭的秀雅杜鹃 *R. concinnum*（85.3%，P <0.001）（Zhao et al.，2012a）。井冈山杜鹃居群内较高的遗传多样性可能是由于井冈山杜鹃分布极窄，各居群间的距离较近（不超过 24 km）。居群间较近的距离可以使花粉和种子很容易地从一个居群传播到另一个，有效地提高了居群间的基因流，从而减少了居群间的遗传分化。

AMOVA 结果也显示出井冈山杜鹃居群间微弱但显著的分化（4.60%，P<0.001），两两居群间的 F_{ST} 值也都呈现出显著的特点（P<0.001）。在其他杜鹃属植物中也发现了这种弱而显著的居群分化，如秦岭的 5 种杜鹃属植物（3.12%，P<0.05）（Zhao et al.，2012b）和原产于美国东部的 7 种落叶杜鹃（3%，P<0.05）（Chappell et al.，2008）。居群间的分化可能与地理距离相关。以中国香港的 6 种杜鹃为例，其中 3 种杜鹃居群间的共祖距离与地理距离存在显著的相关性（r=0.393～0.945，P<0.05）（Ng and Corlett，2000）。又如，大白杜鹃 *R. decorum* 居群间的遗传分化与地理距离呈现出显著相关性（r=0.426，P=0.01）（Wang et al.，2013c）。在本研究中，虽然样本居群数量有限，但我们也发现了井冈山杜鹃成对 $F_{ST}/(1–F_{ST})$与地理距离之间存在较强的相关性（r=0.603，P=0.065），说明井冈山杜鹃居群间的遗传分化基本上遵循了距离隔离模式。

STRUCTURE 分析结果表明，最优 K 值为 2，但 K=2 的分配结果似乎与地理距离无关。例如，居群 JXA、JZS 和 PSS 在地理距离上与居群 DY 非常接近，但这 4 个居群的个体被划分到不同的基因池中。我们也检验了较高的 K 值（3、4 和 5），但它们也都没有表现出更相关的地理和基因池划分之间的对应关系。井冈山杜鹃的遗传分化现状可能与井冈山当地多峰多谷的复杂地貌有关（Wang et al.，2013c）。此外，许多竹林分散在这些居群周围，这可能会极大地干扰传粉者的来访，进而阻碍开花植物种群间的基因流。另外，井冈山是中国大陆东部最重要的冰川植物避难所之一，包含了 181 种孑遗植物和 1146 种中国特有植物（廖文波等，2014）。这两个基因池可能是从不同的孑遗种群中幸存下来的，然后在冰期之后混合在了一起。

3. 保护意义

从保护的角度来看，井冈山杜鹃保持着较高的遗传多样性和显著的种群间遗传分化，这有利于保存其遗传资源和拓宽杜鹃品种的遗传基础。然而，在居群 PSS 中发现了近期的瓶颈事件，这表明其种群数量可能经历了急剧减少事件。在调查时发现，这个居群周围分布着一些耕地，居群受到人类活动的干扰。鉴于现存少量的种群数量、居群间较低而显著的遗传分化，这些居群应该被尽可能地保护以维持现状，特别是多样性较高的居群，如居群 JZS，应该被优先进行原位保护。自 1981 年以来，井冈山已经建立了 4 个相关的自然保护区，这些濒危物种需要我们共同的保护。

对于井冈山杜鹃的长期生存而言，在井冈山地区及其他类似生境采种育苗进行人工造林可能是一种最佳的保护策略。新种群的建立可以使种群规模最大化，并提供新的等位基因，从而提高其在不同环境胁迫下的适应能力（Nevo，2001）。由于居群间存在显著的遗传分化，需要从多个居群中收集种子，以保证遗传资源被完整保存。近年来，在当地温室成功培育了数百株井冈山杜鹃幼苗（陈春泉，1998），井冈山杜鹃的人工繁殖和品种的开发研究也在逐步开展（张乐华，2004）。这些努力在不久的将来可为井冈山杜鹃的保护做出巨大的贡献。

9.4 古气候变化对孑遗种福建柏遗传结构和谱系分化的影响

植物种群的进化历史和现代分布不仅受现代环境因素的影响，而且受历史因素如地质事件和气候波动的影响（Avise，2000；Zou et al.，2013）。第三纪早期温暖湿润的气候环境促进北半球中高纬度地区大量植物的存在（Tiffney，1985）。自从东亚季风形成后，全球经历了强烈的气候波动，特别是到了第四纪，全球发生了超过 24 起冰期事件（van Donk，1976）。这种冰期-间冰期的反复气候波动导致了全球生物分布范围收缩-扩张的复杂变化以及现代遗传结构的形成。

相比于欧洲和北美，东亚并没有经历过大面积的冰川覆盖，因而保留了大量的孑遗种，被认为是重要的全球生物多样性中心，并获得了广泛关注。以往的很多研究集中在物种在更新世冰期时的避难所以及冰后期的群体扩张，很少有研究去考虑第四纪之前的气候变化对于物种的影响。近些年来，越来越多的研究指出，新近纪（甚至更早）以来的气候和地质变化也在物种的分化和谱系结构形成中起到了关键作用，这在青钱柳 *Cyclocarya paliurus*（16.69 Ma，Kou et al.，2016）、水青树 *Tetracentron sinense*（9.60 Ma，Sun et al.，2014）和西藏红豆杉 *Taxus wallichiana*（6.58 Ma，Gao et al.，2007）中都得到了验证。

相比于被子植物，裸子植物具有更加漫长的演化历史，在经历了第四纪冰期之后保存有大量的单种属或者寡种属。福建柏属 *Fokienia* 作为其中的一个代表，隶属于柏科 Cupressaceae，目前属下仅有一种福建柏 *Fokienia hodginsii*。化石记录显示，本属在加拿大（Chandrasekharam，1974；McIver and Basinger，1990；McIver，1992）和美国（Brown，1962）的古新世地层、我国吉林省的渐新世地层（Guo and Zhang，2002）以及我国浙江省的晚中新世地层（He et al.，2012）都有发现。因此对现存种福建柏的谱系地理学分析可以为研究新近纪以来气候波动及地质构造等历史事件对物种谱系分化、种群结构和物种分布格局的影响提供有价值的线索。

现存种福建柏雌雄同株，风媒传粉，果实靠重力下落，种子有翅，可以通过风或水进行传播。虽然一些研究证实裸子植物如西班牙圆柏 *Juniperus thurifera*（$2n = 4x = 44$）（Romo et al.，2013；Vallès et al.，2015）、北美红杉 *Sequoia sempervirens*（$2n = 6x = 66$）（Ahuja，2005）中可能存在多倍体现象，但是染色体实验数据显示福建柏为二倍体（李林初和徐炳声，1984；李兆丰等，1995）。福建柏在我国南部各省区均有分布，从东部的福建省到西部的云南省沿着纬度方向表现出间断分布模式（林峰等，2004；黄树军等，2013），向南可延伸至越南，向北可达我国四川盆地附近，南岭一线可能为福建柏的现代分布中心（林峰等，2004；侯伯鑫等，2005）。福建柏一般生长于海拔 800～1300 m 的山地森林中，是亚热带常绿针阔叶混交林的重要组成部分，其垂直分布会因地形地貌以及经纬度的不同而有所变化（黄树军等，2013）。实地调查结果显示，在福建地区，福建柏的分布海拔一般在 300～1000 m；而在四川、云南等地，其分布海拔则明显升高，有的甚至可达到 1800 m 左右。福建柏属于中性偏阳树种，对于湿度和光照较为敏感，极易受到低温冻害的影响，喜欢在比较温暖湿润的环境中生长（林峰等，2004），在生境良好、水热充足的条件下可以快速生长，因而其在第四纪冰期时得以保留在亚热带地区。然而以往关于福建柏的研究多集中在良种选育、人工造林、病虫害防治、精油提取等方面（黄树军等，2013），有关群体遗传多样性和演化历史的研究相对较少。

本研究拟结合利用叶绿体基因片段（cpDNA）和单拷贝核基因（nrDNA）等分子标记，探讨福建柏的谱系分化、遗传多样性分布以及群体动态历史变化，并重点解决以下几个问题：①确定福建柏谱系分化的时间；②解释福建柏种群的遗传结构和谱系分化原因；③阐述冰期-间冰期气候波动对于福建柏群体历史的影响。

9.4.1　实验材料与方法

1. 样品采集和 DNA 提取

通过对福建柏分布区的全面调查，本研究一共采集到居群 28 个，共计 497 个个体，其中在中国亚热带地区采集居群 22 个，个体 400 个；在越南地区采集居群 6 个，个体 97 个。扁柏属是目前与福建柏最近缘的属，现间断分布于中国台湾、日本和北美地区（林峰等，2004）。本研究在中国台湾地区采集了 2 个红桧 *Chamaecyparis formosensis* 居群以及 1 个台湾扁柏 *C. obtusa* var. *formosana* 居群作为后续分析使用的外类群。居群的采集信息和地理分布信息如表 9-8 所示。采集标准为相邻居群之间的地理距离大于 100 km，每个居群采集的个体均为成年大树，且彼此之间的距离保持在 30～50 m，个体数量保证在 15 个以上；对于分布数量较少的地区，保证采集个体数量在 5 个以上。所有采集的居群都记录其经纬度、海拔以及生境等信息。

选择长势良好、完整、没有病虫害侵染的叶片 3～5 片，表面擦拭干净后放入分子样袋内并立即利用硅胶干燥。对于干燥后的叶片材料，使用经过改良的 CTAB 法（Doyle and Doyle，1987）对其 DNA 进行提取。每个采集的居群都制作 3 份枝叶标本留为凭证，并在中山大学植物标本馆（SYS）内保存。

2. 引物筛选、测序

针对叶绿体基因片段，本研究首先搜集了通用的叶绿体引物以及近几年来柏科植物系统发育和谱系地理学等研究中所使用的引物，并对其通用性和多态性进行筛选，但是并没有找到满足条件的引物。随后，又从 GenBank 数据库中下载了福建柏近缘种红桧 *C. formosensis*（Wu and Chaw, 2016）的叶绿体基因组数据作为参照数据，与福建柏的转录组数据进行比对，限定序列同源性可靠值 *E* 值的阈值为 1e～10e。比对后的结果显示共有 55 条序列可以成功匹配。利用 NCBI 的 BlastN 功能找到这 55 条序列所对应的基因片段，利用软件 Primer Premier 6.0 基于这些序列信息共设计出引物 64 对，设计的标准为目的产物的大小为 300～900 bp，其他参数按默认进行；对于长度超过 1500 bp 的序列，本研究则设计了两对或两对以上的引物。利用上述提到的 15 个个体对这 64 对引物的通用性和多态性进行检测。其中有 55 对可以成功扩增且得到了较好的测序结果，有 5 对（*psbB*、*atpB*、*atpI-atpH*、*psaI-ycf4* 和 *rps16-chlB*）表现出相对较高的多态性，可以用于后续的实验分析。

表 9-8　本研究采集的 28 个福建柏居群以及 3 个扁柏属居群的地理分布信息

居群代码	采集物种	采集标本号	样品地点	地理信息			个体数（个）
				经度	纬度	海拔（m）	
GDQXD	福建柏 *Fokienia hodginsii*	SYS160317	中国广东省七星岭	111°57′56.82″E	23°33′29.25″N	1068	20
JXSQS	福建柏 *Fokienia hodginsii*	SYS160325	中国江西省三清山	118°3′50″E	28°54′10.5″N	1354	20
JXJGS	福建柏 *Fokienia hodginsii*	SYS151117	中国江西省井冈山	114°09′16.36″E	26°30′32.82″N	1311	20
JXWZF	福建柏 *Fokienia hodginsii*	SYS140602	中国江西省五指峰	114°19′12″E	25°28′47.99″N	1488	20
JXMTS	福建柏 *Fokienia hodginsii*	SYS160926	中国江西省马头山	117°8′11.81″E	27°50′6.31″N	605	11
HNMS	福建柏 *Fokienia hodginsii*	SYS160321	中国湖南省莽山	112°57′19.63″E	24°57′49.43″N	1103	20
HNYY	福建柏 *Fokienia hodginsii*	SYS160927	中国湖南省月岩林场	111°20′45.39″E	25°33′38.92″N	1247	23
ZJJD	福建柏 *Fokienia hodginsii*	SYS160327	中国浙江省建德林场	119°33′19.98″E	29°34′40.56″N	877	20
ZJFYS	福建柏 *Fokienia hodginsii*	SYS160328	中国浙江省凤阳山	119°10′11.05″E	27°52′49.63″N	1471	20
FJHBL	福建柏 *Fokienia hodginsii*	SYS160921	中国福建省虎伯寮	117°15′38.83″E	24°31′13.57″N	762	15
FJDYS	福建柏 *Fokienia hodginsii*	SYS160922	中国福建省戴云山	118°13′2.34″E	25°38′27.1″N	1095	20
FJFHS	福建柏 *Fokienia hodginsii*	SYS160924	中国福建省凤凰山	117°47′29.86″E	26°23′32.6″N	369	20
FJMHS	福建柏 *Fokienia hodginsii*	SYS160925	中国福建省梅花山	116°51′17.78″E	25°16′0.61″N	830	20
GXCWLS	福建柏 *Fokienia hodginsii*	SYS160426	中国广西壮族自治区岑王老山	106°22′36.07″E	24°25′9.19″N	1671	20
GXDMS	福建柏 *Fokienia hodginsii*	SYS160422	中国广西壮族自治区大明山	108°26′17.47″E	23°29′46.39″N	1203	5
GXHP	福建柏 *Fokienia hodginsii*	SYS160613	中国广西壮族自治区花坪保护区	109°54′51.55″E	25°36′14.52″N	1290	20
GXHJ	福建柏 *Fokienia hodginsii*	SYS160611	中国广西壮族自治区环江县	108°38′23.94″E	25°12′9.82″N	1139	7
GXJX	福建柏 *Fokienia hodginsii*	SYS160728	中国广西壮族自治区天堂山	110°19′15.11″E	24°12′40.19″N	989	20
YNLFZ	福建柏 *Fokienia hodginsii*	SYS160425	中国云南省老范寨	103°49′6.11″E	22°52′12.27″N	1503	19
GZYC	福建柏 *Fokienia hodginsii*	SYS160511	中国贵州省雨冲村	105°58′50.32″E	27°22′2.01″N	1323	20
CQSMS	福建柏 *Fokienia hodginsii*	SYS161109	中国重庆市四面山	106°20′55.27″E	28°34′38.61″N	1170	20
SCHGX	福建柏 *Fokienia hodginsii*	SYS161111	中国四川省画稿溪	105°33′7.84″E	28°14′40.64″N	1122	20
V_PXB	福建柏 *Fokienia hodginsii*	SYS180125	越南老街省番西邦峰	103°46′22.34″E	22°21′03.54″N	1823	11
V_VB	福建柏 *Fokienia hodginsii*	SYS180126	越南老街省文盘县	104°04′34.22″E	21°57′19.02″N	1535	21
V_SL	福建柏 *Fokienia hodginsii*	SYS180128	越南山萝省川州县	103°34′58.61″E	21°20′01.85″N	1580	20
V_HB	福建柏 *Fokienia hodginsii*	SYS180127	越南和平省梅州县	104°53′25.10″E	20°44′19.48″N	1366	16
V_NA	福建柏 *Fokienia hodginsii*	SYS180129	越南义安省高平保护区	104°46′25.49″E	18°58′02.59″N	1521	16
V_DL	福建柏 *Fokienia hodginsii*	SYS181229	越南林同省大叻市	108°43′45.86″E	12°10′56.00″N	1490	14
YLHH	红桧 *Chamaecyparis formosensis*	SYS171207	中国台湾省玉山	121°24′23.39″E	24°24′23.39″N	1554	11
ALHH	红桧 *Chamaecyparis formosensis*	SYS171212	中国台湾省阿里山	120°48′29.42″E	23°30′59.50″N	2119	9
TWBB	台湾扁柏 *Chamaecyparis obtusa* var. *formosana*	SYS171206	中国台湾省玉山	121°32′06.12″E	24°29′32.54″N	1950	19

Duarte 等（2010）根据对拟南芥 *Arabidopsis thaliana*、葡萄 *Vitis vinifera*、毛果杨 *Populus trichocarpa* 以及水稻 *Oryza sativa* 这 4 种植物的基因组比对结果，一共找到 959 个单拷贝核基因。本研究同样将福建柏的转录组数据与下载的拟南芥 959 个单拷贝核基因（database）进行比对，限定 *E* 值的阈值为

1e～10e，最终找出最佳匹配的片段 89 个。分析时，初步认定这些片段可能是福建柏基因组中的单拷贝基因。利用 Primer Premier 6.0 对这 89 个片段进行引物设计，其中设定平均扩增温度 50℃左右，产物大小为 500～1000 bp，最后一共得到 40 对引物。引物的扩增检测结果显示有 8 对引物能够完全扩增并且得到了单一的条带，有 2 对表现出了明显的多态性（*hgd* 和 *sqd1*）。

详细的引物信息见表 9-9。

表 9-9　本研究中所使用的叶绿体基因片段和单拷贝核基因引物信息

基因	引物序列（5′→3′）	扩增物种	长度（bp）
rps16-chlB	F：TCTTCTTCTTCTTCCGTGTA R：ATGCTGAGGTAGGAGATATG	福建柏 *Fokienia hodginsii*	756
psbB	F：CCAATGCTTCCATAGATTCG R：CATCTCAGTGTTCGTCCTC	福建柏 *Fokienia hodginsii*	624
psaI-ycf4	F：ACATATTAGACCCGTGTGTT R：GTTCTGAGTGAGAAGTAGAGT	福建柏 *Fokienia hodginsii*	845
atpB	F：TAACGATACAACTGGTCAAC R：TCTGCCTAATAATGCGGATA	福建柏 *Fokienia hodginsii*	539
atpI-atpH	F：TTGGTAGTTGCCGTTCTT R：CAATGCCAGGTCCAATAGA	福建柏 *Fokienia hodginsii*	312
hgd	F：CAGCCACACCTACACAAT R：TGAGACCAATCCAACACTT	福建柏 *Fokienia hodginsii*	572
sqd1	F：AGGAACTCGCTTGCTTAG R：AGAGAACCATCTACTCACTTG	福建柏 *Fokienia hodginsii*	890
	F：TGCTCTACCTCTGTCTATCA R：GCTGCTTGCTGTCCTAAT	台湾扁柏 *Chamaecyparis obtuse* var. *formosana* 红桧 *Chamaecyparis formosensis*	890

3. 序列比对、遗传多样性、遗传结构和群体间的基因流

利用 DNASTAR Lasergene v7.1 中的 SeqMan（Burland，2000）程序根据从生物公司获得的原始序列峰图 ABI 文件进行碱基的校正和序列的拼接。利用 MUSCLE（Edgar，2004）软件对校正碱基后的序列进行比对和编辑，其中大片段的插入、缺失处理成为单个碱基的变异。因为单核苷酸重复序列具有同质性，因此多聚结构导致的碱基差异在本研究中不作为变异进行分析。另外，考虑到植物叶绿体为环状结构，可以将其看作是一个基因座，因此本研究将 5 个叶绿体基因片段联合起来进行分析。所有经过校正和比对后的序列都上传至 GenBank 数据库中（序列号 MN069047～MN069150，表 9-10）。

利用 DNAsp v 5.1 软件（Librado and Rozas，2009）根据相位算法，统计出联合叶绿体片段中碱基变异的数目，确定不同居群所包含的单倍型种类，同时计算群体中的各项遗传多样性指标，如确定的单倍型数量（N）、单倍型多态性（H_d）和核苷酸多态性（π_t）。由于福建柏为二倍体，本研究利用 DNAsp 软件中的 PHASE 程序（Stephens and Donnelly，2003）将含有杂合位点的序列拆分成两条纯合的序列，并计算其分离位点数（S）、最小重组事件数（R_m）和各项多样性参数。同时还计算了序列的中性检验参数 Tajima's D 值（D*）及 Fu & Li's F 值（F*）。将从 DNAsp v 5.1 中转换得到的*.rdf 文件导入软件 Network v 4.6.1.1（Bandelt et al.，1999）中，此软件基于巢式支系分析方法，利用中接法（median-joining，MJ）确定各个单倍型之间的演化关系，建立单倍型网络图。随后，利用 GENGIS v2.5.0 软件（Parks et al.，2013）将各个居群的单倍型分布情况与群体位置进行叠加，以图像化的方式展示各个单倍型的地理范围。

表 9-10 福建柏叶绿体和核基因序列号上传和下载记录

上传至 GenBank 的物种和基因序列号										
物种	叶绿体单倍型	*psbB*	*atpB*	*atpI-atpH*	*pasI-ycf4*	*rps16-chlB*	核基因单倍型	*hgd*	核基因单倍型	*sqd1*
福建柏	H1	MN069047	MN069061	MN069075	MN069089	MN069103	A1	MN069117	B1	MN069133
	H2	MN069048	MN069062	MN069076	MN069090	MN069104	A2	MN069118	B2	MN069134
	H3	MN069049	MN069063	MN069077	MN069091	MN069105	A3	MN069119	B3	MN069135
	H4	MN069050	MN069064	MN069078	MN069092	MN069106	A4	MN069120	B4	MN069136
	H5	MN069051	MN069065	MN069079	MN069093	MN069107	A5	MN069121	B5	MN069137
	H6	MN069052	MN069066	MN069080	MN069094	MN069108	A6	MN069122	B6	MN069138
	H7	MN069053	MN069067	MN069081	MN069095	MN069109	A7	MN069123	B7	MN069139
	H8	MN069054	MN069068	MN069082	MN069096	MN069110	A8	MN069124	B8	MN069140
	H9	MN069055	MN069069	MN069083	MN069097	MN069111	A9	MN069125	B9	MN069141
	H10	MN069056	MN069070	MN069084	MN069098	MN069112	A10	MN069126	B10	MN069142
	H11	MN069057	MN069071	MN069085	MN069099	MN069113	A11	MN069127	B11	MN069143
	H12	MN069058	MN069072	MN069086	MN069100	MN069114	A12	MN069128	B12	MN069144
	H13	MN069059	MN069073	MN069087	MN069101	MN069115	A13	MN069129	B13	MN069145
	H14	MN069060	MN069074	MN069088	MN069102	MN069116	A14	MN069130	B14	MN069146
							A15	MN069131	B15	MN069147
							A16	MN069132		
红桧									BC1	MN069148
									BC2	MN069149
台湾扁柏									BC3	MN069150
自 GenBank 下载的物种序列号										
美国扁柏				KX832622.1						
翠柏				KX832621.1						
侧柏				KX832626.1						
罗汉柏				KX832628.1						

利用 PERMUT v 1.0 软件（Pons and Petit，1996）计算福建柏居群的分化系数 N_{ST} 和 G_{ST}，并通过 1000 次的置换检验比较二者是否有显著差异，以此来判断福建柏居群是否具有谱系结构。其中遗传分化系数 G_{ST} 仅以居群的单倍型频率为计算标准，而 N_{ST} 在计算时还比较了各个单倍型之间的相似程度。当内氏遗传分化系数 N_{ST} 显著高于 G_{ST}（$P < 0.05$）时，说明关系近缘的单倍型更倾向于分布在相同的地区，也就是说同一居群或者邻近区域内分布的单倍型更为相似，物种存在谱系结构；反之，则说明关系近缘的单倍型在分布上并没有明显的地理偏好性，物种也就不存在谱系结构。

利用 SAMOVA 2.0 软件（Dupanloup et al.，2002）根据各个基因数据来确定福建柏居群的最佳地理分组情况。基于此分组结果，利用 Arlequin ver 3.5.2.2 软件（Excoffier et al.，1992）进行分子方差分析，分别计算遗传变异在居群内、地区间以及地区内居群间三个层面上所占的比例。

根据 SAMOVA 分组结果，利用 MIGRATE v3.6.8 软件（Beerli，2006）计算不同地理组分间的历史基因迁移情况。该分析允许地理组分间的基因流不对称，可以更加真实地显示出不同地理组分间的基因交流情况。软件在运行时使用 Brownian 突变模型，假设所有位点的突变速率保持不变，设定基因流迁移参数 M 值符合均匀分布（uniform distribution）模型，在运算时以固定系数 F_{ST} 值作为起始值，设置 5 个长链（1 000 000 trees）和 10 个短链（500 000 trees），加热的起始温度按照 1.0、1.5、3.0 和 6.0 进行配置，分析重复计算 5 次。

4. 系统发育关系建立和谱系分化时间估计

基于以往的研究（Qu et al.，2017），本研究从 GenBank 数据库中下载了美国扁柏 *Chamaecyparis lawsoniana*、翠柏 *Calocedrus macrolepis*、侧柏 *Platycladus orientalis* 以及罗汉柏 *Thujopsis dolabrata* 的叶绿体基因数据（表 9-10），并将其与测序得到的福建柏叶绿体基因数据进行比对，所得结果用作叶绿体系统发育关系分析使用的外类群数据。针对核基因数据，则对采集到的红桧和台湾扁柏居群进行 PCR 扩增，获得的基因序列作为分析时的外类群数据。

考虑到核基因与叶绿体基因具有不同的进化历史和生物学特性，本研究利用不一致长度差（incongruence length difference，ILD）（Farris et al.，1994）检验方法来测定根据不同基因片段所建立的系统发育拓扑结构是否一致。利用已经定义好基因片段长度范围的联合序列文件，使用 PAUP*4.0b10 软件（Wilgenbusch and Swofford，2003）重复计算 1000 次得到差异显著性 P 值。如果 $P > 0.05$，则说明片段之间的拓扑结构不存在冲突，可以联合建树；如果 $P < 0.05$，则说明序列间有明显的差异，不可以进行联合分析。

利用 PAUP 软件（Swofford, 2003）建立单倍型最大简约树（MP 树）。分析使用启发式搜索的策略进行分枝交换计算，每次选择 1000 次随机添加重复，分析中保留最优树不超过 5 棵。所有的插入缺失位点在此过程中都转变成二元状态（0 或 1）。另外，在进行分析时，各位点都是无序（unordered）以及等权重的（equally weighted）。第二次的搜索过程以第一次得到的简约树为起始，参数设置也与第一次保持一致，分析保留枝长最短的树，搜索后计算一致树。使用自展（bootstrap）分析对 MP 树中每个分枝结构可信度进行评估，分析也采用启发式搜索，并进行 1000 次重复计算，由此得出 MP 树中每个分枝的支持率。

利用 jModelTest v2.1.1 软件（Darriba et al.，2012）检测各基因片段的最佳碱基替换模型，并根据得到的模型进行系统发育关系的建立。由于插入缺失和碱基替换的速率并不相同，因此本研究在分析时不考虑因插入缺失而形成的单倍型。jModelTest v2.1.1 软件根据赤池信息量准则（Akaike information criterion，AIC）选出最佳模型。在本研究中联合叶绿体基因片段的最佳替换模型为 GTR+I，核基因 *hgd* 的最佳替换模型为 GTR+G，核基因 *sqd1* 的最佳替换模型为 F81+G。选出的替换模型用于构建单倍型的最大似然树（ML 树）以及贝叶斯树（BI 树）。其中 ML 树基于最大似然法进行参数统计，通常情况下，如果参数模型选择合适，那么利用该方法建立的系统关系往往更符合物种的进化历史（孙中帅，2016）。本研究利用 PhyML 3.0 软件（Guindon and Gascuel，2003）进行分析，按照操作步骤输入模型检测中的各类参数值，重复运行 1000 次。BI 树基于后验概率的原理，计算方法和进化模型的选择都与 ML 法相似，但是二者的原理却有所不同。贝叶斯法利用马尔可夫链进行模拟，计算分枝结构以及枝长等各类参数的后验概率值，并以此评价系统发育树中每个分枝的可靠性，不需要再进行自展分析。构建贝叶斯系统树时利用 MrBayes v3.2.1 软件（Ronquist et al.，2012），设置一个冷链和三个热链，运行 2 000 000 代，其中每 1000 代取样一次。对于每个数据集，都单独运算两次。运行结束后，通常会将产生的前 500 000（25%）棵树作为燃烧树（burning tree）丢弃，其余的树用来构建一致树，并得出最后的结果。

利用 BEAST v 1.8.2 软件（Drummond et al.，2012）推测福建柏各个谱系的最近共祖时间。以前的研究已经基于叶绿体基因片段和叶绿体基因组数据分别对柏科及柏木亚科各分支的分歧时间进行了估计（Mao et al.，2012；Qu et al.，2017），本研究基于上述的结果设置了三个校正点，其中福建柏属与扁柏属的分歧时间设置为 61.1 Ma（结合柏科主要支系分歧时间估计和化石信息），扁柏-福建柏属支系和柏-刺柏属支系的分歧时间设置为 98.6 Ma（95%最大后验密度置信区间 HPD：94.42～103.54 Ma），侧柏属与翠柏属的分歧时间设置为 59.78 Ma（95% HPD：54.27～65.34 Ma）。通过这些校正点，本研究对福建柏各个叶绿体单倍型的分歧时间进行了估算。对于核基因，由于外类群红桧和台湾扁柏并没有成功扩增出 *hgd* 基因，所以本研究只使用 *sqd1* 基因进行估计。分析时以福建柏属和扁柏属的分歧时间作为校正点，对核糖体单倍型的分歧时间进行估算。软件运行时根据 jModelTest 的结果设置碱基替换模型，选择不相关的对数正态松弛模型，时间校正点设置为正态分布。由于在谱系分化时间估计中经常使用尤勒法（Yule Process）和种群大小不变溯祖模型（coalescent model assuming constant population size），为了保证结果的可靠性，本研究比较了这两种方法的似然值，最终选择后者作为系统树的设置模型。分析运行 10 000 000 代，其中每 1000 代取样一次。利用 Tracer 1.7 软件（Drummond et al.，2012）来检测数据的收敛性，保证所有参数误差平方和（ESS）都大于 200。然后利用 TreeAnnotator 1.8.2 软件（Drummond et al.，2012）获得每个节点上的时间。最后利用 FigTree v1.4.3 软件查看最后的结果文件。

5. 种群历史动态变化分析

根据联合叶绿体片段的 SAMOVA 分组结果，利用 Arlequin ver 3.5.2.2 来计算各组的中性检验值，并检测群体扩张的信号。如果中性检验 Tajima's D 以及 Fu & Li's F 值为显著的负值（$P < 0.05$），说明种群中的低频率等位基因超过限定阈值，种群经历了明显的扩张事件（王一涵，2016）。此外，本研究还对福建柏种内各谱系进行了失配分布（mismatch distribution）分析，利用糙度指数 H_{Rag}（Harpending，1994）以及失配分布方差 SSD 检测在假设种群扩张的情况下，观测值与期望值的拟合优度，从而判断种群是否经历过扩张。如果在 P 值不显著（$P > 0.05$）的情况下 H_{Rag} 和 SSD 具有很高的值，同时失配分布曲线表现出明显的单峰，则说明种群或者谱系存在扩张现象；反之，则不能说明种群存在扩张。对于表现出扩张信号的群体，可采用公式 $T = \tau/2u$ 来计算种群的扩张时间（Rogers and Harpending，1992），式中，τ 为扩张系数，u 为物种在每一世代的突变率，计算公式为 $u = \mu kg$，其中 μ 为序列的碱基替换速率（一般根据 BEAST 软件的计算结果），k 为序列的长度，g 为世代时间。根据实地调查以及相关文献的记载，福建柏的世代时间一般为 50 年（肖祥希等，1998）。

6. 生态位模拟和生态位一致性检测

生态位模拟（ecological niche modelling，ENM）是在给定的环境条件下，描述物种适宜空间分布的一种方法。该方法基于生态位的保守性，假定物种与环境适应性处于平衡状态，并将物种的现有分布情况与生物气候环境变化参数联系起来，是目前预测物种适宜性分布区域最主要的方法（Peterson，2003）。本研究利用 MAXENT v3.2 软件（Phillips et al.，2006）估计福建柏在末次冰盛期（Last Glacial Maximum，LGM）以及当前的适宜性分布情况。根据总结的福建柏标本记录以及实地考察结果，本研究一共得到 373 个地点数据，剔除掉那些缺乏具体信息或者地理位置不正确的记录点后，最终共得到 236 个正确的分布地点。然后从 WorldClim 网站下载了两个时期下的生物气候变量数据，分辨率选择 2.5 arc-min。为了避免使用这 19 个因子预测而产生过度拟合现象，利用 ENMTools v.1.4.3 软件（Warren et al.，2010）来计算这些因子之间的相关性，并最终确定了 7 个关联性较低（$r < 0.8$）的因子进行后续分析（表 9-11）。将这 236 个地理位置数据和 7 个变量数据导入 MAXENT v3.2 软件中，随机在这些分布点中挑选 3/4 作为训练数据（training data）设置模型，余下的 1/4 当作测试数据（testing data）检验分析的准确程度。分析重复运算 5000 次，收敛限（convergence limit）设置为 0.01。利用 CCSM 3.0（community climate system model V3.0）模型预测末次冰盛期的分布区。用受试者工作特征曲线下面积（AUC）来判断模型模拟的准确性，如果 AUC 值大于 0.8，则证明模拟效果较好（Swets，1988）。

根据生态位模拟的结果，本研究利用 ENMTools v1.4.3 对不同地理组进行了生态位一致性检测（niche identity test）。检验标准为 Schoener's D（D 值）和 Hellinger's I（I 值），二者的范围从 0（代表生态位完全背离/不重叠）到 1（代表生态位高度相似/完全重叠）。一致性检测以不同的地理组分处于相同的生态位为零假设，将每个地理组的位置点所预测的适宜分布范围与不同组混合后的位置点所预测的范围进行比较，重复计算 100 次，最终得出检验后的 D 值和 I 值。通过比较观测值与实际值的范围来确定地理组分之间的生态位是否一致。如果观测值分布在期望值范围内，且 P 值不显著，则说明不同地理组占据了相同的生态位，不同区域的气候条件并不会促使地理组间产生分化，反之，则说明不同地区的气候环境可能会促进地理组间的分化。

表 9-11 生态位模拟中的 19 个生物气候因子以及本实验中选用的 7 个相关性较低（$r < 0.8$）的因子

气候因子代码	气候因子代表信息	本实验中使用的因子
BIO1	全年平均温度	是
BIO2	月平均昼夜温差值	否
BIO3	昼夜温差与全年气温变化比	否
BIO4	季节性温度变化	否
BIO5	最温暖月份最高温	否
BIO6	最寒冷月份最低温	否
BIO7	全年气温变化（BIO5–BIO6）	否
BIO8	最潮湿季度平均气温	否
BIO9	最干旱季度平均气温	否
BIO10	最温暖季度平均气温	是
BIO11	最寒冷季度平均气温	是
BIO12	全年降雨量	是
BIO13	最潮湿月份降雨量	否
BIO14	最干旱月份降雨量	否
BIO15	季节性降雨量变化	否
BIO16	最潮湿季度降雨量	否
BIO17	最干旱季度降雨量	是
BIO18	最温暖季度降雨量	是
BIO19	最寒冷季度降雨量	是

9.4.2 单倍型及遗传多样性

5 个叶绿体基因片段联合后的长度为 3076 bp，其中基因 *psbB* 的长度为 624 bp，*atpB* 的长度为 539 bp，基因间隔区 *psaI-ycf4* 的长度为 845 bp，*rps16-chlB* 的长度为 756 bp，*atpI-atpH* 的长度为 312 bp。在联合叶绿体基因片段中，一共检测到 15 个碱基变异和 3 个插入/缺失（长度为 4～23 bp），根据这些变异共确定了 14 个单倍型（表 9-12）。

从物种水平上看，叶绿体数据显示福建柏群体的遗传多样性保持在相对较高水平，单倍型多态性（H_d）及核苷酸多态性（π_t）分别达到了 0.846 和 0.001 24（表 9-13）。另外，群体内平均遗传多样性（$H_S = 0.381 \pm 0.0479$）低于总遗传多样性（$H_T = 0.860 \pm 0.0279$）。从群体水平上看，单倍型多态性 H_d 从 0.000 到 0.711，平均值为 0.343 ± 0.024；核苷酸多态性 π_t 从 0.000 00 到 0.000 78，平均值为 0.000 24 ± 0.000 09。在所采集的群体中，分布在中东部地区的居群 JXJGS、分布在东部地区的居群 FJDYS 以及分布在西部地区的居群 V_NA 的遗传多样性明显高于其他群体。

表 9-12　基于联合叶绿体基因片段的单倍型碱基变化

单倍型	*psbB*	*atpI-atpH*		*atpB*			*psaI-ycf4*			*rps16-chlB*						
	504	14	19	112	475	517～520	23	107～115	646	160	375	563	634	642	649	659～681
H1	C	C	T	G	C	TTTT	G	CATGCTCAA	C	T	C	C	G	C	T	TTTTTTCTAATTATAAAATAGAA
H2	—	—	—	—	—	TTTT	—	—	—	—	—	—	—	—	—	—
H3	—	—	—	—	—	TTTT	—	—	—	—	T	—	—	—	—	—
H4	—	—	—	—	—	TTTT	—	—	—	—	—	—	—	—	—	TTTTTTCTAATTATAAAATAGAA
H5	—	—	—	—	—	TTTT	—	CATGCTCAA	—	—	T	—	—	—	—	—
H6	A	—	—	A	A	TTTT	—	CATGCTCAA	—	—	—	—	—	—	—	TTTTTTCTAATTAGAAAATAGAA
H7	A	—	—	A	A	TTTT	—	CATGCTCAA	T	—	—	—	—	—	G	TTTTTTCTAATTAGAAAATAGAA
H8	A	—	—	A	A	TTTT	—	CATGCTCAA	—	—	—	—	—	—	G	—
H9	—	A	G	—	—	TTTT	T	CATGCTCAA	—	—	—	—	—	—	—	TTTTTTCTAATTATAAAATAGAA
H10	—	A	G	—	—	TTTT	T	CATGCTCAA	—	G	—	T	—	A	—	TTTTTTATAATTATAAAATAGAA
H11	—	A	G	—	—	TTTT	T	CATGCTCAA	—	—	—	—	—	—	—	—
H12	—	A	G	—	—	TTTT	T	CATGCTCAA	—	—	—	—	—	—	—	TTTTTTATAATTATAAAATAGAA
H13	—	A	G	—	—	TTTT	T	CATGCTCAA	—	G	—	T	T	A	—	TTTTTTCTAATTATAAAATAGAA
H14	—	A	G	—	—	—	T	CATGCTCAA	—	—	—	—	—	—	—	—

表 9-13　根据叶绿体 SAMOVA 分组所显示的群体单倍型分布和遗传多样性

群体代码	采集样本数（N）	单倍型数目（h）	单倍型多态性（H_d）	核苷酸多态性（π_t）	单倍型分布
东部组					
JXMTS	11	2	0.545	0.000 37	H6（5）、H7（6）
ZJJD	20	3	0.279	0.000 19	H6（8）、H7（10）、H8（2）
FJHBL	15	2	0.533	0.000 37	H6（8）、H7（7）
FJDYS	20	3	0.653	0.000 45	H6（6）、H7（10）、H8（4）
FJFHS	20	3	0.543	0.000 39	H6（11）、H7（7）、H8（2）
FJMHS	20	2	0.189	0.000 13	H7（18）、H8（2）
中东部组					
GDQXD	20	2	0.100	0.000 07	H1（17）、H2（3）
JXSQS	20	4	0.563	0.000 39	H1（13）、H3（2）、H4（2）、H5（3）
JXJGS	20	5	0.711	0.000 43	H1（10）、H2（4）、H3（1）、H4（3）、H5（2）
JXWZF	20	3	0.353	0.000 24	H1（15）、H2（3）、H3（2）
HNMS	20	3	0.542	0.000 42	H1（13）、H2（4）、H3（3）
HNYY	23	3	0.569	0.000 30	H1（11）、H2（6）、H3（6）
ZJFYS	20	1	0.000	0.000 00	H1（20）
中西部组					
GXCWLS	20	1	0.000	0.000 00	H3（20）
GXDMS	5	1	0.000	0.000 00	H3（5）
GXHP	20	2	0.479	0.000 16	H2（7）、H3（13）
GXHJ	7	2	0.551	0.000 21	H2（4）、H3（3）
GXJX	20	2	0.526	0.000 18	H2（11）、H3（9）

续表

群体代码	采集样本数（N）	单倍型数目（h）	单倍型多态性（H_d）	核苷酸多态性（π_t）	单倍型分布
中西部组					
GZYC	20	1	0.000	0.000 00	H3（20）
CQSMS	20	1	0.000	0.000 00	H3（20）
SCHGX	20	2	0.189	0.000 19	H1（2）、H3（18）
西部组					
YNLFZ	19	1	0.000	0.000 00	H9（19）
V_PXB	11	2	0.436	0.000 60	H3（3）、H9（8）
V_VB	21	2	0.395	0.000 54	H9（15）、H10（6）
V_SL	20	2	0.381	0.000 13	H9（15）、H11（5）
V_HB	16	2	0.458	0.000 16	H9（11）、H12（5）
V_NA	15	3	0.600	0.000 78	H9（8）、H13（7）
V_DL	14	1	0.000	0.000 00	H14（14）
合计	497	14	0.846	0.001 24	

注：表中 JXMTS 等代码表示采样地点，具体见本节前文表 9-8。

对于核基因来说，比对后的 *hgd* 基因长度为 572 bp，其中 17 个分离位点可以确定 16 个单倍型；而基因 *sqd1* 的长度为 890 bp，一共检测到 14 个分离位点并确定了 15 个单倍型（表 9-14，表 9-15）。福建柏群体在这两个单拷贝核基因上的平均单倍型多态性为 H_d = 0.832；平均沃特森多态性为 θ_{wt} = 0.003 04，核苷酸多态性 π_t = 0.003 09。中性检验的结果显示 Tajima's D 值、Fu and Li's D*值以及 Fu and Li's F*值均为正值（表 9-16）。

福建柏各居群核糖体单倍型分布情况见表 9-17。

表 9-14 基于单拷贝核基因 *hgd* 的单倍型碱基变化

单倍型	核基因 *hgd*																
	27	41	107	131	162	174	208	209	234	236	326	360	362	368	417	490	561
A1	A	G	G	G	G	G	C	G	G	G	G	G	T	G	A	C	A
A2	—	—	—	—	—	—	—	—	—	—	—	—	—	—	C	—	C
A3	—	—	—	—	—	—	—	—	—	A	A	A	—	—	C	—	—
A4	—	—	—	—	—	—	T	—	—	—	—	—	—	—	C	—	C
A5	—	—	—	—	—	—	—	—	—	—	—	—	G	—	C	—	C
A6	—	—	—	—	A	—	T	—	—	—	—	—	—	—	C	—	C
A7	—	—	—	—	—	—	—	—	—	—	—	—	—	—	C	—	—
A8	—	—	—	—	—	—	—	—	—	—	—	—	—	C	C	—	C
A9	—	—	—	A	—	—	—	—	—	—	—	—	—	C	C	—	C
A10	G	—	—	—	—	T	—	—	A	—	—	—	—	—	C	—	C
A11	—	—	C	—	—	—	—	C	—	—	—	—	—	—	C	—	C
A12	—	—	—	—	—	T	—	—	—	—	—	—	—	—	C	—	C
A13	G	—	—	—	—	T	—	—	A	—	—	—	—	—	C	—	C
A14	G	—	—	—	—	T	—	—	A	—	—	—	—	—	C	T	C
A15	—	A	—	—	—	T	—	—	—	—	—	—	—	—	C	—	C
A16	—	—	—	—	—	T	—	—	—	—	—	A	—	—	C	—	C

表 9-15　基于单拷贝核基因 ***sqd1*** 的单倍型碱基变化

单倍型	核基因 *sqd1*													
	3	16	203	247	548	562	592	601	633	788	790	827	833	849
B1	T	C	T	C	A	G	A	A	A	A	C	A	T	G
B2	—	—	—	—	—	—	C	—	—	—	—	—	—	—
B3	—	—	—	—	—	—	C	—	—	G	—	T	—	—
B4	—	—	—	—	—	—	C	—	—	—	—	T	—	—
B5	—	—	—	G	—	—	C	—	—	—	—	—	—	—
B6	C	—	—	—	—	—	C	—	—	—	—	—	—	—
B7	—	—	—	—	G	—	C	—	G	—	—	—	—	—
B8	—	—	—	G	—	—	C	—	—	—	—	T	—	—
B9	—	—	—	—	—	—	C	—	—	—	T	—	—	—
B10	—	—	—	—	—	—	C	T	—	—	—	T	—	—
B11	—	A	—	G	—	—	C	—	—	—	—	—	—	—
B12	—	—	A	—	—	T	C	—	—	—	—	—	—	A
B13	—	—	A	—	—	T	C	—	—	—	—	—	A	A
B14	—	—	A	—	—	—	C	—	—	—	—	—	—	A
B15	—	—	A	—	—	T	C	—	—	—	—	T	—	A

表 9-16　两个单拷贝核基因所示的福建柏群体多态性和中性检验结果

	总多态性					非同义位点多态性		沉默位点多态性		遗传多样性		中性检验		
基因	L	S	θ_{wt}	π_t	R_m	θ_{wa}	π_a	θ_{wsil}	π_{sil}	N_h	H_d	Tajima's D	Fu and Li's D^*	Fu and Li's F^*
hgd	572	17	0.003 97	0.004 01	3	0.002 72	0.002 99	0.004 69	0.004 76	16	0.850	0.004 25	1.544 55*	1.125 12
sqd1	890	14	0.002 10	0.002 16	2	0.001 70	0.001 86	0.003 50	0.005 63	15	0.814	0.114 17	1.413 90	1.101 40
Average	731	15.5	0.003 04	0.003 09	2.5	0.002 21	0.002 43	0.004 10	0.005 20	15.5	0.832	0.059 21	1.413 90	1.113 26

注：L. 比对后的序列长度（单位为 bp）；S. 分离位点数；π_t. 核苷酸多态性（Nei and Li，1979）；θ_{wt}. 沃特森多态性参数（Watterson，1975）；θ_{wa}、π_a 为非同义位点核苷酸多态性参数；θ_{wsil}、π_{sil} 为沉默位点核苷酸多态性参数；R_m. 最小重组事件数；N_h. 单倍型数目；H_d. 单倍型多态性；显著水平：*$0.01 \leqslant P < 0.05$。

表 9-17　福建柏各居群核糖体单倍型分布情况

居群名称	采集样本数（N）	*hgd*		*sqd1*	
		单倍型数目（h）	分布的单倍型	单倍型数目（h）	分布的单倍型
分支 I					
JXMTS	11	2	A4（19）、A6（3）	2	B2（10）、B9（12）
ZJJD	20	1	A4（40）	3	B1（6）、B2（14）、B9（20）
FJHBL	15	2	A4（26）、A6（4）	3	B1（4）、B2（18）、B9（8）
FJDYS	20	2	A4（28）、A6（12）	3	B1（16）、B2（20）、B9（4）
FJFHS	20	2	A4（37）、A6（3）	3	B1（6）、B2（14）、B9（20）
FJMHS	20	2	A4（14）、A6（26）	3	B1（5）、B2（23）、B9（12）
GDQXD	20	3	A1（25）、A2（10）、A3（5）	5	B1（8）、B2（21）、B3（5）、B4（3）、B5（3）
JXSQS	20	5	A1（2）、A2（4）、A3（20）、A4（4）、A7（10）	4	B2（13）、B5（5）、B6（12）、B7（10）
JXJGS	20	6	A1（6）、A2（11）、A3（4）、A4（8）、A5（10）、A6（1）	5	B2（20）、B3（3）、B4（10）、B5（2）、B8（5）
JXWZF	20	6	A1（4）、A2（14）、A3（6）、A4（6）、A5（5）、A6（5）	3	B2（35）、B3（2）、B4（3）
HNMS	20	5	A1（7）、A2（21）、A3（4）、A4（4）、A5（4）	5	B2（22）、B3（5）、B4（8）、B5（3）、B8（2）

续表

居群名称	采集样本数（*N*）	*hgd*		*sqd1*	
		单倍型数目（*h*）	分布的单倍型	单倍型数目（*h*）	分布的单倍型
分支 I					
HNYY	23	4	A1（30）、A2（4）、A3（4）、A5（8）	5	B1（3）、B2（26）、B4（8）、B5（5）、B9（4）
ZJFYS	20	3	A2（6）、A3（28）、A7（6）	3	B2（8）、B6（20）、B7（12）
GXCWLS	20	4	A2（10）、A5（5）、A8（7）、A9（18）	4	B1（5）、B2（10）、B5（5）、B10（20）
GXDMS	5	3	A2（6）、A4（2）、A5（2）	4	B1（2）、B2（3）、B5（1）、B10（4）
GXHP	20	3	A2（27）、A4（2）、A5（11）	5	B2（22）、B4（2）、B5（12）、B8（2）、B11（2）
GXHJ	7	2	A2（12）、A5（2）	4	B1（8）、B2（2）、B3（2）、B5（2）
GXJX	20	4	A2（18）、A4（4）、A5（13）、A7（5）	5	B2（11）、B4（9）、B5（5）、B8（7）、B11（8）
GZYC	20	2	A2（21）、A5（19）	3	B1（9）、B2（25）、B5（6）
CQSMS	20	2	A2（36）、A5（4）	3	B1（18）、B2（18）、B5（4）
SCHGX	20	2	A2（24）、A11（16）	2	B1（15）、B2（25）
分支 II					
YNLFZ	19	2	A2（6）、A10（32）	2	B12（28）、B13（10）
V_PXB	11	2	A12（20）、A13（2）	3	B12（10）、B13（4）、B14（8）
V_VB	21	3	A12（17）、A13（14）、A14（11）	2	B12（22）、B14（20）
V_SL	20	5	A12（14）、A13（5）、A14（5）、A15（14）、A16（2）	3	B12（6）、B14（30）、B15（4）
V_HB	16	2	A12（9）、A16（23）	3	B12（6）、B14（2）、B15（24）
V_NA	15	4	A12（14）、A14（8）、A15（6）、A16（2）	3	B12（6）、B14（12）、B15（14）
V_DL	14	1	A12（28）	2	B12（23）、B14（5）
合计	497	16		15	

9.4.3　群体遗传结构、单倍型分布及群体间基因流

福建柏叶绿体单倍型的网状关系图显示 14 个单倍型可以分成 4 个分支：东部分支（Eastern clade），包括单倍型 H6～H8，这些单倍型主要分布在中国东部武夷山脉附近；中东部分支（Central-Eastern clade），包括单倍型 H1、H2 和 H4，这三个单倍型彼此之间相差一个插入/缺失，主要分布在中东部的罗霄山脉-南岭一线；中西部分支（Central-Western clade），包括单倍型 H3 和 H5，这两个单倍型之间仅有一个插入缺失的变异，主要分布在中国四川盆地-云贵高原东侧以及邻近地区；西部分支（Western clade），包括单倍型 H9～H14，主要分布在越南地区，其中单倍型 H9、H11 和 H14 彼此间以一个插入缺失作为区分。单倍型 H1 位于网络关系图的中心位置且与外类群相连，推测 H1 可能为古老单倍型（图 9-10）。

根据联合叶绿体片段，在物种水平上，遗传分化系数 N_{ST} 明显大于 G_{ST}（$N_{ST} = 0.763 \pm 0.0365$，$G_{ST} = 0.557 \pm 0.0511$，$P < 0.05$），说明福建柏群体存在谱系结构。SAMOVA 分析结果显示，当把福建柏居群分成 4 个地理组时，可以得到最高的 F_{CT} 值，且此时的地理分组也与单倍型 4 个支系的分布保持一致：东部组（Eastern group）包括了分布在中国东部地区的 6 个居群；中东部组（Central-Eastern group）包括了分布在中国南部地区的 5 个居群和分布在中国东部地区的 2 个居群（ZJFYS 和 JXSQS）；

中西部组（Central-Western group）包括了分布在中国中西部地区的 8 个居群；西部组（Western group）包括了分布在越南的 6 个居群和分布在中国云南的 1 个居群（YNLFZ）。根据分组信息，AMOVA 结果表明 4 个地理组之间的遗传变异可达到 67.06%，居群内的变异占到了 24.16%，而地理组内居群间的变异仅有 8.78%（表 9-18）。

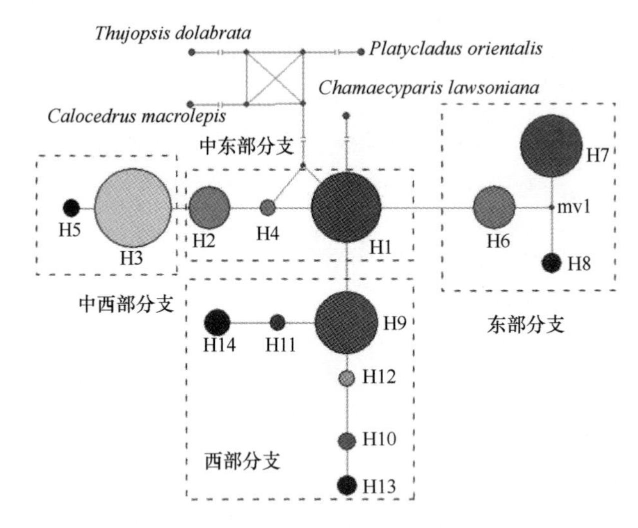

图 9-10　福建柏 14 个叶绿体单倍型之间的网络关系（彩图见附图 1）

图中圆的大小代表单倍型个体数量的多少。红色圆点表示潜在的单倍型。*Thujopsis dolabrata*. 罗汉柏；*Platycladus orientalis*. 侧柏；*Chamaecyparis lawsoniana*. 美国扁柏；*Calocedrus macrolepis*. 翠柏

表 9-18　基于叶绿体和核基因地理分组的分子方差分析

基因	变量来源	方差总量	变异成分	变异占比（%）	分化指数
联合叶绿体片段	地理分组间	2 828.690	7.453 11	67.06	F_{ST}：0.266 59
	地理组内居群之间	476.537	0.976 11	8.78	F_{SC}：0.758 39
	居群内部	1 259.445	2.685 38	24.16	F_{CT}：0.670 57
	总计	4 564.672	11.114 60	100.00	
核基因 *hgd*	地理分组间	231.549	1.488 67	64.99	F_{ST}：0.394 65
	地理组内居群之间	293.320	0.316 54	13.81	F_{SC}：0.788 04
	居群内部	455.933	0.485 55	21.20	F_{CT}：0.649 86
	总计	980.802	2.290 76	100.00	
核基因 *sqdl*	地理分组间	449.114	1.375 99	70.17	F_{ST}：0.277 14
	地理组内居群之间	155.209	0.162 14	8.26	F_{SC}：0.784 34
	居群内部	397.113	0.422 91	21.57	F_{CT}：0.701 66
	总计	1 001.436	1.961 04	100.00	

两个核基因的单倍型网络图表现出明显的星状结构（图 9-11，图 9-12），并将所有的单倍型分为两大支，第一支（clade Ⅰ）包括了分布在东部、中东部和中西部地区（主要位于中国）的单倍型，第二支（clade Ⅱ）包括了分布在西部地区（主要位于越南）的单倍型。SAMOVA 分析同样将福建柏 28 个居群分成两个地理组，与单倍型网络图中两个分支的分布情况保持一致。根据分组信息，AMOVA 结果显示大部分的遗传变异都出现在地理组之间（*hgd*: 64.99%；*sqdl*：70.17%），其次为居群内部（*hgd*: 21.20%；*sqdl*：21.57%），地理组内居群之间的遗传变异所占比例最小（*hgd*：13.81%；*sqdl*：8.26%）（表 9-18）。

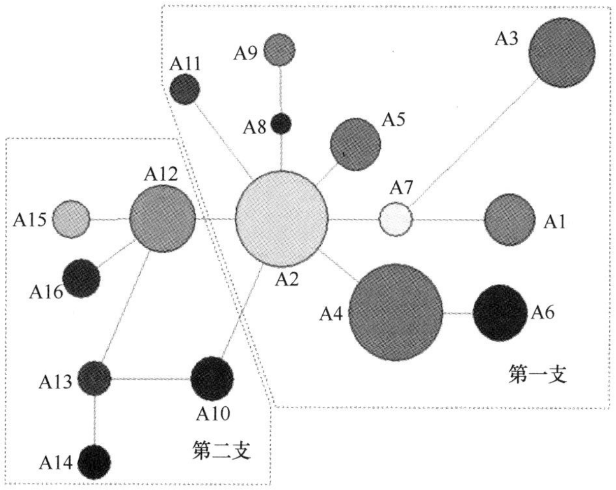

A11 A9 A3
A8 A5
A12 A7
A15 A1
A2
A16 A4 A6
第一支
A13
A10
A14 第二支

图 9-11　福建柏核基因 *hgd* 单倍型网络关系（彩图见附图 1）

图中圆的大小代表每个单倍型所含个体数量的多少

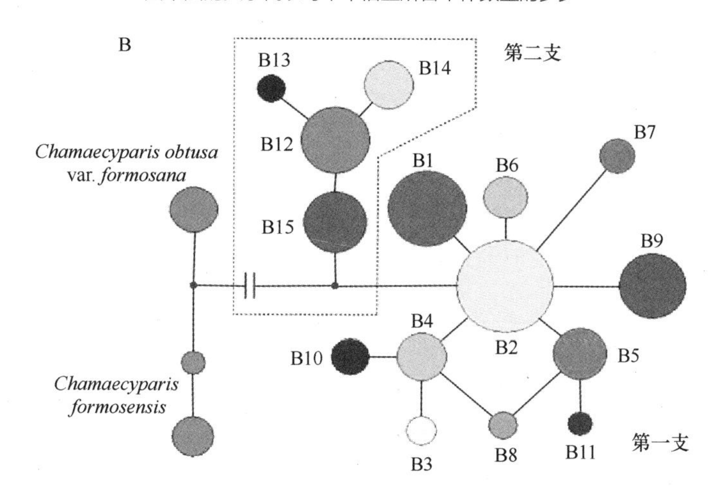

图 9-12　福建柏核基因 *sqd1* 单倍型网络关系（彩图见附图 1）

单倍型网络图中圆的大小代表每个单倍型所含个体数量的多少。红点表示潜在的单倍型。*Chamaecyparis formosensis*. 红桧；*Chamaecyparis obtusa* var. *formosana*. 台湾扁柏

利用 MIGRATE 计算的各个地理组间的历史基因迁移情况如表 9-19 所示。不同的模型结果均表明，东部、中东部、中西部和西部 4 个地理组之间存在着对称但是相对较低的基因迁移率。在位置相邻的地理组间，中东部组和中西部组间的基因迁移率相对较高，而中西部组和西部组间的基因迁移率最低，这与上述计算的地理组间的基因流结果基本一致。

9.4.4　单倍型系统关系以及分歧时间估计

ILD 检验结果显示联合叶绿体片段以及两个单拷贝核基因在进化上存在显著的不一致（$P < 0.05$），因此本研究分别对联合叶绿体片段和两个单拷贝核基因的单倍型系统关系进行分析。

基于叶绿体片段构建的最大简约树、最大似然树以及贝叶斯树都支持福建柏是一个单系类群，且在种内发现有两个明显的谱系。第一谱系（lineage Ⅰ）又可以分成三个亚谱系，分别为东部亚谱系（Eastern sublineage）、中东部亚谱系（Central-Eastern sublineage）和中西部亚谱系（Central-Western sublineage），但是这三个亚谱系之间的系统关系尚不明确。第二谱系（lineage Ⅱ）主要为西部谱系（Western lineage）。根据 BEAST 的分析结果，福建柏 14 个叶绿体单倍型的共祖时间可以追溯到 19.34 Ma（95%HPD：12.92～25.52 Ma）。其中第一谱系（lineage Ⅰ）的分歧时间为 10.16 Ma，第

二谱系（lineage Ⅱ）的分歧时间为 8.63 Ma（95% HPD：2.54～17.10 Ma）（图 9-13，表 9-20）。另外 BEAST 的结果还显示福建柏联合叶绿体片段的碱基替换速率为 1.895×10^{-10} s/(s/·a)。

表 9-19 MIGRATE 分析所示福建柏群体在 4 个地区间的基因迁移率及置信区间

模型	地区	东部组	中东部组	中西部组	西部组
稳定迁移率模型	东部组	—	9.77 （8.93～10.71）	8.62 （7.97～9.31）	3.42 （3.08～3.81）
	中东部组	10.25 （9.57～10.98）	—	12.04 （11.13～12.94）	4.54 （3.98～5.03）
	中西部组	7.36 （6.31～8.11）	13.77 （12.80～14.63）	—	5.73 （5.05～6.50）
	西部组	2.32 （1.91～4.15）	3.40 （3.05～3.79）	3.79 （3.06～4.38）	—
变化迁移率模型	东部组	—	10.36 （9.71～11.03）	8.74 （8.15～9.35）	5.98 （5.49～6.49）
	中东部组	11.05 （10.29～11.94）	—	7.36 （6.75～7.99）	2.47 （2.13～2.85）
	中西部组	8.27 （7.55～9.04）	11.82 （10.97～12.71）	—	5.01 （4.48～5.58）
	西部组	2.37 （1.74～3.05）	2.45 （2.09～2.83）	4.37 （3.88～4.89）	—

注：行代表基因流来源的群体，列代表接收基因流的群体。

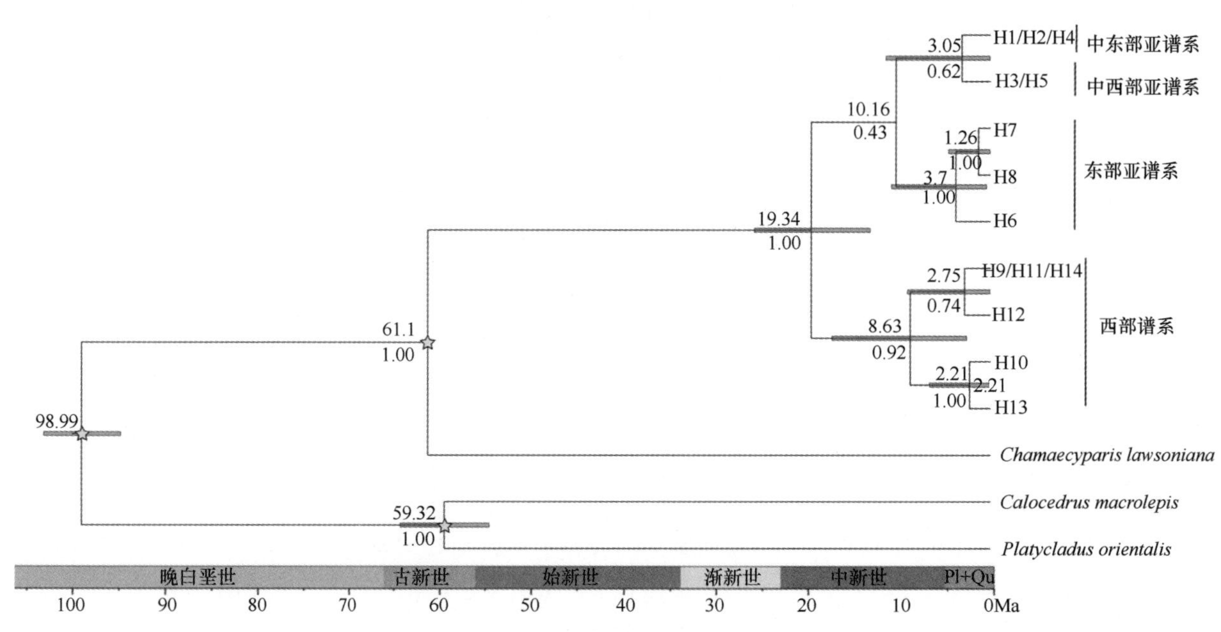

图 9-13 基于联合叶绿体片段估算的福建柏单倍型共祖时间及主要分支的分歧时间（彩图见附图 1）

Pl+Qu. 上新世及第四纪；蓝色横线代表节点时间 95%的置信区间。其中，分支的分歧时间表示在节点上面，分支后验概率表示在节点下面。*Platycladus orientalis*. 侧柏；*Chamaecyparis lawsoniana*. 美国扁柏；*Calocedrus macrolepis*. 翠柏

核基因数据也同样支持福建柏为单系类群，并且种内存在两个主要谱系。第一谱系（lineage Ⅰ）包含了在东部地区、中东部地区和中西部地区分布的单倍型，第二谱系（lineage Ⅱ）包含了在西部地区发现的其他单倍型，与单倍型的分支结果一致。核基因 *sqd1* 的分歧时间估计显示福建柏所有单倍型的共祖时间为 19.95 Ma（95% HPD：14.52～25.34 Ma），其中第一谱系的分歧时间为 12.65Ma（95% HPD：6.29～19.55 Ma），第二谱系的分歧时间为 8.08 Ma（95% HPD：2.76～19.31 Ma）（图 9-14，表 9-20）。

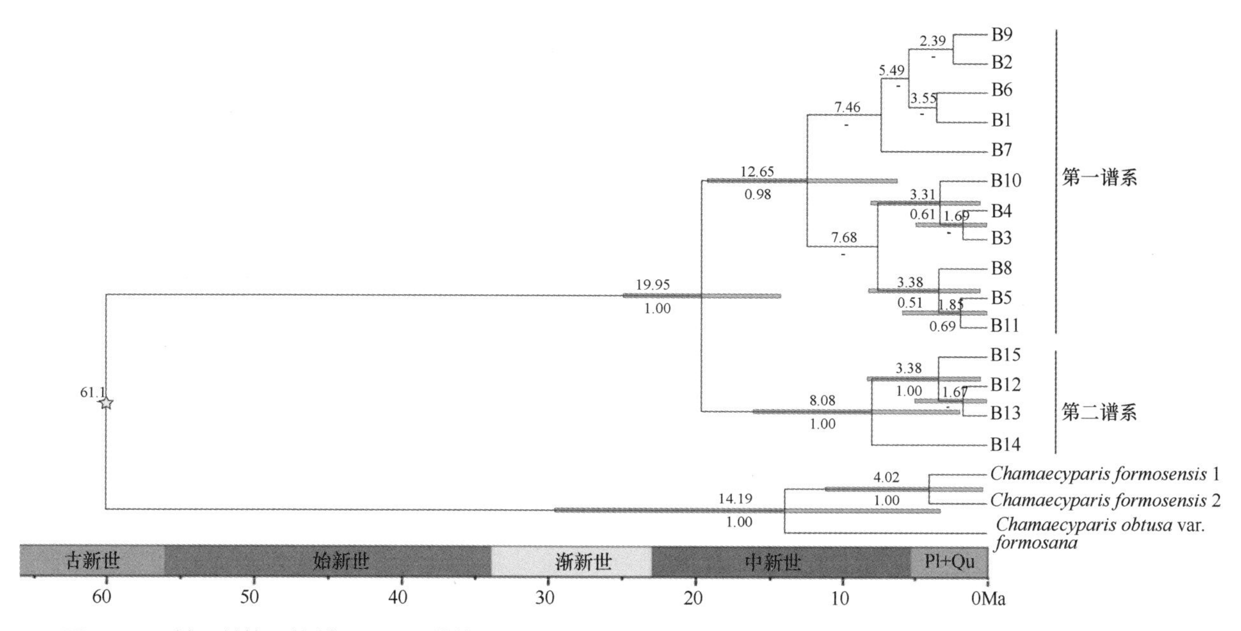

图 9-14　基于单拷贝核基因 *sqd1* 估算的福建柏单倍型的共祖时间及主要分支的分歧时间（彩图见附图 1）

Pl+Qu. 上新世及第四纪；蓝色横线代表节点时间 95%的置信区间。其中，分支的分歧时间表示在节点上面，分支后验概率表示在节点下面。*Chamaecyparis formosensis.* 红桧；*Chamaecyparis obtusa* var. *formosana.* 台湾扁柏

表 9-20　BEAST 结果显示的福建柏各个分支的分歧时间和置信区间

使用的时间节点	校正类型	校准时间（95% HPD）（Ma）	时间参考	分歧时间估计（95% HPD）（Ma）
刺柏属和扁柏属的共祖时间	二次校正	98.6（94.42～103.54）	Qu 等（2017）	
侧柏属与翠柏属的共祖时间	二次校正	59.78（54.27～65.34）	Qu 等（2017）	
扁柏属和福建柏属的冠群时间	二次校正	61.1（61～108）	Qu 等（2017）；Mao 等（2012）	
（a）叶绿体基因结果				
福建柏谱系最近共祖时间				19.34（12.92～25.52）
中东部谱系冠群时间				10.16
东部谱系冠群时间				3.70（0.39～10.65）
中部谱系冠群时间				3.05（0.02～11.25）
西部谱系冠群时间				8.63（2.54～17.10）
（b）核基因结果				
福建柏冠群时间				19.95（14.52～25.34）
东-中部谱系冠群时间				12.65（6.29～19.55）
西部谱系冠群时间				8.08（2.76～19.31）

9.4.5　福建柏种群的历史动态

根据联合叶绿体片段 SAMOVA 的分组结果，本研究对福建柏 4 个地理组进行了中性检验。其中，中西部组的中性检验值 Tajima's D 和 Fu's F_S 表现为显著（$P < 0.05$）的负值（表 9-21）。同时中西部组的错配分布曲线也呈现出明显的单峰分布（图 9-15），且 SSD 和 H_{Rag} 没有显著的拒绝扩张模型（$P > 0.05$）。基于以上结果，本研究认为中西部组符合群体扩张模型。根据扩张系数 τ，中西部组的扩张事件发生时间大概在 51.46 ka（表 9-21）。

9.4.6　生态位模拟和一致性检测

利用 MAXENT 软件预测福建柏的适宜分布区具有很高的 AUC 值（AUC = 0.970 ± 0.003），说明

生态位模拟结果的准确度较高。预测的福建柏当前分布与实际情况基本一致，有一些预测的地区，如我国广西的中部和南部、云南的东北部，以及越南的中部，在目前的调查中并未发现有群体分布。生态位模拟结果显示，在末次冰盛期，中西部和西部地区的福建柏分布范围与现代相比有所缩小且呈现出更破碎化的状态，而东部和中东部地区的福建柏在现代的分布更为连续。与末次冰盛期相比，当前的环境更适宜福建柏的生存，但总体来说福建柏的分布范围并没有表现出明显的变化，尤其是在纬度上。此外，生态位一致性检测结果显示，无论是 Schoener's *D* 还是 Hellinger's *I* 检验，观测值都明显偏离期望值的范围（$P < 0.05$），说明福建柏东部、中东部、中西部和西部这 4 个地理组的生态位并不等效（图 9-16）。

表 9-21　基于叶绿体片段得到的福建柏各个地理组的错配分布参数和中性检验参数

地理分支	扩张系数 τ（95% CI）	扩张时间（ka）	失配分布方差 SSD	显著性 *P*	糙度指数 H_{Rag}	显著性 *P*	中性检验 Tajima' *D*	显著性 *P*	中性检验 Fu's *Fs*	显著性 *P*
东部组	3.211（1.632～5.342）	—	0.12	0.14	0.451	0.06	1.074	$P>0.1$	1.153	$P>0.1$
中东部组	0	—	0.37	0.1	0.187	0.99	0.129	$P>0.1$	1.052	$P>0.1$
中西部组	3（1.424～5.033）	51.46（24.43～86.34）	0.006	0.46	0.253	0.55	–1.46	$P<0.05$	–2.508	$P<0.05$
西部组	0	—	0.384	0.13	0.191	0.99	–0.415	$P>0.1$	0.494	$P>0.1$

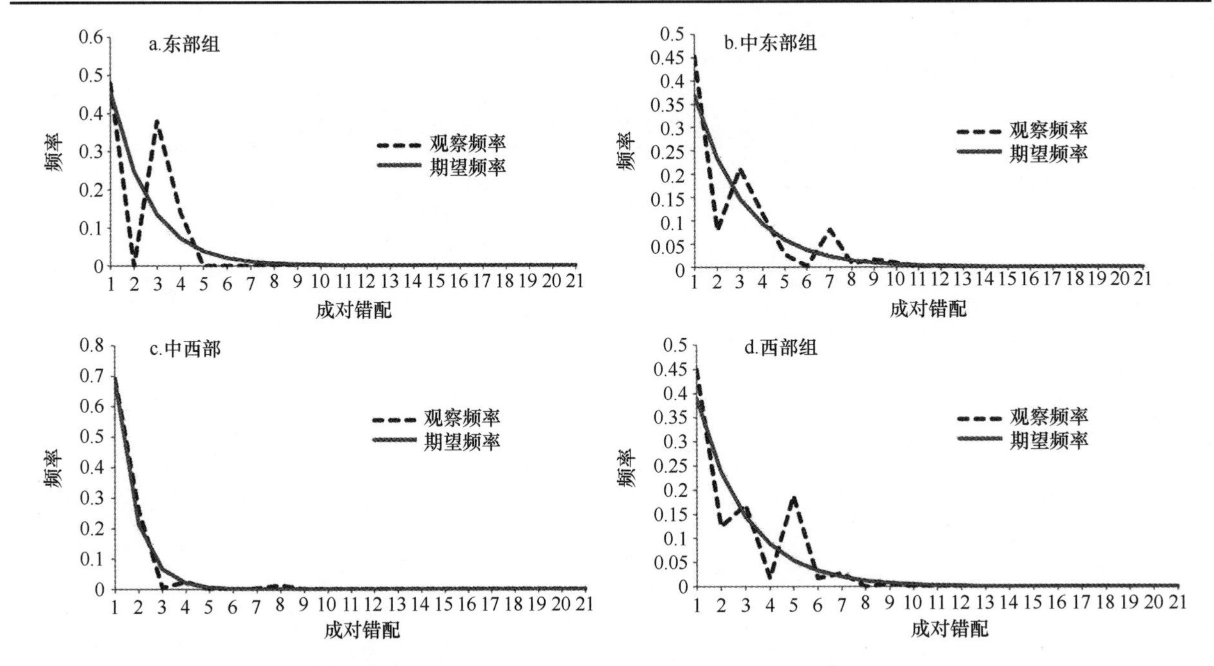

图 9-15　联合叶绿体片段显示的福建柏各地理分组的错配分布曲线

9.4.7　福建柏的谱系分化和遗传结构

1. 福建柏新近纪早期的谱系分化历史

以往的系统发育研究以及化石记录都证明了柏科是一个古老的裸子植物家族，其起源历史大约可以追溯到三叠纪（245 Ma，Mao et al.，2012；218 Ma，Qu et al.，2017）。到目前为止，柏科包括 32 属 162 种植物，含有丰富的孑遗类群，其中很多物种的化石时间都可以追溯到新近纪之前，如 *Thuja polaris*（中古新世，加拿大；McIver and Basinger，1989）、*Juniperus pauli*（始新世/渐新世交界期，捷克；Kvacek，2002）以及 *Calocedrus suleticensis*（早渐新世，捷克；Kvacek，1999）等。福建柏作为其中一个代表性的孑遗种，早期系统学的研究和相关的化石记录显示本种在古近纪就已经存在。事实上，本研究发现福建柏的现存谱系经历了非常漫长的历史。BEAST 的结果显示福建柏所有单倍型

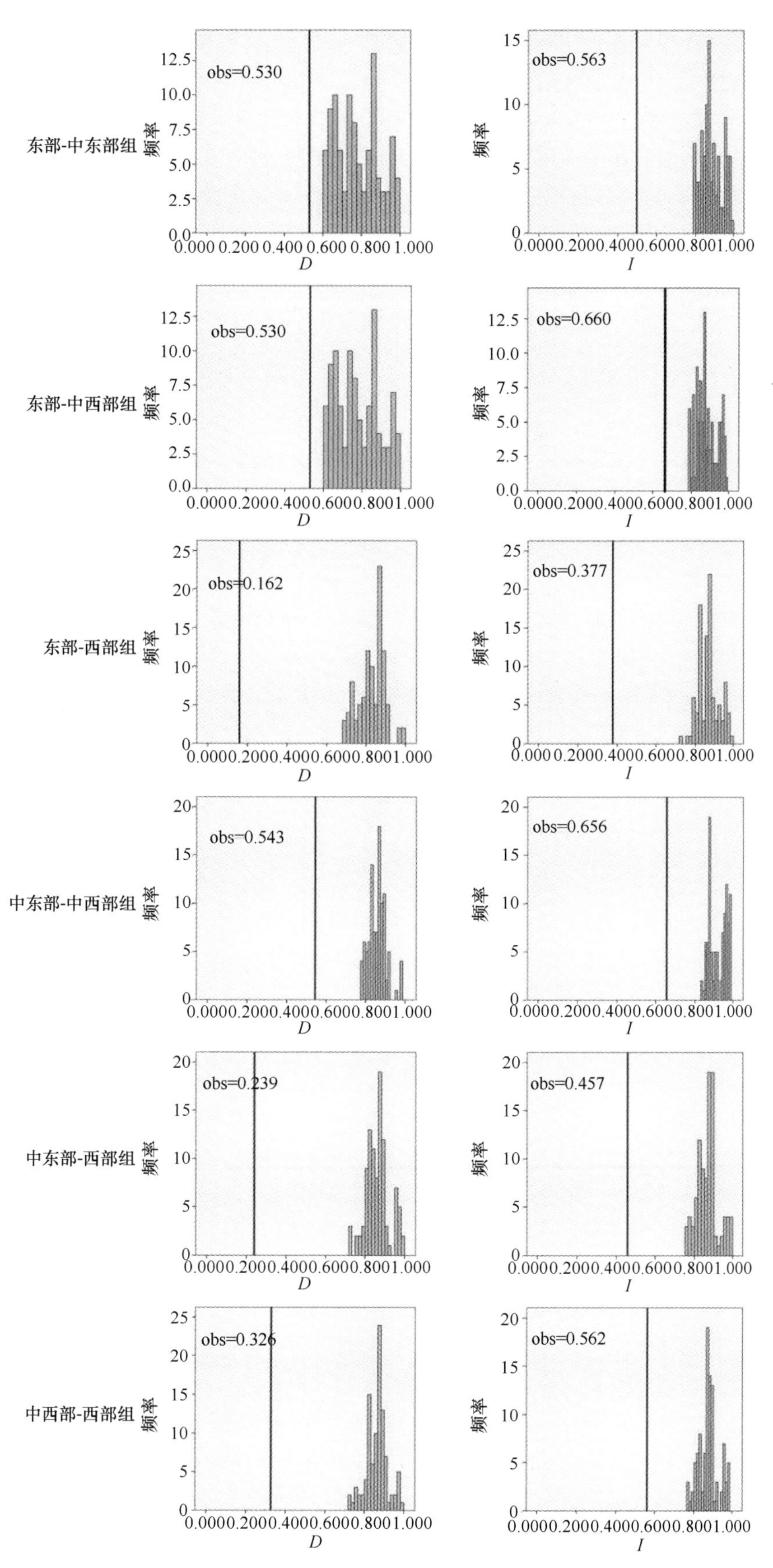

图 9-16　福建柏 4 个地理组的生态位一致性检测结果

实线为生态位的观测值，直方图代表零假设的期望值

的共祖时间可以标定在早中新世（联合叶绿体片段：19.34 Ma，95% HPD：12.92～25.52 Ma；单拷贝核基因 *sqd1*：19.95 Ma，95% HPD：14.52～25.34 Ma），说明福建柏现存谱系十分古老。裸子植物中如此早的谱系分化时间也可以在 *Podocarpus matudae* 复合体中见到，其谱系分化大约发生在 29.9 Ma（Ornelas et al.，2010）。根据 BEAST 结果，福建柏联合叶绿体片段的碱基替换速率为 1.895×10^{-10} s/(s·a)，明显低于植物叶绿体基因组平均核苷酸替换速率（1.2×10^{-9}～1.7×10^{-9}，Graur and Li，2000），但是与其他孑遗类群的核苷酸替换速率基本相近，如柏木属 *Cupressus*（3.2×10^{-10}，Xu et al.，2010）、青钱柳 *Cyclocarya paliurus*（2.68×10^{-10}，Kou et al.，2016）、连香树属 *Cercidiphyllum*（3.18×10^{-10}，Qi et al.，2012），说明本实验结果可靠。

现存种福建柏的冠群时间（crown time）远远晚于其干群时间（stem time）（61～108 Ma，Mao et al.，2012），这种现象也可在银杏（Hohmann et al.，2018）和金缕梅（Xie et al.，2010）中观测到。目前普遍认为大多数的裸子植物，包括柏科在内，大约在中生代兴盛（Takeuchi，2000）。随后由于环境的变化，裸子植物经历了高灭绝率事件，并在后期气候适宜时又从其残存的祖先重新演化出新的物种（Nagalingum et al.，2011）。因此，福建柏属很有可能在古近纪就已经起源和兴盛，并分化出不同的物种，但是由于地质环境和气候的不断变化，本属内除了福建柏以外的其他物种都已经灭绝，福建柏成为了现存物种的代表。

早新近纪，东亚季风的建立和加强（约 18～23 Ma，Liu et al.，2015；Lu and Guo，2014）在很大程度上改变了东亚地区，尤其是中国地区的气候和植被。古植被区域重建的结果显示，在古近纪时期，由于受到行星风系的控制（Sun and Wang，2005；Guo et al.，2008），中国西北地区到东南地区之间存在一条非常广阔的干旱带，整个区域处于高热、干燥的状态（陶君容等，2000；Sun and Wang，2005）；在此期间，中国大部分地区主要被干旱/半干旱植被带覆盖。到早中新世，东亚季风的形成促使干旱带逐渐向北收缩至中国的西北地区，中国特别是中部和东南部地区的气候也因此变得温暖湿润（Wang，1990；Guo et al.，2008）。一些研究也提出季风形成后，东亚植物区系因气候环境的变化而发生了巨大的转变，并且更接近现代的植物区系（Hsu，1983；Chen et al.，2018）。福建柏的化石曾在渐新世的中国吉林省被发现，但本种目前仅生长于亚热带地区，考虑到在野外观察中发现现存种福建柏多喜欢生长于温暖湿润的环境（He et al.，2012），本研究认为在早中新世东亚季风建立，尤其是亚洲季风的首次加强（22～19 Ma；郭正堂，2010）造成气候变化的影响下，福建柏的祖先很可能从北半球高纬度地区逐步向南迁移至气候条件更适宜其生长的亚热带地区。东亚季风形成和加强后所引起的气候改变也同样被认为是促进其他物种形成或者分化的主要动力，这在对青钱柳 *Cyclocarya paliurus*（Kou et al.，2016）以及亚洲石斛属 *Dendrobium*（Xiang et al.，2016）的研究中均得到了证明。

由联合叶绿体片段和单拷贝核基因建立的系统发育关系均显示福建柏是一个单系类群，种内存在两个主要的谱系。根据 BEAST 分歧时间估计，这两个主要谱系的分化时间在 19.34～19.95 Ma，在此期间，季风系统的形成和加强在很大程度上改变了中国亚热带地区及其邻近地区的气候环境。谱系Ⅰ主要位于福建柏分布区的东侧，也就是中国亚热带大部分地区，本地区主要由太平洋季风控制，常年处于温暖湿润的环境中；而谱系Ⅱ位于福建柏分布区的西侧，也就是中南半岛及其邻近地区，本区域主要受到印度季风的影响（Zhang et al.，2012b），冬春季节干旱明显，且阳光充沛（Ma et al.，2019）。另外，Song（1988）的研究也显示中国东部地区的气候湿润，年降水量为 1000～2000 mm；而西部地区的年降水量仅有 900～1200 mm。因此不同地区气候差异可能在形成或者促进福建柏两个主要谱系分化的过程中起到了重要的作用，同样的现象也在白刺花（*Sophora davidii*）（Fan et al.，2013）和木棉（*Bombax ceiba*）（Tian et al.，2015）中有发现。此外，印度板块向欧亚大陆的冲击碰撞而引发中南半岛地区沿着红河-哀牢山方向的左旋和侧向移动（*ca.* 22～25 Ma）（Searle et al.，2003；Wang et al.，2006a；Bai et al.，2010）也可能导致西部地区的地形地貌发生巨大改变，并阻碍群体间基因流动，为福建柏谱系的分化提供可能。由此可见，早中新世以来的气候以及地质条件的改变对于福建柏谱系的分化均起到了重要的推动作用。

2. 第四纪冰期福建柏群体的避难模式和潜在避难所

第四纪时，冰期-间冰期的反复交替对物种的群体动态产生了深远的影响，尤其是对温带地区分布的物种的影响更为严重（Liu et al.，2012b），并导致了区域植被的复杂变化。目前普遍接受的观点是种群分布范围的收缩和扩张是植物应对气候波动最为明显的方式（Davis and Shaw，2001）。基于孢粉的古生态重建结果也显示我国亚热带地区的常绿阔叶植被在末次冰盛期完全退缩至 24°N 以南的地区，并在全新世气温回升后重新向北扩张，这一点在伞花木 *Eurycorymbus cavaleriei*（Wang et al.，2009a）和大血藤 *Sargentodoxa cuneata*（Tian et al.，2015）的谱系研究中都得到了验证。然而，福建柏的生态位模拟结果显示，该物种在末次冰盛期并没有表现出明显的向南退缩趋势，且其在盛冰期的分布范围与现在相比也没有明显的缩小，特别是在纬度上。现在温暖湿润的气候环境仅为福建柏提供了更加适宜的生存环境和更加连续的分布范围。此外，福建柏的遗传多样性也并没有显示出随着纬度增加而下降的趋势，说明本种可能并未经历过大规模的群体动态变化。

事实上，福建柏显示出以长期的种群隔离、有限的基因流动以及限制性的群体动态变化为特点的遗传模式，这一特征可由空间上较为均匀的遗传多样性分布和明显的谱系地理结构（$N_{ST} > G_{ST}$，$P < 0.05$）证明。基于叶绿体片段的 SAMOVA 结果显示所有的福建柏居群可划分为 4 个地理组，这与微卫星数据的结果一致。同时生态位一致性检测的结果表明，东部地区、中东部地区、中西部地区以及西部地区的生态位并不一致，说明这 4 个地理组呈现出不同的环境背景。虽然末次冰盛期剧烈的气候变化并未引发福建柏群体分布范围的改变，但导致了群体的碎片化。生境破碎化，加上不同地区间的气候环境差异以及中国南部山脉和河流的地理屏障作用，导致了福建柏群体的长期就地隔离，并增强了 4 个区域之间的遗传分化。此外，利用 MIGRATE 计算的历史基因流的结果也显示 4 个地理组之间存在非常有限的基因流，说明福建柏在冰期后可能经历了轻微的本地扩张而非大范围重新迁移。这种就地避难（*in situ* survival）的模式在亚热带常绿物种中较为常见，即第四纪的气候波动导致群体间遗传障碍的加强、促进谱系结构的形成，而并非像温带物种那样表现出明显的分布范围的收缩-扩张变化（Bai et al.，2016）。

根据谱系结构、单倍型分布以及古植被和古气候证据，本研究发现福建柏在冰期主要保留在 4 个避难所中，分别是中国武夷山脉地区、罗霄山脉-南岭地区、四川盆地附近，以及越南地区。特别是罗霄山脉-南岭地区保存了原始的单倍型 H1，说明本地非常适合福建柏古老谱系的生存。这种多重避难所的模式在许多亚热带孑遗种，如银杉 *C. argyrophylla*（Wang et al.，2010b）、化香树 *P. strobilacea*（Chen et al.，2012）以及甜槠 *Castanopsis eyrei*（Shi et al.，2014）等中都可以见到。

虽然福建柏分布范围在末次冰盛期强烈的气候波动影响下并没有显示出明显的纬度变化，但是群体可能经历过由降水或者温度变化而引起的海拔周期性上下迁移/收缩扩张，这种情况在华南五针松 *Pinus kwangtungensis*（Tian et al.，2015）、领春木 *Euptelea pleiospermum*（Cao et al.，2016）中都可被观测到。另外，联合叶绿体片段的错配分布结果也显示位于中西部的福建柏群体存在扩张趋势。这些群体位于福建柏分布区的北界，且海拔相对较高，因此冰期-间冰期循环中的气候变化可能对这些群体，尤其是居群 GZYC、CQSMS 和 SCHGX 的影响更为强烈。基于中西部群体经历过扩张的假设，研究发现其扩张的时间大约在 51.46 Ka，与中更新世间冰期气候变暖的时间（*ca.* 41～100 Ka；Tzedakis et al.，2009）一致。类似的扩张事件也可以在青钱柳 *C. paliurus* 中发现（Kou et al.，2016）。

3. 福建柏群体的多样性水平和遗传分化

遗传多样性对于物种的生存至关重要，因为它可能会影响物种对于环境变化的适应性（Frankham et al.，2002）。有效群体的大小、分布范围以及繁殖方式都会对物种的遗传多样性产生影响（Hamrick and Godt，1990）。在本研究中，结合前节关于 SSR 位点、叶绿体片段、单拷贝核基因（*hgd*）等数据，综合评估福建柏的遗传多样性水平。

结果表明，SSR 位点显示福建柏的遗传多样性水平（$H_E = 0.635 \pm 0.005$）与区域性分布物种（$H_E = 0.65$）和多年生木本植物（$H_E = 0.68$）的多样性水平基本持平（Nybom，2004）。联合叶绿体片段（$H_T = 0.860 \pm 0.0279$）以及单拷贝核基因（*hgd*：$H_T = 0.844 \pm 0.031$；*sqd1*：$H_T = 0.823 \pm 0.034$）也显示福建柏群体的多样性处于较高水平，说明本种具有较强的环境适应力。许多多年生特有种或者孑遗种也在叶绿体基因层面上被报道过具有很高的遗传多样性，如西藏红豆杉 *Taxus wallichiana*（$H_T = 0.884$，Gao et al.，2007）、十齿花 *Dipentodon sinicus*（$H_T = 0.902$，Yuan et al.，2008）以及伞花木 *E. cavaleriei*（$H_T = 0.834$，Wang et al.，2009a）等。有三个原因可以解释福建柏这种高水平多样性现象：一是福建柏的演化历史十分悠久，可以保留更多的遗传变异（Huang et al.，2001）；二是福建柏的地理范围覆盖了多种地形地貌和气候类型，可以为群体遗传变异的累积提供条件（Wang et al.，2010a）；三是现生种福建柏多分布在亚热带地区，受到冰期的影响较小，而且多个避难所保留了福建柏的古老单倍型以及不同谱系，使得群体的遗传多样性保持在较高的水平。

以往的调查发现福建柏呈现出明显的间断分布（林峰等，2004），本研究通过叶绿体和微卫星数据也证明福建柏群体间存在明显的遗传分化，各个地理组之间的基因流十分有限，仅有中东部和中西部群体表现出明显的单倍型/基因池混杂现象。出现这种分化的原因可能是第四纪冰期导致福建柏原地保存在不同的避难所，而亚热带地区复杂的地势地貌和 4 个地理组间的不同气候条件可以作为传播屏障，大大减少了地区间群体的基因流动。另外，Mantel 检验结果也显示福建柏表现出明显的地理隔离模式，说明群体间的遗传分化与距离有着密切的关系。福建柏的果实靠重力下落，种子的传播能力和范围十分有限，由此导致的群体间限制性基因交流进一步加强了不同地区间的遗传分化，并促进了遗传结构的产生。

9.5 江西野生寒兰居群基于 ISSR 标记的遗传多样性研究

寒兰（*Cymbidium kanran*）是兰科（Orchidaceae）兰属（*Cymbidium*）多年生草本，多生长于海拔 400～2400 m 的林下或溪谷旁，具有很高的观赏价值和经济价值，在我国主要分布于福建、江西、广西、贵州、云南、四川等地（陈心启和吉占和，2003）。寒兰又可以其花瓣（特别是捧瓣）是否带有覆轮、舌瓣的底色是否为白色分为大叶寒兰和小叶寒兰。江西省境内的幕阜山脉、九岭山脉、万洋山脉和武夷山脉等地生态环境十分适宜寒兰生长，野生寒兰资源十分丰富。近年来，由于生境破坏和人为采挖，寒兰居群片段化严重。DNA 分子标记是研究植物遗传多样性的有效技术（张征锋和肖本泽，2009）。简单重复序列间扩增（inter-simple sequence repeat，ISSR）是加拿大蒙特利尔大学 Zietkiewicz 等（1994）提出的一种 DNA 多态性分子标记，ISSR 标记结合了随机扩增多态性 DNA（randomly amplified polymorphic DNA，RAPD）和 SSR 标记的优点，具有 DNA 用量少、试验成本低、稳定性好和多态性丰富等优点，广泛应用于兰科植物，如蝴蝶兰（谢启鑫等，2010）、独蒜兰（于晓娟，2007）、春兰（高丽和杨波，2006）、硬叶兜兰（李宗艳等，2016）等的遗传多样性研究。在寒兰资源研究方面，徐晓薇等（2011）用 SSR 标记对 37 个寒兰株系进行了遗传多样性与亲缘关系的研究，蹇黎和朱利泉（2010）利用序列相关扩增多态性（SRAP）分子标记对 37 个中国寒兰品种和 14 个日本寒兰品种进行了遗传多样性和亲缘关系研究，沈峥华等（2010）等对贵州寒兰资源进行了科学考察并提出了保育措施，Li 和 Zhu（2013）利用聚合酶链反应-限制性片段长度多态性（PCR-RFLP）分子标记对中国、日本和韩国的 54 个寒兰品种进行了遗传多样性分析，段艳呤等（2014）对 35 份寒兰样品的 38 个表型性状进行了遗传多样性分析。目前对寒兰自然居群遗传多样性与遗传结构方面的研究报道较少，本研究在调查江西野生寒兰资源分布状况的基础上，利用 ISSR 分子标记对江西 12 个寒兰居群的

185 个样本进行遗传多样性分析，以期了解江西野生寒兰遗传多样性水平与居群遗传结构特点，为寒兰资源保护提供科学、合理依据。

9.5.1　实验材料与方法

1. 实验样品采集

实验样品主要采自于江西省各地以及福建省的武夷山市和邵武市，采集地分布于幕阜山脉、九岭山脉、万洋山脉和武夷山脉（表 9-22）。为避免对当地野生寒兰居群造成不可恢复的破坏，采样时在每个采集地做到分散采样，并且在方圆 50 m 范围内只采一株样本，每株采取少量新鲜幼嫩的叶片，于–80℃冰箱保存。

表 9-22　寒兰材料来源

叶片类型	居群编号	采样地	山脉	经度	纬度	海拔（m）	采样数
大叶寒兰	YF	江西省宜丰县	九岭山脉	114°3′E～114°5′E	28°0′N～28°1′N	470～680	19
	JA	江西省靖安县	九岭山脉	115°0′E～115°1′E	28°2′N～28°5′N	660～810	10
	AY	江西省安远县	幕阜山脉	115°2′E～115°5′E	25°1′N～25°5′N	520～610	11
	CY	江西省崇义县	万洋山脉	114°0′E～115°0′E	25°4′N～26°1′N	410～540	10
	JGS	江西省井冈山市	万洋山脉	114°0′E～115°2′E	26°3′N～27°1′N	700～830	12
	SC	江西省石城县	武夷山脉	116°1′E～117°0′E	26°0′N～26°5′N	390～630	18
	WYS	福建省武夷山市	武夷山脉	117°0′E～117°5′E	27°5′N～28°2′N	710～930	20
	ZX	江西省资溪县	武夷山脉	117°0′E～117°3′E	27°4′N～27°5′N	690～710	20
	SW	福建省邵武市	武夷山脉	117°1′E～117°5′E	27°0′N～27°4′N	580～700	18
小叶寒兰	WYSX	福建省武夷山市	武夷山脉	116°1′E～117°5′E	27°5′N～28°2′N	710～930	20
	SWX	福建省邵武市	武夷山脉	117°1′E～117°5′E	27°0′N～27°4′N	580～700	17
	CYX	江西省崇义县	万洋山脉	114°0′E～115°0′E	25°4′N～26°1′N	410～540	10

2. 基因组 DNA 的提取与检测

采用改良的 CTAB 法提取寒兰基因组 DNA，用 1.0%琼脂糖凝胶电泳检测 DNA 的完整性，再用分光光度计测定其纯度和浓度，并将浓度稀释至 30 ng/μL，样品于–20℃保存备用。

3. 引物筛选与 PCR 扩增

PCR 反应体系为：总体积 25 μL，其中 2.5 μL 10×PCR buffer、2.0 mmol/L $MgCl_2$、200 μmol/L dNTP、1.4 U *Taq* DNA 聚合酶、0.4 μmol/L 引物、100 ng 模板 DNA。PCR 反应程序为：94℃预变性 5 min；94℃变性 45 s，50～58.2℃退火 45 s，72℃延伸 80 s，共 35 个循环；72℃延伸 8 min，最后于 4℃保存。引物参照哥伦比亚大学公布的序列（UBC 801～UBC 900，https://www.researchgate.net/figure/UBC-primers-and-their-5-0-3-0-sequences-used-for-ISSR-analysis_tbl2_227098701）由生工生物工程（上海）股份有限公司合成。优化反应体系对引物进行筛选，筛选出条带清晰、丰富、多态性较好的引物用于 PCR 扩增。

4. 产物的检测

PCR 产物经 1.5%琼脂糖凝胶电泳检测，以 DL2000 为分子量对照，在 100 V 稳压（5 V/cm）的条件下电泳 1 h 左右，电泳完毕后在紫外自动成像仪下观察并拍照保存。

5. 数据统计与分析

以清晰且可重复为基本原则，按照同一位置上扩增产物条带的有无进行统计，有条带的记为 1，无条带的记为 0，对每一引物扩增结果建立二元数据矩阵。利用 POPGENE 1.32 软件（Yeh et al.，1997）在假定居群处于哈迪-温伯格平衡状态下计算各项遗传多样性指数：多态位点百分率（PPB）、有效等位基因数（*Ne*）、Nei's 基因多样性指数（*He*）、Shannon 信息多样性指数（*I*）、总基因多样性（H_T）、居群内基因多样性（H_S）、基因流（N_m）、Nei's 遗传距离（*D*）和遗传一致度（*I*）。利用 AMOVA-PREP version 1.01 软件（Miller，1998）和 WINAMOVA 1.55 软件进一步分析寒兰居群内及居群间的遗传分化水平（Φ_{ST}）。根据 Nei's 遗传距离，利用 NTSYS-PC 2.0 软件对居群进行非加权分组平均法（UPGMA）聚类分析，构建聚类图。利用 TFPGA version 1.3 软件（Miller，1997）对各居群的遗传距离和地理距离间的相关性进行分析。

9.5.2 种水平遗传多样性分析

12 个引物共扩增出 123 个条带（表 9-23），其中多态性条带共 97 个，多态位点百分率（PPB）为 78.9%，条带分子量大小为 300～2000 bp。每个引物扩增出的条带为 7～14 个，平均 10.3 个；每个引物扩增出的多态性条带为 2～14 个，平均 8.1 个。图 9-17 为引物 835 对部分样品扩增的电泳图谱。12 对引物的扩增结果表明野生寒兰群体具有较高的遗传多样性，ISSR 分子标记能有效揭示 12 个寒兰居群的遗传多态性。

表 9-23　用于本实验的 ISSR 引物及其扩增结果

引物	碱基序列（5′→3′）	退火温度/℃	扩增条带数	多态性条带数	多态位点百分率（%）
807	$(AG)_8T$	58.2	14	14	100.00
811	$(GA)_8C$	58.2	11	11	100.00
812	$(GA)_8A$	50.0	11	11	100.00
822	$(TC)_8A$	52.0	12	11	91.67
825	$(AC)_8T$	55.2	13	12	92.31
835	$(AG)_8YC$	56.9	8	7	87.50
836	$(AG)_8YA$	52.0	8	6	75.00
841	$(GA)_8YC$	59.1	11	5	45.45
855	$(AC)_8YT$	52.0	8	4	50.00
860	$(TG)_8RA$	50.0	8	5	62.50
868	$(GAA)_6$	51.4	12	9	75.00
ISSR-6	$DBD(GA)_7$	52.0	7	2	28.57
总计			123	97	
平均			10.3	8.1	75.67

注：表中 R 代表 A 或 T，Y 代表 C 或 G。

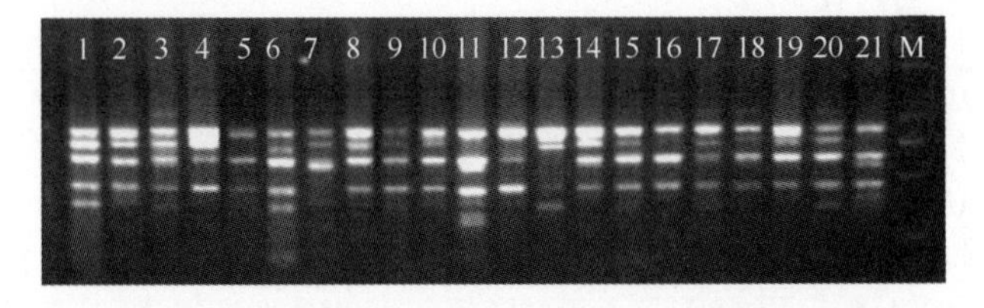

图 9-17　引物 UBC835 与部分样本的扩增结果

1～21 为不同样本的扩增结果，M 为 DNA 标准分子量参照物

9.5.3 居群水平遗传多样性分析

利用 POPGENE 1.31 软件对 12 个寒兰居群进行遗传多样性指数分析，结果如表 9-24 所示，寒兰在 12 个居群样本中总的物种水平上的多态位点百分率（PPB）为 78.90%，等位基因数（*Na*）为 1.7967，有效等位基因数（*Ne*）为 1.4461，Nei's 基因多样性指数（*He*）为 0.2649，Shannon 信息多样性指数（*I*）为 0.3995。12 个居群的多态位点百分率（PPB）在 27.64%～52.85%，平均为 43.97%；等位基因数（*Na*）在 1.2764～1.5285，平均为 1.4397；有效等位基因数（*Ne*）在 1.1265～1.2917，平均为 1.2478；Nei's 基因多样性指数（*He*）在 0.0778～0.1732，平均为 0.1462；Shannon 信息多样性指数（*I*）在 0.1213～0.2622，平均为 0.2204。其中，遗传多样性水平最高的为武夷山小叶寒兰居群（WYSX）（PPB = 52.85%，*He* = 0.1732，*I* = 0.2622），而崇义小叶寒兰居群（CYX）的遗传多样性水平为最低（PPB = 27.64%，*He* = 0.0778，*I* = 0.1213）。

表 9-24　寒兰 12 个居群 ISSR 遗传多样性比较分析

居群编号	个体数	多态位点数	多态位点百分率 PPB/%	等位基因数 *Na*	有效等位基因数 *Ne*	Nei's 基因多样性指数 *He*	Shannon 信息多样性指数 *I*
YF	19	58	47.15	1.4715	1.2820	0.1640	0.2448
JA	10	42	34.15	1.3415	1.1987	0.1202	0.1814
JGS	12	59	47.97	1.4797	1.2877	0.1645	0.2456
ZX	20	63	51.22	1.5122	1.2878	0.1678	0.2523
SC	18	56	45.53	1.4553	1.2917	0.1658	0.2452
WYS	20	61	49.59	1.4959	1.2553	0.1558	0.2386
SW	18	61	49.59	1.4959	1.2492	0.1524	0.2335
AY	11	53	43.09	1.4309	1.2442	0.1447	0.2180
CY	10	35	28.46	1.2846	1.1864	0.1059	0.1567
CYX	10	34	27.64	1.2764	1.1265	0.0778	0.1213
WYSX	20	65	52.85	1.5285	1.2875	0.1732	0.2622
SWX	17	62	50.41	1.5041	1.2769	0.1623	0.2449
平均	15	54	43.97	1.4397	1.2478	0.1462	0.2204
物种水平	185	97	78.90	1.7967	1.4461	0.2649	0.3995

利用 POPGENE 1.31 软件（假设哈迪-温伯格平衡）计算寒兰不同居群间的遗传分化水平。结果表明（表 9-25），12 个居群总的遗传变异（H_T）为 0.2617，居群内的遗传变异（H_S）为 0.1462，居群间遗传分化系数（G_{ST}）为 0.4415，表明在总的遗传变异中有 44.15%存在于居群间，55.85%存在于居群内，即居群内的变异高于居群间的变异。居群间的基因流（N_m）为 0.6325，小于 1，表明居群间的基因交流程度有限。

表 9-25　寒兰居群的遗传分化分析

	总基因多样性 H_T	居群内基因多样性 H_S	居群间遗传分化系数 G_{ST}	基因流 N_m
平均值	0.2617	0.1462	0.4415	0.6325

AMOVA 分析结果进一步显示（表 9-26），F_{ST} 为 0.2881，表明在总的遗传变异中有 28.81%发生在居群间，71.19%存在于居群内，居群内和居群间的差异均极显著（$P<0.001$）。AMOVA 分析结果与 POPGENE 分析结果大体上一致，两种方法均表明寒兰各居群的遗传变异主要存在于居群内。

表 9-26　寒兰居群间与居群内的遗传变异分析

变异来源	自由度	均方差	均方值	变异组分	变异组分百分比（%）
居群间	11	174.21	15.84	0.89	28.81
居群内	173	380.71	2.20	2.20	71.19

9.5.4 寒兰的遗传距离和聚类分析

利用 POPGENE 1.31 软件计算 Nei's 遗传距离（*D*）和遗传一致度（*I*），结果如表 9-27 所示。寒兰 12 个居群两两之间的遗传一致度（*I*）在 0.7816～0.9172，Nei's 遗传距离（*D*）在 0.0865～0.2464。其中，石城（SC）和靖安（JA）两个居群之间的遗传距离最大，为 0.2464；宜丰（YF）和井冈山（JGS）两个居群的遗传距离最小，为 0.0865。由表 9-27 可知，邵武大叶寒兰、小叶寒兰，崇义大叶寒兰、小叶寒兰，武夷山大叶寒兰、小叶寒兰居群遗传距离分别为 0.1099、0.1049、0.1005，遗传一致度分别为 0.8959、0.9004、0.9044，表明同一个来源地的大叶寒兰、小叶寒兰居群间遗传背景较一致。

表 9-27 Nei's 遗传距离（D）（左下角）和遗传一致度（*I*）（右上角）

	YF	JA	JGS	ZX	SC	WYS	SW	AY	CY	CYX	WYSX	SWX
YF	—	0.8777	0.9172	0.8842	0.8132	0.8662	0.8272	0.8231	0.8239	0.8219	0.8770	0.8444
JA	0.1305	—	0.8712	0.8636	0.7816	0.8865	0.8457	0.7980	0.8038	0.8242	0.8637	0.8385
JGS	0.0865	0.1379	—	0.8760	0.8538	0.8709	0.8399	0.8335	0.8364	0.8324	0.8713	0.8576
ZX	0.1231	0.1466	0.1323	—	0.8203	0.9090	0.8544	0.8418	0.8483	0.8710	0.8925	0.8407
SC	0.2068	0.2464	0.1793	0.1981	—	0.8178	0.8199	0.8856	0.8722	0.8377	0.8205	0.8332
WYS	0.1436	0.1205	0.1383	0.0954	0.2012	—	0.8495	0.8107	0.8426	0.8814	0.9044	0.8568
SW	0.1897	0.1676	0.1745	0.1573	0.1986	0.1632	—	0.8465	0.8327	0.8572	0.8614	0.8959
AY	0.1946	0.2256	0.1822	0.1722	0.1215	0.2098	0.1666	—	0.9132	0.8442	0.8343	0.8727
CY	0.1937	0.2184	0.1786	0.1645	0.1368	0.1712	0.1830	0.0908	—	0.9004	0.8582	0.8541
CYX	0.1961	0.1933	0.1835	0.1381	0.1771	0.1263	0.1540	0.1693	0.1049	—	0.8758	0.8614
WYSX	0.1313	0.1465	0.1378	0.1138	0.1978	0.1005	0.1492	0.1812	0.1529	0.1326	—	0.8492
SWX	0.1691	0.1761	0.1537	0.1736	0.1825	0.1545	0.1099	0.1362	0.1577	0.1492	0.1634	—

基于 Nei's 遗传距离将 12 个居群聚为 4 类（图 9-18）：地理位置较近居群基本上聚为一类，赣南地区的石城（SC）、安远（AY）和崇义大叶寒兰（CY）3 个居群聚为一大类，其他 9 个居群为一大类，并细分为 3 小类：邵武地区的寒兰单独分为了一类，资溪和武夷山的寒兰为一类，井冈山、宜丰和靖安的寒兰为一类。其中也有些例外的情况，邵武和资溪、武夷山地理位置较近，但邵武另聚为一类，从地图上看三地地理位置虽然较近，但三地分别位于武夷山顶峰黄岗山（华东最高峰）西、东及南三面，生态环境及气候有些差别。

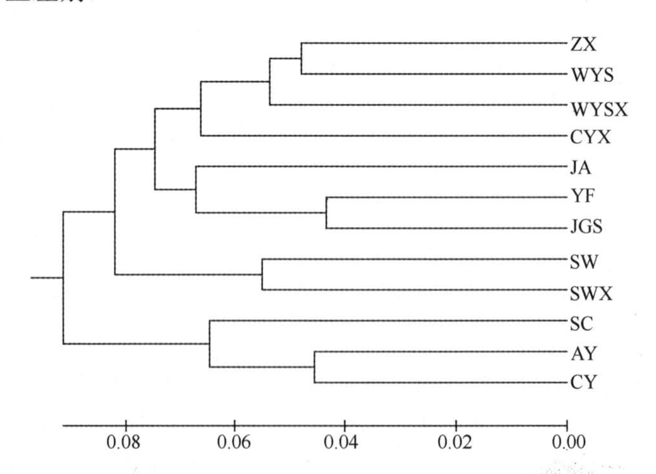

图 9-18 罗霄山脉与武夷山脉 12 个寒兰居群 UPGMA 聚类图

从聚类图中还可以看出，邵武大叶寒兰（SW）和邵武小叶寒兰（SWX），武夷山大叶寒兰（WYS）和武夷山小叶寒兰（WYSX）居群分别聚在一起，仅崇义大叶寒兰（CY）和崇义小叶寒兰（CYX）

居群没有聚在一起，这表明同一个来源地的大叶寒兰、小叶寒兰居群间遗传差异不明显。

利用 TFPGA version 1.3 软件对寒兰各个居群之间的遗传距离和地理距离进行 Mantel 统计分析，并进行显著性检验（随机检测 1000 次），结果表明寒兰居群间的遗传距离和地理距离之间无显著相关性（$r = 0.3791$，$P = 0.0090$），这也表明地理隔离在高水平遗传分化上没有明显作用。

9.5.5　寒兰的遗传多样性及保护

1. 寒兰的遗传多样性

Ayala 和 Kiger（1984）及 Nybom 等（2004）分别利用等位酶标记和 SSR 分子标记研究表明自花授粉与异花授粉物种间在遗传多样性上平均相差 3 倍左右，自交群体的杂合率显著较低。张德全和杨永平（2008）对 235 篇利用 DNA 分子标记研究植物遗传多样性的文章进行统计分析，结果表明，有性生殖植物中异交植物遗传多样性最高，自交植物最低；广布种的遗传多样性明显高于濒危物种和狭域分布种。寒兰为多年生草本，我国、日本及朝鲜半岛等地均有分布（陈心启和吉占和，2003），本研究表明寒兰整体遗传多样性水平 $He = 0.2649$，和春兰（$He = 0.2628$）（高丽和杨波，2006）接近，寒兰与春兰同属于建兰亚属建兰组，二者都属于广布种，分布区域较接近，两者遗传多样性水平也较为接近。另外是寒兰为兼性繁殖，陈心启（1988）认为寒兰是异花受粉植物，其花部结构与昆虫传粉高度适应。寒兰通过有性繁殖产生杂合种子，种子遇到较适宜条件（如真菌的帮助）才能萌发，杂合种子成活率相当低，成活的子代经多年生长成株后，依靠假鳞茎行无性繁殖将这些杂合基因位点固定下来并维持其丰富的遗传多样性。寒兰形态丰富多样，表现出极高的多样性，从植株高矮到叶色、叶形、花色、瓣形等都表现出丰富的变异，唇瓣差异也大，春、夏、秋三季都可开花，这些变异在居群间和居群内都同样存在。另外，植物体细胞突变也是导致寒兰居群内遗传变异丰富的主要原因之一，康明和黄宏文（2002）认为植物有性繁殖非常缺乏时，体细胞突变可能是导致遗传变异的一个主要因素。

2. 寒兰居群间的遗传分化

植物群体遗传结构受交配方式影响，自交（近交）的物种遗传多样性主要存在于种群间，异交物种则以种群内为主（Silva and Eguiarte，2003）。Bussell 等（1999）对 35 个物种的 RAPD 分析结果表明，其中 29 个远交物种的平均 G_{ST} 为 0.193，6 个近交物种的平均 G_{ST} 为 0.625。基因流（N_m）是影响遗传分化的重要因素，一般认为 $N_m \geqslant 1$，种群可以抵御遗传漂变导致的遗传分化；$N_m < 1$，说明居群间基因交流较少，遗传漂变是导致遗传分化的主要因素（Wright，1931）。本研究表明，寒兰居群间的遗传分化系数 G_{ST} 为 0.4415，N_m 为 0.6325，居群内变异占总变异的 71.19%，说明寒兰是以异交为主的混交类群。

高丽和杨波（2006）对 12 个湖北春兰野生居群的 ISSR 标记分析结果表明 $G_{ST}=0.2440$，$N_m=0.8828$，居群内变异占总变异的 77.93%，认为湖北春兰遗传分化程度较高，主要原因有三方面：①空间隔离和缺乏有效新个体的迁入；②生境片段化；③遗传漂变。尽管寒兰和春兰是不同的种，但两者亲缘关系较近。和春兰相比，江西寒兰居群间的遗传分化程度更为严重，居群间的基因流是借助花粉、种子等携带遗传物质的器官进行的，花粉和种子扩散是自然界植物种群最主要的基因流方式（李海生和陈桂珠，2004），江西山脉较多的地理隔离造成花粉和种子不易扩散，另外，人为乱采滥挖造成的生境破坏和居群片段化也是原因之一。

3. 野生寒兰资源的保护

遗传多样性是一个物种进化与稳定的基础，生物多样性保护最终是保护遗传多样性（王洪新和胡志昂，1996）。本研究发现，寒兰尽管在总的物种水平上的遗传多样性较高，但居群间遗传分化程度低，这主要是因为近年来人们乱采滥挖使得野生寒兰资源受到严重破坏，从而造成居群片段化严重。针对这一现状，结合寒兰遗传多样性及遗传结构特点，提出以下几点保护策略：①对现有野生寒兰资源进行就地保护，禁止乱采滥挖，建立保护区；②加大人工引种繁育力度，尽快恢复寒兰的居群规模；③加大科研力度，探索出更好的方法来扩大种群数量及居群规模，并在此基础上培育优良品种，从而满足市场需求，最终实现寒兰资源的可持续利用；④兰花依靠虫媒传粉，大多数兰花离开传粉者是无法长久世代相传的，因此在保护寒兰的同时，还应对其传粉者进行保护，从而更好地保护寒兰的遗传多样性。

9.6 罗霄山脉发现的中蹄蝠形态结构及系统发育研究

蹄蝠属 *Hipposideros* 隶属于翼手目 Chiroptera 蹄蝠科 Hipposideridae，该属全世界目前记录有 67 种（Simmons，2005；Sebastien et al.，2012）。截至 2015 年，中国记录蹄蝠属有 7 种（徐龙辉等，1983；罗蓉，1993；王应祥，2003；盛和林，2005；潘清华等，2007；Smith et al.，2009；谭敏等，2009；杨天友等，2014；蒋志刚，2015），分别是大蹄蝠 *Hipposideros armiger*、灰小蹄蝠 *H. cineraceus*、大耳小蹄蝠 *H. fulvus*、中蹄蝠 *H. larvatus*、莱氏蹄蝠 *H. lylei*、小蹄蝠 *H. pomona* 和普氏蹄蝠 *H. pratti*，其中湖南省已记录蹄蝠属 3 种——大蹄蝠、普氏蹄蝠和小蹄蝠。本节通过形态和头骨的特征详细描述了湖南省衡东县发现的中蹄蝠标本，同时利用 *Cyt b* 序列通过最大似然法构建系统发育树来分析其分类地位。

9.6.1 实验材料与方法

1. 标本采集

2015 年 7 月 26 日在湖南省衡东县四方山林场仙妃洞（26°58′25″N，113°3′23″E，海拔 463 m）进行哺乳动物多样性调查时，通过在洞口设置雾网采集到一只蹄蝠标本（HUNU15SF42，雌性）。2016 年 7 月 28 日在该处调查时通过同样的方法又采集到一只蹄蝠标本（HUNU16SF21，雄性）。当场进行分子标本采集、编号和称重（2015 年雌性标本未称重），带回实验室后测量形态和头骨特征，标本保存于湖南师范大学生命科学学院。

2. 形态测量

依据哺乳动物测量标准（杨奇森等，2007），用电子数显卡尺（量程 150 mm，精确到 0.01 mm）测量采集标本的外形和头骨量度。外形测量参数包括体重（body weight，BW）、头体长（head and body length，HB）、前臂长（forearm length，FA）、尾长（tail length，TL）、耳长（ear length，EL）、胫骨长（tibia length，TIB）、后足长（hind-foot length，HF）、第三掌骨长（the 3th metacarpal length，3MT）、第三掌骨第 1 指骨长（first phalanx of the 3th metacarpal length，3D1P）、第三掌骨第 2 指骨长（second phalanx of the 3th metacarpal length，3D2P）、第四掌骨长（the 4th metacarpal length，4MT）、第五掌骨长（the 5th metacarpal length，5MT）、第五掌骨第 1 指骨长（first phalanx of the 5th metacarpal length，5D1P）、第五掌骨第 2 指骨长（second phalanx of the 5th metacarpal length，5D2P）。

头骨测量参数包括颅全长（greatest length of braincase，GSL）、颅基长（cranial base length，CBL）、颅高（braincase height，BH）、颅宽（braincase width，BW）、吻长（rostral length，RL）、吻宽（rostral width，RW）、最小眶间距（least interorbital width，LIW）、枕髁—犬齿距离（occipital condyle length，OCL）、颧宽（zygomatic width，ZW）、听泡长（auditory vesicle length，AVL）、听泡最宽（auditory vesicle greatest width，AVG）、听泡间距（auditory vesicle distance，AVD）、上犬齿间宽（breadth between upper canine，C^1-C^1）、上犬齿与颊齿长（length of C-M^3，C-M^3）、下犬齿与颊齿长（length of C-M_3，C-M_3）。

为了确定采集标本的种类，我们选择了罗蓉等（1993）在贵州罗甸记录的 1 只中蹄蝠样本（1♀，762007）、赵乐祯等（2014）在广西明江（12♂，5♀）和海南保亭（1♂，8♀）记录的中蹄蝠样本，将其与我们在湖南采集的 2 个样本进行外部形态和头骨测量数据对比。

3. 分子鉴定

使用 MiniBEST Universal Genomic DNA Extraction Kit 试剂盒提取 2016 年采集的雄性中蹄蝠标本肝脏基因组 DNA，再通过 PCR 扩增得到 *Cyt b* 基因序列（1146 bp）。所用引物为 L14724_hk3（GGACTTATGACATGAAAAATCATCGTTG）和 H15915_hk3（GATTCCCCATTTCTGGTTTACAAGAC）（He et al.，2010），反应体系为 30 μL，采用标准 PCR 方法，PCR 产物由生物公司切胶纯化后进行双向测序。

从 GenBank 数据库下载广西和海南中蹄蝠的 *Cyt b* 序列各 3 条（1119 bp），GenBank 登录号分别为 KJ461951、KJ461952、KJ461953 和 KJ461956、KJ461957、KJ461958。同时，下载广东中蹄蝠序列两条（1140 bp），GenBank 登录号为 DQ888672.1 和 EU434949。以大蹄蝠（1140 bp，GenBank 登录号为 JX849197.1）、普氏蹄蝠（1140 bp，GenBank 登录号为 EU434952.1）作为外类群，利用 MEGA7.0 软件，采用最大似然法（maximum likelihood）构建进化树，进化树各分支的支持率都采用自展法进行分析，重复抽样次数为 1000 次。

9.6.2 外形及头骨特征

2015 年采集的 HUNU15SF42 号标本和 2016 年采集的 HUNU16SF21 号标本体型中等，头体长分别为 66.46 mm 和 69.19 mm，前臂长分别为 60.66 mm 和 61.36 mm，第三掌骨和第四掌骨长度相近，都长于第五掌骨，尾长分别为 36.68 mm 和 35.49 mm，耳较大，分别长 23.44 mm 和 22.74 mm，无对耳屏，具耳屏，后足长（不包括爪）分别为 13.20 mm 和 11.05 mm，胫长分别为 23.90 mm 和 24.87 mm（表 9-28）。鼻叶结构复杂，马蹄叶下缘有明显的中央缺刻，外下侧具有 3 对附小叶，中鼻叶不呈鞍状，后缘无连接叶，顶叶显著高于前面的鼻叶（图 9-19）。背毛深棕色，腹毛颜色淡于背毛，为红棕色，且腹毛长度比背毛短，翼膜黑褐色，尾膜有绒毛，颜色淡。

表 9-28 中蹄蝠 *Hipposideros larvatus* 形态和头骨特征比较（体重/g，长度/mm）

测量项目	湖南样品（本文）		贵州样（罗蓉，1993）	广西样品（赵乐祯等，2014）		海南样品（赵乐祯等，2014）	
	1♂	1♀	1♀	12♂	5♀	1♂	8♀
体重（BW）	20.27	—	22	17.60±2.18	18.13±1.69	29.3	28.41±3.04
头体长（HB）	69.19	66.46	68	70.63±2.79	70.60±1.20	75.9	75.9±2.25
前臂长（FA）	61.36	60.66	61	58.44±1.18	59.36±1.29	61.5	63.06±1.24
尾长（TL）	35.49	36.68	42	35.50±1.48	35.86 ± 3.67	38	35.89±2.65
耳长（EL）	22.74	23.44	25	22.78±0.55	22.56 ± 0.63	24	23.26±1.09
胫骨长（TIB）	24.87	23.9	25	23.69±0.59	23.72 ± 0.93	24.8	24.11±0.72
后足长（HF）	11.05	13.20	—	9.44±0.47	9.50 ± 0.75	10	9.24±0.67
第三掌骨长（3MT）	42.41	43.10	—	40.97±1.37	41.78 ± 1.67	45.1	43.91±1.54
第三掌骨第 1 指骨长（3D1P）	20.08	20.42	—	20.38±0.76	20.36 ± 0.48	20.8	20.20±0.71
第三掌骨第 2 指骨长（3D2P）	21.54	20.68	—	20.83±0.98	20.18 ± 2.41	22.2	21.03±0.85
第四掌骨长（4MT）	43.42	44.70	—	40.32±1.46	41.50 ± 1.48	43.8	43.85±1.29
第五掌骨长（5MT）	39.18	40.64	—	37.08±1.62	38.32 ± 1.68	40.8	40.26±1.21
第五掌骨第 1 指骨长（5D1P）	16.86	16.78	—	15.58±0.39	16.16 ± 0.94	16.2	16.01±0.38
第五掌骨第 2 指骨长（5D2P）	11.70	11.84	—	11.56±0.73	11.56 ± 0.73	11.8	11.88±1.94
颅全长（GSL）	21.88	22.14	23.1	22.55±0.72	22.74	24.0±0.2	24.07
颅基长（CBL）	20.09	19.66	18.5	19.93±0.35	20.01	21.43±0.43	21.4
颅高（CH）	8.94	8.83	7	8.18±0.84	7.33	9.19±0.42	9.65
颅宽（BW）	11.54	11.23	—	8.84±0.23	8.29	9.23±0.10	9.21
吻长（RL）	4.26	4.12					
吻宽（RW）	6.93	6.68	6.3	6.77±0.04	6.98	7.27±0.11	7.33

续表

测量项目	湖南样品（本文）		贵州样（罗蓉，1993）	广西样品（赵乐祯等，2014）		海南样品（赵乐祯等，2014）	
	1♂	1♀	1♀	12♂	5♀	1♂	8♀
最小眶间距（LIW）	3.46	3.31	3.5	3.53±0.93	3.28	3.77±0.12	3.71
枕髁—犬齿距离（OCL）	19.14	18.02	—	18.90±0.27	18.27	19.44±0.19	18.91
颧宽（ZW）	13.02	12.74	12.7	12.29±0.23	11.91	13.18±0.35	13.13
听泡长（AVL）	3.12	3.06	—	3.04±0.18	3.01	3.02±0.45	3.52
听泡最宽（AVG）	3.84	3.78	—	7.96±0.54	7.1	7.89±0.21	8.1
听泡间距（AVD）	2.39	2.34		2.29±0.15	2.37	2.52±0.96	2.58，2.38
上犬齿间宽（C^1-C^1）	3.11	3.04		2.98±0.34	3.51	2.94±0.11	3.16，3.12
上犬齿与颊齿长（C-M^3）	8.12	7.83	8.5	9.32±0.22	9.44	9.89±0.28	10.21
下犬齿与颊齿长（C-M_3）	9.44	9.16	—	9.86±0.36	9.69	10.70±0.11	10.59

图 9-19　中蹄蝠（♂）头部特征（彩图见附图 1）

雌性标本的颅全长略长于雄性标本，分别为 22.14 mm 和 21.88 mm（表 9-28），颅骨呈长圆形，吻突略圆，鼻到额部缓慢上升，鼻额的斜面与上齿槽形成的角度约 45°，颅顶微微隆起，听泡较大，矢状脊发达，颧弓不纤细，眶上脊可见但不十分明显，眶间区域狭长（图 9-20a，b）。

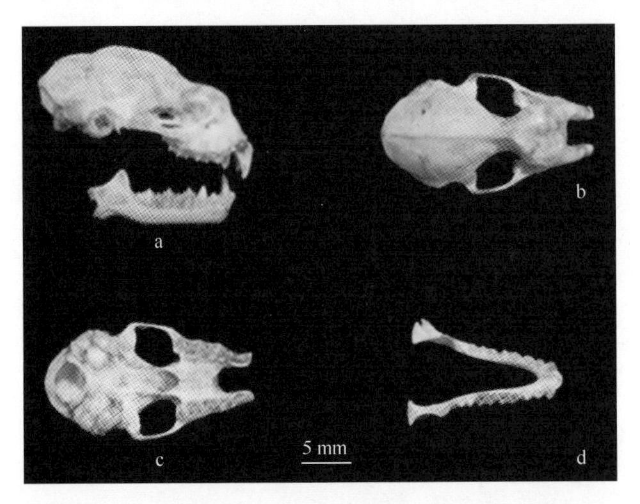

图 9-20　中蹄蝠（♂）的头骨特征（彩图见附图 1）

a. 头骨侧面观；b. 头骨背面观；c. 头骨腹面观；d. 下颌骨

上门齿一对，有两齿尖；下门齿两对，三齿尖；上犬齿为扁锥形，较大，前上部有一附小尖，肉眼可见，后缘无齿沟，也无附小尖（图 9-20a）。第二上前臼齿位于齿列外，很小，高度仅达到犬齿的齿基部；第四上前臼齿位于齿列中，较大，有锋利的单尖齿；第二下前臼齿位于齿列中，其高度约为第四下前臼齿的 1/2，齿式为 1.1.2.3/2.1.2.3=30（图 9-20a，c，d）。

9.6.3　分子鉴定

PCR 成功扩增并测序得到自衡东县采集的雄性标本 *Cyt b* 序列信息（1146 bp），从 GenBank 下载相关地区中蹄蝠的 *Cyt b* 序列，与本次在湖南省衡东县采集的中蹄蝠 *Cyt b* 序列通过最大似然法构建进化树（图 9-21），以大蹄蝠和普氏蹄蝠的 *Cyt b* 序列作为外类群。结果显示，越南和泰国的中蹄蝠最先分出一支，广西、海南、广东和本次在湖南省衡东县采集到的中蹄蝠样本序列分成两大支（置信度 60），其中广东、广西和湖南的种群聚为一支（置信度 99），海南种群聚为另一支（置信度 100）。

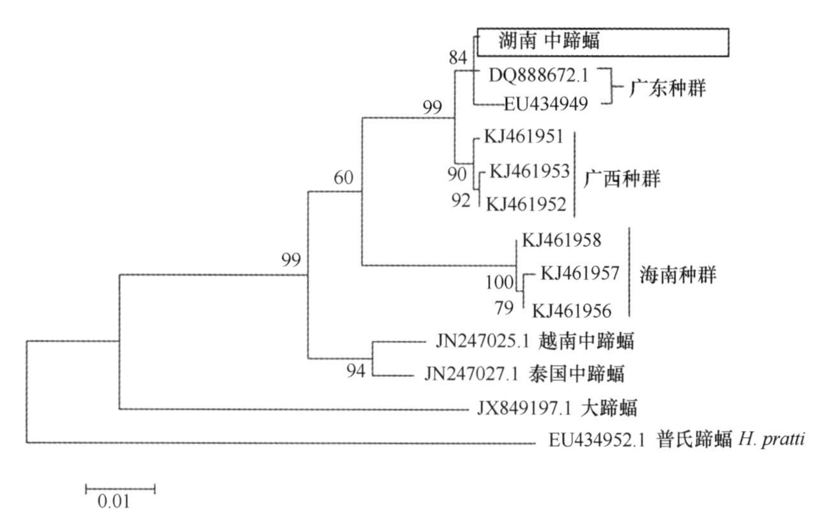

图 9-21　基于各地中蹄蝠 *Cyt b* 序列构建的进化树

方框标记本研究分析对象，各枝上的数据表示节点支持率

9.6.4　中蹄蝠分布现状及保护

中蹄蝠属热带种类，国外分布于印度尼西亚、泰国、缅甸、印度，也可能分布于越南；国内有记录的省份有海南、广东、广西、云南和贵州。全世界中蹄蝠有 5 个亚种，但中国分布的中蹄蝠究竟有几个亚种一直存在争议，罗蓉（1993）及盛和林（2005）认为中国有 2 个中蹄蝠亚种，分别是海南亚种 *Hipposideros larvatus poutensis* 和缅甸亚种 *H. larvatus grandis*；王应祥（2003）则认为中国分布的中蹄蝠为 3 个亚种，分别是海南亚种、缅甸亚种和越北亚种 *H. larvatus alongensis*；但是 Smith 等（2009）认为中蹄蝠种组不包括缅甸亚种，而越北亚种实则是丑蹄蝠 *H. turpis*，故而认为中国中蹄蝠仅 1 个亚种，即海南亚种。Simmons（2005）和蒋志刚（2015）提到的 5 个中蹄蝠亚种中也没有缅甸亚种和越北亚种。

Bradley 和 Baker（2001）认为，小于 2%的 *Cyt b* 序列分歧是种内变异水平的结果，大于 11%的序列分歧度则是种间分歧的表现，而在这之间即 2%～11%的序列分歧度则是亚种分歧的表现。赵乐祯等（2014）的研究结果表明，海南和广西的未修正序列分歧值在 3.7%～4.4%，故认为广西和海南的中蹄蝠是两个亚种。而本次在湖南采集的 HUNU16SF21 号标本 *Cyt b* 序列与广东、广西和海南的分歧值分别为 0.2%～0.5%、0.7%～0.8%与 3.8%～4.0%，这个结果与进化树结果都表明湖南的中蹄蝠和广东、广西的中蹄蝠应是同一个亚种，而湖南与海南的中蹄蝠应为不同的亚种。

2015 年和 2016 年在衡东进行的哺乳动物多样性调查中，共调查了 3 个洞穴，记录到的翼手目除了中蹄蝠外还有大足鼠耳蝠 *Myotis pilosus*、西南鼠耳蝠 *M. altarium*、菲菊头蝠 *R. pusillus*、中菊头蝠 *R. affinis*、中华菊头蝠 *R. sinicus* 等共 99 只，但中蹄蝠仅发现 2 只，这可能表明衡东县栖息的中蹄蝠数目很少，虽然《中国生物多样性红色名录——脊椎动物卷》对国内分布的中蹄蝠评定的受威胁状态是无危（least concern，LC），但我们认为衡东县中蹄蝠的种群受威胁状况可能比较严峻。

参 考 文 献

安芷生, S.波特, 吴锡浩, 等. 1993. 中国中、东部全新世气候适宜期与东亚夏季风变迁. 科学通报, 38(14): 1302-1305.
博卡德, 吉莱, 勒让德. 2014. 数量生态学——R 语言的应用. 赖江山译. 北京: 高等教育出版社.
蔡飞. 1993. 安徽黄山北坡常绿阔叶林的生态优势度和物种多样性的研究. 安徽师大学报(自然科学版), 16(2): 45-48.
蔡飞. 2000. 杭州西湖山区青冈种群结构和动态的研究. 林业科学, 36(3): 67-72.
蔡守坤, 杨志斌, 金久宁, 等. 1985. 武夷山自然保护区黄山松林. 武夷山科学, (5): 265-273.
曹文. 2000. 绿肥生产与可持续农业发展. 中国人口·资源与环境, (S2): 108-109.
曹展波, 林洪, 罗坤水, 等. 2014. 江西金盆山林区米槠生长过程与幼林生长效应. 江西林业科技, 42(5): 7-9.
曹志然, 王海, 唐志远, 等. 2010. 4 种源于虎皮楠的生物碱对人肝癌细胞株 HepG-2 增殖的影响. 医学研究与教育, 27(6): 6-10.
曾庆昌, 缪绅裕, 唐志信, 等. 2014. 广东连州田心自然保护区香果树种群及其生境特征. 生态环境学报, 23(4): 603-609.
柴岫. 1990. 泥炭地学. 北京: 地质出版社: 1-4.
巢林, 刘艳艳, 张伟东, 等. 2017. 沼泽交错带白桦个体生长动态及径级结构与种内种间竞争. 生态学杂志, 36(3): 577-583.
陈柏承, 余文华, 吴毅, 等. 2015. 毛翼管鼻蝠在广西和江西分布新纪录及其性二型现象. 四川动物, 34(2): 211-215, 222.
陈宝明, 林真光, 李贞, 等. 2012. 中国井冈山生态系统多样性. 生态学报, 32(20): 6326-6333.
陈春泉, 王海连, 曾祥铭. 1999. 白豆杉及其繁殖. 中国野生植物资源, 18(4): 51-52.
陈春泉. 1998. 井冈山杜鹃及其繁殖. 中国野生植物资源, 17(4): 57-58.
陈发虎, 黄小忠, 杨美临, 等. 2006. 亚洲中部干旱区全新世气候变化的西风模式——以新疆博斯腾湖记录为例. 第四纪研究, 26(6): 881-887.
陈发虎, 朱艳, 李吉均, 等. 2001. 民勤盆地湖泊沉积记录的全新世千百年尺度夏季风快速变化. 科学通报, 46(17): 1414-1419.
陈发菊, 赵志刚, 梁宏伟, 等. 2007. 银鹊树胚性愈伤组织继代培养过程中的细胞染色体数目变异. 西北植物学报, 27(8): 1600-1604.
陈功锡, 廖文波, 熊利芝, 等. 2015. 湘西药用植物资源开发与可持续利用. 西安: 西安交通大学出版社: 21.
陈功锡, 田向荣. 2016. 中国亚麻酸植物资源. 北京: 科学技术文献出版社: 52.
陈功锡, 张代贵, 肖佳伟, 等. 2019. 武功山地区维管束植物物种多样性编目. 西安: 西安交通大学出版社.
陈海云, 白平, 曾丽君, 等. 2011. 虎皮楠的育苗技术. 林业实用技术, (4): 32-33.
陈焕镛. 1963. 中国木兰科新属新种. 植物分类学报, 8(4): 281-286.
陈冀胜, 郑硕. 1987. 中国有毒植物. 北京: 科学出版社.
陈璟. 2010. 莽山自然保护区南方铁杉种群物种多样性和稳定性研究. 中国农学通报, 26(12): 81-85.
陈灵芝, 孙航, 郭柯. 2015. 中国植物区系及植被地理. 北京: 科学出版社: 413-438.
陈诗, 海鑫, 史训旺, 等. 2018. 宝天曼马尾松和槲栎混交林的竞争关系分析. 西南林业大学学报, (2): 10-15.
陈卫娟. 2006. 中亚热带常绿阔叶林植物区系地理研究. 上海: 华东师范大学硕士学位论文: 73-75.
陈心启, 吉占和. 2003. 中国兰花全书. 北京: 中国林业出版社: 91-92.
陈心启. 1988. 兰花与昆虫传粉. 植物杂志, 6: 32.
陈玉凯, 杨琦, 莫燕妮, 等. 2014. 海南岛霸王岭国家重点保护植物的生态位研究. 植物生态学报, 38(6): 576-584.
陈志萍, 李从瑞, 潘德权, 等. 2014. 花榈木实生苗苗期的生长发育节律. 贵州农业科学, 42(12): 191-194.
陈祖铿, 王伏雄. 1980. 福建柏的配子体发育. 植物学报, 22(1): 6-10.
陈作红, 杨祝良, 图力古尔, 等. 2016. 毒蘑菇识别与中毒防治. 北京: 科学出版社: 1-308.
程必强, 喻学俭, 孙汉董. 2001. 云南香料植物资源及其利用. 昆明: 云南科技出版社: 1-10.
程齐来, 刘霞, 张道英, 等. 2012. 江西信丰金盆山林场药用植物资源及可持续利用研究. 安徽农业科学, 40(3): 1415-1416.
戴宝合. 1990. 野生植物资源学. 北京: 农业出版社.

戴玉成, 杨祝良. 2008. 中国药用真菌名录及部分名称的修订. 菌物学报, (6): 801-824.
党海山, 张燕君, 张克荣, 等. 2009. 秦岭巴山冷杉 *Abies fargesii* 种群结构与动态. 生态学杂志, (8): 1456-1461.
邓贤兰, 吴杨, 赖弥源, 等. 2012. 江西中南部观光木种群及所在群落特征研究. 广西植物, 32(2): 179-184.
邓贤兰, 肖春玲, 刘玉成. 2004. 井冈山自然保护区栲属群落物种多样性的研究. 广西植物, 24(1): 7-11.
邓贤兰, 曾晓辉, 吴新年, 等. 2010. 井冈山观光木所在群落特征研究. 井冈山大学学报(自然科学版), 31(4): 113-117.
丁炳扬, 杨旭, 叶立新, 等. 2006. 凤阳山白豆杉各群落区系组成和物种多样性的比较研究. 浙江大学学报(理学版), 33(4): 451-456.
丁巧玲. 2016. 罗霄山脉木本植物群落数量分类及其多样性格局. 广州: 中山大学博士后出站研究报告: 1-68.
丁巧玲, 刘忠成, 王蕾, 等. 2016. 湖南桃源洞国家级自然保护区南方铁杉种群结构与生存分析. 西北植物学报, 36(6): 1233-1244.
董杰明, 吴瑞华, 袁昌鲁, 等. 2003. γ-亚麻酸的保健作用. 卫生研究, 32(3): 299-301.
董世林. 1994. 植物资源学. 哈尔滨: 东北林业大学出版社: 29-36.
杜道林, 刘玉成, 刘川华. 1994. 茂兰喀斯特山地南方铁杉种群结构和动态初探. 西南师范大学学报(自然科学版), 19(2): 169-174.
杜怡斌. 2000. 河北野生资源植物志. 保定: 河北大学出版社.
段如雁, 韦小丽, 孟宪帅. 2013. 不同光照条件下花榈木幼苗的生理生化响应及生长效应. 中南林业科技大学学报, 33(5): 30-33.
段艳岭, 范义荣, 敖素燕, 等. 2014. 寒兰种质资源表型性状多样性分析. 中国农学通报, 30(16): 143-147.
方精云, 王襄平, 沈泽昊, 等. 2009. 植物群落清查的主要内容、方法和技术规范. 生物多样性, (17): 533-548.
方瑞征, 闵天禄. 1995. 杜鹃属植物区系的研究. 云南植物研究, (17): 359-379.
封磊, 洪伟, 吴承祯, 等. 2003. 珍稀濒危植物南方铁杉种群动态研究. 武汉植物学研究, 21(5): 401-405.
封磊, 洪伟, 吴承祯, 等. 2008. 南方铁杉种群结构动态与空间分布格局. 福建林学院学报, 28(2): 110-114.
冯广, 艾训儒, 姚兰, 等. 2016. 鄂西南亚热带常绿落叶阔叶混交林的自然恢复动态及其影响因素. 林业科学, 52(8): 1-9.
冯建孟, 张钊, 南仁永. 2012. 云南地区种子植物区系过渡性地理分布格局的群落尺度分析. 生态环境学报, 21(1): 1-6.
冯磊, 吴倩倩, 石胜超, 等. 2017. 湖南发现的中蹄蝠形态结构及系统发育研究. 生命科学研究, 21(6): 515-518.
冯磊, 吴倩倩, 余子寒, 等. 2019. 湖南衡东发现东亚水鼠耳蝠. 动物学杂志, 5(1): 22-29.
冯祥麟, 胡刚, 刘正华. 2011. 贵阳高坡南方铁杉群落特征及种群动态调查研究. 贵州林业科技, 39(2): 26-29.
符潮, 刘倩, 孔思佳, 等. 2017. 白豆杉在江西的地理分布及其群落的特征分析. 赣南师范大学学报, (6): 127-130.
傅立国, 金鉴明. 1991. 中国植物红皮书——稀有濒危植物(第一册). 北京: 科学出版社.
傅立国, 吕庸浚, 莫新平. 1980. 冷杉属植物在广西与湖南首次发现. 植物分类学报, 18(2) : 205-210.
高浩杰, 高平仕, 王国明. 2017. 舟山群岛红楠林种内和种间竞争研究. 植物研究, 37(3): 440-446.
高丽, 杨波. 2006. 湖北野生春兰资源遗传多样性的 ISSR 分析. 生物多样性, 14(3): 250-257.
高贤明. 1991. 江西安福武功山木本植物区系的研究. 江西农业大学学报, (2): 140-147.
郭连金, 洪森荣, 夏华炎. 2006. 武夷山自然保护区濒危植物南方铁杉种群数量动态分析. 上饶师范学院学报, 26(6): 74-78.
郭泉水, 江洪, 王兵, 等. 1999. 中国主要森林群落植物生活型谱的数量分类及空间分布格局的研究. 生态学报, 19(4): 573-577.
郭微, 景慧娟, 凡强, 等. 2013. 江西井冈山穗花杉群落及其物种多样性研究. 黑龙江农业科学, (7): 71-76.
郭微, 沈如江, 吴金火, 等. 2007. 江西三清山华东黄杉群落的组成和结构. 植物资源与环境学报, 16(3): 46-52.
郭艳萍, 张金屯, 刘秀珍. 2005. 山西天龙山植物群落物种多样性研究. 山西大学学报(自然科学版), 28(2): 205-208.
郭正堂, Petit-Maire N, 刘东生. 1999. 全新世期间亚洲和非洲干旱区环境的短尺度变化. 古地理学报, (1): 68-74.
郭正堂. 2010. 22-8 Ma 风尘沉积记录的季风演变历史//丁仲礼, 等. 中国西部环境演化集成研究. 北京: 气象出版社: 1-19.
韩爱艳, 曾砺锋, 黄康有, 等. 2016. 罗霄山脉山地沼泽全新世以来的古气候记录. 热带地理, 3: 477-485.
何芬奇, 江航东, 林剑声, 等. 2006. 斑头大翠鸟在我国的分布. 动物学杂志, 41(2): 58-60.
何芬奇, 林剑声. 2011. 略谈井冈山的鸟类. 人与生物圈, 6: 43-45.
何建源, 卞羽, 吴焰玉, 等. 2009. 南方铁杉林林隙自然干扰规律. 西南林学院学报, 29(6): 7-10.
何建源, 卞羽, 吴焰玉, 等. 2010a. 不同坡向濒危植物南方铁杉的分布格局. 中国农学通报, 26(13): 122-125.
何建源, 荣海, 吴焰玉, 等. 2010b. 武夷山南方铁杉群落乔木层种间联结研究. 福建林学院学报, 30(2): 169-173.
何建源. 2005. 武夷山自然保护区米槠群落物种多样性研究. 厦门大学学报, (46): 7-10.

贺金生, 陈伟烈, 江明喜, 等. 1998. 长江三峡地区退化生态系统植物群落物种多样性特征. 生态学报, 18(4): 399-407.
贺金生, 陈伟烈. 1997. 陆地植物群落物种多样性的梯度变化特征. 生态学报, 17(1): 91-99.
洪冰, 林庆华, 洪业汤. 2006. 全新世亚洲季风、ENSO 及高北纬度气候间的关联. 科学通报, 51(17): 1977-1984.
侯碧清. 1993. 湖南酃县桃源洞自然保护区综合考察报告. 长沙: 国防科技大学出版社: 1-178.
侯伯鑫, 林峰, 余格非, 等. 2005. 福建柏资源分布的研究. 中国野生植物资源, 24(1): 3.
侯新村, 牟洪香, 菅永忠. 2010. 能源植物黄连木油脂及其脂肪酸含量的地理变化规律. 生态环境学报, 19(12): 2773-2777.
胡磊, 高丽, 杨波. 2010. 利用磁珠富集法开发花榈木微卫星引物. 华中农业大学学报, 29(5): 629-633.
胡文光. 1990. 江西杜鹃花属一种. 四川大学学报(自然科学版), 27(4): 492-493.
《湖南植物志》编辑委员会. 2000. 湖南植物志(第二卷). 长沙: 湖南科学技术出版社.
《湖南植物志》编辑委员会. 2010. 湖南植物志(第三卷). 长沙: 湖南科学技术出版社.
华新, 庞小慧, 刘涛. 2006. 我国木本油料植物资源及其开发利用现状. 生物质化学工程, (S1): 291-302.
环境保护部和中国科学院. 2013. 中国生物多样性红色名录——高等植物卷. http://bc.zo.ntu.edu.tw/upload/30821.pdf [2019-8-30].
黄成林, 吴泽民, 陈晓红. 1999. 黄山山顶面区主要植物群落类型及黄山松群落演替规律的探讨. 安徽农业大学学报, 26(4): 388-393.
黄建辉, 高贤明, 马克平, 等. 1997. 地带性森林群落物种多样性的比较研究. 生态学报, 17(6): 611-618.
黄久香, 庄雪影. 2002. 观光木种群遗传多样性研究. 植物生态学报, 26(4): 413-419.
黄康有, 廖文波, 金建华, 等. 2007. 海南岛吊罗山植物群落特征和物种多样性分析. 生态环境, 16(3): 900-905.
黄庆丰, 陈龙勇, 郝焰平, 等. 2010. 麻栎混交林空间结构与物种多样性研究. 长江流域资源与环境, 19(9): 1010-1014.
黄树军, 荣俊冬, 张龙辉, 等. 2013. 福建柏研究综述. 福建林业科技, 40(4): 236-242.
黄松殿, 吴庆标, 廖克波, 等. 2011. 观光木人工林生态系统碳储量及其分布格局. 生态学杂志, 30(11): 2400-2404.
黄旺志, 夏士文, 鄢洪星, 等. 2000. 豫南引种檫木适应性调查研究. 信阳师范学院学报(自然科学版), 1(3): 313-318.
黄宪刚, 谢强. 2000. 猫儿山南方铁杉种群结构和动态的初步研究. 广西师范大学学报(自然科学版), 18(2): 86-90.
黄永涛, 姚兰, 艾训儒, 等. 2015. 鄂西南两个自然保护区亚热带常绿落叶阔叶混交林类型及其常绿和落叶物种组成结构分析. 植物生态学报, 39(10): 990-1002.
黄正澜懿, 胡宜峰, 吴华, 等. 2018. 中管鼻蝠在湖北和浙江的分布新纪录. 西部林业科学, 47(6): 73-77.
蹇黎, 朱利泉. 2010. 寒兰品种类型的 SRAP 分子鉴定. 中国农业科学, 43(15): 3184-3190.
《江西河湖大典》编纂委员会. 2010. 江西河湖大典. 武汉: 长江出版社.
《江西植物志》编辑委员会. 2004. 江西植物志(第二卷). 北京: 中国科学技术出版社.
《江西植物志》编辑委员会. 2014. 江西植物志(第三卷). 南昌: 江西科学技术出版社.
江洪. 1992. 云杉种群生态学研究. 北京: 中国林业出版社.
江鸿, 江晓红, 毕光银. 2005. 银杏大蚕蛾危害檫木及其防治. 林业实用技术, (2): 31.
江亚雯, 孙小琴, 罗火林, 等. 2017. 基于 ISSR 标记的江西野生寒兰居群遗传多样性研究. 园艺学报, 44(10): 1993-2000.
姜汉侨. 1980. 云南植被分布的特点及其地带规律性(续). 云南植物研究, 2(2): 142-151.
蒋艾民, 姜景民, 刘军. 2016. 檫木叶片性状沿海拔梯度的响应特征. 生态学杂志, 35(6): 1467-1474.
蒋志刚. 2015. 中国哺乳动物多样性及地理分布. 北京: 科学出版社: 90.
蒋忠信. 1990. 中国自然带分布的地带性规律. 地理科学, 10(2): 114-124.
金则新. 1999. 浙江天台山甜槠群落物种多样性研究. 云南植物研究, 21(3): 296-302.
靳桂云, 刘东生. 2001. 华北北部中全新世降温气候事件与古文化变迁. 科学通报, 46(20): 1725-1730.
景慧娟, 凡强, 王蕾, 等. 2014. 江西井冈山地区沟谷季雨林及其超地带性特征. 生态学报, 34(21): 6265-6276.
康华靖, 陈子林, 刘鹏, 等. 2008a. 大盘山自然保护区香果树种群结构与分布格局. 生态学报, 27(1): 389-396.
康华靖, 刘鹏, 徐根娣, 等. 2008b. 大盘山自然保护区香果树对不同海拔生境的生理生态响应. 植物生态学报, 32(4): 865-872.
康华钦, 刘文哲. 2008. 瘿椒树大小孢子发生及雌雄配子体发育解剖学研究. 西北植物学报, 28(5): 868-875.
康明, 黄宏文. 2002. 湖北海棠的等位酶变异和遗传多样性研究. 生物多样性, 10(4): 376-385.
康强胜, 卢大炎, 李俊, 等. 1999. 白豆杉细胞培养. 植物资源与环境, 8(4): 59-60.
孔祥海, 李振基. 2012. 福建梅花山常绿阔叶林植物物种多样性及其海拔梯度格局. 植物分类与资源学报, 34(2): 179-186.
冷亚雄, 谢超, 刘良源. 2017. 江西修河源五梅山省级自然保护区晋升国家级自然保护区可行性探讨. 江西科学, 35(1):

180-182.
黎明，卫红，苏金乐，等. 2002. 银鹊树营养器官的解剖观察. 河南农业大学学报, 36(3): 237-242.
李博. 2000. 生态学. 北京：高等教育出版社: 1-178.
李昌珠，蒋丽娟. 2018. 油料植物资源培育与工业利用新技术. 北京：中国林业出版社.
李大伟，陈宏伟，史富强，等. 2008. 云南旱冬瓜的生物学、生态学特性及地理分布. 林业调查规划, 33(5): 25-28.
李锋，余文华，吴毅，等. 2015. 江西省发现泰坦尼亚彩蝠. 动物学杂志, 50(1): 1-8.
李海生，陈桂珠. 2004. 海南岛红树植物海桑遗传多样性的ISSR分析. 生态学报, (8): 1657-1663.
李辉，杨海军，等. 2001. 湖南炎陵桃源洞自然保护区自然资源综合科学考察报告. 长沙：湖南省林业调查规划设计院.
李家湘，赵丽娟，黄展鹏. 2004. 平江幕阜山黄山松群落特征及其演替规律的探讨. 湖南林业科技, 31(5): 16-18.
李家湘. 2005. 湖南平江幕阜山种子植物区系研究. 长沙：中南林学院硕士学位论文.
李建春. 2005. 广东省连南县板洞省级自然保护区常绿阔叶林主要群落特征. 广东林业科技, 21(1): 39-43.
李杰，郑卓, Cheddadi R, 等. 2013. 神农架大九湖四万年以来的植被与气候变化. 地理学报, 68(1): 69-81.
李林，魏识广，黄忠良，等. 2012. 猫儿山两种孑遗植物的更新状况和空间分布格局分析. 植物生态学报, 36(2): 144-150.
李林初，徐炳声. 1984. 侧柏和福建柏染色体核型的研究. 云南植物研究, (4): 447-451.
李林初. 1998. 柏科的细胞分类学研究. 云南植物研究, (2): 72-78.
李林静，唐汉军，李高阳，等. 2015. 湖南湘西百合营养及淀粉理化特性研究. 中国粮油学报, 30(10): 25-31.
李少泓，孙欣. 2010. 杜鹃属植物的化学成分及药理作用研究进展. 中华中医药学刊, (28): 2435-2437.
李帅锋，刘万德，苏建荣，等. 2013. 滇西北金沙江流域云南红豆杉群落种内与种间竞争. 生态学杂志, 32(1): 33-38.
李先琨，苏宗明. 2002. 元宝山冷杉种群濒危原因与保护对策. 北华大学学报(自然科学版), 3(1): 80-83.
李小双，彭明春，党承林，等. 2007. 植物自然更新研究进展. 生态学杂志, 26(12): 2081-2088.
李晓铁，玉伟朝，罗远周，等. 2008. 南方铁杉扦插繁殖技术. 林业实用技术, 6: 21-22.
李晓铁. 1992. 猫儿山林区南方铁杉生长调查初报. 广西林业科技, 21(1): 24-26.
李晓笑，陶翠，王清春. 2012. 中国亚热带地区4种极危冷杉属植物的地理分布特征及其与气候的关系. 植物生态学报, 36(11): 1154-1164.
李晓笑，王清春，崔国发. 2011. 濒危植物梵净山冷杉野生种群结构及动态特征. 西北植物学报, 31(7): 1479-1486.
李意德，黄全. 1986. 对海南岛热带山地雨林植物群落取样面积问题的探讨. 热带林业科技, (3): 23-29.
李永化，尹怀宁，张小咏，等. 2003. 5000 a BP以来辽西地区环境灾害事件与人地关系演变. 冰川冻土, 25(1): 19-26.
李兆丰，周东雄，安平. 1995. 福建柏变异类型的核型研究. 林业科学, (3): 215-219.
李震宇，郭跃伟. 2007. 虎皮楠生物碱研究进展. 有机化学, 27(5): 565-575.
李志，袁颖丹，胡耀文，等. 2018. 海拔及旅游干扰对武功山山地草甸土壤渗透性的影响. 生态学报, 38(2): 635-645.
李志，袁颖丹，张学玲，等. 2018. 武功山退化草甸不同植被恢复措施生长效果及适应性研究. 中南林业科技大学学报, 38(2): 90-96.
李智选，李广民，岳志宗. 1989. 珍稀植物——银鹊树茎、叶解剖学特点的研究. 西北大学学报, 19(3): 43-47.
李中岳，班青. 1995. 香果树的生物学特性与繁殖方法. 林业科技开发, (4): 37-38.
李宗艳，管名媛，李静，等. 2016. 基于ISSR的硬叶兜兰居群遗传多样性研究. 西北植物学报, 6(7): 1351-1356.
廖成章，洪伟，吴承祯，等. 2003. 福建中亚热带常绿阔叶林物种多样性的空间格局. 广西植物, 23(6): 517-522.
廖进平，黄帮文，刘菊莲，等. 2010. 风雪灾害对濒危植物银鹊树种群结构的影响. 浙江林业科技, 30(1): 74-78.
廖铅生，刘江华，熊美珍. 2008. 萍乡市武功山稀有濒危、特有植物的多样性及其保护. 萍乡高等专科学校学报, (3): 79-83.
廖文波，凡强，王蕾，等. 2016. 中国井冈山地区原色植物图谱. 北京：科学出版社.
廖文波，凡强，叶华谷，等. 2024. 罗霄山脉维管植物图鉴. 北京：科学出版社.
廖文波，苏志尧，崔大方，等. 2002. 粤北南方红豆杉植物群落的研究. 云南植物研究, 24(3): 295-306.
廖文波，王蕾，王英永，等. 2018. 湖南桃源洞国家级自然保护区生物多样性综合科学考察. 北京：科学出版社.
廖文波，王英永，李贞，等. 2014. 中国井冈山地区生物多样性综合科学考察. 北京：科学出版社: 257-281.
廖文波，张宏达. 1992. 广东亚热带植物区系表征科的区系地理学分析. 生态科学, 1: 47-55.
廖文波，张志权，陈志明，等. 2002. 南方红豆杉的物候及繁殖生物学特性研究. 应用生态学报, (13): 795-801.
廖玉芳，彭嘉栋，郭庆. 2014. 湖南气候对全球气候变化的响应. 大气科学学报, (1): 75-81.
林峰，侯伯鑫，杨宗武，等. 2004. 福建柏属的起源与分布. 南京林业大学学报(自然科学版), (5): 22-26.
林燕春，周德中，廖菲菲，等. 2010. 萍乡武功山地质地貌与水旱灾害国土安全研究. 安徽农业科学, 38(7): 3657-3658, 3661.

林英. 1990. 井冈山自然保护区考察研究. 北京: 新华出版社: 140-145.
刘春生, 刘鹏, 张志祥, 等. 2008. 九龙山南方铁杉群落物种多样性及乔木种种间联结性. 生态环境, 17(4): 1533-1540.
刘春生, 刘鹏, 张志祥, 等. 2009. 九龙山濒危植物南方铁杉的生态位研究. 武汉植物学研究, 27(1): 55-61.
刘国明, 杨效忠, 林艳, 等. 2012. 中国国家森林公园的空间集聚特征与规律分析. 生态经济, (2): 131-134.
刘洪杰. 1999. 黑石顶自然保护区的自然地理背景及土壤类型与分布. 华南师范大学学报(自然科学版), (1): 87-91.
刘俊, 麦志通, 何书奋, 等. 2019. 极小种群野生植物海南假韶子繁育技术初步研究. 热带林业, 47(3): 17-20.
刘克旺, 侯碧清. 1991. 湖南桃源洞自然保护区植物区系初步研究. 武汉植物学研究, 9(1): 53-60.
刘楠楠, 刘佳, 张明月, 等. 2017. 湖南桃源洞国家级自然保护区台湾松+檫木群落特征. 植物资源与环境学报, 26(4): 84-92.
刘品辉. 1987. 东京白克木林的初步研究. 江西林业科技, (1): 9-10.
刘起衔. 1998. 湖南产新植物. 植物研究, 8(3): 85-86.
刘仁林, 曾斌, 宋墩福, 等. 2000. 井冈山天然大果马蹄荷种群的动态变化. 植物资源与环境学报, 9(1): 35-38.
刘胜祥. 1992. 植物资源学. 武汉: 武汉出版社: 155.
刘万德, 臧润国, 丁易. 2009. 海南岛霸王岭两种典型热带季雨林群落特征. 生态学报, 29(7): 3465-3476.
刘文哲, 康华钦, 郑宏春, 等. 2008. 瘿椒树超长有性生殖周期的观察. 植物分类学报, 46(2): 175-182.
刘艳红, 赵惠勋. 2000. 干扰与物种多样性维持理论研究进展. 北京林业大学学报, 22(4): 101-105.
刘燕华, 刘招辉, 张启伟, 等. 2011. 湖南炎陵县大院濒危植物资源冷杉种群结构研究. 广西师范大学学报, 29(2): 88-93.
刘怡青, 田育红, 宋含章, 等. 2018. 胸径和林分密度决定内蒙古东部落叶松林种内竞争. 生态学杂志, 37(3): 847-853.
刘羽霞, 廖文波, 王蕾, 等. 2016. 桃源洞国家级保护区资源冷杉种群动态. 首都师范大学学报(自然科学版), 3: 51-56.
刘招辉, 卢永彬, 张启伟, 等. 2013. 资源冷杉大院种群的小尺度空间遗传结构分析. 广西师范大学学报, 31(4): 140-144.
刘招辉, 张建亮, 刘燕华, 等. 2011. 大院资源冷杉种群的空间分布格局分析. 广西植物, 931(5): 614-619.
刘智慧. 1990. 四川省缙云山栲树种群结构和动态的初步研究. 植物生态学与地植物学学报, 14(2): 120-128.
刘忠成, 朱晓枭, 凡强, 等. 2017. 大果马蹄荷（*Exbucklandia tonkinensis*）群落纬度地带性研究. 生态学报, 37(10): 1-14.
刘忠成. 2016. 湖南桃源洞国家级自然保护区植被与植物区系研究. 北京: 首都师范大学硕士学位论文.
刘子亭, 余俊清, 张保华, 等. 2006. 烧失量分析在湖泊沉积与环境变化中的应用. 盐湖研究, 14(2): 67-72.
刘子亭, 余俊清, 张保华, 等. 2008. 黄旗海岩芯烧失量分析与冰后期环境演变. 盐湖研究, 16(4): 1-5.
龙春林, 宋洪川. 2012. 中国柴油植物. 北京: 科学出版社: 128.
陆云阳, 汤海峰, 高凯, 等. 2014. 交让木的生物碱成分研究. 中南药学, 12(4): 333-336.
罗金旺. 2011a. 福建光泽南方铁杉天然林的生长规律与生物量. 福建林学院学报, 31(2): 156-160.
罗金旺. 2011b. 福建光泽天然林中南方铁杉的种内与种间竞争. 林业科技开发, 25(4): 71-74.
罗蓉. 1993. 贵州兽类志. 贵阳: 贵州科技出版社: 96-100.
马春梅, 朱诚, 郑朝贵, 等. 2008. 晚冰期以来神农架大九湖泥炭高分辨率气候变化的地球化学记录研究. 科学通报, 53: 26-37.
马宏, 李太强, 刘雄芳, 等. 2017. 杜鹃属植物保护生物学研究进展. 世界林业研究, (4): 13-17.
马克平, 黄建辉, 于顺利, 等. 1995a. 北京东灵山地区植物群落多样性的研究：丰富度、均匀度和物种多样性指数. 生态学报, 15(3): 268-277.
马克平, 黄建辉, 于顺利, 等. 1995b. 北京东灵山地区植物群落多样性的研究. 生态学报, 16(3): 225-234.
马克平, 刘玉明. 1994. 生物群落多样性的测度方法 I α 多样性的测度方法(下). 生物多样性, 2(4): 231-239.
马世荣, 张希彪, 郭小强, 等. 2012. 子午岭天然油松林乔木层种内与种间竞争关系研究. 西北植物学报, 32(9): 1882-1887.
马欣. 2016. 湘东大围山不同海拔带土壤溶解性有机碳含量. 生态学杂志, 35(3): 641-646.
蒙秋霞, 赵悠悠, 张强, 等. 2018. 山西野生木本油脂植物资源现状分析. 中国油脂, 43(6): 95-103.
孟庆法, 王民庚, 高红莉, 等. 2009. 河南桐柏山香果树资源分布与群落结构研究. 河南科学, 27(1): 51-54.
孟宪帅, 韦小丽. 2011. 濒危植物花榈木野生种群生命表及生存分析. 种子, 30(7): 66-68.
闵天禄, 方瑞征. 1979. 杜鹃属(*Rhododendron* L.)的地理分布及其起源问题的探讨. 云南植物研究, (1): 17-28.
莫燕妮, 洪小江. 2007. 海南省林业系统自然保护区管理有效性评估. 热带林业, (4): 12-16.
缪绅裕, 王厚麟, 陈桂珠, 等. 2009. 粤北六地森林群落的比较研究. 武汉植物学研究, 27(1): 62-69.
倪健, 宋永昌. 1997. 中国亚热带常绿阔叶林优势种及常见种分布与气候的相关分析. 植物生态学报, 21(2): 115-129.
倪瑞强, 唐景毅, 程艳霞, 等. 2013. 长白山冷杉林主要树种空间分布及其关联性. 北京林业大学学报, 35(6): 28-35.

宁世江, 唐润琴, 曹基武. 2005. 资源冷杉现状及保护措施研究. 广西植物, 25(3): 197-200.
宁世江, 唐润琴. 2005. 广西银竹老山资源冷杉种群退化机制初探. 广西植物, 25(4): 289-294.
牛丽丽, 余新晓, 岳永杰. 2008. 北京松山自然保护区天然油松林不同龄级立木的空间点格局. 应用生态学报, 19(7): 1414-1418.
欧斌, 赖福胜, 王波. 2003. 虎皮楠、交让木育苗技术及苗木物候与生长规律研究. 江西林业科技, (6): 3-4.
潘清华, 王应祥, 岩崑. 2007. 中国哺乳动物彩色图鉴. 北京: 中国林业出版社: 52-56.
潘文钻. 2002. 福建牛姆林自然保护区观光木群落特征的初步研究. 林业勘察设计, (1): 13-16.
潘霞, 周荣飞, 顾莎莎, 等. 2013. 百山祖北坡常绿阔叶林多脉青冈种群结构和分布格局. 亚热带植物科学, 42(3): 227-232.
彭补拙, 陈浮. 1999. 中国山地垂直自然带研究的进展. 地理科学, (4): 303-308.
彭海明. 2010. 普洱旱冬瓜天然林群落特征研究. 重庆: 西南大学硕士学位论文: 1-4.
彭少麟. 1996. 南亚热带森林群落动态学. 北京: 科学出版社.
彭少麟, 陈章和. 1983a. 广东亚热带森林群落物种多样性. 生态科学, (2): 99-104.
彭少麟, 王伯荪. 1983b. 鼎湖山森林群落分析Ⅰ.物种多样性. 生态科学, (1): 11-17.
彭焱松, 张晓波, 桂忠明, 等. 2013. 庐山香果树毛竹混交林空间格局研究. 广西植物, 33(4): 502-507.
彭焱松, 周赛霞, 詹选怀, 等. 2018. 江西油岭山地花榈木群落特征及空间分布格局. 中南林业科技大学学报, 38(11): 95-102.
祁红艳, 金志农, 杨清培, 等. 2014. 江西武夷山南方铁杉生长规律及更新困难的原因解释. 江西农业大学学报, 36(1): 137-143.
钱晓鸣, 黄耀坚, 张艳辉, 等. 2007. 武夷山自然保护区南方铁杉外生菌根生物多样性. 福建农林大学学报(自然科学版), 36(2): 180-185.
乔栋, 韦小丽, 李群. 2016. 珍稀树种花榈木组培不同外植体的无菌繁殖体系构建. 西南农业学报, 29(7): 1719-1723.
邱德英, 彭春良, 康用权, 等. 2009. 优良乡土树种观光木选育与栽培技术研究. 湖南林业科技, 36(2): 19-22.
邱英雄, 鹿启祥, 张永华, 等. 2017. 东亚第三纪孑遗植物的亲缘地理学：现状与趋势. 生物多样性, 25(2): 136-146.
仇建习, 汤孟平, 娄明华, 等. 2016. 基于Hegyi改进模型的毛竹林空间结构和竞争分析. 生态学报, 36(4): 1058-1065.
曲仲湘, 吴玉树, 王焕校, 等. 1983. 植物生态学. 2版. 北京: 高等教育出版社.
任青山, 杨小林, 崔国发, 等. 2007. 西藏色季拉山林线冷杉种群结构与动态. 生态学报, 27(7): 2669-2677.
任锐君, 石胜超, 吴倩倩, 等. 2017. 湖南省衡东县发现大卫鼠耳蝠. 生态学报, 52(5): 870-876.
邵晓华, 汪永进, 程海, 等. 2006. 全新世季风气候演化与干旱事件的湖北神农架石笋记录. 科学通报, 51(1): 80-86.
沈吉, 刘兴起, Matsumoto R, 等. 2004. 晚冰期以来青海湖沉积物多指标高分辨率的古气候演化. 中国科学D辑: 地球科学, 34(6): 582-589.
沈泽昊, 杨明正, 冯建孟, 等. 2017. 中国高山植物区系地理格局与环境和空间因素的关系. 生物多样性, (25): 182-194.
沈峥华, 侯海兵, 张玉武, 等. 2010. 贵州寒兰的生物学特性及其保育研究. 贵州科学, (4): 88-92.
生态环境部, 中国科学院. 2018. 《中国生物多样性红色名录——大型真菌卷》评估报告: 1-58.
盛和林. 2005. 中国哺乳动物图鉴. 郑州: 河南科学技术出版社: 96-98.
盛茂银, 沈初泽, 陈祥, 等. 2011. 中国濒危野生植物的资源现状与保护对策. 自然杂志, 33(3): 149-154, 190.
施雅风, 孔昭臣, 王苏民, 等. 1992. 中国全新世大暖期的气候波动与重要事件. 中国科学B辑, 12(12): 1300-1308.
史作民, 程瑞梅, 刘世荣, 等. 2002. 宝天曼植物群落物种多样性研究. 林业科学, 38(6): 17-23.
舒培林, 杨楚浩, 吴丽蓉. 1966. 关于丘陵地区檫树的日灼病. 林业实用技术, (13): 13-14.
宋斌, 邓旺秋, 张明, 等. 2018. 南岭大型真菌多样性. 热带地理, (30): 312-320.
宋晓凯, 吴立军, 屠鹏飞. 2002. 观光木树皮的生物活性成分研究. 中草药, 33(8): 676-678.
宋永昌, 阎恩荣, 宋坤. 2017. 再议中国植被分类系统. 植物生态学报, (2): 269-278.
苏何玲, 唐绍清. 2004. 濒危植物资源冷杉遗传多样性研究. 广西植物, 25(4): 414-417.
孙林, 肖佳伟, 陈功锡. 2016. 武功山地区蕨类植物区系研究. 中南林业调查规划, 35(2): 63-67, 74.
孙林. 2016. 武功山地区蕨类植物区系研究. 吉首: 吉首大学硕士学位论文.
孙佩, 袁知洋, 邓邦良, 等. 2017. 武功山山地草甸土壤养分的初步分析. 资源环境与工程, 31(3): 288-294.
孙儒泳, 李博, 诸葛阳, 等. 1993. 普通生态学. 北京: 高等教育出版社: 1-139.
孙中帅. 2016. 东亚菝葜复合种(*Smilax china* complex)系统发育及谱系地理研究. 杭州: 浙江大学硕士学位论文.
谭承建, 邸迎彤, 郝小江. 2015. 虎皮楠中1个新的环戊二烯负离子结构生物碱. 中草药, 46(20): 2989-2991.
谭敏, 朱光剑, 洪体玉, 等. 2009. 中国翼手类新记录——小蹄蝠. 动物学研究, 30(2): 204-208.

谭益民, 吴章文. 2009. 桃源洞国家级自然保护区的生态状况. 林业科学, 45(7): 52-58.
唐青青, 黄永涛, 丁易, 等. 2016. 亚热带常绿落叶阔叶混交林植物功能性状的种间和种内变异. 生物多样性, 24(3): 262-270.
唐润琴, 李先琨, 欧祖兰, 等. 2001. 濒危植物元宝山冷杉结实特性与种子繁殖力初探. 植物研究, 21(3): 403-408 .
唐志尧, 方精云. 2004. 植物物种多样性的垂直分布格局. 生物多样性, (12): 20-28.
陶金川, 宗世贤, 杨志斌, 等. 1990. 银鹊树的地理分布与引种. 南京林业大学学报, 14(2): 34-40.
陶君容. 2000. 中国晚白垩世至新生代植物区系发展演变. 北京: 科学出版社: 1-1282.
万加武, 夏海林, 周赛霞, 等. 2019. 江西庐山国家级自然保护区珍稀濒危植物优先保护定量研究. 热带亚热带植物学报, 27(2): 171-180.
万文豪, 常红秀, 吴强, 等. 1986. 江西五梅山北坡的植被和植物资源. 南昌大学学报(理科版), 10(3): 9-14.
汪爱平, 李伯瑾, 贺正兴. 1983. 檫树叶斑病的研究. 林业科技通讯, (7): 30-32.
汪松, 解焱, 2004. 中国物种红色名录(第一卷). 北京: 高等教育出版社.
汪维勇, 裘利洪. 1999. 江西裸子植物多样性及保护. 江西林业科技, (增刊): 13-15.
王斌, 杨校生. 2009. 4 种典型地带性植被生物量与物种多样性比较. 福建林学院学报, 29(4): 345-350.
王伯荪, 彭少麟. 1983. 鼎湖山森林群落分析 II. 物种联结性. 中山大学学报(自然科学版), (4): 27-35.
王伯荪, 余世孝, 彭少麟, 等. 1995. 植物种群学. 广州: 广东高等教育出版社: 8-15.
王伯荪, 余世孝, 彭少麟. 1996. 植物群落学实验手册. 广州: 广东高等教育出版社: 1-105.
王春林. 1998. 罗霄山脉的形成及其丹霞地貌的发育. 湘潭师范学院学报(社会科学版), (3): 110-115.
王大来. 2010. 莽山南方铁杉种群格局分布格局研究. 中国农学通报, 26(1): 74-77.
王伏雄. 1995. 中国植物花粉形态. 2 版. 北京: 科学出版社: 1-461.
王福华, 钱恩福, 张永利, 等. 1995. 中国花粉植物志. 2 版. 北京: 科学出版社: 461.
王国安. 2003. 稳定碳同位素在第四纪古环境研究中的应用. 第四纪研究, 23(5): 471-484.
王洪新, 胡志昂. 1996. 植物的繁育系统、遗传结构和遗传多样性保护. 生物多样性, 4(2): 92-96.
王华, 洪业汤, 朱咏煊, 等. 2003. 红原泥炭腐殖化度记录的全新世气候变化. 地质地球变化, 31(2): 51-56.
王蕾, 景慧娟, 凡强, 等. 2013a. 江西南风面濒危植物资源冷杉生存状况及所在群落特征. 广西植物, 33(5): 651-656.
王蕾, 施诗, 廖文波, 等. 2013b. 井冈山地区珍稀濒危植物及其生存状况. 生物多样性, 21(2): 163-169.
王蕾, 叶华谷, 廖文波, 等. 2023. 罗霄山脉维管植物多样性编目. 北京: 科学出版社.
王梅峒. 1988. 江西亚热带常绿阔叶林的生态学特征. 生态学报, (3): 247-255.
王淑云, 吕厚远, 刘嘉麒, 等. 2007. 湖光岩玛珥湖高分辨率孢粉记录揭示的早全新世适宜期环境特征. 科学通报, 52(11): 1285-1291.
王艇, 苏应娟, 朱建明, 等. 2001. 红豆杉科及相关类群 *rbcL* 基因 PCR-RFLP 分析. 植物学通报, 18(6): 714-721.
王献溥, 李俊清, 李信贤. 2001. 广西酸性土地区季节性雨林的分类研究. 植物研究, 21(4): 481-503.
王晓云, 张秋萍, 郭伟健, 等. 2016. 水甫管鼻蝠在模式产地外的发现——广东和江西省新纪录. 兽类学报, 36(1): 118-122.
王馨, 于芬, 季春峰, 等. 2014. 檫木花粉发育过程的解剖学研究. 甘肃农业大学学报, (2): 116-119.
王馨, 于芬, 季春峰, 等. 2016. 樟科檫木的大孢子体发生和雌配子体发育. 江西农业大学学报, 38(1): 42-47.
王兴华. 1987. 关于群落的相似系数. 杭州大学学报, 14(3): 259-264.
王一涵. 2016. 葡萄科药用植物三叶崖爬藤的亲缘地理学和分子鉴定研究. 杭州: 浙江大学硕士学位论文.
王应祥. 2003. 中国哺乳动物种和亚种分类名录与分布大全. 北京: 中国林业出版社: 37.
王英永, 陈春泉, 赵健, 等. 2017. 中国井冈山地区陆生脊椎动物彩色图谱. 北京: 科学出版社.
王玉霞, 乌仁塔娜, 朱玉珍, 等. 2013. 大兴安岭兴安落叶松群落多样性分析. 中国农学通报, 29(22): 51-56.
王桢, 邓琦, 苏应娟. 2016. 中国特有濒危植物白豆杉生长地的土壤性状分析. 生态科学, 35(5): 208-213.
魏识广, 李林, 许睿, 等. 2015. 井冈山植物群落优势种空间分布格局与种间关联. 热带亚热带植物学报, 23(1): 74-80.
温远光. 1998. 大明山森林群落的频度分析. 广西农业生物科学, (2): 195-198.
吴敬禄, 王苏民, 沈吉. 1996. 湖泊沉积物有机质 $\delta^{13}C$ 所揭示的环境气候信息. 湖泊科学, 8(2): 113-118.
吴九玲, 钱晓鸣, 刘燕. 2001. 南方铁杉外生菌根的扫描电镜观察. 厦门大学学报(自然科学版), 40(6): 1337-1341.
吴立, 王心源, 张广胜, 等. 2008. 安徽巢湖湖泊沉积物孢粉—炭屑组合记录的全新世以来植被与气候演变. 古地理学报, 10(2): 183-192.
吴强. 1986. 井冈山的东京白克木群落. 南昌大学学报(理科版), 10(1): 57-62.

吴世迎, 刘焱光, 王湘芹, 等. 2001. 冲绳海槽中段沉积岩芯碳酸盐和烧失量的古环境意义. 黄渤海洋, 19(2): 17-24.
吴文祥, 刘东生. 2004. 4000 a B.P.前后东亚季风变迁与中原周围地区新石器文化的衰落. 第四纪研究, 24(3): 278-284.
吴征镒. 1991. 中国种子植物属的分布区类型. 云南植物研究, 13(增刊Ⅳ): 1-139.
吴征镒. 1993. 中国种子植物属的分布区类型的增订和勘误. 云南植物研究, 增刊(Ⅳ): 141-178.
吴征镒, 等. 1983. 植物资源的合理利用和保护. 中国植物学会五十周年年会学术报告及论文摘要汇编: 5-14.
吴征镒, 路安民, 汤彦承, 等. 2003. 中国被子植物科属综论. 北京: 科学出版社: 687-690.
吴征镒, 孙航, 周浙昆, 等. 2005. 中国植物区系中的特有性及其起源和分化. 植物分类与资源学报, 27(6): 577-604.
吴征镒, 周浙昆, 孙航, 等. 2006. 种子植物分布区类型及其起源和分化. 昆明: 云南科技出版社.
吴中伦. 1963. 安徽黄山黄山松的初步观察. 林业科学, 3(2): 114-126.
吴中伦. 2000. 中国森林. 北京: 中国林业出版社: 1470-1493.
伍铭凯, 杨汉远, 吴智涛. 2007. 雷公山姊妹岩大果马蹄荷群落初步研究. 贵州林业科技, 35(1): 15-19.
夏敏娟, 杨清群, 詹选怀, 等. 2018. 江西五梅山自然保护区虎皮楠群落研究. 林业科技通讯, 552(12): 14-16.
夏正楷, 邓辉, 武弘麟. 2000. 内蒙西拉木伦河流域考古文化演变的地貌背景分析. 地理学报, 55(3): 329-336.
向巧萍. 2001. 中国的几种珍稀濒危冷杉属植物及其地理分布成因的探讨. 广西植物, 21(2): 113-117.
萧家仪, 吕海波, 周卫健, 等. 2007. 末次盛冰期以来江西大湖孢粉植被与环境演变. 中国科学(D 辑: 地球科学), 37(6): 789-797.
肖佳伟, 陈功锡, 向晓媚. 2018. 武功山地区种子植物区系及珍稀濒危保护植物研究. 北京: 科学技术文献出版社.
肖佳伟, 王冰清, 张代贵, 等. 2017. 武功山地区种子植物区系研究. 西北植物学报, 37(10): 2063-2073.
肖祥希, 杨宗武, 卓开发, 等. 1998. 福建柏人工林生长规律的研究. 福建林业科技, (3): 33-37.
肖学菊, 康华魁. 1991. 关于大院冷杉的考查报告. 湖南林业科技, 18(2): 38-40.
肖宜安, 郭恺强, 刘曼生, 等. 2009. 武功山珍稀濒危植物资源及其区系特征. 井冈山学院学报, 30(2): 5-8.
谢春平. 2006. 濒危植物银鹊树研究进展(综述). 亚热带植物科学, (4): 71-74.
谢国文, 王惟荣, 何静欣, 等. 2012. 濒危植物狭果秤锤树所在群落的区系特征. 广州大学学报(自然科学版), 11(4): 18-24.
谢启鑫, 缪南生, 宋小民, 等. 2010. 蝴蝶兰种质资源遗传多样性的 ISSR 分析. 西北植物学报, (7): 1331-1336.
谢琼中. 2011. 南方铁杉群落物种多样性及乔木优势种生态位初步研究. 天津农业科学, 17(2): 133-136.
谢旺生. 2012. 福建光泽南方铁杉群落植物组成与多样性分析. 福建林业科技, 39(3): 8-14.
谢正生, 古炎坤, 陈北光, 等. 1998. 南岭国家级自然保护区森林群落物种多样性分析. 华南农业大学学报, 19(3): 61-66.
谢宗强, 陈伟烈, 江明喜, 等. 1995. 八面山银杉林种群的初步研究. 植物学报, 1: 58-65.
解雪梅, 温远影. 1996. 白豆杉的化学成分分析. 植物学通报, 13(2): 41-43.
邢福武. 2009. 中国景观植物(上册). 武汉: 华中科技大学出版社.
熊康宁, 郭文, 陆娜娜, 等. 2019. 石漠化地区饲用植物资源概况及其开发应用分析. 广西植物, 39(1): 71-78.
徐龙辉, 刘振河, 廖维平, 等. 1983. 海南岛的鸟兽. 北京: 科学出版社: 297-298.
徐万林. 1983. 中国蜜源植物. 哈尔滨: 黑龙江科学技术出版社.
徐小玉, 姚崇怀, 潘俊, 等. 2002. 湖北九宫山香果树群落结构特征研究. 西南林业大学学报, 22(1): 5-8.
徐晓凤, 牛德奎, 郭晓敏, 等. 2018. 放牧对武功山草甸土壤微生物生物量及酶活性的影响. 草业科学, 35(7): 1634-1640.
徐晓婷, 杨永, 王利松. 2008. 白豆杉的地理分布及潜在分布区估计. 植物生态学报, 32(5): 1134-1145.
徐晓薇, 江南, 杨俊波, 等. 2011. 寒兰株系间遗传多样性和亲缘关系的 SSR 分子标记分析. 核农学报, (6): 1135-1141.
许涵, 庄雪影, 黄久香, 等. 2007. 广东省南昆山观光木种群结构及分布格局. 华南农业大学学报, 28(2): 73-77.
薛积彬, 钟巍, 彭晓莹, 等. 2007. 南岭东部大湖泥炭沉积记录的古气候. 海洋地质与第四纪地质, 27(5): 105-113.
杨凤翔, 王顺庆, 徐海根, 等. 1991. 生存分析理论及其在研究生命表中的应用. 生态学报, 11(2): 153-158.
杨洪晓, 张金屯, 吴波, 等. 2006. 毛乌素沙地油蒿种群点格局分析. 植物生态学报, 30(4): 563-570.
杨开军, 张晓鹏, 张中信, 等. 2007. 安徽天堂寨保护植物香果树群落现状分析. 植物资源与环境学报, 16(1): 79-80.
杨利锋, 齐晶, 阚丽君. 2014. 中西泄下药在临床中的应用. 黑龙江中医药, 43(3): 23-24.
杨利民. 2008. 植物资源学. 北京: 中国农业出版社.
杨明桂, 马振兴. 2019. 庐山第四纪冰川遗迹的观察与思考. 地质通报, 38 (Z1): 189-199.
杨奇森, 夏霖, 冯祚建, 等. 2007. 兽类头骨测量标准 V: 食虫目、翼手目. 动物学杂志, 42(2): 56-62.
杨清培, 金志农, 裘利洪, 等. 2014. 江西武夷山南方铁杉更新格局及代际关联性分析. 生态学杂志, 33(4): 939-945.
杨清培, 杨光耀, 李鉴平, 等. 2009. 森林健康项目信丰示范区主要森林群落生物多样性研究. 江西林业科技, (4): 1-4.

杨荣华, 林家莲. 1999. 香辛料的抗菌性. 中国调味品, (12): 2-4.
杨天友, 侯秀发, 王应祥, 等. 2014. 中国南方喀斯特荔波世界自然遗产地翼手目物种多样性与保护现状. 生物多样性, 22(3): 385-391.
杨鑫侃. 2016. 虎皮楠生物碱 Daphlongamine E 的合成研究. 兰州: 兰州大学硕士学位论文: 1-91.
杨旭, 于明坚, 丁炳扬, 等. 2005. 凤阳山白豆杉种群结构及群落特性的研究. 应用生态学报, 16(7): 1189-1194.
杨永川, 达良俊, 陈波. 2006. 天童米槠-木荷群落主要树种的结构及空间格局. 生态学报, 26(9): 2927-2938.
杨永峰. 2007. 三种苦竹竹笋营养成分、矿质养分和黄酮类化合物的研究. 合肥: 安徽农业大学硕士学位论文.
姚军, 李洪林, 杨波. 2007. 花榈木的组织培养和快速繁殖. 植物生理学通讯, 43(1): 123-124.
叶万辉, 曹洪麟, 黄忠良, 等. 2008. 鼎湖山南亚热带常绿阔叶林 20 公顷样地群落特征研究. 植物生态学报, 32(2): 274-286.
叶岳, 姜玉霞, 黄巧珍, 等. 2013. 黑石顶自然保护区秋冬季节乔木林下土壤动物群落结构. 肇庆学院学报, 34(5): 37-42.
叶张煌, 刘嘉麒, 尹国胜, 等. 2013. 江西井冈山的地貌特征及其形成机制. 山地学报, 31(2): 250-256.
易好, 邓湘雯, 项文化, 等. 2014. 湘中丘陵区南酸枣阔叶林群落特征及群落更新. 生态学报, 34(12): 3463-3471.
易任远. 2015. 湖南八面山种子植物区系研究. 长沙: 湖南师范大学硕士学位论文.
阴倩怡. 2020. 罗霄山脉地区两种孑遗植物的避难所性质和特征研究. 广州: 中山大学博士学位论文: 27-82.
尹茜, 朱诚, 马春梅, 等. 2006. 天目山千亩田泥炭腐殖化度记录的中全新世气候变化. 海洋地质与第四纪地质, (6): 117-122.
尹瑞生. 1982. 檫树造林密度与抚育间伐. 湖南林业科技, (2): 9-13.
于晓娟. 2007. 独蒜兰组织培养及其生物多样性的 ISSR 分析. 成都: 四川大学硕士学位论文.
于学峰, 郑艳红, 刘钊. 2012. 基于 ImageJ 评价泥炭岩心存储对色相与彩度的影响. 地球环境学报, 3(1): 721-728.
于学峰, 周卫健, Franzen LG, 等. 2006. 青藏高原东部全新世冬夏季风变化的高分辨率泥炭记录. 中国科学(D 辑: 地球科学), 36(2): 182-187.
于学峰, 周卫健, 史江峰. 2005. 度量泥炭腐殖化度的一种简便方法：泥炭灰度. 海洋地质与第四纪地质, 25(1): 133-136.
于永福. 1999. 中国野生植物保护工作的里程碑——《国家重点保护野生植物名录(第一批)》. 植物杂志, (5): 3-11.
余文华, 胡宜锋, 郭伟健, 等. 2017. 毛翼管鼻蝠在湖南的新发现及中国适生分布区预测. 广州大学学报(自然科学版), 16(3): 15-20.
余小平, 李新. 1991. 植物群落的相似系数分类法与模糊聚类分类的比较. 重庆师范大学学报(自然科学版), 8(4): 81-87.
余子寒, 吴倩倩, 石胜超, 等. 2018. 湖南省衡东县发现长指鼠耳蝠. 动物学杂志, (5): 701-708.
俞通全. 1983. 海南岛山地雨林. 生态科学, (2): 25-33.
虞志军, 单文, 潘国浦, 等. 2008. 花榈木播种苗在庐山越冬生存适应实验初探. 种子, 27(7): 55-59.
喻勋林, 薛生国. 1999. 湖南都庞岭自然保护区植物区系的研究. 中南林学院学报, 19(1): 29-34.
岳阳, 胡宜峰, 雷博宇, 等. 2019. 毛翼管鼻蝠性二型特征及其在湖北和浙江的分布新纪录. 兽类学报, 2: 142-154.
臧敏, 曾欢, 于彩云, 等. 2018. 江西珍稀濒危植物的地理分布差异. 福建林业科技, 45(3): 5-12.
詹有生, 敖向阳, 刘武阳, 等. 1999. 金鸡林场 3 种森林群落类型生态特征的对比研究. 江西林业科技, (3): 1-5.
张博, 景丹龙, 李晓玲, 等. 2011. 珍稀濒危植物银鹊树体细胞胚时期同工酶分析. 广西植物, 31(4): 526-530.
张池, 黄忠良, 李炯, 等. 2006. 黄果厚壳桂种内与种间竞争的数量关系. 应用生态学报, 17(1): 22-26.
张传峰. 1980. 檫树造林技术的研究. 湖南林业科技, (4): 3-11.
张德全, 杨永平. 2008. 几种常用分子标记遗传多样性参数的统计分析. 云南植物研究, 30(2): 159-167.
张宏达, 黄云晖, 缪汝槐, 等. 2004. 种子植物系统学. 北京: 科学出版社: 81-86.
张宏达. 1973. 中国金缕梅科植物订正. 中山大学学报(自然科学版), 12(1): 54-71.
张宏达. 1998. 全球植物区系的间断分布问题. 中山大学学报(自然科学版), (6): 73-78.
张华新, 庞小慧, 刘涛. 2006. 我国木本油料植物资源及其开发利用现状. 生物质化学工程, S1: 291-302.
张记军, 陈艺敏, 刘忠成, 等. 2017. 湖南桃源洞国家级自然保护区珍稀植物瘿椒树群落研究. 生态科学, 36(1): 9-16.
张金屯. 2004. 数量生态学. 北京: 科学出版社: 20-23.
张军涛, 李哲, 郑度. 2002. 温度与降水变化的小波分析及其环境效应解释——以东北农牧交错区为例. 地理研究, (1): 54-60.
张乐华. 2004. 庐山植物园杜鹃属植物的引种适应性研究. 南京林业大学学报(自然科学版), (4): 92-96.
张立军, 周丽君. 1988. 檫树害虫长脊冠网蝽. 湖南林业科技, (3): 35-36.
张明理. 2017. 中国西北干旱区和中亚植物区系地理研究. 生物多样性, 25(2): 147-156.
张明月, 刘楠楠, 刘佳, 等. 2017. 湖南大围山和八面山香果树种群的年龄结构和演替动态比较. 西北植物学报, 37(8):

1603-1615.
张强, 郭传友, 张兴旺, 等. 2015. 基于光合作用和抗氧化机制的南方铁杉和褐叶青冈越冬策略研究. 植物研究, 35(2): 200-207.
张桥英, 罗鹏, 张运春, 等. 2008. 白马雪山阴坡林线长苞冷杉种群结构特征. 生态学报, 28(1): 129-135.
张勤生, 曾建国. 2008. 虎皮楠等珍稀树种种子萌发温度研究. 林业科技开发, 22(4): 59-61.
张秋萍, 余文华, 吴毅, 等. 2014. 江西省蝙蝠新记录——褐扁颅蝠及其核型报道. 四川动物, 33(5): 746-749.
张若蕙. 1994. 浙江珍稀濒危植物. 杭州: 浙江科学技术出版社: 54-56.
张舜. 2007. 安徽省森林公园建设评估分析——基于弗兰克·费希尔的公共政策评估理论. 安徽农业科学, (29): 9234-9236, 9238.
张卫明, 肖正春, 等. 2007. 中国辛香料植物资源开发与利用. 南京: 东南大学出版社.
张卫明, 肖正春, 史劲松. 2008. 中国植物胶资源. 南京: 东南大学出版社: 1-4.
张信坚, 邱建勋, 胡玮珊, 等. 2016. 江西信丰细迳坑自然保护区观光木群落研究. 亚热带植物科学, 45(4): 343-350.
张殷波, 马克平. 2008. 中国国家重点保护野生植物的地理分布特征. 应用生态学报, 19(8): 1670-1675.
张玉荣, 罗菊春, 桂小杰. 2004. 濒危植物资源冷杉的种群保育研究. 湖南林业科技, 31(6): 26-29.
张远彬, 王开运, 鲜骏仁. 2006. 岷江冷杉林林窗小气候及其对不同龄级岷江冷杉幼苗生长的影响. 植物生态学报, 30(6): 941- 946.
张征锋, 肖本泽. 2009. 基于生物信息学与生物技术开发植物分子标记的研究进展. 分子植物育种, 7(1): 130-136.
张志祥, 刘鹏, 蔡妙珍, 等. 2008a. 九龙山珍稀濒危植物南方铁杉种群数量动态. 植物生态学报, 32(5): 1146-1156.
张志祥, 刘鹏, 刘春生, 等. 2008b. 浙江九龙山南方铁杉(*Tsuga tchekiangensis*)群落结构及优势种群更新类型. 生态学报, 28(9): 4547-4558.
张志祥, 刘鹏, 刘春生, 等. 2009. 珍稀濒危植物南方铁杉种群结构与空间分布格局研究. 浙江林业科技, 29(1): 7-14.
张志祥, 刘鹏, 徐根娣, 等. 2010. 不同群落类型下南方铁杉金属元素含量差异及其与土壤养分因子的关系. 植物生态学报, 34(5): 505-516.
张志祥, 刘鹏, 康华靖, 等. 2008c. 基于主成分分析和聚类分析的 FTIR 不同地理居群香果树多样性分化研究. 光谱学与光谱分析, 28(9): 2081-2086.
张志祥. 2009. 九龙山自然保护区珍稀濒危植物南方铁杉种群生态学研究. 金华: 浙江师范大学硕士学位论文.
张志祥. 2011. 珍稀濒危植物南方铁杉研究进展. 生物学教学, 36(6): 3-5.
张忠华, 胡刚, 梁士楚. 2008. 桂林岩溶石山阴香群落的数量分类及其物种多样性研究. 广西植物, 28(2): 191-196.
赵峰. 2011. 莽山南方铁杉群落种间关系研究. 中国农学通报, 27(31): 68-72.
赵继锋, 张运明, 颜立红. 2010. 桃源洞自然保护区观赏植物多样性及其主要种类观赏效果评价. 湖南林业科技, 37(2): 12-15.
赵乐祯, 卜艳珍, 何新平, 等. 2014. 海南和广西中蹄蝠形态及 Cyt *b* 基因序列的比较. 动物学杂志, 34(3): 278-285.
赵丽娟, 项文化. 2014. 常绿阔叶林石栎和青冈种群生活史特征与空间分布格局. 西北植物学报, 34(6): 1259-1268.
赵万义, 刘忠成, 叶华谷, 等. 2020. 罗霄山脉种子植物区系及其南北分化特征. 生物多样性, 28(7): 842-853.
赵万义. 2017. 罗霄山脉种子植物区系地理学研究. 广州: 中山大学博士学位论文.
赵晓燕, 马越. 2004. 亚麻酸的研究进展. 中国食品添加剂, (1): 2-29.
赵振华, 刘伟, 赵亚辉, 等. 2008. 大围山第四纪冰川地质遗迹特征及成因探讨. 国土资源导刊, 5(6): 42-45.
郑光美. 2011. 中国鸟类分类与分布名录. 2 版. 北京: 科学出版社.
郑景云, 尹云鹤, 李炳元. 2010. 中国气候区划新方案. 地理学报, 65(1): 3-12.
郑群瑞, 张兴正. 1995. 福建万木林观光木群落学特征研究. 福建林学院学报, (1): 22-27.
郑万钧. 1985. 中国树木志(第二卷). 北京: 中国林业出版社: 1950-1954.
郑勇平, 徐耀庭, 魏斌, 等. 2004. 虎皮楠播种育苗技术. 林业科技开发, 18(2): 43-45.
中国科学院植物研究所古植物室孢粉组和中国科学院华南植物研究所形态研究室. 1982. 中国热带亚热带被子植物花粉形态. 北京: 科学出版社: 26-453.
中国科学院中国植物志编辑委员会. 1994. 中国植物志•第 57 卷•第二分册. 北京: 科学出版社: 367.
中国科学院中国植物志编辑委员会. 1995. 中国植物志•第 41 卷. 北京: 科学出版社: 131.
中国植被编辑委员会. 1980. 中国植被. 北京: 科学出版社.
中华人民共和国商业部土产废品局, 中国科学院植物研究所. 2012. 中国经济植物志. 北京: 科学出版社: 696.
钟侨兰, 朱荣平. 2013. 浅析三十把自然保护区的管理现状与建设对策. 农业与技术, (4): 58-59.
周其兴, 葛颂, 顾志建, 等. 1998. 中国红豆杉属及其近缘植物的遗传变异和亲缘关系分析. 植物分类学报, 36(4):

323-332.
周赛霞, 江明喜, 黄汉东. 2008. 三峡库区特有植物荷叶铁线蕨种群分布格局研究. 武汉植物学研究, 26(1): 59-63.
周赛霞, 彭焱松, 高浦新, 等. 2019. 狭果秤锤树群落结构与更新特征. 植物资源与环境学报, 28(1): 98-106.
周赛霞, 彭焱松, 詹选怀, 等. 2020. 庐山黄山松种群结构及数量动态研究. 广西植物, 40(2): 247-254.
周卫健, 卢雪峰, 武振坤, 等. 2001. 若尔盖高原全新世气候变化的泥炭记录与加速器放射性碳测年. 科学通报, 46(12): 1040-1044.
周先叶, 李鸣光, 王伯荪. 1997. 广东黑石顶森林群落黄果厚壳桂（*Cryptocarya concinna*）幼苗的年龄结构和高度结构. 热带亚热带植物学报, 5(1): 39-44.
周佑勋, 段小平. 2008. 银鹊树种子休眠和萌发特性的研究. 北京林业大学学报, 30(1): 64-66.
周浙昆, Momohara A. 2005. 一些东亚特有种子植物的化石历史及其植物地理学意义. 云南植物研究, (5): 3-24.
朱碧如, 张大勇. 2011. 基于过程的群落生态学理论框架. 生物多样性, (19): 389-399.
朱彪, 陈安平, 刘增力, 等. 2004. 南岭东西段植物群落物种组成及其树种多样性垂直格局的比较. 生物多样性, 12(1): 53-62.
朱鸿, 刘平安, 林德培. 2004. 武功山野生大型真菌资源. 食用菌, (3): 5-6.
朱太平, 刘亮, 朱明. 2007. 中国植物资源. 北京: 科学出版社: 277.
朱永定, 程茂明, 熊诗宁. 1993. 武功山地区草地资源开发利用的基本模式. 中国草地, (2): 70-73.
朱忠保. 1991. 森林生态学. 北京: 中国林业出版社: 33-40.
庄平. 2012. 中国杜鹃花属植物地理分布型及其成因的探讨. 广西植物, (2): 150-156.
宗世贤, 杨志斌, 陶金川. 1985. 银鹊树生态特性的研究. 植物生态学报, 9(3): 192-201.
Ahuja MR. 2005. Polyploidy in gymnosperms: Revisited. Silvae Genetica, 54(2): 59-69.
Alström P, Ericson PGP, Olsson U, et al. 2006. Phylogeny and classification of the avian superfamily Sylvioidea. Mol Phylogenet Evol, 38: 381-397
Alström P, Hooper D, Liu Y, et al. 2014. Discovery of a relict lineage and monotypic family of passerine. Biology Letters, 10: 20131067.
Alström P, Olsson U, Lei F. 2013. A review of the recent advances in the systematics of the avian superfamily Sylvioidea. Chin Birds, 4: 99-131.
An Z, Porter SC, Kutzbach JE, et al. 2000. Asynchronous Holocene optimum of the East Asian monsoon. Quat Sci Rev, 19: 743-762.
APG IV. 2016. An update of the Angiosperm Phylogeny Group classification for the orders and families of flowering plants: APG IV. Botanical Journal of the Linnean Society, 181: 1-20.
Araújo MB, New M. 2007. Ensemble forecasting of species distributions. Trends in Ecology & Evolution, 22: 42-47.
Araújo MB, Rahbek C. 2006. How does climate change affect biodiversity? Science, 313: 1396-1397.
Auclair AN, Goff FG. 1971. Diversity relations of upland forests in the western Great Lakes area. American Naturalist, 105(946): 499-527.
Austin MP. 2002. Spatial prediction of species distribution: An interface between ecological theory and statistical modelling. Ecol Model, 157: 101-118.
Avise JC, Giblin-Davidson C, Laerm J, et al. 1979. Mitochondrial DNA clones and matriarchal phylogeny within and among geographic populations of the pocket gopher, *Geomys pinetis*. Proceedings of the National Academy of Sciences of the United States of America, 76(12): 6694-6698.
Avise JC. 2000. Phylogeography: The history and formation of species. Boston: Harvard University Press.
Ayala FJ, Kiger JAJr. 1984. Modern Genetics. 2nd ed. Benjamin: Menlo Park and London: 923-924.
Bai DH, Unsworth MJ, Meju MA, et al. 2010. Crustal deformation of the eastern Tibetan plateau revealed by magnetotelluric imaging. Nature Geoscience, 3(5): 358-362.
Bai WN, Wang WT, Zhang DY. 2016. Phylogeographic breaks within Asian butternuts indicate the existence of a phytogeographic divide in East Asia. New Phytologist, 209(4): 1757-1772.
Bandelt HJ, Forster P, Rohl A. 1999. Median-joining networks for inferring intraspecific phylogenies. Molecular Biology and Evolution, 16(1): 37-48.
Barker FK, Barrowclough GF, Groth JG. 2002. A phylogenetic hypothesis for passerine birds: taxonomic and biogeographic implications of an analysis of nuclear DNA sequence data. Proc R Soc Lond B, 269: 295-308.
Barker FK, Cibois A, Schikler P, et al. 2004. Phylogeny and diversification of the largest avian radiation. Proc Natl Acad Sci USA, 101: 11040-11045.
Barker FK. 2004. Monophyly and relationships of wrens (Aves: Troglodytidae): a congruence analysis of heterogeneous mitochondrial and nuclear DNA sequence data. Mol Phylogenet Evol, 31: 486-504.

Beaumont LJ, Hughes L, Poulsen M. 2005. Predicting species distributions: use of climatic parameters in BIOCLIM and its impact on predictions of species' current and future distributions. Ecological Modelling, 186: 251-270.

Beerli P. 2006. Comparison of Bayesian and maximum-likelihood inference of population genetic parameters. Bioinformatics, 22(3): 341-345.

Berger A, Loutre MF. 1991. Insolation values for the climate of the last 10 million years. Quat Sci Rev, 10: 297-317.

BirdLife International. 2012. *Gorsachius magnificus* // 2012 IUCN Red List of Threatened Species Version 2012 2.

Biswas AK, Seoka M, Tanaka Y, et al. 2006. Effect of photoperiod manipulation on the growth performance and stress response of juvenile red sea bream (*Pagrus major*). Aquaculture, 258 (1-4): 350-356.

Blaauw M. 2010. Methods and code for 'classical' age-modelling of radiocarbon sequences. Quat Geochronol, 5: 512-518.

Blackford JJ, Chambers FM. 1993. Determining the degree of peat decomposition for peat-based paleoclimatic studies. Int Peat J, 5: 7-24.

Bond G, Showers W, Cheseby M, et al. 1997. A pervasive millennial-scale cycle in North Atlantic Holocene and glacial climates. Science, 278: 1257-1266.

Borcard D, Gillet F, Legendre P. 2014. 数量生态学——R 语言的应用. 赖江山译. 北京: 高等教育出版社.

Bosso L, Rebelo H, Garonna AP, et al. 2013. Modelling geographic distribution and detecting conservation gaps in Italy for the threatened beetle *Rosalia alpina*. Journal for Nature Conservation, 21: 72-80.

Boufford DE, Spongberg SA. 1983. Eastern Asian-Eastern North American phytogeographical relationships - a history from the time of Linnaeus to the twentieth century. Ann Missouri Bot Gard, 70: 423-439.

Bradfield GE, Scagel A. 1984. Correlations among vegetation strata and environmental variables in subalpine spruce-fir forests, southeastern British Columbia. Vegetatio, 55(2): 105-114.

Bradley RD, Baker RJ. 2001. A test of the genetic species concept: cytochrome-b sequences and mammals. Journal of Mammalogy, 82(4): 960-973.

Brown RW. 1962. Paleocene flora of the Rocky Mountains and Great Plains. United States Geological Survey Professional Paper, 375: 1-119.

Buisson L, Thuiller W, Casajus N, et al. 2010. Uncertainty in ensemble forecasting of species distribution. Global Change Biology, 16: 1145-1157.

Burland TG. 2000. DNASTAR's Lasergene sequence analysis software. Methods Mol Biol, 132: 71-91.

Buso GSC, Rangel PH, Ferreira ME. 1998. Analysis of genetic variability of South American wild rice populations (*Oryza glumaepatula*) with isozymes and RAPD markers. Molecular Ecology, 7(1): 107-117.

Bussell. 1999. The distribution of random amplified polymorphic DNA (RAPD) diversity amongst populations of *Isotoma petraea* (Lobeliaceae). Molecular Ecology, 8(5): 775-789.

Cao YN, Comes HP, Sakaguchi S, et al. 2016. Evolution of East Asia's Arcto-Tertiary relict Euptelea (Eupteleaceae) shaped by Late Neogene vicariance and Quaternary climate change. BMC Evolutionary Biology, 16(1): 66.

Caplat P, Edelaar P, Dudaniec RY, et al. 2016. Looking beyond the mountain, dispersal barriers in a changing world. Frontiers in Ecology and the Environment, 14: 261-268.

Carvalho SB, Brito JC, Pressey RL, et al. 2010. Simulating the effects of using different types of species distribution data in reserve selection. Biological Conservation, 143: 426-438.

Chamberlain D, Hyam R, Argent G, et al. 1996. The genus *Rhododendron*: its classification and synonymy. Edinburgh: Royal Botanic Garden Edinburgh.

Chandrasekharam A. 1974. Megafossil flora from the Genessee Locality, Alberta, Canada. Palaeontographica Abt B, 147: 1-41.

Chappell M, Robacker C, Jenkins TM. 2008. Genetic diversity of seven deciduous azalea species (*Rhododendron* spp. section *Pentanthera*) native to the eastern United States. J Amer Soc Hort Sci, 133(3): 374-382.

Chen CH, Bai Y, Fang XM, et al. 2019. A late miocene terrestrial temperature history for the northeastern Tibetan Plateau's period of tectonic expansion. Geophysical Research Letters, 46(14): 8375-8386.

Chen FH, Zhu Y, Li JJ, et al. 2001. Abrupt Holocene changes of the Asian monsoon at millennial-and centennial-scales: evidence from lake sediment document in Minqin Basin, NW China. Chin Sci Bull, 46(23): 1942-1947.

Chen SC, Zhang L, Zeng J, et al. 2012. Geographic variation of chloroplast DNA in *Platycarya strobilacea* (Juglandaceae). Journal of Systematics and Evolution, 50(4): 374-385.

Chen SF, Li M, Hou RF, et al. 2014. Low genetic diversity and weak population differentiation in *Firmiana danxiaensis*, a tree species endemic to Danxia landform in northern Guangdong, China. Biochem. Syst Ecol, 55: 66-72.

Chen YS, Deng T, Zhou Z, et al. 2018. Is the East Asian flora ancient or not? National Science Review, 5(6): 920-932.

Cheng YP, Hwang SY, Lin TP. 2005. Potential refugia in Taiwan revealed by the phylogeographical study of *Castanopsis carlesii* Hayata (Fagaceae). Molecular Ecology, 14(7): 2075-2085.

Cibois A, Kalyakin MV, Han LX, et al. 2002. Molecular phylogenetics of babblers (Timaliidae): reevaluation of the genera

Yuhina and *Stachyris*. J Avian Biol, 33: 380-390.
Cibois A. 2003. Mitochondrial DNA phylogeny of babblers (Timaliidae). Auk, 120: 35-54.
Clewley JP. 1995. Macintosh sequence analysis software: DNAStar's LaserGene. Molecular Biotechnology, 3(3): 221-224.
Collar NJ, Robson C. 2007. Family Timaliidae (babblers) // del Hoyo J, Elliott A, Christie DA. Handbook of the Birds of the World. Vol. 12. Barcelona: Lynx Edicions: 70-291.
Collins M, Tett SFB, Cooper C. 2001. The internal climate variability of HadCM3, a version of the Hadley Centre coupled model without flux adjustments. Climate Dynamics, 17: 61-81.
Comes HP, Kadereit JW. 1998. The effect of Quaternary climatic changes on plant distribution and evolution. Trends in Plant Science, 3(11): 432-438.
Condamine FL, Nagalingum NS, Marshall CR, et al. 2015. Origin and diversification of living cycads: a cautionary tale on the impact of the branching process prior in Bayesian molecular dating. BMC Evolutionary Biology, 15: 65.
Contreras MA, Affleck D, Chung W. 2011. Evaluating tree competition indices as predictors of basal area increment in western Montana forests. Forest Ecology and Management, 262: 1939-1949.
Cornelissen JHC, Lavorel S, Garnier E, et al. 2003. A handbook of protocols for standardised and easy measurement of plant functional traits worldwide. Australian Journal of Botany, 51: 335-380.
Cornuet JM, Luikart G. 1996. Description and power analysis of two tests for detecting recent population bottlenecks from allele frequency data. Genetics, 144(4): 2001-2014.
Cosford J, Qing H, Yuan D, et al. 2008. Millennial-scale variability in the Asian monsoon: evidence from oxygen isotope records from stalagmites in southeastern China. Palaeogeogr Palaeoclimatol Palaeoecol, 266: 3-12.
Cracraft J. 2013. Avian higher-level relationships and classification: nonpasseriforms// Dickinson EC, Remsen JV. The Howard and Moore Complete Checklist of the Birds of the World. 4th ed. vol. 1. Eastbourne: Aves Press: 21-47.
Crête M, Vandal D, Rivest LP, et al. 1991. Double counts in aerial surveys to estimate polar bear numbers during the ice-free period. Arctic, 44: 275-278.
Crosby M. 2003. Saving Asia's Threatened Birds. Cambridge: BirdLife International.
Cullen HM, de Menocal PB, Hemming S, et al. 2000. Climate change and the collapse of the Akkadian empire. Geology, 28(4): 379-382.
Dang HS, Jiang MX, Zhang YJ, et al. 2009. Dendroecological study of a subalpine fir (*Abies fargesii*) forest in the Qinling Mountains, China. Plant Ecology, 201: 67-75.
Darriba D, Taboada GL, Doallo R, et al. 2012. jModelTest 2: more models, new heuristics and parallel computing. Nature Methods, 9(8): 772.
Davidson EA, de Araujo AC, Artaxo P, et al. 2012. The Amazon basin in transition. Nature, 481: 321-328.
Davis MB, Shaw RG. 2001. Range shifts and adaptive responses to Quaternary climate change. Science, 292: 673-679.
De Menocal PB, Ortiz J, Guilderson T, et al. 2000. Coherent high- and low-latitude climate variability during the Holocene warm period. Science, 288(23): 2198-2202.
Deignan HG. 1964. Subfamily Timaliinae // Mayr E, Paynter RA. Check-list of birds of the world. vol. 10: Cambridge, MA: Museum of Comparative Zoology: 240-427.
del Hoyo J, Elliot A, Sargatal J. 1994. Handbook of the Birds of the World. vol. II: New World Vultures to Guineafowl. Barcelona: Lynx Editions.
Delmas CEL, Lhuillier E, Pornon A, et al. 2011. Isolation and characterization of microsatellite loci in *Rhododendron ferrugineum* (Ericaceae) using pyrosequencing technology. Am J Bot, 98(5): e120-e122.
Dickinson E. 2003. The Howard and Moore Complete Checklist of the Birds of the World. 3rd ed. London: Helm.
Doko T, Fukui H, Kooiman A, et al. 2011. Identifying habitat patches and potential ecological corridors for remnant Asiatic black bear (*Ursus thibetanus japonicus*) populations in Japan. Ecological Modelling, 222: 748-761.
Dong L, Zhang J, Sun Y, et al. 2010. Phylogeographic patterns and conservation units of a vulnerable species, Cabot's tragopan (*Tragopan caboti*), endemic to southeast China. Conservation Genetics, 11: 2231-2242.
Doyle JJ, Doyle JL. 1987. A rapid DNA isolation procedure for small quantities of fresh leaf tissue. Phytochemical Bulletin, 19: 11-15.
Drummond AJ, Suchard MA, Xie D, et al. 2012. Bayesian Phylogenetics with BEAUti and the BEAST 1.7. Molecular Biology and Evolution, 29(8): 1969-1973.
Duarte JM, Wall PK, Edger PP, et al. 2010. Identification of shared single copy nuclear genes in *Arabidopsis*, *Populus*, *Vitis* and *Oryza* and their phylogenetic utility across various taxonomic levels. BMC Evolutionary Biology, 10(1): 61.
Dupanloup I, Schneider S, Excoffier L. 2002. A simulated annealing approach to define the genetic structure of populations. Molecular Ecology, 11(12): 2571-2581.
Dykoski CA, Edwards RL, Cheng H, et al. 2005. A high-resolution, absolute-dated Holocene and deglacial Asian monsoon record from Dongge Cave, China. Earth and Planetary Science Letters, (233): 71-86.

Edgar RC. 2004. MUSCLE: multiple sequence alignment with high accuracy and high throughput. Nucleic Acids Research, 32(5): 1792-1797.

Edwards CE, Lindsay DL, Bailey P, et al. 2014. Patterns of genetic diversity in the rare *Erigeron lemmoni* and comparison with its more widespread congener, *Erigeron arisolius* (Asteraceae). Conserv Genet, 15(2): 419-428.

Elith J, Graham CH, Anderson RP, et al. 2006. Novel methods improve prediction of species' distributions from occurrence data. Ecography, 29: 129-151.

Elith J, Leathwick JR. 2009. Species distribution models: ecological explanation and prediction across space and time. Annual Review of Ecology, Evolution, and Systematics, 40: 677-697.

Elith J, Phillips SJ, Hastie T, et al. 2011. A statistical explanation of MaxEnt for ecologists. Diversity and Distributions, 17: 43-57.

Engler R, Guisan A, Rechsteiner L. 2004. An improved approach for predicting the distribution of rare and endangered species from occurrence and pseudo-absence data. Journal of Applied Ecology, 41: 263-274.

Ericson PGP, Johansson US. 2003. Phylogeny of Passerida (Aves: Passeriformes) based on nuclear and mitochondrial sequence data. Mol Phylogenet Evol, 29: 126-138.

Erwin DH. 2009. Climate as a driver of evolutionary change. Current Biology, 19(14): 575-583.

Evanno G, Regnaut S, Goudet J. 2005. Detecting the number of clusters of individuals using the software STRUCTURE: a simulation study. Mol Ecol, 14(8): 2611-2620.

Excoffier L, Foll M, Petit RJ. 2009. Genetic consequences of range expansions. Annual Review of Ecology Evolution and Systematics, 40: 481-501.

Excoffier L, Smouse PE, Quattro JM. 1992. Analysis of molecular variance inferred from metric distances among DNA haplotypes: application to human mitochondrial DNA restriction data. Genetics, 131(2): 479-491.

Fan DM, Yue JP, Nie ZL, et al. 2013. Phylogeography of Sophora davidii (Leguminosae) across the "Tanaka-Kaiyong Line", an important phytogeographic boundary in Southwest China. Molecular Ecology, 22(16): 4270-4288.

Fang MY, Fang RZ, He MY, et al. 2005. *Rhododendron* Linnaeus // Wu ZY, Raven PH, Hong DY. Flora of China. vol 14. Beijing: Science Press, St. Louis: Missouri Botanical Garden Press: 260-455.

Fang RZ, Min TL. 1995. The Floristic study on the genus *Rhododendron*. Acta Bot Yunnanica, 17(4): 359-379.

Fang XQ, Sun N. 1998. Cold event: a possible cause of the interruption of the Laohushan Culture. Hum Geogr, 13 (1): 71-76.

Farris JS, Källersjö M, Kluge AG, et al. 1994. Testing significance of incongruence. Cladistics, 10: 315-319.

Fellowes JR, Fang Z, Shing LK, et al. 2001. Status update on white-eared night heron *Gorsachius magnificus* in South China. Bird Conservation International, 11: 103-112.

Fjeldså J, Irestedt M, Ericson PGP, et al. 2010. The Cinnamon Ibon *Hypocryptadius cinnamomeus* is a forest canopy sparrow. Ibis, 152: 747-760.

Fjeldså J. 2013. Avian classification in flux // del Hoyo J, Elliott A, Sargatal J, et al. Handbook of the Birds of the World. Special vol. Barcelona: Lynx Edicions: 77-146.

Fleitmann D, Burns SJ, Mangini A, et al. 2007. Holocene ITCZ and Indian monsoon dynamics recorded in stalagmites from Oman and Yemen (Socotra). Quat Sci Rev, 26: 170-188.

Frankham R, Ballou JD, Briscoe DA. 2002. Introduction to Conservation Genetics. New York: Cambridge University Press: 1-617.

Fregin S, Haase M, Olsson U, et al. 2012. New insights into family relationships within the avian superfamily Sylvioidea (Passeriformes) based on seven molecular markers. BMC Evol Biol, 12: 157.

Frost I, Rydin H. 2000. Spatial pattern and size distribution of the animal-dispersed tree *Quercus robur* in two spruce-dominated forests. Ecoscience, 7(1): 38-44.

Fu YX, Li WH. 1993. Statistical tests of neutrality of mutations. Genetics, 133(3): 693-709.

Fuchs J, Fjeldså J, Bowie RC, et al. 2006. The African warbler genus *Hyliota* as a lost lineage in the Oscine songbird tree: molecular support for an African origin of the Passerida. Mol Phylogenet Evol, 39: 186-197.

Fuchs J, Pasquet E, Couloux A, et al. 2009. A new Indo-Malayan member of the Stenostiridae (Aves: Passeriformes) revealed by multilocus sequence data: biogeographical implications for a morphologically diverse clade of flycatchers. Mol Phylogenet Evol, 53: 384- 393.

Gao J, Wu Z, Su D, et al. 2013. Observations on breeding behavior of the White-eared Night Heron (*Gorsachius magnificus*) in northern Guangdong, China. Chinese Birds, 4: 254-259.

Gao L, Yang B. 2006. Genetic diversity of wild *Cymbidium goeringii* (Orchidaceae) populations from Hubei based on ISSR analysis. Biodiversity Science, 14 (3): 250-257.

Gao LM, Moeller M, Zhang XM, et al. 2007. High variation and strong phylogeographic pattern among cpDNA haplotypes in *Taxus wallichiana* (Taxaceae) in China and North Vietnam. Molecular Ecology, 16(22): 4684-4698.

Gao Y, Xiao R, Bi X. 2000. Discovery of endangered white-eared night heron in Guangdong province. Chinese Journal of

Zoology, 35: 39-41.
Ge Q, Zheng J, Fang X. 2003. Winter half-year temperature reconstruction for the middle and lower reaches of the Yellow River and Yangtze River, China, during the past 2000 years. The Holocene, 13: 933-940.
Gelang M, Cibois A, Pasquet E, et al. 2009. Phylogeny of babblers (Aves, Passeriformes): major lineages, family limits and classification. Zool Scr, 32: 279-296.
Gong W, Chen C, Dobes C, et al. 2008. Phylogeography of a living fossil: Pleistocene glaciations forced *Ginkgo biloba* L. (Ginkgoaceae) into two refuge areas in China with limited subsequent postglacial expansion. Molecular Phylogenetics and Evolution, 48(3): 1094-1105.
Gordon HB, Farrell SP. 1997. Transient climate change in the CSIRO coupled model with dynamic sea ice. Monthly Weather Review, 125: 875-908.
Goudet J. 2002. FSTAT, a program to estimate and test gene diversities and fixation indices. http://www2.unil.ch/popgen/softwares/fstat.htm[2021-12-21].
Graham A. 1972. Floristics and Paleofloristics of Asia and Eastern North America. Amsterdam: Elsevier.
Graur D, Li WH. 2000. Gene duplication, exon shuffling, and concerted evolution. Fundamentals of molecular evolution, Second edition. Sunderland, MA: Sinauer Associates Inc: 249-322.
Grimm EC. 1987. CONISS: a FORTRAN 77 program for stratigraphically constrained cluster analysis by the method of incremental sum of squares. Comput Geosci, 13: 13-35.
Gu LY, Liu Y, Que PJ, et al. 2013. Quaternary climate and environmental changes have shaped genetic differentiation in a Chinese pheasant endemic to the eastern margin of the Qinghai-Tibetan Plateau. Molecular Phylogenetics and Evolution, 67: 129-139.
Guindon S, Gascuel O. 2003. A simple, fast, and accurate algorithm to estimate large phylogenies by maximum likelihood. Systematic Biology, 52: 696-704.
Guisan A, Broennimann O, Engler R, et al. 2006. Using niche-based models to improve the sampling of rare species. Conservation Biology, 20: 501-511.
Guisan A, Thuiller W. 2005. Predicting species distribution: offering more than simple habitat models. Ecology Letters, 8: 993-1009.
Guo SX, Zhang GF. 2002. Oligocene Sanhe flora in Longjing County of Jilin, Northeast China. Acta Palaeontologica Sinica, 41(2): 193-210.
Guo XD, Wang HF, Bao L, et al. 2014. Evolutionary history of a widespread tree species *Acer mono* in East Asia. Ecology and Evolution, 4(22): 4332-4345.
Guo ZT, Ruddiman WF, Hao QZ, et al. 2002. Onset of Asian desertification by 22 Myr ago inferred from loess deposits in China. Nature, 416 (6877): 159-163.
Guo ZT, Sun B, Zhang ZS, et al. 2008. A major reorganization of Asian climate by the early Miocene. Climate of the Past, 4(3): 153-174.
Hamrick JL, Godt MJW. 1990. Allozyme diversity in plant species // Brown AHD, Clegg MT, Kahler AT, et al. Plant population genetics, breeding, and genetic resources. Sunderland, MA: Sinauer Associates Inc: 43-63.
Hannah L, Carr JL, Lankerani A. 1995. Human disturbance and natural habitat: a biome level analysis of a global data set. Biodivers Conserv, 4: 128-155.
Harpending HC. 1994. Signature of ancient population growth in a low-resolution mitochondrial DNA mismatch distribution. Human Biology, 66(4): 591-600.
He F, Fellowes JR, Chan BPL, et al. 2007a. An update on the distribution of the 'Endangered' white-eared night heron *Gorsachius magnificus* in China. Bird Conservation International 17: 93-101.
He F, Yang X, Deng X, et al. 2011. The white-eared night heron (*Gorsachius magnificus*): from behind the bamboo curtain to the front stage. Chinese Birds, 2: 163-166.
He F, Zhou F, Yang X, et al. 2007b. Study on the status of distribution and subpopulations of the white-eared night heron (*Gorsachius magnificus*). Acta Zootaxonomica Sinica, 32: 802-813.
He FL, Legendre P, LaFrankie JV. 1997. Distribution patterns of tree species in a Malaysian tropical rain forest. Journal of Vegetation Science, 8(1): 105-114.
He K, Li YJ, Bradley MC, et al. 2010. A multi-locus phylogeny of Nectogalini shrews and influences of the paleoclimate on speciation and evolution. Molecular Phylogenetics & Evolution, 56(2): 734-746.
He WL, Sun BN, Liu YS. 2012. *Fokienia shengxianensis* sp. nov. (Cupressaceae) from the late Miocene of eastern China and its paleoecological implications. Review of Palaeobotany and Palynology, 176: 24-34.
Heikkinen RK, Luoto M, Araújo MB, et al. 2006. Methods and uncertainties in bioclimatic envelope modelling under climate change. Progress in Physical Geography, 30: 751-777.
Heinz W, Jurj B, Jonathan B, et al. 2008. Mid-to Late Holocene climate change: an overview. Quaternary Science Reviews,

(27): 1791-1828.
Hernandez PA, Graham CH, Master LL, et al. 2006. The effect of sample size and species characteristics on performance of different species distribution modeling methods. Ecography, 29: 773-785.
Hewitt GM. 2004. Genetic consequences of climatic oscillations in the Quaternary. Philosophical Transactions of the Royal Society of London Series B-Biological Sciences, 359(1442): 183-195.
Heygi F. 1974. A simulation model for managing jack-pine stands // Fries G. Growth models for tree and stand simulation. Stockholm: Royal College of Forestry: 74-90.
Hijmans RJ, Cameron SE, Parra JL, et al. 2005. Very high resolution interpolated climate surfaces for global land areas. International Journal of Climatology, 25: 1965-1978.
Hodell DA, Curtis JH, Brenner M. 1995. Possible role of climate in the collapse of Classic Maya civilization. Nature, 375: 391-394.
Hof AR, Jansson R, Nilsson C. 2012. The usefulness of elevation as a predictor variable in species distribution modelling. Ecological Modelling, 246: 86-90.
Hof C, Araújo MB, Jetz W, et al. 2011. Additive threats from pathogens, climate and land-use change for global amphibian diversity. Nature, 480: 516-519.
Hohmann N, Wolf EM, Rigault P, et al. 2018. *Ginkgo biloba*'s footprint of dynamic Pleistocene history dates back only 390,000 years ago. BMC Genomics, 19(1): 299.
Hole DG, Willis SG, Pain DJ, et al. 2009. Projected impacts of climate change on a continent-wide protected area network. Ecology Letters, 12: 420-431.
Hsu J. 1983. Late Cretaceous and Cenozoic Vegetation in China, Emphasizing their connections with North America. Annals of the Missouri Botanical Garden, 70(3): 490-508.
Hu C, Henderson GM, Huang J, et al. 2008. Quantification of Holocene Asian monsoon rainfall from spatially separated cave records. Earth Planet Sci Lett, 266: 221-232.
Hu J H, Liu Y. 2014. Unveiling the conservation biogeography of a data-deficient endangered bird species under climate change. PLoS One, 9(1): 1-11 (e84529).
Hu J, Hu H, Jiang Z. 2010. The impacts of climate change on the wintering distribution of an migratory bird. Oecologia, 164: 555-565.
Hu J, Jiang Z. 2010. Predicting the potential distribution of the endangered Przewalski's gazelle. Journal of Zoology, 282: 54-63.
Hu J, Jiang Z. 2011. Climate change hastens the conservation urgency of an endangered ungulate. PLoS One, 6: e22873.
Huang CC, Pang JL, Chen SE, et al. 2006. Charcoal records of fire history in the Holocene loess soil sequences over the southern Loess Plateau of China. Palaeogeography, Palaeoclimatology, Palaeoecology, 239: 28-44.
Huang KY, Zheng Z, Liao WB, et al. 2014. Reconstructing late Holocene vegetation and fire histories in monsoonal region of southeastern China. Palaeogeography, Palaeoclimatology, Palaeoecology, (393): 102-110.
Huang S, Chiang YC, Schaal BA, et al. 2001. Organelle DNA phylogeography of *Cycas taitungensis*, a relict species in Taiwan. Molecular Ecology, 10(11): 2669-2681.
Huang ZH, Liu NF, Liang W, et al. 2010. Phylogeography of Chinese bamboo partridge, *Bambusicola thoracica thoracica* (Ayes: Galliformes) in south China: Inference from mitochondrial DNA control-region sequences. Molecular Phylogenetics and Evolution, 56(1): 273-280.
Hubby JL, Lewontin RC. 1966. A molecular approach to the study of genic heterozygosity in natural populations. I. The number of alleles at different loci in *Drosophila pseudoobscura*. Genetics, 54(2): 577-594.
Huelsenbeck JP, Ronquist F. 2001. MRBAYES: Bayesian inference of phylogenetic trees. Bioinformatics, 17: 754-755.
Irestedt M, Fuchs J, Jønsson KA, et al. 2008. The systematic affinity of the enigmatic *Lamprolia victoriae* (Aves: Passeriformes): an example of avian dispersal between New Guinea and Fiji over Miocene intermittent land bridges? Mol Phylogenet Evol, 48: 1218-1222.
IUCN. 2001. IUCN Red List Categories and Criteria (Version 3.1). IUCN, Gland, Switzerland and Cambridge, UK. http://www.iucnredlist.org./documents/2001RedListCats_Crit_Chinese.pdf. [2014-3-1].
IUCN. 2006. IUCN Red List of Threatened Species. http://www. iucnredlist. org. SSC/IUCN, 2001.[2014-3-1].
IUCN. 2011. IUCN Red List of Threatened Species. http://www.iucnredlist.org. [2014-3-1].
IUCN. 2017. The IUCN red list of threatened species, version 2017.1. IUCN Red List Unit, Cambridge U.K. Available. http://www.iucnredlist.org/ [2017-4-10].
Jaccard P. 1912. The distribution of the flora in the alpine zone. New Phytologist, 11: 37-50.
Jackson RM, Roe JD, Wangchuk R, et al. 2006. Estimating snow leopard population abundance using photography and capture-recapture techniques. Wildlife Society Bulletin, 34: 772-781.
James HF, Ericson PGP, Slikas B, et al. 2003. *Pseudopodoces humilis*, a misclassified terrestrial tit (Paridae) of the Tibetan

Plateau: evolutionary consequences of shifting adaptive zones. Ibis, 145: 185-202.
Jansson R, Davies TJ. 2008. Global variation in diversification rates of flowering plants: energy vs. climate change. Ecology Letters, 11(2): 173-183.
Jetz W, Thomas GH, Joy JB, et al. 2012. The global diversity of birds in space and time. Nature, 491: 444-448.
Jetz W, Wilcove DS, Dobson AP. 2007. Projected impacts of climate and land- use change on the global diversity of birds. PLoS Biology, 5: e157.
Jian L, Zhu LQ. 2013. Genetic diversity of *Cymbidium kanran* detected by Polymerase chain reaction restriction fragment length polymorphism (PCR-RFLP) markers. Journal of Plant Breeding & Crop Science, 5(8): 158-163.
Jin B, Tang L, Lu Y, et al. 2012. Temporal and spatial characteristics of male cone development in *Metasequoia glyptostroboides* Hu et Cheng. Plant Signaling and Behavior, 7(12): 1687-1694.
Johansson US, Ekman J, Bowie RC, et al. 2013. A complete multilocus species phylogeny of the tits and chickadees (Aves: Paridae). Mol Phylogenet Evol, 69: 852-860.
Johansson US, Fjeldså J, Bowie RCK. 2008. Phylogenetic relationships within Passerida (Aves: Passeriformes). Mol Phylogenet Evol, 48: 858- 876.
Jønsson KA, Fjeldså J, Ericson PGP, et al. 2007. Systematic placement of an enigmatic Southeast Asian taxon *Eupetes macrocerus* and implications for the biogeography of a main songbird radiation, the Passerida. Biol Lett, 3: 323- 326.
Kang M, Huang H. 2002. Allozymic variation and genetic diversity in *Malus hupehensis* (Rosaceae). Chinese Biodiversity, 10: 376-385.
Kim EH, Kwon HJ, Shin JK, et al. 2015. Genetic Diversity and Spatial Structure of a Population the Natural Monument (No. 432) *Cymbidium kanran* in Sanghyo-dong, Jeju-do. Journal of Agriculture & Life Science, 49(5): 1-11.
Kim SJ, Flato G, Boer GJ. 2003. A coupled climate model simulation of the Last Glacial Maximum, Part 2: approach to equilibrium. Climate Dynamics, 20: 635-661.
Knowles P, Grant MC. 1983. Age and size structure analysis of *Engelnann spruce*, population pine, Lodgepole pine, and Limber pine in Cororado. Ecology, 64: 1-9.
Kou YX, Cheng SM, Tian S, et al. 2016. The antiquity of *Cyclocarya paliurus* (Juglandaceae) provides new insights into the evolution of relict plants in subtropical China since the late Early Miocene. Journal of Biogeography, 43(2): 351-360.
Kvacek Z. 1999. An ancient *Calocedrus* (Cupressaceae) from the European Teriary. Flora, 194(2): 237-248.
Kvacek Z. 2002. A new Juniper from the Palaeogene of Central Europe. Feddes Repertorium, 113 (7-8): 492-502.
Ladle RJ, Whittaker RJ. 2011. Conservation Biogeography. Oxford: Wiley-Blackwell.
Larson CL, Baskin-Sommers AR, Stout DM, et al. 2013. The interplay of attention and emotion: top-down attention modulates amygdala activation in psychopathy. Cogn Affect Behav Neurosci, 13(4): 757-770.
Lawler JJ, White D, Neilson RP, et al. 2006. Predicting climate-induced range shifts: model differences and model reliability. Global Change Biology, 12: 1568-1584.
Leberg PL. 1990. Genetic considerations in the design of introduction programs. Transactions of the North American Wildlife and Natural Resources Conference, 55: 609-619.
Legendre P, Legendre L. 1998. Numerical Ecology. Amsterdam: Elsevier: 139-141, 247-258, 279.
Leipold M, Tausch S, Poschlod P, et al. 2017. Species distribution modeling and molecular markers suggest longitudinal range shifts and cryptic northern refugia of the typical calcareous grassland species *Hippocrepis comosa* (horseshoe vetch). Ecology and Evolution, 7(6): 1919-1935.
Li B, Jiang P, Ding P. 2007. First breeding observations and a new locality record of white-eared night-heron *Gorsachius magnificus* in southeast China. Waterbirds, 30: 301-304.
Li HL. 1952. Floristic relationships between eastern Asia and eastern North America. Transactions of the American Philosophical Society, 42(2): 371-429.
Li HS, Chen GZ. 2004. Genetic diversity of mangrove plant *Sonneratia caseolaris* in Hainan island based on ISSR analysis. Acta Ecologica Sinica, 24(8): 1656-1662.
Li J, Zheng Z, Huang KY, et al. 2013. Vegetation changes during the past 40,000 years in Central China from a long fossil record. Quat Int, 310: 221-226.
Li J, Zhu LQ. 2013. Genetic diversity of *Cymbidium kanran* detected by polymerase chain reaction restriction fragment length polymorphism (PCR-RFLP) markers. Journal of Plant Breeding & Crop Science, 5(8): 158-163.
Li LF, Yin DX, Song N, et al. 2011. Genomic and EST microsatellites for *Rhododendron aureum* (Ericaceae) and cross-amplification in other congeneric species. Am J Bot, 98(9): e250-e252.
Li MW, Chen SF, Shi S, et al. 2015. High genetic diversity and weak population structure of *Rhododendron jinggangshanicum*, a threatened endemic species in Mount Jinggangshan of China. Biochemical Systematics and Ecology, 58: 178-186.
Li XH, Shao JW, Lu C, et al. 2012a. Chloroplast phylogeography of a temperate tree *Pteroceltis tatarinowii* (Ulmaceae) in China. Journal of Systematics and Evolution, 50(4): 325-333.

Li XW, Li J. 1997. The Tanaka-Kaiyong Line: An important floristic line for the study of the flora of East Asia. Annals of the Missouri Botanical Garden, 84(4): 888-892.

Li Y, Yan HF, Ge XJ. 2012b. Phylogeographic analysis and environmental niche modeling of widespread shrub *Rhododendron simsii* in China reveals multiple glacial refugia during the last glacial maximum. Journal of Systematics and Evolution, 50(4): 362-373.

Li Z Y, Guan M Y, Li J, et al. 2016. Genetic diversity of *Phalaenopsis* detected by ISSR data. Acta Botanica Boreali-Occidentalia Sinica, 6(7): 1351-1356.

Li Z, Wang Z, Yang S, et al. 2008. New finding of the white-eared night heron from Leigongshan (Mt. Leigong) of Guizhou. Chinese Journal of Zoology, 43: 139.

Librado P, Rozas J. 2009. DnaSP v5: a software for comprehensive analysis of DNA polymorphism data. Bioinformatics, 25(11): 1451-1452.

Liew PM, Lee CY, Kuo CM. 2006. Holocene thermal optimal and climate variability of East Asian monsoon inferred from forest reconstruction of a subalpine pollen sequence, Taiwan. Earth and Planetary Science Letters, (250): 596-605.

Liu H, Wang W, Song G, et al. 2012a. Interpreting the process behind endemism in China by integrating the phylogeography and ecological niche models of the *Stachyridopsis ruficeps*. PLoS One, 7: e46761.

Liu JQ, Sun YS, Ge XJ, et al. 2012b. Phylogeographic studies of plants in China: Advances in the past and directions in the future. Journal of Systematics and Evolution, 50(4): 267-275.

Liu RL. 2001. A new species of Rhododendron from Jiangxi, China. Acta Phytota Sin, 39(3): 272-274.

Liu XD, Guo QC, Guo ZT, et al. 2015. Where were the monsoon regions and arid zones in Asia prior to the Tibetan Plateau uplift? National Science Review, 2(4): 403-416.

Liu Y, Zhang ZW, Li JQ, et al. 2008. A survey of the birds of the Dabie Shan range, central China. Forktail, 24: 80-91.

Liu YF, Wang Y, Huang HW. 2009. Species-level phylogeographical history of *Myricaria* plants in the mountain ranges of western China and the origin of *M. laxiflora* in the Three Gorges mountain region. Molecular Ecology, 18(12): 2700-2712.

Lu HY, Guo ZT. 2014. Evolution of the monsoon and dry climate in East Asia during late Cenozoic: A review. Science China: Earth Sciences, 57(1): 70-79.

Lu N, Jing Y, Lloyd H, et al. 2012. Assessing the distributions and potential risks from climate change for the Sichuan Jay (*Perisoreus internigrans*). The Condor, 114: 365-376.

Lu Y, Jin B, Wang L, et al. 2011. Adaptation of male reproductive structures to wind pollination in gymnosperms: Cones and pollen grains. Canadian Journal of Plant Science, 91(5): 897-906.

Lubchenco J, Olson AM, Brubaker LB, et al. 1991. The sustainable biosphere research initiative: an ecological research agenda. Ecology, 72: 371-412.

Luikart G, Cornuet JM. 1998. Empirical evaluation of a test for identifying recently bottlenecked populations from allele frequency data. Conserv Boil, 12(1): 228-237.

Ma CM, Zhu C, Zheng CG, et al. 2009. Climate changes in East China since the Late-glacial inferred from high-resolution mountain peat humification records. Science in China Series D: Earth Sciences, 52(1): 118-131.

Ma XG, Wang ZW, Tian B, et al. 2019. Phylogeographic analyses of the East Asian endemic genus Prinsepia and the role of the East Asian Monsoon System in shaping a north-south divergence pattern in China. Frontiers in Genetics, 10: 128.

Maccagni A, Parisod C, Grant JR. 2017. Phylogeography of the moonwort fern *Botrychium lunaria* (Ophioglossaceae) based on chloroplast DNA in the Central-European Mountain System. Alpine Botany, 127(2): 185-196.

Manchester SR, Chen ZD, Lu AM, et al. 2009. Eastern Asian endemic seed plant genera and their paleogeographic history throughout the Northern Hemisphere. Journal of Systematics and Evolution, 47 (1): 1-42.

Mann ME, Jones PD. 2003. Global surface temperature over the past two millennia. Geophys Res Lett, 30(15): 1820.

Mantel N. 1967. The detection of disease clustering and a generalized regression approach. Caner Res, 27(2 Part 1): 209-220.

Mao KS, Liu JQ. 2012. Current relicts' more dynamic in history than previously thought. New Phytologist, 196(2): 329-331.

Mao KS, Milne RI, Zhang LB, et al. 2012. Distribution of living Cupressaceae reflects the breakup of Pangea. Proceedings of the National Academy of Sciences of the United States of America, 109(20): 7793-7798.

Marcott SA, Shakun JD, Clark PU, et al. 2013. A Reconstruction of regional and global temperature for the past 11300 Years. Science, 339(6124): 1198-1200.

Marmion M, Parviainen M, Luoto M, et al. 2009. Evaluation of consensus methods in predictive species distribution modelling. Diversity and Distributions, 15: 59-69.

McIver EE, Basinger JF. 1989. The morphology and relationships of *Thuja polaris* sp. nov. (Cupressaceae) from the early Tertiary, Ellesmere Island, Arctic Canada. Canadian Journal of Botany, 67(6): 1903-1915.

McIver EE, Basinger JF. 1990. Fossil seed cones of *Fokienia* (Cupressaceae) from the Paleocene Ravenscrag Formation of Saskatchewan, Canada. Canadian Journal of Botany, 68(7): 1609-1618.

McIver EE. 1992. Fossil *Fokienia* (Cupressaceae) from the Paleocene of Alberta, Canada. Canadian Journal of Botany, 70(4): 742-749.

Miller MP. 1997. Tools for population genetic analysis (TEPGA), Version 1.3. Department of Biological Sciences. Arizona: Northern Arizona University.

Miller MP. 1998. AMOVA-PREP, a program for the preparation of AMOVA input files from dominant marker raw data, release 1.01. Flagstaff: Department of Biological Sciences, Northern Arizona University.

Milne RI, Abbott RJ. 2002. The origin and evolution of Tertiary relict floras. Advances in Botanical Research, 38: 281-314.

Moberg A, Sonechkin DM, Holmgren K, et al. 2005. Highly variable Northern Hemisphere temperatures reconstructed from low-and high-resolution proxy data. Nature, 433: 613-617.

Monk CD, McGinty DT, Day Jr FP. 1985. The ecological importance of *Kalmia latifolia* and *Rhododendron maximum* in the deciduous forest of the southern Appalachians. Bull Torrey Bot Club, 112: 187-193.

Moyle RG, Andersen MJ, Oliveros CH, et al. 2012. Phylogeny and biogeography of the core babblers (Aves: Timaliidae). Syst Biol, 61: 631-651.

Muona O. 1990. Population genetics in forest tree improvement//Brown AHD, Clegg MT, Kahler AL, e al. Plant Population Genetics, Breeding, and Genetic Resources. Sunderland: Sinauer Associates Inc: 282-298.

Nagalingum NS, Marshall CR, Quental TB, et al. 2011. Recent synchronous radiation of a living fossil. Science, 334: 796-799.

Nakagawa T, Brugiapaglia E, Digerfeldt G, et al. 1998. Dense-media separation as a more efficient pollen extraction method for use with organic sediment samples: comparison with the conventional method. Boreas, 25: 15-24.

Nakicenovic N, Swart R. 2000. IPCC Special Report on Emissions Scenarios. New York: Cambridge University Press: 599.

Nanami S, Kawaguchi H, Tateno R, et al. 2004. Sprouting traits and population structure of co-occurring Castanopsis species in an evergreen broad-leaved forest in southern China. Ecological Research, 19: 341-348.

Nei M. 1978. Estimation of average heterozygosity and genetic distance from a small number of individuals. Genetics, 89: 583- 590.

Nenzén HK, Araújo MB. 2011. Choice of threshold alters projections of species range shifts under climate change. Ecological Modelling, 222: 3346-3354.

Nevo E. 2001. Evolution of genome-phenome diversity under environmental stress. Proc Natl Acad Sci USA, 98(11): 6233-6240.

Ng SC, Corlett RT. 2000. Genetic variation and structure in six *Rhododendron* species (Ericaceae) with contrasting local distribution patterns in Hong Kong, China. Mol Ecol, 9(7): 959-969.

Niels R, ter Steege H. 2007. A null-model for significance testing of presence- only species distribution models. Ecography, 30: 727-736.

Nybom H, Esselink GD, Werlemark G, et al. 2004. Microsatellite DNA marker inheritance indicates preferential pairing between two highly homologous genomes in polyploid and hemisexual dog-roses, *Rosa* L. Sect. *Caninae* DC. Heredity (Edinb), 92(3): 139-150.

Nybom H, Igor VB. 2000. Effects of life history traits and sampling strategies on genetic diversity estimates obtained with RAPD markers in plants. Perspectives in Plant Ecology, Evolution and Systematics, 3(2): 93-114.

Nybom H. 2004. Comparison of different nuclear DNA markers for estimating intraspecific genetic diversity in plants. Molecular Ecology, 13: 1143-1155.

Oliveros CH, Reddy S, Moyle RG. 2012. The phylogenetic position of some Philippine ‘babblers’ spans the muscicapoid and sylvioid bird radiations. Mol Phylogenet Evol, 65: 799-804.

Ornelas JF, Ruiz-Sanchez E, Sosa V. 2010. Phylogeography of *Podocarpus matudae* (Podocarpaceae): pre-Quaternary relicts in northern Mesoamerican cloud forests. Journal of Biogeography, 37(12): 2384-2396.

Parish JH. 1984. Modern Genetics. Second edition. Menlo Park and London: Benjamin/Cummings.

Parker AJ, Peet RK. 1984. Size and age structure of conifer forest. Ecology, 65: 1685-1689.

Parks DH, Mankowski T, Zangooei S, et al. 2013. GenGIS 2: Geospatial Analysis of Traditional and Genetic Biodiversity, with New Gradient Algorithms and an Extensible Plugin Framework. PLoS One, 8(7): e69885.

Parmesan C, Ryrholm N, Stefanescu C, et al. 1999. Poleward shifts in geographical ranges of butterfly species associated with regional warming. Nature, 399: 579-583.

Peakall R, Smouse PE. 2006. GENALEX 6: genetic analysis in excel. Population genetic software for teaching and research. Mol Ecol Notes, 6(1): 288-295.

Perry CA, Hsu KJ. 2000. Geophysical, archaeological, and historical evidence support a solar output model for climate change. Proc Natl Acad Sci USA, 97: 12433-12438.

Peterson AT. 2003. Predicting the geography of species’ invasions via ecological niche modeling. Quarterly Review of Biology, 78: 419-433.

Petit RJ, Csaikl UM, Bordacs S, et al. 2003. Chloroplast DNA variation in European white oaks phylogeography and patterns of diversity based on data from over 2600 populations. Forest Ecology and Management, 176(1-3): 595-599.

Petit RJ, Duminil J, Fineschi S, et al. 2005. Invited review: Comparative organization of chloroplast, mitochondrial and nuclear diversity in plant populations. Molecular Ecology, 14(3): 689-701.

Phillips SJ, Anderson RP, Schapire RE. 2006. Maximum entropy modeling of species geographic distributions. Ecological Modelling, 190(3-4): 231-259.

Phillips SJ, Dudík M. 2008. Modeling of species distributions with Maxent: new extensions and a comprehensive evaluation. Ecography, 31: 161-175.

Pilgrim JD, Walsh DF, Tu TT, et al. 2009. The endangered white-eared night heron *Gorsachius magnificus* in Vietnam: status, distribution, ecology and threats. Forktail, 25: 142-146.

Piry S, Luikart G, Cornuet JM. 1999. BOTTLENECK: a computer program for detecting recent reductions in the effective population size using allele frequency data. J Hered, 90: 502-503.

Poncet S, Robertson G, Phillips RA, et al. 2006. Status and distribution of wandering, black-browed and grey-headed albatrosses breeding at South Georgia. Polar Biology, 29: 772-781.

Pons O, Petit RJ. 1996. Measuring and testing genetic differentiation with ordered versus unordered alleles. Genetics, 144(3): 1237-1245.

Poorter L, Kitajima K. 2007. Carbohydrate storage and light requirements of tropical moist and dry forest tree species. Ecology, 88: 1000-1011.

Pritchard JK, Stephens M, Donnelly P. 2000. Inference of population structure using multilocus genotype data. Genetics, 155(2): 945-959.

Purdy BG, Bayer RJ. 1995a. Allozyme variation in the Athabasca sand dune endemic, *Salix silicicola*, and the closely related widespread species, *S. alaxensis*. Syst Bot, 20: 179-190.

Purdy BG, Bayer RJ. 1995b. Genetic diversity in the tetraploid sand dune endemic *Deschampsia mackenzieana* and its widespread diploid progenitor *D. cespitosa* (Poaceae). Am J Bot, 82: 121-130.

Qi XS, Chen C, Comes HP, et al. 2012. Molecular data and ecological niche modelling reveal a highly dynamic evolutionary history of the East Asian Tertiary relict *Cercidiphyllum* (Cercidiphyllaceae). New Phytologist, 19 (2): 617-630.

Qiu YX, Fu CX, Comes HP. 2011. Plant molecular phylogeography in China and adjacent regions: Tracing the genetic imprints of Quaternary climate and environmental change in the world's most diverse temperate flora. Molecular Phylogenetics and Evolution, 59 (1): 225-244.

Qiu YX, Guan BC, Fu CX, et al. 2009. Did glacials and/or interglacials promote allopatric incipient speciation in East Asian temperate plants? Phylogeographic and coalescent analyses on refugial isolation and divergence in *Dysosma versipellis*. Molecular Phylogenetics and Evolution, 51(2): 281-293.

Qu XJ, Jin JJ, Chaw SM, et al. 2017. Multiple measures could alleviate long-branch attraction in phylogenomic reconstruction of Cupressoideae (Cupressaceae). Scientific Reports, 7: 41005.

Raes N, ter Steege H. 2007. A null-model for significance testing of presence - only species distribution models. Ecography, 30(5): 727-736.

Rasmussen PC. 2012. Then and now: new developments in Indian systematic ornithology. J Bombay Nat Hist Soc, 109: 3-16.

Raunkiaer C. 1932. The life forms of plants and statistical plant geography. New York: Oxford University Press and Oxford: Clarendon Press: 1-633.

Raven PH, Axelrod DI. 1974. Angiosperm biogeography and past continental movements. Ann Missouri Bot Gard, 61: 539-673.

Raven PH. 1972. Plant species disjunctions: a summary. Ann Missouri Bot Gard, 61: 234-246.

Reimer PJ, Baillie MGL, Bard E, et al. 2009. IntCal09 and Marine09 radiocarbon calibration curves, 0-50,000 years cal BP. Radiocarbon, 4: 1111-1150.

Reimer PJ, Bard E, Bayliss A, et al. 2013. IntCal13 and Marine13 radiocarbon age calibration curves, 0-50,000 years cal BP. Radiocarbon, 55: 1869-1887.

Richardson DM, Whittaker RJ. 2010. Conservation biogeography-foundations, concepts and challenges. Diversity and Distributions, 16: 313-320.

Rogers AR, Harpending H. 1992. Population growth makes waves in the distribution of pairwise genetic differences. Molecular Biology Evolution, 9(3): 552-569.

Romo A, Hidalgo O, Boratynski A, et al. 2013. Genome size and ploidy levels in highly fragmented habitats: the case of western Mediterranean *Juniperus* (Cupressaceae) with special emphasis on *J. thurifera* L. Tree Genetics and Genomes, 9(2): 587-599.

Ronquist F, Teslenko M, van der Mark P, et al. 2012. MrBayes 3.2: Efficient bayesian phylogenetic inference and model choice across a large model space. Systematic Biology, 61(3): 539-542.

Rousset F. 1997. Genetic differentiation and estimation of gene flow from F-statistics under isolation by distance. Genetics,

145(4): 1219-1228.

Sadori L, Giardini M. 2007. Charcoal analysis, a method to study vegetation and climate of the Holocene: the case of Lago di Pergusa (Sicily, Italy). Geobios, 40: 173-180.

Sanderson EW, Jaiteh M, Levy MA, et al. 2002. The human footprint and the last of the wild. BioScience, 52: 891-904.

Santisteban JI, Mediavilla R, Enrique L, et al. 2004. Loss on ignition: A qualitative or quantitative method for organic matter and carbonate mineral content in sediments. Journal of Paleolimnology, 32(3): 287-299.

Sattler T, Bontadina F, Hirzel AH, et al. 2007. Ecological niche modelling of two cryptic bat species calls for a reassessment of their conservation status. Journal of Applied Ecology, 44: 1188-1199.

Schneider S, Roessli D, Excoffier L. 2000. Arlequin: a software for population genetics data analysis, version 2.000. Geneva: Genetics and Biometry Laboratory, Department of Anthropology, University of Geneva.

Schurr FM, Bossdorf O, Milton SJ, et al. 2004. Spatial pattern formation in semi-arid shrubland: a priori predicted versus observed pattern characteristics. Plant Ecology, 173: 271-282.

Searle MP, Simpson RL, Law RD, et al. 2003. The structural geometry, metamorphic and magmatic evolution of the Everest massif, High Himalaya of Nepal-South Tibet. Journal of the Geological Society, 160: 345-366.

Sebastien P, Christian D, Gabor C, et al. 2012. Systematics of the *Hipposideros turpis* complex and a description of a new subspecies from Vietnam. Mammal Review, 42(2): 166-192.

Shao X, Wang Y, Cheng H, et al. 2006. Long-term trend and abrupt events of the Holocene Asian monsoon inferred from a stalagmite □^{18}O record from Shennongjia in Central China. Chin Sci Bull, 51: 221-228.

Shen ZH, Hou HB, Zhang YW, et al. 2010. Characteristics and conservation of *Cymbidium kanranin* Guizhou. Guizhou Science, 8(4): 88-92.

Shi MM, Michalski SG, Welk E, et al. 2014. Phylogeography of a widespread Asian subtropical tree: genetic east-west differentiation and climate envelope modelling suggest multiple glacial refugia. Journal of Biogeography, 41(9): 1710-1720.

Shi YF, Yao TD, Yang B. 1999. Decadal climatic variations recorded in Guliya ice core and comparison with historical documentary data from east China during the last 2000 years. Sci China Ser D, 29 (Suppl. 1): 79-86.

Silva MA, Eguiarte LE. 2003. Geographic patterns in the reproductive ecology of *Agave lechuguilla* (Agavaceae) in the Chihuahuan desert. I. Floral characteristics, visitors, and fecundity. American Journal of Botany, 90(3): 377-387.

Simmons NB. 2005. Mammal Species of the World: A Taxonomic and Geographic Reference. Third Edition. Baltimore: Johns Hopkins University Press: 312-529.

Slarkin M. 1985. Gene Flow in Natural Populations. Annual Review of Ecology & Systematics, 16(1): 393-430.

Smith AT, 解焱, Gemma F, 等. 2009. 中国兽类野外手册. 长沙: 湖南教育出版社: 294-301.

Solomon S, Qin D, Manning M, et al. 2007. Climate change 2007: the physical science basis. Contribution of Working Group I to the fourth Assessment Report of the Intergovernmental Panel on Climate Change. Cambridge and New York: Cambridge University Press.

Song YC. 1988. The essential characteristics and main types of the broad-leaved evergreen forest in China. Phytocoenologia, 16(1): 105-123.

Sorte FAL, Thomson FR. 2007. Poleward shifts in winter ranges of North American birds. Ecology, 88: 1803-1812.

Stamatakis A. 2006. RAxML-VI-HPC: maximum likelihood-based phylogenetic analyses with thousands of taxa and mixed models. Bioinformatics, 22: 2688-2690.

Stephens M, Donnelly P. 2003. A comparison of Bayesian methods for haplotype reconstruction from population genotype data. American Journal of Human Genetics, 73(5): 1162-1169.

Su T, Farnsworth A, Spicer RA, et al. 2019. No high Tibetan Plateau until the Neogene. Science Advances, 5(3): eaav2189.

Sun XJ, Li X, Chen HC. 2000. Natural fires and climate record of the 37 ka from the north of the South China Sea Sci China Ser D, 30(2): 163-168.

Sun XJ, Wang PX. 2005. How old is the Asian monsoon system? Palaeobotanical records from China. Palaeogeography, Palaeoclimatology, Palaeoecology, 222(3-4): 181-222.

Sun YX, Moore MJ, Yue LL, et al. 2014. Chloroplast phylogeography of the East Asian Arcto-Tertiary relict *Tetracentron sinense* (Trochodendraceae). Journal of Biogeography, 41(9): 1721-1732.

Swets JA. 1988. Measuring the accuracy of diagnostic systems. Science, 240(4857): 1285-1293.

Swofford DL. 2001. Paup*. Phylogenetic analysis using parsimony (*and other methods). Version 4.0b10. 4. Sunderland, MA: Sinauer Associates.

Synes NW, Osborne PE. 2011. Choice of predictor variables as a source of uncertainty in continental-scale species distribution modelling under climate change. Global Ecology and Biogeography, 20: 904-914.

Takeuchi N . 2000. Cyclides. Hokkaido Mathematical Journal, 29(1): 341-354.

Tam PC. 1982. The new species and varieties of *Rhododendron* from Jiangxi and Hunan provinces. Bull Bot Res, 2(1):

89-102.
Tang LY, Shen CM, Zhao XT, et al. 1993. Vegetation and climate since Holocene based on Qingfeng Section, Jianhu, Jiangsu Province. Sci China Ser B, 23(6): 637-643.
Tapponnier P, Lacassin R, Leloup PH, et al. 1990. The Ailao Shan/Red River metamorphic belt: Tertiary left-lateral shear between Indochina and South China. Nature, 343(6257): 431-437.
Teixeira S, Cambon-Bonavita MA, Serrao E, et al. 2011. Recent population expansion and connectivity in the hydrothermal shrimp *Rimicaris exoculata* along the Mid-Atlantic Ridge. Journal of Biogeography, 38: 564-574.
Thiel T, Michalek W, Varshney RK, et al. 2003. Exploiting EST databases for the development and characterization of gene-derived SSR-markers in barley (*Hordeum vulgare* L.). Theoretical and Applied Genetics, 106 (3): 411-422.
Thomas CD, Cameron A, Green RE, et al. 2004. Extinction risk from climate change. Nature, 427: 145-148.
Thorne RF. 1999. Eastern Asia as a living museum for archaic angiosperms and other seed plants. Taiwania, 44: 413-22.
Thuiller W, Broennimann O, Hughes G, et al. 2006. Vulnerability of African mammals to anthropogenic climate change under conservative land transformation assumptions. Global Change Biology, 12: 424-440.
Thuiller W. 2004. Patterns and uncertainties of species' range shifts under climate change. Global Change Biology, 10: 2020-2027.
Tian B, Liu RR, Wang LY, et al. 2009. Phylogeographic analyses suggest that a deciduous species (*Ostryopsis davidiana* Decne., Betulaceae) survived in northern China during the Last Glacial Maximum. Journal of Biogeography, 36(11): 2148-2155.
Tian S, Kou YX, Zhang ZR, et al. 2018. Phylogeography of *Eomecon chionantha* in subtropical China: the dual roles of the Nanling Mountains as a glacial refugium and a dispersal corridor. BMC Evolutionary Biology, 18(1): 1-12.
Tian S, Lei SQ, Hu W, et al. 2015. Repeated range expansions and inter-/postglacial recolonization routes of *Sargentodoxa cuneata* (Oliv.) Rehd. et Wils. (Lardizabalaceae) in subtropical China revealed by chloroplast phylogeography. Molecular Phylogenetics and Evolution, 85: 238-246.
Tiffney BH. 1985. The Eocene North Atlantic land bridge: its importance in Tertiary and modern phytogeography of the Northern hemisphere. Journal of the Arnold Arboretum, 66(2): 243-273.
Tiffney BH. 1986. Fruit and seed dispersal and the evolution of the Hamamelidae. Annals of the Missouri Botanical Garden, 73(2): 394-416.
Tiffney BH. 2000. Geographic and climatic influences on the Cretaceous and Tertiary history. Acta Universitatis Carolinae Geologica, 44 (1): 5-16.
Tingley MW, Monahan WB, Beissinger SR, et al. 2009. Birds track their Grinnellian niche through a century of climate change. Proceedings of the National Academy of Sciences of the United States of America, 106: 19637-19643.
Tomlinson KW, Poorter L, Bongers F, et al. 2014. Relative growth rate variation of evergreen and deciduous savanna tree species is driven by different traits. Annals of Botany, 114: 315-324.
Tremblay NO, Schoen DJ. 1999. Molecular phylogeography of *Dryas integrifolia*: glacial refugia and postglacial recolonization. Molecular Ecology, 8(7): 1187-1198.
Tzedakis PC, Raynaud D, McManus JF, et al. 2009. Interglacial diversity. Nature Geoscience, 2: 751-755.
Vallès J, Garnatje T, Robin O, et al. 2015. Molecular cytogenetic studies in western Mediterranean *Juniperus* (Cupressaceae): a constant model of GC-rich chromosomal regions and rDNA loci with evidences for paleopolyploidy. Tree Genetics and Genomes, 11(3): 1-8.
van Donk J. 1976. ^{18}O Record of the Atlantic Ocean for the Entire Pleistocene Epoch. Geological Society of America Memoirs, 145: 147-163.
van Oosterhout C, Hutchinson WF, Wills DPM, et al. 2004. Micro-Checker: software for identifying and correcting genotyping errors in microsatellite data. Molecular Ecology Notes, 4 (3): 535-538.
Virkkala R, Heikkinen RK, Fronzek S, et al. 2013. Climate change, northern birds of conservation concern and matching the hotspots of habitat suitability with the reserve network. PLoS One, 8: e63376.
Vos CC, Chardon JP. 1998. Effects of habitat fragmentation and road density on the distribution pattern of the moor frog *Rana arvalis*. Journal of Applied Ecology, 35(1): 44-56.
Wang B, Clemens SC, Liu P. 2003. Contrasting the Indian and East Asian monsoons: implications on geologic timescales. Marine Geology, 201(1): 5-21.
Wang H, Qiong L, Sun K, et al. 2010a. Phylogeographic structure of *Hippophae tibetana* (Elaeagnaceae) highlights the highest microrefugia and the rapid uplift of the Qinghai-Tibetan Plateau. Molecular Ecology, 19(14): 2964-2979.
Wang HW, Ge S. 2006. Phylogeography of the endangered *Cathaya argyrophylla* (Pinaceae) inferred from sequence variation of mitochondrial and nuclear DNA. Molecular Ecology, 15(13): 4109-4122.
Wang HX, Hu ZA. 1996. Plant breeding system, genetic structure and conservation of genetic diversity. Biodiversity Science, 4(2): 92-96.

Wang J, Gao PX, Kang M, et al. 2009a. Refugia within refugia: the case study of a canopy tree (*Eurycorymbus cavaleriei*) in subtropical China. Journal of Biogeography, 36(11): 2156-2164.
Wang JF, Gong X, Chiang YC, et al. 2013a. Phylogenetic patterns and disjunct distribution in *Ligularia hodgsonii* Hook. (Asteraceae). Journal of Biogeography, 40(9): 1741-1754.
Wang L, Liao WB, Chen CQ, et al. 2013b. The Seed Plant Flora of the Mount Jinggangshan Region, Southeastern China. PLoS One, 8(9): e75834.
Wang PX. 1990. Neogene stratigraphy and paleoenvironments of China. Palaeogeography, Palaeoclimatology, Palaeoecology, 77(3-4): 315-334.
Wang T, Wang Z, Xia F, et al. 2016. Local adaptation to temperature and precipitation in naturally fragmented populations of *Cephalotaxus oliveri*, an endangered conifer endemic to China. Scientific Reports, 6: 25031
Wang XQ, Huang Y, Long CL. 2009b. Isolation and characterization of twenty-four microsatellite loci for *Rhododendron decorum* Franch. (Ericaceae). HortSci, 44: 2028-2030.
Wang XQ, Huang Y, Long CL. 2013c. Assessing the genetic consequences of flower-harvesting in *Rhododendron decorum* Franchet (Ericaceae) using microsatellite markers. Biochem Syst Ecol, 50: 296-303.
Wang XQ, Ran JH. 2014. Evolution and biogeography of gymnosperms. Molecular Phylogenetics and Evolution, 75: 24-40.
Wang Y, Fan W, Zhang Y, et al. 2006a. Kinematics and 40Ar/39Ar geochronology of the Gaoligong and Chongshan shear systems, western Yunnan, China: Implications for early Oligocene tectonic extrusion of SE Asia. Tectonophysics, 418(3-4): 235-254.
Wang YH, Jiang WM, Comes HP, et al. 2015. Molecular phylogeography and ecological niche modelling of a widespread herbaceous climber, *Tetrastigma hemsleyanum* (Vitaceae): insights into Plio-Pleistocene range dynamics of evergreen forest in subtropical China. New Phytologist, 206(2): 852-867.
Wang YJ, Cheng H, Edwards LR, et al. 2005. The Holocene Asian Monsoon: links to solar changes and North Atlantic climate. Science, 308: 854-857.
Wang YJ, Cheng H, Edwards RL, et al. 2008. Millennial-and orbital-scale changes in the East Asian monsoon over the past 224,000 years. Nature, 451: 1090-1093.
Wang YJ, Fan WM, Zhang YH, et al. 2006b. Kinematics and 40Ar/39Ar geochronology of the Gaoligong and Chongshan shear systems, western Yunnan, China: Implications for early Oligocene tectonic extrusion of SE Asia. Tectonophysics, 418(3-4): 235-254.
Wang ZS, Sun HQ, Wang HW, et al. 2010b. Isolation and characterization of 50 nuclear microsatellite markers for *Cathaya argyrophylla*, a Chinese endemic conifer. American Journal of Botany, 97(11): E117-E120.
Warren DL, Glor RE, Turelli M. 2010. ENMTools: a toolbox for comparative studies of environmental niche models. Ecography, 33(3): 607-611.
Watterson GA. 1975. On the number of segregating sites in genetical models without recombination. Theoretical Population Biology 7: 256-276.
Weir BS, Cockerham CC. 1984. Estimating F-statistics for the analysis of population structure. Evolution, 38: 1358-1370.
Wen J. 1999. Evolution of eastern Asian and eastern North American disjunct distributions in flowering plants. Annual Review of Ecology, Evolution and Systematics, 30(1): 421-455.
Whitlock C, Larsen C. 2001. Charcoal as a fire proxy//Smol JP, Briks HJB, Last WM. Tracking Environmental Change Using Lake Sediments. Dordrecht: Kluwer Academic Publishers: 43-67.
Whittaker RJ, Arau ́jo MB, Paul J, et al. 2005. Conservation biogeography: assessment and prospect. Diversity and Distributions, 11: 3-23.
Wilgenbusch JC, Swofford D. 2003. Inferring evolutionary trees with PAUP*. Curr Protoc Bioinformatics Chapter 6: Unit 6 4.
Wolfe JA. 1969. Neogene floristic and vegetational history of the Pacific Northwest. Madroño, 20(3): 83-110.
Wolfe JA. 1975. Some aspects of plant geography of the northern hemisphere during the Late Cretaceous and Tertiary. Annals of the Missouri Botanical Garden, 62(2): 264-279.
Wretten S. 1980. Field and Laboratory Exercises in Ecology. London: Edward Arnad Publishers Limited.
Wright S. 1931. Evolution in Mendelian populations. Genetics, 16(2): 97-159.
Wu CS, Chaw SM. 2016. Large-Scale comparative analysis reveals the mechanisms driving plastomic compaction, reduction, and inversions in Conifers II (Cupressophytes). Genome Biology and Evolution, 8(12): 3740-3750.
Wu ZY, Wu SG. 1996. A proposal for a new floristic kingdom (realm): The E. Asiatic kingdom, its delimitation and characteristics//Zhang AL, Wu SG. Proceedings of the First International Symposium on Floristic Characteristics and Diversity of East Asian Plants. Beijing: Higher Education Press: 3-24.
Xiang XG, Mi XC, Zhou HL, et al. 2016. Biogeographical diversification of mainland Asian *Dendrobium* (Orchidaceae) and its implications for the historical dynamics of evergreen broad-leaved forests. Journal of Biogeography, 43(7): 1310-1323.
Xiao JY, Lü HB, Zhou WJ, et al. 2007. Evolution of vegetation and climate since the last glacial maximum recorded at Dahu

peat site, South China. Sci China Ser D Earth Sci, 50: 1209-1217.

Xie QX, Miu NS, Song XM, et al. 2010. Genetic diversity analysis of Phalaenopsis by ISSR markers. Acta Botanica Boreali-Occidentalia Sinica, (7): 1331-1336.

Xu J, Deng M, Jiang XL, et al. 2015. Phylogeography of *Quercus glauca* (Fagaceae), a dominant tree of East Asian subtropical evergreen forests, based on three chloroplast DNA interspace sequences. Tree Genetics and Genomes, 1(1): 805.

Xu JX, Zheng Z, Huang KY, et al. 2013. Impacts of human activities on ecosystems during the past 1300 years in Pingnan area of Fujian Province, China. Quat Int, 286: 29-35.

Xu TT, Abbott RJ, Milne RI, et al. 2010. Phylogeography and allopatric divergence of cypress species (*Cupressus* L.) in the Qinghai-Tibetan Plateau and adjacent regions. BMC Evolutionary Biology, 10(1): 194.

Xu XW, Jiang N, Yang JB,et al. 2011. Analysis of genetic diversity and relationship of *Cymbidium kanran* lines using SSR Markers. Journal of Nuclear Agricultural Sciences, 25(6): 1135-1141.

Xue DW, Ge XJ, Hao G, et al. 2004. High genetic diversity in a rare, narrowly endemic primrose species: *Primula interjacens* by ISSR analysis. Acta Bot Sin, 46(10): 1163-1169.

Yan HF, Zhang CY, Wang FY, et al. 2012. Population expanding with the phalanx model and lineages split by environmental heterogeneity: A case study of *Primula obconica* in subtropical China. PLoS One, 7(9): e41315.

Yancheva G, Nowaczyk NR, Mingram J, et al. 2007. Influence of the intertropical convergence zone on the East Asian monsoon. Nature, 445: 74-77.

Yang AH, Dick CW, Yao XH, et al. 2016. Impacts of biogeographic history and marginal population genetics on species range limits: a case study of *Liriodendron chinense*. Scientific Reports, 6(1): 25632.

Yang FS, Li YF, Ding X, et al. 2008. Extensive population expansion of *Pedicularis longiflora* (Orobanchaceae) on the Qinghai-Tibetan Plateau and its correlation with Quaternary climate change. Molecular Ecology, 17(23): 5135-5145.

Yang FX, Wang SQ, Xu HG, et al. 1991. The theory of survival analysis and its application to life table. Acta Ecologica Sinica, 11(2): 153-158.

Yang X, Scuderi L. 2010. Hydrological and climatic changes in deserts of China since the Late Pleistocene. Quat Res, 73: 1-9.

Yeh FC, Yang RC, Boyle T, et al. 1997. POPGENE, the user friendly shareware for population genetic analysis. Edmonton: Molecular Biology and Biotechnology Center, Canada, University of Alberta.

Yin QY, Fan Q, Li P, et al. 2020. Neogene and Quaternary climate changes shaped the lineage differentiation and demographic history of *Fokienia hodginsii* (Cupressaceae s.l.), a Tertiary relict in East Asia. Journal of Systematics and Evolution, 59(5): 1081-1099.

Young AG, Brown AHD. 1996. Comparative population genetic structure of the rare woodland shrub Daviesia suaveolens and its common congener *D. mimosoides*. Conser Biol, 10(4): 1220-1228.

Yu G, Chen X, Ni J, et al. 2000. Palaeovegetation of China: a pollen data-based synthesis for the mid-Holocene and last glacial maximum. Journal of Biogeography, 27(3): 635-664.

Yuan QJ, Zhang ZY, Peng H, et al. 2008. Chloroplast phylogeography of *Dipentodon* (Dipentodontaceae) in southwest China and northern Vietnam. Molecular Ecology, 17(4): 1054-1065.

Yue YF, Zheng Z, Huang KY, et al. 2012. A continuous record of vegetation and climate change over the past 50000 years in the Fujian Province of eastern subtropical China. Palaeogeography, Palaeoclimatology, Palaeoecology, 365-366: 115-123.

Zachos JC, Dickens GR, Zeebe RE. 2008. An early Cenozoic perspective on greenhouse warming and carbon-cycle dynamics. Nature, 451(7176): 279-283.

Zachos JC, Pagani M, Sloan L, et al. 2001. Trends, rhythms, and aberrations in global climate 65 Ma to present. Science, 292(5517): 686-693.

Zhang DQ, Yang YP. 2008. A Statistical and comparative analysis of genetic diversity detected by different molecular markers. Acta Botanica Yunnanica, 30(2): 159-167.

Zhang JS, Han NJ, Jones G, et al. 2007. A new species of *Barbastella* (Chiroptera: Vespertilionidae) from North China. Journal of Mammalogy, 88(6): 1393-1403.

Zhang JJ, Li ZZ, Fritsch PW, et al. 2015a. Phylogeography and genetic structure of a Tertiary relict tree species, *Tapiscia sinensis* (Tapisciaceae): implications for conservation. Annals of Botany, 116(5): 727-737.

Zhang JW, Chen FH, Holmes JA, et al. 2011a. Holocene monsoon climate documented by oxygen and carbon isotopes from lake sediments and peat bogs in China: a review and synthesis. Quat Sci Rev, 30: 1973-1987.

Zhang JW, D'Rozario A, Wang LJ, et al. 2012a. A new species of the extinct genus *Austrohamia* (Cupressaceae s.l.) in the Daohugou Jurassic flora of China and its phytogeographical implications. Journal of Systematics and Evolution, 50(1): 72-82.

Zhang JW, Huang J, D'Rozario A, et al. 2015b. *Calocedrus shengxianensis*, a late Miocene relative of *C. macrolepis* (Cupressaceae) from South China: Implications for paleoclimate and evolution of the genus. Review of Palaeobotany and Palynology, 222: 1-15.

Zhang LH, Zhou G, Sun BT, et al. 2011b. Physiological and biochemical effects of high temperature stress on the seedlings of two *Rhododendron* species of subgenus *Hymenanthes*. Plant Sci J, 29(3): 362-369.

Zhang Q, Chiang TY, George M, et al. 2005. Phylogeography of the Qinghai-Tibetan Plateau endemic *Juniperus przewalskii* (Cupressaceae) inferred from chloroplast DNA sequence variation. Molecular Ecology, 14(11): 3513-3524.

Zhang QQ, Ferguson DK, Mosbrugger V, et al. 2012b. Vegetation and climatic changes of SW China in response to the uplift of Tibetan Plateau. Palaeogeography, Palaeoclimatology, Palaeoecology, 363: 23-36.

Zhang TC, Sun H. 2011. Phylogeographic structure of *Terminalia franchetii* (Combretaceae) in southwest China and its implications for drainage geological history. Journal of Plant Research, 124(1): 63-73.

Zhang YH, Volis S, Sun H. 2010. Chloroplast phylogeny and phylogeography of *Stellera chamaejasme* on the Qinghai-Tibet Plateau and in adjacent regions. Molecular Phylogenetics and Evolution, 57(3): 1162-1172.

Zhang YH, Wang IJ, Comes HP, et al. 2016. Contributions of historical and contemporary geographic and environmental factors to phylogeographic structure in a Tertiary relict species, *Emmenopterys henryi* (Rubiaceae). Scientific Reports, 6: 24041.

Zhang ZF, Xiao BZ. 2009. The progress of development for plant molecular markers based on bioinformatics and biotechnology. Molecular Plant Breeding, 7(1): 130-136.

Zhao B, Xu M, Si GC, et al. 2012a. Genetic diversity and genetic differentiation of *Rhododendron concinnum* wild populations in Qinling Mountains of Northwest China: An AFLP analysis. Chin J Appl Ecol, 23(11): 2983-2990.

Zhao B, Yin ZF, Xu M, et al. 2012b. AFLP analysis of genetic variation in wild populations of five *Rhododendron* species in Qinling Mountain in China. Biochem Syst Ecol, 45: 198-205.

Zhao JL, Zhang L, Dayanandan S, et al. 2013. Tertiary origin and pleistocene diversification of dragon blood tree (*Dracaena cambodiana*-Asparagaceae) populations in the Asian tropical forests. PLoS One, 8(4): e60102.

Zhao Y, Yu ZC, Chen FH, et al. 2009. Vegetation response to Holocene climate change in monsoon-influenced region of China. Earth-Science Reviews, 97: 242-256.

Zhao Y, Yu ZC, Herzschuh U, et al. 2014a. Vegetation and climate change during Marine Isotope Stage 3 in China. China Science Bulletin, 59(33): 4444-4455.

Zhao Y, Yu ZC, Tang Y, et al. 2014b. Peatland initiation and carbon accumulation in China over the last 50,000 years. Earth-Science Reviews, 128: 139-146.

Zhao Y, Yu ZC. 2012. Vegetation response to Holocene climate change East Asian monsoon margin region. Earth-Science Reviews, 113: 1-10.

Zheng Z, Wang JH, Wang B, et al. 2003. High-resolution records of Holocene from the Maar Lake Shuangchi in Hainan Island. Chin Sci Bull, 48 (5): 497-502.

Zheng Z, Yuan BY, Nicole PM. 1998. Paleoenvironments in China during the Last Glacial Maximum and the Holocene Optimum. Episodes, 21(3): 152-158.

Zhong W, Cao JY, Xue JB, et al. 2015. A 15,400-year record of climate variation from subalpine lacustrine sedimentary sequence in western Nanling Mountains in South China. Quaternary Research, 84(2): 246-254.

Zhou F, Lu Z. 2002. Survey on white-eared night heron at the forest region of Shengnongjia. China Crane News, 6: 30-32.

Zhou G, Peng C, Li Y, et al. 2013. A climate change-induced threat to the ecological resilience of a subtropical monsoon evergreen broad- leaved forest in Southern China. Global Change Biology, 19: 1197-1210.

Zhou SZ, Wang XL, Wang J, et al. 2006. A preliminary study on timing of the oldest Pleistocene glaciation in Qinghai-Tibetan Plateau. Quaternary International, 154: 44-51.

Zhou WJ, Yu XF, Jull AJT, et al. 2004. High-resolution evidence from southern China of an early Holocene optimum and a mid-Holocene dry event during the past 18,000 years. Quaternary Research, 62(1): 39-48.

Zhou ZK, Crepet WL, Nixon KC. 2001. The earliest fossil evidence of the Hamamelidaceae: Late Cretaceous (Turonian) inflorescences and fruits of Altingioideae. American Journal of Botany, 88(5): 753-766.

Zietkiewicz E, Rafalski A, Labuda D. 1994. Genome fingerprinting by simple sequence repeat (SSR)-anchored polymerase chain reaction amplification. Genomics, 20(2): 176-183.

Zimmermann NE, Yoccoz NG, Edwards TC, et al. 2009. Climatic extremes improve predictions of spatial patterns of tree species. Proceedings of the National Academy of Sciences, 106: 19723-19728.

Zong Y, Chen Z, Innes JB, et al. 2007. Fire and flood management of coastal swamp enabled first rice paddy cultivation in east China. Nature, 449: 459-462.

Zou XH, Yang ZH, Doyle JJ, et al. 2013. Multilocus estimation of divergence times and ancestral effective population sizes of *Oryza* species and implications for the rapid diversification of the genus. New Phytologist, 198(4): 1155-1164.

附表　罗霄山脉保护种和珍稀种

种序	中文科名	种名	拉丁学名	国家重点一、二级（2021）	IUCN红色名录	CITES附录I/II	6级多度*	中国生物多样性红色名录	中国特有种	生境/群落状况	诸广山脉	万洋山脉	武功山脉	九岭山脉	幕府山脉	罗霄山脉评定状态
1	松叶蕨科	松叶蕨	*Psilotum nudum*				罕见种	VU		林下/稀有		1				CR
2	瓶尔小草科	心脏叶瓶尔小草	*Ophioglossum reticulatum*				稀有种	NT		山坡/稀有		1				CR
3	瓶尔小草科	狭叶瓶尔小草	*Ophioglossum thermale*				稀有种	NT		山坡/稀有		1				CR
4	桫椤科	粗齿桫椤	*Alsophila denticulata*			II	稀有种	LC		林下溪边/零星		1				EN
5	合囊蕨科	福建观音座莲	*Angiopteris fokiensis*	二级			偶见种			林下/偶见	1	1				VU
6	凤尾蕨科	粗梗水蕨	*Ceratopteris pteridoides*	二级			稀有种			河流/稀有	1					VU
7	凤尾蕨科	水蕨	*Ceratopteris thalictroides*	二级			罕见种	VU		水旁/稀有	1					VU
8	金毛狗科	金毛狗	*Cibotium barometz*	二级		II	优势种	LC		林下/零星	1	1				VU
9	石松科	长柄石杉	*Huperzia javanica*	二级			稀有种			溪边石上/稀有	1	1	1	1	1	VU
10	石松科	昆明石杉	*Huperzia kunmingensis*	二级			稀有种			溪边石上/稀有			1			EN
11	石松科	金发石杉	*Huperzia quasipolytrichoides*	二级			稀有种			溪边石上/稀有	1					EN
11a	石松科	直叶金发石杉	*Huperzia quasipolytrichoides* var. *rectifolia*	二级			稀有种			林下/稀有					1	EN
12	石松科	四川石杉	*Huperzia sutchueniana*	二级			稀有种			溪边石上/稀有	1	1	1			EN
13	石松科	华南马尾杉	*Phlegmariurus austrosinicus*	二级			稀有种			溪边石上/稀有	1	1				EN
14	石松科	福氏马尾杉	*Phlegmariurus fordii*	二级			稀有种			溪边石上/稀有	1					EN
15	石松科	闽浙马尾杉	*Phlegmariurus mingcheensis*	二级			稀有种			溪边石上/稀有	1					EN
16	松科	银杉	*Cathaya argyrophylla*	一级	LR/cd		稀有种	EN	是	林中/局部优势	1	1				CR
17	松科	铁坚油杉	*Keteleeria davidiana*				稀有种	LC	是	林中/稀有		1				CR
18	松科	马尾松	*Pinus massoniana*		CR		建群种	LC	是	林中/常见	1	1	1	1	1	NT
19	松科	铁杉	*Tsuga chinensis*		LR/LC		建群种	LC	是	林中/常见	1	1	1			NT

续表

种序	中文科名	种名	拉丁学名	国家重点一、二级（2021）	IUCN红色名录	CITES附录Ⅰ/Ⅱ	6级多度*	中国生物多样性红色名录	中国特有种	生境/群落状况	诸广山脉	万洋山脉	武功山脉	九岭山脉	幕府山脉	罗霄山脉评定状态
20	松科	长苞铁杉	*Tsuga longibracteata*				稀有种	VU	是	林中/偶见	1	1				CR
21	杉科	杉木	*Cunninghamia lanceolata*		LR/LC		建群种		是	林中/常见	1	1	1	1	1	NT
22	柏科	柏木	*Cupressus funebris*		LR/LC		稀有种	LC	是	林中/偶见	1	1	1	1	1	VU
23	柏科	福建柏	*Fokienia hodginsii*	二级	LR/NT		偶见种	VU		林中/局部优势	1	1	1		1	VU
24	柏科	刺柏	*Juniperus formosana*		LR/LC		稀有种	LC	是	林中/偶见		1	1	1	1	EN
25	罗汉松科	罗汉松	*Podocarpus macrophyllus*	二级	CR		偶见种	VU		林中/偶见	1	1	1	1		VU
26	竹柏科	竹柏	*Nageia nagi*				偶见种	EN		林中/偶见	1	1	1	1		VU
27	三尖杉科	三尖杉	*Cephalotaxus fortunei*		LR/LC		偶见种	LC		林中/常见	1	1	1	1	1	VU
28	三尖杉科	粗榧	*Cephalotaxus sinensis*		LR/LC		偶见种	NT	是	林中/偶见	1	1	1	1	1	VU
29	红豆杉科	南方红豆杉	*Taxus wallichiana* var. *mairei*	一级		II	偶见种	VU		林中/常见	1	1	1	1	1	VU
30	红豆杉科	榧树	*Torreya grandis*	二级	CR		偶见种	LC	是	林中/偶见	1	1		1	1	VU
31	买麻藤科	小叶买麻藤	*Abies beshanzuensis* var. *ziyuanensis*				偶见种	LC		林中/局部优势	1	1				VU
32	松科	资源冷杉	*Abies ziyuanensis*	一级			稀有种	EN	是	林中/局部优势	1	1				CR
33	红豆杉科	穗花杉	*Amentotaxus argotaenia*	二级	CR		偶见种	VU		林中/局部优势	1	1	1	1	1	VU
34	红豆杉科	篦子三尖杉	*Cephalotaxus oliveri*	二级	VU		偶见种	VU	是	林中/偶见	1	1	1	1	1	EN
35	银杏科	银杏	*Ginkgo biloba*	一级	EN		罕见种	EN	是	林中/零星	1	1		1	1	CR
36	柏科	水松	*Glyptostrobus pensilis*	一级			偶见种	VU	是	林中/稀有	1					CR
37	松科	大别山五针松	*Pinus dabeshanensis*	一级			稀有种			林中/稀有					1	CR
38	罗汉松科	短叶罗汉松	*Podocarpus chinensis*	二级			稀有种			林中/稀有			1	1		EN
39	罗汉松科	百日青	*Podocarpus neriifolius*	二级			偶见种	VU		林中/偶见	1	1				VU
40	松科	金钱松	*Pseudolarix amabilis*	二级			罕见种	VU	是	林中/偶见					1	EN
41	红豆杉科	白豆杉	*Pseudotaxus chienii*	二级	EN		稀有种	VU	是	林中/局部优势		1	1			EN
42	木兰科	天女木兰	*Magnolia sieboldii*				偶见种	NT		林中/零星	1	1	1		1	EN
43	木兰科	乐昌含笑	*Michelia chapensis*				偶见种	NT		林中/局部优势	1	1	1	1		NT
44	木兰科	乐东拟单性木兰	*Parakmeria lotungensis*				稀有种	VU	是	林中/罕见	1	1				VU

续表

种序	中文科名	种名	拉丁学名	国家重点一、二级（2021）	IUCN红色名录	CITES附录Ⅰ/Ⅱ	6级多度*	中国生物多样性红色名录	中国特有种	生境/群落状况	诸广山脉	万洋山脉	武功山脉	九岭山脉	幕府山脉	罗霄山脉评定状态
45	木兰科	天目玉兰	*Yulania amoena*				稀有种	VU	是	林中/偶见		1		1	1	EN
46	木兰科	望春玉兰	*Yulania biondii*				偶见种	LC	是	林中/罕见			1		1	VU
47	木兰科	黄山玉兰	*Yulania cylindrica*		VU		偶见种	LC	是	林中/偶见		1	1	1	1	VU
48	木兰科	玉兰	*Yulania denudata*				偶见种	NT	是	林中/偶见	1	1	1	1	1	VU
49	木兰科	紫玉兰	*Yulania liliiflora*				偶见种	VU	是	林中/偶见		1		1	1	VU
50	木兰科	武当玉兰	*Yulania sprengeri*				稀有种	LC	是	林中/罕见		1			1	EN
51	连香树科	连香树	*Cercidiphyllum japonicum*	二级			罕见种	LC		林中/局部优势			1		1	CR
52	樟科	樟	*Cinnamomum camphora*				偶见种	LC		林中/零星	1	1	1	1	1	VU
53	樟科	沉水樟	*Cinnamomum micranthum*		LR/NT		偶见种	VU		溪边林缘/偶见	1	1	1	1		VU
54	樟科	天目木姜子	*Litsea auriculata*				偶见种	VU	是	林中/局部优势					1	VU
55	樟科	湖南木姜子	*Litsea hunanensis*				偶见种	EN	是	林中/局部优势	1					VU
56	樟科	香果新木姜子	*Neolitsea ellipsoidea*				偶见种	LC		林中/零星	1					VU
57	樟科	新宁新木姜子	*Neolitsea shingningensis*				偶见种	VU	是	林中/偶见	1	1				VU
58	樟科	浙江楠	*Phoebe chekiangensis*	二级			稀有种	VU	是	林中/罕见		1			1	EN
59	毛茛科	黄连	*Coptis chinensis*				稀有种	VU	是	林下/罕见		1	1	1	1	EN
60	芍药科	草芍药	*Paeonia obovata*				偶见种	LC		林下/稀少				1	1	EN
61	莼菜科	莼菜	*Brasenia schreberi*	二级			偶见种	CR		溪边、湖边/偶见	1	1	1	1	1	VU
62	足叶草科	八角莲	*Dysosma versipellis*		VU		稀有种	VU		林下/偶见	1	1	1	1	1	EN
63	瘿椒树科	瘿椒树	*Tapiscia sinensis*		VU		偶见种	LC	是	林中/局部优势	1	1	1	1	1	VU
64	马兜铃科	大叶细辛	*Asarum maximum*		VU		偶见种	VU	是	林下/零星		1		1	1	VU
65	绣球花科	细枝绣球	*Hydrangea gracilis*				稀有种	LC	是	林下/偶见		1				EN
66	绣球花科	莽山绣球	*Hydrangea mangshanensis*				稀有种	LC	是	林下/偶见			1			EN
67	绣球花科	蛛网萼	*Platycrater arguta*	二级			稀有种	VU		林下/稀少		1				EN
68	千屈菜科	尾叶紫薇	*Lagerstroemia caudata*				偶见种	NT	是	林中/罕见		1		1	1	VU
69	千屈菜科	福建紫薇	*Lagerstroemia limii*				稀有种	NT	是	林下/罕见					1	EN

续表

种序	中文科名	种名	拉丁学名	国家重点一、二级（2021）	IUCN红色名录	CITES附录Ⅰ/Ⅱ	6级多度*	中国生物多样性红色名录	中国特有种	生境/群落状况	诸广山脉	万洋山脉	武功山脉	九岭山脉	幕府山脉	罗霄山脉评定状态
70	山茶科	长瓣短柱茶	*Camellia grijsii*				稀有种	NT	是	林中/罕见	1		1		1	EN
71	山茶科	紫茎	*Stewartia sinensis*				偶见种	LC	是	林中/局部优势	1	1	1	1	1	VU
72	猕猴桃科	软枣猕猴桃	*Actinidia arguta*	二级			稀有种	LC		林中/偶见	1	1	1	1	1	VU
73	猕猴桃科	硬齿猕猴桃	*Actinidia callosa*				常见种			林中/常见	1	1	1			NT
74	猕猴桃科	金花猕猴桃	*Actinidia chrysantha*	二级			偶见种		是	林中/偶见	1	1				VU
75	猕猴桃科	毛花猕猴桃	*Actinidia eriantha*				常见种	LC	是	林中/常见	1	1	1	1	1	NT
76	猕猴桃科	黄毛猕猴桃	*Actinidia fulvicoma*				常见种		是	林中/常见	1	1			1	NT
77	猕猴桃科	长叶猕猴桃	*Actinidia hemsleyana*				稀有种	VU	是	林中/罕见	1	1			1	EN
78	猕猴桃科	小叶猕猴桃	*Actinidia lanceolata*				偶见种	VU	是	林中/偶见	1	1	1	1	1	VU
79	猕猴桃科	阔叶猕猴桃	*Actinidia latifolia*				常见种			林中/常见	1	1	1	1	1	NT
80	猕猴桃科	黑蕊猕猴桃	*Actinidia melanandra*				偶见种		是	林中/罕见		1	1	1	1	VU
81	猕猴桃科	美丽猕猴桃	*Actinidia melliana*				偶见种		是	林中/罕见	1	1	1			VU
82	猕猴桃科	葛枣猕猴桃	*Actinidia polygama*				稀有种	LC		林中/偶见		1	1	1	1	EN
83	猕猴桃科	红茎猕猴桃	*Actinidia rubricaulis*				偶见种	NT	是	林中/罕见		1	1	1		VU
84	猕猴桃科	清风藤猕猴桃	*Actinidia sabiaefolia*				稀有种	VU	是	林中/罕见	1				1	VU
85	猕猴桃科	安息香猕猴桃	*Actinidia styracifolia*				稀有种	VU	是	林中/罕见		1				EN
86	猕猴桃科	毛蕊猕猴桃	*Actinidia trichogyna*				偶见种	VU	是	林中/偶见	1	1	1	1	1	VU
87	椴树科	全缘椴	*Tilia integerrima*				稀有种		是	林中/零星				1		EN
88	椴树科	矩圆叶椴	*Tilia oblongifolia*				偶见种		是	林中/偶见	1		1	1	1	VU
89	梧桐科	密花梭罗	*Reevesia pycnantha*				稀有种	VU	是	林中/罕见	1	1				EN
90	锦葵科	庐山芙蓉	*Hibiscus paramutabilis*				偶见种	VU	是	林中/偶见		1		1	1	VU
91	锦葵科	华木槿	*Hibiscus sinosyriacus*				偶见种	NT	是	林中/偶见		1			1	VU
92	蔷薇科	台湾林檎	*Malus doumeri*				偶见种	LC		林中/偶见	1	1	1	1	1	VU
93	蜡梅科	山蜡梅	*Chimonanthus nitens*				稀有种	LC	是	林中/罕见	1	1		1	1	EN
94	蜡梅科	柳叶蜡梅	*Chimonanthus salicifolius*				稀有种	NT	是	林中/罕见		1		1	1	EN

续表

种序	中文科名	种名	拉丁学名	国家重点一、二级（2021）	IUCN红色名录	CITES附录 I / II	6级多度*	中国生物多样性红色名录	中国特有种	生境/群落状况	诸广山脉	万洋山脉	武功山脉	九岭山脉	幕府山脉	罗霄山脉评定状态
95	蝶形花科	南岭黄檀	*Dalbergia balansae*		VU		偶见种			林中/偶见	1	1		1	1	VU
96	蝶形花科	野大豆	*Tripterygium soja*	二级			偶见种	LC	是	林缘/偶见	1	1	1	1	1	VU
97	金缕梅科	半枫荷	*Semiliquidambar cathayensis*		LR/NT		稀有种	VU	是	林中/罕见	1	1	1	1	1	EN
98	杜仲科	杜仲	*Eucommia ulmoides*		LR/NT		罕见种	VU	是	林中/罕见	1	1	1	1	1	CR
99	黄杨科	长叶柄野扇花	*Sarcococca longipetiolata*				稀有种	EN	是	林中/零星			1	1		EN
100	胡榛子科	华榛	*Corylus chinensis*		EN		罕见种	LC	是	林中/罕见		1				CR
101	壳斗科	吊皮锥	*Castanopsis kawakamii*		LR/NT		稀有种	VU		林中/局部优势	1	1	1			EN
102	壳斗科	红壳锥	*Castanopsis rufotomentosa*				偶见种	CR	是	林中/偶见	1	1				VU
103	壳斗科	水青冈	*Fagus longipetiolata*		VU		优势种	LC		林中/局部优势	1	1	1	1	1	NT
104	壳斗科	栎叶柯	*Lithocarpus quercifolius*				优势种	EN	是	林中/偶见		1				VU
105	榆科	青檀	*Pteroceltis tatarinowii*				稀有种	LC	是	林中/罕见	1	1	1	1	1	EN
106	榆科	大叶榉树	*Zelkova schneideriana*	二级			偶见种	NT	是	林中/偶见	1	1	1	1	1	VU
107	桑科	白桂木	*Artocarpus hypargyreus*		VU		偶见种		是	林中/零星	1	1	1			VU
108	冬青科	温州冬青	*Ilex wenchowensis*				稀有种	EN		林中/罕见		1				EN
109	冬青科	武功山冬青	*Ilex wugongshanensis*				偶见种	EN	是	林中/偶见			1		1	VU
110	冬青科	浙江冬青	*Ilex zhejiangensis*				稀有种	VU		林中/罕见		1				EN
111	卫矛科	刺果卫矛	*Euonymus acanthocarpus*		LR/NT		偶见种	LC		林中/偶见	1	1	1	1	1	VU
112	卫矛科	大花卫矛	*Euonymus grandiflorus*		LR/LC		稀有种	LC		林中/罕见	1	1	1		1	VU
113	葡萄科	庐山葡萄	*Vitis hui*				稀有种	EN	是	林中/偶见				1	1	EN
114	芸香科	山橘	*Fortunella hindsii*				罕见种	LC	是	林中/罕见	1	1		1		CR
115	芸香科	金豆	*Fortunella venosa*				稀有种	VU	是	林中/罕见		1				CR
116	楝科	毛红椿	*Toona ciliata* var. *pubescens*				稀有种			林中/罕见	1	1	1	1	1	EN
117	无患子科	伞花木	*Eurycorymbus cavaleriei*	二级	LR/NT		偶见种	LC	是	林中/偶见	1	1	1	1	1	VU
118	槭树科	阔叶槭	*Acer amplum*				偶见种	NT	是	林中/零星	1	1	1	1	1	VU
119	槭树科	三角槭	*Acer buergerianum*		CR		偶见种	LC		林中/零星	1	1	1	1	1	VU

续表

种序	中文科名	种名	拉丁学名	国家重点一、二级（2021）	IUCN红色名录	CITES附录 I / II	6级多度*	中国生物多样性红色名录	中国特有种	生境/群落状况	诸广山脉	万洋山脉	武功山脉	九岭山脉	幕府山脉	罗霄山脉评定状态
120	槭树科	紫果槭	*Acer cordatum*				常见种	LC	是	林中/常见	1	1	1	1	1	NT
121	槭树科	秀丽槭	*Acer elegantulum*				常见种	LC	是	林中/偶见		1	1	1	1	NT
122	槭树科	临安槭	*Acer linganense*				稀有种	VU	是	林中/罕见		1				EN
123	槭树科	长柄槭	*Acer longipes*		VU		稀有种	LC	是	林中/罕见		1				EN
124	槭树科	南岭槭	*Acer metcalfii*				偶见种	LC	是	林中/偶见				1		VU
125	槭树科	天目槭	*Acer sinopurpurascens*				偶见种	LC	是	林中/稀少					1	VU
126	槭树科	元宝槭	*Acer truncatum*				偶见种	LC		林中/偶见					1	VU
127	槭树科	三峡槭	*Acer wilsonii*				偶见种	LC	是	林中/稀少	1	1	1	1	1	VU
128	省沽油科	福建野鸦椿	*Euscaphis fukienensis*				稀有种		是	林中/罕见					1	EN
129	蓝果树科	喜树	*Camptotheca acuminata*				稀有种	LC	是	溪边/偶见	1	1	1	1	1	EN
130	五加科	黄毛楤木	*Aralia chinensis*		VU		偶见种	LC		林中/偶见	1	1	1	1	1	VU
131	五加科	白背鹅掌柴	*Schefflera hypoleuca*				偶见种	LC		林中/偶见		1				VU
132	杜鹃花科	美丽马醉木	*Pieris formosa*				优势种	LC		林中/局部优势	1	1	1	1	1	LC
133	杜鹃花科	马醉木	*Pieris japonica*				偶见种	LC		林中/偶见	1	1	1	1	1	VU
134	杜鹃花科	白马银花	*Rhododendron hongkongense*				偶见种		是	林中/零星	1					EN
135	杜鹃花科	江西杜鹃	*Rhododendron kiangsiense*	二级			偶见种	EN	是	山坡林中/偶见		1	1	1		VU
136	杜鹃花科	广西杜鹃	*Rhododendron kwangsiense*				偶见种		是	林中/罕见	1					EN
137	杜鹃花科	广东杜鹃	*Rhododendron kwangtungense*				偶见种		是	林中/偶见	1					EN
138	杜鹃花科	南岭杜鹃	*Rhododendron levinei*				偶见种	NT	是	林中/偶见			1			VU
139	杜鹃花科	毛棉杜鹃花	*Rhododendron moulmainense*				优势种	LC		林中/稀少	1	1	1			NT
140	杜鹃花科	南昆杜鹃	*Rhododendron naamkwanense*				偶见种	LC	是	林中/罕见	1					EN
141	杜鹃花科	涧上杜鹃	*Rhododendron subflumineum*				稀有种	VU		林中/稀少	1	1				EN
142	杜鹃花科	阳明山杜鹃	*Rhododendron yangmingshanense*				稀有种		是	林中/局部优势	1					EN
143	安息香科	银钟花	*Halesia macgregorii*		VU		偶见种	NT	是	林中/偶见	1	1	1	1		VU
144	安息香科	狭果秤锤树	*Sinojackia rehderiana*	二级			稀有种	EN	是	林中/稀少			1			CR

续表

种序	中文科名	种名	拉丁学名	国家重点一、二级（2021）	IUCN红色名录	CITES附录 I / II	6级多度*	中国生物多样性红色名录	中国特有种	生境/群落状况	诸广山脉	万洋山脉	武功山脉	九岭山脉	幕府山脉	罗霄山脉评定状态
145	安息香科	大果安息香	*Styrax macrocarpus*				稀有种	EN	是	林中/偶见	1					CR
146	茜草科	巴戟天	*Morinda officinalis*	二级			稀有种	VU	是	林下/罕见		1			1	EN
147	菊科	南方兔儿伞	*Syneilesis australis*				罕见种		是	林下/稀少					1	EN
148	报春花科	白花过路黄	*Lysimachia huitsunae*				稀有种	VU	是	林下/稀少		1				EN
149	玄参科	台湾泡桐	*Paulownia kawakamii*		CR		罕见种	LC	是	林缘/零星	1	1	1	1	1	EN
150	玄参科	江西马先蒿	*Pedicularis kiangsiensis*		CR		稀有种	VU	是	山坡草丛/局部优势		1	1			EN
151	苦苣苔科	报春苣苔	*Primulina tabacum*	二级			偶见种	EN	是	林下/偶见	1					EN
152	拔葜科	矮菝葜	*Smilax nana*				稀有种	EN	是	林下/罕见			1			EN
153	延龄草科	七叶一枝花	*Paris polyphylla*	二级			偶见种	NT		林下/偶见	1	1	1	1	1	VU
154	薯蓣科	穿龙薯蓣	*Dioscorea nipponica*				罕见种	LC		林中/罕见		1	1	1	1	EN
155	兰科	无柱兰	*Amitostigma gracile*			II	偶见种	LC		林下/偶见	1	1	1	1	1	VU
156	兰科	金线兰	*Anoectochilus roxburghii*	二级		II	偶见种	NT 近 VU		林下/常见	1	1	1	1	1	VU
157	兰科	竹叶兰	*Arundina graminifolia*				稀有种	LC		林下/稀少	1			1		EN
158	兰科	黄花白及	*Bletilla ochracea*			II	稀有种	EN	是	林下/罕见		1			1	EN
159	兰科	芳香石豆兰	*Bulbophyllum ambrosia*				稀有种	LC		石上/偶见	1	1				EN
160	兰科	瘤唇卷瓣兰	*Bulbophyllum japonicum*				稀有种	LC		林下/稀少	1				1	EN
161	兰科	广东石豆兰	*Bulbophyllum kwangtungense*			II	偶见种	LC	是	石上/偶见	1	1	1	1	1	VU
162	兰科	齿瓣石豆兰	*Bulbophyllum levinei*			II	偶见种	LC	是	溪边石上/偶见	1	1	1	1		VU
163	兰科	毛药卷瓣兰	*Bulbophyllum omerandrum*			II	罕见种	NT	是	林下/偶见	1	1				CR
164	兰科	斑唇卷瓣兰	*Bulbophyllum pectenveneris*			II	稀有种	LC		林下/罕见	1	1				EN
165	兰科	伞花石豆兰	*Bulbophyllum shweliense*			II	罕见种	NT		林下/偶见		1				CR
166	兰科	泽泻虾脊兰	*Calanthe alismaefolia*			II	偶见种	LC		林下/偶见	1	1				VU
167	兰科	剑叶虾脊兰	*Calanthe davidii*			II	偶见种	LC		林下/偶见	1	1			1	VU
168	兰科	密花虾脊兰	*Calanthe densiflora*				稀有种	LC		林下/偶见	1					EN

续表

种序	中文科名	种名	拉丁学名	国家重点一、二级（2021）	IUCN红色名录	CITES附录Ⅰ/Ⅱ	6级多度*	中国生物多样性红色名录	中国特有种	生境/群落状况	诸广山脉	万洋山脉	武功山脉	九岭山脉	幕府山脉	罗霄山脉评定状态
169	兰科	虾脊兰	*Calanthe discolor*			Ⅱ	偶见种	LC		林下/偶见	1	1	1	1	1	VU
170	兰科	钩距虾脊兰	*Calanthe graciliflora*			Ⅱ	常见种	NT	是	林下/常见	1	1	1	1	1	NT
171	兰科	疏花虾脊兰	*Calanthe henryi*				稀有种	VU	是	林下/偶见					1	EN
172	兰科	西南虾脊兰	*Calanthe herbacea*				稀有种	VU		林下/偶见	1					EN
173	兰科	细花虾脊兰	*Calanthe mannii*				稀有种	LC		林下/偶见	1					EN
174	兰科	反瓣虾脊兰	*Calanthe reflexa*			Ⅱ	偶见种	LC		林下/偶见	1	1		1	1	VU
175	兰科	大黄花虾脊兰	*Calanthe sieboldii*				稀有种	CR		林下/稀少		1				EN
176	兰科	长距虾脊兰	*Calanthe sylvatica*				稀有种	LC		林下/罕见	1		1			EN
177	兰科	无距虾脊兰	*Calanthe tsoongiana*				稀有种	NT	是	林下/偶见	1					EN
178	兰科	银兰	*Cephalanthera erecta*			Ⅱ	稀有种	LC		林下/罕见	1	1		1	1	EN
179	兰科	金兰	*Cephalanthera falcata*			Ⅱ	稀有种	LC		林下/罕见	1	1	1	1	1	VU
180	兰科	独花兰	*Changnienia amoena*	二级	EN	Ⅱ	稀有种	EN	是	林下/偶见	1	1	1	1	1	VU
181	兰科	大序隔距兰	*Cleisostoma paniculatum*				稀有种	LC		林下/偶见	1					EN
182	兰科	流苏贝母兰	*Coelogyne fimbriata*			Ⅱ	偶见种	LC		林下/偶见	1	1				VU
183	兰科	吻兰	*Collabium chinense*				偶见种	LC		林下/偶见	1		1			VU
184	兰科	台湾吻兰	*Collabium formosanum*			Ⅱ	常见种	LC		林下/偶见	1	1	1			VU
185	兰科	铠兰	*Corybas sinii*				罕见种	EN	是	林下/罕见		1				CR
186	兰科	杜鹃兰	*Cremastra appendiculata*	二级		Ⅱ	稀有种	NT 近 VU		林下/罕见	1	1	1	1	1	EN
187	兰科	斑叶杜鹃兰	*Cremastra unguiculata*				罕见种	CR		林下/偶见					1	CR
188	兰科	蕙兰	*Cymbidium faberi*	二级		Ⅱ	偶见种	LC		林下/偶见	1	1	1	1	1	VU
189	兰科	多花兰	*Cymbidium floribundum*	二级		Ⅱ	偶见种	VU		林下/偶见	1	1	1	1	1	VU
190	兰科	春兰	*Cymbidium goeringii*	二级		Ⅱ	稀有种	VU		林下/偶见	1	1	1	1	1	VU
191	兰科	寒兰	*Cymbidium kanran*	二级		Ⅱ	稀有种	VU		林下/偶见	1	1	1	1	1	VU
192	兰科	兔耳兰	*Cymbidium lancifolium*				罕见种	LC		林下/罕见	1					CR
193	兰科	莲瓣兰	*Cymbidium tortisepalum*				罕见种	VU		林下/罕见	1					CR

续表

种序	中文科名	种名	拉丁学名	国家重点一、二级（2021）	IUCN红色名录	CITES附录Ⅰ/Ⅱ	6级多度*	中国生物多样性红色名录	中国特有种	生境/群落状况	诸广山脉	万洋山脉	武功山脉	九岭山脉	幕府山脉	罗霄山脉评定状态
194	兰科	扇脉杓兰	*Cypripedium japonicum*	二级		Ⅱ	罕见种	VU		林下/罕见	1	1	1	1	1	EN
195	兰科	串珠石斛	*Dendrobium falconeri*	二级			罕见种	VU		树上/罕见	1	1				CR
196	兰科	罗河石斛	*Dendrobium lohohense*				罕见种	EN	是	树上/罕见	1				1	CR
197	兰科	细茎石斛	*Dendrobium moniliforme*	二级	EN	Ⅱ	罕见种	CR		树上/偶见	1	1	1	1	1	EN
198	兰科	石斛	*Dendrobium nobile*	二级			罕见种	VU		林下/罕见	1					CR
199	兰科	大花石斛	*Dendrobium wilsonii*	二级			罕见种	CR	是	树上/罕见	1				1	CR
200	兰科	单叶厚唇兰	*Epigeneium fargesii*			Ⅱ	稀有种	LC		林下/偶见	1	1		1		EN
201	兰科	尖叶火烧兰	*Epipactis thunbergii*				罕见种	VU		林下/偶见	1					CR
202	兰科	马齿毛兰	*Eria szetschuanica*				罕见种	LC	是	林下/罕见		1				CR
203	兰科	美冠兰	*Eulophia graminea*				罕见种	LC		林下/偶见	1					CR
204	兰科	山珊瑚	*Galeola faberi*			Ⅱ	罕见种	LC	是	林下/偶见	1	1		1		EN
205	兰科	毛萼山珊瑚	*Galeola lindleyana*			Ⅱ	偶见种	LC		林下/偶见	1	1	1	1		VU
206	兰科	台湾盆距兰	*Gastrochilus formosanus*			Ⅱ	稀有种	NT	是	树上/偶见	1	1				EN
207	兰科	黄松盆距兰	*Gastrochilus japonicus*				罕见种	VU		树上/偶见		1				CR
208	兰科	中华盆距兰	*Gastrochilus sinensis*				罕见种	CR	是	树上/偶见		1				CR
209	兰科	北插天天麻	*Gastrodia peichatieniana*				罕见种	LC	是	林下/罕见		1				CR
210	兰科	大花斑叶兰	*Goodyera biflora*			Ⅱ	偶见种	NT		林下/偶见	1	1			1	VU
211	兰科	多叶斑叶兰	*Goodyera foliosa*			Ⅱ	偶见种	LC		林下/偶见	1	1	1			VU
212	兰科	光萼斑叶兰	*Goodyera henryi*				稀有种	VU		林下/罕见	1					EN
213	兰科	高斑叶兰	*Goodyera procera*				偶见种	LC		林下/偶见	1	1				VU
214	兰科	小斑叶兰	*Goodyera repens*			Ⅱ	偶见种	LC		林下/偶见	1	1	1	1	1	NT
215	兰科	斑叶兰	*Goodyera schlechtendaliana*			Ⅱ	常见种	NT		林下/常见	1	1	1	1	1	NT
216	兰科	绒叶斑叶兰	*Goodyera velutina*			Ⅱ	稀有种	LC		林下/偶见		1	1	1		EN
217	兰科	绿花斑叶兰	*Goodyera viridiflora*			Ⅱ	稀有种	LC		林下/罕见		1				EN
218	兰科	小小斑叶兰	*Goodyera yangmeishanensis*				稀有种	VU	是	林下/罕见		1				EN

续表

种序	中文科名	种名	拉丁学名	国家重点一、二级（2021）	IUCN红色名录	CITES附录Ⅰ/Ⅱ	6级多度*	中国生物多样性红色名录	中国特有种	生境/群落状况	诸广山脉	万洋山脉	武功山脉	九岭山脉	幕府山脉	罗霄山脉评定状态
219	兰科	毛葶玉凤花	*Habenaria ciliolaris*			Ⅱ	偶见种	LC	是	林下/偶见	1	1	1	1	1	NT
220	兰科	鹅毛玉凤花	*Habenaria dentata*			Ⅱ	稀有种	LC		林下/偶见	1	1	1	1	1	NT
221	兰科	线瓣玉凤花	*Habenaria fordii*				稀有种	LC	是	林下/偶见	1					EN
222	兰科	粤琼玉凤花	*Habenaria hystrix*				稀有种	LC		林下/偶见	1					CR
223	兰科	线叶十字兰	*Habenaria linearifolia*				罕见种	NT		林下/罕见			1	1	1	EN
224	兰科	裂瓣玉凤花	*Habenaria petelotii*			Ⅱ	稀有种			林下/偶见	1	1	1	1		EN
225	兰科	橙黄玉凤花	*Habenaria rhodochelia*				偶见种	LC		林下/常见	1	1				VU
226	兰科	十字兰	*Habenaria schindleri*			Ⅱ	罕见种	VU		林下/罕见	1	1	1	1	1	EN
227	兰科	叉唇角盘兰	*Herminium lanceum*			Ⅱ	罕见种	LC		林下/罕见	1		1	1	1	EN
228	兰科	角盘兰	*Herminium monorchis*				罕见种	NT		林下/罕见					1	CR
229	兰科	镰翅羊耳蒜	*Liparis bootanensis*			Ⅱ	偶见种	LC		林下/偶见	1	1	1	1		VU
230	兰科	齿唇羊耳蒜	*Liparis campylostalix*				稀有种	VU		林下/罕见		1				EN
231	兰科	丛生羊耳蒜	*Liparis cespitosa*				稀有种	LC		林下/罕见		1				EN
232	兰科	小巧羊耳蒜	*Liparis delicatula*				罕见种	NT		林下/罕见	1					CR
233	兰科	福建羊耳蒜	*Liparis dunnii*				罕见种		是	林下/罕见	1	1		1	1	EN
234	兰科	长苞羊耳蒜	*Liparis inaperta*			Ⅱ	偶见种	CR	是	林下/罕见	1	1				VU
235	兰科	羊耳蒜	*Liparis japonica*			Ⅱ	常见种			林下/偶见			1	1	1	NT
236	兰科	广东羊耳蒜	*Liparis kwangtungensis*				偶见种	LC	是	林下/偶见	1	1				VU
237	兰科	见血青	*Liparis nervosa*			Ⅱ	常见种	LC		林下/常见	1	1	1	1	1	NT
238	兰科	香花羊耳蒜	*Liparis odorata*			Ⅱ	偶见种	LC		林下/罕见	1				1	VU
239	兰科	长唇羊耳蒜	*Liparis pauliana*			Ⅱ	稀有种	LC	是	林下/罕见	1	1		1	1	EN
240	兰科	柄叶羊耳蒜	*Liparis petiolata*			Ⅱ	稀有种	VU		林下/罕见	1	1	1	1	1	NT
241	兰科	小沼兰	*Malaxis microtatantha*			Ⅱ	稀有种	NT	是	溪边石上/罕见	1	1	1	1	1	VU
242	兰科	葱叶兰	*Microtis unifolia*				稀有种	LC		林下/罕见	1			1	1	EN
243	兰科	日本全唇兰	*Myrmechis japonica*				罕见种	NT		林下/罕见					1	CR

续表

种序	中文科名	种名	拉丁学名	国家重点一、二级（2021）	IUCN红色名录	CITES附录Ⅰ/Ⅱ	6级多度*	中国生物多样性红色名录	中国特有种	生境/群落状况	诸广山脉	万洋山脉	武功山脉	九岭山脉	幕府山脉	罗霄山脉评定状态
244	兰科	风兰	*Neofinetia falcata*				罕见种	EN		林下/偶见					1	CR
245	兰科	日本对叶兰	*Neottia japonica*				罕见种	VU		林下/稀少		1				CR
246	兰科	狭叶鸢尾兰	*Oberonia caulescens*				罕见种	NT		树上/罕见		1				CR
247	兰科	鸢尾兰	*Oberonia iridifolia*				罕见种	NT		树上/偶见	1					CR
248	兰科	小叶鸢尾兰	*Oberonia japonica*			Ⅱ	罕见种	LC		树上/偶见	1	1				EN
249	兰科	小花鸢尾兰	*Oberonia mannii*				罕见种	LC		树上/偶见		1				CR
250	兰科	南岭齿唇兰	*Odontochilus nanlingensis*				罕见种	EN		林下/偶见	1					CR
251	兰科	长叶山兰	*Oreorchis fargesii*				罕见种	NT	是	林下/罕见					1	CR
252	兰科	龙头兰	*Pecteilis susannae*				罕见种	LC		林下/罕见				1		CR
253	兰科	长须阔蕊兰	*Peristylus calcaratus*				稀有种	LC		林下/偶见	1			1		EN
254	兰科	狭穗阔蕊兰	*Peristylus densus*				稀有种	LC		林下/罕见	1					EN
255	兰科	阔蕊兰	*Peristylus goodyeroides*			Ⅱ	稀有种	LC		林下/偶见	1	1				EN
256	兰科	黄花鹤顶兰	*Phaius flavus*			Ⅱ	罕见种	LC		林下/偶见	1	1				CR
257	兰科	鹤顶兰	*Phaius tankervilleae*				罕见种	LC		林下/偶见	1					CR
258	兰科	细叶石仙桃	*Pholidota cantonensis*			Ⅱ	稀有种	LC	是	石上/偶见	1	1	1	1	1	EN
259	兰科	石仙桃	*Pholidota chinensis*				偶见种	LC		石上/偶见	1					VU
260	兰科	大明山舌唇兰	*Platanthera damingshanica*				罕见种	VU	是	林下/罕见	1					CR
261	兰科	密花舌唇兰	*Platanthera hologlottis*			Ⅱ	稀有种	LC		林下/偶见	1	1	1	1	1	VU
262	兰科	舌唇兰	*Platanthera japonica*			Ⅱ	偶见种	LC		林下/常见		1	1	1	1	VU
263	兰科	尾瓣舌唇兰	*Platanthera mandarinorum*			Ⅱ	罕见种	LC		林下/偶见		1	1	1	1	EN
264	兰科	小舌唇兰	*Platanthera minor*			Ⅱ	偶见种	LC		林下/常见	1	1	1	1	1	NT
265	兰科	筒距舌唇兰	*Platanthera tipuloides*				罕见种	NT		林下/罕见	1		1			CR
266	兰科	独蒜兰	*Pleione bulbocodioides*	二级		Ⅱ	常见种	VU	是	溪边石上/常见	1	1	1	1	1	NT
267	兰科	台湾独蒜兰	*Pleione formosana*	二级		Ⅱ	偶见种	VU	是	溪边石上/偶见	1	1			1	VU
268	兰科	毛唇独蒜兰	*Pleione hookeriana*	二级			稀有种	VU		石上/偶见		1				EN

续表

种序	中文科名	种名	拉丁学名	国家重点一、二级（2021）	IUCN红色名录	CITES附录Ⅰ/Ⅱ	6级多度*	中国生物多样性红色名录	中国特有种	生境/群落状况	诸广山脉	万洋山脉	武功山脉	九岭山脉	幕府山脉	罗霄山脉评定状态
269	兰科	朱兰	*Pogonia japonica*			Ⅱ	罕见种	NT		林下/偶见			1	1	1	EN
270	兰科	苞舌兰	*Spathoglottis pubescens*			Ⅱ	常见种	LC		路边/偶见	1	1	1	1	1	NT
271	兰科	绶草	*Spiranthes sinensis*			Ⅱ	偶见种	LC		路边、溪边/偶见	1	1	1	1	1	NT
272	兰科	带叶兰	*Taeniophyllum glandulosum*			Ⅱ	偶见种	LC		石上/偶见		1			1	VU
273	兰科	带唇兰	*Tainia dunnii*				偶见种	NT	是	林下/偶见	1	1	1	1	1	NT
274	兰科	小叶白点兰	*Thrixspermum japonicum*				罕见种	VU		树上/罕见		1				CR
275	兰科	长轴白点兰	*Thrixspermum saruwatarii*				罕见种	NT	是	树上/罕见	1					CR
276	兰科	小花蜻蜓兰	*Tulotis ussuriensis*			Ⅱ	稀有种	NT		林下/偶见	1		1	1	1	VU
277	兰科	二尾兰	*Vrydagzynea nuda*				罕见种	LC		林下/罕见	1					CR
278	兰科	多花宽距兰	*Yoania amagiensis*				罕见种	EN		林下溪边/罕见		1				EN
279	兰科	宽距兰	*Yoania japonica*				罕见种	EN		林下溪边/罕见		1				EN
280	白发藓科	桧叶白发藓	*Leucobryum juniperoideum*	二级			稀有种			山坡石上/稀有						VU
281	猕猴桃科	中华猕猴桃	*Actinidia chinensis*	二级			常见种	LC	是	林中/常见	1	1	1	1	1	VU
282	猕猴桃科	条叶猕猴桃	*Actinidia fortunatii*	二级			罕见种	NT	是	林中/稀少	1	1	1			VU
283	猕猴桃科	大籽猕猴桃	*Actinidia macrosperma*	二级			稀有种			林中/稀有		1		1	1	VU
284	兰科	浙江金线兰	*Anoectochilus zhejiangensis*	二级			稀有种	EN	是	林下/偶见		1		1	1	VU
285	马兜铃科	金耳环	*Asarum insigne*	二级			稀有种			林下/稀有	1				1	VU
286	兰科	白及	*Bletilla striata*	二级		Ⅱ	稀有种	VU		林下/偶见	1	1	1	1	1	VU
287	叠珠树科	伯乐树	*Bretschneidera sinensis*	二级	EN		偶见种	VU		林中/局部优势	1	1	1	1	1	VU
288	山茶科	汝城毛叶茶	*Camellia ptilophylla*	二级			少见种			林中/少见	1					VU
289	山茶科	茶	*Camellia sinensis*	二级			常见种	VU		林中/常见	1	1	1	1	1	VU
290	百合科	荞麦叶大百合	*Cardiocrinum cathayanum*	二级			偶见种			林下/局部优势	1	1	1	1	1	VU
291	壳斗科	华南锥	*Castanopsis concinna*	二级			偶见种		是	林中/偶见	1					VU
292	伞形科	明党参	*Changium smyrnioides*	二级			稀有种			林下/稀有		1			1	VU
293	樟科	天竺桂	*Cinnamomum japonicum*	二级	LR/NT		稀有种	VU		林中/零星		1	1	1	1	VU

续表

种序	中文科名	种名	拉丁学名	国家重点一、二级（2021）	IUCN红色名录	CITES附录Ⅰ/Ⅱ	6级多度*	中国生物多样性红色名录	中国特有种	生境/群落状况	诸广山脉	万洋山脉	武功山脉	九岭山脉	幕府山脉	罗霄山脉评定状态
294	芸香科	金柑	*Citrus japonica*	二级			少见种		是	林中/少见	1	1		1		EN
295	毛茛科	短萼黄连	*Coptis chinensis* var. *brevisepala*	二级			偶见种	EN	是	沟谷溪边/偶见	1	1	1	1	1	EN
296	兰科	建兰	*Cymbidium ensifolium*	二级		Ⅱ	偶见种	VU		林下/偶见	1	1	1	1	1	VU
297	兰科	丹霞兰	*Danxiaorchis singchiana*	二级			罕见种			林下/罕见						EN
298	兰科	杨氏丹霞兰	*Danxiaorchis yangii*	二级			罕见种			林下/罕见						EN
299	兰科	细叶石斛	*Dendrobium hancockii*	二级	EN	Ⅱ	稀有种	EN	是	树上/偶见	1	1				EN
300	兰科	铁皮石斛	*Dendrobium officinale*	二级	CR	Ⅱ	罕见种	CR	是	石上/罕见	1	1			1	EN
301	兰科	球花石斛	*Dendrobium thyrsiflorum*	二级			罕见种	NT		石上/罕见	1					EN
302	金缕梅科	长柄双花木	*Disanthus cercidifolius* subsp. *longipes*	二级			偶见种		是	林中/局部优势	1	1		1		EN
303	茜草科	香果树	*Emmenopterys henryi*	二级			偶见种	NT	是	林中/局部优势	1	1	1	1	1	EN
304	豆科	山豆根	*Euchresta japonica*	二级			偶见种	EN	是	溪边/罕见		1	1	1		VU
305	蓼科	金荞麦	*Fagopyrum dibotrys*	二级			偶见种	LC		林下、路旁/偶见	1	1	1	1	1	VU
306	锦葵科	梧桐	*Firmiana simplex*	二级			罕见种			林中/罕见	1	1	1	1	1	VU
307	百合科	浙贝母	*Fritillaria thunbergii*	二级			稀有种			林中/稀有					1	VU
308	兰科	天麻	*Gastrodia elata*	二级	VU	Ⅱ	罕见种	VU	是	林下/罕见	1	1		1	1	EN
309	木兰科	鹅掌楸	*Liriodendron chinense*	二级	LR/NT		稀有种	VU		林中/局部优势			1	1	1	EN
310	樟科	润楠	*Machilus nanmu*	二级			稀有种		是	林下/稀有	1	1	1			VU
311	木兰科	落叶木莲	*Manglietia decidua*	二级			少见种			林下/局部优势			1	1		EN
312	卫矛科	永瓣藤	*Monimopetalum chinense*	二级			稀有种	EN	是	林中/偶见	1	1	1	1	1	VU
313	豆科	光叶红豆	*Ormosia glaberrima*	二级			稀有种			林中/稀有	1	1				VU
314	豆科	花榈木	*Ormosia henryi*	二级			偶见种	VU	是	林中/偶见	1	1	1	1	1	VU
315	豆科	红豆树	*Ormosia hosiei*	二级			稀有种	VU	是	林中/稀少		1	1	1		VU
316	豆科	软荚红豆	*Ormosia semicastrata*	二级			稀有种			林中/局部优势	1	1	1			VU
317	豆科	木荚红豆	*Ormosia xylocarpa*	二级			稀有种			林中/稀有	1	1	1	1		VU
318	禾本科	野生稻	*Oryza rufipogon*	二级			罕见种		是	沼泽/罕见			1			EN

续表

种序	中文科名	种名	拉丁学名	国家重点一、二级（2021）	IUCN 红色名录	CITES 附录 Ⅰ/Ⅱ	6 级多度*	中国生物多样性红色名录	中国特有种	生境/群落状况	诸广山脉	万洋山脉	武功山脉	九岭山脉	幕府山脉	罗霄山脉评定状态
319	五加科	疙瘩七	*Panax bipinnatifidus*	二级			稀有种			林下/稀有	1	1			1	VU
320	藜芦科	球药隔重楼	*Paris fargesii*	二级			稀有种	NT		林下/偶见	1	1	1	1	1	VU
321	藜芦科	华重楼	*Paris polyphylla* var. *chinensis*	二级			偶见种			林下/偶见	1	1	1	1	1	EN
321a	藜芦科	宽叶重楼	*Paris polyphylla* var. *latifolia*	二级			少见种			林下/少见					1	EN
321b	藜芦科	狭叶重楼	*Paris polyphylla* var. *stenophylla*	二级			稀有种			林下/稀有	1	1	1	1	1	EN
322	兰科	象鼻兰	*Phalaenopsis zhejiangensis*	一级			罕见种	EN	是	林下/罕见	1					CR
323	芸香科	黄檗	*Phellodendron amurense*	二级			稀有种			林下/稀有		1			1	VU
324	芸香科	川黄檗	*Phellodendron chinense*	二级			偶见种	LC	是	林中/稀少	1	1	1	1	1	VU
325	樟科	闽楠	*Phoebe bournei*	二级	LR/NT		稀有种	VU	是	林中/罕见	1	1	1	1	1	EN
326	樟科	楠木	*Phoebe zhennan*	二级			稀有种		是	林下/稀有					1	VU
327	泽泻科	长喙毛茛泽泻	*Ranalisma rostrata*	二级			稀有种			湿地/偶见			1			CR
328	杜鹃花科	井冈山杜鹃	*Rhododendron jingangshanicum*	二级			优势种	EN	是	林中、溪边/局部优势		1				EN
329	马兜铃科	马蹄香	*Saruma henryi*	二级			稀有种	EN	是	林下/偶见		1	1	1	1	VU
330	安息香科	秤锤树	*Sinojackia xylocarpa*	二级			偶见种		是	林下/偶见					1	EN
331	小檗科	桃儿七	*Sinopodophyllum hexandrum*	二级			罕见种		是	林下/罕见				1		CR
332	禾本科	拟高粱	*Sorghum propinquum*	二级			偶见种			山坡草丛/偶见				1		VU
333	楝科	红椿	*Toona ciliata*	二级	LR/LC		稀有种	VU		林中/罕见	1	1	1	1	1	EN
334	千屈菜科	细果野菱	*Trapa incisa*	二级			少见种			沼泽/局部优势	1	1		1	1	VU
335	榆科	长序榆	*Ulmus elongata*	二级			稀有种	EN	是	林中/偶见		1		1		EN
336	禾本科	中华结缕草	*Zoysia sinica*	二级			偶见种	LC	是	草地/偶见	1	1	1	1	1	VU

注：本表为根据 2021 年国务院公布的《国家重点保护野生植物名录》统计罗霄山脉地区有分布的一级、二级重点保护野生植物。

*. 指各物种在植被、植物群落自然分布中的 6 级生态优势度，即：建群种 dominant species、优势种 abundant species、常见种 frequent species、偶见种 occasional species、稀有种 rare species、罕见种 unique species。

附录　罗霄山脉地区生物多样性综合科学考察项目组（2013～2018年）

专家组

组长：宫辉力　庄文颖

成员：施苏华　金志农　聂海燕　张正旺　韩诗畴　向梅梅　张宪春　廖文波

课题总负责人

廖文波

课题及专题组负责人

1. 自然地理组： 苏志尧

地质地貌组：张　珂

土壤气候组：苏志尧

水文水资源组：崔大方

2. 植物与植被组： 廖文波

植被地理组：王　蕾　廖文波

北段苔藓组：张　力

中、南段苔藓组：刘蔚秋

幕阜山脉植物组：詹选怀

九岭山脉植物组：叶华谷

武功山脉植物组：陈功锡

湘江流域植物组：王　蕾

万洋山脉植物组：廖文波

诸广山脉植物组：刘克明

罗霄山脉兰科组：杨柏云　凡　强

3. 大型真菌组： 李泰辉

罗霄山脉真菌组：李泰辉　邓旺秋

自然保护协作组：单纪红　饶文娟　李茂军　张　忠　沈红星

4. 脊椎动物组： 王英永

罗霄山脉鱼类组：欧阳珊

北段两爬动物组：吴　华

南段两爬动物组：王英永

北段哺乳动物组：吴　毅

南段哺乳动物组：邓学建

罗霄山脉鸟类组：刘　阳

5. 昆虫组： 庞　虹　贾凤龙

北段（湖北境）昆虫组：李利珍

南段（江西境）昆虫组：贾凤龙

南段（湖南境）昆虫组：童晓立

6. 数据平台组： 李鸣光　李宁智

科考主要协助机构

江西省林业局；吉安市林业局；井冈山管理局；湖南省林业局；江西省、湖南省、湖北省在罗霄山脉范围内的各级保护区管理局、国家森林公园、各市县林业局、地方乡镇政府等

科考各参加单位和主要参加人员

广东省科学院微生物研究所（真菌组）

李泰辉　邓旺秋　张　明　宋　斌　沈亚恒　李　挺　张成花　黄　浩　林　敏　肖正端　黄秋菊　王超群　徐　江　宋宗平　钟祥荣　贺　勇　黄　虹

广州大学生命科学学院（哺乳动物组）

吴　毅　周　全　余文华　徐忠鲜　李　锋　陈柏承　张秋萍　郭伟健　王晓云　黎　舫　胡宜峰　岳　阳　黄正澜懿　唐　璇　霍伟鸿　邱　林　陈锦华

湖南师范大学生命科学学院（哺乳动物组）

邓学建　李建中　王　斌　黎红辉　梁祝明　吴倩倩　唐梓钧　刘子祥　舒　服　赵冬冬　石胜超　任锐君　刘宜敏　冯　磊　余子寒　柳　勇　刘　钊　王　璐

湖南师范大学生命科学学院（植物组）

刘克明　刘林翰　蔡秀珍　旷仁平　丛义艳　朱香清　田　径　易任远　彭　令　田学辉　刘　雷　吴尧晶　周　柳　李帅杰　尹　娟　彭　帅　刘蕴哲　吴　玉　王芳鸣

华南农业大学林学与风景园林学院（土壤组）

苏志尧　崔大方　张　璐　曾曙才　孙余丹　徐明锋　李文斌　张　毅　王永强

华南农业大学农学院（昆虫组）

童晓立　王　敏　杨淑兰　王朝红　赵　超

华中师范大学生命科学学院（动物组）

吴　华　罗振华　赵　勉　刘家武　李辰亮　魏世超　杜万鑫　刘继兵　苏　娟　张有明　吴行燕　付　超　朱笑然　高　蕾　邱富源　韩梦莹　姚律成　谌　婷　曹　阳　王　倩　王丹丹　黄　波

吉首大学植物资源保护与利用湖南省高校重点实验室（植物组）

陈功锡　张代贵　袁志忠　廖博儒　肖佳伟　孙　林　张　洁　张　成　王冰清　宋　旺　向晓媚　张梦华　谢　丹　吴　玉　蒋　颖

南昌大学生命科学学院（鱼类组、贝类组）

欧阳珊　吴小平　谢广龙　徐　阳　郭　琴　周幼杨　刘雄军

南昌大学生命科学学院（兰科植物组）

杨柏云　罗火林　熊冬金　肖汉文　刘南南　沈宝涛　韩　宇

上海师范大学生命科学学院（昆虫组）

李利珍　赵梅君　汤　亮　殷子为　彭　中　胡佳耀　谢喃喃　戴从超　沈佳伟　严祝奇　余一鸣　宋晓彬　吕泽侃　刘逸萧　周德尧　姜日新　蒋卓衡　陈宜平

首都师范大学资源环境与旅游学院（植物组、植被组）

王　蕾　刘忠成　张记军　刘楠楠　张明月　张　伟　张启彦　刘羽霞　阿尔孜古力

中国科学院华南植物园（植物组）

叶华谷　曾飞燕　林汝顺　叶华谷　唐秀娟　陈有卿　刘运笑　叶育石　吴林芳

中国科学院庐山植物园（植物组）

詹选怀　彭焱松　桂忠明　刘　洁　周赛霞　潘国庐　梁同军　张　丽　聂训明　张　頔　程冬梅

深圳市中国科学院仙湖植物园（苔藓植物组）

张　力　左　勤　Chua Mung Seng　刘嘉杰　林漫华　钟淑婷

中山大学地球科学与工程学院（地质组）

张 珂　黄康有　邹和平　李忠云　李肖杨

中山大学生命科学学院（动物组）

王英永　赵 建　吕植桐　李玉龙

中山大学生命科学学院（昆虫组）

贾凤龙　庞 虹　张丹丹

中山大学生命科学学院（鸟类组）

刘 阳　黄 秦　唐琴冬　杨圳铭　潘新园　梁 丹　赵岩岩　张蛰春　王雪婧　刘思敏
陈国玲　张 楠　林 鑫　李欣彤　湛 霞　苏乐怡

中山大学生命科学学院（苔藓植物组）

刘蔚秋　石祥刚　刘滨扬　舒 婷　李 善　朱术超　关易云　徐建区　付 伟　王湘媛

中山大学生命科学学院（植物组、植被组）

廖文波　凡 强　赵万义　王龙远　许可旺　阴倩怡　丁巧玲　刘 佳　张信坚　刘 莹
景慧娟　李朋远　施 诗　李飞飞　陈志晖　丁明艳　许会敏　余 意　郭 微　王亚荣
叶 矾　关开朗　冯慧喆　刘逸嵘　冯 璐　黄翠莹　朱晓枭　孙 键　潘嘉文　林石狮
杨文晟　王晓阳　王 妍

江西省林业局、吉安市林业局及各保护区等（自然保护协作组）

陈善文　单纪红　段晓毛　龚 伟　顾育铭　郭志文　饶文娟　谢福传　黄逢龙　黄素坊
蒋 勇　蒋志茵　李茂军　李燕山　钟 婷　李毅生　梁 校　刘大椿　刘 钊　刘中元
贾凤海　何桂强　张 忠　龙 纬　罗 翔　罗燕春　罗忠生　聂林海　欧阳明　彭春娟
彭诗涛　彭永平　彭招兰　邵峰春　施向宏　汪晓玲　王 冬　王仁贵　王国兵　王 娟
吴福贵　黄子发　吴素梅　肖小林　肖艳凤　徐 俭　徐晓文　阳小军　杨海荣　曾祥明
杨 亮　姚攀峰　易 婷　于 涛　袁东海　袁小年　张英能　张新图　钟阿勇　周标庆
周 峰　周日巍　周小卿　周裕新　曾广腾　游春华　谢 敏　谭浩华　魏贤彪　万 春
王若旭　王凌峰　王陶元　方平福　方院新　邓小毛　甘 青　甘文峰　卢 进　叶贺民
田 斌　朱定东　朱建华　刘 锐　齐明华　江桂兰　汤建华　阮晓东　李 伟　李清福
李德清　杨义林　杨秋太　肖卫国　肖卫前　肖瑞培　陈志军　肖晓东　吴启全　佘志勇
邹秋平　邹清平　宋玉赞　张 强　洪祖华　刘国传　张文尧　张贵珍　郑圣寿　黎杰俊
曾红高　吴茂隆　邓晓峰　杜禹延　段 寰　段信先　段学涛　龚继斌　顾育蓉　胡 庆
胡水华　胡文娟　胡艺忠　黄学东　李花兰　李牛贵　李小珍　林勇松　刘福珍　刘 洪
刘 璐　刘清亮　刘水萍　刘文娟　刘香莲　刘贤荣　龙心明　罗 军　罗深晓　明 鸣
欧阳波　彭 俊　彭志勇　万晓华　韦锦云　文 秦　肖 娟　肖 勇　谢小建　张 蓓
张文栋　郑孝强　周 静　朱晓峰　朱志锋　邹超煜　邹建成　邹 瑛　左鑫树　陈小龙
陈石柳　陈仕仁　陈宝平　林 栋　周 洪　郑海平　胡红元　胡欣怿　袁小求　郭文才
郭玉秀　郭招云　黄剑雄　蒋力庆　蒋小林　曾以平　承 勇　曾宪文　谢忠发　雷晓明
刘子弟　陈 平　邱美花　刘 颖　钟 靓

湖南省桃源洞国家级自然保护区（自然保护协作组）

沈红星　杨书林　曾茂生　陈杨胜

附图 1　彩图

(1)长于叶面的尖叶薄鳞苔
Leptolejeunea elliptica

(2)生于岩面的长柄绢藓
Entodon macropodus

(3)生于树枝上的卵叶毛扭藓
Aerobryidium aureonitens

(4)生于土面的褐角苔
Folioceros fuciformis

图 6-1　罗霄山脉不同生境下的苔藓植物

图 6-2　罗霄山脉齐云山泥炭藓沼泽

图 7-12　桃源洞资源冷杉及伴生树种树干基部环剥照片

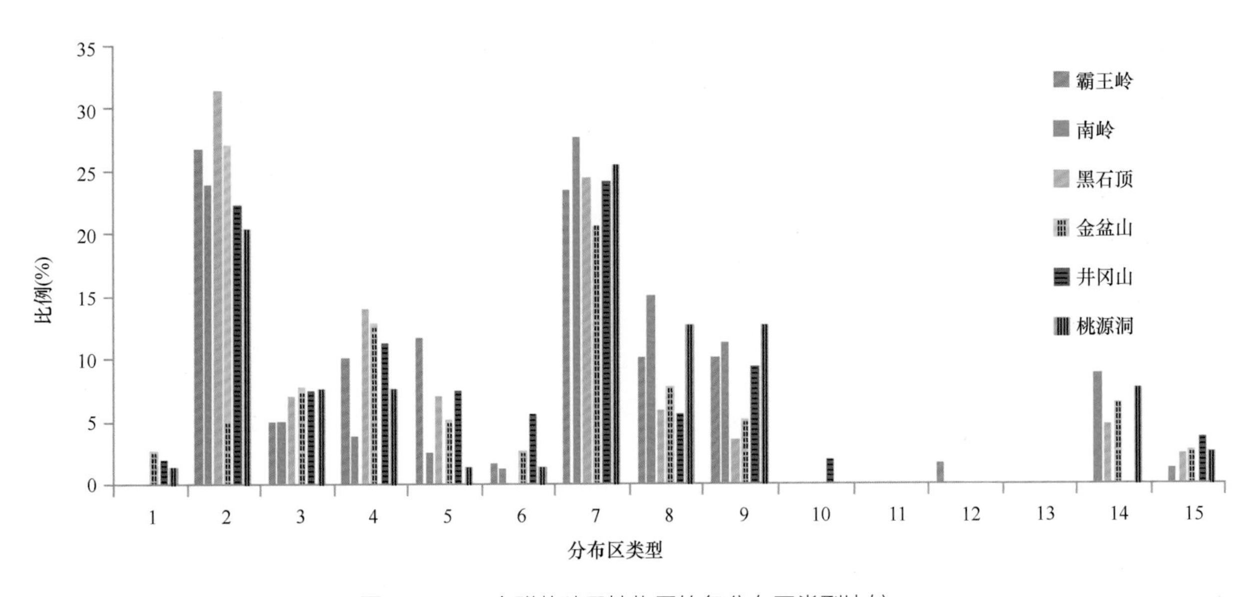

图 7-16　6 个群落种子植物属的各分布区类型比较

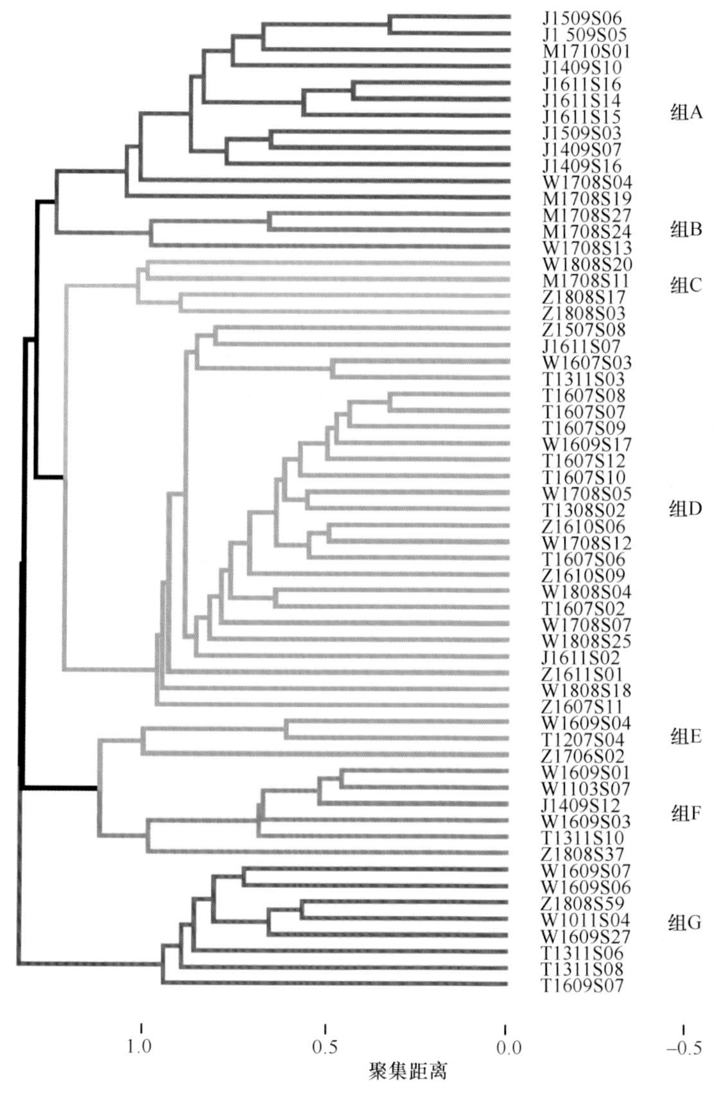

图 7-32 罗霄山脉杜鹃属植物群落平均聚合聚类图

组 A. 杜鹃群丛；组 B. 满山红群丛；组 C. 马银花群丛；组 D. 鹿角杜鹃群丛；组 E. 耳叶杜鹃群丛；组 F. 云锦杜鹃群丛；组 G. 猴头杜鹃群丛

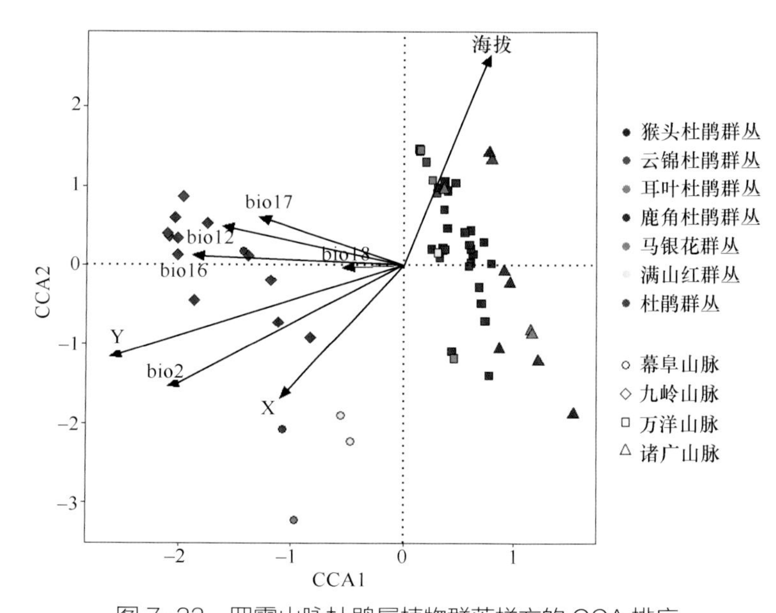

图 7-33 罗霄山脉杜鹃属植物群落样方的 CCA 排序

X. 经度；Y. 纬度；bio2. 平均日较差；bio12. 年均降水量；bio16. 最湿地区降水量；bio17. 最干地区降水量；bio18. 最暖地区降水量

项目组主要成员李泰辉、詹选怀研究员在启动会发言

专家组施苏华教授在项目启动会上做指导发言

项目组第二年度汇报会在江西南昌举行（2015 年 11 月 8 日，专家组、课题组参会人员合影；前排：右起，韩诗畴、施苏华、张正旺、宫辉力、向梅梅、张宪春、聂海燕，前排左 1：廖文波）

项目开展期间杨柏云、廖文波教授参加江西本土植物受威胁等级专家评估会（2017 年 10 月 26 日）

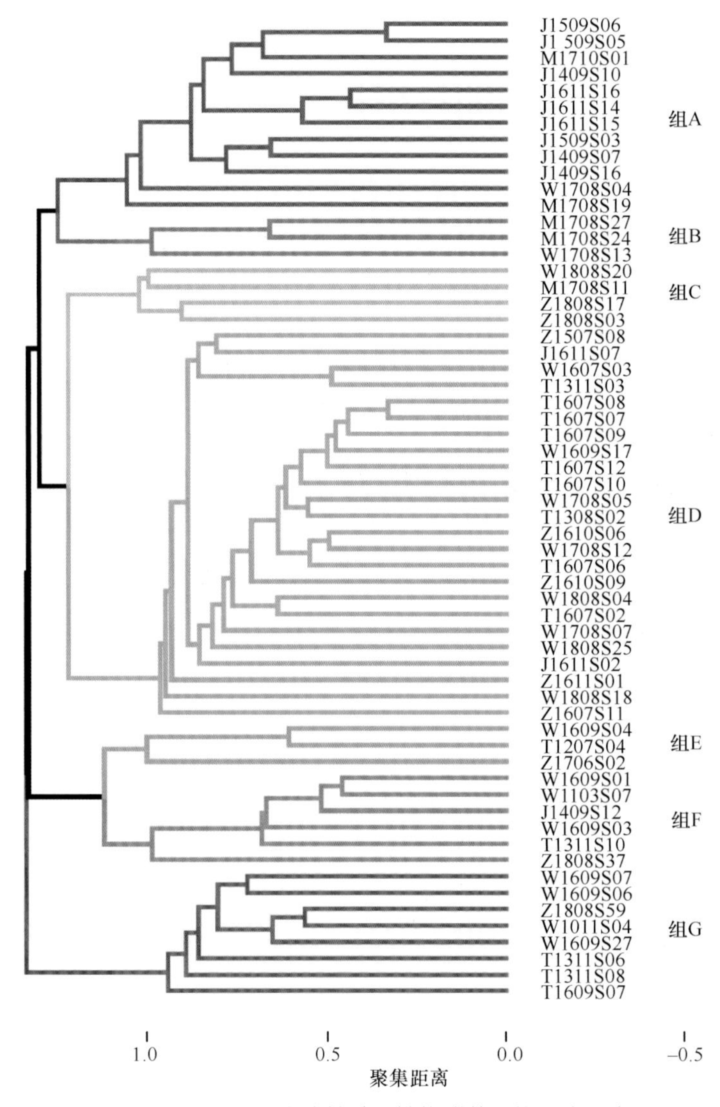

图 7-32　罗霄山脉杜鹃属植物群落平均聚合聚类图

组 A. 杜鹃群丛；组 B. 满山红群丛；组 C. 马银花群丛；组 D. 鹿角杜鹃群丛；组 E. 耳叶杜鹃群丛；组 F. 云锦杜鹃群丛；组 G. 猴头杜鹃群丛

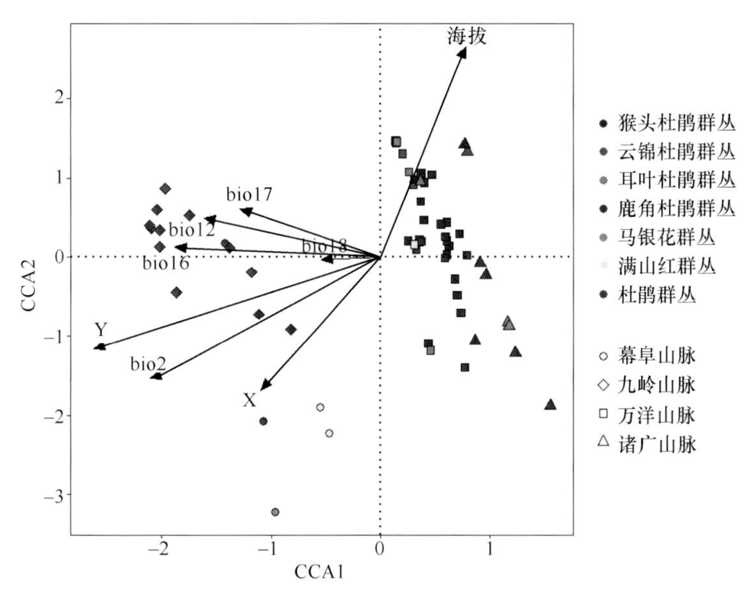

图 7-33　罗霄山脉杜鹃属植物群落样方的 CCA 排序

X. 经度；Y. 纬度；bio2. 平均日较差；bio12. 年均降水量；bio16. 最湿地区降水量；bio17. 最干地区降水量；bio18. 最暖地区降水量

图 8-1　罗霄山脉江西坳钻孔地周围环境

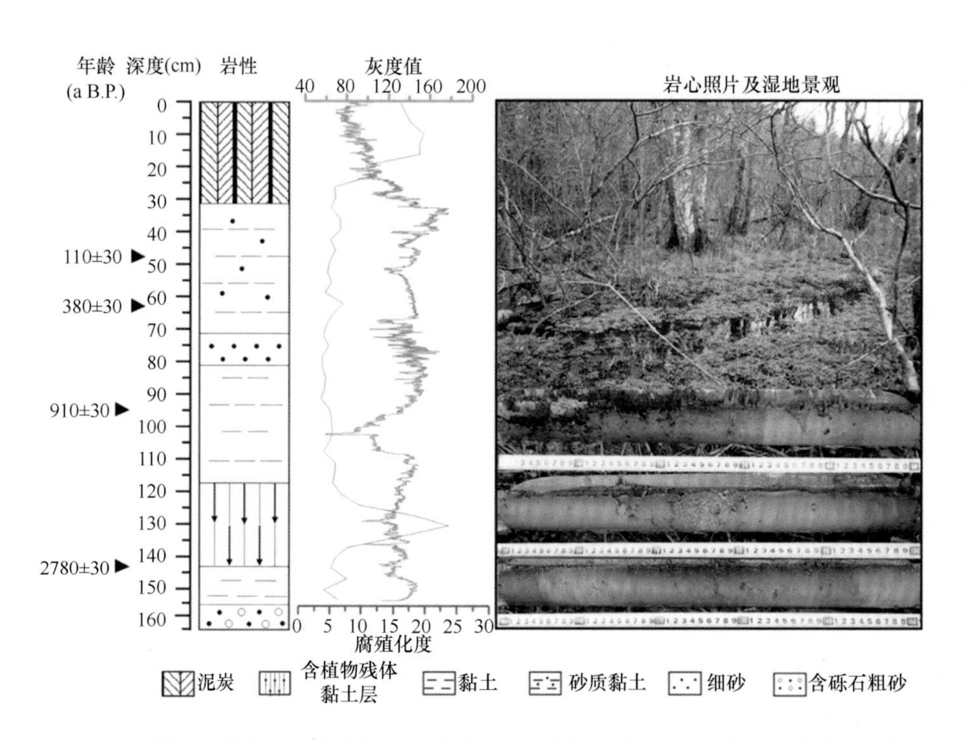

图 8-6　罗霄山脉井冈山松木坪（SMP）岩心照片、岩性、灰度值及腐殖化度曲线

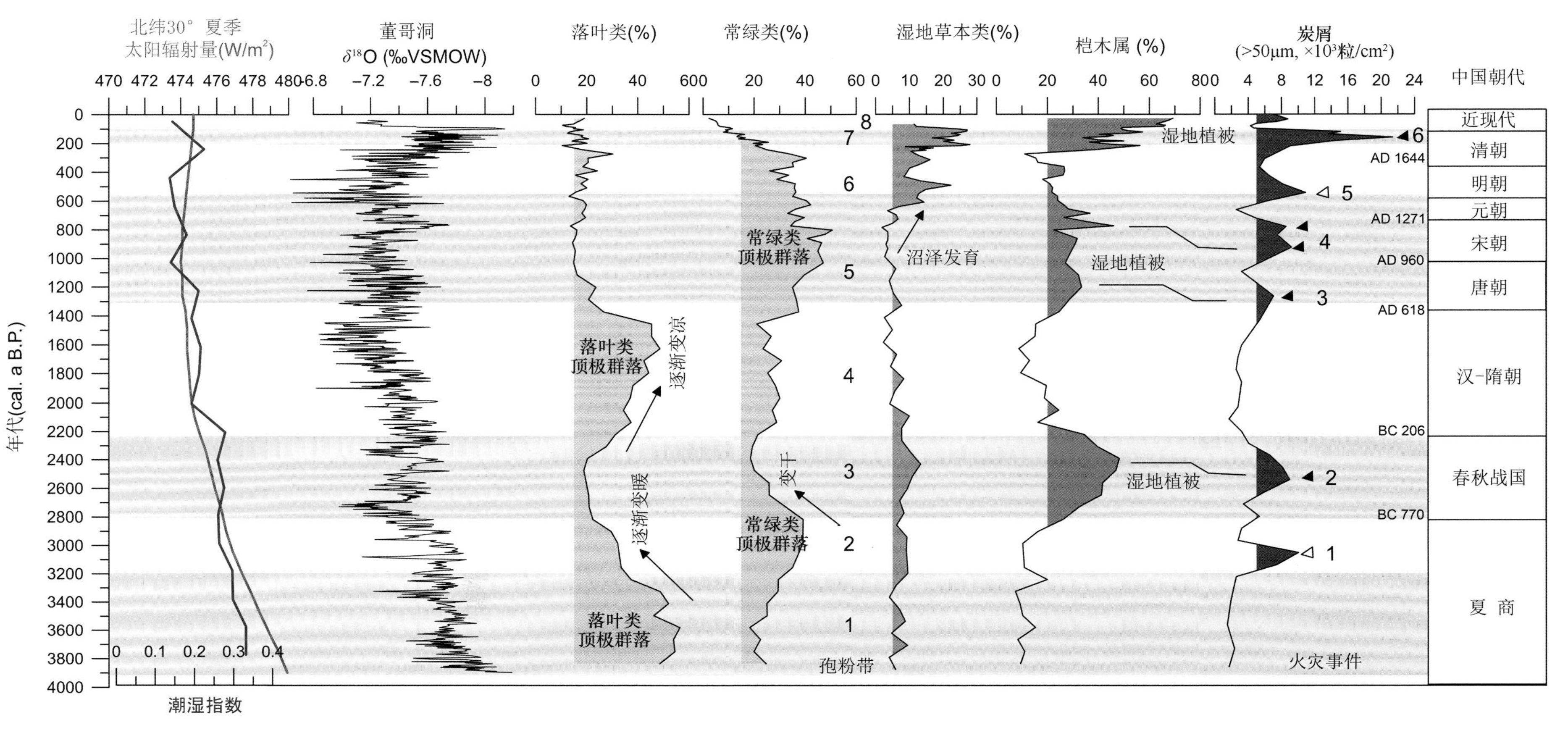

图 8-9 罗霄山脉松木坪（SMP）等不同孢粉类群（落叶类、常绿类、湿地草本和桤木属）、炭屑浓度与气候因子关系对比图

北纬 30° 夏季太阳辐射量引自 Berger 和 Loutre（1991）；基于氧同位素重建的潮湿指数引自 Zhang 等（2011a）；董哥洞氧同位素曲线引自 Dykoski 等（2005）和 Wang 等（2005）

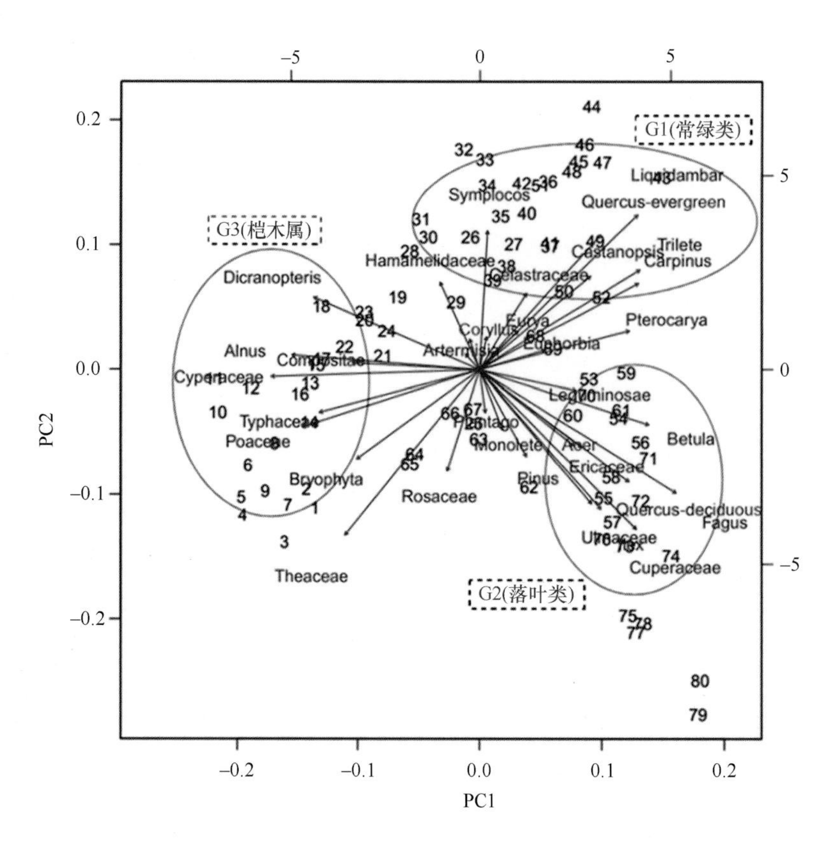

图 8-10　基于罗霄山脉松木坪（SMP）孢粉种类对应性分析图（图中数字代表样品编号顺序）

左纵坐标和下横坐标为样品的载荷值（刻度线黑色，对应的样品编号黑色）；右纵坐标和上横坐标为孢粉种类的载荷值（刻度线为红色，对应花粉种类拉丁名红色）

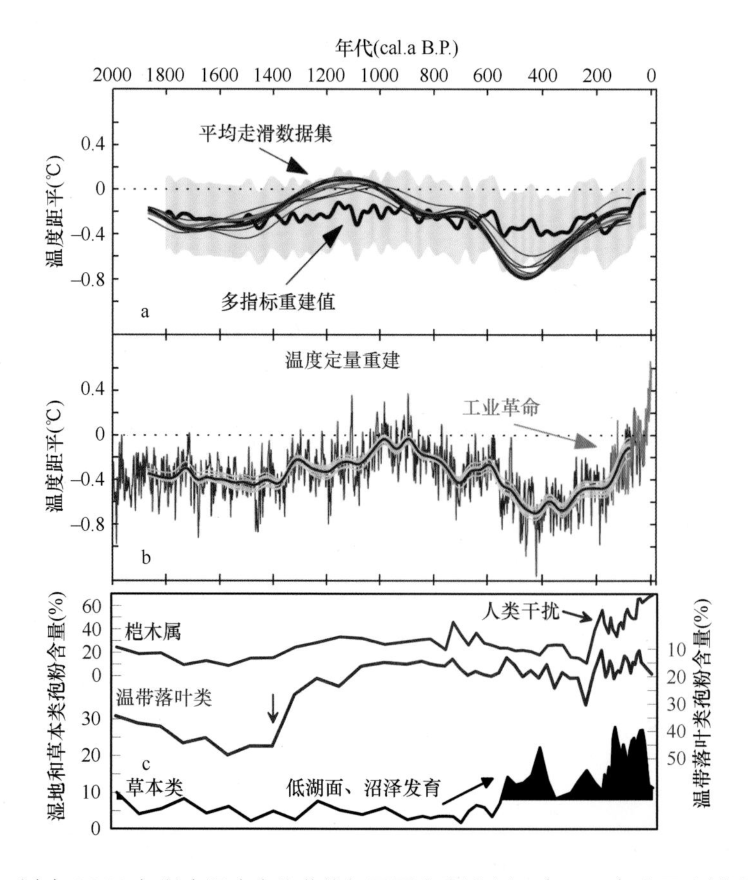

图 8-11　过去 2000 年以来温度变化曲线与罗霄山脉松木坪（SMP）主要孢粉类群对比图

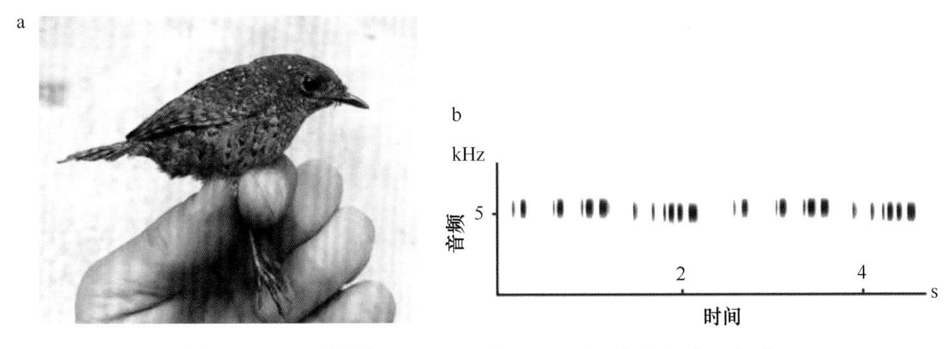

图 9-1　丽星鹩鹛 *Elachura formosa* 照片图及鸣唱模式

（a）丽星鹩鹛，江西省武夷山（Per Alstörm 摄，2013 年 4 月）；（b）丽星鹩鹛的鸣唱模式为连续性的高音调短声单元重复（两个以上单元，每次约 2 s 长），福建省武夷山（Per Alstörm 摄，1993 年 4 月）

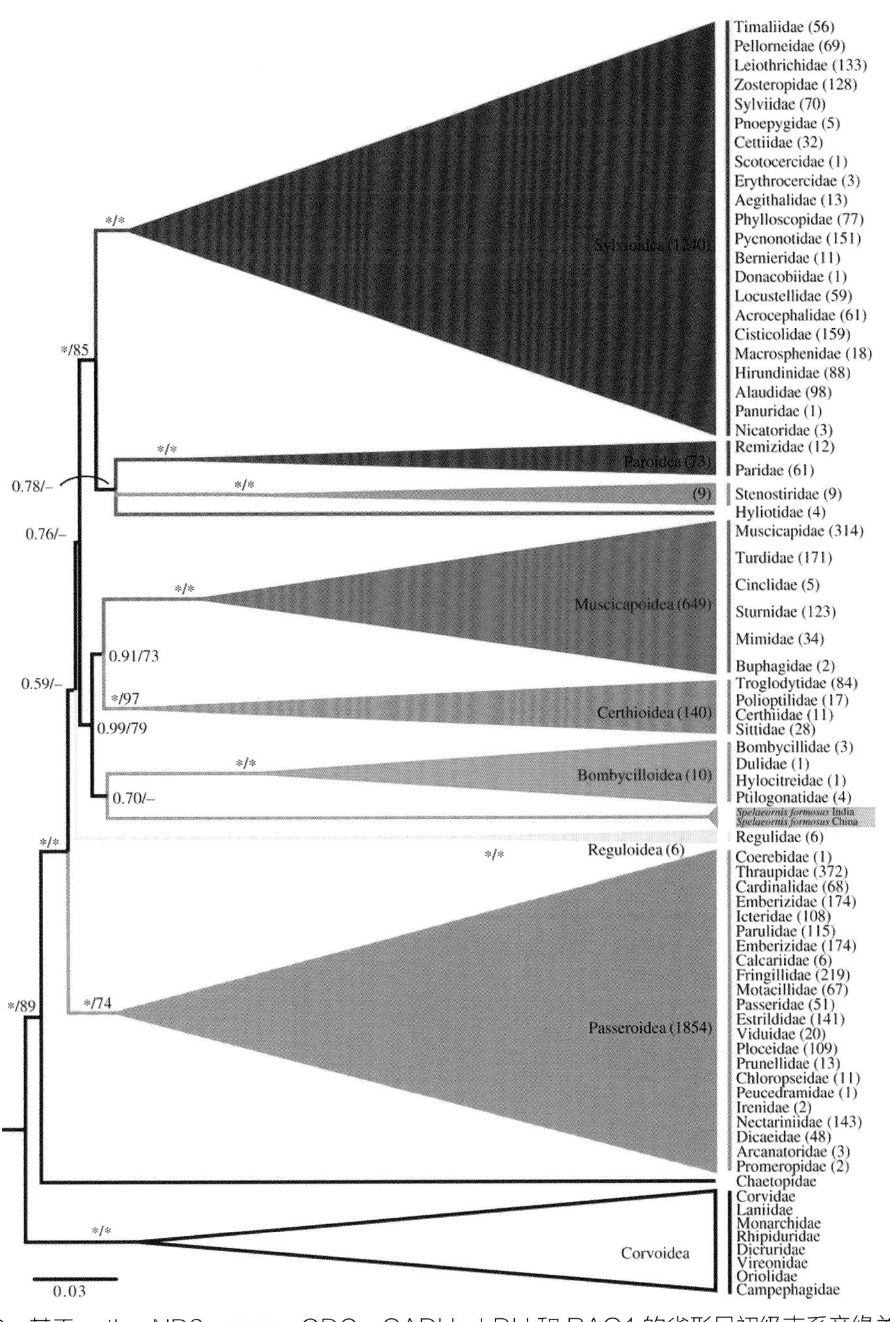

图 9-2　基于 cytb、ND2、myo、ODC、GADH、LDH 和 RAG1 的雀形目初级支系亲缘关系图

通过贝叶斯推断分为 10 组，以松散分子钟模型分析。后验概率（PP）和最大似然抽样数值（MLBS）分别示于节点处；星号（*）代表 PP 1.00 或 MLBS 100%。括号中的数字代表在不同分组中的物种数量

图 9-3　国家濒危野生动物海南鳽

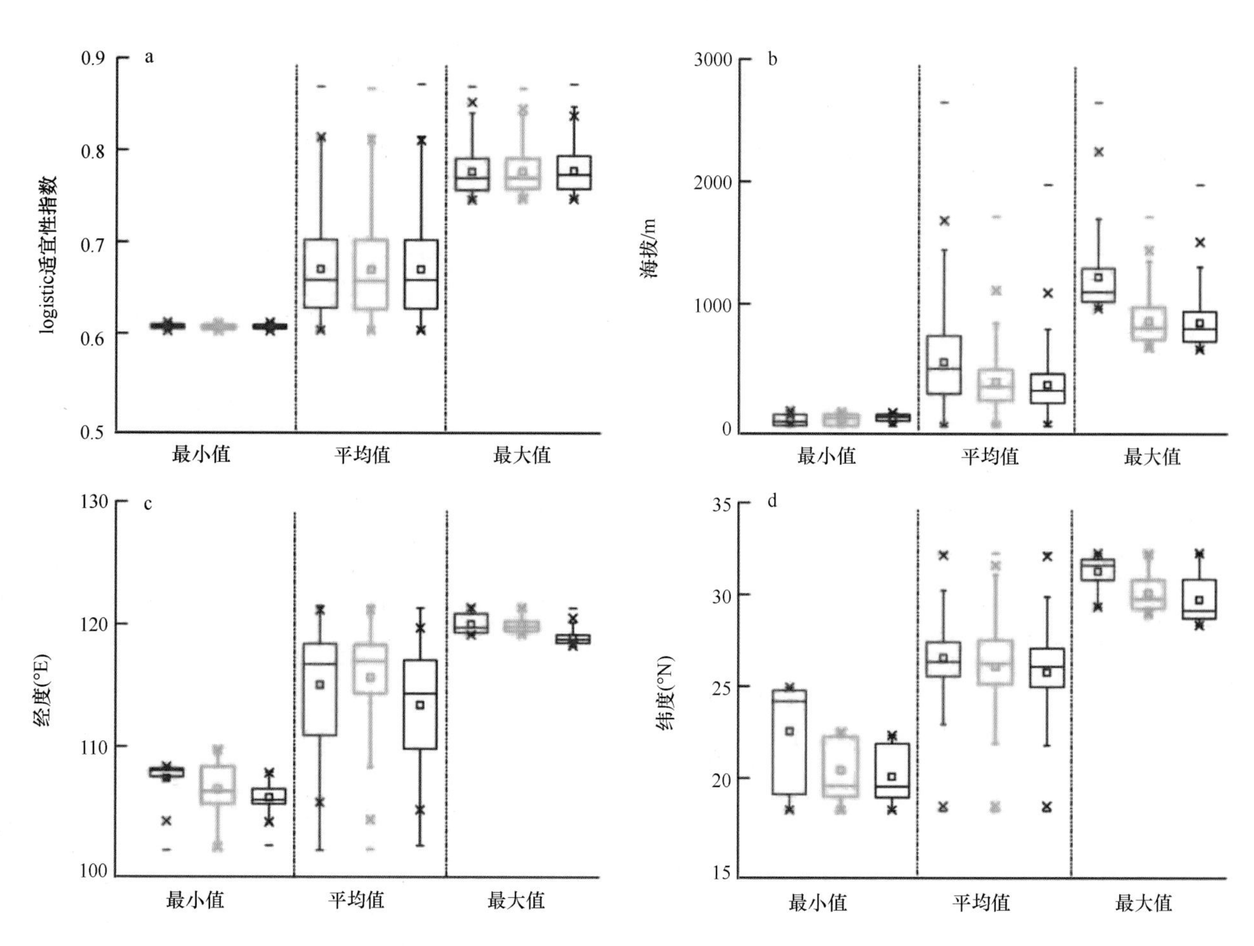

图 9-5 当前和未来情景下预测分布的 logistic 适宜性指数、海拔、经度和纬度的差异

图中给出了 logistic 适宜性指数（a）、海拔（b）、经度（c）和纬度（d）的最小值、平均值和最大值。

红色、绿色和蓝色分别代表当前、A2a 情景和 B2a 情景

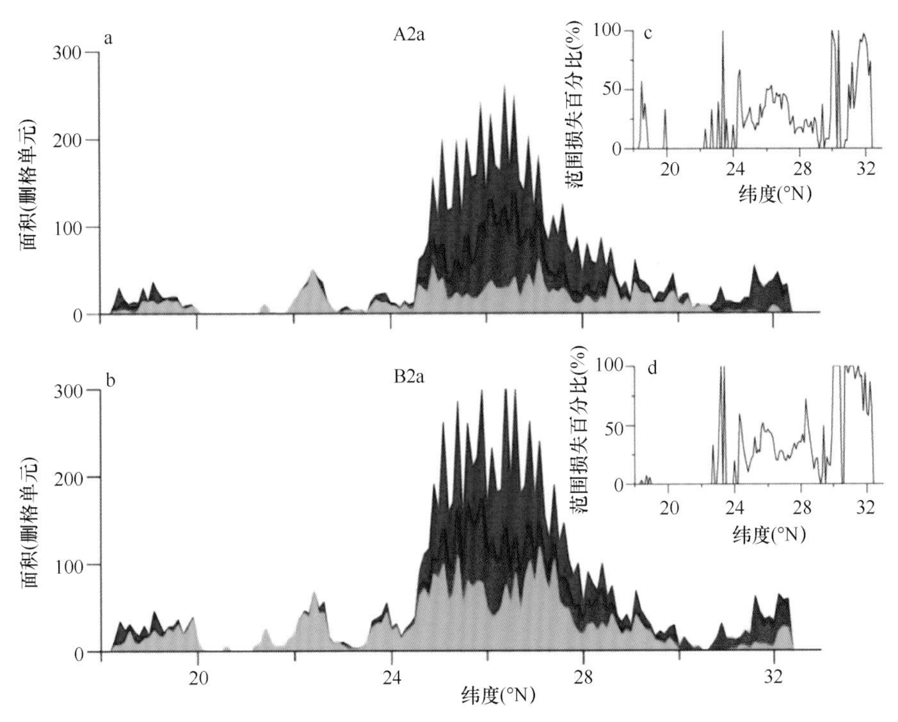

图 9-6　纬度梯度上气候变化对生境适应性的影响

a 和 b 图代表了两种未来气候情景（A2a 和 B2a；蓝色：当前预计稳定的适宜范围；红色：预计损失的适宜范围；绿色：预计新获得的适宜范围）。c 和 d 图表示范围损失的百分比。预测的适用性是基于平均训练存在阈值估计的

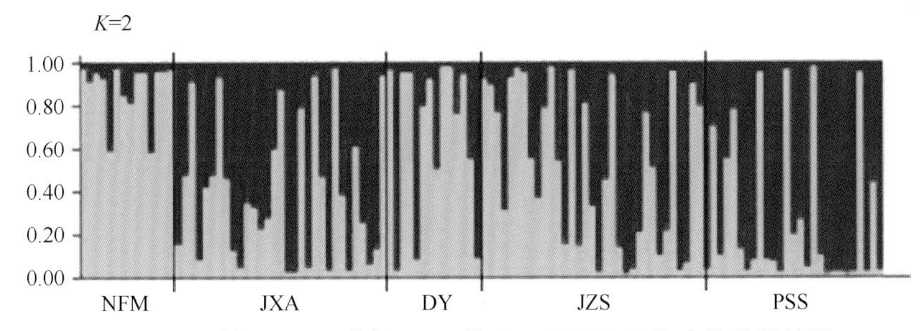

图 9-9　基于 SSR 数据 K=2 的 STRUCTURE 个体分配结果

横坐标 NFM 等表示居群名称，纵坐标表示各居群在遗传结构中所占的比例；绿色表示基因池 1；红色表示基因池 2；K 是基因池的数目

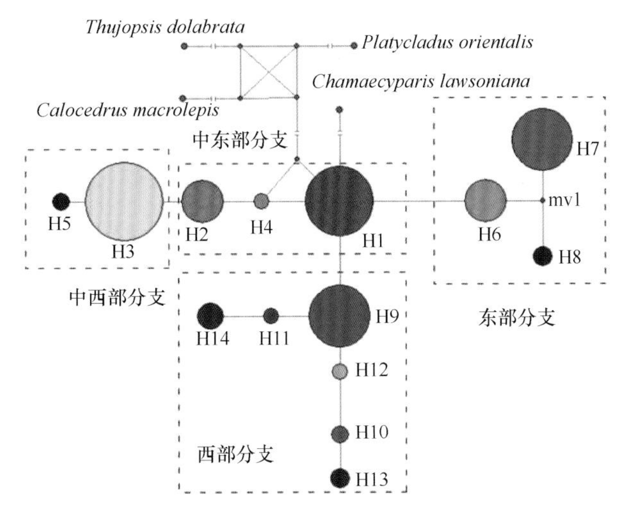

图 9-10　福建柏 14 个叶绿体单倍型之间的网络关系

图中圆的大小代表单倍型个体数量的多少。红色圆点表示潜在的单倍型。*Thujopsis dolabrata*. 罗汉柏；*Platycladus orientalis*. 侧柏；*Chamaecyparis lawsoniana*. 美国扁柏；*Calocedrus macrolepis*. 翠柏

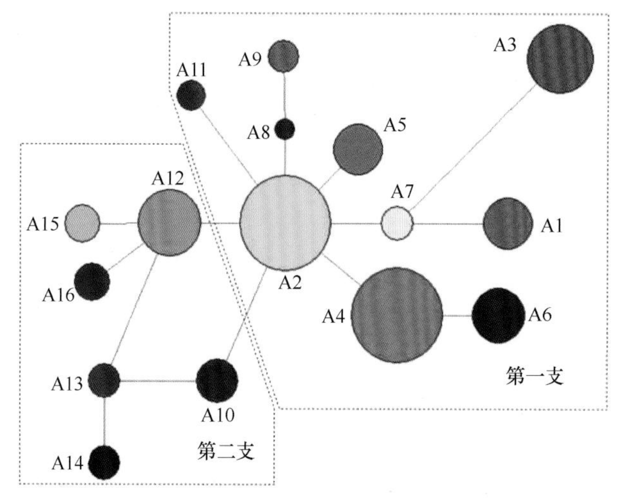

图 9-11　福建柏核基因 *hgd* 单倍型网络关系

图中圆的大小代表每个单倍型所含个体数量的多少

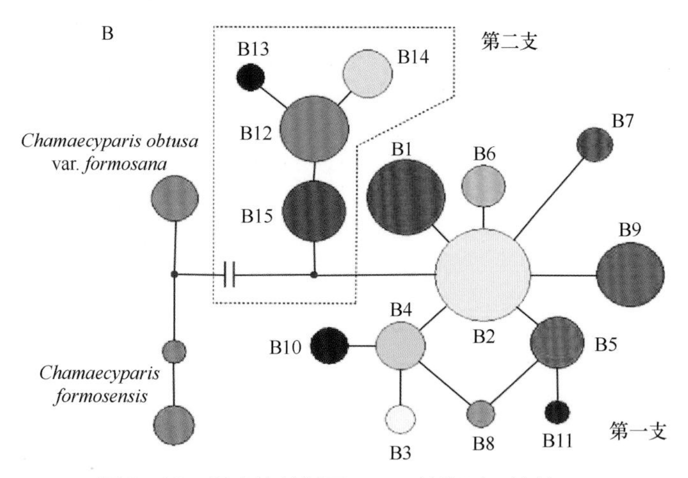

图 9-12　福建柏核基因 *sqd1* 单倍型网络关系

单倍型网络图中圆的大小代表每个单倍型所含个体数量的多少。红点表示潜在的单倍型。*Chamaecyparis formosensis.* 红桧；*Chamaecyparis obtusa* var. *formosana.* 台湾扁柏

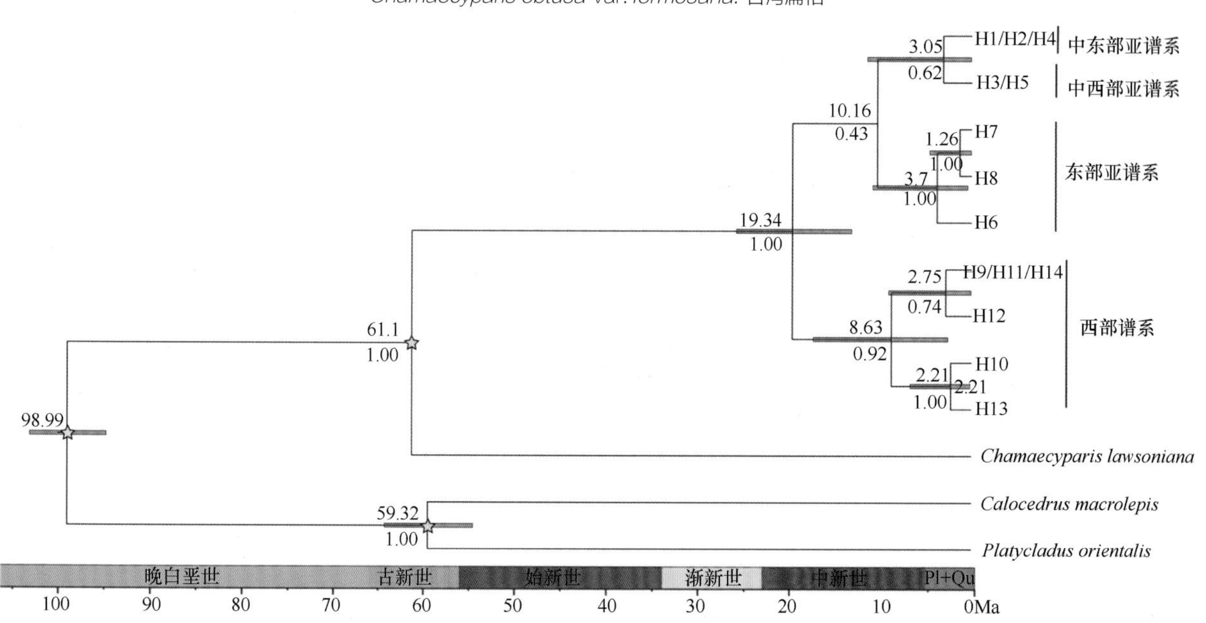

图 9-13　基于联合叶绿体片段估算的福建柏单倍型共祖时间及主要分支的分歧时间

Pl+Qu. 上新世及第四纪；蓝色横线代表节点时间 95% 的置信区间。其中，分支的分歧时间表示在节点上面，分支后验概率表示在节点下面。

Platycladus orientalis. 侧柏；*Chamaecyparis lawsoniana.* 美国扁柏；*Calocedrus macrolepis.* 翠柏

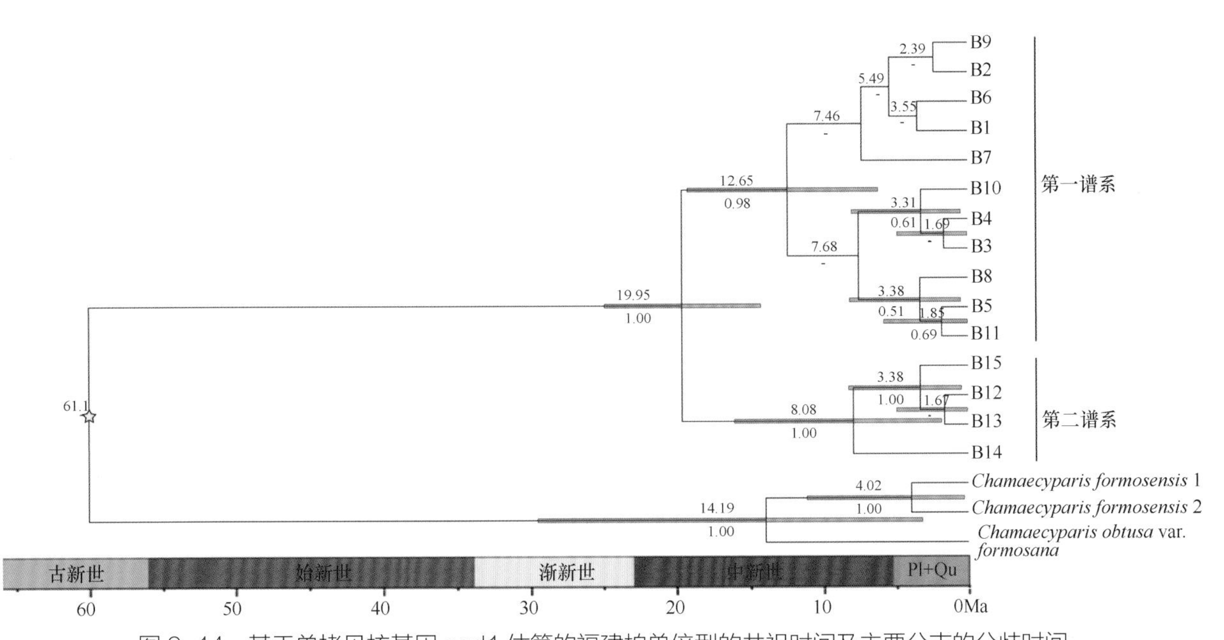

图 9-14　基于单拷贝核基因 sqd1 估算的福建柏单倍型的共祖时间及主要分支的分歧时间

Pl+Qu. 上新世及第四纪；蓝色横线代表节点时间 95% 的置信区间。其中，分支的分歧时间表示在节点上面，分支后验概率表示在节点下面。*Chamaecyparis formosensis*. 红桧；*Chamaecyparis obtusa* var. *formosana*. 台湾扁柏

图 9-19　中蹄蝠（♂）头部特征

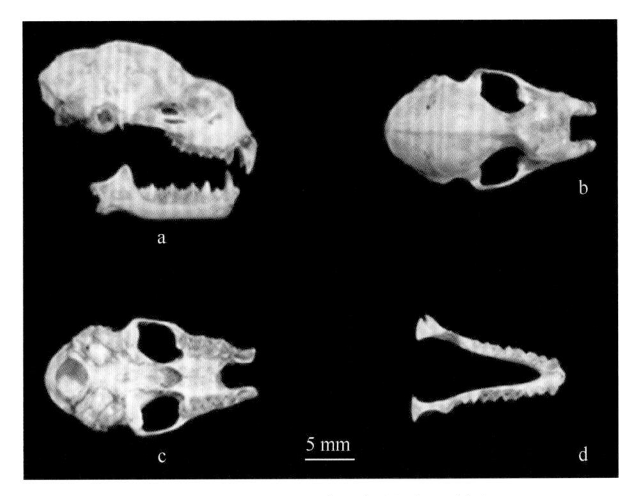

图 9-20　中蹄蝠（♂）的头骨特征

a. 头骨侧面观；b. 头骨背面观；c. 头骨腹面观；d. 下颌骨

附图 2　罗霄山脉科学考察项目组会议照片

罗霄山脉地区生物多样性综合科学考察项目启动会集体合影（广州，2013 年 9 月 28 日）

罗霄山脉地区生物多样性综合科学考察项目启动会会场（广州，中山大学南校园怀士堂，2013 年 9 月 28 日）

项目主持人廖文波教授在启动会上做开题报告（1）

项目主持人廖文波教授在启动会上做开题报告（2）

科技部基础司陈文君处长在启动会上做指导发言
（2013 年 9 月 28 日）

专家组成员在启动会做指导发言
（左起：张正旺、韩诗畴、向梅梅、金志农）

专家组庄文颖院士与向梅梅教授交谈

专家组宫辉力、庄文颖院士做指导发言

专家组张正旺教授、韩诗畴研究员做指导发言

项目组主要成员李泰辉、詹选怀研究员在启动会发言

专家组施苏华教授在项目启动会上做指导发言

项目组第二年度汇报会在江西南昌举行（2015 年 11 月 8 日，专家组、课题组参会人员合影；前排：右起，韩诗畴、施苏华、张正旺、宫辉力、向梅梅、张宪春、聂海燕，前排左 1：廖文波）

项目开展期间杨柏云、廖文波教授参加江西本土植物受威胁等级专家评估会（2017 年 10 月 26 日）

项目启动会在中山大学小礼堂举行（2013 年 9 月 28 日）

项目结题总结会（第五年度）集体合影（广州中山大学南校园，2018 年 10 月 28 日）

附图 3　罗霄山脉科学考察花絮照片

广东省科学院微生物研究所学生在采集真菌

广东省科学院微生物研究所学生在采集真菌

广州大学在江西七溪岭调查鼠类和翼手类
（左起：吴毅、张秋萍、陈柏承、李锋）

广州大学师生在井冈山进行蝙蝠竖琴网调查
（左起：李锋、余文华教授、吴毅教授）

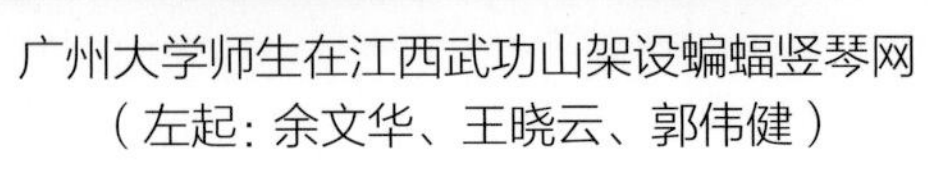

广州大学师生在江西武功山架设蝙蝠竖琴网
（左起：余文华、王晓云、郭伟健）

广州大学徐忠鲜在井冈山调查冬眠中的菊头蝠

广州大学郭伟健在湖南炎陵神农谷设置红外相机

广州大学在湖北九宫山布置竖琴网
（左起：胡宜峰、黄正澜懿）

湖南师范大学师生在整理、鉴定罗霄山脉植物标本

湖南师范大学师生在湖南资兴八面山压制植物标本
（中：刘克明教授）

湖南师范大学师生在湖南资兴八面山调查银杉群落
（右：刘克明教授）

湖南师范大学师生在湖南资兴八面山进行植物调查
（左：刘克明教授）

华南农业大学师生在江西井冈山采集水生昆虫

华南农业大学吴保欢在采集标本
（2013 年 7 月于江西七溪岭）

中国科学院华南植物园叶华谷研究员带队在江西万载县十三把保护区考察（2013 年 8 月 10 日）

吉首大学师生在江西安福县泰山乡武功湖村采集野生稻标本（前：肖佳伟）

吉首大学师生在湖南茶陵县浣溪镇调查
（左：张代贵，右：王冰清）

吉首大学师生在江西芦溪县武功山采集植物标本
（右：陈功锡教授）

吉首大学师生在江西芦溪县新泉乡红岩谷采集植物标本
（左：吴玉）

吉首大学调查队在江西安福县羊狮幕调查
（左 2：陈功锡教授）

江西井冈山林场张忠在湖南桃源洞协助考察拍摄
（2014 年 5 月 17 日）

庐山植物园科考队在野外考察（左 1：桂忠明研究员，
右 4：詹选怀研究员，右 2：彭焱松研究员）

庐山植物园科考队在野外设置样方

庐山植物园科考队在整理标本

南昌大学师生在幕阜山脉长寿镇采集鱼类标本

南昌大学师生在幕阜山脉五梅山采样
（右 2：欧阳珊教授）

南昌大学杨柏云教授在江西井冈山沿山溪考察
（2014 年 7 月 14 日）

中国科学院深圳仙湖植物园科研人员在湖南炎陵桃源洞采集苔藓标本（左：左勤博士，右：张力研究员）

项目开展前期中山大学本科生在湖南桃源洞（大院）实习（2012 年 7 月 15 日）

中国科学院深圳仙湖植物园科考队在江西武功山
整理苔藓标本

中国科学院深圳仙湖植物园张力研究员在湖南炎陵桃源洞
采集苔藓标本

中国科学院深圳仙湖植物园左勤博士在江西九岭山
采集苔藓标本

中国科学院深圳仙湖植物园左勤博士在江西武功山
采集苔藓标本

中山大学、华南农业大学师生在拉样方
（2014 年 4 月于湖南桃源洞）

中山大学、庐山植物园在江西庐山开展联合考察、采集
（2015 年 11 月）

中山大学本科生实习组在江西井冈山五指峰考察
（2014 年 10 月 3 日）

中山大学本科生在实习考察（前排左 1：凡强副教授，
后排右 1：廖文波教授，2012 年 7 月于桃源洞大院）

中山大学本科生在野外实习
（2012 年 7 月于湖南桃源洞大院）

中山大学凡强副教授（中排右 1）带队在湖南桃源洞
实习考察

中山大学师生在江西井冈山五指峰露营考察
（2014 年 7 月 24 日）

中山大学师生在江西九岭山实习考察（前排左起：王庚申、
冯慧喆、张记军、谭维政，后排右 2：阴倩怡，右 5：丁巧玲，
2015 年 9 月）

中山大学廖文波教授查阅上山路线
（2013 年 11 月于湖南桃源洞）

中山大学刘蔚秋教授带队采集苔藓标本
（2016 年 7 月于江西齐云山）

中山大学叶矾（左）刘忠成（右）在采集、记录
（2015 年 6 月于湖南桃源洞）

中山大学科考队江西七溪岭考察（左：华南农业大学吴保欢，右：杨文晟，2012 年 7 月）

中山大学师生采集大百合后留影
（2016 年 6 月于湖南茶陵县）

中山大学师生在江西金盆山考察
（廖文波、王英勇等，2014 年 3 月）

中山大学师生露天压制标本
（2014 年 7 月于湖南桃源洞）

中山大学师生溯溪考察
（前 1：阴倩怡，2016 年 7 月于江西齐云山）

中山大学师生用灯诱法采集昆虫

中山大学师生在湖南八面山农家客栈
（2015 年 7~8 月）

中山大学师生在湖南八面山开展样地调查实习
（2015 年 7 月）

中山大学师生在采集标本
（2016 年 4 月于湖南桃源洞）

中山大学师生在采集水生昆虫
（中: 贾凤龙教授）

中山大学师生在采集土壤昆虫
（右: 贾凤龙教授）

中山大学师生在翻山途中略作休息
（2016 年 7 月于江西齐云山）

中山大学师生在湖南大围山开展野外实习
（中午吃干粮，2014 年 9 月）

中山大学师生在江西高天岩考察
（2013 年 7 月 24 日）

中山大学师生在湖南桃源洞梨树洲小沙湖考察
（2014 年 10 月 3 日）

中山大学师生在江西金鸡林场考察（2015 年 7 月 26 日）

中山大学师生在江西九岭山实习考察
（左 1：谭维政，2015 年 9 月）

中山大学师生在江西九岭山实习考察（前排左 5：丁巧玲，左 6：阴倩怡，后排：左 1 廖文波，左 2 张记军，右 1 刘忠成，右 2 冯慧喆，右 3 谭维政，右 5 王庚申，2015 年 9 月）

2013 年 11 月 23 日，中山大学考察队在罗霄山脉主峰考察（南风面，江西境内，海拔 2120.4 m；照片后面的背景为酃峰，海拔 2115.2 m，在湖南境内，为罗霄山脉第二高峰）

中山大学师生在江西井山冈山茨萍整理科考资料
（2015 年 7 月 29 日）

中山大学师生在江西井冈山五指峰考察（登上主峰）
（2014 年 10 月 3 日）

中山大学师生在江西遂川采集苔藓标本、拍摄

中山大学师生在江西齐云山山顶露营采集
（2016 年 7 月）

中山大学师生在江西五指峰采集苔藓植物标本
（左：刘蔚秋教授）

中山大学师生在江西永新县考察参观秋收起义旧址
（2013 年 7 月 20 日）

中山大学师生在进行群落样地调查
（2015 年 9 月于江西九岭山）

中山大学师生在庐山开展本科生实习考察（后排右 1：叶华谷研究员，中排左 4：詹选怀研究员，中排左 5：桂忠明研究员，2017 年 8 月）

中山大学师生在江西官山开展本科实习考察
（叶华谷老师在翻阅名录定种，2017 年 8 月）

中山大学师生在江西官山开展本科实习考察
（叶华谷老师正在指导设置样方，2017 年 8 月）

中山大学师生在山顶拉样方
（前 1：凡强副教授，2016 年 7 月于江西齐云山）

中山大学实习队出发前在南校园马文辉堂合影（2015 年 7 月 25 日，前往江西信丰金鸡林场）

中山大学孙键、刘忠成、杨文晟在野外考察
（2012 年 7 月于七溪岭）

中山大学在湖南桃源洞考察（左 1：迟盛南，左 4：桃源洞保护区曾茂生，左 5：廖文波，右 4：金建华，右 2：许可旺，右 1：赵万义，2013 年 12 月）

中山大学学生在采集和记录
（2013 年 7 月于江西七溪岭）

中山大学学生晚上在驻地房间内压制标本
（2016 年 5 月于江西遂川县）

中山大学学生在江西南风面考察
（2013 年 10 月 20 日）

中山大学学生在湖南桃源洞考察（手抓标本为：毛萼山珊瑚，左起：刘忠成、谭维政、赵万义、许可旺，2015 年 6 月）

中山大学师生在江西九岭山考察
（左 1：杨文晟，左 3：袁天天，2013 年 7 月 23 日）

中山大学师生在江西信丰金鸡林场实习
（整理标本、学习定种，2015 年 8 月）

中山大学与庐山植物园联合考察，在庐山宾馆合影（2017 年 8 月）

中山大学袁天天、赵万义，井冈山林场张忠在采集标本
（2012 年 7 月于七溪岭）

中山大学在江西九岭山实习测树高
（左起：廖文波、冯慧喆、王庚申，2015 年 9 月）

中山大学赵万义、孙键，华南农业大学吴保欢与当地林业局调查人员合影（2013 年 7 月于江西七溪岭）

附图 4　罗霄山脉自然景观与植被、生态景观掠影

江西井冈山杜鹃山半山腰：福建柏、台湾松针阔叶混林林景观

诸广山脉 - 上犹五指峰山顶景观（李文斌摄）

江西井冈山杜鹃山黄山松峰林景观（李贞摄取）

湖南桃源洞国家级自然保护区 - 神农瀑布景观

幕阜山脉－黄龙山山顶矮林灌丛（张毅摄）

湖南八面山－山顶矮林景观

湖南八面山－山顶灌丛矮林景观

湖南八面山－金叶含笑群落景观

湖南大围山－山顶灌丛景观

湖南䨻峰－山顶山柳灌丛景观

湖南桃源洞沟谷景观

湖南桃源洞山坳景观

湖南桃源洞－山顶灌丛景观

江西陡水湖沟谷景观

江西陡水湖山顶景观

江西井冈山－大果马蹄荷群落景观

江西井冈山江西坳 – 资源冷杉群落

江西九岭山 – 倒天涯景观

江西九岭山 – 五梅山景观

江西庐山次生林群落照景观

江西庐山观景台

江西庐山湖景观

江西庐山九奇峰：黄山松、日本柳杉针叶林（彭焱松摄）

江西庐山－山顶裸地生态恢复景观

江西庐山－山梁索道景观

江西南风面－大洞坝电站景观

江西南风面－山顶井冈寒竹灌丛景观

江西七溪岭－河漫滩景观

江西七溪岭－山顶灌丛

江西齐云山－山顶草坡景观

江西齐云山－山顶草坡植被景观

江西上犹五指峰－光姑山至齐云山寺山腰草坡景观

江西万载县－低海拔沟谷景观

江西万载县－三十把库区景观

江西万载县 - 山腰常绿阔叶林景观

江西武功山 - 山顶草坡草丛景观（2017 年 11 月）

江西武功山 - 山顶灌丛矮林（2017 年 11 月）

江西宜春 - 飞剑潭水库景观

江西宜春 - 飞剑潭水库码头景观

诸广山脉 - 资兴市连坪乡（八面山）低海拔谷地毛竹林景观

附图 5　罗霄山脉的地质地貌

诸广山脉的寒武系炭质页岩

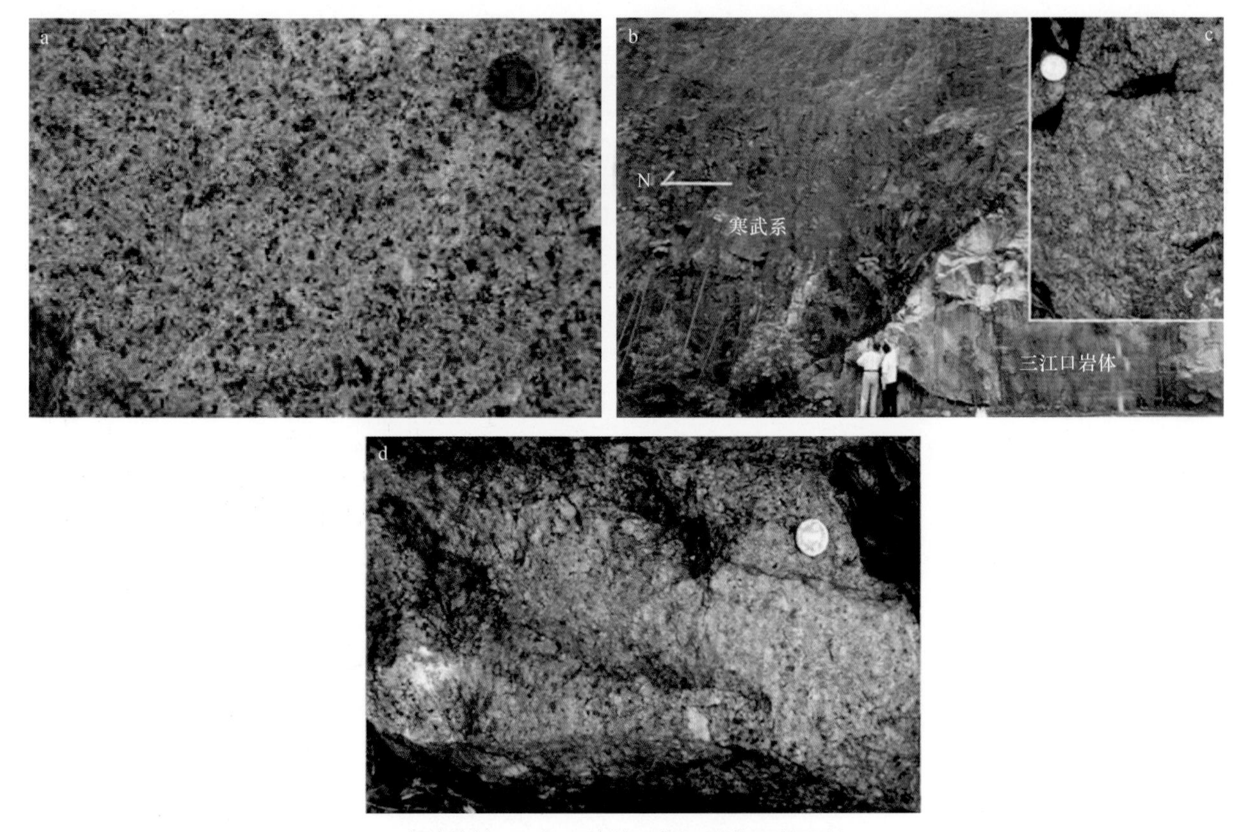

九峰岩体、三江口岩体和长江岩体野外照片

a. 九峰岩体；b、c. 三江口岩体；d. 长江岩体

注：罗霄山脉地质地貌相关介绍请参见《罗霄山脉生物多样性综合科学考察》第 1 章。

诸广山脉万时山最高夷平面

珠江水系北江源头的九龙江瀑布群

江西与湖南两省交界处，泥盆系与奥陶系的角度不整合接触界线

省界界碑（虚线）以上为泥盆系跳马涧组底砾岩（D），以下为奥陶系板岩、页岩（O）

井冈山八面山附近向东远眺 1500m 齐顶山峰（夷平面）

图中虚线所示为齐顶山峰

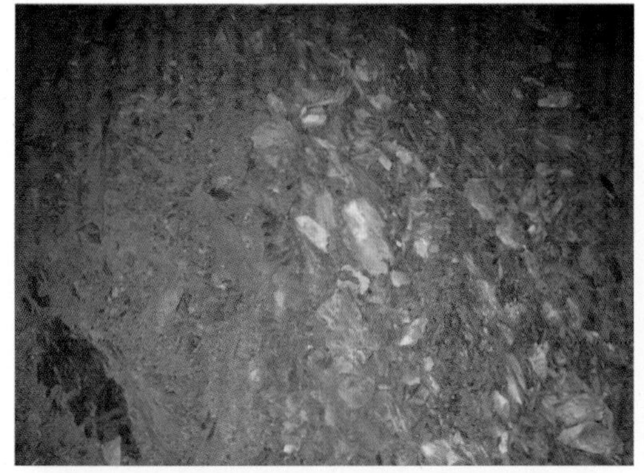

a. 新元古界南华系杨家桥群含铁千枚岩

b. 新元古界震旦系乐昌峡群板岩、千枚岩

c. 石炭系梓山组强烈硅化砂岩

d. 石炭系梓门桥组白云质灰岩及其风化壳

武功山脉外围部分地层

a. 加里东期黑云母花岗岩组成的山体

b. 加里东期黑云母花岗岩(武功山脉的主体岩石)

c. 加里东期片麻状混合岩(温汤岩组)

d. 侵入加里东期岩体的燕山期黑云母二长花岗岩

武功山脉山体的主要岩石

a. 山脚巨厚的网纹红土风化壳，中间残留花岗岩“球”

b. 山顶仍然可见厚层风化壳和土塘

武功山脉的风化壳

a. 北东向的断层谷

b. 北西向张剪性正断层

c. 被两组节理切割的岩块

d. 密集节理带切割的山体

e. 花岗岩冷凝收缩形成的三组相互垂直的节理

f. 残留的卸荷节理(节理平行地表)

武功山脉内部的断层地貌、节理地貌

a. 中元古界双桥山群千枚岩及板岩

b. 中元古界双桥山群千枚岩、板岩及板劈理

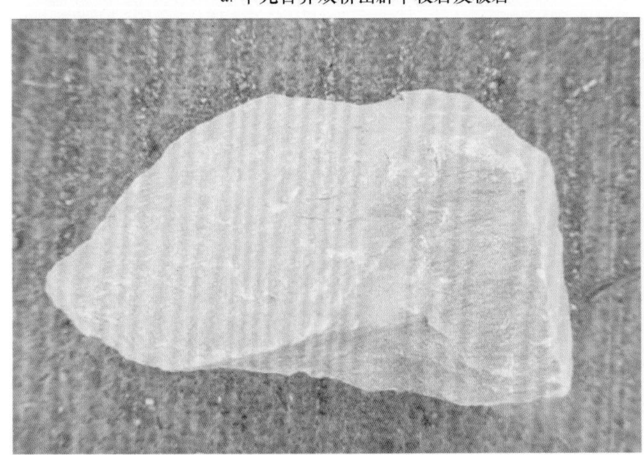

c. 中元古界双桥山群绢云母千枚岩手标本(新鲜)

d. 中元古界双桥山群绢云母片岩手标本(风化)

九岭山脉内部主体地层（双桥山群）

a. 新元古界下震旦统砂岩

b. 下寒武统王音铺组黑色碳质页岩

c. 上寒武统厚层状灰岩及其埋藏石芽、落水洞

d. 志留系黑色页岩

e. 志留系黑色页岩风化后呈竹叶状碎片

f. 白垩系圭峰群也为紫红色碎屑岩

九岭山脉北部新元古代至早古生代主要地层

a. 新元古代中粒黑云母花岗闪长岩

b. 新元古代中粒黑云母花岗闪长岩风化成石蛋

c. 新元古代片理化花岗闪长岩

九岭山脉的主要侵入岩

九岭山脉海拔约 1600m 的山脊线（夷平面）

武宁县石门楼镇境内

a. 九岭山脉山麓地带广布的网纹红土风化壳

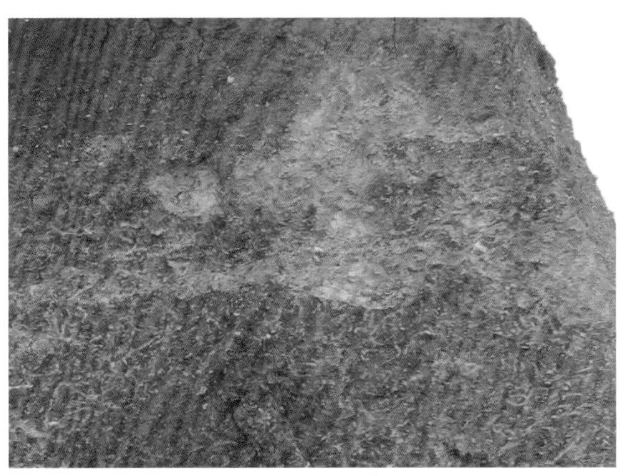

b. 网纹红土局部

c. 新元古代花岗岩类形成的红色风化壳

d. 上白垩统圭峰群构成的丹霞地貌(天柱岩)

九岭山脉风化壳及其风化侵蚀地貌

a. 九岭山脉北麓洪坡积物

b. 九岭山脉北麓的河流基座阶地

c. 九岭山脉东北部的深切“V”形峡谷

d. 修水河水系下游的柘林水库

九岭山脉侵蚀和堆积地貌

a. 幕阜山脉南麓中元古界泥质板岩

b. 寒武系观音堂组灰岩

c. 志留系黑色页岩、板岩

d. 幕阜山脉北麓瑞昌采石场中二叠系薄层状灰岩

e. 三叠系大冶组厚层灰岩

f. 幕阜山脉东侧石牛寨白垩系衡阳群红层及丹霞地貌

g. 幕阜山脉东侧衡阳群白垩系红层

h. 中侏罗统黑云母花岗岩

幕阜山脉的岩石

a. 幕阜山脉北麓灰岩风化后形成的网纹红土

b. 幕阜山脉西段最高夷平面远眺

c. 庐山高山夷平面

d. 庐山龙首崖断层地貌

幕阜山脉的岩石